KB254044

The
Way
We
Think

옮긴이 **김동환**

경북대학교에서 영어학 박사 학위를 받았고 해군사관학교 영어과 교수로 있다. 『개념적 혼성 이론: 인지언어학과 의미구성』 『인지언어학과 의미』를 저술했으며, 『인지언어학 개론』 『인지언어학 입문』 『인지문법』 『은유와 영상도식』 『인지언어학 기초』 『언어와 사회』 『은유와 문화의 만남』 등을 옮겼다.

옮긴이 **최영호**

고려대학교에서 국어국문학 박사 학위를 받았으며 해군사관학교 국문학과 교수로 있다. 문학평론가로 활동을 하고 있으며 계간 『문학바다』의 편집위원이다. 『해양문학을 찾아서』를 저술했으며, 『자유인을 위한 책읽기』 『20세기 최고의 해저탐험가: 자크이브 쿠스토』 『白夜 이상춘의 西海風波』 『은유와 도상성』 등을 옮겼다.

The Way We Think: CONCEPTUAL BLENDING AND THE MIND'S HIDDEN COMPLEXITIES

Gilles Fauconnier & Mark Turner

Copyright © 2002 by Basic Books

Korean Translation Copyright © 2009 by Chiho Publishing House.

초판 인쇄일 · 2009년 8월 30일
초판 발생일 · 2009년 9월 11일

발행처 · 출판사 지호 ‖ 발행인 · 장인용 ‖ 출판등록 · 1995년 1월 4일 ‖ 등록번호 · 제10-1087호 ‖ 주소 · 경기도 고양시 일산동구 장항동 751 삼성라끄빌 1319호
전화 · 031-903-9350 ‖ 팩스 · 031-903-9969 ‖ 이메일 · chihopub@yahoo.co.kr

우리는 어떻게 생각하는가

질 포코니에 · 마크 터너 지음 | 김동환 · 최영호 옮김

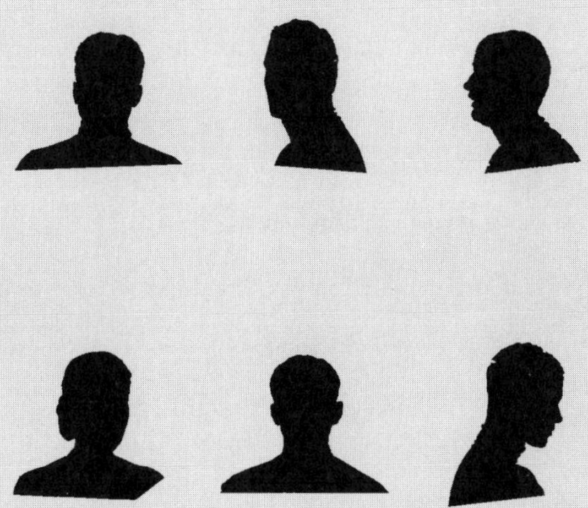

지호

국립중앙도서관 출판시도서목록(CIP)

우리는 어떻게 생각하는가 / 질 포코니에, 마크 터너 지음 ; 김동환, 최영호 옮김.
-- 고양 : 지호, 2009

p. ;   cm

원표제: The way we think
원저자명: Gilles Fauconnier, Mark Turner

참고문헌과 색인수록
영어 원작을 한국어로 번역

ISBN   978-89-5909-051-8 03400 : \38000
사고(생각)[思考]개념[槪念]
181.3-KDC4
153.4-DDC21   CIP2009002643

서문

대략 5만 년 전 후기 구석기 시대 동안 우리 조상은 인긴사에시 가장 눈부신 발전을 시작했다. 그 이전에는 한낱 대형 포유동물의 집단에 불과했다. 그러나 그 이후부터 인간의 마음은 세계를 접수할 수 있었다. 도대체 무슨 일이 일어난 것인가?

고고학의 기록에 따르면, 우리 인간은 후기 구석기 시대 동안 스스로 혁신을 할 수 있는 전례 없는 능력을 개발했다. 후기 구석기인들은 오늘날과 같은 인간의 상상력을 획득했으며, 이런 상상력은 새로운 개념을 발명하고 새롭고 역동적인 정신적 패턴을 구성할 수 있는 능력을 가져다주었다. 이런 변화의 결과는 놀라웠다. 그 후로 인간은 예술, 과학, 종교, 문화, 정교한 도구, 언어를 개발할 수 있었다. 우리는 어떻게 이런 것들을 발명할 수 있었을까?

이 책은 *개념적 혼성*에 초점을 맞출 것이다. 개념적 혼성은 놀라운 정신적 능력으로서, 가장 진보된 '이중범위' 형태의 개념적 혼성이라는 능력이 우리 조상들에게 우월성을 주었고 좋든 싫든 우리를 지금의 우리로 만들어주었다. 우리는 이런 개념적 혼성의 원리, 그 매력적인 역동성, 우리가 사고하고 살아가는 과정에서 하는 역할을 살펴볼 것이다.

개념적 혼성은 대개 무대 뒤에서 작용한다. 우리는 이 숨겨진 복잡성을 의식적으로는 알지 못한다. 가령, 파랑색 컵을 보는 데 수반되는 지각의 복잡성을 의식적으로 알지 못하듯. 거의 의식되지 않는 개념적 혼성은 개념적 의미의 거대한 연결망을 형성해서, 의식적 층위에서는 간단해 보이는 인지적 산물을 생산한다. 우리가 생각하는 방식은, 우리가 으레 생각하는 그런 방식이 아니다. 일상의 사고는 직접적인 것 같지만, 사실 알고 보면 우리의 가장 간단한 사고조차도 놀라울 정도로 복잡하다.

개념적 혼성의 산물은 없는 곳이 없다. 수사학, 문학, 그림, 과학 발명을 연구하는 학자들은 개념적 혼성의 수많은 특정 산물을 알아차렸으며, 그 각각의 산물은 그때마다 이상하고 흥미로운 대상으로 주목받았다. 아리스토텔레스에서 프로이트에 이르기까지 많은 학자들은 특정한 실례를 호기심과 암시, 의미가 뒤섞인 극히 예외적이고 주변적인 돌출로 여겼다. 그러나 이들 중 어느 누구도 개념적 혼성이라는 일반적인 정신적 능력에는 관심을 갖지 않았고, 우리가 알고 있기로는 그런 정신적 능력이 있다는 것조차 인식하지 못했다. 그림이나 시, 꿈, 과학적 통찰력 같은 특출난 사례의 매력에 사로잡힌 이들은 이 모든 단편들이 공통으로 지니고 있는 것을 바라보지 못했다. 눈부신 나무들이 숲을 가렸던 것이다.

우리의 연구는 호기심을 자극하는 암시적인 예로 시작되었다. 그러나 이런 예들의 심층 원리를 명확히 함으로써, 나무 이면에 있는 전체 숲이 보이기 시작했다. 우리는 개념적 혼성이라는 동일한 인지 작용이 인간 사고와 행동에 결정적인 역할을 하고, 다양한 가시적 표현물을 무수히 생산한다는 것을 발견했다.

이런 흥미롭지만 충격적인 발견은 많은 관습적 지식과 충돌했다. 우리는 분명 어느 것을 증명하는 일로 시작하지 않았다. 오히려, 아리스토텔레스와 프로이트, 이들 계보 가운데 덜 저명한 다른 학자들처럼, 우리는 유추적 반사실성, 시적 은유, 말하는 당나귀 같은 키메라처럼 놀랍고 이색적인 창조성의 예들을 검토하면서 시작했다. 1993년 무렵 우리는 문법, 수학, 추론, 컴퓨터 인터페이스, 행동, 디자인 같은 더욱 많은 분야에서 엄청난 증거를 축적했다. 이를 토대로 기본적인 정신 기능인 개념적 혼성의 본질, 개념적 혼성의 구조적·동적 원리, 개념적 혼성을 지배하는 제약에 대한 일반적인 연구 프로그램을 개시했다.

서로 다른 관점과 매우 다양한 종류의 자료를 포함하는 여러 개의 '창조성 이론'은 다른 영역의 요소들을 함께 묶는 일반적인 정신적 능력, 이른바 스티븐 미슨Stephen Mithen이 말한 '인지적 유동성'[1] 같은 능력이 존재하지 않을까에 대해 심사숙고하게 만들었다. 미슨을 비롯한 다른 학자들은 인간이 이 능력을 사용할 수 있게 됨으로써 고고학적으로 대략 5만 년 전까지 거슬러 올라가는 도구 만들기, 그림, 종교적 관행에서 창조성의 폭발이 일어났으리라 본다.[2]

개념적 혼성은 모든 다양한 인간 업적의 기초가 되고 이를 가능하게 한다. 개념적 혼성은 언어, 예술, 종교, 과학 등 여타 인간이 이룩한 놀라운 성취의 기원이며, 예술적·과학적 능력에 필수적인 것은 물론 기본적인 일상 사고에도 필수적이다. 우리의 목표는 무엇보다 이전까지 전혀 시도된 적이 없는 일을 하는 것이다. 이 책은 바로 이 개념적 혼성의 원리와 메커니즘에 대한 설명이다.

■■ 차례

■■ 장별 개관

1부: 연결망 모형

1장 형태의 시대와 상상력의 시대

먼저 20세기의 가장 주목할 만한 업적 중 일부를 주목했다. 컴퓨터의 마술, 유전 암호, 형식과학의 자명한 방법론과 사회과학에서 구조주의의 폭넓은 적용이 그것이다. 20세기는 형태 접근법의 세기이다. 형태 접근법이란 형식에 대한 체계적인 분석을 통해서 의미를 발견하고 조작하는 인상적인 방법론이다. 그러나 형식적 조작이 이러한 주목할 만한 결과를 달성하기 위해서는 30억 년이 넘는 시간 동안 진화하고 개개인마다 생후 몇 개월간 훈련된 뇌의 기능이 필수적으로 필요하다. 동일성, 통합, 상상력은 기본적이고 신비롭고 강력하고 복합적이고 대체로 무의식적인 작용이며, 이것들은 가장 간단한 의미의 심장부에도 자리 잡고 있다. 가장 간단한 형태의 가치는 상상력이 풍부한 인간의 마음 속에서 유발하는 복합적인 발현적 역동성에 있다. 이런 기본적인 작용은 일상적 의미의 창조와 특출난 인간 창조성 모두에서 핵심이다.

2장 빙산의 일각

의미구성을 위한 작용은 강력하나 대개 눈에 보이지 않는다. 우리의 주제는 개념적 혼성이라고 일컫는 기본적인 마음의 작용이다. 여기서는 개념적 혼성을 쉽게 이해할 수 있는 몇 가지 예를 제시하면서 논의를 시작할 것이다. 이 절에서 '철의 여인과 러스트 벨트The Iron Lady and the Rust Belt'라는 제목의 첫 번째 예는 정치학에서 중요한 역할을 하는 반反사실적 추론의 유형을 예증한다. 사람들이 쉽게 이해할 수 있지만 가장 강력한 최신 컴퓨터의 능력을 초월하는 숨겨진 복잡성을 지닌 이 예는 개념적 혼성이라는 상상적 역동성의 주목할 만한 성취이다. '스키 타는 웨이터The Skiing Waiter'는 동일한 작용이 작동해서 어떻게 발현적 행동을 창조하는지를 보여준다. 개념적 혼성에 대한 또 다른 인상적인 예는 컴퓨터 인터페이스('컴퓨터 속의 요정'), 수학의 복소수('미친 수'), 성 풍습('이미지 클럽'), 대학 졸업식('졸업')이다.

3장 개념적 혼성의 요소

개념적 혼성에는 *구성 원리*가 존재한다. '승려'의 수수께끼를 살펴보면서 이 원리를 상세히 제시하고 예증할 것이다.

4장 더욱 심오한 문제로 가는 길에

다양한 영역에서의 개념적 혼성의 대표적인 예는 '칸트와의 논쟁', '배 경주', '바이패스 수술'이다.

5장 원인과 결과

개념적 통합 연결망에 있는 주목할 만한 압축, 무엇보다 원인과 결과의 압축을 연구해보면 개념적 혼성을 더욱더 심오하게 이해할 수 있다. 우리 인간은 길고 장황한 논리적 추론의 연쇄를 통제하는 동시에 그런 연쇄의 전체적인 의미를 이해해야 한다. 우리 인간은 통합 연결망 덕분에 그런 일을 할 수 있다. 출생과 결혼 의식은 우아하고 강력한 원인과 결과의 압축에 의존한다. 게시판 광고, 수학적 사고, 단테의 『신곡』에서도 마찬가지로 강력한 압축이 작용한다.

6장 중추적 관계와 압축

산과 염기, 적정滴定에서 나오는 색깔, 물질대사, 핵붕괴 같은 놀라운 체계적인 화학작용의 산물이 원자가 결합해서 분자를 만드는 원리로 예측되지 않는 것처럼, 개념적 혼성의 놀라운 체계적 산물은 정신공간들이 혼성되어 발현적 의미를 지니는 새로운 정신공간을 만드는 원리로 예측되지 않는다. 개념적 혼성에 대한 가능성 이면에는 상호작용하는 원리의 전체 체계가 있다. 우리가 어떤 산물이든 설명하려면 무엇보다 먼저 그 체계 전체를 파악해야 한다.

그런 체계의 많은 부분이 개념적 압축에 관여한다. 개념적 혼성 연결망에서의 압축은 기초적인 인간 신경생물학과 공유된 사회적 경험에 뿌리를 두고 있는, 놀랍도록 적은관계들에 입각해서 작용한다. 원인-결과, 변화, 시간, 동일성, 의도성, 표상, 부분-전체를 포함하는 중추적 관계는 정신공간을 가로질러 적용될 뿐만 아니라 정신공간 내에서 본질적 위상位相을 명확히 보여준다. 개념적 혼성은 최고의 압축 도구로 밝혀졌다. 개념적 혼성을 통한 압축의 최상위 목표는 혼성공간에서 '인간 척도human scale'를 달성하는 것인데, 여기서는 상당히 많은 의식적 조작이 일어난다.

7장 압축과 충돌

중추적 관계의 압축과 탈脫압축은 놀라운 예를 만들어 낼 수 있다. 미국의 가지뿔영양의 생물학적 진화와 윌리엄 버틀러 예이츠의 시 "퍼거스와 드루이드 Fergus and the Druid"에서 시적으로 표현된 재생과 환생이라는 문화적 개념에 대한 과학적 설명이 그런 예이다.

연결망의 정교한 유형학에서 복잡성의 연속체 중 네 종류가 돋보인다. *단순 연결망, 거울 연결망, 단일범위 연결망, 이중범위 연결망*이 그것이다. 혼성 복잡성의 연속체상의 높은 끝단에서, 이중범위 연결망은 입력공간을 다른 (그리고 종종 충돌하는) 조직 프레임과 혼성되어 혼성공간에 창조적인 발현적 프레임 구조를 만들어낸다. 이중범위 혼성은 과학적, 예술적, 문학적 발견과 발명에서 전형적으로 찾아볼 수 있다. 사실 이중범위 창조성은 네 가지 종류 중 가장 놀라운 특징일 것이다.

8장 다양성 이면의 연속성

개념적 통합은 종종 전혀 다른 것처럼 보이는 정신적 산물을 창조한다. 이런 명백한 차이점 때문에 이전의 사상가들은 서로 다른 정신적 산물이 다른 정신적 능력, 작용 또는 모듈로부터 발생하는 것이 틀림없다는 잘못된 가정을 하였다. 그러나 실제로 이러한 산물은 모두 동일한 정신적 작용으로부터 발생한다. 체계적인 사상寫像 도식mapping scheme과 그런 도식을 결합하는 체계적인 방식은 외관상 다른 듯 보이는 개념과 표현의 기초가 된다. 예컨대, 논리학과 은유는 이러한 사상과 개념적 혼성의 체계를 동일하게 이용한다.

2부: 개념적 혼성은 우리를 어떻게 지금의 우리로 만드는가?

9장 언어의 기원

인간은 언어, 예술, 종교, 문화, 세련된 도구 사용, 패션, 과학, 수학, 창조적인 음악과 무용 형식을 유일하게 가지고 있다. 이러한 특이성들이 후기 구석기 동안 나타났다는 사실은 주요한 과학적 수수께끼이다. 우리는 그 수수께끼에 대한 해답을 찾아낼 것이다. 이런 모든 특이성은 근원이 동일하다. 이중범위 혼성에 대한 능력의 진화가 바로 그것이다. 이런 설명은 인지적 현대 인간의 기원에 관한 최신의 고고학적·인류학적·유전적 자료로 뒷받침되고 있다.

10장 물건

우리는 물건을 만들고, 들고 다니고, 참고하고, 수리하고, 사용 방법을 다른 사람들에게 가르쳐주고, 그것으로 자신을 꾸미고, 선물까지 한다. 왜 그럴까? 흔하디 흔한 손목시계를 생각해보자. 손목시계는 물건 자체로서는 기괴하고 무의미하지만, 그것은 개념적 혼성의 매혹적인 물리적 고정 장치이다. 개념적 혼성에 대한 에드윈 허친스Edwin Hutchins의 연구를 기반으로 우리는 인간 생활의

한 부분인 물건이 어떻게 우리의 이중범위 개념적 통합 연결망에 대한 증거인지를 보여줄 것이다. 우리가 고찰하는 몇 가지 예는 시계, 계량기, 돈, 기념품, 묘, 무덤, 대성당, 글, 말, 기호 등이다.

11장 허구의 구성

인간은 속이고, 모방하고, 거짓말하고, 공상하고, 기만하고, 미혹시키고, 대안을 고려하고, 흉내 내고, 모형을 만들고, 가설을 제안한다. 우리의 정신적 삶은 어디에서든 반사실적 사고에 의존하며, 그러한 사고의 중추는 개념적 통합이다.

반사실적 사고의 개념적 혼성은 과학적 사고를 이끌어간다. 우리는 없는 물건과 부정적인negative 물건의 반사실적 동물원에 살고 있다.

12장 동일성과 특징

우리가 누구이며 우리가 무엇인지에 대한 개념은 개념적 통합에 의존한다. 우리 인간의 정신적 행동들 중에는 "내가 만일 너라면 그만 둘 것이다If I were you, I would quit"에서처럼 서로 다른 두 개의 주체성에 대한 일상적인 혼성이 있다. 개인적 속죄personal redemption, 명예 회복regaining or restoring honor, 복수vengeance, 상호보복vendetta, 저주curse와 같이 인간의 매우 강력한 어떤 개념은 사실 혼성 구조이다. 그리고 가장 영향력 있는 어떤 사람들은 개념적 혼성을 통해서 우리 세계로 온 비인간nonpeople이다.

13장 범주 변형

인간은 종종 범주를 변형시킨다. 이전 범주에 연결되어 있을 수도 있는 새로운 범주는 급진적으로 발현적 구조를 가질 수 있다. 동성 결혼same-sex marriage, 복소수complex numbers, 컴퓨터 바이러스computer virus는 모두 범주 변형의 예이다.

14장 다중 혼성공간

개념적 통합은 항상 하나의 혼성공간과 최소 두 개의 입력공간 그리고 하나의 총칭공간을 포함한다. 사실 개념적 통합은 입력공간 역할을 하는 정신공간이 몇 개이든지 간에 작용할 수 있다. 개념적 혼성은 반복적으로 적용될 수도 있다. 개념적 혼성의 산물은 새로운 개념적 혼성의 작용에 대한 입력공간이 될 수도 있다. 우리가 여기서 고찰하는 예는 의료 정책에 관한 신문 칼럼("드라큘라와 그의 환자Dracula and His Patients"라는 제목)에서 기막힌 정치적 조롱("황새는 은 숟가락을 입에 문 조지 부시를 3루에 떨어뜨렸다The stork dropped George Bush on third base with a silver spoon in his mouth"), 편집장에게 보낸 낙태에 대한 편지("나 자신이 원치 않던 아이였기에As an Unwanted Child Myself")에까지 이른다.

15장 다중범위 창조성

이 장에서는 다중범위 통합 연결망에서 발생하는 주목할 만한 개념적 창조성을 탐구할 것이다. 특히 여기서는 화, 죽음, 회사의 경쟁, 양날의 검, 쓰레기통 농구에 대한 통합 연결망을 고찰한다.

16장 구성 원리와 지배 원리

이 장은 이중범위 창조성에 대한 인간의 정신적 힘이 어떻게 제한되고 지배받는지를 조사하는 이론적 장이다. 흥미롭게도 이런 제한은 그 과정의 힘이기도 하다.

인지적 현대 인간은 개념적 통합을 이용해 성적 환상, 문법, 복소수, 개인적 주체성, 속죄, 복권 우울증이 존재하는 세계를 창조한다. 즉 우리의 삶에 의미를 제공하는 풍부하고 다양한 개념적 세계를 창조한다. 그러나 그런 무한히 다양한 인간의 생각과 행동의 파노라마는 이런 물음을 제기한다. 무엇이든 가능한 것인가? 반대로 개념적 통합은 명확한 구성 원리뿐만 아니라 상호작용하는 지배 원리에 따라서 작용한다. 지배 원리는 위상位相, 패턴 완성, 통합, 중추적 관계의 최대화, 중추적 관계의 강화, 통합 연결망에서 연결 연결망의 유지, 혼성공간이 그 자체의 압축 풀기를 유발하는 정도, 혼성공간의 요소에 적절성을 할당하는 것과 관련 있다. 그러나 또 다른 지배 원리는 인간의 개념적 척도에서 복잡한 개념적 연결망을 단 하나의 혼성공간으로 압축하는 것과 관련 있다. 이 장에서는 또한 개념적 통합의 중요한 목표를 개관한다. 이어서 단순 연결망, 거울 연결망, 단일범위 연결망, 이중범위 연결망이라는 관습적인 개념적 통합 연결망이 어떻게 반복해서 발생하는지를 보여줄 것이다. 그 이유는 그런 연결망이 지배 원리를 충족시키기 위해 일괄적이고 동시적인 방식을 제공하기 때문이다.

17장 형태와 의미

언어나 인간의 다른 복합적인 표현 능력은 진보한 개념적 통합에 대한 유일무이한 인간의 능력이 5만 년 전에 발달한 결과이다. 표현은 개념적 통합 패턴에 대한 촉진제이다. 우리는 표현을 사용해 다른 사람들이 개념적 통합을 행하도록 유도한다. 인간이 이중범위 혼성을 이용할 수 있게 되면서, 언어는 진화적 시간이 아닌 문화적 시간에서 문화적 진화를 통해 발생했다.

18장 우리가 살아가는 방식

마지막으로 개념적 혼성이 학습하는 방법, 사고하는 방법, 사는 방법에 중심 역할을 한다는 것을 고찰하면서 마무리한다.

1부

연결망 모형

형태의 시대와 상상력의 시대

컴퓨터 과학을 해결책이 아닌 문제의 일부로 보는 것이 훨씬 효과적이다. 문제는 인간의 뇌는 실제로 그렇게 작동하지 않는데도 불구하고, 우리 인간이 어떻게 알고리듬으로 작동하는 엄밀한 기계를 발명했는지 이해하는 것이다. 만약 어떤 해결책이 있다고 한다면, 그 해결책은 우리 내부를 들여다봄으로써 찾을 수 있을 것이다.[3]

—메를린 도널드Merlin Donald

오늘날 우리는 형태가 승전고를 울리는 시대에 살고 있다. 수학, 물리학, 음악, 예술, 사회과학을 통해 보건대, 인간의 지식과 그 발전은 본질적인 형식적 구조를 파악하고 그 구조를 변형하는 문제로 놀랍고도 강력한 방식으로 단순화된 듯하다. 컴퓨터의 마술은 1과 0을 신속하게 조작하는 것이다. 우리는 컴퓨터가 단지 그런 조작을 더욱 빨리하게 되면 우리 자신을 대신할 수 있을 것이라는 이야기도 듣는다. 풍부하고 복잡한 생명은 기본적으로 한정적인 유전 암호의 결합과 재결합으로 설명할 수 있다. 그런 공리적 방법은 수학은 물론 경제학, 언어학, 이따금 음악에서도 널리 원용되고 있다. 오늘날의 영웅은 고트로브 프레게Gottlob Frege, 다비트 힐베르트David Hilbert, 베르너 하이젠베르크Werner Heisenberg, 존 폰 노이먼John von Neumann, 앨런 튜링Alan Turing, 노엄 촘스키Noam Chomsky, 노버트 위너Norbert Wiener, 자크 모노Jacques Monod, 이고르 스트라빈스키Igor Stravinsky, 클로드 레비스트로스Claude Lévi-Strauss, 허버트 사이먼Herbert Simon이다.

이제 이런 승리의 실용적 산물은 우리의 일상생활과 문화의 일부가 되었다. 우리는 유전자를 조작한 곡물을 먹고 산다. 우리는 인터넷으로 출산을 알리고 결혼 축사를 보내며 총까지 구입한다. 우리는 식료품을 신용카드로 구입한다. 우리가 내야 할 세금도 인구통계학자와 경제학자가 발명한 공식에 따라 결정된다. 우리는 양을 복제한다. 음렬주의 작곡가는 수학의 원리에 따라 음표를 선택한다.

아킬레우스와 그의 갑옷

이런 경이로움은 모두 형태의 체계적 조작에서 나온 결과이다. 신생아의 사진은 이런 변형의 마술에 의해 1과 0의 긴 문자열이 된다. 1과 0은 수천 킬로미터를 넘어 전자적으로 전달되고 다른 쪽 끝에서 동일한 사진이 된다. 따라서 강력하고 깊은 의미를 지닌 이미지는 마치 1과 0의 다발과 동일하게 된다. 형태는 아무런 손실 없이 의미를 실어 나른다. 한 장의 사진은 1,000개의 1과 0의 가치를 가지며, 그 역 또한 마찬가지다.

한때 윤리학의 한 분과였던 경제학과에 입학한 대학생은 지금은 공식을 조작하면서 많은 시간을 보내야 할 것이다. 만약 그가 한때 인문학자와 문헌학자의 고유분야인 언어를 공부한다면 형식 알고리듬을 배울 것이다. 심리학자가 되고자 한다면 그는 연산 모형을 구축하는 데 정통해야 한다. 형태의 조작은 매우 강력하고 유용해서 요즘 학문은 종종 그런 조작법을 학습하는 문제로 간주된다.

형태 접근법은 우리가 어려운 문제를 다시 생각할 수 있도록 유도함은 물론 예전에는 생각할 수조차 없거나 표현할 수도 없었던, 새로운 질문을 하게 한다. 젤링 해리스Zeling Harris, 노엄 촘스키 및 그의 제자들이 행한 체계적인 연구 결과로, 너무 복잡하고 설명조차 하기 어려워 심리학자들은 간단한 연상적 설명 방식을 포기할 수밖에 없었던 언어 형식이 마침내 밝혀졌다. 부르바키 단체를 포함해 몇몇 다른 단체들은 그와 비슷한 체계적인 분석을 통해 수학의 토대가 수세기 동안 얼마나 불안정했는지를 밝혀냈다. 가장 인상적인 것은 쿠르트 괴델Kurt Gödel이 수학적 질문을 괴델수와 같은 순수한 형식적 도식으로 바꾸어 공리적 체계 아래에서 증명의 고유한 한계를 짚어내고, 그로 인해 형태를 사용해서 형식 자체를 분석한 점이다.

클로드 레비스트로스는 외관상 서로 다른 신화들이 어떻게 구조를 공유하면 의미까지 공유할 수 있는지를 보여주었다. 블라디미르 프로프Vladimir Propp는 러시아의 모든 민간설화에 적용 가능한 형식적 구조를 찾아냈다. 로만 야콥슨Roman Jakobson과 몇몇 학자들은 작품의 소리, 리듬, 철자법 사이의 형식적 관계에 대한 연구를 주요 문학 분석 방법으로 활용했다. 추상적 표현주의는 형태의 교차와 병렬에 의해 최상의 의미가 전달되는 것으로 보았다. 이런 노력의 많은 부분은 논쟁의 대상이기도 했지만, 한 세기 내내 형식에 대한 체계적인 분석을 통해 의미를 발견하고 조작하는 데 수많은 에너지를 쏟았다.

이와 같은 형태 접근법들은 과학적 지식이란 고작 표면적 형태 뒤에 감추어진 심오한 형태를 찾는 문제에 지나지 않는 것이라 우리가 생각하게끔 만든다. 물론 우리는 형태가 내용이 아니라는 것을 상식으로 알고 있다. 즉, 설계도는 집일 수 없고, 요리법은 음식이 아니며, 컴퓨터 기상 시뮬레이션이 비를 내리게 할 수는 없다. 파트로클로스가 트로이인들과 싸우기 위해 아킬레우스의 갑옷을 입었을 때 트로이인들이 가장 먼저 본 것은 눈부신 갑옷이었다. 그러자 그들은 자연스레 그것이 곧 아킬레우스라고 가정하고는 간담이 서늘해졌고, 갑옷만으로도 전세가 역전되는 듯했다. 그러나 트로이인들이 그것이 아킬레우스의 갑옷일 뿐 진짜 아킬레우스는 아니라는 것을 알아차리는 데는 오래 걸리지 않았다. 그 후로 그들은 조금도 인정을 베풀지 않았다. 오늘날 우리는 종종 트로이인들이 아킬레우스의 갑옷을 보는 것처럼 형태를 보곤 한다. 물론 갑옷은 없어서는 안 된다. 갑옷이 없다면 제아무리 아킬레우스라고 해도 질 수밖에 없다. 죽음을 피할 수 없는 인간들에게 신은 심혈을 기울여 뛰어난 갑옷을 만들어주려고 하지만, 신들은 또한 마땅히 전사에게는 힘이 있어야 한다고 여긴다.

분명 갑옷이 만드는 기적은 보이지 않는 내부의 전사에게 달려 있다.

트로이인들처럼, 21세기의 우리도 형태의 기적은 의미를 구성할 수 있는 무의식적이고 보통은 눈에 보이지 않는 인간의 힘을 이용한다는 것을 인식하게 되었다. 형태가 갑옷이라면, 의미는 그 갑옷을 매우 무시무시한 것으로 만드는 아킬레우스이다. 형태는 의미를 제공한다기보다 의미 전역에 퍼져 있는 규칙성을 식별해낸다. 형태는 의미를 촉진한다. 아킬레우스의 갑옷이 그의 몸과 능력에 맞도록 제작되었듯이, 형태는 그 일에 적합해야 한다. 물론 갑옷을 입었다고 해서 아킬레우스가 되는 것은 결코 아니다. 형태와 심지어 정교한 형태의 변형(모든 1과 0)이 있다고 해서 그 형태와 일치하는 의미를 가지는 것도 전혀 아니다.

'엘리자'[4]로 널리 알려진 컴퓨터 프로그램은 실제 사람이 하는 질문과 진술에 피상적으로 대응하는 낱말을 토대로 미리 설정된 답변을 영리하게 전달한다. 예컨대, "좀 더 말해줘Tell me more"는 이 기계가 제시하는 포괄적인 표현으로, 거의 어떠한 실제 대화하고도 문제없이 어울린다. 엘리자를 접하는 사람들은 자신들이 풍부한 인간의 대화에 참여하고 있다고 자연스레 느낀다는 사실에 스스로도 깜짝 놀란다. 심지어 이 프로그램의 속임수를 알면서도, 사람들은 엘리자가 의미를 처리하고 있고, 이런 의미가 엘리자가 제시하는 표현을 만들어내고 있다고 느끼는 충동을 억누르지 못한다. 엘리자가 텅 빈 갑옷이라는 것을 알면서도, 사람들은 현세의 아킬레우스 앞에 서 있다고 느낄 수밖에 없다.

신생아의 사진을 볼 때, 우리는 그 아기를 실제로 보고 있다는 느낌을 지울 수 없다. 사실 사진의 2차원적 색채 배열은 아기와 공통된 것이 하나도 없다. 사진과 아기 사이의 동일성을 구축하기 위해 뇌는 30억 년 이상 진화하고 생후 몇 개월간 교육되어야 했다. 뇌가 이를 즉각적이고도 무의식적으로 알아채기 때문에, 우리는 그 의미구성이 당연한 것으로 간주한다. 아니 그보다는 하나의 의미가 관찰자의 뇌 속에서 어마어마할 정도로 복잡한 정신 작용에 의해 능동적으로 구성되고 있을 때에도, 우리는 그 의미가 형식적 표상, 즉 사진으로부터 곧바로 튀어나오는 것으로 간주하는 경향이 있다.

디지털화된 그림을 인터넷을 통해 보낼 때 그 의미도 함께 전송된다는 착각은 오로지 의미구성을 다루는 뇌가 한쪽 끝에 있기 때문에 가능하다. 트로이인들이 아킬레우스의 갑옷을 만드는 신성한 기술적 업적의 가치를 떨어뜨리지 않았던 것처럼, 이런 착각은 사진을 전송하는 기술적 업적의 가치를 떨어뜨리지 않는다. 그렇지만 갑옷이 늘 인간 전사를 필요로 하듯이, 사진 역시 사람의 뇌를 필요로 한다.

아킬레우스는 최고의 전사였다. 때문에 헤파이스토스가 만든 최고의 갑옷을 얻었고, 그 갑옷 또한 제값을 하려면 전사의 몸에 맞아야 한다. 이렇듯 이 책의 주장처럼 우리 인간에겐 가장 정교한 형태(언어, 수학, 음악, 예술)가 있으며, 이는 우리 인간에게 의미구성을 위한 가장 효과적인 능력이 있기 때문이다. 이런 형태는 형태가 촉진하는 의미에 적합하다는 점에서 특히 인상적이다. 그러나 형태는 그 자체로는 무의미하다. 무엇보다 의미는 형태의 또 다른 종류가 아니다. 갑옷 속에는 또 다른 갑옷이 없다.

갑옷 속에는 사물이 아닌 잠재적 힘이 있다. 그 힘은 어떤 상황에서든 트로이인들에게 역동적이고 상상적으로 작용해서 치명적인 영향을 미칠 수 있다. 이렇듯, 형태 이면에는 사물이 아닌 의미를 구성할 수 있는 인간의 힘이 존재한다. 그 힘 역시 상황을 막론하고 역동적이고 상상적으로 발산되어 뜻을 통할 수 있게 한다.

이 책의 핵심 주제는 형태 접근법이 으레 주어진 것이라고 가정한 동일성, 통합, 상상력의 작용을 탐구하는 것이다. 기본적이면서도 신비롭고, 강하면서도 복잡하고 거의 무의식적인 특징을 지닌, 이런 작용은 어쩌면 가장 간단한 의미의 중심에 놓여 있다. 우리는 이런 작용이 의미 창조의 열쇠이며, 가장 간단한 형태의 가치조차 상상력이 풍부한 마음속에서 폭발되는 복잡한 발현적 역학에 달려 있다는 사실을 보여줄 것이다. 나아가 좀 더 일반적으로 이런 기본적 작용이 일상의 의미와 특출난 인간 활동 모두를 푸는 열쇠라고 할 수 있다.

하지만 놀랍게도, 형태 접근법의 핵심인 가장 기본적인 형태는 결정적으로 막강한 상상적 통합을 위한 촉진제였음이 밝혀졌다.

동일성, 통합, 상상력을 논의하는 가운데 이 책은 끊임없이 특정 주제를 환기시킬 것이다.

- 동일성. 형태 접근법에서 당연하게 간주되는 동일성(또는 정체성)identity, 같음, 등가, A=A에 대한 인식은 사실 복잡하고 상상적이며 무의식적 작업의 위대한 산물이다. 동일성과 대립, 같음과 차이는 의식을 통해 이해할 수 있다. 이것은 형태 접근법을 위한 자연스러운 출발점 역할을 했다. 그러나 동일성과 반대는 정교한 작업 다음에야 인식되는 완성품이다. 인지적·신경생물학적·진화적으로 볼 때 동일성과 대립은 사실 근본적인 출발점은 아니다.
- 통합. 동일성과 대립을 찾는 작업은 한층 더 복잡한, 개념적 통합이라는 과정의 부분이다. 개념적 통합은 정교한 구조적·역학적 특징과 작용상의 제약을 가지지만, 전형적으로 인지의 무대 뒤에서 빠르게 작용하는 탓에 전혀 눈치 챌 수도 없이 지나간다.
- 상상력. 상상력 없이 동일성과 통합은 의미와 그 의미의 진행 과정을 결코 설명할 수 없다. 더욱이 외부 자극이 없더라도 우리의 뇌는 상상의 시뮬레이션을 실행할 수 있다. 그중에서 꾸며낸 이야기, 가상 시나리오, 꿈, 성적 환상 같은 일부 시뮬레이션은 자세하고 분명하다. 그러나 이런 외관상 특출난 경우에 발견되는 상상의 과정은 실제로는 가장 간단한 의미구성에서도 그대로 작용하고 있다. 개념적 혼성의 산물은 어느 경우든 상상적이고 창조적이다.

동일성, 통합, 상상력이라는 인간 마음의 세 가지 작용이 이 책의 주제이다.

갑옷의 틈새(작지만 치명적인 약점)

형태가 실제보다 훨씬 더 많은 의미를 지닌 것으로 우리를 믿게 하는 엘리자 효과와 함께, 수많은 영역에서 이루어진 형태 접근법의 눈부신 성공으로 사람들은 이 접근법을 인공지능, 언어학, 인공두뇌학, 심리학 같은 분야에도 적용할 수 있을 만큼 발전시켰다. 그런데 그럴 때마다 형태는 의미의 신비와 충돌했다. 선 보기, 컵 집기, 안in과 밖out 구분하기, 명사와 형용사 결합하기, 엄마와 엄마의 엄마 사이의 유사성 만들기처럼 가장 간단한 것이 모형화하기가 매우 어려운 것으로 입증되었다. 학습과 발전은 진화 체계의 유감스럽고 원시적인 양상처럼 보였으며, 더욱 강하고 정확한 형식적 조작의 도구는 이를 그냥 간과하고는 했다. 하지만 진화는 논리학자들이 생각할 수 있는 것보다 훨씬 더 강력한 것으로 입증되었다. 무능하고 실수투성이처럼 보이고, 심지어는 신발이 신발이라는 것을 배우는 데 길고 긴 학습 과정을 거쳐야만 하는 어린아이는 형태 접근법이 종이나 실리콘으로 제공할 수 있는 그 어떤 것과도 비교가 안 될 정도로 훨씬 더 유능한 것으로 입증되었다. 만약 형태 접근법이 체스와 골드바흐의 추측처럼 극히 풀기 힘든 것을 처리할 수 있다면, 아마도 아동의 언어나 낯선 방 통과하기나 간단한 유추를 아는 것과 같은 한층 더 기본적인 사항을 설명하는 일은 식은 죽 먹기일 것이다. 그러나 그렇지가 않다.

　이런 문제를 풀기 위해 많은 노력과 돈이 투자되었지만, 연구가들은 예상되는 해답을 밝혀내기는커녕 처리 불가능성에 대해 깊은 경외감만을 피력하게 되었다. 기계 번역, 기계 시각, 기계 운동 같은 기껏해야 몇 년밖에 걸리지 않을 것으로 여겼던 문제들이 각각 독립적인 분야가 되었다. 컴퓨터를 이용해 무작위로 모든 경우를 대입하는 억지기법 통계학이 종종 진전된 성과를 보여주었지만, 그렇다 하더라도 많은 사람들은 형태 접근법이 작용하고 있는 개념적 과정에 대한 우리의 이해를 향상시켰다고는 보지 않는다.

　실제로, 상황은 이보다 훨씬 더 심각하다. 한때는 전혀 문제라고 생각지도 않던 현상들이 인지신경과학에서는 핵심적이고 매우 어려운 문제로 간주되었다. 나무를 나무라고 인식하는 것보다 더 쉬운 일이 있을까? 그런데 인지신경과학에서 행해진 연구를 보면, 이런 인식 문제가 '개념적 범주화'에 속한 문제로, '지각적 범주화'라는 고난도 문제 수준을 넘어선 고차원적 문제라는 것을 알수 있다. 커피잔을 보고 지각할 때처럼, 하나의 실체에 대한 간단한 인식은 그래도 좀 더 간단해 보인다. 신경과학이 입증하듯이, 잔의 색깔, 구멍의 모양, 손잡이의 위상, 커피 향, 컵 표면의 조직, 커피와 커피잔 사이의 경계선, 커피 맛, 손에 느껴지는 커피잔의 두툼한 감촉, 커피잔을 들기 위한 손 뻗기 등과 같은 커피잔의 수많은 양상은 해부학상 다른 위치에서는 다르게 이해되고 처리되며, 뇌에는 이런 다양한 이해들이 집결되는 단 하나의 장소가 없다. 의식의 층위에서는 그렇게 명확한 하나의 사물인 커피잔이 어떻게 무의식의 층위를 고찰하는 신경과학자에게는 그렇게 많은 다른 사물과 작용일 수 있는가? 여하튼 30억 년의 진화와 단 몇 개월간의 어린 시절 교육의 결합으로 단일체를 의식 차원에서 이해할 수 있게 되었지만, 신경과학은 지금까지 그런 단일성의 세부 내용을 밝혀내지 못했다. 우리가 하나의 사물을 어떻게 *하나의 사물*로 이해하는지는 '결합 문제binding problem'로 지칭되는 인지신경과학의 중심 문제로 간주되었다. 우리는 보통 하나의 사물을 어떻게 *하나의 사물*로 간주할 수 있는지를 자문하지 않는다. 이는 단일성이 우리의 정신적 작업이 아닌 사물 그 자체로부터 나온다고 가정하기 때문이다. 마치 사진의 의미가 사진 형태에 대한 우리의 해석에 있다기보다 사진 안에 있는 것으로 가정하는 것과 같다. 일반화된 엘리자 효과는 우리로 하여금 형태가 단일성에 대한 우리의 지각을 초래한다고 생각하게 했지만, 사실은 그렇지가 않다. 우리가 커피잔을 하나의 물건으로 보는 것은 우리의 뇌와 몸이 작용해서 그것에 그런 위상을 제공하기 때문이다. 우리는 인간의 삶에서 조작할 수 있도록 인간 척도에서 세계를 실체로 분할한다. 이런 세계의 분할은 상상의 위업이다. 예컨대, 개구리와 박쥐는 우리와 전혀 다르게 세계를 분할한다.

이러한 형태라는 갑옷의 틈새, 다시 말해 약점은 형식적 분석의 관점으로는 원시적인 듯한 정신적 삶의 요소들이 사실은 상상 작업의 고차원적 산물임을 입증하고 있다. 그래서 마음 연구의 다음 단계는 바로 상상력의 본질과 메커니즘에 대한 과학적 연구인 것이다. 지금까지는 일련의 도구를 가진 형태를 조사했기 때문에, 이제 우리는 그 형태가 의존하는 의미의 기본적인 본질을 조사하는 일에 착수해야 한다. 우리가 이 책에서 전개하는 연구는 예술, 수학, 문법, 문학, 반사실문, 만화 등과 같은 많은 다른 분야에서 표면상 매우 달라 보이는 의미구성의 현상에 초점을 두고 있다. 커피잔의 지각을 고찰하는 신경과학자처럼, 우리는 언뜻 보기에 간단한 이런 정신적 사건이 인지적 층위에서는 엄청난 상상적 작업의 결과물임을 보여줄 것이다.

아리스토텔레스까지 거슬러 올라가서

우리의 이런 견해, 즉 형태 접근법은 특별한 종류의 능력이며, 이런 능력은 갑옷이 위대한 전사에게 유용하듯이 상상력을 발휘하는 인간에게 유용하다는 견해에는 오랜 역사적 전통이 깃들어 있다. 예컨대, 아리스토텔레스는 식물학, 종의 세대, 윤리학을 포함해 인간 지식의 영역을 조사하면서 인간 지식의 특정 분야에 대해 예리하면서도 영향력 있는 분석을 시도했다. 이런 분석에서 정확한 형식적 작용은 다소 도움이 될 수 있다. 특히, 그는 특정한 명사나 형용사가 아닌 품사에 의존하는 체계적 방식으로 의미를 보존하거나 바꾸는 언어 패턴이 있음을 간파했다. 이런 언어 패턴이 바로 그 유명한 삼단논법이다.

- 모든 인간은 죽는다.
- 소크라테스는 인간이다.
- 따라서 소크라테스는 죽는다.

여기서, 어느 것도 *소크라테스*나 *인간*이나 *죽는다*에 의존하지 않는다. 아리스토텔레스의 삼단논법은 형식적이고 진리 보존적인 의미의 조작이다. 이것은 또한 "모든 A는 B이고 C는 A이기 때문에, C는 B이다"로 기호화할 수 있다. 아리스토텔레스의 관찰과 체계화는 '형태 접근법'이라고 언급한, 모든 접근법의 단초이다. 형태 접근법의 힘은 상징적 또는 기계적 조작의 신뢰에 기반하며, 이는 문제를 어떻게 조작하건 진리를 보존한다는 뜻이다. 아리스토텔레스와 그의 계승자 중 어느 누구도 형태를 분석할 때 이를 지식의 문제를 푸는 일반적 해결책으로 간주하지 않았다. 그럼에도 불구하고, 확실히 과학적·수학적 발전은 더욱 형식적인 정교화를 동반했다. 형태 접근법의 폭발적인 발전이 20세기 초 버트런드 러셀, 다비트 힐베르트 같은 사상가에 의해 촉진되면서, 형태와 의미의 상관성이 바람직한 것이긴 하지만, 그런 상관성을 이른바 번잡하고 불확실하고 불분명하고 일상적이며 기술적이지 않은 언어 같은 자연적 체계에서는 찾아볼 수 없다는 견해가 여전히 지배적이었다. 그럼에도 불구하고, 예컨대 성, 전쟁, 종교를 포함해 인간의 모든 영역에 대해서 진리로 간주한 것을 자신 있게 표현한 것으로 유명한 러셀은 형식수학에 대해 완고한 입장을 가지고 있었다. "수학은 우리가 무슨 말을 하고 있는지를 전혀 모르며, 우리가 말하는 것이 참인지의 여부도 전혀 알지 못하는 주제로 정의될 수 있다."[5] 따라서 이런 접근법의 한 가지 근본적인 목표는 엄격하고 믿음직한 형태—의미 상관성을 가지는 인공 언어를 구축하는 것이다. 이런 목표를 추구한 덕분에 수학은 물론 물리학, 화학, 논리학 그리고 훗날 컴퓨터 과학까지도 상당한 성공을 거두었다.

철학과 사회과학에서도 동일한 목표가 중시되었지만, 별로 성공적이지 못했다. 오히려 이런 분야에서는, 그런 목표 추구로 효과적인 해결책이 아닌, 보통 인식하지 못하고 있던 문제의 놀라운 복잡성이 초래되었다. 예컨대, 귀납적 논리학을 개발하려는 루돌프 카르납Rudolph Carnap의 초인적인 노력이 예기치 않게도 추론의 복잡성을 부각시키는 데 커다란 도움이 되었다. 그러나 이것이 모든 것을 통합하는 논리학으로는 이어지지 않았다.

인간의 발명과 통찰력에 영향을 미치는 형식적 체계를 개발하는 것은 수세기가 걸리는 고된 과정이었다. 어떤 형태는 다른 형태보다 의미구성을 더욱 효과적으로 돕는다. 모리스 클라인Morris Kline이 지적했듯이, "16세기의 기술 발달보다 더 나은 상징주의의 도입이 대수학의 발전과 분석에 훨씬 더 중요한 진보였다는 것이 밝혀졌다. 실제로 이 단계가 대수학이라는 과학을 가능하게 만들었다."[6] 상식적으로 볼 때, 미분학과 적분학을 배우려는 사람이 도무지 이해할 수도 없는 뉴턴의 표기법으로 배우려 하지는 않을 것이다. 라이프니츠Leibniz가 개발한 표기법은 비교할 수 없을 정도로 아주 명료하다. 일단 적절한 형태를 발명하면, 그 형태는 배우기 쉽다. 세계 어떤 곳의 학생이라도 $x+7=15$이므로 $x=15-7$, $x=8$ 또는 $8=x$ 같은 간단한 방정식 조작법을 배우는 데 이렇다 할 어려움을 겪지 않지만, 이런 표기법을 개발하는 데는 그리스, 로마, 인도, 아라비아 등과 같은 많은 다른 문화에서, 많은 수학자들의 수세기 동안의 노력이 필요했다. 12세기 인도 수학자 바스카라Bhaskara는 "두 무리수 가운데 더 큰 수를 더 작은 수로 나눈 것의 제곱근에 1을 더한 뒤, 제곱을 하고 다시 더 작은 수를 곱한 결과의 제곱근은 두 무리수의 제곱근의 합과 같다"[7]고 했다. 우리는 이제 좀 더 체계적으로 다룰 수 있는 형식적 상징을 사용해 이를 방정식으로 표현할 수 있다. 이 방정식 자체로는 바스카라의 묘사 못지않게 불분명한 듯하지만, 그 표기법은 더 쉽게 조작할 수 있는 방식으로 더 광범한 방정식 체계에 이 방정식을 바로 연결한다.

$$\sqrt{\left(\sqrt{\frac{n}{k}}+1\right)^2 k} \cdot = \sqrt{k} \cdot + \sqrt{n} \cdot$$

우리는 부분적 진보의 순간을 검토할 때 이런 형태주의를 개발하는 데 수반되는 노력을 이해할 수 있다. 일례로 클라인은 인도 표기법에 대해 다음과 같이 말한 바 있다.

덧셈에 대한 상징은 없었다. 감수 위의 점은 뺄셈을 암시했다. 핵심 낱말이나 생략 부호는 다른 작용을 요구했다. 따라서 낱말 karana에서 나온 ka는 뒤따르는 것의 제곱근을 요구했다. 미지수의 경우, 하나 이상이 수반될 때, 미지수에는 색깔을 가리키는 낱말이 있었다. 첫 번째 것은 미지수라고 불렀고, 나머지 것들은 검정색, 파랑색, 노란색 등으로 불렀다. 각 낱말의 머리글자 또한 상징이었다. 이런 상징주의는 그렇게 광범위하진 않다. 그러나 인도 대수학을 거의 상징적인 것으로 분류하기에는 충분했다. 확실히 디오판토스Diophantu의 축약형 대수학보다 훨씬 더 그러했다. 문제와 해답은 이러한 준-상징적 스타일로 기술되었다.[8]

이와 유사하게

카르다노는 $x^2=4x+32$를 *qdratu aeqtur 4 rebus p*:32라고 썼다.

역사적으로 볼 때, 갑옷의 발달은 금속의 발견, 채광과 정제의 발명, 대장장이가 지닌 모든 기술과 도구의 진화를 수반하는, 기나긴 노력이 요구되는 과정이었다. 마찬가지로 형식적 체계의 발달도 인간 지식의 발전에서 나온 훌륭한 전통이지, 문화가 공짜로 얻어낸 것이 아니다.

종의 진화적 유전, 과학의 역사, 개인의 발달사에서 형태의 체계와 의미구성의 체계는 서로 뒤얽혀 있기 때문에 이 둘을 분리할 수 없다. 클라인이 지적했듯이, 16세기 대수학의 진보는 개념적임과 동시에 형식적이었으며, 각각의 양상은 다른 양상에 필요했다. 형식적 체계는 의미 체계와 동일하지 않았고, 형식적 체계는 의미 체계와 별개로 행해지는 일을 부호화하고 해독하기 위해 의미 체계 위에 올려진 작은 번역 모듈도 아니다. 전사와 갑옷처럼, 의미 체계와 형식적 체계는 분리할 수 없다. 이 둘은 종, 문화, 개인 안에서 함께 진화한다.

엘리자 현상이 형태에서 실제보다 더 많은 것을 보기 때문이라는 점을 강조했듯이, 우리는 형태가 부수적이거나 환각적인 인간 마음의 양상일 수 없다고 강조한다. 이 책에서는 형태가 대개 무의식적이며 놓치기 쉬운 상상력의 구성물을 촉진하는 복잡한 방식을 해명하는 데 많은 노력을 기울일 것이다.

마음의 세 가지 과정: 동일성, 통합, 상상력

앞서 지적했듯이, *하나의 통합된 사물*을 어떻게 지각적으로 이해할 수 있는가 하는 문제인 결합 문제는 신경학에서 영향을 받은 연산 모형화에 그 대응물이 있다. 1980년대 초 캘리포니아 대학 샌디에이고 캠퍼스의 심리학자와 인지과학자들은 인지적 현상을 모형화하는 매우 성공적인 접근법인 병렬 분산 처리parallel distributed processing, PDP의 이론과 실행법을 개발했다. PDP는 인지를 이해하는 데 주요한 발전으로 널리 인정받았다. 그 장점은 인지적 현상을 표상하기 위해 논리학 같은 컴퓨터 프로그래밍 언어를 사용한 전통적인 상징적 접근법의 단점과는 대조적이었다. 그러나 동일성이 간단하다거나 원시적이라고 생각하는 사람들에게는 놀랍게도, 이러한 새로운 종류의 모형화에 대한 주요한 도전은 동일성을 포착하고 그 역할을 값에 연결하는 것임이 입증되었다. 예컨대, 황소로서의 제우스, 신으로서의 제우스, 백조로서의 제우스는 모두 동일하며, 구름을 불러 모으는 자(역할)도 제우스(값)와 '동일'하다. 그런데 신, 황소, 백조의 동일함은 닮음이나 공유된 자질의 문제가 아니다. 더욱이 이 문제는 지금까지도 전혀 해결되지 않았으며, 문제 해결을 위해 고안된 매우 복잡한 기술적 해결책은 동일성에 대한 직관적인 표상과 닮은 데라고는 하나도 없는 듯하다. 폴 스몰렌스키Paul Smolensky의 접근법[9]은 텐서곱을 사용하고, 로켄드라 샤스트리Lokendra Shastri의 접근법[10]은 시간적 공시태에 의존한다. 요컨대, 신경과학처럼 연결주의 모형화는 동일성, 동일함, 차이가 결코 쉬운 기본 요소가 아니라 마음을 모형화하는 데 수반되는 주요하고도 가장 다루기 힘든 문제임을 인식하게 되었다.

상당한 발전을 겪은 관련 연구 분야는 유추에 관한 연구이다. 여기서도 우선은 쉽고 원시적인 것처럼 보였던 것, 이를테면 동일함에 대한 명시적 특징묘사가 엄청나게 복잡한 것으로 밝혀졌다. 두 영역의 요소들을 일치시키고 정렬하고, 두 영역 간의 유추에 동기를 유발하는 공통된 도식적 구조를 찾는 일은 이제 굉장한 상상적 작업의 재주로 인식되었다. 지금의 연산 모형화 상태로는 그런 재주를 정확하게 처리할 수 없다. 그러나 일상의 동일성을 지각할 수 있는 능력처럼, 일상의 유추를 지각할 수 있는 능력은 우리의 의식 층위에서는 아주 당연한 것으로 간주된다. 그것은 아무 일도 아닌 것처럼 보인다. 일반적으로 볼 때, 세제곱근을 구하는 것은 어렵지만, 방에서 나가는 문을 찾는 것은 식은 죽 먹기다. 사실, 세제곱근을 구하는 것은 연산적으로 모형화하기가 매우 쉽지만, 오늘날 로봇은 방에서 밖으로 나가는 데 많은 시간을 허비하고도 좀처럼 나가지 못한다. 당신이 지금 있는 방을 이전에 알던 방과 비교해 그 방을 이해하는 것은 일상의 유추이다. 우리는 이런 유추를 곧잘 시시하게 여긴다. 왜냐하면 해결책을 제공하는 복잡한 인지 과정이 의식을 벗어나기 때문이다(그리고 "모든 사람들이 그것을 할 수 있기" 때문이다). 이런 유추에 대한 '명백한' 해답만이 의식에 떠오르고 그것도 조용히 떠오른다. 우리는 우리가 했던 상상적 과업을 의식하지 못한 탓에, 해결해야 할 문제가 있다는 것도 알아채지 못한다.

어째서 형태 접근법은 동일성, 동일함, 차이라는 상당히 어려운 이런 문제에 좀 더 일찍 직면하지 않았을까? 무엇보다 그런 절차를 가동시킨 우리가 그런 문제를 무의식적으로 다루는 바람에 누구도 그 어려움을 알아채지 못했기 때문이다. 예컨대, $\forall x, p(x) \Rightarrow q(x)$ 같은 논리 공식을 보자. 이 논리적 형태는 하나의 도식을 세우는데, 이 도식에 따라 특성 p를 갖는 것이면 무엇이든 특성 q를 가진다. 따라서 이 공식을 이해하는 사람이면 이를 사용해 특정한 사물이나 개체에 대한 특성 p와 q를 예증함으로써 특정한 진리를 발견할 수 있다. 그렇다면 우리는 특성 p를 가진 동일한 개체가 특성 q도 가진다는 것을 어떻게 아는가? 동일한 글자 x가 공식에 사용되었기 때문에 아는 것이다. 그렇다고 형식적 동일성 자체가 하나로 묶는 것은 아니다. 형식적 동일성은 형태를 해석하는 해석자의 마음속에서 실제 묶음이 발생하도록 하는 촉진제일 뿐이다. 실제 묶음이 실제 뇌에게 하도록 허용하는 것은 논리 공식 이면에 놓인 일반 도식을 특별한 사물과 개체에 적용시키고, 그것들이 어떨 때 동일한 것으로 간주되고 어떨 때 다른 것으로 간주되는지를 추적하는 것이다. "평면에서 x가 1인 점을 선택하라"는 우리에게 전체 일련의 점들을 동일한 것으로 묶도록 지시한다. 우리는 이 모든 점들을 묶어 선이라는 통합적인 사물을 창조한다. "평면에서 x가 −1인 점을 선택하라"는 우리가 동일한 일을 하도록 만드는데, 동일한 x를 사용하지만 다른 선을 긋게 한다. 점들을 '동일한' 것으로 묶는 것은 통합적인 사물을 창조하는 정신적 업적이다.

이런 통합을 촉진할 때, 형태 접근법은 인간의 지각적·개념적 체계로부터 단서를 끄집어낸다. 우리는 사물을 구성하고 동일성을 보존하려는 경향이 있다. 그래서 우리는 수많은 다른 상황에서 '와인 병'을 쥐고, 옮기고, 보고, 느끼지만, 우리는 힘도 들이지 않고 무의식적으로 이 모든 사건을 단일한 와인 병과 관계되는 것으로 함께 묶는다. 거꾸로, 그와 동시에 우리는 어느 모로 보나 같긴 하지만 '동일한' 사물이 아닌 '두 개의' '와인 병'을 구분하기 위해 동일한 지각적 증거를 사용할 수 있다.

"나는 1954년생이다I was born in 1954"는 우리가 1954년에 태어난 아기와 그로부터 수십 년 뒤에 살고 있는 성인을 명백한 차이에도 불구하고 '동일한' 것으로 묶게끔 촉진한다. "초서 시대의 런던은 오늘날의 런던과 전혀 닮지 않았다Chaucer's London bore no resemblance to the London of today"는 우리가 또 다른 관점에서 '동일한' 것으로 알고 있는 두 도시를 구성하고 이 둘을 분리하도록 촉진한다. "내가 너라면 검정색 옷을 입을 것이다If I were you, I would wear black dress"는 우리가 다른 면은 몰라도 일부 면에서 '나I'와 '너you'를 결합하도록 촉진한다. 이런 놀라운 결합 능력은 매우 정교한 인지 과정과 신경생물학적 과정에 의존하는 것으로 밝혀졌다.

형태 접근법에서 동일성은 당연한 것으로 간주된다. 그에 반해, 유추는 전형적으로 인식조차 되지 않는다. 왜 그런가? 유추는 갖가지 뒷문을 통해 형식적 체계의 부분으로 몰래 들어왔다는 것이 그 해답이다. 유추의 밀반입에 대한 예로 "폴은 메리를 사랑한다Paul loves Mary"와 "존은 조를 찼다John kicks Joe" 사이의 관계를 보기로 하자. 이 두 문장은 단 하나의 낱말도 공유하지 않는다. 때문에 가장 명백한 층위에서조차 동일한 부분을 가지고 있지 않다. 그럼에도 불구하고 우리는 이 두 문장이 형태가 유사하다는 것을 단박에 알아챈다. 생성문법 같은 생산 체계 접근법에서는 이런 유사성은 특정 문장 간의 명시적인 유추적 사상寫像, mapping이 아닌 통사적 파생의 공통된 부분을 두 문장이 공유한다는 사실로부터 나온다. 이러한 이론에는 전형적으로 숨겨진 구조의 층이 있다. 따라서 한 층위에서 유추처럼 보이는 것이 더 심오한 층위에서는 구조적 동일성의 피상적 부산물로 다루어지는 것이다. 유추적 사상 그 자체가 이론적 장치의 부분인 것은 아니다. 게다가 유추적 사상은 아동용 학습 장치의 일부로도 간주되지 않는다. 그래서 역설적인 점은, 아이들은 누구나 모든 종류의 영역에서 광범위한 유추적 능력을 갖출 수 있지만, 형식 언어학의 입장은 문법 학습은 유추적 사상을 수반하지 않는다는 것이다. 문법을 학습하는 것은 오히려 선험적인 제약(보편 문법)을 근거로 생산 체계(형식 문법)를 귀납하는 것이다. 지각된 유추는 이러한 체계의 부산물일 뿐, 이런 체계의 이론적 개념이 아니다. 놀랍게도 어린이이가 이런 체계를 이해할 수 있도록 하는 수단도 아니다.

주지하다시피, 형태 접근법에서 유추는 숨겨진 층위에서 구조적 동일성으로 대체된다. 그러나 형태 접근법은 그런 동일성을 당연한 것으로 여긴다. 때문에 구조적 동일성에 대한 이해는 문제를 제기하는 것으로 보이지 않는다. 따라서 유추는 없어도 되는 것처럼 보인다. 사실, 형태 접근법은 뜻하지 않게도 유추를 형식적 조작의 모습으로 억지로 밀반입했지만, 더 이상의 유추를 수용할 수 없어 어려움을 겪었다.

생성문법 같은 형태 접근법이 지닌 강력하고도 매우 유망한 특징은 표면적 외형 뒤에 놓인 (심층구조나 논리 형태 같은) 연속적이고 비가시적인 형태의 층위를 단정할 수 있다는 점이다. 따라서 한 층위에서 볼 수 있는 형식적 조직의 신비를 더 상위 층위에서는 규칙성으로 설명할 수 있다. 이런 기술은 우리가 앞서 갑옷 안에서 또 다른 갑옷을 찾는 것으로 묘사한 것이다. 본래 그것은 들리는 것만큼 불합리한 것은 아니다. 전사는 가장 위쪽 갑옷 밑에 또 다른 보호 장치를 할 수 있다. 숨겨진 형태의 층위는 있을 법한 설명적 기술이다. 불합리는 형태 이면에 있을 수 있는 *유일한* 것이 단지 또 다른 형태일 뿐이라고 가정하는 데서 나온다.

유추는 전통적으로 과학자, 수학자, 예술가, 어린아이에게는 발견을 위한 강력한 엔진이다. 그러나 형태의 시대에는 평판이 낮았다. 유추에는 공리 체계, 규칙 토대적 생산 체계, 연산 체계에서 발견할 수 있는 정확성 같은 것이 전혀 없는 듯하다. 새롭고 강력한 이런 체계들이 과학적 사상의 구현으로 간주되자, 유추는 모욕적이게도 불분명한 사고와 단순한 직관의 위상으로 축소되었다. 유추에 형식적 메커니즘이 없다는 것이 유추 자체가 아마도 근본적인 인지적 작용이 아니리라는 것으로 잘못 동일시되었다. 규칙 토대적 체계가 한창 인기를 얻고 있을 무렵, 유추는 중요한 과학적 주제로서의 위상을 잃었고, 발견과 설명의 적절한 방법이 아니라고 조롱받았다. 그러나 1970년대 말엽, 유추를 비롯해 평판이 좋지 않던 그 동료들이 함께 활기차게 재기했다. 환유, 정신적 영상, 서사적 사고, 형태주의를 지향하던 사람들이 몹시 싫어했던 정서와 은유가 바로 그 유추의 동료들이었다.

이런 재기에는 수렴적인 많은 이유가 있었다. 첫째, 임상 실험과 컴퓨터 모형화를 방법론으로 하는 심리학자들이 유추를 진지하게 연구한 것이다. 그로 인해 인지 작용으로서의 유추가 복잡하고 강력하며 근본적이라는 점을 누구도 의심하지 않았다. 새로운 모형화 기술, 그중에서도 특히 연결주의 체계는 훨씬 유익하고 더 실제적인 유추적 사고[11]의 모형과 실제 복잡성에 대한 한층 더 정확한 통찰력을 제공했다. 유추는 다시 하나의 현상으로서 존경할 만한 것이 되었다. 왜냐하면 이제 유추를 형식적으로 모형화할 수 있기 때문이다. 그러나 형식적 경계의 한계가 명백하여, 유추는 모형제작자와 실험심리학자 모두에게 만만찮은 도전을 제기했다. 정신적 영상도 이와 유사한 이유로 복귀했다.[12] 로저 셰퍼드Roger Shepard, 스티븐 코슬린Stephen Kosslyn 같은 연구가들은 시각적 지각, 시각적 상상력, 그리고 이 둘의 관계를 탐구하기 위한 독창적인 실험 기술을 개발했다. 정신적 영상은 창졸간에 깜짝 놀랄 복잡성을 지닌 경탄스런 과학적 현상으로 각광받았다. 같은 이야기가 여기서도 반복되었다. 즉 우리 인간이 아무 생각 없이 달성하기에 가장 쉬웠던 일이 체스나 다른 외관상 어려운 정신적 과업보다 모형화하는 것이 훨씬 더 어렵다는 사실이 밝혀졌다.

언어학자와 철학자들은 은유가 인간 인지에 얼마나 중요한지를 심도 있게 입증했다.[13] 뿐만 아니라 아주 어린 아이들의 은유적 사고를 조사했고, 어족들 사이에서 은유 표현의 규칙성을 찾아냈으며, 인간의 은유적 이해에 대한 복잡성을 해명했다. 그 결과, 은유가 수화, 몸짓 같은 비언어적 의사소통 체계에 역할을 한다는 것을 분석하기 위한 독창적인 방법론이 발명된 것이다. 물론, 금세기 전에 전통적인 연구 분야는 종종 과학적 발견, 예술적 창조성, 아동 학습에 기여하는 은유의 강력한 역할을 수용했고 심지어는 흡족해하기도 했지만, 형태 접근법이 우세해지자 그런 수용은 완전히 사라졌었다.

분석철학자들은 눈앞에서 비유적 사고가 '핵심 의미'로부터 완전히 배제되는 것을 흡족한 듯 바라보았다. 형태주의를 지향하는 철학자들의 눈으로 보면, 핵심 의미는 형식적이고 진리 조건적으로 특징지어질 수 있는 의미의 부분이다. 그러므로 이런 논리를 발전시키면, 핵심 의미가 유일하게 중요하고 근본적인 의미 부분이어야 한다. 그러나 불가피하게도, 이런 분석적 접근법은 의식의 지평 아래서 순간적으로 작동하고 복잡한 역동성의 형식적 흔적을 거의 남기지 않는, 의미구성의 상상적 작용을 결코 알아낼 수 없었다.

우리가 계속 보게 되듯이, 많은 분야에서 이루어지는 연구가 상상력을 근본적인 과학적 주제로 복원시키는 쪽으로 수렴하고 있다. 왜냐하면 상상력은 가장 일상적인 정신적 사건 이면에 있는 의미의 중심 엔진이기 때문이다. 마음은 외눈박이 키클롭스가 아니다. 마음에는 동일성, 통합, 상상력이 있으며, 이 모두는 함께 뒤엉킨 채로 작용한다. 이 책의 목적은 이 셋의 복잡한 상호작용과 메커니즘을 파헤치는 것이다.

특히, 이 책은 통합의 본질에 초점을 둘 것이다. 통합은 언어, 예술, 행동, 계획, 이유, 선택, 판단, 결정, 유머, 수학, 과학, 마술과 의식, 일상생활의 가장 간단한 정신적 사건에서 작용한다는 것을 볼 것이다. 이렇듯 여러 영역에서 수많은 모습으로 등장하는 탓에, 일반 능력으로서의 개념적 통합의 통일성은 간과되고는 했었다. 그러나 마침내 인지과학자들이 각각의 분야들 사이에서 연결 고리를 찾으려는 새로운 연구 경향을 보이면서, 서로 다른 영역의 매우 다른 산물의 기초가 되는 기본적인 정신적 힘에 대한 관심이 되살아나게 되었다.

빙산의 일각

어떻게 두 가지 생각이 융합되어 어떤 새로운 구조를 만들 수 있는가? 이 새로운 구조는 단지 '잘라 붙인' 결합이 아니며 그 두 이전 생각의 영향을 보여준다.[14]

— 마가렛 보든Margaret Boden

상식적으로 볼 때, 학문 분야가 다르면 사람들의 사고방식도 서로 다르다. 성인과 어린이가 똑같이 사고하지 않으며, 천재의 마음은 보통 사람의 마음과 같지 않다. 간단한 문장을 읽을 때 수반되는 무의식적 사고는 시를 쓰는 동안 수반되는 상상적 사고보다 훨씬 아래에 있다. 이런 상식적인 구분은 논쟁거리가 아니지만, 이 모든 층위를 초월하고 그것을 가능하게 하는 의미구성을 위한 일반적 작용이 존재한다. 이런 일반적 작용은 매우 강력하긴 하지만 눈에 보이지 않는 작용으로서, 우리는 바로 이런 작용에 관심을 기울일 것이다.

이런 구분들 간의 공통성은 그간 널리 인식되었다. 최근 인지과학에서 유추적 사고는 열띤 주제였다. 개념적 프레이밍[15]이 아주 이른 시기에 유아에게서 발생하고 모든 사회적·개념적 영역에서 작용한다는 것이 밝혀졌다. 상식상 예술과 수사학의 특별한 도구로 간주되는 은유적 사고는 관습적이든 현저하든 간에 모든 인지 층위에서 작용하고 있고 일관된 구조적·역동적 원리를 보여주었다. 아리스토텔레스는 은유가 "천재의 특징이다"라고 말함과 동시에 "모든 사람들이 은유로 대화를 나눈다"고 말한 바 있다. 그가 말한 것은 역설이 아니다. 그는 일반적인 인지적 작용이 존재한다는 사실과 사람들마다 서로 다른 기술을 가지고 이 작용을 사용한다는 사실 간의 차이를 인식한 것이다. 숙련된 웅변가, 일상의 대화자, 어린이는 수사학자들이 연구한 형태와 의미의 다양한 도식을 사용할 수 있다. 이와 유사하게, 현대 언어 과학이 보여준 바에 따르면, 모든 인간 언어의 기초가 되고, 성인과 아이가 모두 공유하는 보편적인 인지 능력이 존재한다. 공통성에 대한 또 다른 증거는 평범한 추론의 복잡성이다. 인공지능 연구가들이 이런 추론을 명시적으로 모형화하던 도중 뜻밖의 심각한 어려움에 직면했을 때에 이것을 발견했다. 그전까지는 매우 전문적인 사고하고만 연계되던 이런 엄청난 복잡성은 모든 층위와 시대의 사고를 초월한다는 것이 밝혀졌다.

우리의 가장 기본적이고 일반적인 정신적 능력의 체계성과 복잡성이 그렇게 오랫동안 인지되지 않았다는 점은 이상하다. 어쩌면 이런 중요한 메커니즘은 어릴 적에 형성되어 의식이 감지하지 못했을 수 있다. 더욱 흥미롭게도, 의식이 이런 메커니즘을 감지하지 못한 것은 이것이 진화적 적응의 부분이기 때문일 수 있다. 이는 마치 연극을 공연할 때 무대 뒤에서 이루어지는 노동은 눈에 띄지 않아야 가장 잘 된 공연이라고 말할 수 있는 것과 같다. 여하튼, 우리는 일상생활에서 이런 일반적 작용을 무시하고 과학적 연구 대상으로 삼기를 꺼리는 듯하다. 교육을 받고 난 뒤에도, 마음은 무의식적인 마음이 쉽게 행하는 것을 의식적으로 표상할 수 있는 능력이 미약한 듯하다. 이런 한계는 전문 인지과학자들을 어렵게 하지만, 종의 진화상 바람직한 특징일 수 있다. 이런 한계에 대한 한 가지 이유는 우리가 이야기하고 있는 이런 작용이 신경계에서 분산된 확산 활성화를 수반하기 때문에 순간적으로 일어나고, 의식적 주의가 그런 흐름을 차단한다는 것이다.

이런 기본적인 정신적 작용은 매우 상상적이고, 우리로 하여금 동일성, 동일함, 차이를 의식적으로 인식시킨다. 프레임, 유추, 은유, 문법, 평범한 추론은 모두 간단명료한 인식을 무의식적으로 생산하도록 하며, 학문 분야, 나이, 사회적 수준, 전문지식의 정도를 초월한다. 우리가 *개념적 혼성*이라고 부르는 개념적 통합은 또 다른 기본적인 정신적 작용으로서, 매우 상상적인 동시에 가장 간단한 사고에도 결정적이다. 이는 속도와 비가시성의 예상되는 특성을 보여준다. 이번 장의 목표는 개념적 혼성을 쉽게 알아볼 수 있는 몇 가지 쉬운 예를 살펴보면서, 그것이 어떻게 작용하는지에 대한 느낌을 전달하는 데 있다. 여기서 중요한 것은 과정의 내용이 아닌 과정의 표출이다. 이런 예가 인상적이기 때문에 가급적 논의의 출발로는 삼았지만, 예외적인 모양에 현혹되지 않는 것도 중요하다. 개념적 혼성은 대개 비가시적이고 무의식적인 활동으로, 인간 생활의 전반에 수반된다.

철의 여인과 러스트 벨트[*]

1990년대 초 철의 여인으로 알려진 영국 수상 마가렛 대처는 미국의 특정 당들 사이에서 꽤나 인기가 높았다. 그 당시 미국에게 필요했던 것이 바로 마가렛 대처라는 주장이 흔했다. 우리가 관심 갖는 것은 "그렇지만 노동조합이 마가렛 대처를 용납하지 않을 것이기에, 여기서는 결코 당선될 수 없을 것이다But Margaret Thatcher would never get elected here because the labor unions can't stand her"라는 반응이다.

이것에 대해 생각해보려면 마가렛 대처와 미국의 선거 정치를 결합할 필요가 있다. 우리는 마가렛 대처가 미국 대통령 후보에 출마한다고 상상하고, 그녀를 당선하지 못하게끔 하는 적당한 장애물을 떠올릴 수 있을 만큼 충분한 구조를 개발해야 한다. 결정적으로 이런 추론의 요지는, 실제 세계에서 마가렛 대처가 이미 다른 국가의 원수이며, 미국 시민이 아니고, 대통령 출마에는 아무 관심도 없기 때문에 당선되는 것이 불가능하다는 객관적인 사실과는 아무런 관련이 없다. 옳든 옳지 않든, 화자의 요점은 미국과 영국이 명확한 유사성에도 불구하고 문화·정치 체제가 전혀 다르며, 같은 종류의 지도자를 선택하지 않을 것이라는 사실이다. 영국의 일부 특징과 미국의 일부 특징, 그리고 그 자체

---

[*] 미국 중서부 북동 지역의 공업지대. 미시간 주와 일리노이 주 등이 속해 있으며 노조의 힘이 강한 지역이다.

의 특징을 지닌 상황('혼성공간')을 구축함으로써 이런 요점이 만들어진다. 예컨대, 상상적 혼성 시나리오에서 미국 대통령 선거에 출마한 대처는 미국 노동조합의 미움을 받겠지만, 이는 미국이나 미국의 노동조합과 관련된 과거의 어떤 경험 때문이 아니다. 오히려 대처에 대한 증오심은 그녀가 국가 원수로서 영국 노동조합을 가혹하게 다루었기 때문에 (아주 다른) 영국 노동조합이 그녀를 싫어하는 영국 역사에서 상상적인 혼성 시나리오로 투사된다. 대처는 역사적 상황에서 노동조합의 미움을 사기 전에 당선되었다. 혼성공간에서, 그들은 이미 그녀를 미워하고 있어서 그녀의 당선을 막을 것인데, 이는 그녀가 이전에 그들에게 한 일 때문이 아니다.

우리가 이 모든 것을 이해하고 나면, 유사성은 명확해 보인다. 영국 수상은 미국 대통령과 대응된다. 노동조합은 노동조합과 대응하며, 영국은 미국과 대응한다. 영국 유권자는 미국 유권자와 대응한다. 이보다 더 간단한 것이 있을까? 그러나 약간 다른 상황에서 이 모든 상관요소를 강한 대립요소로 해석해보면 알 수 있듯이, 이런 대응은 상상의 대단한 업적이다. 한 가지 관점에서 보면, 영국의 의회제는 미국의 선거인단이 있는 주들의 연합과는 거리가 멀다. 미국의 노동조합과 영국의 노동조합 간의 근본적 차이를 다룬 책도 있다. 다른 맥락에서 보면, 영국 여왕이 자연스러우면서도 분명하게 미국 대통령에 즉각적으로 대응하고, 수상 마가렛 대처는 부통령의 등가물이어서, 특정 부통령이 이름뿐인 대통령 배후에서 모든 실권을 쥔 것으로 간주될 수도 있다. 일단 혼성공간이 구성되고 나면, 동일성, 유사성, 유추 같은 대응은 우리가 정신적으로 구성한 것이 아니라 객관적이라 여기고 있는 것의 일부처럼 보인다. 눈에 보이는 커피잔이 있다는 간단한 이유만으로 우리가 커피잔을 본다고 느끼듯이, 우리는 눈에 보이는, 즉 아무런 노력도 기울이지 않고 직접적이고도 즉각적으로 지각되는 유사성이 있기 때문에 마치 유사성을 곧장 본다고 느낀다. 그러나 사후에 일치물을 찾는 일이 간단한 것처럼 보일 때조차도, 유추 이론가와 모형 제작자들은 당황스럽게도 그런 일이 매우 다루기 힘든 문제임을 알아냈다. 사람들이 어떻게 그렇게 하는지는 아무도 모른다. 무의식적인 마음은 사고하는 사람들에게 그런 인식을 거의 공짜로 주는 듯하다.

사실, 객관적으로 존재하는 것처럼 보이는 대응을 찾아내는 데는 확실히 '거기에' 있지 않은 새로운 상상적 의미를 구성하는 일이 필요하다. 단순한 대응도 창조적 구성에 기초한다. 예컨대, 미국 대통령 선거와 영국 역사의 개념적 프레임에는 미시간 주에서 선거운동하는 수상의 모습이 들어 있지 않다. 유사물에는 이런 구조가 '거기에' 없다. 그런데 혼성공간에는 이런 새로운 발명품이 들어 있다. 이를테면 마가렛 대처가 일리노이와 미시간 주에서 선거운동을 하는 것과 미국 노동조합이 마가렛 대처를 싫어한다는 내용이 들어 있다. 마가렛 대처는 이런 혼성공간에서 선거에서 패배한다. 이는 두 유사물에는 전혀 포함되어 있지 않은 결과이다. 상상적 혼성 시나리오는 한편으론 실제 미국 상황과 연결되고, 다른 한편으론 실제 영국 상황과 연결되어 있어서, 혼성공간에서는 새로운 의미가 창조되며 여기서 발생하는 추리가 두 개의 실제 상황으로 역투사됨으로써 극히 중요한 결론을 이끌어낸다. 화자는 미국과 영국 간의 *비非유추disanalogy*[*]를 구축하도록 요청하고 있는 것이다. 이런 비유추의 내용은 미국이 어떤 종류의 지도자를 필요로 할 수도 있지만, 미국 선거 정치의 복잡한 사정 때문에 그런 지도자가 선출되는 것이 불가능하다는 것일 수 있다. 아니면 영국 노동조합에 일어났던 일이 미국 노동조합에는 결코 일어나지 않을 만큼 미국의 노동조합은 신중해서 미국으로서는 다행이라는 것일 수도 있다.

이런 혼성공간을 구축하고 사용하려면 두 개의 유사물을 일치시키는 것 이상의 일이 필요하다. 그것은 사실 엄청난 과업이다. 우리는 어쨌든 두 개의 유사물로부터 나오지만 결과적으로는 그 이상의 것을 지닌 시나리오를 창조해야 한다. 그 시나리오가 선험적인 현실이나 경험과 불일치하더라도 그 시나리오를 통합적인 단위로 작동할 수 있어야 한다. 비록 이런 상상의 시나리오가 역사상 한 번도 일어난 적은 없지만, 이런 시나리오의 역동성은 자동적이다. 이제

---

[*] 닮은 점이 아니라 차이점을 비교하는 것.

껏 '퇴임한 영국 수상'과 '미국 대통령에 당선이 유력한 후보'를 한 번도 일치시켜본 적이 없어도 혼성공간은 명확해 보이는 일련의 가능한 '일치물match'을 만들어낸다. 이런 상상적 혼성 시나리오를 구성하지 않고서는 어느 누구도 이런 유사물들을 완전히 일치시킬 수 없다. 왜냐하면 무엇이 좋은 쌍으로 간주되는지는 그런 일치물이 혼성공간을 위해 필요로 하는 것을 줄 수 있는지의 여부에 달려 있기 때문이다. 약간의 일치는 혼성공간의 작동을 돕고, 혼성공간의 작동은 우리가 그 일치물을 찾도록 돕는다.

제아무리 경이적으로 인상적일지라도, 일치물을 찾는 일은 혼성공간에서 새로운 의미를 창조하는 것에 비하면 아주 사소한 일이다. 우리는 아무렇게나 혼성공간을 운용할 수 없으며, 해당 목적에 적절한 방식으로 운용해야 한다. 예컨대, 마가렛 대처의 시도가 노동조합에 의해 저지당한다 해도, 실제 대통령 당선이 유력한 후보에게 예상되는 사실과는 다르게 그녀는 또 다른 후보를 지지하지 않는다. 어쨌든 우리는 혼성공간 내에서 작업하면서도 혼성공간 밖에서 적용되는 추리를 확립해야 한다. 미국 선거에서의 대처의 패배라는 공상적 개념은 실제 미국 정치에 관한 꽤 실용적인 논평으로 해석된다.

물론 혼성공간의 공상적인 양상 때문에 혼성공간을 일상 추론에 사용하지 못하는 것은 아니다. 혼성공간이 어떤 가능한 시나리오와 거리가 멀다는 사실은 그리 중요하지 않다. 사실상, 그런 불가능성 때문에 그런 추론이 더욱더 생생하고 강력하게 보일 수 있다. 우리는 혼성공간 자체가 불가능성이나 공상의 특질을 가지고 있을 수도 있고 가지고 있지 않을 수도 있다는 것을 알게 될 것이다. 많은 혼성공간은 가능할 뿐만 아니라, 너무나 설득력 있어서 문화, 행동, 과학에서 새로운 실재를 정신적으로 나타낼 것이다.

스키 타는 웨이터

개념적 혼성은 "철의 여인과 러스트 벨트"에서처럼 지적인 영역은 물론이고 신체 활동의 일상 패턴을 학습하는 데도 필수적이다. 스키 강사는 롤러스케이트를 타고서 '밀고 나가듯' 하라고 우리에게 조언하면서 스키를 타고 앞으로 나아가는 방법을 가르쳐준다. 이 말은 단순히 '밀고 나아가기'로 알려진 활동 패턴을 스키 타기에 통합하라는 것처럼 들릴 수 있다. 그러나 그렇지 않다. 롤러스케이트 타기에서 사용되는 동작을 완전히 똑같이 따라하게 되면 결국 우리는 넘어지게 된다. 오히려 우리는 밀고 나아가기의 행동과 스키 타기의 행동을 선택적으로 결합해서 혼성공간에 (우연히가 아니라) '미끄러지기'라고 불리는 새로운 발현적 패턴을 발전시켜야 한다. 이와 비슷하게, 어떤 스키 강사는 아래쪽으로 질주할 때 샴페인과 크루아상이 담긴 쟁반을 나르면서 엎지르지 않도록 조심하는 파리 식당의 웨이터라고 생각하면서 똑바로 서서 직선 방향으로 향하라고 가르친다고 한다. 이것은 쟁반 나르기라는 잘 알려진 신체 활동의 패턴을 스키 타기의 맥락에서 간단히 실행하는 것처럼 보일 수 있지만, 그렇지 않다. 우리가 쟁반을 나를 때에는 쟁반의 무게를 지탱하려고 힘을 발휘해 균형을 잡지만, 스키 타기에서는 쟁반이나 유리잔, 무게가 없다. 중요한 것은 시선 방향과 몸의 위치, 전체적인 동작이다. 스키 타기에서의 전체 통합적 행동은 스키를 타고 아래로 내려가면서 쟁반을 나르는 것의 간단한 합계가 아니다.

혼성공간은 인지적 압력과 인지 원리에 따라 창조되지만, 스키 타기는 생물리학과 물리학을 포함해 실세계의 행동가능성affordance에도 영향을 받는다. 스키 타는 사람이 상상할 수 있는 대부분의 동작은 실행하기가 불가능하거나 바람직하지 않다. 그럼에도 불구하고 강사가 촉진하는 개념적 혼성 내에서, 그 환경이 제공하는 조건 아래에서는 바라는 동작이 발현될 것이다.

이 스키 강사는 웨이터가 하는 동작의 사소한 양상과 바람직한 스키 타기 자세 간의 숨겨진 유사성을 기민하게 활용하고 있다. 그러나 이런 유사성은 혼성공간과 동떨어져서는 거의 무의미할 것이다. 이 강사는 좋은 스키어가 유능한 웨이터와 '꼭 같이' 움직여야 한다고 제안하는 게 아니다. 혼성공간 내에서만, 이를테면 초보자가 육체적으로는 스키를 타면서도 정신적으로는 쟁반을 나르려고 할 때, 이런 의도한 구조(숙련된 자세)가 생겨난다. 다른 모든 경우처럼, 이 경우에도 여전히 '웨이터'와 '스키어' 간에 일치물을 구성하지만, 이런 일치물의 기능은 유추적 추론이 아니다. 우리는 식사 시중이라는 영역에서 추리를 이끌어내어 그것을 스키 타기의 영역으로 투사하는 것도 아니다. 요지는 동작의 통합이다. 올바른 동작이 통합을 통해 생겨나고 초보자가 그것에 익숙해지면, 크루아상, 샴페인과의 연결은 버릴 수 있다. 스키어가 제대로 스키를 타려고 할 때마다 계속 쟁반 나르기만 생각할 필요는 없다.

스키 타는 웨이터와 철의 여인의 혼성공간은 모두 우리가 아직 언급하지는 않았으나 이미 널리 인식된 심리학적·신경생물학적 특성에 기대고 있다. 즉, 뇌는 긴밀히 관련되고 상호 연결된 기관이지만, 그런 연결의 활성화는 끊임없이 *변한다shifting*. 위대한 신경생물학자 찰스 셰링턴Charles Sherrington 경이 "인간과 인간의 본성"이라는 제목으로 기포드 강연Gifford Lectures에서 뇌를 이렇게 설명했다. "마술에 걸린 베틀로, 수백만 개의 번쩍이는 북이 겹쳐지고 사라지는 패턴을 짠다. 그 패턴이 늘 의미 있는 패턴이긴 하지만 결코 영속적인 패턴은 아니다. 즉 그것은 하위패턴들의 변하는 조화이다."[16] 활성화는 특정 시간에 어떤 패턴을 사용할 수 있도록 용이하게 만들지만 그것은 그냥 일어나는 일이 아니다. 두 개의 뉴런이 뇌에서 연결된다는 사실은 반드시 그 두 뉴런이 함께 활성화된다는 것을 의미하지 않는다. 철의 여인과 스키 타는 웨이터의 예를 통해 이야기한 일치는 실제로 요소들을 서로 결속시키고 활성화하는 강력한 도구이다. 무엇이 '자연스런' 일치물로 간주되는지는 현재 무엇이 뇌에서 활성화되고 있는지에 전적으로 달려 있다. 어떤 활성화는 우리에게 영향을 미치는 실제 세계의 힘으로부터 나오며, 어떤 활성화는 사람들이 우리에게 말하는 것으로부터 나온다. 또 다른 활성화는 우리의 목적으로부터 나오는가 하면, 어떤 활성화는 피곤함이나 흥분 같은 몸 상태로부터 나오며, 그 밖의 많은 다른 활성화는 개인의 경험과 문화 그리고 궁극적으로는 생물학적 진화로 결정되는 뇌 내부의 배열로부터 나온다. 그러나 변화하는 많은 활성화는 적절한 통합을 찾으려는 상상력의 작업이다. 철의 여인의 경우, 정치적 프레임의 활성화로 다양한 일치물을 더욱 잘 이용할 수 있다. 수상과 대통령, 영국 유권자와 미국 유권자 등이 그 예이다. 낱말 자체는 활성화 패턴의 일부분이다. 같은 낱말이 두 요소에 적절할 때, 우리는 누군가로 하여금 그 두 요소에 대해 같은 낱말을 사용해서 그 둘을 일치시키도록 촉진할 수 있다. 언어는 영국 '노동조합'과 미국 '노동조합'의 일치를 손쉽게 만든다. 동일한 표현이 상당한 차이에도 불구하고 그 둘 모두를 식별한다. 그러나 '스키 폴대'과 '웨이터의 쟁반' 둘 다를 가리키는 단 하나의 표현은 없으며, 그래서 스키 강사는 초보자가 이 둘을 연결하도록 명료하게 지도해야 한다. 하지만 일단 활성화되고 나면 이런 결속은 매우 탄탄해지고, 새로운 통합적 동작이 되는 혼성공간을 공급할 것이다.

컴퓨터 속의 요정

외관상 전혀 다른 기술 디자인 영역에서, 컴퓨터 인터페이스는 개념적 구조와 신체적 행동 모두의 층위에서 활성화하고 결속하고 혼성하는 촉진제이다. 가장 성공적인 인터페이스는 '데스크탑'인데, 컴퓨터 사용자는 가상 데스크(책상) 위에서 아이콘을 움직이고, 문자와 숫자의 결합으로 명령을 내리고, 메뉴 위의 옵션을 가리켜서 선택을 한다. 이런 인터페이스는 성공적이다. 왜냐하면 아무리 초보자라도 사무실 작업, 개인 간의 명령, 지칭, 목록 선택에 대한 기존의 지식을 보충함으로써 기본적인 수준에서 이런 인터페이스를 즉각적으로 사용할 수 있기 때문이다. 이런 지식의 영역은 통합적 수행의 기초 역할을 하는 혼성 시나리오의 상상적 발명에 대한 '입력'이다. 이런 혼성공간이 달성되면, 그것은 아주 다른 요소들을 가로질러 굉장히 많은 수의 다중 결속을 전달한다. 이런 결속은 보고 또 봐도 자명한 듯 보인다. 스크린 위의 연속적인 화소의 형상은 그것이 스크린상 어디서 발생하든 '폴더(서류철)'라는 개념에 결속되어 있다. 폴더는 보존되는 동일성을 가진다. 데스크탑의 한쪽에 보이는 폴더 하단의 이름표는 다른 면에서는 서류철 분류표의 낱말과 대응한다. 클릭을 두 번 하는 것은 열기와 대응한다. 스크린 위의 화살표가 폴더 위에 겹쳐 있을 때 버튼을 한

번 클릭하는 것은 서류철을 보려고 들어 올리는 것과 대응한다. 물론 혼성공간을 가능하게 하는 기술 장치 내에서, 이를테면 컴퓨터 인터페이스 내에서는 일상적인 들기, 이동, 열기는 전혀 발생하지 않으며, 스크린상의 한정된 화소의 색깔에만 변화가 있을 뿐이다. 개념적 혼성공간은 스크린이 아니다. 혼성공간은 컴퓨터 하드웨어와 소프트웨어를 효과적으로 활용하게 하는 상상의 정신적 창조물이다. 개념적 혼성공간에는 실제로 들기, 이동, 열기가 있다. 이것은 매개체에 불과한 쉽게 이용할 수 있는 기술 장치로부터 가져온 것이 아니라 실제 책상(데스크) 위에서 우리가 행하는 일의 정신적 개념으로부터 가져온 것이다.

물론 일반화된 엘리자 효과는 데스크탑 인터페이스가 이 모든 의미를 가진 것처럼 보이게끔 한다. 사실, 데스크탑 인터페이스는 아기의 사진과 같다. 분명 사진은 우리의 상상력이 관여해서 활용하는 효과적인 도구지만 우리의 상상력에 비하면 매우 빈약하고 간단하다. 우리가 데스크탑 인터페이스를 사용할 때 행하는 상상의 과업은 비가시적이고 당연한 것으로 간주되는 배후 인지의 일부이다.

데스크탑 인터페이스 사용이라는 전체 활동은 일단 학습된 뒤로는 응집적이고 통합적이다. 그것은 분명 글자 그대로는 허위지만 그렇다고 문제가 되지 않는다. 즉 데스크탑 인터페이스에는 실제 책상(데스크)이 없고, 서류철(폴더)이 없고, 사물을 서류철에 담는 일이 없고, 사물을 한 서류철에서 다른 서류철로 옮기는 일이 없고, 물건을 휴지통에 담는 일도 없다. 데스크탑 인터페이스는 개념적 통합을 보여주는 멋진 예이다. 왜냐하면 조작 활동이 혼성공간에서만 가능하고, 혼성공간이 입력공간에 연결되어 있지 않으면 의미가 없기 때문이다.

인터페이스의 사용자는 다른 입력공간들로부터 사무실 일, 명령, 분류표 같은 특성들을 획득하는 통합적 구조를 조작한다. 그러나 인터페이스가 입력공간들로부터 많은 것을 가져올지라도 인터페이스는 그 자체의 상당한 발현구조를 가진다. 버튼을 가리켜 클릭하는 것은 전혀 관습적인 사무실 일이 아니며, 또한 서류에 적힌 낱말 분류표에서 선택하는 것도 아니다. 작은 2차원 정사각형을 다른 작은 정사각형 아래로 사라지게 하는 것은 명령을 하달하거나 서류를 서류철 사이에 끼우는 어떤 일과도 다르다. 마우스로 아이콘을 끌고 가는 것은 책상 위의 물건을 옮기거나 식사를 주문하거나 표준적인 기호로 명령을 내리는 게 아니며, 더욱이 기계 언어를 사용하는 것과도 전혀 다르다.

사용자는 이런 컴퓨터 인터페이스를 정교한 의식적인 유사성에 의해서가 아니라, 오히려 그 자체의 응집적인 구조와 특성을 가진 통합적인 형태로 조작한다. '객관적인' 관점에서 볼 때, 이런 활동은 완전히 새로운 것이다. 이런 활동은 실제 서류철(폴더)을 옮기는 것과 물리적인 특성을 거의 공유하지 않으며, 마우스가 아닌 키보드로만 명령을 내리던 전통적인 컴퓨터 사용자에게도 새롭다. 그럼에도 불구하고 데스크탑 인터페이스의 전체 요지는 통합적 활동이 즉각적으로 이용 가능하고 알맞다는 것이다. 물론, 이는 적절한 혼성공간이 달성되었기 때문에 가능하다. 여기서의 혼성공간은 몇몇 입력공간으로부터 적절한 개념적 구조를 자연스레 부분적으로 계승해서 그것을 실제와 배경 지식으로부터의 압력과 제약 아래에서 더욱 더 완전한 활동으로 갈고닦는다.

테스크탑은 또한 개념적 혼성의 비자의적인 본질을 잘 예증해준다. 일치하지 않는 결합은 혼성공간으로 투사될 수 없다. 휴지통과 폴더가 모두 데스크탑 위에 있는 것 같은 불일치 구조는 나쁜 결과를 가져오지 않기 때문에 상관이 없다. 그러나 다른 불일치 구조는 불만족스럽다. 드라이브에서 디스크를 빼내라는 명령으로 플로피 디스크용 아이콘을 휴지통으로 끌고 가는 것은 사용자에게 매우 혼동을 준다. 휴지통에 있는 것은 몽땅 버린다는 책상 일의 영역으로부터 나온 추리와 삭제한 것은 다시 복원할 수 없다는 컴퓨터 사용의 영역으로부터 나온 추리는, 휴지통이 데스크탑 인터페이스와 실제 책상이라는 두 세계 사이의 일방향 통로라는 의도된 추리와 충돌한다.

이러한 예의 또 다른 요지는 혼성공간에 대한 입력공간 자체가 종종 정교한 개념적 역사를 가진 혼성공간이라는 것이다. 컴퓨터 사용 영역은 무엇보다 컴퓨터 작동 영역과 개인 간 명령 및 수행 영역을 입력공간으로 가진다. 일반적으로 파일 삭제는 사용자의 명령에 따라 시스템이 수행한 완전한 파괴 작용으로 간주된다. 그러나 실제 컴퓨터 작업에서 파일은 그런 명령에 의해 영구적으로 삭제될 수도 있지만 종종 복원될 수도 있다. '삭제'라는 사용자의 의미는 그 자체로 컴퓨터 작업과 인간 활동의 혼성이다. 더욱이, 개념적 혼성에 의해, 키보드 조작은 이미 타이핑과 고도의 행동 및 상호작용의 혼성으로 간주되며, 아이콘이 있는 데스크탑 같은 나중의 혼성공간에는 적절한 부분적 구조를 제공한다. 좋은 혼성의 존재는 더 좋은 혼성의 개발을 가능하게 한다. 개념적 구조는 예전의 개념적 통합에 굳게 확립된 고착된 많은 사물을 포함하고 있다.

미친 수

철의 여인의 예에서 보면, 통합은 실시간으로 신속히 발생하고 평범한 듯하다. 컴퓨터 데스크탑의 예에는 새로운 컴퓨터 하드웨어의 개발을 포함해 효율적인 혼성공간 개발을 위한 공들인 계획이 있었다. 그렇지만, 일단 그것이 개발되고 나면 사용자는 빠르고 자동적이며 생산적으로 그것을 사용해 작업할 수 있다. 어떤 경우에는 통합이라는 개념적 작업이 수년 또는 수세기도 걸릴 수 있다. 과학적 발견의 경우가 종종 그러하다. 13장에서는 복소수complex number의 발견에 관해 보다 상세히 분석할 것이다. 복소수의 수학적 영역은 19세기가 되어서야 전적으로 수용되었다. 복소수는 2차원 공간과 수라는 두 개의 훨씬 친숙한 입력공간에서 나온 혼성공간임이 입증되었다. 이런 혼성공간에서의 복소수는 모든 평범한 수의 특징을 가지지만(복소수는 더하고 곱할 수 있다), 또한 2차원 공간에서의 벡터의 특징도 가진다(크기, 각, 좌표). 이런 혼성공간은 잘 통합된 구조로서, 아무런 불일치도 없고, 중요한 특성과 특기할 만한 새로운 수학적 힘을 지닌다. 말하자면 그 자체의 우아한 발현구조를 가진다는 것이다. 이로써 이제 수에는 각이 있고, 수의 곱셈은 각의 덧셈을 포함하는 작용이고, 음수negative number는 제곱근square root을 가진다.

과학적 발견에 대한 모든 설명은 유추의 결정적 중요성을 인정하지만, 유추만으로는 불충분하다. 역사적으로, 허수imaginary number와 공간상의 점 사이의 유사성은 17세기 말쯤 널리 알려졌고, 더욱이 그런 유사성에 의해 생성된 형식적 조작은 완전하게 인식되었다. 그런데 유추만으로 복소수의 통합적 개념이 나온 것은 아니다. 때문에 허수는 수 이론의 일부로 채택되지 못했다. 18세기 말, 오일러Euler와 같은 걸출한 수학자는 그런 수가 무해하긴 해도 불가능하다고 생각했다.

안전한 것은 어떻게 안전한 것인가?

철의 여인, 스키 타는 웨이터, 컴퓨터 데스크탑, 복소수는 외관상 전혀 다른 인간 노력의 대표적인 양상이다. 이러한 예들은 하나같이 활성화, 일치, 의미구성의 상상적 복잡성을 보여준다. 인간 사고나 행동의 모든 영역에서 복잡한 혼성이 작용하지만, 그것을 실제로 알아보기란 어렵다. 우리가 극히 당연한 것으로 간주하는 의미가 이런 복잡성이 가장 잘 숨겨져 있는 곳이다.

언어에서 아주 간단한 구문조차도 이런 복잡한 혼성에 의존하고 있다. 형용사는 명사에 고정된 특성을 할당한다. "저 소는 갈색이다"가 소에게 고정된 특성 갈색을 할당한다고 생각하는 것은 자연스럽다. 마찬가지로, 형용사 '안전하다'와 연계되는 고정된 특성도 있을 것이다. 그런 특성은 형용사가 수식하는 명사에 할당된다. 그렇다면 어린이가 해변에서 삽을 가지고 놀고 있다는 문맥에서 "저 아이는 안전하다The child is safe", "저 해변은 안전하다The beach is safe", "저 삽은 안전하다The shovel is safe" 같은 평범한 '안전하다'의 용법을 한번 고려해보자. '안전하다safe'가 아이child, 해변beach, 삽shovel에 할당하는 고정된 특성은 존재하지 않는다.[17] 첫 번째 진술은 어린이가 해를 입지 않는다는 것을 의미하며, 두 번째와 세 번째 진술도 거의 같은 의미이다. 즉 두 번째와 세 번째 진술은 해변이나 삽이 해를 입지 않는다는 것을 의미하는 것이 아니다(어떤 다른 문맥에서는 그럴 수도 있다). '안전하다'는 특성을 할당하는 것이 아니라, 오히려 이런 명사와 문맥에서 적절한 위험의 시나리오를 우리가 환기하도록 촉진한다. 우리는 어린아이가 해변에 있거나 삽을 사용하다가 해를 입지 않을까 걱정한다. 전문 용어로 말하면, 낱말 '안전하다'는 희생자, 위치, 도구 같은 역할을 지닌 추상적인 *위험* 프레임을 환기시킨다. 형용사로 명사를 수식하는 것은 그런 추상적인 *위험* 프레임과 어린아이가 해변에서 노는 특정 상황을 어린아이에게 가해지는 *해악*이라는 반사실적 사건으로 통합하게끔 촉진한다. 여기서 *해악*이라는 특정한 상상의 시나리오가 구축된다. 이 시나리오에서 *어린아이, 해변, 삽*은 *위험* 프레임 내부의 역할에 할당된다. 이 형용사는 간단한 특성을 할당하는 것이 아니라, 위험 프레임과 어린아이가 삽을 가지고 해변에서 노는 특정 상황을 혼성하도록 촉진한다. 이런 혼성공간은 어린아이가 해를 입는 상상의 시나리오이다. 낱말 '안전하다'는 명사가 가리키는 실체와 관련해 이런 반사실적 혼성공간과 실제 상황 사이의 비유추를 암시한다. 만약 삽이 안전하다고 하면, 그것은 반사실적 혼성공간에서는 삽이 상처를 입힐 만큼 날카롭지만 실제 상황에서는 너무 무뎌 상처를 내지 못하기 때문이다.

우리는 동일한 입력공간들로부터 많은 다른 혼성공간을 창조할 수 있다. 혼성공간마다 과정은 동일하지만 각각의 결과는 다르다. "저 삽은 안전하다"에서 삽이 어린아이에게 상처를 입히지 않을까 걱정한다면 어린아이는 혼성공간에서는 희생자다. 그런데 어린아이가 삽을 부러뜨리지 않을까 걱정한다면 오히려 삽이 희생자다. 더욱이 이런 *위험* 입력공간에 대해 상당히 많은 역할을 보충할 수도 있다. "보물은 안전하다"에 대한 상상적 혼성공간에서 보물은 희생자도 아니고 도구도 아니다. 보물은 소유물이고 주인이 *희생자*이다. 우리가 보물을 포장해서 옮길 때, "포장은 안전하다"라는 문장의 상상적 혼성공간에서는 보석이 *희생자*이고, 외부 힘은 *피해의 원인*이며, 포장은 *외부 힘*에 대한 *방책*이다. 다양한 가능한 역할을 보여주는 다른 예로는 "안전한 속도로 운전하라Drive at a safe speed", "안전한 여행을 하세요Have a safe trip", "이것은 안전한 내기이다This is a safe bet", "그는 안전한 거리만큼 떨어져 있다He stayed a safe distance away" 등이 있다.[18]

"이 해변은 상어로부터 안전하다The beach is a shark-safe" 대 "이 해변에서 아이는 안전하다The beach is child-safe"에서처럼, 명사—형용사 결합은 몇 가지 역할을 수반하는 좀 더 정교한 혼성공간을 유발한다. 슈퍼마켓에서 생선을 구입하려 할 때 참치 통조림에 "이 참치 통조림은 돌고래를 보호합니다This tuna is dolphin-safe"라고 적힌 라벨을 볼 수 있다. 이것은 어획시 돌고래에게 사고가 발생하지 않도록 하는 방법으로 잡은 참치임을 의미한다. 이 혼성공간은 앞의 경우보다는 유별나 보이지만, '안전한 해변'나 '안전한 여행' 같은 평범한 표현에서 우리가 짜 맞춘 혼성공간과 동일한 역동적 원리에 따라 구성된 것이다.

"이 해변은 안전하다"는 '일치'가 혼성공간과 독립적으로 달성되는 것이 아니고, '일치'에서는 어느 것도 간단한 것이 없다는 사실을 보여준다. 실제 상황에서의 해변은 피해 상황에서의 역할 '피해의 행위자'와 일치하는데, 왜냐하면 실제 상황과는 반사실적인 상상의 혼성공간을 달성했기 때문이다. 그러나 이런 일치는 프레임 내의 역할과 역할의 실례가 *아닌* 특정 요소 사이의 일치이다. 현실의 '안전한 해변'은 '피해의 행위자'가 아니다. 그것은 발화의 요지이다. 피해 입력공간에서의 역할 '피해의 행위자'와 일치하는 반사실적 혼성공간에서의 해변은 상상 속의 피해의 행위자*이다*. 그리고 실제 상황에서의 해변은 반사실적 혼성공간에서의 해변과 일치한다. 왜냐하면 이것은 이런 상황에서는 문제가 되는 방식으로 대립요소가 되기 때문이다. 하나는 피해의 행위자이고 다른 하나는 아니다.

'안전하다'는 평범한 형용사와는 다른, 특별한 의미적 특성을 지닌 예외적인 형용사가 아니다. 오히려, 앞서 제안한 통합의 원리가 아주 일반적인 경우에도 필요하다는 사실을 알 수 있다. 언뜻 보면 고정된 자질을 할당하는 것 같은 색채 형용사까지도 비합성적인 개념적 통합을 요구하는 것으로 밝혀졌다.[19] '빨간 연필red pencil'은 나무 부분이 빨강색인 연필이나, 빨간 자국을 남기는 연필(연필 심이 빨갛거나 연필 속의 화학 약품이 종이와 상호작용해서 빨강색을 만들어낸다), 빨간 옷을 단체로 입은 팀의 활동을 기록하는 데 사용되는 연필, 립스틱 자국이 묻은 연필, 적자赤字를 기록하는 데만 사용되는 연필을 의미하는 것으로 간주될 수 있다. 의미론은 전형적으로 '검은 새'나 '갈색 소' 같은 예에 대해 연구하는 것을 선호한다. 왜냐하면 이런 예들을 의미 합성성에서 기본 원리를 보여주는 예로 생각하기 때문이다. 하지만 나중에 보게 되듯이, 이런 예들 역시 개념적 통합의 복잡한 과정을 예증해준다.

이미지 클럽

개, 고양이, 말 그리고 그 외 다른 친숙한 종들은 아마 한 마리의 개, 고양이, 말을 보기 위해서는 필요한 종류의 지각적 결합을 해야 하는 반면에 우리 인간은 전혀 다른 두 입력공간을 하나로 통합시켜 새로운 발현구조를 창조하는 데 매우 능숙하다. 이런 발현구조는 새로운 도구, 새로운 기술, 새로운 사고방식을 낳는다. 이런 능력에 대한 독자적인 고고학 증거를 제시한 고고학자 스티븐 미슨은 이런 능력이 인간의 진화에서 아주 죄근의 것이고, 새로운 노구의 갑삭스런 확산은 물론 예술, 종교, 과학 발명에도 중요한 영향을 끼쳤다고 주장한다. 그 사례로 복소수의 발명을 자신 있게 제기하기란 어렵지 않지만, 양면적 혼성에 대한 인간의 놀라운 능력은 인간 기술 전 영역에서 동등하게 강력하다. 미슨은, 그 자신이 '인지적 유동성cognitive fluidity'이라고 부르는 혼성이 인종차별주의를 가능하게 했다고 본다.[20] 『마음의 선사시대 *The Prehistory of the Mind*』에 포함된 "인지적 유동성의 산물로서의 인종차별주의"라는 절에서, 그는 "우리는 우리가 바라는 목적이 무엇이든 마음먹은 대로 물리적 사물을 조작할 수 있다. 인지적 유동성은 사람들을 동일한 방식으로 생각할 수 있는 가능성을 창조한다……. 이렇게 하라는 강요는 없다. 그것이 발생할 수 있는 잠재력만 있을 뿐이다. 불행하게도 이런 잠재력은 전체 인간의 역사 동안 반복적으로 실현되었다"고 기술했다. 이와 유사하게, 특정한 집단의 사람들에 대한 대량 학살은 일반적인 관료적 프레임과 혼성되어 관료적 운영으로서의 계획적 대량 학살이라는 혼성 개념을 만들어낸다. 혼성공간으로의 투사는 단지 부분적이기 때문에,

계획적인 대량 학살의 프레임에서는 일할 마음이 없는 사람들은 자신들이 혼성공간 안에서는 편안하게 일한다는 것을 발견할 수 있다. 클로드 란즈만Claude Lanzmann이 제작한 〈쇼아Shoah〉 같은 다큐멘터리는 물건과 상품을 실어 나르던 평범한 장치가 거대한 살인 기계가 된 것에 대해 나치 독일의 관료가 어떻게 이야기하고 생각하는지를 아주 상세히 밝히고 있다. 이 혼성공간은 대량 학살과 관료제라는 두 개의 입력공간을 가지지만, 그 관료는 전쟁이라는 세 번째 입력공간을 여기에 덧붙여 어떤 프레임을 제공한다. 그 프레임에 따르면 아무것도 알려 하지 않는 것이 시민의 미덕이고 국가 안보에 필요할 수 있다.

개념적 혼성은 인간의 가장 근본적인 실재, 즉 가장 깊이 느끼고 가장 명확히 중대한 우리 삶의 부분을 상상 속에서 변형시킨다. 의미는 말장난을 훌쩍 뛰어넘는다. 의미는 개인, 사회집단, 종의 계통과 관련 있는 방식으로 중요하다. 인간의 성 풍습은 깊이 느끼는 정신적·사회적·생물학적 삶의 공통부분으로 간주된다는 점에서 의미 있는 행동의 전형이라 할 수 있다. 인간의 성 풍습이 가장 밀접한 다른 종의 성 행위와 비교해 매우 다르다는 것은 놀랄 만한 일이다. 이런 인식은 프로이트 심리학과 같은 무의식에 관한 이론의 핵심이었지만, 이상하게도 인지과학 내에서는 거의 금기시되었다. 현대 인지과학이 마음의 신체화, 즉 '몸의 철학philosophy in the flesh'을 강조하지만, 그 데이터의 출처와 분석 실험에서 성을 대상으로 삼는 것은 자제한다. 그러나 의미구성과 상상력이 인간의 성 풍습을 정교화하는 데 역할을 한다는 것은 분명하게 나타나며, 실제 세계에서 직접적인 사회적 결과물이 있다. 『오디세이아Odyssey』에서 『율리시스Ulysses』에 이르는, 그 중간에 『오셀로Othello』가 있고 그 이후에는 『롤리타Lolita』가 있는 세계 문학은 정신적인 성적 환상의 열광적이고 섬세한 정교화뿐 아니라 그것이 현실에 미치는 심각한 영향을 탐구한다. 이런 문학의 근본적인 주제, 즉 성의 정신적 이해와 전쟁, 강간, 자살, 동맹이라는 역사적 패턴 사이의 연결은 그저 우리의 일상 현실을 반영하는 것이다. 심리학, 생물학, 사회적 삶이 뒤섞인 이러한 풍습은 우리 종의 독특함이며, 이런 풍습을 통해 우리는 개인으로서와 문화적 존재로서 우리 자신을 정의한다. 우리는 널리 퍼져 있는 인간 삶의 이런 양상이 개념적 혼성이라는 상상적 과정으로 인해 풍부함과 복잡성을 얻는다고 생각한다.

문화적 성 풍습의 가장 최근의 발명과 변형은 신문에서 단순한 호기심의 산물인 것처럼 일상적으로 보도된다. "평범한 교복이 최신 최음제처럼 성욕을 자극한다A Plain School Uniform as the Latest Aphrodisiac"라는 제목의 〈뉴욕타임스*New York Times*〉 기사는 ('이미지 클럽'이라 불리는) 도쿄의 '수백 개' 매춘굴에 대해 기술했다.[21] 방 하나하나가 칠판이 있는 교실처럼 만들어졌고, 매춘부는 어려 보이기 위해 고등학생용 교복을 입고 걱정 가득한 십대처럼 행동하려고 하는 한편, 고객은 그들의 교사 역할을 했다. 이런 성적 이슈와 환상은 너무나도 뻔해서 자세히 이야기하지 않아도 얼마나 흔해빠진 것인지 잘 알 것이다. 그렇지만 이런 예가 보여주는 발현적 의미의 상상적 구성은 정말로 경이롭다. 혼성공간에 대한 입력공간은 상상의 고등학생이 있는 가상 시나리오와 '이미지 클럽'에 있는 남자와 (〈타임스〉가 보도한 그 사건에서는 실제로 26세인) 매춘부가 모두 포함된 실제 상황이다. 하지만 혼성공간에는 교사와 고등학생만 존재한다.

고객과 매춘부 누구도 속지 않는다. 그렇다면 왜 이런 가상 놀이가 사람들을 홀리고 끌어들이는가? 그 해답은 고객이 매춘부와는 물론 섹스를 할 수 있지만, 혼성공간이 아니면 고등학생과의 섹스는 불가능하며, 그는 실제 상황을 잘 알고 있으면서도 정신적으로는 이런 혼성공간에 거주할 수 있다는 것이다. 이는 정신공간의 한 현상으로서, 여기에 대해서는 앞으로 더 많은 이야기를 할 것이다. 정신공간은 양립하지 않는 정신공간들과 일상적으로 병존할 수 있다. 냉장고를 들여다보고 우유가 없다는 것을 알았을 때, 우리는 우유가 냉장고에 없는 정신공간과 우유가 냉장고에 있는 반사실적 정신공간을 동시에 떠올린다. 이와 유사하게, 이미지 클럽의 고객도 경험이 많고 숙달된 매춘부가 있는 정신공간, 손댈 수 없는 고등학생이 있는 상상의 정신공간, 손댈 수 있고 순진한 고등학생으로서의 클럽 여성이 있는 혼성공간을 동시에 가지고 있다. 고등학생은 상상의 입력공간으로부터 혼성공간으로 투사되는 데 반해, 발생하는 실제 성 행위는 매춘부가 있는 정신공간과 연결된 물리적 현실로부터 유입된다. 혼성공간은 본질적으로 새로운 구조를 가지게 된다. 혼성공간에서는 고등학생과 섹스를 하게 된다.

개념적 혼성은 교실과 매춘굴이라는 두 가지 상황으로부터 특질들을 무작위로 뒤섞지 않으며, 입력공간들 사이의 체계적인 일치 및 이 책에서 앞으로 깊이 있게 논의할 많은 제약에 따라 혼성공간으로 이루어지는 선택적 투사를 필요로 한다. 교실에서 교사가 갖는 특권과 책임은 대개 혼성공간으로 투사되지 않는다. 고객이 매춘부에게 다항식을 인수 분해하는 방법을 배워야 한다고 요구할 것 같지는 않다. 그 외 많은 다른 투사들도 적절하지 않다. 철의 여인의 예에서, 미국 정치의 영역과 영국 정치의 영역을 일치시켜야 하듯이, 여기서는 교실과 매춘굴을 일치시켜야 한다. 일치는 명확하지 않으며 미리 짜여진 것도 아니다. 그 일치는 학교와 매춘굴 간의 명확한 유사성이 아니라, 의도된 혼성공간에 따라 유도된다. 또한 철의 여인과 스키 타는 웨이터의 예가 그러하듯, 입력공간으로부터의 투사는 단지 부분적이지만, 초래되는 혼성공간은 한편으론 통합적 행동과 의미를 지녀야 하고, 다른 한편으론 참여자가 혼성공간을 두 입력공간에 연결시킬 수 있을 정도로 충분히 탈脫통합되어야 한다. 철의 여인의 예에서, 우리는 요지가 실제 미국의 정치 상황으로 역투사하는 것임을 망각해버린 채 마가렛 대처가 상상의 삶을 사는 현실 도피적 공상 속에서 길을 잃기를 원치 않는다. 또한 스키 타는 웨이터의 예에서, 스키어가 스키장에서 다른 사람들에게 음식을 배달한다고 믿기를 원치 않는다. 그리고 이미지 클럽의 경우에는 고등학생을 강간한 고객이 경찰서로 잡혀갈 것이라고 생각하기보다 매춘 입력공간에 따라 그녀에게 돈을 지불할 것으로 생각할 것이다.

전형적으로, 동일성과 유추 이론은 동시에 연결되는 정신공간들 간의 양립성에 초점을 맞춘다. 하지만 개념적 혼성은 또한 비非양립성에 의해서도 유도된다. 보통 혼성공간의 요점은 비양립성을 모호하게 하는 것이 아니라, 어떤 것과 그 반대 사항을 일정 정도로 동시에 취하는 것이다. 예컨대, 두 입력공간과 혼성공간에서 여성의 성적 반응을 고려해보라. 많은 가능성이 있지만, 무난한 가정 가운데 하나는, 매춘 입력공간에서는 보통의 매춘부라면 일을 하고 있는 것이기에 진심으로 열정적인 반응을 하지는 않을 것이고, 상상의 고등학생이 있는 입력공간에서는 남자가 단지 성관계를 하고자 욕망만 할 뿐 실제로 행동 하지는 않기 때문에 결국 아무런 반응이 없다는 것이다. 그러나 혼성공간에서 의 여성은 결코 잊을 수 없는 황홀한 경험을 하게 될 것이다. 이런 대립은 억압 되지 않는다. 반대로, 이런 대립을 모두 동시에 활성화하는 것이 정신공간 연결 망이 지향하는 목적의 일부분이며, 참여자는 바로 이런 정신공간을 구별해야 한다. 무엇보다도 전혀 다른 정신공간들을 구성하고 연결할 수 있는 인간의 능 력으로 인해 이런 성적 환상과 성 풍습이 가능하다. 굳이 말할 것도 없이, 이런 능력은 너무나도 일반적인 것이다. 정신공간의 존재 이유는 실제 세계에서는 서로 양립하지 않는 표상들을 조작하는 것이다. 이런 정신적 조작은 특히 논리 학자와 언어철학자들이 '불투명성', '반사실적 추론', '전제 투사'라고 명명하는 현상을 유발한다.

사실, 이미지 클럽의 경우에서는 이보다 한층 복잡한 개념적 혼성이 진행 된다. 혼성공간에서 실제로 일어나는 일은, 참여자가 그 순간에 정밀하게 조정 하는 두 입력공간으로부터의 특정한 투사에 따라 매우 다를 수 있다. 또한 고 려해야 할 것은 매춘부가 이 연극적 행위를 수행하기 위해 하고 있는 행동들은 자연스러워야 하면서도 너무 자연스러워서는 안 된다는 점이다.

불쾌하든 유쾌하든 간에 교실 혼성공간은 고찰이나 토론, 또는 경험의 대 상으로서 우리를 무관심한 채로 가만 놔두지 않는다. 그렇지만 이런 종류의 개 념적 혼성은 전형적으로 우리가 의식하지 못하는 방식으로 작용한다. 닷지 바 이퍼 스포츠카 주인은 「퍼레이드*Parade*」라는 잡지에서 "내 바이퍼는 나의 샤론 스톤이다. 그 차는 도로에서 가장 섹시한 자동차이다"[22]라고 말했다. 분명 그 는 조금의 주저도 없이 성과 자동차 운전을 혼성해서 생각했다. 우리 문화에서 이런 혼성의 일반적 유형은 널리 퍼져 있고 기업과 광고주의 숱한 노력이 이를 뒷받침하고 있다. 성 혼성공간은 문화에 널리 퍼져 있다. 그러나 그렇다고 해서 만성적으로 얼굴이 화끈거린다거나 시민들이 끊임없이 성에 광분하도록 하지는 않는다.

졸업

우리는 이 책 전반에 걸쳐 개념적 혼성의 중요한 장점 하나가 장황한 사건들을 인간 척도로 압축할 수 있는 능력임을 보게 될 것이다. 졸업은 모르는 사람이 없는 예이다. 대학에 다닌다는 행위는 등록한 여러 학기, 수업 출석, 강좌 듣기, 과정 이수, 사회 진출을 수반한다. 전형적으로 졸업식은 이런 장황한 사건들을 총장 개식사 같은 제한된 시간 내에 이루어지는 연사들과의 특별 행사라는, 좀 더 일반적인 도식과 혼성함으로써 달성되는 압축이다. 졸업식은 '수업에 들어가기'와 특별 행사에 참석하기의 혼성공간이다. 여기서 학생 신분으로 지낸 지난 4년이 2~3시간 내로 압축된다. 당신은 지혜와 지식을 전달하는 유명한 사람의 말을 청취한다. 곁에는 가족이 있다. 당신은 모든 대학 친구들이 당신과 함께 같은 과정을 겪는 것을 보게 된다. 이 과정의 절정은 전환에 있다. 매우 놀랍게도, 이미 강한 압축인 졸업식은 그 자체의 압축뿐만 아니라 그런 압축에 대한 압축까지 포함하고 있다. 개별 학위 수여를 하는 30초 동안 학생은 일어나 연단으로 올라가서 매우 압축된 총창과의 대화를 포함하는 전환 순간에 참여하고, 그러고 물러나고 나면 비로소 졸업자로 바뀐다. 그런데 이 30초는 다시 하나의 순간으로 압축되는데, 각모의 한쪽 장식술이 다른 쪽 장식술로 옮겨지는 것이 바로 그것이다. 그리고 전체 행사는 당신이 받아 와서 벽에 거는 영구적인 물리적 고정 장치, 즉 당신의 졸업장으로 압축된다.

CHAPTER 2
줌아웃

반사실문

우리는 대통령 정치에 관해 생각하는 일상적인 예로 1장의 문을 열었다.

질문:

● 그런 예에서 정말로 심오한 무언가가 진행되고 있는가?

대답:

철의 여인 예는 사실과 정반대였다. 때문에 언어철학자들이라면 이런 예를 '반사실문'이라고 부를 것이다. 반사실문은 귀류법歸謬法 증명을 포함한다. 이것은 수학자가 거짓임을 증명하고 싶어 하는 명제를 참으로 설정하고, 내적인 모순에 부딪히길 희망하며, 그것을 참인 것처럼 다루는 것이다. 모순에 부딪히면 원래의 주장이 거짓이었음이 증명된다. 반사실문의 예로 "물을 섭씨 100도로 가열했다면, 물이 끓었을 것이다If this water had been heated at one hundred degrees Celsius, it would have boiled" 같은 진술문이 있다. 철학자 넬슨 굿맨Nelson Goodman은 반사실적 사고의 상당한 중요성과 그것이 사용될 때 수반되는 함정을 아주 정확히 지적했다. "반사실적 조건문의 분석은 까다롭고 대수롭지 않은 문법적 연습문제가 아니다. 사실 우리에게 반사실적 조건문을 해석할 수단이 없다면, 우리는 아무래도 적절한 과학 철학을 가졌다고 주장할 수 없다." [23] 굿맨에 이어 철학자, 정치학자, 언어학자, 심리학자들은 반사실적 추론을 연구하는 데 상당한 노력을 기울였다. 이들의 접근법은 반사실문이 대안적 세계를 설립하는 것으로 간주하는 것이다. 실제 세계와 대안적 세계의 차이는 언어 표현(예컨대, "물을 가열했다면…….")과 그 결과문에 의해 상술되는 차이로만 이루어져 있다. 언뜻 대수롭지 않게 들리겠지만, 그 문제의 다루기 힘든 양상은 실제 세계의 작은 부분에 생기는 변화의 결과를 상세히 서술하는 것이다. 모든 것이 서로 연결된 광대하고 복잡한 전체 세계에서 어떻게 단 하나의 가정적 변화가 일으키는 잔물결을 계산해낼 수 있는가? 그렇기에 이론가들이 고안한 반사실문의 논리학은 사실 만만찮은 문제였다. 그러나 철의 여인 같은 예는 실제로 한층 더 고차원적인 복잡성을 드러내준다. 철의 여인 예에서, 우리는 대처가 미국 대통령 예비 선거와 선거에서 후보일 수 있는 가능 세계를 만들지 않고, 선거의 모든 결과(예컨대, 영국 여성이 미국의 지배자인 것)에도 관여하지 않는다. 우리가 실제로 하는 것은 미국 제도와 영국 제도를 극히 부분적으로만 일치시키고, 매우 부분적인 혼성공간, 완전한 세계와는 거리가 먼 당장의 한 목적만을 위한 혼성공간을 생산해내는 것이다. 우리는 이런 반사실문이 일반적으로 발현구조를 가진 복잡한 혼성공간이며, 이론가들이 초점을 두는 하나의 세계에 대한 최소한의 수정은 아주 특별한 경우에 지나지 않는다는 것을 알았다. 여기에 대해서는 11장에서 상세히 입증할 것이다.

우리가 던진 질문에 대한 대답은 반사실문이 논리적이고 의미론적으로 상당히 어려운 문제를 제기하는 것으로 폭넓게 간주된다는 것이다. 더욱이 철의 여인 예 같은 반사실문은 보통 연구되는 것보다 훨씬 고차원적으로 복잡하고, 반사실문을 분석하는 일반적인 방법이 틀렸음을 입증하는 것처럼 보인다. 왜냐하면 일반적인 방법은 상상력의 역동적인 힘에 거의 주의를 기울이지 않았기 때문이다. 극히 간단한 듯한 반사실문도 심오한 복잡성을 지닌 것으로 밝혀지고 있다. 우리는 이런 복잡성을 이제 막 이해하기 시작하고 있을 뿐이다.

반사실문이 제기하는 문제는 철학자와 언어학자에게만 중요한 것은 아니다. 종종 정치학자, 경제학자, 인류학자, 사회학자, 기타 사회과학자들이 주지하듯이, 그들 스스로에게도 매우 당혹스러운 일이지만, 가장 기본적인 사회과학의 방법도 반사실적 사고에 어쩔 수 없이 의존한다. "그리스의 조선업은 기반을 제2차 세계대전 중에 닦아놓은 덕분에, 전쟁 이후 번창하기 시작했다The shipping industry in Greece prospered after World War II because Greece had developed good infrastructure during the war"란 문장은 명시적인 반사실문인 "만약 그리스가 이러 이러한 기반을 닦아놓지 않았다면, 그리스의 조선업은 발달하지 못했을 것이 다If Greece had not developed such-and-such infrastructure, its shipping industry would not have prospered"라는 주장일 때를 제외하고는 이해하기 어렵다. 사회과학에서의 분석적 주장은 암시적인 반사실문인 것으로 밝혀졌다.[24] 이는 최근에 여러 책과 논문을 통해 명시적으로 인식되었다.

인간-컴퓨터 인터페이스

컴퓨터에 대한 데스크탑 인터페이스는 매우 일반화되었고, 누구든 그 사용법을 익히는 데 큰 어려움이 없어 보인다.

질문:

● 컴퓨터공학자들은 우리가 컴퓨터 데스크탑에 대해 말했던 것을 진짜로 알지 못하는가?
● 이런 인터페이스를 누구든 배울 수 있다는 사실은 그 일이 우리가 말하는 것만큼 복잡한 일은 아니라고 입증하는 것이 아닐까?

대답:

컴퓨터공학자와 인지과학자들은 인터페이스 설계에서 은유의 논점을 익히 잘 알고 있다. 그리고 이런 논점이 설계자와 심리학자 모두에게 어려운 문제를 제기한다고 여긴다. 그런데 무의식적인 개념적 혼성이 인터페이스의 설계와 인터페이스가 사용하고 개발하는 은유의 구성에 역할을 한다는 사실은 간과되었다.[25]

앞으로 제시될 많은 예에 대해 우리는 이런 질문을 던질 수 있다. "만약 모든 사람들이 그것을 할 수 있다면, 이런 인터페이스가 정말로 그처럼 상상적인 것일 수 있는가?" 이쯤이면 우리의 대답을 예상할 수 있을 것이다. 이를테면 우리가 너무나도 당연시하는 무의식적인 정신적 과정이 그 산물과 행위를 우리의 의식적인 마음에 전달하고 있는 것이다. 전달된 산물과 행위는 매우 간단해 보이지만, 그것을 만들어낸 과정은 연약한 의식이 이해하기에는 너무 복잡하다. 말하기, 걷기, 보기, 이해하기 등은 사실 놀라울 정도로 복잡하고 역동적인 무의식적 과정을 수반하는 것으로 인식되듯이, 컴퓨터 데스크탑 사용처럼 누구든 다루는 법을 배우는 가장 간단한 재주가 분석하기에 가장 어려운 것이다. 사람이라면 누구든 할 수 있지만 다른 어느 종은 그렇게 못한다는 사실은 이런 재주를 가능하게 하는 데 진화적 발달이 필요하다는 사실을 즉시로 알려준다. 특별한 방식으로 연결되어 있고 문화적으로 교육받으면서 많은 역동적인 일을 하는 큰 뇌만이 이런 재주를 해낼 수 있다. 더욱이 이런 큰 뇌조차도 스스로가 하고 있는 것이 무엇인지를 의식적으로는 알지 못한다.

흥미롭게도, 형태 접근법은 형태에 관한 한 "누구든 할 수 있다"라는 질문 이면에 놓인 잘못된 가정을 발견하고 탐구했다. 어린아이들이 통사론과 음운론을 처리할 수 있다는 것은 인간 마음의 경이로 널리 알려졌다. 노엄 촘스키는 통사론을 형식적·방법론적으로 연구하면서 언어 학습이 단순한 연상을 훨씬 초월한다는 것을 심리학자들에게 납득시켰다. 모든 아이가 문법에 정통할 수 있다는 사실은 이제 문법을 연구하고 예측해야 할 강한 이유로 여겨졌으며, 특별한 몇 사람의 예의적인 언어 사용보다 분석가들에게 더 큰 어려움을 안겨주었다.[26] 인지과학의 관점에서 볼 때, 체계적으로 진화한 마음의 일상적인 능력은 복잡성의 좋은 후보이며 가장 흥미로운 보편적 일반화를 보장한다.

이 책의 주요 주장은 비록 급진적이지만 옳은 내용이다. 중요한 사고 대부분은 의식의 바깥에서 이루어지기 일쑤이고, 스스로를 고찰하는 식으로는 거의 인식할 수 없다. 가장 인상적인 것으로 간주되는 정신적 재주는 일상적인 능력과 비교하면 극히 사소한 것이다. 상상력은 늘 의식이 이해하지 못하는 방식으로 작용한다. 의식은 마음이 행하고 있는 것 가운데 아주 소수의 흔적만을 찾아낸다. 과학자, 공학자, 수학자, 경제학자들은 보유하고 있는 지식과 기술이 제아무리 인상적이라 할지라도 자신들이 어떻게 사고하는지 모르며, 자칭 전문가라고 할지라도 자문만 해서는 결코 알아낼 수 없다. 진화는 우리가 우리 인지의 본질을 직접적으로 보지 못하도록 만든 것 같다. 인지과학은 우리의 정신적 능력을 사용해서 바로 그 정신적 능력이 감추게끔 되어 있는 것을 밝혀내야 하는 어려운 상황에 처해 있다.

실수의 심리학

스키 타는 웨이터의 예에서 보았듯이, 사람들은 신체적 행동과 사회적인 관례를 바르게 행하는 법을 배우기 위해 외관상 유별난 방식으로 정신적 능력을 이용한다.

질문:

- 외관상 유별난 사건으로부터도 배울 것이 있는가?
- 스키 타기 예는 억지스러운 것인가 아니며 전형적인 것인가?
- 그것이 인간 행동에 관한 심리학자들의 연구와는 어떻게 관련되는가?

대답:

스키 타는 웨이터의 예는 개념적 혼성이 인간 행동에 좋은 결과를 내놓는 경우이고, 그래서 성공한 것으로 간주되는 예이다. 그런데 늘 무의식적으로 작용하는 개념적 혼성은 또한 결과적으로 유감스런 결과를 초래하는 패턴과 작용을 보충하기도 한다. 실수에 관한 심리학 연구 가운데 중요한 질문 하나는 실수를 하는 행위자가 어째서 그런 실수를 했는지를 묻는 일이다. 즉 그것은 통상 그들이 어째서 잘못된 결과를 내놓게 된 의미와 작용을 사용하게 되었는지를 묻는 질문이다.[27] 개념적 혼성이 잘못된 결과를 낳는 상황을 생각해보자. 운전에 집중하면서 뒷좌석 사람들과 이야기하던 운전사가 말을 제대로 알아듣기 힘들어서 '무심코' 라디오 볼륨 버튼으로 손을 뻗어 라디오 볼륨을 높인다. 그 순간에 라디오의 볼륨과 말소리의 볼륨 모두가 라디오 스위치로 조절할 수 있는 것으로 혼성되었다. 물론 이것은 결코 무심코 한 행동이 아니다. 운전자의 마음은 매우 잘 작동했으며, 독창적이고 상황을 잘 이용한 혼성으로 개념적으로는 문제를 해결했지만, 실제 자동차에서는 제대로 작동하지 않은 것이다. 개념적 혼성 자체는 성공하지 못했으나, 뒷좌석에서 들려오는 소리를 증폭하는(또는 소리가 나지 않게 하는) 장치를 발명하는 데에 영감을 줄 수 있다. 운전자와 부모들에게는 매우 유용한 발명일 것이다. 실수에 관한 연구가 심리학자들에겐 실제의 정신적 작용과 정신적 작용들 간의 비가시적 연결의 종류를 알려주는 귀중한 증거 자료이다.

스키어의 경우, 우리는 강사가 창조적인 혼성을 이용하여 초보자에게 동작을 정확히 하도록 지도할 수 있음을 보았다. 초보자는 보통 자기 발의 방향을 본 뒤 이어서 스키의 방향을 보는 잘못된 동작을 한다. 이런 잘못된 동작 자체는 물론 그렇게 두드러지진 않지만 스키 타기와 걷기의 혼성이다. 스키 강사는 초보자에게 그 혼성을 버리는 대신 유별나긴 하지만 스키 타기와 식당에서의 샴페인과 크루아상 쟁반 나르기라는 새로운 혼성을 창조할 것을 명시적으로 요청한다. 이러면서 그 강사는 자전거 타기에서부터 무술 익히기에 이르기까지 인간의 몸동작을 수반하는 모든 영역에서 기본이 되는 코칭 기술을 사용하고 있다. 지난 몇십 년 동안, 탱크 조종사, 파일럿, 항공 교통 관제원, 나아가 자동차 운전자에게까지 잘못된 혼성 대신 바른 혼성을 하도록 교육하려는 정교한 시뮬레이션 기술이 개발되었다. 비행술을 배우는 사람들은 유리창 밖을 보면서 조종 장치를 쥐고 있지만, 이 새로운 상황에서는 자칫 자동차 운전이라는 익숙한 행동이 치명적일 수 있음을 아주 일찍부터 학습해야 한다. 자동차 운전에 대한 학습의 일부분은 오래된 혼성을 새로운 혼성으로 교체한다.

유추

이번 장에서 논의한 모든 예는 두 가지 혹은 그 이상의 입력공간에서 각각의 요소들을 정렬하고 그 요소들 간의 유사성을 형성하는 것을 수반한다.

질문:

● 개념적 혼성은 일종의 유추가 아닐까? 우리는 유추가 어떻게 작용하는
  지 이미 알고 있지 않는가?

대답:

유추 이론은 유추적 투사에 관한 것이다. 표준적인 유추적 추론에서 기저 또는 근원영역이 목표영역으로 사상됨으로써, 근원영역에서 쉽게 이용할 수 있는 추리가 목표영역으로 보내진다. 그리하여 목표영역에 대해서도 근원영역에서처럼 추론할 수 있다. 하지만 스키 타기 예에서는 이런 일이 일어나지 않는다. 스키 강사는 스키어가 '마치' 웨이터'처럼' 행동하라고 제안하는 것이 아니다. 이렇게 하려면 스키어는 스키를 벗고 직접 걸어야 할 것이다. 초보자가 몸은 스키를 타되 정신적으로는 쟁반을 나르는 듯할 때, 혼성공간 안에서는 적절한 발현적 행동 패턴이 생겨난다. 이런 패턴은 스키 타기 입력공간이든 웨이터 입력공간이든 어디에도 속하지 않는다. 만약 유추적으로만 전이되는 경우였다면 어느 한 입력공간에는 분명히 포함되어 있어야 할 것이다.

이미지 클럽은 훨씬 더 인상적인 예다. 고객이 이미지 클럽에서의 자기 행동을 유추적으로 교사가 교실에서 하는 행동을 투사함으로써 결정할 리 없다는 것은 명명백백하고, 그 반대도 그렇다. 방향이 어떠하든, 어느 쪽으로의 유추이든 끔찍히 실패할 수밖에 없다. 스키 타는 웨이터와 이미지 클럽의 사례에서 보듯, 개념적 혼성은 추리에 대한 단순한 조작이나 투사가 아니다. 오히려 진정 새로운 통합적 행동을 야기한다. 이런 종류의 통합은 전형적으로 구조 사상에만 전적으로 의존하는 유추적 추론 모형에 나타나는 특징이 아니다. 실현하든 그렇지 않든, 성적 환상은 체계적인 인간 인지의 광대하고도 중요한 분야이다. 이런 분야는 상상적이지만 은유나 유추로는 설명할 수 없다.

수 개념의 진화에서 역사상 (음수의 제곱근과 같은) '허虛'수를 순수하게 형식적으로 사용하던 때가 있었다. 수학자들에게는 놀랍게도, 허수의 형식적 조작은 수의 기초적인 개념적 특성을 위배했음에도 방정식에서는 작동했다. 따라서 유클리드 평면상의 점과 허수를 포함한 수 사이에서 구조 사상 유추가 개발되었다. 그 후 구조 사상 유추는 적절하게 기능하여 수학적으로 적절한 작용과 연산을 산출해냈다. 물론 유추만으로는 불충분했다. 수학자들이 복소수가 허수를 포함하는 응집적 범주인 통합적 혼성을 달성하기까지는 한 세기가 더 걸렸다. 이런 혼성의 도달로 이제 '수'의 확장된 범주에 통합적인 개념적 구조가 주어졌고 허수에 대한 반대가 사라졌다.

이전 것과 새로운 것

앞서 개념적 혼성 현상이 나타난 많은 분야에 대해 논의했고, 개념적 혼성의 양상과 관련 있는 분야의 연구를 언급했다.

질문:

● 과연 어느 누구도 개념적 혼성에 대해 정녕 몰랐던 것인가?

대답:

어떤 의미에서 우리 모두는 개념적 혼성에 대해 너무나도 잘 알고 있고, 완전히 정통해 있다. 이것은 우리 모두가 시각에 있어 완전히 무의식적인 '지식'을 지니고 있으면서도 무의식적 능력에 대해서는 이렇다 할 의식적 지식도 가지지 않은 것과 같은 일이다. 쇼베 동굴Grotte Chauvet 벽에서 발견된 3만 년 전 후기 구석기 시대의 미술은 미술가의 마음속에 있는 정교한 창조적 혼성을 반영한다.

개념적 혼성의 산물은 종종 독특하며 돋보인다. 때문에 당연히 수사학, 문학, 그림, 과학적 발견을 탐구하는 연구자들은, 개념적 혼성이라 부를 수 있는 많은 구체적인 예를 인식할 수밖에 없었고, 또한 무엇인가 흥미로운 일이 진행되고 있음을 직감할 수밖에 없었다. 우리가 발견한 것 중 가장 초기 것은 아리스토텔레스로부터 나왔다. 출처는 아리스토텔레스의 『수사학』 3편이다.

> 제비가 날아가면서 고르기아스의 머리에 똥을 쌌을 때, 고르기아스는 가장 비극적인 방식으로 제비에게 말을 건다. 그는 "아니, 부끄럽지 않느냐. 오, 필로멜라*여"라고 말했다. 제비를 새로 간주하면, 당신은 제비의 행동을 부끄러운 것이라고 할 수 없다. 제비를 소녀로 간주한다면, 그럴 수 있다. 그렇기 때문에 지금의 존재가 아닌 과거의 존재로 부르는 것은 멋진 조롱이었다.[28]

부끄러운 행동은 혼성공간에서만 존재한다. 대상이 소녀라면 그런 행동이 불가능하고, 제비라면 그런 부끄럼이 불가능하다. 아리스토텔레스가 이런 혼성이 존재한다는 것을 인식했거나 '부끄러운 행동'에서 발현적 의미를 인식했다거나 발현적 의미가 혼성공간에서만 존재한다는 것을 인식했는지는 명확하지 않다. 무엇보다 그는 고르기아스의 표현을 기본적인 정신적 작용의 실례가 아닌, 이색적인 성취물로 보았다. 이 때문에 혹 그가 그 이론적 결과를 탐구하지 않았는지도 모른다. 분명, 고전 수사학자들은 개념적 혼성이 상상력의 일반적이고도 일상적인 정신 작용이라고는 통찰하지 못했다.

예술사, 문학비평, 수사학의 전통에는 서로 유사한 예들이 가득하다. 많은 작가들은 이런 예들 속에 어떤 창조성이 진행되고 있음을 아주 통찰력 있게 알아채지만, 그 창조성이 해당 예에서만 특별한 것으로 제시했다. 정체성과 꿈에 관한 프로이트의 많은 분석은 다시 보면 인간 조건의 중심에 있는 혼성에 대한 연구일 수 있다. 그리고 아주 최근 어빙 고프먼Erving Goffman, 렌 탈미Len Talmy, 퐁H. Fong, 데이비드 모서David Moser와 더글러스 호프스태터Douglas Hofstadter, 쿤다Z. Kunda, 밀러D. T. Miller, 클레어T. Clare는 우리가 말하는 개념적 혼성의 특별

---

* 그리스 신화의 인물로 죽음의 위기에 처했을 때 제우스가 제비로 변신시켰다.

한 경우들에 관해 통찰력 있게 논의했다.[29] 하지만 학자들 모두는 혼성을 다소 이색적이고 주변적인 의미의 표출로 본다. 그들은 일반적인 혼성 능력 자체에는 주안점을 두지 않는다. 또한 그것을 일반적인 능력으로 인식하는 것 같지도 않다. 오히려 그들은 그림이든 시든, 개념적 혼성의 국부적 산물의 흥미로운 양상에만 초점을 둔다. 개념적 혼성은 어떤 도전적 개념이라기보다는 이용 가능한 한 수단으로 간주된다. 고르기아스 자신은 자신이 하고 있는 것을 어떻게 할 수 있는가? 바로 이것이 아리스토텔레스조차 인식하지 못한 문제였다.

과학과 예술 분야에서 인상적인 창조성의 개별 예들이 지닌 특별하고 국부적인 특질들 이면을 탐구하는 데 성공한 작가 가운데 하나는 『창조의 기술 *The Act of Creation*』(1964)의 저자 아서 쾨슬러Arthur Koestler이다. 인상적인 창조적 발명의 예들이 저마다 공유하는 특징을 조사하면서, 그는 이를 '틀의 이중연합 bisociation of matrices'이라 명명했다. 그와 동시에 그는 무엇이 과학적 도전인지를 보여주었다. 즉 그는 좀 모호하긴 했지만, 창조성이 서로 다른 영역의 요소들을 결합시키는 것과 관련 있다고 설명했다. 그러나 쾨슬러는 여기서 한 단계 더 도약하지 않았다. 이런 주목을 끄는 경우들에 수반되는 일반적인 정신적 작용이 우리의 일상 사고와 언어에도 널리 퍼져 있다고는 생각하지 못했다. 또한 그는 주목을 끄는 경우에서도 그런 경우를 만들어낸 구조적·역동적 과정의 세부적인 특징을 제시하지 않았다.

우리의 연구 프로그램은 개념적 혼성이 일반적이고 기본적인 정신적 작용으로서 매우 정교한 역동적 원리와 통제적 제약을 가진다는 결정적인 증거들을 곳곳에서 찾아냈다. 1993년에 이 연구 프로그램을 착수한 뒤, 관점이 다르고 매우 다른 종류의 데이터를 가진 몇몇 '창조성 이론가들'이 일반적인 정신적 작용이 존재한다는 주장을 해왔다는 사실을 알고 용기를 얻었다. 이런 정신적 작용은 스티븐 미슨이 말한 '인지적 유동성'으로서, 그 결과는 다른 영역의 요소들을 서로 결합시키는 것이다. 1998년 미슨은 다음과 같이 말했다.

마가렛 보든은 창조적 사고를 '구조화된 개념적 공간의 사상, 탐구, 변형에 의해' 설명할 수 있다고 주장했다. 개념적 공간에 대한 그녀의 정의는 모호하다. 그녀는 그것을 '음악, 조각, 안무, 화학 등에서 행해지는 사고의 스타일'로 기술한다. 이런 모호함에도 불구하고 개념적 공간을 변형시킨다는 생각은 직관상 매력적이다. 이는 이전에는 무관하던 두 개의 기술이나 사고의 틀을 갑자기 연결시킴으로써 창조적 사고가 발생한다고 기술한 쾨슬러의 초창기 개념과 '클론다이크 공간klondike space'이라는 용어를 사용해서 그것이 창조적 사고의 과정에서 보통 체계적으로 탐구된다고 주장하는 퍼킨Perkins의 오늘날 생각과 밀접하게 관련된다. 이런 점에서 창조적 사고는 분명 평범한 사고의 일부이며, '천재'에만 국한된 것일 수 없다. 그럼에도 불구하고 우리는 특별한 상황에서 특별한 개인이 행하는 개념적 공간의 아주 특별한 변형으로부터 어떻게 창조적 사고가 나올 수 있는지 그 잠재력을 볼 수 있다.[30]

따라서 많은 다른 영역에서 창조성에 수반되는 단일한 성신적 작용이 있다는 핵심적인 생각으로 관점이 모아지게 되었다. 아리스토텔레스와 여러 철학자들은 깜짝 놀랄 창조적인 예들 중에서 몇몇 흥미로운 특징을 식별했고, 쾨슬러는 이 모든 인상적인 경우들의 근저에는 특별한 작용이 있다고 제안한 데 반해, 현대의 창조성 이론가들은 이런 작용이 천재나 비범한 창조적 활동만을 위한 것은 아니라고 주장했다. 우리는 이제 이런 작용이 사실상 모든 인간 마음의 활동 기초임을 입증할 것이고, 그 본질을 연구할 수 있는 정확하고도 명시적인 이론적 체제를 세우고자 노력할 것이다.

일단 '승려'의 경우를 들어 쾨슬러가 멈춘 곳에서부터 시작해보겠다.

CHAPTER 3
개념적 혼성의 요소

어느 날 동틀 무렵 한 승려가 산을 오르기 시작하여 해질 무렵 산꼭대기에 이르렀다. 그 후 거기서 며칠간 명상을 한 뒤, 동틀 무렵에 다시 산기슭을 향해 내려가기 시작해 해질 무렵에 도착했다. 이동하는 동안 승려의 출발, 정지, 보폭의 문제는 별개로 하자. 수수께끼는 바로 이것이다. 서로 다른 두 오르내림에서 하루의 같은 시간에 이 승려가 차지하고 있었던 한 지점이 있을까?[31]

이것은 아서 쾨슬러가 『창조의 기술』에서 제시한 놀라운 수수께끼이다. 책을 잠시 덮고 아무런 힌트도 없이 이 수수께끼를 풀어본다면 우리가 여기에서 하는 논의를 이해하는 데 좀 더 도움이 될 것이다.

다시 책을 펴고 이렇게 한번 시도해보라. 승려가 어느 날 올라 간 뒤 몇 일 지나서 내려온다고 생각하지 말고, 오르내림을 같은 날 동시에 하고 있다고 상상해보라. 승려는 자기 자신을 만나는 지점이 있어야 하고, 우리는 바로 그 지점을 찾고자 한다. 그 지점을 찾으면 수수께끼는 풀린다. 우리는 그 지점이 어디인지는 모르지만, 그 지점이 어디든 간에 따로따로 행한 두 이동에서 승려가 틀림없이 하루의 같은 시각에 그 지점에 있었다는 것을 알 수 있다.

그런데 이 사소한 수수께끼를 푸는 것 자체에서 우리는 더욱 중요한 과학적 수수께끼와 만난다. 우리는 어떻게 정답을 찾을 수 있었고, 왜 그것을 정답으로 확신하는가? 한 승려가 동시에 오르고 내려오기란 불가능하다. 그는 '자신을 만날' 수 없다. 하지만 이런 있을 수 없는 상상적 창조는 우리가 찾으려는 진리를 제공한다. 그것이 실제로 가능한지 또는 불가능한지와는 전혀 상관없다. 우리의 추론과도 직결된 것이 아니다. 두 사람이 서로 만나는 시나리오는 가능할 뿐만 아니라 흔한 일이다. 이런 시나리오를 사용하는 것이 이런 정답을 이해하는 데 결정적인 사항이다. 하지만 이런 시나리오는 오직 한 사람이 서로 다른 날에 서로 다른 이동을 한다는 것을 기술한 원래의 수수께끼 어디에도 없다.

승려가 자기 자신을 만난다는 상상적 개념은 산 오르기와 내려오기를 혼성하며, '만남'이라는 발현구조를 가진다. 이것은 전혀 다른 산 오르기와 내려오기의 양상이 아니다. 바로 이런 발현구조가 해답을 내놓을 수 있게 만들고 있다.

연결망 모형

승려 사례는 개념적 통합의 연결망 모형의 중심 원리를 보여준다. 이세 이 원리들을 설명해보자.

정신공간

정신공간은 국부적인 이해와 행동을 목적으로 우리가 생각하고 이야기할 때 구성되는 작은 개념적 꾸러미이다. 승려 연결망에는 등반에 대한 한 정신공간과 하산에 대한 또 다른 정신공간이 있다. 정신공간은 *길 따라 걷기*라는 프레임처럼 '프레임'이라는 장기적인 도식적 지식과도 연결되고, 당신이 2001년 레이니어 산을 등반하던 시절의 추억 같은 장기적인 특별한 지식과도 연결된다. 당신, 레이니어 산, 2001년, 등산을 포함하고 있는 정신공간은 서로 다른 방식과 서로 다른 목적을 위해 활성화될 수 있다. "당신은 2001년에 레이니어 산을 등반했다You climbed Mount Rainer in 2001"는 지난 사건을 전하기 위해 정신공간을 구축한다. "당신이 2001년에 레이니어 산을 등반했었더라면If You had climbed Mount Rainer in 2001"은 반사실적 상황과 그에 따른 결과를 조사하려고 동일한

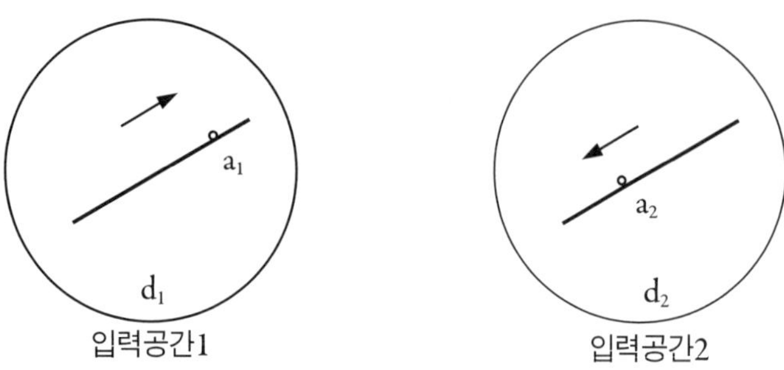

그림 3.1 입력 정신공간

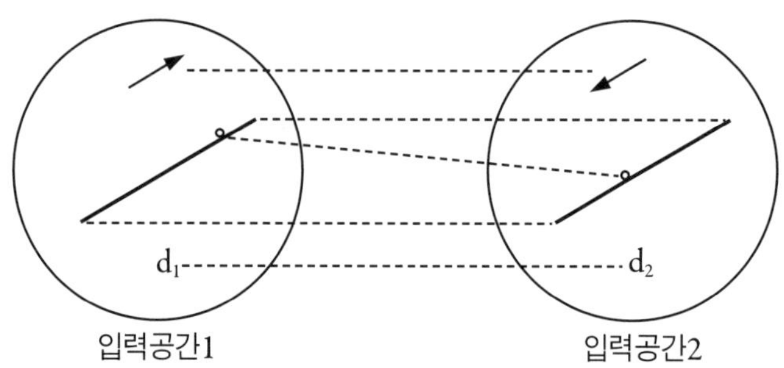

그림 3.2 공간횡단 사상

정신공간을 구축한다. "맥스는 당신이 2001년에 레이니어산을 등반했다고 믿는다Max believes You climbed Mount Rainer in 2001"도 같은 정신공간을 구축하지만, 이는 맥스가 무엇을 믿는지를 상술하기 위함이다. "당신이 2001년에 레이니어산을 등반한 사진이 여기에 있다Here is a picture of you climbing Mount Rainer in 2001"는 사진의 내용을 이야기하기 위해 같은 정신공간을 환기시킨다. "이 소설 때문에 당신은 2001년에 레이니어산을 등반했다This novel has you climbing Mount Rainer in 2001"는 작가가 소설에 허구 장면을 담고 있음을 알린다. 이렇듯 정신공간은 매우 부분적이다. 정신공간은 여러 요소를 포함하며, 일반적으로 프레임에 의해 구조화된다. 정신공간들끼리 서로 연결되고, 사고와 담화가 진행됨에 따라 수정될 수 있다. 일반적으로 정신공간은 사고와 언어의 동적인 사상을

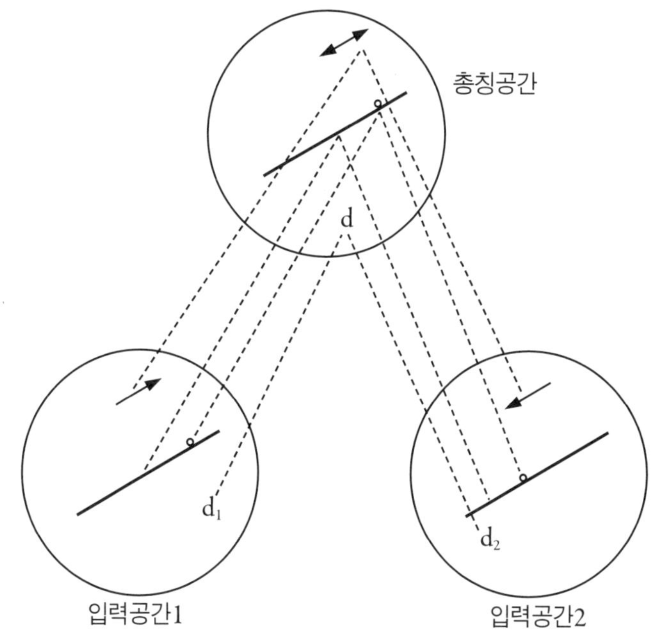

그림 3.3 총칭 정신공간

모형화하는 데 사용된다.[32]

논의 도중 여러 차례 그림을 이용하면서 정신공간과 혼성공간에 대해 이야기할 것이다. 이런 그림에서 정신공간은 원으로 표시하고 요소는 원 안의 점(또는 도상)으로, 다른 정신공간들 속의 요소들 간의 관계는 선으로 표시한다. 이런 인지 과정을 신경으로 이해한다면, 정신공간은 활성화된 신경 조합neuronal assemblies의 집합이고, 요소들 간의 선은 어떤 종류의 공활성화 결속co-activation bindings과 대응한다고 할 수 있다. 추가로, 정신공간에 보충되는 프레임 구조는 바깥 직사각형 속이나 원 안에 표시한다.

입력공간. 승려 연결망에는 두 가지 입력 정신공간이 있다. 그림 **3.1**에서 볼 수 있듯이, 각각의 입력공간은 등반 및 하산과 대응하는 부분적 구조이다. 등반하는 날은 d_1, 하산하는 날은 d_2, 등반하는 승려는 a_1, 하산하는 승려는 a_2로 표시한다.

공간횡단 사상.　　부분적인 공간횡단 사상은 입력 정신공간 속의 대응요소들을 연결한다(그림 3.2). 그것은 한 정신공간 속의 산, 이동하는 개인, 이동하는 날, 이동과 또 다른 정신공간 속의 산, 이동하는 개인, 이동하는 날, 이동 자체를 연결하고 있다.

총칭공간.　　총칭공간은 각각의 입력공간으로 사상되고 입력공간에 공통된 것을 포함한다. 이동하는 개인, 그의 위치, 산기슭과 정상을 잇는 길, 이동하는 날, (그림 3.3에서 이중 화살표로 표시된) 상술되지 않은 방향으로의 이동이 그것이다.

혼성공간.　　혼성공간이라는 네 번째 정신공간이 있다(그림 3.4). 두 입력 정신공간에서 등장하는 각 산기슭은 혼성공간에 하나의 동일한 산기슭으로 투사된다. d_1과 d_2라는 두 이동하는 날은 단 하나의 날 d'로 사상되고 융합된다. 그러나 이동 방향은 그대로 유지된 채로, 이동하는 개인과 그들의 지점은 하루 중 변화하는 시간에 따라 사상되기 때문에 융합될 수 없다. 입력공간1은 등반을 동적으로 나타내는 데 반해, 입력공간2는 하산을 나타낸다. 시간과 지점은 혼성공간으로 투사되지 않는다. 시간 t와 이동하는 날 d'가 있는 혼성공간에는 이동하는 날 d_1의 시간 t에 a_1가 차지하는 지점에 있는 a_1의 대응요소는 물론 이동하는 날 d_2의 시간 t에 a_2가 차지하는 지점에 있는 a_2의 대응요소가 포함되어 있다.

발현구조

혼성공간은 입력공간에 들어 있지 않은 발현구조를 발전시킨다. 첫째, 입력공간으로부터 나온 요소들을 합성함으로써 개별 입력공간에는 없는 관계를 혼성공간에서 이용할 수 있게 된다. 입력공간에서와는 달리, 혼성공간에서는 한 명이 아닌 두 명이 이동한다. 그 두 명은 맞은편 길 끝에서 시작해 서로 반대 방향으로 이동하며, 각자의 위치는 이동 중 언제라도 비교할 수 있다. 왜냐하면 그 둘은 d'라는 같은 날에 이동하기 때문이다. 둘째, *완성되고 나면* 혼성공간에

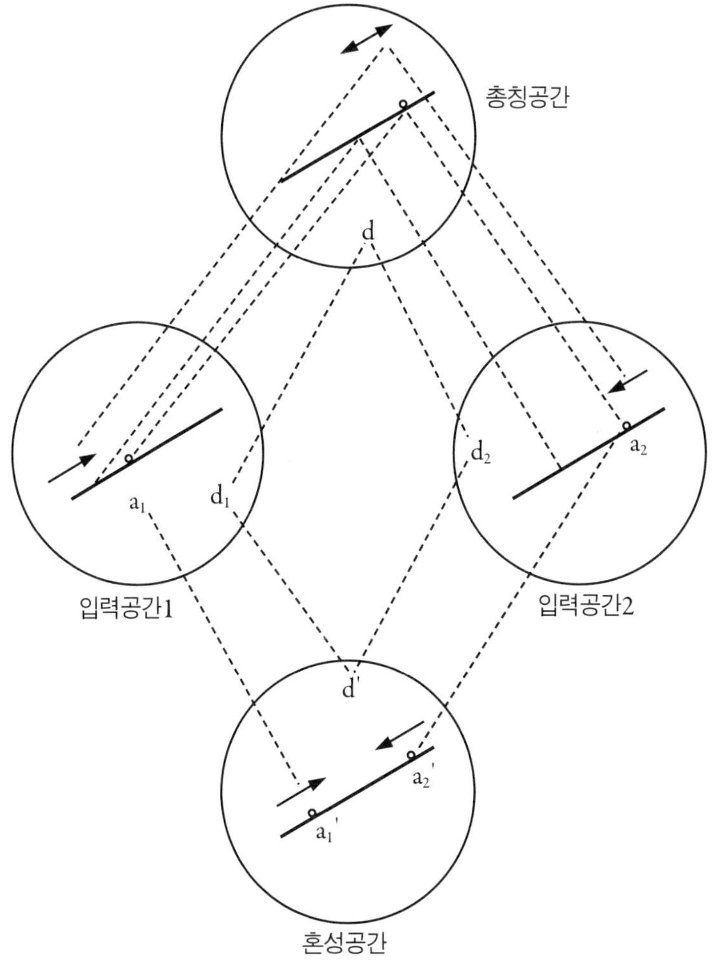

그림 3.4 혼성공간

추가적인 구조가 더해진다. 두 사람이 길에서 이동하는 이런 구조는 두 사람이 같은 날 경로의 맞은편 끝에서 이동을 시작하는, 익숙한 배경 프레임의 두드러진 부분으로 간주될 수 있다. 셋째, 완성에 의해 이 익숙한 구조는 혼성공간으로 보충된다. 바로 이 시점에서 혼성공간은 통합된다. 이는 익숙한 특정 프레임의 실례로서, 두 사람이 하나의 길에서 서로 반대 방향으로 걷는 프레임이

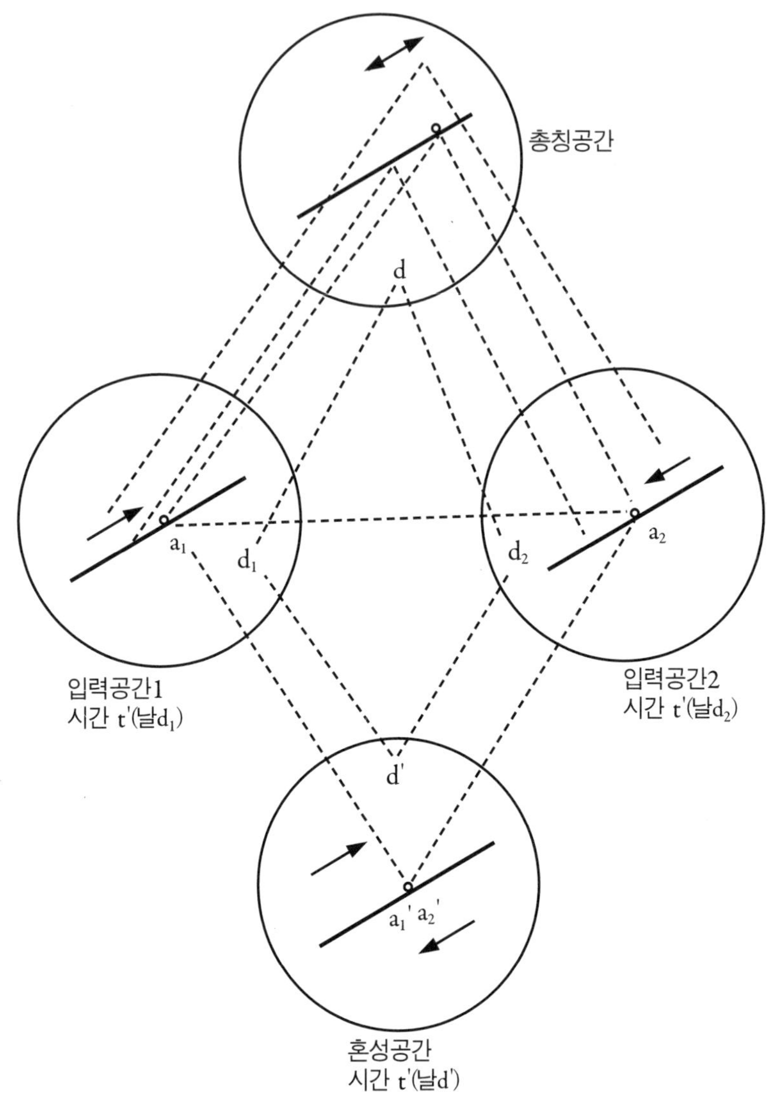

그림 3.5 입력공간으로의 역逆 사상

다. 이제 우리는 이 프레임 덕분에 이 시나리오를 역동적으로 운용할 수 있다. 즉 혼성공간에서 두 사람은 경로를 따라 이동한다. 이런 '혼성공간의 운용'은 *정교화*라고 부른다. 혼성공간의 운용으로 혼성공간은 상상적으로 수정되고 두 사람이 실제로 만난다는 사실을 전한다. 이것은 완전히 새로운 구조이다. 우리가 두 입력공간을 아무리 역동적으로 운용하더라도, 어느 입력공간에서든 두 사람은 만나지 않는다. 하지만 혼성공간 속의 두 사람은 두 입력공간에 있는 '동일한' 승려로 역투사된다. 만나는 지점도 각 입력공간 경로 위의 '같은' 지점으로 역투사된다. 물론 그들이 혼성공간에서 만나는 시점은 승려가 그 지점에 있을 때인 입력공간상의 시점과 같다. 입력공간으로의 역逆 사상에 의해 그림 3.5에서 암시되는 형상이 생긴다.

우리가 혼성공간을 운용할 때, 입력공간과의 연결은 계속 유지된다. 그래서 정신공간들 간의 모든 '동일성' 연결이 자동적으로 생기고, 쾨슬러의 마술적인 '창조의 행위'라는 이해의 섬광이 발현된다. 그러나 이러한 섬광이 나오려면 대응요소 연결은 네 개의 정신공간을 가로질러 역동적으로 바뀌더라도 무의식적으로 유지되어야 한다. 무엇보다 이런 공간들 간에는 기하학적 규칙성이 있다. 혼성공간을 구성하는 방법이 주어지면, 혼성공간에서 경로상의 지점이면 어느 것이든 입력공간 속의 대응요소로 투사된다는 것을 알 수 있다. 보다 일반적으로, 혼성공간에서 융합되는 것은 무엇이든 입력공간의 대응요소로 역투사된다. 그런데 서로 다른 정신공간에서의 시간, 승려의 위치, 경로상의 위치 간의 상관성에 관한 이런 '기하학적' 지식은 완전히 무의식적이다. 의식으로 들어오는 것은 오직 이해의 섬광뿐이다. 그리고 이런 정교한 상상적인 일이 완전히 무의식적이기 때문에 이런 이해의 섬광은 마법처럼 느껴진다.

우리는 무엇을 보았는가?

승려 수수께끼에 적용되는 개념적 혼성은 개념적 통합에서 보편적인 것으로 밝혀진 특징을 지닌다.

통합 연결망을 구축하는 것으로는 정신공간 구축, 정신공간들 사이의 일치, 혼성공간으로의 선택적 투사, 공유된 구조 찾기, 입력공간으로의 역투사, 입력공간이나 혼성공간으로의 새로운 구조 보충, 혼성공간 자체에서 다양한 작용의 운용이 있다. 이런 작용에 대해 하나하나 이야기할 테지만, 중요하게 기억

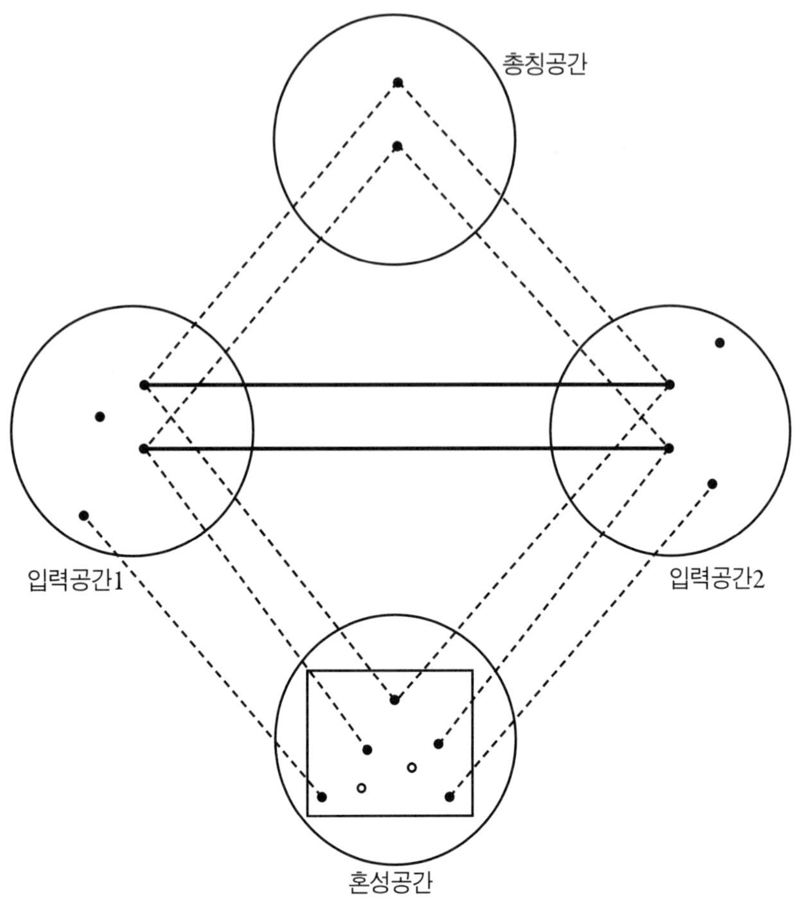

그림 3.6 기본그림

할 것은 이 가운데 어느 작용이든 언제든 가동될 수 있고, 동시에 가동될 수 있다는 점이다. 통합 연결망은 균형을 요구한다. 말하기 방식에는 연결망이 '만족하는' 장소가 있다. 승려 수수께끼에 대한 정답을 찾으라는 지시를 받을 때처럼, 문맥은 전형적으로 균형의 몇 가지 조건을 상술할 것이다. 만약 입력공간에 자동적으로 역투사되어 경로상의 특별한 지점이 생기는 구조가 혼성공간에 나타난다면, 그 연결망은 균형을 이룰 것이다. 더 일반적으로, 무엇을 연결망의 균형이라 할 수 있는지는 목적에 따라 달라지겠지만 그 역동성에 대한 다양한 내적 제약도 간과할 수 없다.

그림 3.6의 기본 그림은 개념적 통합의 주요한 특징을 예증한다. 여기서 원은 정신공간을 표시하고, 실선은 입력공간 사이의 일치와 공간횡단 사상을 나타내며, 점선은 입력공간과 총칭공간 또는 혼성공간 사이의 연결을 암시하고, 혼성공간 속의 굵은 네모는 발현구조를 표시한다.

개념적 통합의 양상을 예증하는 이런 정적인 방식은 우리가 편하게 이용할 수 있다. 그런데 이 그림은 사실 단지 이전 연결에 대한 비활성화, 이전 공간에 대한 재再프레이밍, 그리고 다른 행동을 포함할 수 있는 상상적이면서도 복잡한 과정의 스냅사진이다. 이 그림에서 선(개념적 투사와 사상을 나타내는 선)은 신경 공共활성화와 결합에 대응하는 것으로 간주된다. 다음은 개념적 혼성의 본질적인 양상을 차례로 제시한 것이다. 그렇나 이렇게 제시된 차례가 그 과정의 실제 단계를 반영하는 것은 아니다.

- 개념적 통합 연결망. 혼성공간은 정신공간의 연결망에서 생겨난다. 기본 그림에서 예증한 연결망에는 두 개의 입력공간, 하나의 총칭공간, 하나의 혼성공간, 이렇게 네 개의 정신공간이 있다. 이것은 최소 연결망이다. 개념적 통합 연결망은 그 외 몇 개의 입력공간, 더 나아가 많은 혼성공간을 가질 수 있다.

- 일치와 대응요소 연결. 개념적 통합에는 입력공간들 간에 부분적 일치가 있다. 기본 그림에서 실선은 일치로 인한 대응요소 연결을 표시한다. 이런 대응요소 연결에는 종류가 많다. 프레임 간의 연결과 프레임 내의 역할들 간의 연결, 동일성, 변형, 표상의 연결, 유추적 연결, 은유적 연결, 보다 일반적으로는 (6장에서 설명할) '중추적 관계' 사상이 여기에 해당된다. 예컨대, 스키 타는 웨이터 경우, 스키의 폴대는 쟁반의 대응요소이다. 두 정신공간 간에 일치가 창출될 때 우리는 그 둘 사이에 공간횡단

사상이 있다고 말한다.

● 총칭공간. 연결망을 구성하는 어느 순간에라도 입력공간들이 서로 공유하는 듯 보이는 구조는 총칭공간에서 포착되며, 이는 다시 각각의 입력공간으로 사상된다. 총칭공간 속의 요소는 두 입력공간 속의 쌍을 이룬 대응요소로 사상된다. 철의 여인 경우, 총칭공간은 '노동조합과 유권자가 있는 서구 민주주의' 같은 유형이다. 총칭공간의 노동조합은 한 입력공간의 *미국 노동조합*과 다른 입력공간의 *영국 노동조합*으로 사상되고, 그 둘은 대응요소이다. 스키 타는 웨이터 경우, 총칭공간은 손으로 무언가를 운반하는 개인이다. 총칭공간에서 운반되는 물건은 한 입력공간의 스키 폴대와 다른 입력공간의 쟁반으로 사상된다. 이 둘 역시 대응요소이다.

● 개념적 혼성. 개념적 혼성에서, 두 입력 정신공간에서 나온 구조는 혼성공간이라는 새로운 정신공간으로 투사된다. 총칭공간과 혼성공간은 서로 연관되어 있다. 혼성공간은 총칭공간에서 포착된 총칭적 구조는 물론 특정 구조도 포함한다. 두 승려가 동일한 승려인 것처럼 입력공간에서는 도저히 불가능한 구조도 포함할 수 있다.

● 선택적 투사. 입력공간의 모든 요소와 관계가 혼성공간으로 투사되진 않는다. 승려의 경우, 이동하는 날은 투사되지 않는다. 스키 타는 웨이터 경우, 걷기, 고객, 샴페인 가격은 웨이터 입력공간으로부터 투사되지 않는다. 종종 대응요소 모두가 투사되는가 하면(두 경로, 두 승려), 대응요소 가운데 하나만 투사되기도 하고(철의 여인 예에서 미국 유권자만 투사되고 영국 유권자는 투사되지 않는다), 대응요소가 전혀 투사되지 않기도 한다(승려 예에서 달력 날짜). 또한 종종 혼성공간에서 입력공간의 대응요소들이 융합되지만(두 경로), 융합되지 않기도 한다(두 승려). 그리고 마지막으로 한 입력공간의 요소가 다른 입력공간의 대응요소 없이 혼성공간에 단독으로 투사되는 경우도 있다(스키 타는 웨이터 경우에 스키).

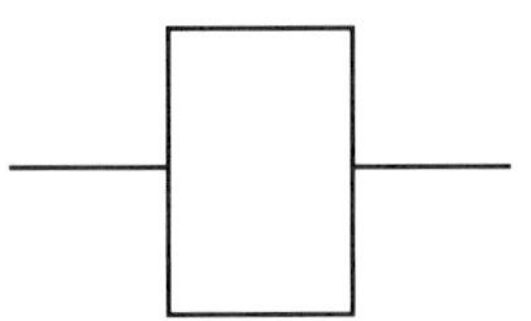

그림 3.7 패턴 완성

- 발현구조. 혼성공간에는 어떤 입력공간에서도 직접 복사되지 않는 발현 구조가 발생한다. 발현구조는 세 가지 방식으로 생성된다. 즉 입력공간 으로부터 투사의 합성, 독립적으로 보충된 프레임과 시나리오에 기초한 완성, 그리고 정교화(혼성공간의 운용)를 통해 생성된다.

- 합성. 개념적 혼성은 입력공간의 요소들을 합성시켜 개별 입력공간에 는 존재하지 않는 관계를 만들어낸다. 승려 예가 보여주듯, 각각의 입력 공간에서는 한 승려가 행하는 하나의 이동만 있지만, 합성을 하고 난 뒤 에는 두 승려가 같은 날 같은 경로에서 행하는 두 개의 이동이 있다. 각 각의 대응요소는 혼성공간에 개별적으로 포함됨으로써 합성된다. 이것 은 두 입력공간의 승려를 혼성공간으로 따로 가져가 두 명의 승려를 생 산하는 경우이다. 또는 대응요소는 혼성공간의 동일한 요소로 투사되어 합성될 수도 있다. 이는 두 입력공간의 날이 혼성공간에서 같은 날로 투 사되는 경우로서, 이런 종류의 투사는 '융합'이라 부른다.

- 완성. 우리는 우리가 무의식적으로 혼성공간에 옮기는 배경 지식과 구조 의 범위를 거의 인식하지 못한다. 혼성공간은 그런 배경 의미를 매우 많 이 보충한다. 패턴 완성은 가장 기본적인 보충의 하나이다. 우리는 익숙 한 의미 프레임의 일부를 보고, 그 프레임의 많은 부분이 조용하지만 효 과적으로 혼성공간으로 보충된다. 그림 3.7은 잘 알려진 이런 심리적 현 상을 예증한다. 여기서 우리는 두 개의 선분과 하나의 직사각형을 볼 수 있고, 패턴 완성을 통해 하나의 직선이 직사각형 '뒤로' 지나간다고 추론 한다. 혼성공간 내의 최소의 합성은 더욱 풍부한 패턴인 것으로 보통 자

동적으로 해석된다. 승려의 경우, 경로 위에 있는 두 승려의 합성은 두 사람이 서로를 향해 이동하는 시나리오로 인해 자동적으로 완성되기 때문에 조금만 생각해봐도 '서로에게 향하는 이동' 시나리오가 '두 승려' 합성보다 훨씬 풍부하다는 것을 알 수 있다.

● 정교화. 우리는 혼성공간을 시뮬레이션으로 다루고 혼성공간의 원리에 따라 상상적으로 운용함으로써 정교화한다. 혼성공간 운용을 위한 이런 원리들 중 일부는 합성에 의해 혼성공간으로 가져갈 것이다. 우리는 승려 혼성공간을 운용하여 '만남'을 혼성공간에서 얻게 되며, 이 '만남'은 수수께끼의 해답을 제공한다. 우리는 두 사람이 경로를 따라 서로 반대 방향으로 이동하는 시나리오의 역동성을 알기에 혼성공간을 운용할 수 있으며 이런 시나리오는 패턴 완성에서 얻어진다. 이 시나리오는 시간 경과, 자체 이동의 가능성 등과 관련 있는 원리를 제공한다. 개념적 혼성이 지닌 힘의 일부는 항상 다른 많은 가능한 정교화의 노선이 있으며, 정교화가 무한히 진행될 수 있다는 점이다. 우리는 우리가 할 수 있는 것만큼 많이, 길게, 그리고 여러 다른 방향으로 혼성공간을 운용할 수 있다. 예컨대, 두 승려는 서로 만나서 정체성의 개념을 놓고 철학적 논의를 할 수도 있다. 이런 특별한 정교화는 수수께끼를 푸는 목적과는 거리가 먼 듯하지만, 다른 한편으론 흥미롭고 유용한 것으로 이어질 수도 있다. 개념적 혼성의 창조적 가능성은 완성과 정교화의 무제한적 본질로부터 생겨난다. 이런 가능성은 원칙적이지만 효과적으로 무제한의 방식으로 혼성공간을 위한 새로운 구조를 보충하고 개발한다. 개념적 혼성은 완전히 풍부한 우리의 물리적·정신적 세계에서 작용한다.

합성, 완성, 정교화는 혼성공간에서 발현구조로 이어진다. 혼성공간에는 입력공간으로부터 복사되지 않은 구조가 포함되어 있다. 기본 그림(그림 3.6)에서 혼성공간 속의 정사각형이 발현구조를 나타낸다는 것에 주목하라.

- 수정. 통합 연결망이 구성될 때 언제 어느 공간이든 수정될 수 있다. 예컨대, 입력공간은 혼성공간으로부터의 역逆 사상에 의해 수정될 수 있다. 이는 '만남'의 지점을 혼성공간으로부터 역투사하여 수수께끼에서 요구하는 지점이 존재한다는 사실을 입력공간에 추가시키는 승려의 경우와 같다.

- 고착화. 승려의 경우처럼, 혼성공간은 일반적으로 참신하고, 쉴 새 없이 생성되지만, 고착화된 사상과 프레임을 보충한다.[33] 복소수 혼성처럼, 혼성공간 자체가 고착화되어 공동체 전역에서 공유하는 개념적·형식적 구조를 발생시킨다.

- 사건 통합. 혼성공간은 사건 통합을 달성하는 기본 도구이다. 스키 타는 웨이터와 이미지 클럽 예에서 보았듯이, 사건 통합은 상상적 구성을 목표로 한다. 그러나 승려의 경우에서의 사건 통합은 어떤 특성을 가진 지점이 존재한다는 수수께끼를 풀기 위한 수단일 뿐이다.

- 폭넓은 적용. 비록 통합 연결망은 그 역동성 안에 일관성이 있긴 하지만 많은 다른 목적에 부합될 수 있다. 지금까지 보았던 예에서는 감정 전이(이미지 클럽), 추리(승려와 컴퓨터 데스크탑), 반사실적 추론(철의 여인), 개념적 변화와 과학의 창조성(복소수), 통합적 행동(컴퓨터 데스크탑과 스키 타는 웨이터), 압축을 통한 동일성의 구성(졸업) 등이 이런 목적에 해당한다.

통합 연결망과 혼성공간의 다른 종류가 있는가? 상상적 통합 연결망과 언어의 형식적 체계는 서로 어떤 관계인가? 개념적 혼성에 대한 제약은 있는가? 그런 제약이 있다면 어떤 것인가? 애초에 입력공간은 어디서 나오는가? 개념적 혼성은 범주화, 유추, 은유, 환유, 논리학과 어떻게 관련되는가? 연결망은 얼마나 복잡한가? 혼성공간은 재혼성되거나 다른 혼성공간에 대한 입력공간 역할이 가능한가? 총칭공간이란 정확히 무엇인가? 총칭공간은 연결망의 역동성에 동참하고 진화할 수 있는가?

개념적 혼성은 우리 인간들에게는 아이들 놀이 같지만, 사실 우리 모두는 아이들이고, 이런 아이들의 게임은 심오하다. 이제 이런 게임에 관해 더 많은 것을 파헤쳐보자.

CHAPTER 3
줌아웃

거친 인식

승려 혼성공간은 환상적일 뿐 아니라 불가능한 시나리오다.

질문:

● 개념적 혼성은 환상적인 사고를 생산하는 특별한 장치인가?

대답:

승려 예는 당신이 그렇다고 생각하게 할 수도 있다. 그리고 스키 타는 웨이터와 이미지 클럽의 경우는 현실과 연결되긴 하지만, 아주 낯선 것처럼 보인다. 다른 한편, '안전한 해변'과 '빨간 연필' 예에 대한 혼성공간에는 환상적인 것이라곤 없고, 완전히 간과되었다. 확실히 혼성공간은 환상적일 수도 있고 아닐 수도 있지만 환상적일 때 부각된다. 우리가 끊임없이 보듯이, 주의를 끌지 못하는 혼성공간이 눈에 띄고 환상적인 혼성공간보다 훨씬 흔하다. 실제로, 개념적 혼성이라고 즉시 알아보게 해주는 예를 찾는 데는 약간의 노력이 필요하다. 왜 우리는 이렇게 이색적으로 보이는 예로 논의를 시작했는가? 왜냐하면 개념적 혼성의 작용을 분석하기에 앞서, 그 현상을 가시적으로 만들어야 하고,

승려의 예 같은 엉뚱한 예는 아무도 부인할 수 없는 방식으로 개념적 혼성을 보여줄 수 있기 때문이다. 유추의 방식으로 전기라는 주제를 생각해보라. 전기는 널리 퍼져 있고 일반적으로는 거의 주목받지 못하는 우주의 양상이다. 그러나 교과서는 이런 주제를 색다르고 기억하기 쉬운 삽화들로 소개한다. 폭풍 속에서 연을 날려 벼락을 떨어뜨린 벤저민 프랭클린의 그림이 바로 그런 예이다. 실제로, 예외적인 것처럼 보이는 것을 보고 난 뒤 일반적이고 널리 퍼져 있는 과정을 알게 된다는 것은 쉽게 납득할 수 있다.

철의 여인 반사실문의 혼성공간은 전적으로 환상적이지만 문맥상 별난 것으로 인식되진 않는다. 우리는 이런 현상을 계속해보게 될 것이다. 즉 사람들에게 완전히 평범하고 글자 그대로의 의미인 듯한 표현(가령 "이 해변은 안전하다")이 정교한 개념적 혼성을 수반하는 것으로 입증된다. 이러한 개념적 혼성도 일단 분석이 이루어진 뒤에라야 부각된다. 승려의 예와 유사한 환상적 혼성공간을 갖지만 문맥상 주목받지 못하는 완전히 평범한 몇몇 다른 예들이 있다. "이 장은 글이 저절로 쓰였다This chapter is writing itself", "너는 너무 성급하다(너는 너 자신보다 앞서 가려고 한다)You're getting ahead of yourself", "보통의 우편 이용자들은 자기가 읽는 것을 좋아한다Normal Mailer loves to read himself", "나는 스케줄에 맞출 수 없을 것 같아I can't keep up with the schedule", "내 몸이랑 내 마음이 따로 놀아My heart is disagreeing with my head"가 그것이다.

놀랍게도 승려 혼성공간은 실생활에서도 발견된다. 에드 허친스는 미크로네시아 항해자가 태평양을 항해하기 위해 만든 매혹적인 정신적 모형을 연구한다.[34] 이 모형에서 이동하는 것은 섬이고, 가상의 섬은 참조점 역할을 한다. 허친스는 서로의 개념화 방법을 이해하는 데 곤란을 겪는 미크로네시아 항해자와 서구 항해자 간의 대화를 기록했다. 데이비드 루이스David Lewis가 기술하듯이, 미크로네시아 항해자 베이옹Beiong은 다음과 같은 방식으로 서구인의 교차 방위 도해를 이해했다.

자신이 오롤루크에서 포네이프까지 그리고 포네이프에서 오롤루크까지 동시에 항해하는 것을 시각화하고, 두 항해를 시작할 무렵에 응가틱으로 가는 이타크 방위를 그릴 수 있는 정신적 묘기를 달성하는 데 마침내 성공했다. 그는 이런 방식으로 간신히 도해를 이해했고, 그것이 정확한 섬의 위치를 보여준다는 것을 간파했다.[35][이타크는 가상의 섬이고 응가틱은 찾아야 할 섬이다.]

혼성공간만이 환상적일 수 있는 것은 아니다. 어떻게 보면 실생활 역시 환상적일 수 있다. 미크로네시아 항해자의 묘기는 서구의 표준적인 항해 기술을 익힌 인류학자 루이스에게는 특히 환상적일 수 있지만, 미크로네시아 항해자에게는 교차 방위법으로 그린 서구의 해도가 환상적이었고 처음에는 이해하기 어려웠다. 미크로네시아 항해자 베이옹이 발명한 놀라운 혼성공간이 있고 나서야 서구의 기괴한 개념화는 뜻이 통했다. 에드 허친스와 조프리 힌턴Geoffrey Hinton은 자신들의 논문 "어째서 섬이 움직였는가Why the Islands Move"에서 외관상 신비로운 미크로네시아 체계가 실제로 어떻게 작동하고 대단한 정교화와 힘을 과시하는지를 설명했다.[36]

혹자는 이런 경우가 실재하긴 해도 아주 예외적인 것이라며 반대할지 모른다. 그러나 그렇다 하더라도 그것은 보다 평범한 경우 못지않게 인간의 인지를 대표한다. 인지과학자들은 이 모든 예를 인지의 숨겨진 양상을 드러내주는 것으로 본다. 항해자는 자신의 묘기를 수행하기 위해 개념적 혼성을 표준 장비로 손쉽게 이용할 수 있어야 했다. 진화는 다른 문화에 깃든 기묘한 개념을 이해하거나 승려 수수께끼를 풀 수 있게 하려고 우리에게 개념적 혼성의 진보적인 힘을 준 것이 아니다. 개념적 혼성의 확고한 힘은 우리 일상생활의 모든 부분에서 유용하다. 색다른 예와 일상의 예는 우리의 목적에 모두 중요하다. '성급하다(자기 자신보다 앞서간다)getting ahead of oneself'와 '숨을 돌리다(자기 자신을 따라잡다)catching up with oneself'처럼 모두가 공감하는 관용어는 승려 예와 동일한 혼성의 원리에 입각하여 형성된다. 이런 혼성공간은 우리가 생각할 수 있는 것보다 훨씬 더 일반적이다. 폴 로드리게즈Paul Rodriguez는 자동차에 손님을 싣고 도시를 운전하던 중에, 그들 가운데 한 명이 "이렇게 많이 돌아다니다보면 길가에서 당신 자신을 만날지도 모르겠군요"라는 말을 했다고 전한다.[37] 빈정거리는 말투의 이 혼성공간은 승려 수수께끼의 그것과 거의 동일하다. 그리고 그는 이렇게 말했다.

혼성공간을 구축하는 데 있어 아주 작은 담화 맥락만이 필요하다는 것은 흥미롭다. 표현 "이렇게 많이 돌아다니다보면"은 두 번 이상의 이동을 암시하는데, 이는 승려 수수께끼가 상이한 두 번의 이동이 있다고 명시적으로 말하는 것과 꼭 같다. 이것이 혼성공간임을 인식하면서, 나는 그 손님에게 설명을 부탁했다. 그러자 그녀는 "제 애들이 학교를 다닐 때 애들을 수없이 차로 태워다주면서 '어떤 날에는 내가 저 길에서 내려오는 나를 만날 수도 있겠구나'라고 말하곤 했지요"라고 말했다.[38]

작용의 일관성

우리는 직관적으로 간단한 경우들과 복잡한 경우들을 살펴보았다.

질문:

● 평범한 개념적 혼성은 간단한가?
● 환상적인 개념적 혼성은 복잡하고 훨씬 더 흥미로운가?

대답:

우리가 조금 전 보았듯이, 주목할 만큼 창조적인 쾨슬러의 승려 수수께끼, 베이옹의 묘기, 운전에 대한 승객의 논평에 매우 동일한 원리와 복잡성이 적용된다. 개념적 혼성은 혼성이 가능한 구조를 찾는다. 전혀 다른 종류의 프레임을 보충하여 상당히 다른 통합 연결망을 창조하지만 그 해답은 같은 승려 수수께끼의 변이형이 있다. 그것은 스페인의 단편소설 "영국여성의 페이지Páginas inglesas"에 들어 있다.[39] 이 소설에서 한 남자는 같은 시간에 같은 장소에서 두 차례 있었음을 입증해야 한다. 그는 무턱대고 20분 만에 언덕 아래로 달렸다. 그는 그 전날에는 5시간 만에 언덕을 올랐다. 그리고 이 20분의 시간은 5시간이 걸린 시간대에 속해 있다. 그 해답은 어제 자동차 한 대가 '동일한' 20분 만에 언덕 아래로 내려갔다고 상상하는 형태로 나온다. 그래서 처음에 우리는 오늘의 빠른 이동과 자동차에 관한 환상적이지 않은 혼성공간을 지닌다. 혼성공간에서 때는 어제였고 자동차는 이동한다. 그런 후 우리는 필연적으로 어제 그 사람이 자동차 옆을 지나쳤을 것이라는 말을 듣는다. 이것이 두 번째 혼성공간이며, 이 역시 환상적이진 않다.

이러한 해답과 쾨슬러의 해답을 비교하면 세 가지 요지를 찾아볼 수 있다.

첫째, 불가능성은 혼성공간에 중요하지 않다. 쾨슬러의 혼성공간은 불가능한 데 반해, 더욱 복잡한 스페인의 단편소설의 이중 혼성은 환상적이지 않은 두 가지 혼성공간을 제공한다.

둘째, 혼성공간에서 패턴 완성과 발현구조를 위해 사용하는 도식은 체험적이다. 쾨슬러의 해답에서 보충되는 체험적 프레임은 두 사람이 한 경로에서 서로 만난다는 것이다. 스페인 단편소설의 해답은 더욱 풍부한 프레임을 보충한다. 즉, 다가오는 자동차가 보행자를 지나치고, 그 자동차가 보행자보다 더 빨리 이동하는 프레임을 보충한다. 쾨슬러의 해답에서는 만남 도식이 극히 사소한 것처럼 보이지만, 스페인 판에서는 적당한 만남 도식을 찾아내는 것이 더욱 뛰어난 상상의 성취로 비춰진다. 실제로, 이 이야기는 이 해답이 친숙하고 즉각적으로 이해할 수 있는 혼성공간을 전달하기에 상당히 지적이라고 생각하는 사람을 프레임으로 가져온다. 스페인 판에서는 올라가는 것이 내려오는 것보다 시간이 더 많이 걸리기 때문에, 자동차 도식을 찾는 일은 다른 속도에 대한 일상적 지식을 활용할 수 있는 방법을 제공해준다. 스페인의 수수께끼는 '수학적으로' 더욱 복잡하다. 그러나 오르내리는 데 걸리는 시간 차이와 그에 상응하는 평균 속도의 차이를 고려하면, 마지막 혼성공간이 친숙한 상황의 직접적인 실례여서 어떤 사람들은 그 해답이 받아들이기 훨씬 쉽다고 생각한다. 즉 달려오는 자동차가 그대로 보행자를 지나친다. 원래의 해답과 스페인의 해답 모두에서 '동일한 지점'을 글자 그대로 해석한다면, 두 사물이 동일한 지점에 있는 것으로 상상해야 한다는 데 주목할 필요가 있다. 스페인의 해답에서는 자동차가 보행자를 지나쳐서 달려간다. 그러나 모든 사람들은 이 두 경우에 이동하는 두 몸체가 서로 바짝 붙어서 지나친다면 그 두 물체는 찰나적으로 '동일한 지점'에 있다는 관습적 지식을 무의식적으로 기꺼이 활용할 것이다.

셋째, 두 해답은 동일한 입력공간에서 시작해서(한 사람의 등반과 하산) 동일한 위상적 해답을 전달하지만, 그것이 구성하는 상상적 연결망은 서로 다르다. 그렇다면 입력공간은 통합 연결망을 결정하지 않는 것이다.

개념적 혼성의 과학

우리는 개념적 혼성이 결정적이지 않다는 것을 보았다.

질문:

● 입력공간으로부터 통합 연결망을 예측할 수 없다는 사실은 입력공간으로부터의 어떤 투사라도 괜찮다는 것을 의미하는가?

● 개념적 혼성의 과정은 불분명하고 비과학적인 것인가? 개념적 혼성의 과학은 불분명하고 비과학적인 것인가?

● 우리는 개념적 혼성처럼 통제할 수 없고 '마술적인' 것을 과연 과학적으로 연구할 수 있는가?

대답:

이것은 아주 좋은 질문이다. 어떤 투사든 상관없다는 것은 아니라는 사실을 보여주는 것이 우리 연구 프로그램의 한 부분이다. 사실 16장에서 보게 되듯이, 투사에는 아주 강한 제약이 있다. 바로 이 어려운 문제 해결에 어느 정도 진척이 있었으며, 16장에서는 추가 연구를 위한 방향을 제안할 것이다.

형태 접근법에서 종종 암시되는 견해 하나는, 주어진 입력으로부터 유일무이한 출력을 상술하는 생성적 알고리듬 모형만이 과학이며, 우리가 분석하는 개념적 혼성은 본질적으로 비결정적이기 때문에, 우리의 이론은 과학이 아니라고 낙인을 찍는다. 이런 반대 의견은 완전히 틀렸다. 확률, 아원자입자, 카오스, 복잡한 적응 체계, 진화, 면역학 등의 이론들에 상술된 입력이 유일무이한 출력을 결정하는 모형을 제시하도록 했다면, 이 이론들은 과학으로서 궤도에 오르지 못했을 것이다.

'종의 멸종'은 불분명하고 과학적이지 않은 개념인가? 우리는 어떤 새로운 종이 나타날지, 심지어 주어진 종이 어떻게 진화할지를 결코 예측할 수 없다. 진화의 생산물은 명확한 범주로 나눌 수 없다(물론 각 범주에 대한 중심 예는 있다). 그리고 자연적 선택의 생산물은 연산적으로 상술될 수 없다. 그럼에도 불구하고 진화생물학은 오늘날 이미 과학의 대들보가 되었다.

중요한 것부터 먼저 하라?

우리는 인상적인 예로 시작한 덕분에 개념적 혼성을 쉽게 볼 수 있다.

질문:

● 한 승려가 같은 시간에 두 장소에 있을 수 있는 공상과학을 다루기보다 "고양이가 매트 위에 있다 The cat is on the mat"*의 의미를 설명하면서 시작하는 것이 훨씬 과학에 가깝지 않을까? 중요한 것부터 먼저 하라!

대답:

과학적 의미 연구는 간단한 의미 이론이 있다면 더 쉬울 것이다. 이런 이론은 더욱 복잡한 의미에 대한 더욱 복잡한 이론으로 보충될 수 있다. 하지만 간

---

* 언어학에서 널리 사용되는 예문이다.

단한 의미도 복잡한 것으로 밝혀지며, 우리가 계속해 보여주듯이, 이런 간단한 의미들을 결합하기 위해서는 개념적 혼성의 모든 작용이 필요하다. 개념적 혼성은 이런 방식에서 특별하지 않다. 상식을 얻는 데는 우리의 모든 인지적 힘이 필요하다.

보다 일반적으로, 간략한 관찰을 간략하게 기술하고, 더 잘 설명하기 위한 추가 사항을 덧붙여 그 내용들을 확장한다고 해서 설명이 나오는 것은 아니다. 과학은 전혀 다른 방향으로 움직인다. 즉 일반적으로 과학적 설명은 간단한 예를 일반적인 원리의 특별한 경우로 설명한다. 예컨대, 우리가 무언가를 떨어뜨리면 바로 우리 발 밑에 떨어진다는 것은 직관적인 기본 사실로 보인다. 이런 직관적인 기본 사실은 실제로는 일반적인 중력 이론의 매우 특별한 경우일 뿐이고, 중력 이론은 행성 운동과 투사물의 포물선 궤도 또한 설명한다. 일반적인 중력 이론이 없다면 떨어지는 사물이 어떻게 발 밑에 떨어지는지를 설명할 수 없다. 사과에만 적용되는 중력 이론은 없다. 이와 유사하게, 개념적 혼성에서 필요한 것은 일상적인 예와 이색적인 예 모두를 설명해줄 일반 이론이다.

반증 가능성

지금까지 혼성공간을 분석했지만, 우리의 분석을 예측과 확증의 관점 아래에서 보진 않았다.

질문:

- 과학은 반증 가능한 예측을 해야 하지 않는가?
- 개념적 혼성 이론으로부터 어떤 반증 가능한 예측이 나오는가?

대답:

사실, 진화생물학 같은 과학은 미래의 사건에 대해 반증 가능한 예측을 하는 것과는 거리가 멀다. 개념적 혼성의 정신적 작용의 본질이 주어지면, 두 입력공간으로부터 어떤 혼성공간이 초래되고, 특정한 혼성공간이 그런 장소나 시간에 발생해야 한다고 예측하는 것은 무의미하다. 우리 인간은 그런 방식으로 사고하지 않는다. 그럼에도 불구하고, 우리는 매우 상당한 수준까지, 개념적 혼성의 유형에 대한 예측, 무엇이 좋거나 나쁜 혼성공간으로 간주되는지에 대한 예측, 혼성공간의 형성이 어떻게 국부적인 목적에 의존하는지에 대한 예측, 형태가 어떻게 개념적 혼성을 유발하는지에 대한 예측, 사상을 합성할 수 있는 가능성에는 어떤 것이 있는가에 대한 예측, 개념적 혼성 과정에서 (환유 같은) 다른 인지 작용을 어떻게 이용하는가에 대한 예측, 범주가 어떻게 확장되는지에 대한 예측을 포함해, 반증 가능한 많은 예측을 하고 싶어 한다.

실제로, 우리는 철의 여인과 같은 반사실문이 중요하다는 것을 보여줌으로써 반사실문에 대한 기존 설명이 이미 반증되었다고 생각한다. 기존 이론은 철의 여인과 같은 반사실문을 원리에 근거해서 다루지 못한다. 우리는 지금까지 해온 것처럼 은유, 유추, 문법에 대한 기존 설명에는 개념적 혼성의 여지가 없다는 점에서 이런 설명이 어떤 면에서 '틀렸다'는 사실을 보여줄 것이다. 사회학적이고 심리학적으로, 이론은 데이터를 한정하는 경향이 있으며, 그래서 개념상 어떤 이론 안에 머물면서 그 이론을 반증하기 위해 데이터를 사용하기란 어렵다. 반사실문을 전공하는 논리학자는 철의 여인과 같은 예가 논리학의 적절한 데이터가 아니며, 반사실적 *사고*의 진정한 예가 아니라 자연 언어의 기이성, 즉 '말하는 방식'의 문제일 뿐이라고 정말로 믿을지도 모른다. 이와 유사하게, 의미를 연구한다고 주장하는 도널드 데이빗슨Donald Davidson 같은 철학자는 은유 연구가 의미 연구의 부분일 수 없다고 규정했다.[40]

혼성의 가시성

우리는 개념적 혼성에서 발생한 것 가운데 일부를 의식적으로 가시화하려고 시도했다.

질문:

- 의미가 무의식적으로 구성된다면 어떻게 의미를 의식적으로 이해할 수 있는가?
- 개념적 혼성의 어떤 부분이 의식에 가시적이고, 비가시적 양상은 언제 가시적으로 되는가?
- 승려 예는 일순간에 깨닫는 듯 전체 해답이 불쑥 나오는 '유레카'나 '아하' 효과를 제공한다. 그것이 어떻게 발생하며, 긴 논증의 단계를 거쳐 결론에 도달하는 것과는 어떻게 다른가? 한 순간에 이해하는 의미와 단계별로 구성한 의미 사이에는 차이가 있는가?

대답:

동일성, 동일함, 차이 같은 의식은 의식적인 마음에게 본원적인 것처럼 보인다. 수천 년 동안, 사람들은 의식과 무의식의 사실을 인식했고 흥미롭게 생각했지만, 이론가들은 사람들이 왜 의식을 가져야 하는지를 최근에야 물을 수 있게 되었다. 이전에는 이것이 무의미한 질문처럼 보였다. 이제 이 문제는 인지신경과학에서 중심적이고 상당히 어려운 질문으로 인식되며 몇 가지 가설도 제안하고 있다. 이런 논란에 관해 풍부하면서도 간략한 역사를 궁금해하는 독자는 「의식 연구 저널*Journal of Consciousness Studies*」와 「뇌와 행동과학*Brain and Behavioral Sciences*」을 참조하길 권한다.

"의미가 무의식적으로 구성된다면 어떻게 의미를 의식적으로 이해할 수 있는가?"라는 질문은 의식적으로 이해되는 것은 의식적인 과정의 출력이어야 한다는 잘못된 가정을 전제로 하고 있다. 그러나 커피잔의 지각에서 보았듯이, 의식의 본질 내에서 이런 지각은 우리에게 우리가 다룰 수 있는 결과를 주고, 이런 결과는 무의식적 과정과 상관성이 있다. 의미의 경우, 이런 결과를 이해하는 것은 전형적으로 우리로 하여금 의미를 구체화하도록 유도한다. 의식은 결과를 보고서 원인을 제공하기 위해 결과를 구체화한다. 나는 컵을 본다. 통속 이론에서 내가 컵을 보는 이유는 내가 컵을 보도록 만드는 컵이 있기 때문이다. 같은 방식으로, 나는 문장을 듣고, 그 의미를 '안다'. 통속 이론에서 내가 그렇게 하는 이유는 내가 그것을 '알도록' 만드는 추상적인 것, 즉 의미가 있기 때문이다. 우리는 이미 이런 견해의 허구성을 보여주었다. 개념적 혼성의 경우, 무의식적인 상상적 과업의 결과는 의식 속에서 이해되는 것이지 그것을 생산하는 작용 속에서 이해되는 게 아니다. 승려의 경우, 혼성공간에서의 필연적인 만남이 처음 문제에 대한 해답을 만들어낸다는 것을 우리가 인식할 때 비로소 최종 의미가 나타난다. 혼성공간과 입력공간 간의 역동적인 연결망은 여전히 무의식적이다. 의식에 떠오르는 것은 혼성공간 내에서의 만남과 두 입력공간 간의 '결과적' 정렬이다.

연결망이 의식으로 전달되는 해답을 포함하는 방식으로 정교화될 때, 구체적이고 전체적인 이해의 순간이 나온다. 일상적이지 않은 경우에는 그런 전달이 '유레카'나 '아하' 효과를 낳을 수 있으며, 이는 긴 분석을 통해 단계별로 진행되어 마지막 단계에 이르기까지 하나씩 납득하고 결론을 받아들이지만 전체를 완전히 이해했다고는 느끼지 못하는 패턴과 대조적이다. 대신 우리는 단지 각각의 단계가 무엇이든 간에 그런 단계를 승인했으며, 그래서 그 이유를 명확히 이해하지는 못하더라도 결론이 분명히 참이라는 사실을 안다. 이것은 역설적으로 보인다. 단계별 분석에서, 우리는 각 단계의 부분을 의식적으로 분석하지만, 진리를 깊이 이해한다는 느낌을 갖지 못하는 데 반해, 개념적 혼성의 경우에는 대부분의 분석이 무의식적으로 이루어짐에도 불구하고 더욱 깊은 만족을 느낄 수 있다. 우리는 개념적 혼성의 경우에는 해답의 순간에 전체 통합 연결망이 무의식적이긴 하지만 여전히 뇌에서 활동하는 데 반해, 단계별 분석의 경우에는 해답의 순간에 이미 앞선 단계의 대부분의 구조를 잃어버리기 때문이라고 제안한다.

CHAPTER 4
더욱 심오한 문제로 가는 길에

이 책의 저자들은 중요한 대화에 참여하고 있다.

—모티머 J. 애들러Mortimer J. Adler

개념적 통합은 설명이 필요해 보이는 매우 창조적인 묘기와 아주 간단해 보이는 일상적인 정신적 행동 모두의 기초가 된다. 너무 간단해서 굳이 설명이 필요가 없는 듯한 행농도 설명하기 끔찍히 어려운 것으로 밝혀진다. 인지과학자들은 범주화, 기억, 프레이밍, 귀납, 유추, 은유, 심지어 시각, 청각 같은 우리가 쉽다고 생각하는 많은 행동들이 과학적으로는 잘 분석되지 않는다는 것을 보여주었다. 이것들은 설명하기가 매우 어렵다는 사실이 밝혀졌다. 해리스와 촘스키 이전에도 통사 구조[41]가 널리 인식되었으며, 베이트슨과 고프만 이전의 프레이밍과, 겐트너Dedre Gentner, 호프스태터Hofstadter, 홀리오크Keith Holyoak 이전의 유추 역시도 그랬다. 그것을 체계적으로 분석해야 할 필요성은 거의 인식되지 않았다. 어떤 의미에서는 체계적으로 질문할 수 있는 체제나 기술이 없었기 때문에 그런 필요성이 인식되지 않았던 것이다.

이제 개념적 통합의 체제가 초기 단계에 들어서서 그것이 인간 인지에서 어떻게 체계적으로 작용하는지를 보여주는 일에 착수할 수 있다.

칸트와의 논쟁

승려의 예는 매우 현저하고 직관적으로 명확한 혼성공간을 제시한다. 왜냐하면 그것은 누군가가 자기 자신을 만나는 이상한 사건을 수반하기 때문이다. 하지만 구조적이고 역동적인 상상적 특성을 지닌 개념적 혼성은 그렇게 가시적이지 않다. 비가시적인 개념적 혼성이 분석되면서 가시적이게 되는 경우를 살펴보자.[42] 어느 현대 철학자가 세미나를 주도하면서 다음과 같이 말한다고 상상해보자.

> 저는 이성이 자체 발달적 능력이라고 주장합니다. 칸트는 이 점에서 저와 의견이 다르죠. 그는 이성이 선천적이라고 말하지만, 저는 그것이 논점을 교묘하게 회피하는 것이라고 대답합니다. 이에 대해 칸트는 『순수이성비판』에서 선천적인 관념만이 힘을 가진다고 반박했습니다. 하지만 저는 그렇다면 뉴런 집단 선택은 어떻게 되느냐고 묻습니다. 그는 아무런 답변도 하지 못하죠.

이 단락은 간단한 보고서 형식으로 칸트가 현대 철학자와 맞섰을 때 말문이 막히는 실제적인 역사적 사건을 기술하고 있다. 아무도 이 단락을 이런 식으로 해석하지 않는다는 사실이 오히려 더욱 중요한 의문을 제기한다. 죽은 사람과의 논쟁을 보고하는 것이 어떻게 누군가의 철학적 입장을 온전하게 표현하는 것으로 간주될 수 있는가? 철학자들은 원래 자신의 논리적 사고와 표현을 자랑한다. 여기서 현대 철학자는 정신적 쇠약을 겪으면서, 자신이 칸트와 이야기하고 그를 논쟁에서 굴복시킨다는 망상에 사로잡힌 게 아니다. 거꾸로 이 단락이나 적어도 이 단락의 첫 절반 부분은 논리적 사고와 표현의 좋은 실례일 수 있다. 수세기 전에 죽은 누군가와 이야기하는 것을 다룬 단락이 어떻게 논리적일 수 있는가? 오래전에 죽은 사람은 대답을 할 수 없을 텐데, 어떻게 칸트는 현대 철학자의 질문에 대답도 하지 않고 논쟁에서 질 수 있는가?

이 책의 독자는 이 단락의 추론이 통합 연결망으로부터 나온 추론이라고 듣는대도 놀라지 않을 것이다. 통합 연결망에는 유용하나 실재하지 않는 것에 관한 혼성공간이 있을 수 있다. 우리는 승려 혼성공간을 통해 입력공간에 있는 상황이 참임을 알지만, 이는 우리가 승려가 산길에서 정말 자신을 만난다고 믿어서 그런 것은 아니다. 바로 그처럼, 칸트와의 논쟁 통합 연결망은 현대 철학자와 칸트의 관계, 현대 철학자가 가진 생각에 대해 말해주지만, 우리가 현대 철학자와 칸트가 서로 이야기를 나누고 있다고 믿게 하거나, 심지어 이 경우에 어떤 개념적 혼성이 진행되고 있다는 것을 알아채도록 하지도 않는다.

칸트와의 논쟁 혼성에는 두 개의 입력공간이 있다. 한 입력공간에는 주장을 펴고 있는 현대 철학자가 있다. 이것과 구분되지만 연관되어 있는 다른 입력공간에는 사고하고 글을 쓰는 칸트가 있다. 어느 입력공간에도 논쟁은 없다. 혼성공간에는 두 사람이 있다. 게다가, 논쟁 프레임을 보충해서, 칸트와 현대 철학자가 서로 알고 있고 동일한 언어를 사용해 인식하고 있는 주제를 다루는 동시에 논쟁을 하는 것으로 프레임을 짜 맞춘다.

논쟁 프레임은 패턴 완성을 통해 쉽게 혼성공간에 발생한다. 왜냐하면 이런 구조의 많은 부분이 이미 두 입력공간을 합성할 때 제자리를 잡았기 때문이다. 합성은 두 철학자를 제공하고, 두 철학자는 이성을 논점으로 토론하지만 견해가 서로 다르다. 이런 시나리오는 논쟁 프레임 구조의 많은 부분을 우리에게 제공한다. 이런 프레임을 보충해서 칸트가 현대 철학자를 알고 있다는 사실, 질문과 대답, 논쟁의 잠재적 승자 같은 또 다른 구조를 제공한다. 혼성공간이 일단 구축되면, 우리는 '그 혼성공간을 운용할' 수 있다. 즉 혼성공간 내에서 인지적으로 작동시키고, 새로운 구조를 개발하고, 다양한 사건을 통합적인 단위로 조작할 수 있다. 논쟁 프레임은 우리가 사용할 수 있는 관습적 표현을 가능케 한다. 우리는 그런 표현을 사용해 혼성공간의 구조를 직접적으로 식별하지만, 혼성공간과 입력공간 사이의 연결이 능동적인 까닭에, 상상력을 혼성공간에 발휘함으로써 입력공간에 영향을 준다. 예컨대, 논쟁이 가상적이긴 하지만, 우리는 혼성공간에서의 현대 철학자의 의견이 입력공간에서의 의견이기도 하다고 가정한다. 혼성공간에서 현대 철학자는 논쟁에서 이기고, 그의 승리는 그의 생각이 더 낫다는 것을 입증하며, 더 나은 그의 생각은 다시 두 입력공간으

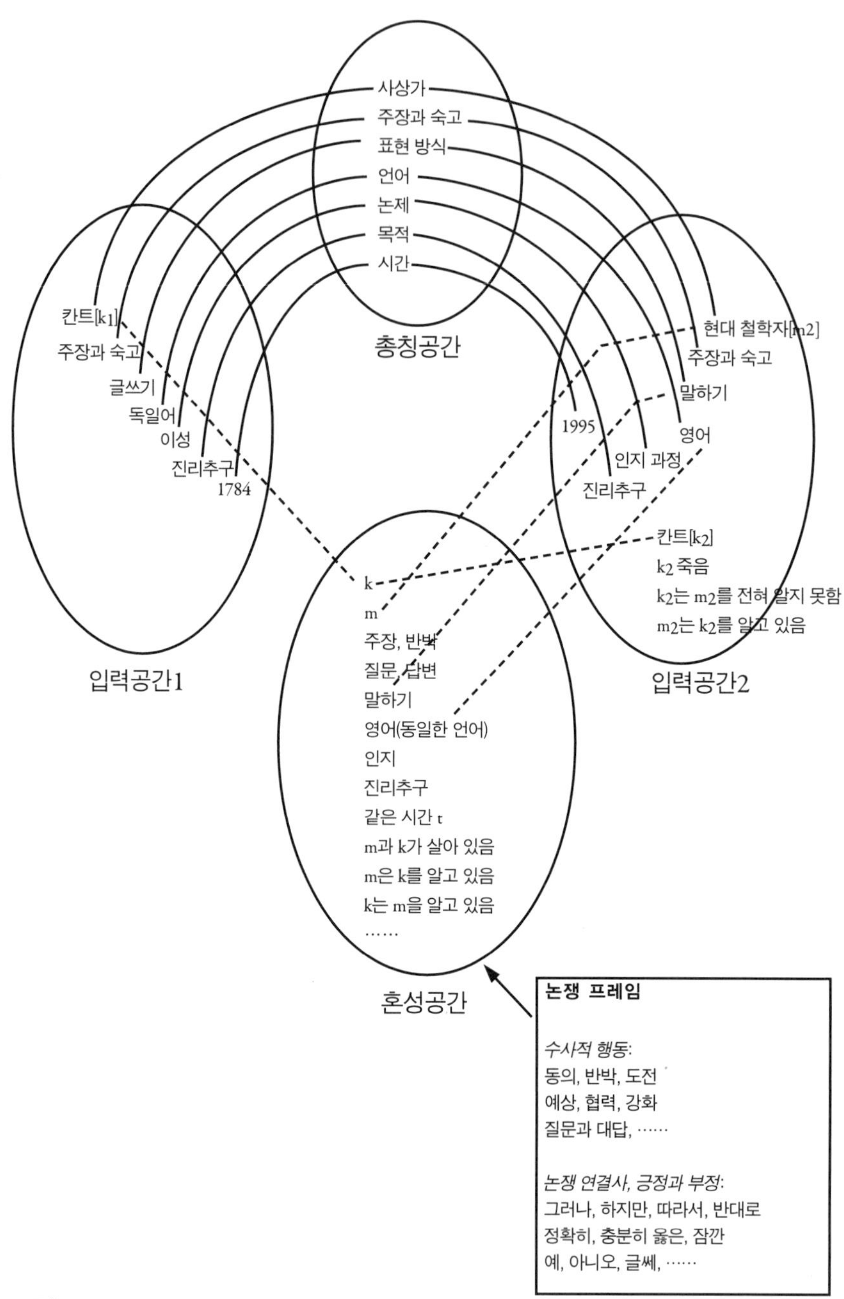

그림 4.1 칸트와의 논쟁 연결망

로 투사된다. 그의 생각은 현대 철학자 입력공간으로 역투사되어 그의 생각이 매우 뛰어나고 그가 논쟁을 매우 잘하며 매우 훌륭한 철학자라는 것을 입증한다. 그의 생각은 칸트 입력공간으로 역투사되어 칸트의 생각이 아무리 훌륭하더라도 최고는 아님을 입증한다.

칸트와의 논쟁은 예상되는 개념적 혼성의 모든 특성을 보여준다.

칸트와 저술을 철학 교수와 강의에 연결시키는 공간횡단 사상이 있다. 대응 요소로 칸트와 교수, 그들이 사용하는 각각의 언어, 논제, 주장, 활동 시대, (진리추구 같은) 목표, (글쓰기 대 말하기 같은) 표현 방식이 있다.

혼성공간으로의 선택적 투사가 있다. 칸트, 교수, 그들의 생각, 진리추구는 혼성공간으로 투사된다. 그러나 칸트의 시간, 언어, 표현 방식, 그가 죽었다는 사실, 그가 미래에 있는 교수의 존재를 결코 알지 못했다는 사실은 투사되지 않는다.

여기에는 합성을 통한 발현구조가 있다. 이는 두 사람이 같은 장소에서 동시에 이야기하고 있는 구조다. 완성을 통한 발현구조도 있다. 두 사람이 같은 장소에서 동시에 이야기하는 것은 대화, 논쟁, 논증이라는 문화적 프레임을 환기시킨다. 의견이 서로 다를 때 논증 또는 논쟁 프레임이 유발되는 경향이 있다. 이런 경우, 우리는 논쟁 프레임을 유발시켜 혼성공간을 구조화한다. 이런 프레임은 교수가 사용하는 통사론과 어휘에 의해 환기된다('동의하지 않는다', '대답한다', '반박한다', '어떻게 되느냐?'). 그리고 정교화를 통한 발현구조가 있다. 이 경우에 '혼성공간 운용'은 질문과 대답, 반론과 용인, 방어, 공격, 의기양양 같은 그에 상응하는 감정을 정교화해서 논쟁 프레임을 운용하는 문제이다. 혼성공간을 운용함으로써, 현대 철학자의 논증, 그의 논증이 칸트의 논증보다 우월함, 칸트가 이미 철학계에서 가장 높은 단계에 있기 때문에 현대 철학자의 논증이 궁극적으로 타당하다라는 순서로 나온다.

또한 우리는 사건의 통합을 보게 된다. 즉 칸트의 생각과 교수의 주장은 통합적 사건, 즉 논쟁으로 통합된다. 승려나 스키 타는 웨이터처럼, 칸트와의 논쟁은 시간상 펼쳐진 불확실한 관계의 다양한 사건을 하나의 시나리오로 통합한다. 혼성공간은 일련의 구조를 일관되게 조작할 수 있는 공간을 제공한다. 그러나 혼성공간이 형성되었다고 해서 다른 정신공간들이 사라지는 것은 아니다. 반대로 혼성공간은 입력공간들과 개념적으로 연결되어 있기 때문에 귀중하다. 승려 혼성공간과 칸트와의 논쟁 혼성공간은 입력공간을 상상적으로 바꾸도록 우리를 유도한다. 승려의 예가 낯선 듯 보이지만, 칸트와의 논쟁에서는 혼성을 알아채지도 못한다. 왜냐하면 그것이 이용하는 일반적인 혼성 도구는 이전 사상가의 생각을 다루는 데 관습적으로 사용되는 것이기 때문이다.

배 경주

쾌속 범선 '노던라이트'호는 1853년에 샌프란시스코를 출항해 76일 8시간 만에 보스턴에 도착했다. 이것은 1993년에 최신식 쌍동선 '그레이트아메리칸Ⅱ'호가 같은 항로에서 출발했을 때에도 가장 빠른 기록으로 남아 있었다. 이 쌍동선이 보스턴에 도달하기 며칠 전 관찰자들은 다음과 같이 말할 수 있었다.

> 이 지점에서 그레이트아메리칸Ⅱ가 노던라이트를 4.5일 앞섰다At this point, Great American II is 4.5 days ahead of Northern Light.

이 표현은 두 척의 배가 1993년에 같은 기간 동안 같은 항로에서 항해한다는 프레임을 짠다. 이 표현은 1853년의 사건과 1993년의 사건을 하나의 사건으로 혼성한다. 두 궤도, 배 두 척, 두 개의 시간, 항로상의 위치 등을 연결하는 공간횡단 사상이 있다. 혼성공간으로의 선택적 투사는 배 두 척, 항로, 항로상의 실제 위치와 시간은 가져오지만, 1853년도의 날짜, 1853년의 기후조건, 쾌속 범선이 화물 수송에 사용된다는 사실은 가져오지 않는다. 혼성공간에는 풍부한 발현구조가 있다. 이동하는 승려처럼, 이제 두 척의 배를 비교할 수 있기에, 한 배는 다른 배보다 '앞설' 수 있다. 두 배가 같은 항로에서 같은 목적지를 향해 항해하며 같은 날 샌프란시스코에서 출항하는 시나리오는 경주라는 명확하고 친숙한 프레임과 일치하는데, 이 프레임은 패턴 완성에 의해 자동적으로 혼성공간에 더해진다. 이 프레임을 통해, 우리는 배 두 척이 경쟁한다고 상상함으로써 혼성공간을 운용하게 된다. 승려의 경우에서처럼, 혼성공간의 정교화는 입력공간으로부터 위치와 시간을 투사함으로써 제약받는다. 혼성공간 속의 경주 프레임은 다음과 같이 더욱 뚜렷하게 환기될 수 있다.

> 이 지점에서 그레이트아메리칸Ⅱ는 노던라이트를 간신히 4.5일 앞서고 있다At this point, Great American Ⅱ is barely maintaining a 4.5 day lead over Northern Light.

"앞서고 있다"는 경주의 의도적인 부분이다. 실제로 쌍동선은 단독으로 항해하고 있고 쾌속 범선의 항해는 140년 전의 일이다. 하지만 이 상황은 혼성공간의 관점에서 기술된다. 속는 사람은 아무도 없다. 쾌속 범선은 마술로 다시 등장한 것이 아니다. 혼성공간은 입력공간과 견고하게 연결되며, 혼성공간으로부터의 추리는 입력공간으로 역투사될 수 있다. 특히, 혼성공간에서 그레이트아메리칸Ⅱ호가 노던라이트호보다 4.5일 앞서 있다는 것을 안다면, 우리는 입력공간에서 그에 상응하는 노던라이트호의 위치는 그에 상응하는 그레이트아메리칸Ⅱ호의 위치보다 항로에서 그다지 먼 것은 아님을 알게 되며, (배 두 척 중 한 척의 배가) 첫 번째 위치에서 두 번째 위치로 가는 데 항해로 4.5일 걸린다는 것을 인지하게 된다. 경주 프레임의 또 다른 주목할 특징은 감정적 내용이다. 경주에 참여 중인 항해자들은 승리, 선두, 패배, 쟁취 등과 관련된 감정에 영향을 받는다. 이런 감정적 값은 그레이트아메리칸Ⅱ호 입력공간으로 투사될 수 있다. 19세기 쾌속 범선과의 경기로 생각되는 그레이트아메리칸Ⅱ의 단독 항해는 그에 상응하는 감정과 함께 경험될 수 있으며, 그런 감정으로 인해 사건의 추이가 바뀔 수도 있다. 그레이트아메리칸Ⅱ의 선원들은 자신들이 역사적인 경쟁에 참여하고 있다고 생각하면서 용기와 책임을 끌어내거나, 또는 노던

라이트와의 경쟁 결과에 따라 사기가 꺾이게 되면 지레 겁을 먹고 실패할 수도
있다.

「위도 38」에 실린 뉴스 보도에서 따온 '배 경주'에 대한 우리의 흥미를 고조
시킨 표현은 정확히 다음과 같다.

> 우리가 인쇄에 들어갈 즈음에 리치 윌슨과 빌 비엔가는 여전히 쾌속 범선 노던라
> 이트호의 유령보다 간신히 4.5일 앞서 있었다As we went to press, Rich Wilson and
> Bill Biewenga were barely maintaining a 4.5-day lead over the ghost of the clipper Northern
> Light.

'유령ghost'이라는 낱말은 명백하게 혼성공간을 가리킨다. 이 낱말의 효과는
서로 다른 세 가지 정신공간을 어떻게 연결할 것인지를 암시하는 것이다. 즉,
시간상 후기의 입력공간 (그레이트아메리칸 II 호가 있는 입력공간) 속의 사람들이
시간상 초기의 입력공간 속의 요소(1853년의 노던라이트호)를 기억하며, 그 요소
는 일시적으로 나중 시기의 입력공간에는 없지만, 혼성공간에는 그 대응요소
('유령'선)가 있다. 곧 보게 되듯이, 통합 연결망을 구축하는 방법을 암시하기 위
해 '유령'을 이렇게 사용하는 것은 심히 논란의 소지가 있다. 이 낱말은 단일 요
소의 자질을 단언하는 것이라고는 설명할 수 없다. 또한 우리는 그 요소의 연
결망에서 중요한 것을 얻는다. 우리는 2장에서 낱말 '안전하다'를 지닌 유사한
어휘적 현상을 보았다. 이 낱말 또한 단일 요소의 자질을 단순히 단언하는 것
으로 설명될 수 없다. 대신에, 이 낱말은 해악의 반사실적 시나리오를 수반하는
통합 연결망 속 정신공간들 간의 연결망에서 중요한 점을 말해준다. 뿐만 아니
라 낱말 '유령'은 혼성공간에서 '유령'을 포함하는 사건이 '유령'의 원조 대응요
소를 포함하는 사건의 제약을 받는다는 것을 나타낸다. 따라서 배 경주의 예
에서, 유령선의 항해는 그 원조의 항해와 동일해야 한다. 그것은 1853년 때보
다 더 빨리 갈 수 없고, 1993년의 날씨로부터 도움을 받을 수 없고, 그레이트아

메리칸Ⅱ호와 충돌하지 않는다. 그래서 다시 '유령'은 두 정신공간 속에 나타난 사건의 특정 자질을 말해주고 있는 게 아니며, 이런 사건들이 특별한 공간횡단 관계를 가지고 있다는 것을 말해주고 있다. 적어도 이런 종류의 유령은 그 원조 대응요소를 복사해야 한다.

여기서도 속아서 혼성공간과 현실을 혼동할 사람은 없다. 항해자가 실제로 유령선이나 가상의 배를 보았다는 추리는 없다. 혼성공간의 구성과 작용은 창조적이지만, 독자들이 즉각적이고 의식적인 노력 없이 혼성공간을 어떻게 해석할지를 안다는 점에서는 관습적이다.

개념적 혼성은 결정적인 것도 아니고 합성적인 것도 아니다. 때문에 수용 가능한 혼성공간을 구성할 수 있는 두 가지 이상의 방법이 있고, 이는 배 경주에서 확인된다. 우선적인 해석은 4.5일이 그레이트아메리칸Ⅱ호가 현위치(A 위치)에 도달하는 데 걸린 시간 N과 1853년으로 거슬러 올라가 노던라이트호가 A 위치에 도달하는 데 걸린 시간 N+4.5 사이의 차이라고 보는 것이다. 이런 해석 아래에서, 처음 정신공간(1853, 1993)과 혼성공간에서의 배의 위치는 N일 이후의 위치(그레이트아메리칸Ⅱ호의 A 위치와 노던라이트호의 B 위치)이며, N일은 글을 쓰고 있는 당시에 1993년 정신공간의 경과 시간이다. 이런 해석에서 4.5일은 1853년 정신공간에 있는 시간이다. 즉 노던라이트호가 B에서 A에 도달하는 데 걸린 시간이다. 있을 수 있는 또 다른 해석은 이것과는 반대로서, 1853년 정신공간에서 경과 시간이 걸리고 현재의 1993년 정신공간에서 4.5일이 걸린다. 후자의 해석에서, 노던라이트호는 N일 이후 B′ 지점에 도달했고, 그레이트아메리칸Ⅱ호는 N일 이후 A 지점에 도달했으며, 그레이트아메리칸Ⅱ호가 B′에서 A에 도달하는 데 4.5일이 걸렸다. 다시 말해, 혼성공간에서 노던라이트호는 그레이트아메리칸Ⅱ호가 4.5일 전에 통과한 바로 그 지점에 막 도달하고 있는 것이다.

또 다른 해석도 가능하다. 그레이트아메리칸Ⅱ호가 뛰어난 선행자와 다른 항로를 따라가고 있어서, 두 항해에서 그 둘의 위치를 직접 비교할 수 없고 현재의 위치를 고려해 그레이트아메리칸Ⅱ호가 보스턴에 도달하는 데 시간이 얼마나 '걸릴지를' 전문가들이 산정할 수 있다고 생각해보라. 그렇다면 '4.5일 앞섬'은 현위치를 고려해서 그레이트아메리칸Ⅱ호가 76일 8시간에서 4.5일을 뺀 시간에 (71일 20시간에) 보스턴에 도착한다는 것을 의미할 수 있다. 이번에는 1853년의 혼성공간과 전문가의 가상 1993년 정신공간에서, 그레이트아메리칸Ⅱ호는 노던라이트호보다 4.5일 앞서 보스턴에 도착한다.

'4.5일'에 대한 세 가지 해석은 입력공간과 혼성공간에서 '4.5일'을 연산하는 방법에서 미미한 차이가 나는 통합 연결망을 수반한다. 각각의 연결망은 실제 세계에 부과하는 정확히 크기가 정해진 진리조건의 값을 결과로 내놓는다. 혼성공간은 각각의 경우마다 다르며, 각 혼성공간의 구조는 진리값이 그에 따라 차이 나는 이유를 설명해준다. 이것은 중요한 요점이다. 전혀 불분명하지 않고 환상적이지 않은 혼성공간은 진리값을 정확히 상술하게 한다.

바이패스 수술

승려, 철의 여인, 칸트와의 논쟁, 배 경주는 모두 시간상 떨어진 입력공간들을 혼성하도록 유도한다. 승려의 경우에, 각 입력공간 속의 동일한 승려들이 별개의 요소로 혼성공간으로 투사된다. 이제 입력공간 속의 동일한 요소들이 혼성공간으로 투사되어 그곳에서 융합되는 경우를 고려해보라. 이는 그림 4.2로 예증된다. 이 그림은 미국 학교의 수준을 향상시키려는 사회운동에 독자들이 참여하도록 설득하려는 목적의 광고이다. 이 그림은 수술실에 있는 세 명의 의사를 보여주며, 그들은 광고를 읽고 있는 사람을 바라보는 것처럼 서 있다. 표제는 환자이기도 한 독자에게 의사를 소개하고 있는 목소리다. 여기에는 "조이, 케이티, 토드가 당신의 바이패스 수술을 할 것입니다"라고 적혀 있다. 이 장면에서 유독 특이한 점은 조이, 케이티, 토드가 약 7세밖에 안 된다는 점이다. 광고의 본문은 의술처럼 정교한 일은 고도의 지식을 필요로 하지만 미국의 아이들은 터무니없이 수준이 낮은 교과과정을 받고 있다고 설명한다. 미국 아이들은 화학이나 레이저 굴절, 면역학을 이해하지 못해 훌륭한 의사가 될 수 없으며, 독자로 나타나 있는 국민들은 위험에 처할 것이다. 특히, 조이, 케이티, 토드가 당신을 수술한다면 아마 당신은 죽게 될 것이다. 따라서 당신은 그 수준을 끌어올리는 것을 도와야 한다.

한 입력공간에 있는 조이, 케이티, 토드는 아직 교육받지 않은 아이들이다. 다른 입력공간에서 그들은 정식 교육을 많이 받지 못한 의사다. 공간횡단 사상은 아이와 성인을 연결한다. 아이와 성인 모두 부분적으로 혼성공간에 투사되고 거기서 융합된다. 우리는 또한 성인이 속한 정신공간으로부터 나온 수술의 프레임을 혼성공간에 투사한다. 혼성공간에서 외과의사는 7살 된 아이들로서, 이는 당연히 간담을 서늘하게 하는 시나리오다. 우리는 외과의사가 7살 아이들보다 더 유능하기를 원하며, 이것은 그 아이들을 어떻게 하면 유능한 성인으로 만들 수 있을까라는 질문을 곧바로 제시한다. 광고대로라면, 우리가 아무것도 하지 않는다면 이 아이들은 의사가 되기 위해 무엇을 배워야 할지를 가르쳐주지 않는 제도 속에서 성장하게 될 것이다. 하지만 우리에는 선택권이 있다. 우리는 지금 개입해서 이런 통합 연결망이 더 이상 간담을 서늘하게 하지 않도록 할 교육을 제공할 수 있다. 왜냐하면 궁극적으로 중요한 것은 *성인 의사*가 속한 입력공간이기 때문이다. 그것은 교육의 관점에서 볼 때 혼성공간과 성인 의사가 있는 정신공간 사이의 거리가 얼마인지를 묻는 질문이다. 혼성공간에서 의사의 겉모습은 그들의 능력과 일치한다. 즉 그들은 어리고 무능력하다. 성인 의사가 있는 입력공간에서 그들은 성인의 몸을 하고 있고, 여기에는 그들에게 어떤 종류의 능력이 있는가라는 질문도 있다. 아무것도 하지 않으면 성인 의사들의 능력은 발달하지 못할 것이다. 학교 교육을 개선하면 성인 의사의 능력 또한 발달할 수 있을 것이다. 광고에 따르면, "우리가 지금 변화를 꾀한다면 나중에 많은 고통을 예방할 수 있을 것입니다".

이 광고는 개념적 혼성을 재치 있게 사용해서 지금 모습의 아이들과 그들이 나중에 속할 프레임을 결합시킨다는 점에서 강력하다. 독자 또한 환자로서 혼

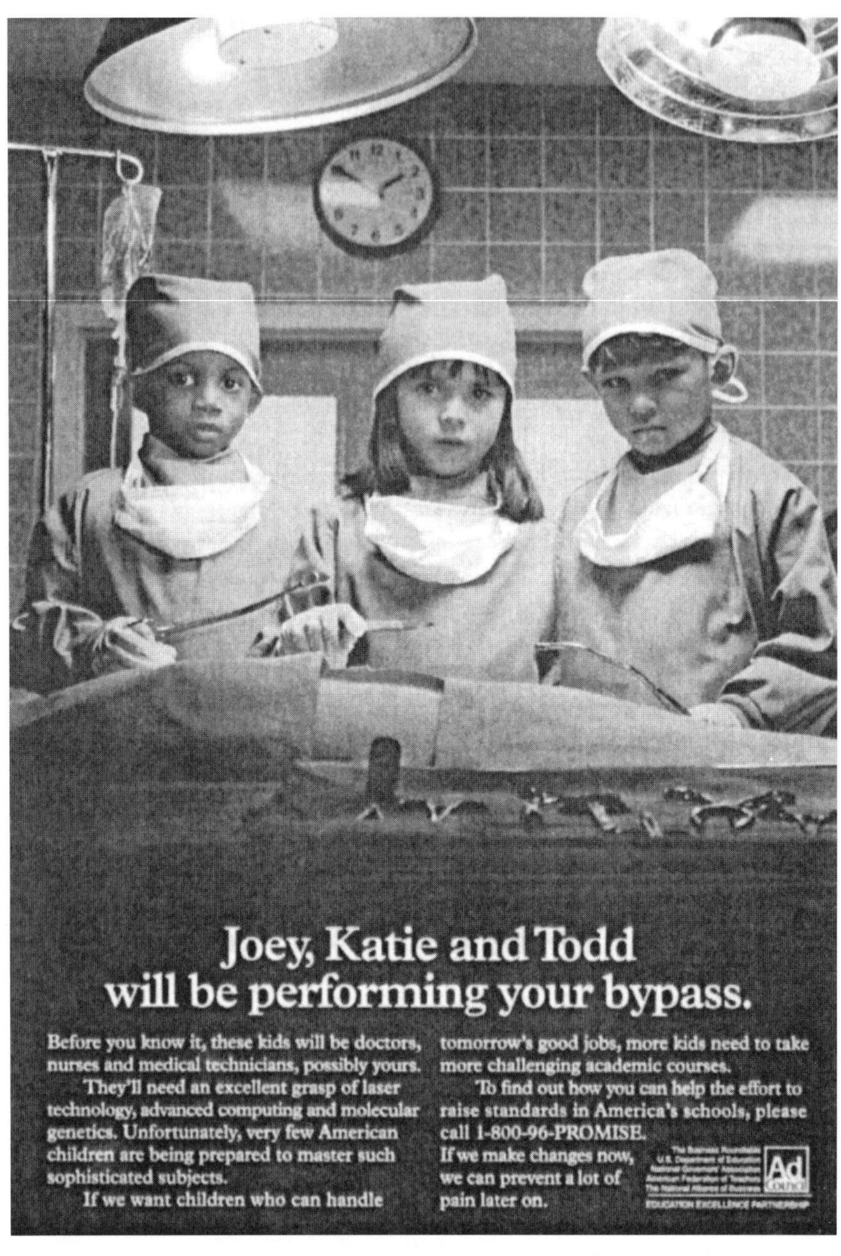

그림 4.2 바이패스 수술(출처: Education Excellence Partnership Website, 2001)

성공간에 투사된다. 그렇게 해서 먼 상황을 가까운 현재로 가져옴으로써 먼 상황은 절박하고 시급한 문제가 된다. 입력공간에서 아이들의 낮은 교육이 낳는 치명적인 결과는 한참 나중에야 나타날 테지만, 그때 당신은 나이가 들고 관상동맥 바이패스가 필요할 것이다. 혼성공간에서 당신은 지금 당장 바이패스가 필요하고 곧장 수술을 받아야 한다. 당신은 20년 후 당신에게 무슨 일이 일어날지, 그리고 당신의 자녀 외에 다른 아이들의 교육에 관해서는 무관심할 수 있지만, 당신의 가슴을 지금 막 절개하려는 의사의 능력에 대해서는 무관심하기 어렵다. 흥미롭게도, 이런 혼성공간의 발현적 의미는 두려움과 걱정을 포함하는데, 이것이 반드시 입력공간에 부착되어 있는 것은 아니다.

CHAPTER 4
줌아웃

칸트는 의식하고 있는가?

칸트와의 논쟁은 개념적 혼성을 언급할 때까지 주목받지 못한 정교한 혼성이다. 승려와 이미지 클럽 같은 여타 혼성은 직관적으로 아주 명확하다. "이 해변은 안전하다" 같은 또 다른 혼성은 거의 혼성처럼 느껴지지도 않는다.

질문:

- 혼성공간이 직관적으로 의식에 가시적인 정도가 왜 서로 다르며, 과연 이런 차이는 중요한 것인가?
- 더 많은 개념적 혼성이 진행되기에 혼성공간이 가시적으로 되는 것인가?

대답:

가시성과 복잡성은 다른 문제이다. 승려의 경우, 독자는 개념적 혼성을 하고 어떻게 그렇게 할지를 명시적으로 지시받기 때문에 혼성공간은 매우 가시적이다. 칸트와의 논쟁에서는 일반적인 논쟁 혼성공간이 이미 주어져 있고, 현재의 사상가와 과거의 사상가를 비교할 때마다 즉각적으로 이용할 수 있다. 그래서 우리에겐 그런 혼성을 하라는 명시적인 지시가 필요 없고, 통상 그것을 알아차리지 못한다. 그러나 일단 지적되면, 논쟁 프레임은 매우 현저하고 직관적으로 혼성공간을 이해할 수 있게 된다. "그레이트아메리칸 II가 노던라이트를 4.5일 앞섰다"도 마찬가지다. 이 혼성공간은 혼성 연결망 속의 세 개의 서로 다른 정신공간의 대응요소를 선택하는 것을 전문으로 하는 '유령' 같은 낱말을 사용할 때까지는 주목받지 못한다. '유령'은 개념적 혼성을 하는 동시에 그 *과정*을 인식하라는 신호를 보내는 데 반해, "이 해변은 안전하다"에서 '안전하다'는 개념적 혼성을 하라는 신호만 보내고 그 과정을 인식하라는 신호는 보내지 않는다.

그라이스의 오류

칸트와의 논쟁, 배 경주, 승려와 여타 많은 연결망에서 혼성공간을 구성하도록 촉구하는 진술은 글자 그대로 해석하면 거짓이지만, 해석에서는 참인 것으로 간주된다. 예컨대, 쌍동선이 쾌속 범선보다 4.5일 앞선다는 것과 칸트가 현대 철학자와 의견이 일치하지 않는다는 것은 참이라는 말이다.

질문:
● 그라이스의 질質의 격률Maxim of Quality을 간단히 적용하면 우리가 표현상의 거짓 의미에서 참인 해석을 이끌어낼 수 있지 않을까?

대답:

이 질문은 철학자 폴 그라이스Paul Grice가 제공한 아이러니, 은유, 그 밖의 '비유적' 의미에 대한 유명한 접근법에서 촉발된 것이다. 그는 '협동성 원리'를 제안했는데, 이 원리에 따라 화자의 행동은 도움되고 정확하며 적절한 것으로 가정된다. 예컨대, 우리는 화자가 "당신이 거짓이라고 믿는 것을 말하지 말라"는 질의 격률을 준수한다고 가정한다. 따라서 화자가 "당신은 나의 커피 크림이다"라고 말할 때, 우리는 화자가 이 진술이 글자 그대로는 거짓이라는 것을 알고 있지만, 화자의 의도는 우리를 참인 해석에, 예를 들면 "나는 당신을 사랑해" 같은 해석에 도달하도록 만드는 것이라고 받아들인다. 이 진술문이 거짓이라는 것을 화자가 안다는 (그리고 화자가 우리도 안다는 것을 알고 있다는) 것을 인지함으로써 우리는 이 표현이 아이러니거나 은유적이거나 다소 비유적이라는 것을 깨닫고 대안적인 해석을 찾게 된다.

그러나 그라이스는 자신의 제안이 실제로 어떻게 대안적 의미에 도달하는지를 설명하는 것은 아니라고 말한 첫 번째 사람이었다. 반대로 이는 우리에게 중요한 논제이다. 우리가 보여주었듯이, 혼성된 의미를 구성하는 것은 간단한 일이 아니다. 그것은 이용할 수 있는 복잡한 인지 능력에 의존한다. 그런데 혼성공간의 구성에서는 글자 그대로의 의미를 형성하고 거부하는 중간 단계가 필요치 않다. 실제로 가령 우리가 정말로 노던라이트호의 유령선이 이 세상에 출현해서 그레이트아메리칸Ⅱ호와 경주한다고 글자 그대로 해석하고 나서, 그 해석을 거짓으로 판단하고, 그 다음에 어떤 다른 의미를 궁리한다는 설명은 거의 받아들이기 힘들다. 그라이스의 설명은 단지 어느 정도까지만 설명하는 것이지만 거기까지도 옳지 않다.

더욱이 글자 그대로라는 것도 최소로 상술된 문맥에서만 타당한 기본값이다. '글자 그대로의 의미'라는 개념이 실시간 의미구성에서 어떤 특권을 갖는지는 불명확하다.

혼성공간으로의 투사는 사소하지 않다

혼성공간으로의 투사는 종종 자동적이고도 무척 사소하게 보인다. 승려는 승려이고 길은 길이고 의견은 의견일 뿐이다.

질문:

● 혼성공간으로의 투사에서 어떤 것이 어려운가?

대답:

먼저 칸트와의 논쟁을 고려해보라. 직관적으로, 분명 혼성공간에 있는 현대 철학자의 생각은 세미나를 책임진 현재 철학자의 생각과 동일한 듯하다. 직관적으로, 혼성공간에 있는 칸트의 생각이 역사적인 인물인 칸트의 생각과 동일하다는 것이 자명해 보인다. 하지만 잠깐만 기다려보라. 혼성공간의 칸트는 자신이 한 번도 생각해본 적이 없는 개념일, '자체 발달적 능력', '뉴런 집단 선택' 같은 개념을 포함해 현대 철학자의 언어와 용어를 이해한다. 그는 현대 철학자의 우위, 관심, 문맥을 공유한다. 결과적으로, 혼성공간에 있는 칸트의 생각은 역사적 인물인 칸트의 생각과 구별된다. 이것은 그의 논문에서 글자 그대로 복사할 때도 그러하다. 동일성 연결이 정신공간들 사이의 요소들이 동일하다거나 동일한 자질이나 특성을 가지고 있다는 것을 암시하지 않아도 그런 요소들을 연결하는 것은 정신공간 형상의 일반적인 특징이다. 누가 "나는 여섯 살 때 몸무게가 50킬로그램이었다"라고 말할 때, 우리는 지금의 그와 여섯 살이었을 때의 '그' 사이에 동일성 연결을 하도록 촉구된다. 물론 그 둘 사이에는 분명하고 광범위한 차이가 있다. 칸트와의 논쟁은 비대칭적 통합 연결망이다. 우리가 관심 갖는 것은 현대 철학자의 생각이며, 그의 생각이 우선적으로 보존된다. 서로 다른 문화권의 두 사람이 논쟁한다고 할 때는 무언가를 제공하여야 하기 때문에, 칸트의 생각은 우리가 혼성공간을 운용할 때에 조정된다.

바이패스 수술의 예에서, 의학 입력공간 속의 의사와 혼성공간 속의 의사간에 동일성 연결자가 있지만, 그 둘은 그보다 더 다르기도 힘들 만큼 다르다. 혼성공간 속의 의사는 복장, 장비, 당신을 절개할 수 있는 권한과 의무를 빼고는 성인, 교육, 법률적 신분처럼 의사와 연상되는 것을 하나도 가지고 있지 않다. 우리는 칸트와의 논쟁에서는 철학적 생각의 내용을 명확히 보존하려 하지만, 바이패스 수술의 예에서는 투사에 대해 다른 선택을 하며, 그에 따라 특별한 결과가 나온다. 즉 어린이 의사는 실제 어린이와 실제 의사 모두에게 없는 생각을 가지고 있다. 그들은 무언가를 기대하는 듯한 시선으로 환자이기도 한 독자를 주시한다. 즉 그들은 그들의 후원자임과 동시에 잠재적 수익자(또는 희생자)인 사람을 쳐다보고 있다.

아퀴나스, 칸트, 그리고 우리들

상상력은 보통 내용의 정확성보다는 수식을 위해 필요한 추가적 능력으로 간주된다.

질문:

- 개념적 혼성은 항상 더욱 기본적인 사고방식에 의존하고 있지 않는가?
- 개념적 혼성은 항상 추가적인 것인가?

대답:

일반적인 논쟁 혼성공간은 서로 다른 시기의 두 사상가 간의 관계를 생각하기 위한 기본적인 방법이다(아퀴나스는 이런 혼성공간을 『신학대전*Summa Theologica*』에서 명시적인 수사적 형태로 사용했다). 실제로, 발달적으로 볼 때, 두 사상가가 상호작용할 수 있는 혼성공간이 아니면 이런 관계는 생각할 수 없다. 게다가 이런 혼성공간은 관습적이기 때문에 보통 주목하지 않고 그냥 지나친다. 예컨대, 우리는 각 장의 줌아웃 절에서 독자가 우리에게 질문을 할 수도 있고 우리가 답할 수도 있는 혼성공간을 사용한다. 어떤 독자는 우리와 의견이 같거나 의견이 다른 이전 사상가이다. 그러나 이런 형태는 종종 우리가 지적할 때까지는 혼성공간으로 인식되지 않는다. 일반적인 논쟁 혼성공간에는 많은 창조적 변형태가 있다. 신문 사설은 종종 당선된 관료와의 의견 불일치를 그 관료와 작가 사이의 암시적인 논쟁으로 제시한다. 프랑스어 사용 국가들의 신문 〈르 프티 부케*Le Petit Bouquet*〉의 요약은 으레히 밤사이에 글을 쓴 서로 다른 필자들의 논쟁 형식으로 대립되는 사설을 제시하는데, 각각의 필자들은 서로를 전혀 알지 못한다. 가령 〈르 프티 부케〉는 콜롬비아에서 프랑스 인질의 체포에 대한 프랑스의 외교적 반응을 요약하면서 다음과 같이 말했다.

Or, *rappelle* José Fort, "on ne traite jamais avec des tueurs, on les combat, on les isole, on les met hors d'état de nuire, mais C'est tout le contraire qui a été fait lors de ces accords". "*Non*, la France n'a rien à se reprocher, *lui rétorque* Alain Danjou dans le Courrier de l'Ouest. La France a encouragé le retour d'um régime plus attentif aux droits de l'homme et la négociation engagée rendait possible une issue heureuse."

"게다가," 조제 포르가 *지적하듯이*, "당신은 결코 살인자와 거래하지 않는다. 당신은 그들과 싸우고, 그들을 고립시킨다. 당신이 그들이 해를 끼치지 못하도록 막는다. 그러나 이런 협정은 그 반대로 하고 있다." "*아니다*, 프랑스는 비난받을 이유가 없다"라고 단주가 〈쿠리에 드 알뢰스트*Courrier de l'Ouest*〉에서 *반문했다*. "프랑스는 인권에 더욱 민감한 정부로 복귀하는 것을 지지했으며, 시작된 협상은 좋은 결과로 이어질 수도 있었다."

이탤릭체 낱말은 논쟁 프레임을 직접 가리키지만, 원래의 사설에서는 포르 Fort와 단주Danjou는 서로에게 말을 걸거나 '아니다Non' 같은 낱말을 사용하지 않았다.

"콩 브리토는 프랑스의 크로크 무슈[*]에게 보내는 캘리포니아의 답변이다"
와 "스택스 리프 샤르도네[†]는 코르통 샤를마뉴[‡]에게 보내는 캘리포니아의 답변
이다"에서처럼 관습적 표현이 논쟁 프레임을 환기시키는 다른 경우도 있다. 이
와 같은 표현은 캘리포니아와 프랑스 간의 경쟁이란 개념을 소개한다. 이런 경
쟁은 도전과 반응이 음식과 포도주인 이상한 논쟁으로 프레임이 짜진다.

선택적 투사

우리는 무엇이 입력공간에서 혼성공간으로 옮겨가는지를 이야기할 때 '선택적
투사'라는 표현을 사용했다.

질문:

● '선택적'이란 표현은 누군가가 무언가를 신중하게 선택한다는 것을 암시
   한다. 이런 뜻이 맞는가?

대답:

모든 연결이 제자리를 잡고 있는 최종적인 통합 연결망만을 보면, 이는 올
바른 투사만 선택하는 창조자의 숙달된 능력을 보여주는 묘기 같다. 결과만 놓
고 본다면, 우리는 이를 창조하는 데 들어간 많은 것을 놓치는 셈이다. 의미구
성에는 항상 무의식적인 일이 광범위하며, 개념적 혼성도 다르지 않다. 우리가
적당한 투사를 찾고자 하는 유사한 시도를 여러 번 할 수 있으며, 최종 연결망
에서는 받아들여진 선택만 나타난다. 혼성공간으로 투사할 때도 우리는 전체
연결망에서 작용한다. 그리고 입력공간에 새로운 구조를 보충할 수도 있는데,
이는 정확히 새로운 구조를 혼성공간으로의 가능한 투사에 이용할 수 있게 하

---

[*] 프랑스식 샌드위치.

[†] 캘리포니아 원산의 유명 와인.

[‡] 프랑스의 고급 와인.

기 위해서이다. 사후에 이 구조는 애초부터 입력공간 속에 있었던 것 같고, 연결망을 만드는 일이 구분되는 순서대로 이루어지는 것처럼 보인다. 하지만 이런 모습은 잘못되었다. 입력공간 형성, 투사, 완성, 정교화는 모두 동시에 진행되며, 우리가 최종 결과에서 결코 보지 못하는 많은 개념적 발판이 만들어진다. 뇌는 폐기해야 할 많을 일들을 항상 하고 있다. 16장에서는 우리가 무엇을 그대로 가지고, 무엇을 버려야 할지를 무의식적으로 결정하는 지배 원리를 논의할 것이다.

그러나 개념적 혼성은 처음부터 실시간으로 발생하지 않는다. 문화는 비교적 손쉽게 전해질 수 있는 통합 자원을 개발하기 위해 혼신을 다한다. 조금 전에 보았듯이, 논쟁 혼성공간은 특정한 경우에 폭넓게 적용할 수 있는 일반적 형판이다. 이런 형판으로 일반적인 투사의 형태와 완성이 미리 상술되므로 새롭게 발명될 필요가 없다. 창조적 부분은 특정한 경우를 위해 혼성공간을 운용할 때 탄생한다. 문화적 수행에서 문화는 특정한 입력공간을 위해 이미 혼성공간을 아주 상세히 운용했을 수 있으며, 그렇기에 모든 투사와 정교화를 갖춘 전체 통합 연결망을 이용할 수 있다. 우리는 복소수의 경우에서 이런 일을 봤으며, 그 경우에 문화가 바라는 혼성공간을 달성하기까지는 수세기가 걸렸다. 돌이켜 보면, 올바른 투사가 처음부터 있었고 단순히 '선택된' 것 같지만, 그 발견 과정은 사실 힘겹고 예측할 수 없던 기나긴 시행착오였으며, 수많은 행운과 불운의 우연적인 사건이 그 안에 있었다. 실시간으로 작동하는 개별 뇌를 지배하는 최적성 원리 또한 분포적 방식으로 함께 일하는 뇌의 군집에 적용되어서 적당한 공유된 연결망을 찾아낸다.

특정한 혼성공간과 혼성 형판 외에, 문화는 혼성공간을 구축하는 방법을 제공한다. 인지 인류학자 에드윈 허친스는 혼성공간을 창조하기 위한 방법으로 많은 문화에서 사용하는 장소법을 지적한다.[43] 그는 장소법을 다음과 같이 기술한다. "많은 생각을 기억하기 위해 우리는 그런 생각을 물리적 환경 속의 지표들과 순서대로 연상 짓는다. 그리고 그런 물리적 환경에서 각각의 항목을 반드시 기억해야 한다. 장소법은 환경의 특징들 사이에서 간단한 주의력 궤도를 만든다." 장소법은 우리로 하여금 어떤 혼성공간을 창조하게 하는데, 이 혼성공간에서 기억해야 할 항목은 유사한 경로를 따라 있는 사물이며 경로상에 있는 이동자가 지각하게 될 필연적인 순서대로 배치되어 있다. 이것은 서구 문화에서 아주 오래된 방법이다. 키케로Cicero는 길이 화자 자신의 집을 통해 나 있는 경우에 대한 장소법을 장황하게 논의한 바 있다.[44]

승려의 예와 같은 다른 혼성공간은 문화에서 비교적 즉흥적이고 매우 상상적인 것 같지만, 그런 혼성공간은 다른 중요한 목적을 위해 유용한 것으로 채택되지 못하고 깊은 통찰력이 아닌 호기심의 대상으로만 남는다. 그러나 역사는 훗날 문화적으로 중요하게 되는 호기심들로 가득하다.

좋은 투사를 생각해내는 것은 어려울 수 있다. 그러나 일단 문화가 그런 투사를 가지기만 하면 쉽게 학습한다. 왜냐하면 문화는 언어와 같은 형태의 체계를 발명했기 때문이다. 이런 언어의 목적은 선택적 투사처럼 다양한 상상의 과업을 촉진하는 것이다. 문화적으로 미리 마련된 방법이 전혀 없는 혼성공간을 찾는 일에는 상당한 양의 무의식적인 인지적 탐구가 수반되지만, 그런 혼성공간을 구성하기 위해서 문화가 제공하는 형식적 촉진제를 일단 발견하기만 하면 그 일은 훨씬 수월해진다. 상상력이 풍부한 아킬레우스는 그의 형식적 갑옷을 잘 사용한다.

원인과 결과

수학적 논증이 제아무리 복잡해도 나에게는 반드시 유일무이한 것으로 보여야 한다. 내가 그것을 하나의 전체적인 사고로 파악하는 데 성공하지 못하는 한 결코 이해했다고 할 수 없다.[45]

—자크 아다마르Jacques Hadamard

인간 생활에서 원인과 결과보다 더 기본적인 것은 없다. 단일화된 사건을 더욱 기본적인 사건들로 이루어진 인과적 연쇄로 해체하여 각각의 사건을 이전 사건의 결과와 다음 사건의 원인으로 분석해낸 것은 수학, 과학, 공학의 업적이었다. 이런 종류의 분석은 우리가 복합적 사건을 이해하여, 자명한 것으로 간주되는 기본적 사건들로 그 사건을 의식적으로 변형시켰다는 느낌을 준다. 이런 유형의 설명은 무엇보다 형태 접근법으로 잘 표현된다. 왜냐하면 우리는 형식적 사물의 조작이 그것이 부호화하는 복합적인 체계상의 변화와 상관된 방식으로 기본적 사건과 인과적 관계를 상징적으로 부호화할 수 있기 때문이다.

예컨대, 삶과 죽음은 가장 불가사의한 것이고 죽음의 순간은 극적이고 순간적이지만, 의학은 이 사건을 심장 박동, 혈류, 산소 전달, 신경 활성화 등에 기초한 간단한 세포 사건과 신진대사 사건이 수반된 복잡한 인과적 연쇄로 나눈다. 이와 유사하게, 수학적 진리는 놀랍고, 심지어 신비로운 것처럼 보일 수 있지만, 수학의 증명 방법은 그러한 신비를 일련의 논리적 단계로 나눈다. 각각의 단계는 외관상 간단명료하고, 결론에 도달할 때까지 계속 다음 단계로 이어진다. 또한 지금의 컴퓨터를 만들어낸 것은 아리스토텔레스의 통찰력이었다.

총체적 통찰력

그러나 3장 끝 부분에서 보았듯이, 단계별 이해는 동전의 한 면에 불과하다. 한 사건을 더 작은 사건들로 나누어 각각의 사건을 의식적·개별적으로 이해하는 것은 역설적이게도 그다지 이해가 잘 되지 않는다는 느낌을 줄 수 있다. 왜냐하면 그렇게 하면 본질적인 전체를 제대로 이해하지 못한 느낌이 들기 때문이다. 둘 다 할 수 있는 것은 인간 이해의 장점이며, 동일한 사건을 두 가지 방식으로 이해한다고 느낄 때 우리의 가장 큰 인식이 촉발된다. 자크 아다마르 같은 수학자에게는 복잡한 수학적 결과를 이해한다는 것은 전체에 대한 직관적 이해와 상세한 단계별 증명 모두가 필수적인 일이다. 전자는 일반적으로 모든 창조성의 본질로 간주된다. 후자 또한 그만큼 값지지만, 그것은 통상 직관을 억제하고 발견의 결과를 공개적으로 공유하는 방법으로 간주된다.

　진화 과정에서, 우리의 조상은 전형적으로 잠재적인 통합적 사건을 순식간에 인식해야 할 필요가 있던 상황에 있었다. 쓰러지는 나무는 잠재적인 위험과 즉각 연결되어야 하고, 나무가 쓰러질 때 피해서 서 있어야 할 올바른 지점이나 잘못된 지점과 연결되어야 한다. 포효하는 호랑이는 가정상, 그리고 사실이 아니길 바라며, 우리를 죽인다는 것과 연결될 필요가 있다. 고등 동물이 다양한 얼굴 표정, 자세, 몸짓, 목소리 톤을 그 다음 행동에 대한 표시로 인식할 수 있는 능력을 진화적으로 갖추고 있다는 것은 심리학에서는 상식이다. 누군가가의 외모를 보고 그 사람이 폭력을 끼치거나 범죄를 저지를 것 같다는 생각이 든다는 뜻을 표현하려 할 때, 우리는 누군가가 '폭력적'이거나 '죄가 있는' 것처럼 *보이거나 느껴진다*고 말한다. 요컨대, 원인과 결과를 우리의 이해에 결합할 수 있는 것은 진화에서 장점이다. 원인 속에서 잠재적 결과를 보고 결과 속에서 잠재적 원인을 보는 것은 좋은 일이다. 분명 포효 배후에 있는 것은 호랑이다. 우리는 죽음의 장면을 보면 주춤하고, 먹는 장면을 보면 즐거워한다. 방울뱀의 꼬리를 보고 주춤하는 것은 우리가 그것을 잠재적 결과와 통합하고 있기 때문이다. 감미로운 과일에 매혹될 때에도 마찬가지이다. 분명히, 이런 능력의 작은 부분이 유전적으로 흡수되었다는 것이 불가능하지는 않지만, 고등 동물은 새로운 문화적 문맥에서도 그런 통합을 매우 폭넓게 할 수 있다.

실제로, 파블로프의 개에게 종소리를 몇 번 들려준 뒤 고기를 주면 종소리만으로도 침을 흘리는 자극-반응 조건의 기본적인 경우는 원인과 결과를 혼성하는 것이 얼마나 일반적인지를 잘 보여준다. 진화는 종소리 때문이 아니라 고기 때문에 침을 흘리도록 설정하며, 종소리에 반응하는 것은 전적으로 학습된 부분이다. 개가 어리석어 보이지만 어떤 점에서는 아주 똑똑한 것이다. 조건이 이런 방식으로 설정되려면 정교한 인지 작용이 필요하다. 원인과 결과를 압축하는 것은 어리석음을 나타내는 신호가 아니다. 만약 개가 원인과 결과를 전혀 구분하지 못하고 종을 먹는다면 그 개는 어리석다 할 수 있다.

원인과 결과를 결합하는 것은 사소한 일이 아니다. 원인과 결과는 한 정신공간에서는 적절하게 결합되어야 하지만 다른 정신공간에서는 구분되어야 한다. 원인과 결과에 대해 적절히 혼성하는 것은 두 마리 토끼를 모두 잡아야 하는 문제이다.

음식과 종소리를 혼성하는 법을 배운 파블로프의 개, 죽음과 호랑이의 포효를 혼성하는 유전적인 기질이 있는 도망가는 영양은 가장 지적인 영역에서 유사성이 있다. "수학적 논증이 제아무리 복잡해도 나에게는 반드시 유일무이한 것으로 보여야 한다. 내가 그것을 하나의 전체적인 사고로 파악하는 데 성공하지 못하는 한 결코 이해했다고 할 수 없다"고 이야기한 위대한 수학자 자크 아다마르의 논평을 다시 고려해보라. 이런 전체적 이해는 원인과 결과를 혼성하는 문제이다. 각각의 증명 단계는 그 이전 단계의 결과이다. 이 모든 원인과 결과가 연속해서 나올 수는 있지만, 전체적 이해를 달성하려면 이 모두를 하나의 정신공간에다 혼성해야 한다. 이는 고대 이후로 알려진 하나의 예에서 쉽게 엿

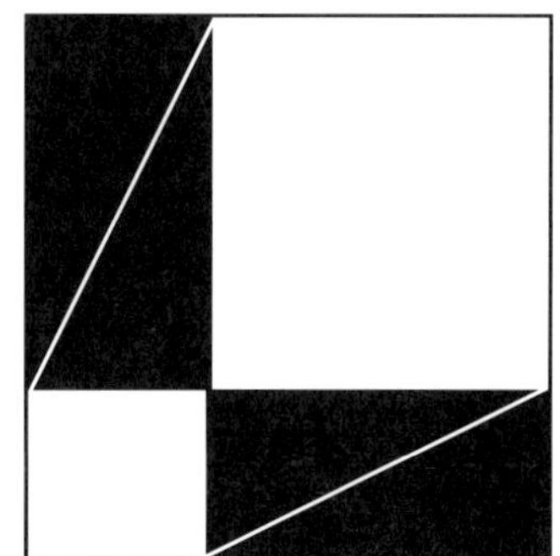

그림 5.1 피타고라스 정리의 시각적 이해

볼 수 있다. 피타고라스의 정리에 대한 시각적 이해가 바로 그것이다. 그림 5.1 중 왼쪽에서 한 개의 작은 정사각형과 동일한 네 개의 직각삼각형으로 이루어진 정사각형을 볼 수 있다. 작은 정사각형은 분명 직각삼각형의 빗변(b)에 접하고 있는 정사각형이다. 오른쪽에 있는 정사각형은 동일한 네 개의 직각삼각형과 두 개의 다른 정사각형으로 이루어져 있다. 여기서 다른 두 개의 정사각형은 명확히 직각삼각형의 변(a와 b)에 접하고 있는 정사각형이다. 분명, 왼쪽에 있는 전체 정사각형과 오른쪽에 있는 전체 정사각형은 면적이 같다. 각각의 전체 정사각형으로부터 네 개의 직각삼각형을 뺄 때, 왼쪽에는 빗변(b^2)에 접한 정사각형이 남고 오른쪽에는 두 개의 변(a^2+b^2)에 접한 정사각형이 남는다. 그래서 그 둘은 동일할 수밖에 없다. 즉, $b^2=a^2+b^2$인 것이다.

또한 이것은 단계별로 대수학으로 입증될 수 있지만, 이해한다는 느낌이 전체적 이해를 요구한다는 아다마르의 직관처럼, 대부분의 사람들은 시각적 표상이 훨씬 더 설득력이 있음을 안다. 원인과 결과는 결합된다. 이 정리의 원인, 즉 이것이 참인 것은 궁극적으로 기하학적 특성 때문이다. 이런 특징들 가운데 일부는 시각적 표상으로 정확히 전달된다. 사람들이 보는 것이 직각삼각형이라면, 이런 특성의 원인, 즉 공리 자체는 직접적으로 지각되지 않는다. 하지만 창조적인 시각적 표상이 있는 경우라면 그 정리가 자명하다. 즉, 우리는 원인

속에서 결과를 바로 볼 수 있는 것이다. 결과를 원인에서 곧장 내놓는 것 자체는 적절한 표상을 찾는 문제로서, 이런 표상은 매우 창조적이다. 일단 찾게 되면, 이런 적절한 표상은 추론 창조성과 전체적 이해를 촉진하고 우리를 그곳으로 안내한다. 『메논Meno』에서 소크라테스는 기하학을 모르는 한 소년에게 그저 몇 가지 질문만으로 정리를 발견하도록 이끌었다. 소년의 발견은, 소크라테스가 실제로 그에게 아무것도 알려준 것이 없기 때문에, 소년이 소크라테스에게서 지식을 배울 수 없었으며, 따라서 이미 어떤 식으로 그것을 알고 있었음이 분명하고, 소크라테스의 질문으로 마침 그것이 상기되었다는 것에 대한 증명으로 여겨진다. 그러나 이는 그 이야기가 보여주는 바가 전혀 아니다. 오히려 그 이야기는 이미 지식을 지니고 있는 소크라테스 같은 누군가가 매우 효과적인 표상과 표현을 사용해 다른 사람이 상대적으로 빨리 개발하도록 촉구하고 안내할 수 있다는 것을 보여준다. 이런 경우 결론은 결과이고 추론 단계는 원인이다. 그 소년은 결과가 원인에서 전해지는 것을 보고, 혼성공간에 대한 총체적 통찰력을 얻는다.

물론, 원인에서 결과를 내놓는 것은 정확히 승려의 두 이동 혼성이 제공하는 것이다. 원인은 두 개의 입력 이동의 역학이다. 결과는 그들이 같은 시각에 차지하는 경로상의 한 지점이 존재한다는 것이다. 혼성공간에서, 동시에 차지하는 지점과 만남은 이동의 인과적 역학의 부분으로 바로 나오게 된다.

적절한 표상을 찾는 일은 인지과학에서 모든 유형의 문제 해결에 결정적인 것으로 인식된다. 이제 우리는 원인과 결과를 통합하는 상상적 혼성이 어떻게 설명적 표상을 제공할 수 있는지를 주목하기 시작하고 있다. 이런 표상은 전형적으로 누구나 운용할 수 있는 역동적 시나리오의 형태를 하고 있다.

지각과 감각

원인과 결과의 통합은 지각의 중심 자질이다. 2장에서 논의했듯이, 컵 같은 한 실체에 대한 지각은 신경생물학자들이 아직도 제대로 이해하지 못하는 상상적 묘기이다. 의식에 이용 가능한 지각은 뇌와 환경 간의 복잡한 상호작용의 *결과*이다. 그러나 우리는 그러한 결과와 원인을 통합하여 발현적 의미를 창조한다. 이를테면, 컵이라는 *원인*이 존재하며, 이런 원인은 통일성, 색채, 모양, 무게라는 *결과*를 직접적으로 내놓는다. 이 때문에, 결과는 원인 속에 있는 것이다. 색채, 모양, 무게는 이제 내재적·본원적·객관적으로 '컵' 속에 있다.

지각의 경우, 의식의 층위에서 우리는 보통 원인과 결과의 혼성만을 이해한다. 우리는 이런 혼성을 차질 없이 수행하며, 이런 혼성 외에는 아무것도 보지 못한다. 결과적으로, 이 혼성은 우리에게 가장 밑바탕이 되는 실재인 듯하다. 원인과 결과 사이의 구분을 최소한으로, 그리고 때로 참혹할 정도로 지각하게 하는 몇 가지 방법이 있다. 뇌 손상, 정신에 영향을 미치는 약, 특정한 신경생리학적 신드롬은 이런 통합의 와해와 이에 따른 기이한 지각을 초래할 수 있다. 그러나 대체로 정상적으로 기능하고 있을 때에는 우리의 의식이 혼성 연결망의 나머지 부분을 보지 못한다. 따라서 우리는 시야에서 한 지점을 지각하는 것은 그 지점에서부터 우리 눈으로 들어오는 빛으로 초래된다고 생각할 수 있다. 그러나 그렇지 않다. 햇빛을 받은 신문기사 표제의 검은색 글자로부터 우리 눈으로 반사되는 빛의 양은 희미한 사무실에서 흰색 종이로부터 나오는 빛의 양의 2배지만, 우리는 여전히 글자를 검은색으로 보고 종이를 흰색으로 본다. 글자가 불변적으로 '검은색'이기 때문에 글자를 검은색으로 본다고 생각하겠지만, 그 지각은 원인과 결과의 통합이다. 흰 벽 위의 자줏빛 원반 같은 균일한 조명의 큰 점은 한결같이 선명한 듯하나, 사실 시각의 신경절 세포는 내부가 아니라 경계에 반응해서 활성화되며, 실제로 어떤지와는 상관없이 하류의 대뇌 연산으로 내부의 선명도를 결정한다. 중심의 자줏빛 성질이 직접적으로 우리가 자줏빛으로 지각하도록 만들고 있다고 생각하겠지만, 우리가 그것을 자줏빛으로 지각하는 것은 원인과 결과를 통합했기 때문이다. 이와 유사하게, 두 빛이 적당히 떨어져서 정확한 타이밍에 맞춰 연속해서 빛나면, 우리는 광선이 한 곳에서 다른 곳으로 지나가는 모습을 보게 되며 그렇게 보지 않을 수가 없다. 두 빛의 색깔이 서로 다르면, 광선이 두 번째 지점에 도달하기 전 중간 지점에서 색깔이 바뀌는 것을 볼 수 있다. 물론 두 번째 지점에서 나온 빛은 두 번째 번쩍임 전까지는 존재하지 않음에도 말이다. 광선에 대한 우리의 지각, 동시에 광선을 보고 있다는 우리의 느낌은 모두 결과이다. 그래서 여기서도 우리는 결과와 원인을 통합하여 두 번째 번쩍임 전에 색깔이 바뀌며 지나가는 객관적인 광선을 창조할 수 있다. 결과는 원인에 내재해 있는 것처럼 보인다. 이 경우, 둘 중 한 빛을 가려보면 우리의 지각이 통합이라는 증거를 얻을 수 있다.

우리의 지각적 삶의 보편적인 자질인 *감각 투사*sensory projection 또한 통합으로부터 나온다. 발목이 아프다는 감각은 중추신경계에서 구성되지만, 우리는 그 고통이 전적으로 발목에 있다고 '느낀다'. 우리는 원인의 부분을 정신적 결과와 개념적으로 통합하여 '아픈 발목'을 창조하는데, 그 원인과 결과는 이제 발목에 대한 우리의 정신적 개념에 함께 위치한다. '고통'을 구성하는 신경생물학적 효과는 중추신경계 전역에 분포되어 있지만, 통합적인 원인과 결과는 분포되어 있지 않으며 단지 '발목' 하나의 위치만 가진다. 분명히, 우리는 고통의 감각에 대해 원인-결과 통합을 행한다. 왜냐하면 그것이 합당하기 때문이다. 해부학적 발목은 무엇보다 주의와 관심을 필요로 한다. 환상지幻象肢 현상은 발목이 실제로 없다는 것을 제외하고는 동일한 종류의 통합을 보여준다. 절단 수술을 받은 사람은 존재하지 않는 발목에서 아픔을 느낄 뿐만 아니라 결과적으로 발목이 있다고 느낄 수도 있다. 그는 실제로 그곳에 없는 발목을 문지르기 위해 '아무런 생각 없이' 손을 아래로 뻗는다. 발목에 연결되어 있던 신경단위가 여전히 발화해서 고통의 감각을 초래하고 원인과 결과의 평범한 통합을 유발한다. 뇌가 원인과 결과의 통합을 달성하고자 하는 압력이 너무 커서, 뇌는 개념적 혼성을 사용하여 발현구조에 국부적인 고통뿐만 아니라 그런 고통이 발생하는 환상의 신체부위를 제공한다. 절단 수술을 받은 사람은 이런 감각이 자신이 믿는 모든 것과 상반되더라도 그것을 통제하지 못한다. 감각적 원인과 결과의 통합은 이런 경우에 아주 잘못되었지만, 통합하는 뇌는 방해받지 않고 자신의 일을 수행한다.

인간의 의례행사

원인과 결과의 통합은 종종 의례행사의 핵심 동기이다. 우리는 원인과 결과의 통합을 볼 때도 그 둘 사이의 차이를 의식적으로 지각할 수 있다. 신부가 결혼식 피로연에서 독신 여성의 무리 속으로 부케를 던질 때, 누가 그것을 잡든 그 여성은 다음에 결혼한다. 부케를 손에 들고 있다는 결과의 부분은 잡기 사건이라는 원인의 부분이다. 시간상 떨어져 있는 결과인 다음번 결혼은 부케를 잡은 사람의 자질이 된다. 그녀는 이제 바로 다음 순번이다. 이 의례행사는 또한 다음번 결혼의 원인을 창조한다. 이제 부케를 잡았기 때문에 그 여성은 순서상 다음 순번이다. 이와 비슷한 의례행사는 신랑이 가터벨트를 던지는 것이다. 그리고 보통 가터벨트를 잡은 독신 남성과 부케를 잡은 독신 여성을 적어도 상징적인 취지에서 가능한 짝으로 간주하는 것은 결합된 의례행사의 한 부분으로 규정된다. 이런 의례행사에는 원래 두 정신공간이 들어 있다. 첫 번째는 현재 거행되고 있는 결혼식으로서, 특정한 두 사람이 신랑과 신부의 역할을 채운다. 두 번째는 피할 수 없는 다음번 결혼식으로서, 신랑과 신부의 역할은 아직 채워지지 않은 상태이다. 부케와 가터벨트를 잡음으로써 채워지지 않은 이 역할들은 모두 채워지게 된다. 이렇게 해서 필연적인 미래의 결혼식을 나타내는 상징적 허구가 창조된다. 독신 남녀는 (동일성에 의해) 미래 신랑과 신부의 대응요소가 되고, 유추로 인해 현재 신랑과 신부의 대응요소가 된다. 통합 연결망에서 이런 복합적 사상으로 인해 풍부한 혼성공간이 나오게 되는데, 이런 혼성공간에서는 독신 여자와 남자가 현재 신부와 신랑의 양상을 취한다. 혼성공간에서는 원인과 결과가 함께 결합된다. 최소한 이 의례행사의 상징적 목적에서는 미래 결혼식의 원인으로서의 독신 남녀는 결과로서의 상상의 신부와 신랑이다. 독신 남녀를 미래 신부와 신랑이 되게끔 하는 부케와 가터벨트 또한 가상 구혼과 결혼식에 필요한 상징적 도구이다.

이브 스윗처Eve Sweetser는 신생아를 부모가 사는 집의 계단 위로 데리고 올라가는 아기의 상승Baby's Ascent이라는 아주 값진 일반 의례행사를 논의했다.[46] 아기가 인생에서 승승장구하기를 기원하는 이 의례행사는 통합 연결망에 의해 의미를 얻는다. 한 정신공간에서는 아기를 계단 위로 데리고 올라간다. 도식적인 다른 정신공간에서는 누군가가 어떤 인생을 살아간다. 이런 도식적 정신공간은, 인생을 산다는 것은 경로를 따라 어떤 방식으로 이동하는 것이고, 행운은 위이고 불운은 아래인 것으로 구조화되어 있다. 계단 의례행사에는 인생 정신공간 속의 도식적 이동으로 자연스럽게 사상될 수 있는 많은 요소가 있기 때문에 이 의례행사가 선택되었다. 공간횡단 사상에서 계단 위로의 경로는 인생의 '행로'와 대응하고, 아기는 인생을 살아갈 사람이고, 계단 위로 이동하는 방식은 그 사람이 인생을 '살아가는' 방식과 대응한다. '인생행로' 정신공간의 주요한 부분은 혼성공간으로 투사되어, 계단을 쉽게 오르는 것이 아이가 인생에서 쉽게 성공하는 것을 결정한다. 물론 목표는 꼭대기까지 내내 평탄하게 계단을 오르는 것이다. 혼성공간을 운용하는 것은 이제 깊은 상징적 의미로 각인된다. 왜냐하면 혼성공간에서 어떤 일이 발생하든 그 일은 곧 아기의 미래 삶이 되기 때문이다. 이것은 흥미로운 효과를 낳는다. 세 번째 계단에서 약간 비틀거리는 일이 실제로 아기를 계단 위로 데리고 가는 데에는 대수롭지 않지만, 이와 같은 일이 혼성공간에서라면 상당한 중요성을 띠며, 가령 마지막 계단에서 비틀거리는 것과는 아주 다르다.

아기와 계단의 의례행사는 아주 단출한 하나의 구체적 사건 속에 복잡하고 장기적인 인간 삶의 인과적 패턴을 통합한다. 혼성공간에서 계단 꼭대기에 도달하는 것은 바람직한 결과, 즉 성공한 인생이다. 그런데 계단 꼭대기에 도달하는 것은 또한 성공한 인생의 의식적 원인이기도 하다. 왜냐하면 인생의 성공을 가져오기 위해 이 의례행사를 수행하기 때문이다. 혼성공간은 결과가 원인에 바로 포함된 형상을 제시한다. 이 의례행사는 일반적인 의례행사를 적절히 대표하며, 기본적이고 정교한 인간 활동이 동물 세계와는 비할 수 없이 개념적 혼성의 작용을 상상적 발명의 기본 도구로 이용하고 있다는 것을 시사한다.

설득과 폭로

수학의 복소수처럼, 아기의 상승이라는 의례행사는 문화적으로 개발되었고 젊은 사람들에게 가르쳐진 고착된 통합 연결망이다. 그러나 이런 원인-결과 혼성은 즉석에서 발명하고 의사소통할 수도 있다. 예컨대, 캘리포니아 주는 최근 사람들에게 금연을 설득하기 위한 광고 캠페인에 착수했다. 그중 한 광고에서는 강하고 사내다운 카우보이 모습이 "경고: 흡연은 발기부전을 유발할 수 있습니다"라는 글귀 위에 있다. 그리고 그가 피우는 담배가 수그러져 있다. 이 광고를 이해하려면 몇 개의 입력공간을 갖춘 통합 연결망이 요구된다. 사내다운 카우보이 정신공간에는 담배 광고에 등장하는 흡연하는 카우보이가 있다. 담배를 즐겨 피우는 그에게 흡연은 그의 사회적 독립과 성적 권위의 일부이다. 흡연하는 남자 정신공간에는 지속적으로 흡연을 해온 도식적인 남자가 들어 있다. 이 두 입력공간에서 담배를 피우는 것은 '흡연자인 것'을 상징화한다. 발기부전자 정신공간에는 발기가 불완전한 남자가 있다. 첫째, 우리는 광고의 지시를 받아, 흡연하는 남자 정신공간과 발기부전자 정신공간을 혼성하여 흡연자가 되는 것은 발기부전을 초래한다는 혼성공간을 창조한다. 이런 발기부전 흡연자 혼성공간에서 담배는 신체기관의 유감스러운 상태를 초래한 원인이다. 발기부전 흡연자 정신공간은 두 번째 혼성공간에 대한 입력공간이 된다. 이 두 번째 혼성공간의 다른 입력공간은 원래의 사내다운 카우보이 정신공간이다. 두 번째 연결망에서 사내다운 카우보이의 담배, 발기부전자의 담배, 발기부전 흡연자의 음경은 모두 동일한 요소로 투사되어, 수그러지는 담배를 만들어낸다. 사내다운 카우보이와 발기부전 흡연자는 공간횡단 대응요소로서, 이 둘은 혼성공간에서 융합되어 흡연하는 발기부전 카우보이를 제시한다. 혼성공간에서 원인과 결과가 합병되어 서로를 직접적으로 나타낸다. 하나를 인식하는 것은 곧 다른 하나를 인식하는 것이다. 혼성공간은 진리가 존재하는 곳이고, 진리가 머무는 곳이다. 혼성공간은 원래의 사내다운 카우보이 입력공간의 함축과 충돌하는데, 바로 여기에 핵심이 있다. 우리는 사내다운 카우보이 정신공간을 거짓으로 판단해 도외시하고, 혼성공간이 제시하는 대로 사물을 보게 된다.

이런 광고는 인간의 의례행사, 수학의 전체적 통찰력, 인간 지각만큼 심각해 보이지 않는다. 그러나 이 모든 인간 활동은 개념적 혼성이라는 동일한 기본적인 정신적 작용을 사용해서 상상의 방식으로 원인과 결과를 효과적으로 통합함으로써 총체적 통찰력을 이룬다. 그리고 어쨌든 광고 자체는 우리가 생각하는 것보다 훨씬 중대하다. 광고는 부유하고 강력한 산업에 대항하는, 수천만 달러가 들어가는 캠페인의 일부로 많은 사람들의 창조적 작업의 정점이다. 광고의 진지한 목적은 사람들의 사회적 습관과 개념을 바꾸어, 여러 주요한 건강 문제를 제거하는 것이다. 광고는 삶과 죽음의 문제를 다루고 있다.

이런 원인-결과 혼성은 정신적 삶과 죽음의 문제이기도 하다. 어떤 문학작품도 단테의 『신곡』보다 더 심각한 것은 없다. 이 작품은 인간 경험의 가장 기본적인 도덕적 이슈에 포괄적인 교훈을 제시한다. 『지옥편』에는 우리가 죄의 종류와 본질을 이해할 수 있도록 하기 위한 지옥 여행, 지옥의 지리, 지옥의 원리, 지옥의 특징이 제시된다. 단테의 죄인들 가운데 가장 유명한 자는 베르트랑 드 보른Bertran de Born으로, 자기 머리를 등불처럼 손에 들고 있다. 단테는 지옥을 통과하면서 그의 머리와 대화를 나눈다. 살아 있었을 때 영국의 왕과 아들 간에 분쟁을 조장한 죄로 베르트랑 드 보른은 지옥에서 '분쟁 선동가'의 자리에 있다.

Perch'io parti' così giunte persone,

partito porto il meo cerebro, lasso!

dal suo principio ch'è in questo troncone.

Così s'osserva in me lo contrapasso.

서로 굳게 뭉친 자들을 내가 갈라놓았으니

동강난 머리를 들고 다니는 신세가 되었다오.

원래 달려 있던 뿌리와 가지에서 뜯어내어 말이오.

이것이 나의 죗값이라오.

한 입력공간에는 살아 있었을 때의 베르트랑 드 보른, 왕과 아들 간의 불화의 원인이 있다. 다른 입력공간은 누군가가 물리적 사물을 둘로 나누는 도식적 프레임이다. 사회적 '불화'가 은유적으로 물리적 '분리'와 대응하는 표준적인 은유 연결에 따르면, 베르트랑은 분리자의 대응요소이고, 왕과 아들은 한 단위로서, 하나인 물리적 사물의 대응요소이고, 베르트랑이 왕과 아들을 떼어놓는 죄악은 하나로 된 물리적 사물을 나누는 것의 대응요소이고, 불화를 겪고 있는 왕과 아들은 분리된 사물의 두 부분의 대응요소이다. 혼성공간에서 베르트랑은 분리된 물리적 사물과 혼성되어 한 정신공간에서 나온 원인(베르트랑)과 다른 정신공간에서 나온 상관적 결과(분리된 물리적 사물)를 융합한다. 처벌은 범죄와 일치한다. 베르트랑의 몸인 물리적 사물은 혼성공간에서 사람이 참수당하는 물리적 분리의 도식과 자연스럽게 일치한다. 연결망에서 달성되는 상상적 연결들은 함께 작용하여 혼성공간에서 원인과 결과를 통합하는 이미지를 제공한다. 바로 이것이 단테의 일반적인 목표이다. 즉 우리가 죄 자체에서 죄의 결과를 보도록 하는 것이다. 이승에서 우리는 우리 영혼의 본질과 우리 영혼과 신의 관계를 정확히 간파하기에 어려움을 겪을 수 있다. 『지옥편』에서, 적합한 추론은 바로 나온다.

CHAPTER 5
줌아웃

혼성공간에서 살기

우리의 지각·감각 체계가 적절하게 작용하는 한, 의식이 원인과 결과 혼성을 넘어서 보기란 거의 불가능하다. 의례행사나 광고 같은 다른 경우에는 원인과 결과를 의식적으로 분리하기가 더 쉽다. 부케를 잡는 것은 결혼을 하는 것과 다르고, 계단을 오르는 것은 성공적인 인생을 보내는 것과 다르며, 담배를 피우는 것은 발기부전이 되는 것과 같지 않다. 수학 같은 고차원의 추상적 사고를 요구하는 활동에서는 원인과 결과의 단계별 분리와 그 둘이 통합되는 전체적 이해 모두가 필요하다. 우리의 의식적 이해가 얼마나 철저하게 혼성공간에 제한되는지는 개념적 혼성이 어떤 활동을 수행하느냐에 달려 있다. 감각과 지각의 경우에, 우리의 의식적 경험은 전적으로 혼성공간으로부터 나온다. 그렇기에 우리는 '혼성공간에서 살고 있다'. 다른 활동들에서 의식적 이해는 '완전한 통합 연결망에서 살기'까지, 왔다 갔다 할 수 있는 더욱더 많은 여지를 가지고 있다.

질문:

● 왜 혼성공간에서만 살아가는 삶이 좋은 것인가?

대답:

이 장의 시작부터 논의했듯이, 우리는 생존에 중요한 활동을 위해 혼성공간에서 살고 있다. 이런 활동은 기본적인 환경적 위협에 대한 지각, 감각, 환기, 즉각적 반응 등이다. 이러한 위협에 마주해서는 총체적 통찰력과 즉각적 통찰력이 우선되며, 이런 총체적 통찰력을 어떻게 달성할지를 단계별로 점검하는 것은 생존적 가치가 거의 없다. 따라서 우리는 혼성공간만 의식할 수 있도록 진화했다. 분명한 이유로, 우리는 또한 기본적인 수학적·물리적 추리에 대해서도 혼성공간 속에 산다. 우리는 사과 세 개가 사과 한 개보다 더 많다는 것을 전체적이고 즉각적으로 알며, 피하지 않으면 떨어지는 나뭇가지에 맞는다는 것도 안다. 이런 총체적 통찰력은 중견수가 뜬 공을 잡기 위해 달릴 때처럼 스포츠에서 가장 인상적으로 나타난다. 이와 대조적으로, 과학의 발달은 의식이 모든 연결망을 파악하도록 이끈다. 전체적·창조적 통찰력은 혼성공간을 요구한다. 이론의 증명, 분석, 입증, 의사소통은 원인과 결과의 통합을 명시적으로 풀 것을 요구한다.

의식이 완전한 연결망에서 사는 범위를 축소시키는 것은 종종 바람직하다. 전문지식의 습득은 많은 면에서 성공적인 통합 연결망의 달성인데, 혼성공간에 삶으로써 당신은 다른 정신공간에 의식적으로 주의를 기울이지 않고서도 바라는 결과를 얻을 수 있다. 스키 타는 웨이터 혼성공간이 완전히 구분되는 두 개의 정신공간과 그 둘을 혼성하도록 하는 지시로 시작된다는 것을 떠올려 보라. 노련한 수행은 의식에서 근본적인 것이라 느끼게 되는 혼성 패턴을 획득하는 일로 이루어져 있다. 글자를 배우는 어린아이는 처음에는 모양을 보는 것과 글자를 보는 것을 구분하지 않을 수 없다. 전자는 후자의 원인이다. 그러나 곧 어린아이는 그런 원인과 결과를 구분하지 못한다. 아이는 모양을 보면 반드시 글자를 보게 된다.

두 마리 토끼를 동시에 잡기

지금까지 우리는 모순되는 것처럼 보이는 표상들을 동시에 유지해야 할 필요가 있는 경우를 아주 많이 보았다. 아기의 상승이라는 의례행사의 경우, 혼성공간에서의 전체 인생은 계단을 오르는 데 걸리는 시간의 경과이고, 이는 두 입력 정신공간에서 표상되는 수명과 계단의 오름 간의 현격한 차이를 우리가 알고 있을 때도 그러하다. 또한 베르트랑 드 보른의 경우에, 우리는 혼성공간에서 단테의 교훈이 갖는 강력한 힘을 이해한다. 입력공간에서의 베르트랑은 결코 자신의 머리를 잃지 않지만 혼성공간에서의 베르트랑은 머리가 잘린다.

질문:

● 모순되는 표상들을 유지하는 것은 비합리적이지 않은가?

대답:

결코 그렇지 않다. 왜냐하면 우리는 지금까지 다중 표상과 혼성공간이 많은 인지의 층위에서 효과적인 이유를 많이 목격했기 때문이다. 많은 경우에 연결 망 속의 각각의 정신공간들은 *내적* 모순이 없지만, 반反사실문처럼 정신공간들 자체가 서로 모순되는 경우도 있다. 경우에 따라 개념적 혼성은 내적으로 모순되는 혼성공간을 창조할 수도 있다. 왜냐하면 그러한 내적 모순이 나머지 연결 망에 중요하기 때문이다. 가령 귀류법 혼성에서는, 혼성공간의 자기 모순이 한 입력공간 속에 있는 새로운 가정이 수학 체계에서 원칙에 맞지 않는다는 것을 보여주는데, 다른 입력공간에서는 자기 모순이 활성화를 위해 포괄적으로 유용하다.

의례행사 투사

의례행사는 진지하고 심지어 엄숙한 분위기 아래 신중하고 정확하게 수행된다. 아기를 계단으로 데리고 가는 것처럼 의례행사의 핵심 사건만 중요한 것은 아니다. 수행의 '사소한' 양상들도 중요할 수 있다.

질문:

● 왜 사람들은 의례행사에 집착하는가?
● 왜 의례행사는 꼭 그렇게 수행되어야 하는가?
● 의례행사가 복합적 혼성공간이라면, 이런 혼성공간에서 수행의 '사소한'
　　양상은 어떤 역할을 하는가?

대답:

의례행사는 원인과 결과를 통합하기 때문에 그 수행 가운데 어떤 양상도 혼성공간과 미래 생활 어디서든 원인임과 동시에 결과로 경험될 수 있다. 따라서 혼성공간을 운용하는 것은 깊은 의미를 가진다. 혼성공간의 스크립트를 만드는 것과 그것을 운용하는 것은 별개이며, 의례행사의 수행에는 스크립트에 없는 사건이 들어 있을 수도 있다. 이것은 우리가 혼성공간의 발현구조라 부르는 것에 관한 예이다. 세 번째 계단에서 예정과는 다르게 조금 비틀거리는 경우는, 계단 오르기라는 입력공간에서는 분명 대수롭지 않은 일이지만 그럼에도 불구하고 의례행사의 관찰자들을 걱정시키고 모두를 숨죽이게 할 수 있다. 보통 경우와는 달리 빨리 오르는 것은 성공적이긴 하지만 너무 짧은 인생을 의미할 수 있기 때문에 의례행사를 잘못 수행한 것으로 여겨질 수 있다. 인생의 양상은 풍부하고 의례행사를 수행하는 방식 역시 풍부하기 때문에 의례행사에서 인생으로 이루어지는 투사는 무한하다. 의례행사의 보수적 스크립트는 아이에게 해악을 의미할 수 있는, 의도하지 않은 투사의 가능성을 차단할 의도이다. 의례행사는 가능한 최고의 인생을 제공하는 것이 목적이다. 그래서 규범에서 벗어나는 것은 손해를 입히는 것으로 간주될 수 있다. 통합 연결망을 받아들이는 것은 그 효험에 대한 믿음을 요구하진 않지만, 혼성공간에서 감정을 활성화하기에는 충분하다. 어떠한 믿음을 지녔든, 사람들은 의례행사가 잘못되기를 원치 않는다. 왜냐하면 믿는 사람과 믿지 않는 사람 모두에게 잘못된 의례행사는 중요한 사회적 상황의 일부인 실제 감정을 환기시키기 때문이다.

많은 참여자들이 의례행사의 효험을 믿지 않을 수도 있다. 그러나 그들은 의례행사의 수행과 그것이 획득하고자 하는 현실 사이에 최대의 일치를 이루려는 데 공통된 관심이 있다. 의례행사의 수행은 참여자들에게 특별한 역할을 부여하고, 그런 역할은 시간이 지나면서 사회적 효과를 가질 수 있다. 때문에 그 수행은 궁극적으로 자기를 실현하게 된다. 사회적 이유로 혼성공간은 그 자체의 효력을 창조할 수 있다. 예컨대, 갑옷을 완전히 갖춰 입고 밤새 무릎을 꿇고 기도하고 그 다음에 일어나 말에 오르는 과정을 포함하는 기사 작위 수여식을 겪은 사람은 충실하고 경건하고 용기 있게 행동할 것이라고 기대할 수 있으며, 이런 기대는 그에게서 의무감, 신앙심, 용기를 이끌어낼 수 있다. 공동체 구성원들 또한 그의 불분명한 행동까지도 충실하고 경건하고 용기 있는 행동으로 판단하려는 경향을 갖는다. 명칭은 원인과 결과의 광대한 범위를 통합하는 총체적 통찰이다. 기사의 훌륭한 자질은 그가 기사가 되도록 하지만, 한편으로 그가 기사인 것은 그에게 그런 자질을 갖도록 한다.

이런 통합의 극단적인 경우는 주술적인 죽음voodoo death이다. 이때 연결망의 효력을 믿는 것은 공동체와 희생자 모두에게 기본적이다. 사실 이런 믿음의 효과는 사회적 몸과 생리적 몸이 협력해서 그런 죽음이 발생하도록 만드는 것이다. 혼성공간에서 희생자는 죽으며 몸은 그런 혼성공간과의 일치를 향해 가게 된다.

어떤 의례행사는 재판의 형태이다. 혼성공간의 요소는 스크립트에서 결정되지 않은 채로 있고, 의례행사를 이행하면서 결정된다. 물에 의한 시죄법試罪法은 유죄나 결백이 무작위로 결정되는 의례행사이다. 그렇지만 아기와 계단의 의례행사는 재판을 의도하지 않는다. 혼성공간의 스크립트에는 바라는 결과가 포함되어 있으며, 그 이행이 스크립트와 일치할지 여부가 유일한 문제이다. 스크립트는 의도적으로 이행하기 쉽게 만들어졌다. 때문에 수행은 스크립트와 세세한 부분까지 일치할 것이다.

따라서 의례행사 혼성공간을 재판이나 미래 예측, 일어났으면 하는 것이나 일어나지 않았으면 하는 것에 대한 가상 법령, 또 다른 세계를 어렴풋이 아는 것, 역사 발견의 기술 등으로 명확히 구분하려면 추가적인 상세 설명이 필요하다. 침례 의식으로 아기에게 세례명을 붙이는 것은 아기에게 영적 구원을 받을 자격을 부여하려는 것이지, 익사를 막거나 심오한 사고를 잘 하도록 하는 의도가 아니다. 그러나 의례행사는 사회적 목적에 제약을 받지만, 계단에서 비틀거리는 경우처럼 새로운 의미가 뜻밖에 발생할 수 있다. 이것은 인간 인지의 주목할 만한 특성이다. 인공지능 프로그램은 스크립트에 따라 엄격하게 작동한다. 그러나 상당한 정도로 스크립트대로 따르는 것 같은 인간의 의례행사는 혼성에 의존하며, 발현적 의미는 언제나 혼성 과정의 일부분이다. 의례행사는 인간 생활의 완전한 풍요로움 속에서 발생하며, 발현적 의미의 원리는 늘 그런 풍요로움으로부터 보충될 수 있다.

암시적인 반사실적 공간

이번 장에서는 줄곧 표면에 드러나지 않은 대안의 개념이 존재한다. 아기는 좋은 인생을 살거나 나쁜 인생을 살 것이고, 카우보이는 사내답거나 발기부전이고, 누군가는 죄를 짓고 처벌되거나 죄를 짓지 않고 보상을 받는다.

질문:

● 이런 대안 개념들은 개념적 혼성 이론에서 어디에 있는가?

대답:

이것은 미묘하고도 심오한 물음이며, 개념화라는 큰 이론적 원리로 이어진다. 개념화는 항상 이용 가능한 반사실성을 가지며 전형적으로 그것을 기본 자료로 활용한다. 앞서 논의했듯이, "냉장고 안에 우유가 없다" 같은 간단한 문장을 이해하려면 반사실적 정신공간을 가진 연결망을 구성할 필요가 있다. 소망 정신공간에는 냉장고에 우유가 있고, 다른 입력공간은 현재 상황과 대응하며, 혼성공간에는 우유에 대한 대응요소가 있지만, 입력공간들 사이의 비非유추는 혼성공간에는 없는 특성과 대응한다. 혼성공간은 소망 입력공간에 관해서 반사실적이다. 언어는 종종 청자가 반反사실문을 구성하도록 유발하는 많은 표현을 제공한다.

나는 정말 차가 있어. 그렇지 않으면 오토바이를 탔을 거야I do have a car; *otherwise*, I would ride by bike.

나는 듣지 않을 거야I *will* not listen.

너는 내일 떠날 거라고? 너무 안됐는걸. 넌 내 파티에 올 수 있었을 텐데 말이야
You'll be gone tomorrow? *Too bad*! You could have come to my party.

그는 공을 놓쳤다He *missed* the ball.

개념적 혼성은 개념화의 비양립성이라는 일반적인 자질에 전혀 방해받지 않으면서도 비양립적 정신공간들에서 작용함으로써 그 힘을 이끌어낸다. 흡연하는 카우보이 연결망에서 발기부전 흡연자 공간은 비흡연자가 정력가라는 대조되는 공간을 암시적으로 가져온다. 사내다운 비흡연자 공간이 활성화되면, 그것은 흡연하는 사내다운 카우보이의 정신공간과 충돌할 것이다. 또한 실제로 그것은 바람직한 시나리오로 강력하게 활성화된다.

흡연하는 발기부전 카우보이 정신공간에는 두 개의 입력공간이 있다. 흡연하는 사내다운 카우보이의 정신공간과 발기부전 흡연가의 정신공간이 그것이다. 첫 번째 입력공간은 닮고 싶은 것이고, 두 번째 입력공간은 피하고 싶은 것이다. 따라서 그 둘은 중심 요소가 서로 충돌한다. 개념적 혼성은 이 충돌에서 효과적으로 작용하여 수그러진 담배가 있는 혼성공간을 창조한다. 그 정신공간에서 카우보이는 외관상 매력적인 용모를 모두 갖추었음에도, 그의 진정한 본질은 수그러진 담배로 드러난다. 이 혼성된 카우보이는 발기부전을 원래의 사내다운 카우보이 입력공간으로 다시 역투사함으로써, 원래의 함축을 결정적으로 수정하게 만든다.

중추적 관계와 압축

한 알의 모래알에서 세상을 보고,

한 송이 야생화에서 천국을 보라.

당신의 손 안에 무한을,

한순간 속에 영원을 품으라.

—윌리엄 블레이크William Blake

이 책은 우리가 이제 핵심적인 지적 목표가 상상력을 찬미하는 것이 아니라 상상력의 과학을 만드는 것인 시대로 접어들고 있다는 야심찬 주장으로 시작했다. 가장 흔한 의미구성에서도 상상력은 때때로 보이지 않게 작용하고, 그 기본적인 인지적 작용은 분명 가장 창조적인 것에서부터 가장 평범한 것까지 매우 다른 모든 현상들에서 동일하다. 이런 작용은 인간 종의 특성이다. 인간이 아무리 당연하게 받아들인다고 하더라도, 이런 작용은 다른 기준에서 보면 범상치 않다.

개념적 통합은 상상력의 중심에 있다. 개념적 통합은 입력공간들을 연결해 혼성공간으로 선택적으로 투사하고, 합성, 완성, 정교화를 통해 발현구조를 발전시킨다. 이와 같은 근본적인 인지적 작용은 일찍이 연구된 적 없다. 이런 작용을 연구한다는 것은 무엇을 의미하는가? 현상을 인식하고 그것을 폭넓게 기술하는 것만으로 충분하지 않은가? 이 책은 여기서 끝내야 하는가? 다음으로 해야 할 일은 무엇인가?

화학과의 유추

원자들이 결합해 전자를 공유함으로써 분자를 형성한다는 것은 확실히 화학의 기본 원리이다. 그러나 물, 소금, 구연산, 세로토닌, 포도당, 화강암 같은 친숙한 분자의 세계는 이 원리로 설명되지 않는다. 설령 이 원리를 안다고 해도 분자의 범주화를 제공하지 못하며, 어떤 분자가 가능하고 어떤 분자가 가능하지 않은지도 알려주지 않는다. 이 원리로는 어떤 형태가 다른 형태보다 더 그럴듯한지 예측할 수 없고, 개별 분자의 안정성을 특징지을 수 없으며, 의학적 목적을 위해 새로운 분자를 어떻게 만드는지도 기술하지 못한다. 이 원리가 참이고 기본적이지만, 이 원리로는 화학의 특정 문제를 해결하지 못한다. 그보다 이 원리는 특정 문제를 공식화하여 가능한 해답을 생각할 수 있는 길을 열어준다고 할 수 있다. 수년 동안, 화학과 그 후에 구현된 유기화학과 생화학에서 매우 신중하고 정교한 원자의 분류법을 개발했다. 이는 원자의 구분 원리를 연구하고 어떤 원자가 다른 원자와 결합하고 어느 정도의 비율로 그렇게 하는지를 연구하고, 화학 결합의 복잡한 본질을 연구한다.

개념적 혼성의 과학도 같은 선례를 따를 필요가 있다. 우리는 이제 인식 가능한 통합 연결망의 유형, 통합 연결망의 형성을 안내하는 원리와 압력, 연결에 관여하는 제약과 경향, 혼성공간의 발현적 의미와 연결망의 발현적 의미 같은 주제를 다루는 하위원리에 대한 연구로 시선을 옮길 것이다.

산과 염기, 적정滴定에서 나타나는 색깔, 신진대사 같은 화학의 불가사의한 체계적 산물은 원자가 결합해 분자를 만든다는 원리로는 예상할 수 없다. 마찬가지로 개념적 혼성의 불가사의한 체계적 산물 즉 지각 동안 '혼성공간에서 사는 것', 반사실적 공간을 통한 추론, 복소수 같은 수학적 개념의 출현, 컴퓨터 인터페이스의 디자인, 개념적 혼성의 특정 패턴을 촉진하는 언어 형태의 진화 등은 입력공간들이 혼성되어 발현적 의미를 가진 새로운 정신공간을 만든다는 기본 원리로는 예상할 수 없다. 화학의 경이로운 체계적 산물을 설명하기 위해 원자들이 결합할 때 생기는 산물을 세세히 추적할 필요가 있듯이, 개념적 혼성의 불가사의한 체계적 산물을 설명하기 위해 정신공간들이 혼성될 때 발생하는 산물을 세세히 추적할 필요가 있다. 우리는 개념적 혼성에 대한 연구가 화학처럼 우리의 세계관을 바꿀 잠재력이 있다는 것과, 그 잠재력이 우리가 부분적으로 기술하는 많은 이질적인 현상들을 포함하며, 그 현상들을 연결하고, 우리가 보지 못한 새로운 현상의 발견으로까지 확장될 수 있다는 것을 보여주고 싶다. 우리가 부분적으로 기술한 많은 현상들, 즉 범주화, 수학적 발명, 은유, 유추, 문법, 반사실적 사고, 사건 통합, 다양한 종류의 학습과 예술적 창조, 원인과 결과 같은 중추적 관계를 통합하는 총체적 통찰력 등은 적절하게 정의된 동일한 상상 작용의 산물이다. 화학 과정의 단일성은 서로 다른 화합물이 나오는 그 결과의 다양성을 설명하기 위한 과학적 기초이다. 왜냐하면 이런 다양성은 과정들이 전개되는 수많은 방법으로부터 나오기 때문이다. 물은 깨끗하고, 식초는 '신'맛이고, 비소는 독성이 있으며, 철은 녹슬지만 금은 녹슬지 않는다는 식으로, 아무리 표면상의 특징을 기재한다고 해도 이런 다양성은 설명될 수 없다. 이런 표면상의 특징이 우리의 삶에서 결정적이고, 진정한 화학의 많은 동기가 그것을 설명하고자 하는 데 있지만, 화학의 과학은 표면상의 특징을 설명 자체나 과학적 설명에 대한 기초로 간주할 수 없다. 이와 비슷하게, 개념적 혼성의 산물은 결정적으로 서로 다르다. 화학의 경우처럼, 개념적 혼성 작용의 단일성은 그 산물의 다양성을 설명하는 과학적 기초이다. 왜냐하면 그 다양성은 개념적 혼성의 기본 원리가 전개되는 갖가지 방식으로부터 나오기 때문이다.

진화와의 유추

간단하고 일반적인 생물학적 진화의 원리는 그 요소가 다양하고 선택 압력을 받으며 유전형질을 전하는 체계가, 어마어마한 생물학적 변종을 생산한다는 것이다. 리처드 도킨스Richard Dawkins는 "그렇게 적은 가정으로 그렇게 많은 사실들을 설명한 적이 없었다"[47]고 말했다. 그런데 도킨스는 그 이론의 단순성을 과장하고 있다. 일반 원리 하나만으로는 아무것도 설명하지 못한다. 생물학적 진화의 흥미로운 사실을 설명하려면 그런 일반 원리가 서로 다른 경계조건 아래에서 발달 경로를 따라 서로 다른 영역에서 어떻게 전개되는지를 설명하는 크고 상세한 체계적 이론이 필요하다. 이 연구의 매력은 우리 주변의 실제 세계를 돌연변이, 유전, 선택이라는 불가사의한 일반 과정에 연결시키는 점이다. 우리는 새가 어디서 유래했고, 판다에게 어째서 엄지손가락이 있는지, 크고 사나운 동물은 왜 희귀한지, 미국의 가지뿔영양이 왜 여전히 약탈자의 환영으로부터 달아나는지 궁금하다. 우리는 진화의 강이 어떻게 에덴동산으로부터 흘러왔는지 알고 싶다. 이런 매력적인 지식의 추구는 무엇을 요소, 변이, 유전형질, 선택 압력으로 간주할 수 있는지를 찾는 문제일 뿐만 아니라, 진화 과정의 이런 부분들이 어떻게 상호작용하는지에 관한 이론을 개발하는 문제이다.

개념적 통합 이론도 같은 난관에 처해 있다. 3장에서 제시한 간단하고도 일반적인 개념적 통합 연결망 모형은 광범위한 분야를 망라하며, 분명 상당한 범위의 인간 사고, 언어와 일치하는 것 같다. 이 모형은 많은 개념적 사실들을 망라하는 강력한 도식이다. 하지만 그 자체로는 아무것도 설명하지 못한다.

개념의 진화의 흥미로운 사실을 설명하기 위해서는 연결망 모형이 희망, 신념, 소망이 서로 다른 사람들 사이에서 서로 다른 행동유도성affordance을 가지고, 서로 다른 문맥에서, 서로 다른 목적으로 가지고, 개념적 발달의 경로를 따라 서로 다른 개념적 분야에서 전개되는 방법을 설명하는, 폭넓고 상세한 체계적인 연구가 필요하다. 진화론의 경우처럼, 연구의 매력은 실재하는 정신적 세계를 이런 불가사의한 일반적인 연결망 모형에 연결시키는 점이다. 우리는 과학적 발견이 어디서 유래하며, 우리가 어떻게 일어날 수도 있었던 일에 대해 생각할 수 있는지, 미국의 가지뿔영양이 여전히 과거 약탈자의 환영으로부터 달아난다는 말을 어떻게 이해하는지를 알고 싶다. 우리는 왜 우리가 모든 생물학적 종들 가운데서 유일하게 풍부하고 감정이 깃든 의례행사를 행하는지를 알고 싶다. 우리는 혼성공간을 알고 싶고, 우리의 정신적 삶에서 개념의 흐름이 어떻게 굽이굽이 흘러가는지를 알고 싶다. 우리는 상상력이 가는 길을 알고 싶고, 우주에서 가장 풀기 어려운 수수께끼를 풀고 싶다. 한마디로 우리는 우리가 생각하는 방식을 탐구하고 싶다!

중추적 관계의 압축

우리는 아무런 까닭도 없이 정신공간을 구축하고 정신공간들을 연결하고 혼성 공간을 형성하지 않는다. 우리는 혼성공간이 우리에게 총체적 통찰력과 인간 척도의 이해, 새로운 의미를 제공하기 때문에 혼성공간을 형성하는 것이다. 그 것은 우리를 효율적인 동시에 창조적으로 만들어준다. 우리의 효율성, 통찰력, 창조성의 가장 중요한 양상들 중 하나는 개념적 혼성으로 달성되는 압축이다. 우리는 앞 장의 흡연하는 발기부전 카우보이, 아기의 상승, 베르트랑 드 보른에 서 원인과 결과의 놀라운 압축을 보았다.

원인과 결과 같은 개념적 관계는 개념적 혼성으로 인한 압축에서 반복적으 로 나타난다. 우리는 가장 중요한 이런 개념적 관계를 '중추적 관계vital relation' 라고 부른다.

바이패스 수술을 한 번 더 살펴보자. 우리는 입력공간들 사이의 공간횡단 연결에 대해 일반적으로 이야기했다. 이런 연결의 미세한 구조는 상당히 흥미 롭다. 여기엔 원인과 결과의 연결, 시간과 공간을 통한 연결, 변화를 통한 연결, 동일성을 통한 연결이 포함된다. 학교의 학생과 그들이 받는 교육의 질을 다 룬 입력공간은 특정 수준의 능력을 지닌 의사를 다룬 입력공간의 원인이다. 이 것은 입력공간들 사이의 원인—결과 연결이다. 어린이와 의사 사이에는 적어도 20년가량의 격차가 있다. 이것은 입력공간들 사이의 시간 연결이다. 한 입력공 간 속의 교실이라는 물리적 공간과 다른 정신공간 속의 수술실이라는 물리적 공간 사이에는 변위變位가 있다. 이것은 공간 연결로서, 여기서는 물리적 공간 을 의미한다. 인생의 한 단계에 있는 어린이와 나중 단계에 있는 의사 사이에

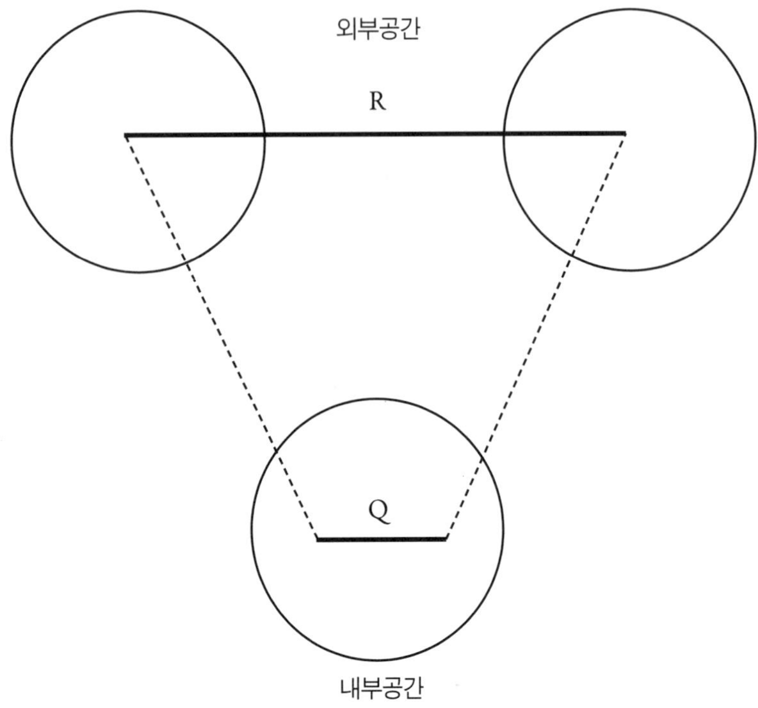

그림 6.1 외부공간 관계의 내부공간 관계로의 압축에 대한 일반적 도식

는 대응요소 연결이 있다. 이것은 동일성 연결이다. 그리고 마지막으로 어린이가 의사로 바뀐다. 이것은 변화 연결이다.

개념적 혼성은 이런 연결로 불가사의한 상상의 묘기를 부린다. 바이패스 수술의 혼성공간을 다시 한 번 보자. 개념적 통합 연결망에 대한 입력공간들 사이의 이런 '외부공간outer-space' 연결은 혼성공간 내에 압축된 대응요소를 가진다! 혼성공간에는 여전히 원인−결과가 있지만, 이제 어린이는 단번에 모든 것을 배워야 한다. 지금이라는 시점과 수술 사이에는 여전히 시간 격차가 있지만, 20년 이상 나는 이런 격차는 시계의 시간과 수술 시간 사이의 단 몇 분으로 압축되었다. 혼성공간에서 교실은 수술실이다. 이것은 공간 압축이다. 혼성공간에서 어린이는 의사이다. 외모와 경험, 신념이 매우 다른 사람들 사이에서 30

년 이상 뻗어 있는 개인적 동일성이라는 '외부공간' 연결은 혼성공간에서 이른 바 '유일성'으로 압축된다. 청소년에서 고용된 성인으로의 '외부공간' 장기적 변화 또한 혼성공간에서 유일성으로 압축된다.

바이패스 수술의 예는 입력 정신공간들 사이의 연결, 즉 '외부공간' 연결이 어떻게 매우 생생하게 혼성공간 내의 연결, 즉 '내부공간inner-space' 연결로 압축될 수 있는지를 보여준다. 원인-결과와 시간은 혼성공간에서 더욱 단단한 원인-결과와 더욱 짧은 시간으로 줄어든다. 양립하지 않는 물리적 공간들은 동일한 물리적 공간으로 압축된다. 동일성과 변화는 유일성으로 압축된다. 이 예는 개념적 혼성에서 '외부공간' 연결이 '내부공간' 연결로 압축되는 것을 세세히 예증해준다. 이 예는 개념적 혼성으로 인한 압축에서 반복적으로 나타나는 '중추적 관계' 목록의 초안을 알려준다. 원인-결과, 시간, 공간, 동일성, 변화, 유일성은 바이패스 수술의 예에서 볼 수 있는 중추적 관계이다.

중추적 관계의 유형과 하위유형

변화

변화Change는 매우 일반적인 중추적 관계로서, 한 요소를 다른 요소에 연결하고, 여러 요소들을 또 다른 여러 요소들에 연결시킨다. 바이패스 수술의 예에서 어린이는 성인으로 바뀐다. 개념적으로, 묘목과 나무는 두 개의 정신공간을 구축하는데, 이 두 정신공간은 변화에 의해 연결된다. 나이는 사람을 바꾸고, 번역은 텍스트를 바꾸고, 이국적인 무언가를 '현지화하는 것'은 현지인들에게 알맞은 무언가로 바꾸는 것이다. 정신공간은 동적이다. 그래서 변화는 개별 정신공간 내에 위치할 수 있다. 이것은 섬광에 대한 정신공간, 사물을 미는 것에 대한 정신공간, 배고프거나 추워지는 것에 대한 정신공간, 성냥을 불어서 끄는 것에 대한 정신공간을 가질 때와 같다.

외부공간 변화 연결은 종종 외부공간 동일성 연결과 결합된다. 예컨대, 바이패스 수술의 예에서 의사로 바뀌는 어린이는 동일한 사람이다. 동일성을 갖

그림 6.2 새로 진화하는 공룡(출처: Wexo, 1992)

거나 갖지 않은 변화는 혼성공간에서 유일성으로 압축될 수 있다. 악마가 히틀러를 성모 마리아로 '변화시킨다면' 그 둘 사이에 동일성 연결자는 없지만, 이들은 혼성공간에서는 유일무이한 존재이다. 외부공간 연결에서 특별한 요소들 사이에 동일성 관계는 없지만, 혼성공간에서 유일성이 발생하는 그다지 명확하진 않지만 더욱 주목할 만한 경우들이 있다. 예컨대, 공룡이 새로 진화하는 것을 보여주는 그림 6.2를 보라. 여기서 공룡은 잠자리를 쫓지만 잡지 못하고 있는 것을 볼 수 있다. 또한 공룡이 경로를 따라 여러 위치에 있는 것을 볼 수 있다. 각각의 위치에서 공룡은 점차 새와 비슷해진다. 잠자리는 항상 동일하다. 마지막 단계에서 공룡은 이제 새이고 잠자리는 새의 부리 속에 있다.

공룡 진화의 단계들 사이의 외부공간 관계에서 특정 공룡들 간에는 동일성 관계가 없다. 대신 원인–결과(발생적 진화), 유추(한 공룡은 또 다른 공룡과 비슷하다), 비유추(공룡 표현형型에서 세대 간 차이)의 관계가 있다. 이런 외부공간 관계들은 서로 연관된다. 비유추는 생물학적 진화의 원인-결과 관계로 설명된다. 그러나 혼성공간에는 일생 동안 변화를 겪은 유일무이한 공룡 하나가 있다. 우리는 이런 제시로 인해 기만당하지 않는다. 우리는 새가 된 유일무이한 공룡이 없다는 것을 안다. 그러나 혼성공간은 인간 척도에서 변화를 유일성으로 효율적으로 압축하며, 그래서 우리는 공룡에서 새로의 진화적 변화의 연결망을 다룰 수 있다. 혼성공간과 입력공간 간의 연결은 결코 사라지지 않는다. 우리는 혼성공간만이 아닌 전체 통합 연결망으로 작업한다.

일상 언어에는 비非유추를 변화로 자동적으로 압축하는 표현들이 있다. "내가 내야 할 세금 액수가 해마다 커져"[48]는 한 압축된 혼성공간을 인간 척도에서 제공하는데, 이 혼성공간에는 크기만 바뀌는 하나의 사물이 있다. 혼성공간 속의 변화는 다른 세금 청구서들 간의 외부공간 비非유추로 자동적으로 탈脫압축된다.

동일성

동일성Identity(또는 정체성)은 가장 기본적인 중추적 관계일 수 있다. 1장에서 설명했듯이, 당연히 기본적인 것으로 여겨지지만, 동일성은 상상력의 묘기이며 상상력이 만들거나 해체해야 하는 것이다. 아기, 어린이, 청소년, 성인이 있는 정신공간들은 분명한 차이에도 불구하고 개인적 동일성의 관계로 연결되며, 이런 동일성 연결은 변화, 시간, 원인-결과라는 다른 중추적 관계에 연결된다. 논의를 진행해가면서 개념적 혼성이 얼마나 동일성을 창조하고 탈통합하는 강력하고도 유연한 도구인지 보게 될 것이다.

승려의 예에서 한 입력공간의 승려는 다른 입력공간의 승려와 '동일하다'. 이런 연결은 극히 간단해 보인다. 하지만 동일성 연결자에는 늘 흥미로운 차이가 있다. 가령, 한 승려는 다른 승려보다 며칠 더 나이를 먹었다는 것인데, 이는 아기로서의 '메리', 50세인 사장, 할머니로서의 '메리'가 동일성 연결자로 시간상 떨어진 정신공간을 가로질러 연결되는 것과 같다. 이런 연결은 객관적 닮음, 즉 공유된 눈에 보이는 생김새와는 별로 상관이 없다. 오히려 정신공간들 사이의 동일성은 규정된 연결이다. 정신공간들 사이의 동일성 연결의 복잡성은 언어철학자들을 오랫동안 괴롭힌 지시적 불투명성 같은 현상으로 나타난다. 동일성 연결자는 입력공간들끼리 1:1일 필요는 없다. "그가 쌍둥이였다면, 그는 자기 자신을 싫어했을 거야If he were twins, he would hate himself"는 한 입력공간의 한 명이 다른 정신공간에서 두 동일성 대응요소를 가지는 연결망을 촉진한다. 혼성공간에서, 쌍둥이는 동일성에 의해 첫 번째 입력공간 속의 한 사람의 대응요소이다. '메리'의 경우는 동일성 연결을 대표하며, '메리' 같은 고유한 이름은 정신공간들 간의 대응요소를 추적하는 방법이다. 그런데 또한 동일성은 그다지 구체적이지 않은 요소들, 특히 역할들도 연결할 수 있다. "프랑스에서는 대통령을 7년 임기로 선출하는 데 반해 미국에서는 그(대통령)를 4년 임기로 선출한다In France, the president is elected for a term of seven years, while in the United Stated he is elected for a term of four years"를 이해할 때, 프랑스 정신공간 속의 대통령이라는 역할과 미국 정신공간 속의 대통령이라는 역할은 동일한 것으로 연결된다. 그래서 '그he'를 그런 식으로 사용할 수 있다. '메리'의 경우처럼, 동일성 연결은 만들어질 수 있다. 두 대통령의 역할은 나라마다 아주 다르다. 동일성 연결은 매우 구체적이지 않은 요소들 사이, 한 정신공간의 '지도자'와 또 다른 정신공간의 '지도자' 사이, 한 정신공간 속의 원인과 또 다른 정신공간 속의 원인 사이에서 발생할 수 있다. 물론 옳은 사실은 아니지만, "로마제국 붕괴의 원인은 고트족의 침략이었다. 그렇지만 대영제국의 경우에 그것은 근대화의 실패였다The cause of the fall of the Roman Empire was the invasion of the Goths, but for the British Empire, it was failure to modernize"라고 말할 수도 있다.

시간

시간Time은 기억, 변화, 연속성, 동시성, 비동시성은 물론이고 인과성에 대한 우리의 이해와도 관련된 중추적 관계이다. 승려, 배 경주, 바이패스 수술의 경우는 모두 입력공간들이 시간상 떨어져 있지만, 혼성공간은 이런 시간을 함께 결합한다. 아기의 상승의 경우, 일생은 혼성공간에서 1분 이하로 압축된다. 개념적으로 2000년 새해와 2001년 새해는 시간에 의해 연결되는 두 개의 정신공간이다.

공간

공간Space은 시간처럼 중추적 관계이다. 칸트와의 논쟁과 7장에서 연구할 가상경주 같은 많은 다른 혼성 연결망에서는 입력공간들이 물리적 공간상 떨어져 있지만 혼성공간에는 하나의 물리적 공간만 있다. 혼성공간은 아주 자주 공간을 압축한다.

원인-결과

원인-결과Cause-Effect는 이미 논의한 중추적 관계이다. 난로의 불은 원인-결과에 의해 식은 재와 연결된다. 하나를 다른 것에 대한 원인으로 간주하는 것만으로는 불충분하다. 그보다 두 개의 적절한 정신공간이 필요하다. 그 가운데 하나는 불타고 있는 통나무가 있는 정신공간이고 다른 하나는 재가 있는 정신공간이다. 이런 정신공간들은 시간(한 정신공간은 다른 정신공간보다 나중이다), 공간(두 정신공간은 동일한 장소에 있다), 변화(통나무는 연소를 통해 재가 된다), 원인-결과(불은 변화를 일으켜서 재가 존재하도록 한다)라는 중추적 관계로 연결된다. 원인-결과의 하위유형도 있는데, 생산자-생산품이 그 하나이다.

부분-전체

부분-전체Part-Whole 중추적 관계의 유용한 통합은 우리가 생각하는 것보다 훨씬 일반적이다. 사람들은 얼굴 사진을 가리키며 "이건 아무개의 얼굴이야"가 아니라 "이건 아무개야"라고 말한다. 우리는 개인을 가장 인상적인 부분인 얼굴 사진에 사상하는 연결망을 구성했다. 혼성공간에서 얼굴은 한 입력공간으로부터 투사되고, 전체 사람은 다른 입력공간으로부터 투사된다. 혼성공간에서 얼굴과 사람은 융합된다. 얼굴은 개인의 정체성이다. 입력공간에서 얼굴과 사람 사이의 부분-전체 연결은 혼성공간에서 유일성이 된다. 지문, 엑스레이, 그리고 반지 광고를 볼 때 손만 보고서도 "이건 아무개다"라고 말할 때와 같은 특수한 상황에서는 다른 신체부위에도 동일하게 적용될 수 있다. 입력공간들 간의 중추적 관계는 부분-전체이고, 그것은 개념적 혼성으로 유일성으로 압축된다. 대부분의 독자들에게 한층 더 유별난 예는 주술적인 죽음이다. 한 입력공간에는 사람의 신체부위가 있다(머리카락, 손톱, 얼굴 사진). 다른 입력공간에는 사람이 있다. 정신공간들 사이에는 부분-전체 연결이 있다. 혼성공간에서는 부분과 전체가 융합되고, 부분들의 인과성은 전체의 인과성이 된다. 예컨대, 머리카락을 태우는 것이 혼성공간에서는 사람을 죽이는 것이다. 머리카락을 태우는 것(원인)과 죽음(결과)은 혼성공간에서 동시에 발생한다.

표상

사람 스케치나 아기 사진처럼, 한 입력공간은 다른 입력공간을 표상Representation할 수 있다. 한 입력공간을 표상으로 간주할 때 개념적 통합 연결망이 구축된다. 한 입력공간은 표상되는 사물과 대응한다. 캔버스의 여러 색깔의 물감처럼 다른 입력공간은 그것을 표상하는 요소와 대응한다. 혼성공간에서, 표상되는 사물과 표상하는 사물 간의 표상 연결은 전형적으로 유일성으로 압축된다. 우리는 채색된 캔버스를 보고 "여기에 있는 것이 엘리자베스 여왕이다. 그녀는 인도의 여제다운 드레스를 입었다"라고 말하고, 무대 위의 배우를 보고 "리처드 2세가 감옥에 있다"라고 말한다. 대리석상을 보고는 "그들은 키스하려고 한다"라고 말한다. 이렇듯 통합 연결망에서 혼성공간을 구축함으로써 '표상의 세계'로 들어간다. 우리는 입력공간을 시야에서 놓치지 않는다. 물감은 물감일 뿐 여왕이 아니고, 배우는 리처드 2세가 아닌 할리우드의 미국 직원이며, 대리석은 그저 대리석에 지나지 않는 정신공간을 계속 작동시킨다.

제인의 얼굴 사진을 보고 "이것은 제인이야"라고 말할 때, 실제로는 다중 혼성공간과 압축이 있는 복잡한 연결망을 사용하고 있는 것이다. 이때 한 사람이 한 신체부위와 연결되고, 그 둘이 혼성공간에서 유일무이한 요소로 압축되는, 매우 기본적이고 자동적인 혼성 연결망이 생긴다. 또한 몸과 얼굴 사이에는 체계적인 1:1 사상이 있다. 얼굴이 얼굴 인식으로 동일성을 유지하는 목적에 가장 두드러진 신체부위라는 신경생물학적 사실은 또 다른 혼성을 촉진한다. 이 혼성에서는 부분-전체, 사람과 얼굴 사이의 동일성 연결자가 유일성으로 압축된다. 당신이 '제인을 보았고', '제인을 만났고', '제인을 힐끗 보았다'는 것은 모두 당신이 그녀의 얼굴을 보았음을 함축한다. 사람과 얼굴의 이런 혼성은 본래의 의미가 다소 변하는 '체면을 세우다saving face', '얼굴 없는 관료들(무책임한 관료들)faceless bureaucrats', '체면을 잃다defacing'라는 개념의 기초가 된다. 게다가 우리는 제인의 얼굴과 얼굴 사진 사이의 표상 연결을 가질 수 있다. 그런데 이미 제인의 얼굴이 제인과 동일한 혼성공간이 있기 때문에 자동적으로 제인의 얼굴 사진은 제인 자신의 표상이고, 새로운 혼성공간에서는 그것이 바로 제인인 것이다. 사진을 두고 "이것은 제인이다"라고 말할 때도 이 모든 것이 수반된다.

역할

역할Role은 어디에든 있는 중추적 관계이다. 링컨은 *대통령*이고, 엘리자베스는 *여왕*이고, 대통령은 *국가원수*이다. 각각의 역할에는 값이 있다. 1863년에 링컨은 대통령에 대한 값이다. 오늘날 엘리자베스는 여왕에 대한 값이다. 미국에서 대통령은 국가원수에 대한 값이다. 정신공간 내에서, 그리고 정신공간을 가로질러, 역할으로서의 한 요소는 값으로서의 또 다른 요소에 연결될 수 있다. 요소는 절대적인 의미에서가 아니라 다른 요소에 상대적으로만 역할이고 값이다. *대통령*은 값 링컨에 대한 역할이며, 역할 *국가원수*에 대한 값이다. 역할들을 압축할 수 있는 기본적인 가능성은 흥미롭다. 가장 간단해 보이는 경우에,

한 입력공간에는 *교황* 같은 역할이 있고 다른 입력공간에는 *카롤 보이티야*[*] 같은 값이 있으며, 혼성공간에는 유일무이한 요소인 교황 요한 바오로 2세가 있다. 요한 13세, 바오로 6세, 요한 바오로 1세, 요한 바오로 2세 및 그들의 선임자 같은 일련의 유일무이한 요소들이 있다면, 긴 세월을 겪은 한 명의 특정 교황이 있는 또 다른 혼성공간을 만들 수 있고, "몇 세기 동안 교황은 계속 이탈리아인이었지만 1978년에 최초로 교황은 폴란드인이었다He was Italian for centuries but in 1978 he was Polish for the first time"라고 말할 수 있다. 알비노 루치아니라는 이름의 요한 바오로 1세가 조반니 몬티니라는 이름의 바오로 6세가 죽은 지 한 달 뒤에 죽었을 때, 신문에는 "교황이 또 다시 서거했다!"라는 헤드라인이 실렸다.

유추

유추Analogy는 역할–값 압축에 의존한다. *교황*이 한 입력공간에, *조반니 몬티니*가 다른 입력공간에, *바오로 6세*가 혼성공간에 있는 한 연결망이 있고, *교황*이라는 동일한 역할이 한 입력공간에, *알비노 루치아니*가 또 다른 입력공간에, *요한 바오로 1세*가 혼성공간에 있는 또 다른 연결망이 있다고 가정해보라. 이 경우, 한 연결망의 역할 입력공간과 또 다른 연결망의 역할 입력공간 간에 동일성 연결자가 있다. 우리는 *요한 바오로 1세*와 *바오로 6세*가 유사하다고 말할 수 있으며, 정확히 우리가 의미하는 바는 동일한 역할 입력공간을 가진 두 개의 역할–값 압축 연결망이 있다는 것이다. 다시 말해, 개념적 혼성으로 두 개의 다른 혼성공간이 공통된 프레임 구조를 획득했을 때 이 둘은 유추라는 중추적 관계로 연결된다.

또 다른 예가 있다. "스탠퍼드는 서해안의 하버드라고 할 수 있다"가 그것이다. 두 혼성 연결망은 역할 *미국의 일류 사립대학*이 있는 동일한 미국 대학 프레임을 가진다. 한 연결망은 다른 입력공간 속에 값 '스탠퍼드'를 가진다. 다른 연결망은 다른 입력공간 속에 '하버드'라는 다른 값을 가진다. 두 연결망 속

---

[*] 요한 바오로 2세의 본명.

의 혼성공간들은 이 두 입력 역할이 동일하기 때문에 유추로 연결된다.

또 다시 서거한 교황의 경우에서 보았고 가지뿔영양을 논의할 7장에서 상세히 보게 되듯이, 유추는 일상적이고 관습적으로 유일성과 변화로 압축될 수 있다. 잠자리를 잡기 위해 새가 되고자 하는 공룡의 경우, 진화를 통한 여러 공룡들의 유추와 비유추는 애당초 훨씬 더 적은 수의 정신공간들 사이에서 동일성과 변화로 압축된다. 이런 정신공간들은 잠자리를 쫓는 경로에서 볼 수 있는 소수의 공룡들과 대응한다. 유추가 동일성으로 압축됨으로써 모든 공룡은 동일하게 된다. 만화에서는 매우 다른 것처럼 보이는 몇 마리의 동물을 보여주지만, 압축이 한 단계 더 진행되면 특정 잠자리를 쫓으면서 변하는 특정 공룡을 '보게' 된다.

비유추

비非유추Disanalogy는 유추에 기초한다.[49] 벽돌과 대서양은 그렇지 않지만, 대서양과 태평양은 비유추적으로 생각하는 경향이 있다. 비유추는 유추와 결부된다. 심리학 실험에서 볼 수 있듯이, 사람들이 아주 다른 두 사물 사이에서 무엇이 다른지를 말하라고 요청받으면 어쩔 줄 몰라 하지만, 두 사물이 아주 유사할 때에는 곧바로 대답이 나온다. 비유추는 종종 변화로 압축된다. 그래서 진화의 여러 단계에서 다양한 공룡들 간의 비유추는 혼성공간에서 한 특정 공룡의 변화와 대응한다. 대안적으로, 혼성공간에 동일한 역할을 지닌 여러 슬롯이 있다면, 비유추적 값들도 그것에 맞춰 별개의 값으로 제시될 수 있다. 이것은 배 경주 혼성공간에서 비유추적 배가 경쟁하는 배로 제시되거나, 칸트와의 논쟁에서 비유추적 칸트와 현대 철학자가 논쟁하는 철학자로 제시되는 경우와 같다.

특성

특성Property은 명확하게 중추적 관계이다. 파란색 컵에는 *파랑*이라는 특성이 있다. 성자에게는 *성스러움*이란 특성이 있다. 살인자에게는 *유죄*라는 특성이 있다. 특성의 가장 명확한 위상은 내부공간 중추적 관계이다. 파란색 컵의 정신공간에서 컵은 고유하게 파란색이다. 개념적 혼성은 종종 외부공간 중추적 관계를 혼성공간에서 특성이라는 내부공간 관계로 압축한다. 예컨대, 원인-결과 연결은 혼성공간에서 특성으로 압축될 수 있다. 따뜻한 코트는 당신을 따뜻하게 해주는 어떤 것이다. 그것은 따뜻함 그 자체는 아니지만, 혼성공간에서는 *따뜻함*이라는 특성을 가진다.

유사성

유사성Similarity은 공유된 특성을 지닌 요소들을 연결하는 내부공간 중추적 관계이다. 두 개의 천 조각을 같이 놓고 색깔의 유사성을 볼 수 있는 것처럼, 인간에게는 유사성을 직접적으로 지각할 수 있는 지각적 메커니즘(신경생물학적인 관점에서 볼 때는 매우 복잡한 메커니즘)이 있다. 이런 직접적인 유사성의 지각은 인간 척도의 한 장면이다. 정신공간 연결망 속의 장황한 외부공간 연결들은 인간 척도의 혼성공간에서 유사성으로 압축될 수 있다. 예컨대, 외부공간 유사성은 혼성공간에서 직접적인 유사성으로 압축될 수 있다.

범주

범주Category는 특성과 같은 중추적 관계이다. 범주의 가장 명확한 위상은 내부공간 중추적 관계이다. 1853년 노던라이트호의 항해라는 정신공간에서 그 배는 쾌속 범선이다. 개념적 혼성은 혼성공간에서 유추 같은 외부공간 중추적 관계를 범주로 압축할 수 있다. 예컨대, 생물학적 바이러스와 보이지 않게 와서 컴퓨터에 침입하는 바람직하지 않은 파괴적인 컴퓨터 프로그램 사이의 외부공간 유추는 혼성공간에서 범주 관계로 압축된다. 혼성공간에서 그 컴퓨터 프로그램은 *바이러스*이다.

의도성

의도성Intentionality은 희망, 소망, 욕구, 두려움, 신념, 기억이나 여타 그 안에 담긴 내용을 지향하는 정신적 태도와 기질과 관련된 일군의 중추적 관계를 포함한다. 우리는 비가 올까봐 두려워하고, 집에 가길 희망하고, 캘리포니아에 있다고 믿으며, 프랑스에서 살았던 것을 기억한다. 우리는 사람들의 행동과 반응이 이런 전문적 의미에서 의도를 가지고 있다는 견해에 기초하여 서로를 해석한다. 우리가 생각하고 느끼는 모든 것이 의도성이 망라하는 그런 관계에 기초하기 때문에, 의도성은 무엇보다 중요하다. 우리에게는 유리잔이 우연히 깨졌는지 또는 깨뜨리고자 의도해서 깨진 것인지가 중요하다. 어빙 고프먼이 지적하듯이, 어떤 일이 발생할 때 그 사건에 프레임을 부여하기 위한 주요한 선택은 두 가지다. 하나는 자연스럽고 의도적이지 않은 '사건'이라는 것이고, 다른 하나는 의도성이 수반된 각본이 있는 '사건'이라는 것이다. 그래서 "그는 암으로 죽었다"나 "암이 그를 데려갔다"라고 말할 수도 있다. 두 번째 선택은 의도적인 프레이밍을 추가한다. 체계적인 총체적 통찰력의 일부로서의 종교적 사고는 자연 세계에 의도적인 프레이밍을 빈번하게 추가한다. 즉, 죽음은 순수한 자연적 사건이 아니라 신이나 저승의 의도성을 품고 있는 어떤 것이다.

개념적 혼성에서 의도성은 종종 강화된다. 예컨대, 배의 경주 예에서 그레이트아메리칸II호의 승무원들은 노던라이트호가 항해했던 역사적 공간을 알고 있다. 혼성공간에서 쌍동선 승무원들은 노던라이트호와 직접 경쟁한다. 경주 프레임은 사실에 대한 지식은 물론이고 소망, 두려움, 경쟁, 노력까지 수반하는 의도성이라는 확고한 관계를 가져온다. 칸트와의 논쟁 예도 아주 유사하다. 다른 경우에는, 압축이 혼성공간에서 의도성을 창조한다. 공룡의 비행 예에서, 입력공간의 공룡은 잠자리를 잡기 위해 새로 진화하려고 노력하지 않지만 혼성공간의 특정 공룡은 그렇게 하려고 노력한다.

유일성

혼성공간의 요소들에 있어서 유일성Uniqueness은 자동적으로 존재하며, 우리는 이를 당연하게 받아들인다. 전문적 의미에서 말하는 유일성의 중요성은 많은 중추적 관계들이 혼성공간에서 유일성으로 압축된다는 것이다.

우리가 반복적으로 접하게 될 중추적 관계는 다음과 같다.

변화

동일성

시간

공간

원인-결과

부분-전체

표상

역할

유추

비유추

특성

유사성

범주

의도성

유일성

우리가 거듭 접하게 될 이런 중추적 관계를 압축하는 규범적 패턴이 있다. 압축은 시간, 공간, 원인-결과, 의도성을 조정할 수 있다. 유추는 동일성이나 특성으로 압축될 수 있다. 원인-결과는 부분-전체로 압축될 수 있다. 동일성 자체는 통상 유일성으로 압축된다. 표상, 부분-전체, 원인-결과, 범주, 역할을 유일성으로 압축하는 것 역시 우리가 사고하는 방식의 기본적인 힘이다. 다른 압축들은 차차 밝혀질 것이다.

또한 중추적 관계의 확산에 대한 규범적 패턴도 있다. 유추에 원인-결과를 추가할 수 있다. 원인-결과에 의도성을 추가할 수 있다. 원인-결과에 표상을 추가할 수 있다. 변화는 통상 유일성이나 동일성과 함께 온다.

우리는 중추적 관계를 기반으로 살아가기는 하지만 중추적 관계는 우리가 상상하는 것만큼 정적이거나 일원적이지는 않다. 개념적 통합은 계속 중추적 관계를 압축하고 탈脫압축한다. 그렇게 함으로써 발현적 의미를 발전시킨다. 인지적 구조의 특정한 기본적인 요소가 개념적 혼성과 압축을 가능하게 한다. 다음에서 이를 살펴볼 것이다.

기본 구조와 연결

이제 정신공간의 몇몇 기본 특성과 정신공간들 간의 연결로 시선을 돌리기로 하자.

정신공간이란 무엇인가?

앞서 보았듯이, 정신공간은 국부적인 이해와 행동을 목적으로 우리가 생각하고 이야기를 하는 과정에서 구축되는 작은 개념적 꾸러미이다. 정신공간은 요소들을 포함하는 아주 부분적인 집합물로서, 이는 프레임과 인지모형으로 구조화된다. 2장에서 설명했듯이, 우리의 가설은, 처리의 관점에서 볼 때 정신공간 속의 요소들은 활성화된 신경조합neuronal assemblies과 대응하고, 그 요소들 사이의 연결은 공共활성화 같은 일종의 신경생물학적 결속과 대응한다는 것이다. 이런 견해로 보면 정신공간은 작동기억에서 작용하지만, 부분적으로는 장기기억에서 이용할 수 있는 구조를 활성화함으로써 구축된다. 정신공간들은 작동기억 속에서 상호 연결되어 있고, 사고와 담화가 전개됨에 따라 동적으로 수정되며, 사고와 언어에서 동적인 사상을 모형화하는 데에 일반적으로 사용될 수 있다.

정신공간에는 요소들이 있으며 보통 요소들 사이의 관계가 있다. 이런 요소와 관계가 우리가 이미 아는 꾸러미로 조직될 때, 우리는 정신공간이 프레이밍된다고 하고, 그 조직을 '프레임'이라고 명명한다. 예컨대, 줄리가 피트의 커피숍에서 커피를 구입하는 정신공간에는 *상거래*와 더불어 줄리에게 매우 중요한 *피트의 커피숍에서 커피 구입*이라는 하위 프레임로 프레이밍되는 개별 요소들이 있다.

정신공간은 많은 공급원으로 구성된다. 그중 하나는 익히 아는 개념적 영역이다(예컨대, 먹고 마시기, 구매, 공공장소에서의 사회적 대화). 하나의 정신공간이 여러 다른 영역이 내놓는 지식으로 구축될 수 있다. 예컨대, 줄리가 피트의 커피숍에 있는 정신공간은 방금 말한 모든 개념적 영역에 의존한다. 그 정신공간은 일과 후 휴식하기, 여흥을 위해 *공공장소 가기*, 일과에 충실하기 같은 *상거래* 이외의 프레임으로 구조화될 수 있다. 정신공간을 구축하는 또 다른 공급원은 직접적인 경험이다. 당신은 줄리가 피트의 커피숍에서 커피를 구입하는 것을 보고 줄리가 피트의 커피숍에 있다는 정신공간을 구축한다. 그러나 정신공간을 구축하는 또 다른 공급원은 사람들이 우리에게 하는 말이다. "줄리가 오늘 아침 제일 먼저 커피를 마시러 피트의 커피숍에 갔다"라는 말을 들으면 우리는 새로운 정신공간을 구축하게 된다. 이런 정신공간은 확실히 대화가 진행되면서 정교해진다. 전체 담화가 전개될 때, 일반적으로 풍부한 정신공간들이 구축되고, 그 정신공간들끼리 상호 연결되며, 한 정신공간에서 또 다른 정신공간으로의 관점과 초점의 전이가 생겨난다.

정신공간은 작동기억에서 동적으로 구축되기도 하지만 장기기억에서 고착되기도 한다. 프레임은 모두 한꺼번에 활성화할 수 있는 고착된 정신공간이다. 고착된 정신공간의 다른 종류로는 십자가에 못 박힌 예수, 다리 위의 호라티우스*, 토성의 고리를 들 수 있다. 고착된 정신공간에는 통상 고착된 방식으로 다

---

* 외적에 맞서 단신으로 다리를 지켜낸 로마의 전설적인 영웅. 용기의 상징이다.

른 정신공간이 부착되어 있으며, 그런 다른 정신공간들은 활성화됨과 동시에 빠르게 나온다. 십자가에 못 박힌 예수는 로마의 박해, 아기 예수, 신의 아들로서의 예수, 십자가 아래 있는 성모 마리아와 성녀들, 십자가에 못 박힌 예수를 그린 그림 양식, 예수의 죽음과 부활을 기리는 성찬식의 순간 등의 프레임을 환기시킨다.

우리는 고착화가 개별 정신공간은 물론 정신공간들의 연결망에 대한 일반적 가능성이라는 것을 알게 될 것이다. 특히, 동적으로 구축되는 통합 연결망은 고착될 수 있고 모두 동시에 활성화가 가능하다. 실제로 우리 사고의 많은 부분은 현재의 주제를 다루기 위한 고착된 통합 연결망을 활성화하는 것으로 구성된다.

우리의 현재 목적을 위해, 즉 연결망의 변이에 대한 원인을 특징짓기 위해 정신공간의 가장 적절한 자질로는 요소의 상세성의 정도, 요소들이 프레이밍되는 정도, 정신공간과의 친밀도, 정신공간이 고착되는 정도, 정신공간이 우리의 경험과 연결되는 정도를 들 수 있다.

입력 정신공간의 상세성과 친밀도

입력 정신공간마다 상세성이 다를 수 있다. 원인이라는 추상적 개념, 결과라는 추상적 개념, 그 둘의 추상적 관계를 포함하는 하나의 정신공간은 통합 연결망에서 하나의 입력 정신공간일 수 있다. 2000년 4월 아나폴리스에서 앨리슨과 칩의 결혼이라는 매우 상세한 정신공간 역시 입력 정신공간일 수 있다. 앨리슨은 딸보다 훨씬 상세하며, 딸은 여자보다 더욱 상세하다. 여자는 인간보다 더욱 상세하고, 인간은 물리적 사물보다 훨씬 상세하다. 이렇듯 입력 정신공간은 어느 상세성의 층위에서든 구축될 수 있다.

입력 정신공간마다 프레이밍되는 정도는 서로 다르다. 최소한으로 프레이밍된 정신공간에는 두 개의 추상적 요소만 있고 둘 사이에 아무런 관계도 없을 수 있다. 정신공간에는 서로 관련성은 없지만 이름이 주어진 사람들(폴과 엘리자베스)은 있을 수 있다. 정신공간에는 최소한의 프레이밍과 상세성이 결핍된 요소가 있을 수 있다(이것이 저것을 일으켰다). 게다가 훨씬 발달된 프레이밍도 있을 수 있다. 여기서의 요소는 역할과는 대응하지만 특정한 값은 가지지 않는다(아버지, 어머니 삼촌처럼 어떤 사람에게 부착된 친족관계 역할의 프레임). 정신공간에는 두 사람(폴과 엘리자베스)이 있을 수 있다. 그 두 사람은 하위 프레임(아버지-딸)으로 프레이밍되어 폴과 엘리자베스 그리고 이 둘의 친족관계가 있는 정신공간을 제공한다. 프레임 자체는 좀 더 상세할 수 있다. 행동은 프레임이긴 하지만 매우 상세한 프레임은 아니다. *피트의 커피숍에서 커피 구입* 또한 프레임이며, 이것은 행동의 실례로 더욱 상세한 프레임이다.

정신공간을 위한 조직 프레임은 적절한 활동, 사건, 참여자의 본질을 상술한다. *경쟁* 같은 추상적 프레임은 조직 프레임이 아니다. 왜냐하면 그것은 인지적으로 표상 가능한 활동과 사건 구조의 유형을 상술하지 않기 때문이다. 권투는 활동과 사건, 순서 그리고 참여자를 상술하는 조직 프레임이다. 물론 입력 정신공간마다 조직 프레임이 있어야 할 필요는 없다.

입력 정신공간은 다소 친숙할 수 있고 고착될 수도 있고 에피소드적인 경험과 연결될 수도 있다. 종종 우리는 우리가 잘 알고 있는 프레임을 활성화하고 그것으로 전체 정신공간을 조직할 수 있다. 어떤 경우에는, 프레임을 개발하고 수정할 수도 있다. 또 어떤 경우에는 정신공간을 배우는 것 자체가 그것을 조직하는 프레임을 배우는 것이기도 하다. 정신공간의 활성화는 다소 쉬울 수 있다. 뿐만 아니라 정신공간에는 그 자체의 흥미로운 개념적 계통이 있을 수 있다. 많은 정신공간은 개념적 혼성의 산물이다.

단 하나의 정신공간을 구축하는 데 이런 차이의 매개변수는 발생 가능한 통합 연결망의 유형에 영향을 미친다.

정신공간의 위상

정신공간은 단 하나의 통합적 단위로 동시에 활성화가 가능한 요소와 관계로 구성된다. 종종 정신공간은 개념적 프레임으로 조직된다. 어떤 권투 시합을 한 번 고려해보라. 그것은 *권투 시합*이라는 개념적 프레임으로 조직된다. 이런 프레임은 보통 어떤 척도*scale*를 포함한다. 누가 얼마나 세게 치는가, 시합은 얼마나 빨리 끝나는가, 권투선수는 얼마나 많은 돈을 받는가, 관중은 얼마나 많은가, 심판은 매수를 당했는가 등이 그런 척도이다. 이런 프레임은 종종 힘역학 *force dynamics* 구조를 포함한다. 팔은 잽을 막고, 주먹이 갑자기 턱을 날리고, 코치는 코너에서 선수를 진정시키고, 한 선수가 천천히 무릎을 꿇고, 바닥은 넘어진 선수가 더 이상 떨어지지 못하게끔 막는다. 이런 프레임은 영상도식*image schema*도 포함한다. 권투 '링'은 정사각형이고 하나의 그릇이며, 잽은 특별한 동적 영상과 일치하고, 두 선수는 *대립한다*. 척도, 힘역학 패턴, 영상도식, 중추적 관계 사이엔 많은 상호작용이 있고, 이 모두는 인간의 개념적 구조와 인지에서 폭넓게 이용할 수 있다.[50] 우리 인간은 이런 구조를 찾아내고 여기에 속성을 부여한다. 우리가 어떤 장면을 보고 그에 대해 생각할 때, 저절로 중추적 관계, 척도, 힘역학, 영상도식에 상당한 주의를 기울이게 된다.

우리의 예를 계속해나가 권투시합의 지속이 시간이라는 중추적 관계에 의존하면서도 지속의 척도에도 의존한다는 것을 생각해보라. 우리는 이 사건을 *권투선수*와 *심판* 같은 역할, 권투선수의 신원identity 같은 동일성Identity, *어퍼컷과 녹아웃* 간의 관계 같은 원인-결과, 권투선수의 체력저하 같은 변화, '빗나가다misses'와 같은 반사실적 비유추, 타격의 목표 같은 의도성, 권투장 같은 물리적 공간, 종소리로 표시되는 라운드 간 간격 같은 시간, 그리고 유일성에 의해 이해한다. 즉 우리는 이러한 것들에 의해 그에 상응하는 정신공간을 구조화한다.

정신공간은 *권투* 같은 구체적인 프레임, *싸움* 같은 훨씬 총칭적인 프레임, *경쟁* 같은 더더욱 총칭적인 프레임으로 조직될 수 있다. 이런 각각의 프레임에는 그만의 척도와 영상도식, 힘역학 패턴, 중추적 관계가 있을 수 있다. 우리는 또한 정신공간에서 더욱 정교한 위상을 사용할 수도 있다. 이것은 조직 프레임의 층위 아래에 놓인다. *권투시합*이라는 조직 프레임은 권투선수의 신발 사이즈나 글러브의 무게 또는 보호용 헤드기어의 착용 여부에 관해서는 말해주지는 않지만 더욱 정교한 위상에는 이런 세부적인 것들이 포함될 수 있다

정신공간의 사상

정신공간의 사상은 연결망을 상상적으로 구성하는 결정적 성분이다. 어떻게 따져보면, 사상은 간혹 명백한 일치처럼 보인다. 즉, 사상은 정신공간 자체가 즉각적으로 주는 것처럼 보인다. 더글러스 호프스태터가 유추의 경우에서 지적했듯이, 이것은 엘리자 환영이다.[51] 이는 마치 컵을 지각하는 것이 아무런 상상의 해석 없이도 컵의 객관적 존재로 인해 직접적으로 일어난다는 생각과 유사하다. 완성된 전체 통합 연결망은 상상의 산물이지만, 우리는 엘리자 효과로 인해 그 산물이 이미 존재하고 있는 '객관적 소여objective given'에서 직접적으로 초래되는 것으로 간주하는 경향이 있다. 그러나 입력 정신공간과 그것들 간의 연결을 해석하는 일은 매우 창조적인 행위이다.

방금 본 개별 정신공간들의 서로 다른 위상적 특성은 정신공간들 사이의 일치에 대한 서로 다른 가능성을 자연스럽게 발생시킨다. 한편, 우리는 정신공간들 내부에 무엇이 있는지를 살펴보고, 유사한 위상에 기초해 한 정신공간과 또 다른 정신공간 사이의 대응을 구축할 수 있다. 따라서 우리는 한 정신공간의 선형 척도를 다른 정신공간의 선형 척도로 사상할 수 있고, 한 정신공간의 근원지–경로–행선지 영상도식을 다른 정신공간의 근원지–경로–행선지 영상도식으로 사상할 수 있으며, 한 정신공간의 사역이동의 힘역학 패턴을 다른 정신공간의 사역이동의 힘역학 패턴으로 사상할 수 있는 것이다. 이 모든 경우에 있어서 동일성이나 유추라는 중추적 관계는 정신공간을 가로질러 정신공간 내의 척도, 영상도식, 힘역학 패턴의 위상에 적용된다.

다른 한편, 우리는 정신공간들을 내부 중추적 관계의 층위에서 일치시킬 수도 있다. 한 정신공간의 시간(또는 부분–전체나 원인–결과)이 다른 정신공간의

시간(또는 부분-전체나 원인-결과)으로 사상될 수 있는 것처럼, 한 종류의 변화는 다른 종류의 변화로 사상될 수 있다.

동일성과 유추라는 중추적 관계 역시 조직 프레임 사이에 연결을 제공할 수 있다. 동일성에 의해 한 정신공간의 조직 프레임이 다른 정신공간의 조직 프레임에 연결될 수 있는 상황을 고려해보라. 이 경우 두 정신공간은 많은 동일한 역할을 가진다. 왜냐하면 두 정신공간은 그런 역할을 포함하는 동일한 프레임을 가지기 때문이다. 이 프레임들의 동일성은 단번에 모든 역할을 확보한다. 예컨대, 노던라이트호가 있는 정신공간의 항해 프레임과 그레이트아메리칸 II 호가 있는 정신공간의 항해 프레임 사이에는 동일성 사상이 있다.

두 정신공간에 적용되는 훨씬 추상적인 프레임이 있으면, 두 정신공간 내의 조직 프레임은 유사하다. 그런 경우 유추는 두 정신공간의 조직 프레임을 연결시킨다. 예컨대, 권투시합의 프레임과 닭싸움의 프레임 사이에는 유추 사상이 있다.

한 정신공간 내의 아버지와 딸이 다른 정신공간 내의 폴과 엘리자베스에 연결될 때처럼, 한 정신공간 내의 조직 프레임은 일군의 역할 중추적 연결을 통해 다른 정신공간 내의 역할의 값에 전체적으로 연결될 수 있다.

연결망의 유형학을 향하여

다음 두 장에서는 반복적으로 발생하는 통합 연결망의 유형을 조사할 것이다. 특히 두 정신공간을 연결하는 가능한 방법들과 함께, 개별 정신공간이 가질 수 있는 가능한 위상을 펼쳐놓음으로써, 화학이 분자를 구분하고, 진화생물학이 종을 구분하는 식으로 통합 연결망을 구분할 것이다. 정신공간과 연결들에 대한 이런 가능성들은 원칙상 입력공간, 총칭공간, 혼성공간을 갖춘 연결망은 물론 여러 개의 입력공간이나 혼성공간을 갖춘 좀 더 복잡한 연결망을 구축할 수 있는 많은 방법을 제공해준다. 이론적으로 가능한 여러 통합 연결망의 종류에 대한 청사진을 작성할 수 있으며, 이런 많은 이론적 가능성들이 의미와 표현의 세계에 이미 존재하고 있다는 사실도 접하게 될 것이다. 그 결과로 일상의 개념적 통합 연결망의 아주 상세한 유형학이 나올 것이다. 개념적 통합 연결망 조직은 우리가 생각하는 방식의 주요한 일꾼이다. 우리는 이 유형학 속의 중심적인 원형들이 다양한 연속체를 따라 나타나고, 이런 연속체가 의미에 대한 우리의 직관적인 일상 개념을 작용 중인 무의식 과정의 통합적 이해에 고정시킨다는 것을 알게 될 것이다. 범주화, 유추, 반사실문, 은유, 의례행사, 과학적 개념, 수학적 증명, 문법 구문 등 외관상 결코 같지 않은 듯한 의미의 변이형들이 개념적 혼성 정신이 구현된 것이라는 사실이 드러난다.

CHAPTER 6
줌아웃

진리, 실수, 경고

혼성공간은 관계를 체계적으로 축소하고, 다른 관계로 압축하며, 심지어 새로운 관계를 창조한다.

질문:

● 모든 압축은 현실에 대한 우리의 이해를 왜곡하지는 않는가?

대답:

어떤 과학이라도 그 시작 단계에서는 통속 이론에서 나오는 결정적인 장애물과 직면한다. 통속 이론은 일상생활에서 없어서는 안 될 정교한 사고 체계이다. 또한 통속 이론은 통상 과학의 출발점이다. 과학은 통속 이론에서 출현하면서도 통속 이론의 가장 기본적인 원리들을 극복해야 한다. 화학의 발달에서 통속 이론은 흙, 공기, 불, 물이 세계를 이루는 기본 성분이라 주장한다. 물리학의 발달에서 다른 통속 이론은 어떤 것을 계속 움직이려면 분명 계속 밀어야 한다고 주장한다. 그러나 과학으로서의 화학에서는 흙도 공기도 불도 물도 원소가 아니며, 과학으로서의 물리학에서는 움직이는 물체가 계속 움직이려 한다는 생각은 뉴턴의 법칙 가운데 하나로 가장 근본적인 발견에 속한다.

중추적 관계의 압축은 종종 이론의 본질일 때가 많지만, 과학으로 밝혀낼 필요가 있다. 진화에 대한 대중적 이해는 바로 그런 장애물을 극복해야 한다. 설명해야 할 결과, 즉 복잡한 생물학적 종의 경이로운 다양성은 결정적으로 수십억 년의 시간을 요구한다. 진화의 메커니즘이 이런 결과의 파노라마를 일으키는 데는 장구한 시간이 필요하다. 인간에게는 여기에 필적할 만한 시간에 대한 직접적 경험이 없다. 그러나 개념적 혼성은 시간이라는 중추적 관계의 압축을 통해 그런 간격을 생각할 수 있게 한다. 통속 이론의 문제는 평범한 혼성공간에서 진화적 시간이 '매우 큰' 인간의 시간과 혼성된다는 것이다. 그러나 매우 큰 인간의 시간은 변이와 선택이 우리가 보는 생물계를 만들 만큼 길지는 않다. 우리 인간은 이를 잘 알고 있다. 왜냐하면 우리는 경험상 종의 출현을 보지 못하기 때문이다. 그래서 총체적 통찰력의 도움으로 이루어지는 시간 압축은 호소력이 없는 혼성공간을 만들어내며 이는 진화 이론을 거부하게끔 많은 사람들을 유도한다. 시간 압축은 보통 유용한 총체적 통찰력을 제공한다. 그러나 이 경우에는 진화 이론이 작동할 수 있을 만큼의 시간이 부족해서 이 이론이 옳지 않다는 잘못된 추리를 제공한다. 진화 혼성공간은 우리가 주변에서 보는 복잡한 생물계가 매우 뛰어난 노련한 설계자와 장인이 만든 것이라는 다른 혼성공간과 부정확하게 비교된다. 리처드 도킨스와 스티븐 제이 굴드 같은 진화의 대중화에 기여한 사람들은 설계자로서의 신—혼성공간God-as-designer Blend을 허물어뜨려, 진화가 불가능하다고 여기게 만드는 시간 압축 혼성공간을 사람들이 도로 풀어 그대로 두도록 만드는 데에 많은 시간을 들인다. 놀랍게도, 설득의 창고에서 가장 강력한 도구 가운데 하나는 생물학적 시간 동안 벌어진 광대하고도 다양한 수많은 사건들을 단 하나의 힘으로 압축하고 통합하는 혼성공간이다. 그것은 바로 그 놀라운 진화이다. 이 혼성공간에서 진화는 암묵적으로 설계자로 표현되지만, 이 설계자는 낯설고 이질적인 여러 기술을 수십억 년 동안 반복해서 사용해왔다. 처리상의 차이와 시간 척도상의 차이를 포함해 설계자로서의 신-혼성공간과 설계자로서의 진화-혼성공간 사이의 차이는 매우 중요하지만, 혼성공간의 주요한 개념적 모양은 매우 유사하다.

엘리자의 유해성

중추적 관계의 압축은 인간 통찰력과 이해의 중심을 이루는 엔진 가운데 하나이다. 그런데 방금 보았듯이, 중추적 관계의 압축은 엘리자 효과를 창조한다. 우리는 지각에서 원인과 결과를 압축하고 나면 지각이 쉽다고 여긴다. 다양한 자질을 가진 '컵'이 있다면, 이는 우리에게 단지 그런 자질을 가진 '컵'을 지각하도록 한다. 더 설명할 게 뭐가 있겠는가? 1장에서 우리는 엘리자 효과가 형태와 의미의 압축과, 상상의 산물과 그것을 생산하는 과정의 압축을 유도하고, 우리로 하여금 의미와 상상력을 의식적으로 이해할 수 있는 형태 조합의 문제로 간주하도록 유도한다는 것을 보았다.

질문:
● 어떻게 엘리자의 함정을 피할 수 있는가?

대답:

아무리 주의한다고 해도, 우리 사고방식의 본성상 엘리자 효과는 반복적으로 발생한다. 개념적 혼성에 대한 과학적 연구를 시작하는 데 걸리는 주요한 장애물은 엘리자 효과의 무의미화 능력으로, 이는 설명해야 할 중요한 상상의 작용을 지속적으로 숨긴다. 진화의 작용을 존중하고 그런 작용이 생물학적으로 다양한 우리 세계를 어떻게 달성할 수 있는지를 이해하려면 시간 압축 혼성공간을 넘어서 봐야 하는 것처럼, 우리는 엘리자 효과를 생산하는 많은 중추적 관계 압축을 넘어서 봐야 한다.

엘리자의 매혹을 생각한다면 이는 쉽지 않은 일이다. 컴퓨터 형태를 볼 때 엘리자 효과가 어떻게 우리를 우롱하는지에 대해 누구보다 깊은 통찰력을 발휘한 사상가는 리처드 도킨스이다. 그는 우리가 진화 과정의 컴퓨터 모형을 볼 때 저지르는 수많은 엘리자 실수에 빠지지 않도록 해준다. 도킨스는 컴퓨터 바이오모프(생물학적 형상)biomorph의 모형화 접근법을 개발했다. 이 접근법에서 컴퓨터는 유전과 무작위 변이를 시뮬레이션하고 우리는 컴퓨터 스크린상에서 진화가 펼쳐지는 것을 볼 수 있다. '눈 먼 시계공'으로 불리는 이 프로그램은 수많은 세대가 불과 30분 안에 살고 죽을 수 있도록 한 세대의 시간을 급격히 압축한다. 우리가 스크린상에서 보는 '바이오모프'는 딱정벌레, 거미, 눈결정, 작은 참나무 등을 어렴풋이 떠올리게 하는 복잡한 모양을 하고 있다. 도킨스는 우리가 이런 모양에서 이것들이 실제로 의미하는 것보다 더 많은 것을 본다고 신중하게 지적한다. 예컨대, 우리가 어쩔 수 없이 '다리'로 여기는 것은 생물학적 다리와는 전혀 유사하지 않으며, 또한 기능적이지도 않다. 그것은 '바이오모프'의 진화에서 전혀 '다리'로서 통일된 역할을 하지 않는다. 즉 보통의 다리가 하는 역할과는 달리, 더 안정적이고 더 강하고 더 빨라진다고 해서 바이오모프를 더 적응적으로 만들지는 않는다. 도킨스가 지적하듯이, 컴퓨터 모형은 자연선택의 모형이 아니다. 왜냐하면 거기엔 선택 압력 같은 것이 전혀 담겨 있지 않기 때문이다.

바이오모프 컴퓨터 프로그램은 우리가 현혹적인 시간 압축 혼성공간을 피라도록 만드는 방법으로 유용하다. 우리는 아주 간단한 메커니즘으로 형성되고 진화한 바이오모프가 매혹적이고 정교한 모양을 띄는 것을 많이 볼 수 있다. 그러나 도킨스가 보여주듯이, 그것은 우리를 원인—결과 압축이라는 또 다른 엘리자 함정에 빠트린다. 우리는 컴퓨터 프로그램의 출력에서 자연의 변이를 보면서 마치 그것이 우리가 보고 있는 것을 우리 자신이 상상으로 해석한 것에서가 아니라 그 프로그램 내의 자연 선택으로부터 곧장 나온다고 믿는다.

도킨스는 이런 특정한 컴퓨터 프로그램보다 훨씬 더 많은 것으로부터 우리를 구하고 싶어 한다. 그는 컴퓨터 모형이 '진화'를 포착할 수 있다고 생각할 때 수반되는 엘리자 실수로부터 우리를 구하고 싶어 한다. 도킨스는 진화를 포착할 수 있는 컴퓨터 모형이 어떤 모습일지 깊이 생각했다.

우리는 이상적으로 모의 육식동물, 모의 먹이, 모의 식물, 모의 기생충으로 완전한 물리학과 완전한 생태학을 시뮬레이션해야 한다. 이 모든 창조물 모형은 진화할 수 있어야 한다. 인위적인 결정을 피하는 가장 쉬운 방법은 컴퓨터 밖으로 완전히 나가서 우리의 인공 창조물을 3차원의 실제 세계에서 서로를 쫓는 3차원 로봇으로 구성하는 것이다. 하지만 그렇다면 결국 컴퓨터를 완전히 무시하고 실제 세계 속의 실제 동물만 관찰하는 것이 더 쉽고 비용이 덜 들 것이다. 출발점으로 다시 돌아가서 말이다![52]

도킨스가 여기서 말하고자 하는 것은 자연 선택이 축소될 수도 없고 압축될 수도 없다는 것이다. 진정한 진화의 모형은 세대 수나 세계의 풍부함을 압축할 수 없다. 진화가 작동하기 위해서는 매우 많은 수의 세대와 진화가 전개되는 동안 실제로 존재하는 세계의 풍부함에 의존할 수밖에 없다. 이와 유사하게, 개념적 혼성도 작용하려면 매우 많은 수의 사상과 개념적 혼성이 이루어지는 동안 그 자리에 있는 물리적·개념적 세계의 풍부함에 의존해야 한다.

진화와 개념적 혼성이 연산적으로 모형화되지 않는다면, 과학적 연구는 불가능한 것인가? 진화의 경우, 도킨스는 반대 결론을 도출한다. 진화라는 추상적 관념은 자연계에서 실행된다. 이런 추상적 관념이 플라톤의 천상에 존재한다면, 우리가 우주를 창조해서 어떤 일이 발생하는지를 지켜보는 것보다 더 좋은 방법이 어디 있을까? 다윈이 자연계에서 어떤 일이 발생하는지를 지켜본 이래로, 진화생물학자들은 지금도 여전히 그렇게 하고 있다. 자연의 거대한 실험실에서 우리는 진화의 특성, 결과, 규칙성을 정확히 조사할 수 있다. 이것은 원칙상 압축된 모형으로 할 수 있는 것이 아니다. 물론 그런 압축된 모형은 관련 과정의 몇몇 형식적 특징을 탐구하는 데 유용하다. 오늘날 진화생물학자들은 실험실에서 실험을 할 수 있다. 그 실험실은 생물학자들이 이런저런 방면으로 이식하고 추구한 자연의 한 부분이다. 이런 실험은 계속해서 진화생물학 고유의 재료와 직접적으로 작용하기 때문에, 생물학적 세계 자체의 실례일 수 없는 컴퓨터 모형과는 같지 않다.

화학도 동일한 견해와 방법에 따라 이루어진다. 자연은 하나의 거대한 화학 실험실이며, 우리는 그 세계에서 실제로 어떤 일이 일어나는지를 조사함으로써 화학의 특성, 결과, 규칙성을 조사할 수 있다. 사무실 건물 안의 화학 실험실은 자연 가운데 선택된 부분집합으로서, 화학자는 이런저런 방향으로 고안된 자연의 운동을 직접적으로 살필 수 있다. 화학 실험 역시 화학 자체의 실제 세계에 속한다. 따라서 화학의 실례가 아닌 화학적 사건의 컴퓨터 모형과는 같지 않다.

상상력에 대한 과학적 연구도 동일한 노선을 따른다. 자연은 이미 상상력이 완벽하게 작동하는 거대한 실험실이다. 개념적 혼성은 개념적 세계의 풍부함에 부수적으로가 아니라 결정적으로 의존하기 때문에, 사람들이 실제 상황에서 실제로 구성하는 의미를 조사함으로써만 그 원리를 조사할 수 있다. 세상에 존재하는 개념적 혼성이라는 거대한 실험실은 잡지 광고와 쌍곡 기하학, 문법 구문, 반사실적 논쟁, 원인-결과 압축, 문학적 알레고리, 컴퓨터 인터페이스 디자인 등 수많은 발명품을 만들어낸다. 갈라파고스 군도가 고립되어 있고 이색적이라는 바로 그 이유 때문에 다윈이 그 군도를 실제 세계의 유용한 실험실로 생각한 것처럼, 우리는 종종 개념적 혼성의 원리와 매개변수를 조사하기 위해 다소 이색적이지만 완전히 인간 세계의 한 부분인 것에 의존한다. 그리고 진화 생물학자나 화학자가 *자연 내에서* 실험을 고안할 수 있듯이, 우리는 사람들에게 무언가를 행하고 이해하고 해결하도록 요청함으로써, 그리고 나아가 그들

이 그런 상황 아래서 실제로 무엇을 하고 있는지를 지켜봄으로써 동일한 일을
할 수 있다.

모듈성과 차이, 단일성

우리는 수많은 종류의 혼성공간을 보았다. 수세기에 걸친 수학 이론의 문화적
발명, 스키 타는 웨이터의 예시-행동 혼성, 담화에서 발생하는 반反사실적 논
쟁 등이 그것이다. 이런 개념적 혼성은 서로 다른 것처럼 보이며 그것들이 수
반하는 처리에 있어서도 분명 동일하지 않다.

질문:

● 이 모든 다양성을 함께 묶으려는 것은 어리석고 단순한 행위가 아닐까?

대답:

아마도 화학과 진화생물학의 가장 큰 장점은 물과 나일론, 딱정벌레와 코끼
리처럼 놀라운 다양성 이면에 어떤 일반 원리가 있다는 발견일 것이다. 이렇게
현저하게 서로 다른 산물들은 현저하게 서로 다른 과정을 통해 발생할 수 있
다. 연소는 일상의 화학 현상인 데 반해, 실험실에서의 나일론의 창조는 폭넓은
문화적 노력을 요구하는 기이한 사건이다. 무성생식은 매번 일상의 진화적 과
정으로 발생하는 데 반해, 복제 기술은 막대한 문화적 노력을 요구하는 낯선 사
건이다. 어떤 화학과 진화 과정은 의외로 신속하게 발생한다. 진화적 수렴收斂
이나 중력 아래에서의 유리 변형 같은 과정은 비교적 천천히 발생한다. 그러나
화학과 진화생물학은 극히 다양한 산물과 극히 다양한 과정 이면에 공통된 화
학 원리와 진화 원리가 있음을 밝혀냈다.

이 책에서 우리는 종종 현저하게 다른 과정을 통해 발생하는 현저하게 다른
개념적 산물을 조사한다. 농담과 수학적 발명은 아주 다른 것처럼 보인다. 전
자는 즉각적으로 이해할 수 있는 반면 후자는 달성하는 데 수세기에 걸친 의식

적 노력이 필요하다. 그러나 그 모두 개념적 혼성의 원리에 의존하고 있다.

이런 공통된 기본 작용은 우리가 제시하는 모든 예의 기초가 된다. 인지신경과학에서는 우리 인간의 뇌가 부분별로 나누어진다는 사실이 널리 알려져 있다. 그 누구도 지금까지 망막으로 소리를 들을 수 있고 소뇌로 무엇을 볼 수 있다고 상상한 적 없다. 그럼에도 불구하고 중요한 생리적 규칙성이 전체 중추신경계 전역에서 발생한다는 것 또한 논란의 여지가 없다. 심지어 망막과 소뇌조차도 그런 생리적 규칙성을 공유하고 있다. 이렇듯, 개념적 통합은 인지적 현대 인간의 많은 혁신적·상상적 능력 이면에서 아주 폭넓게 작용하고 있다.

CHAPTER 7
압축과 충돌

나는 내 삶이 강물처럼 떠돌며

변하고 변하는 것을 봤소. 그 많은 모습들로—

큰 파도 속의 한 방울 초록 물방울, 번뜩이는

칼날의 섬광, 언덕 위의 한 그루 전나무,

무거운 맷돌을 가는 늙은 노예,

황금의 옥좌에 앉아 있는 왕—

그리고 이 모든 것들은 놀랍고 위대했다오.

하지만 모든 것을 알아버린 지금

남은 것은 아무것도 없소.

아, 드루이드, 드루이드, 얼마나 큰 슬픔의 그물이

이 작은 암회색 주머니 속에 감추어져 있는 것이오![53]

—윌리엄 버틀러 예이츠William Butler Yeats

파란만장한 인생은 시간과 공간의 거대한 확장으로 퍼져나간다. 인간의 마음은 중추적 관계들을 계속 압축함으로써 명백한 의미를 구성한다.

페르시아의 양탄자를 가게에서 보고 그것을 집에 깔면 어떨까 하고 상상할 때, 우리는 서로 다른 두 개의 물리적 공간을 압축하고 있는 것이다. 이때 우리는 실제 양탄자와 실제 집을 분리하는 모든 실제 물리적 공간은 개념적으로 고려하지 않는다. 몇 년 전 자신에게 쏟아진 비난에 대해 지금은 그 대답을 어떻게 해야 할지를 생각할 때, 우리는 수많은 시간들을 압축하고 있는 것이다. 어떤 경우에, 보다 더 큰 역사에는 우리가 압축하고 있는 두 공간정신이 포함된다. 양탄자 쇼핑의 경우에, 이런 역사는 우리가 양탄자를 바란다는 것과 그것이 깔려질 장소를 살펴보는 것, 메모하는 것, 가게에 가는 것, 다른 양탄자를 보는 것 모두를 포함한다. 이를 압축하기 위해 우리는 이 역사에서 두 가지 정신공간을 택한다. 예전에 받았던 비난에 대한 지금의 대답을 상상한다면, 어떤 생각을 하고 비난에 대처한 역사가 있다. 이 역사에서 시간적으로 분리된 두 정신공간을 택한 뒤 압축한다.

개념적 혼성은 놀라운 압축 도구이다. 관련된 다른 정신공간으로부터의 선택적 투사와 혼성공간으로의 통합은 유난히 강한 압축 과정을 제공해준다. 개념적 혼성이 승려 예(역사적으로 다른 시간에 발생하는 서로 다른 두 이동이 혼성공간에서 함께 결합되어 실제 역사에서 그 둘을 분리하는 시간 간격을 압축한다)와 배경주의 예(시간상 떨어져 있는 두 바다 항해가 함께 결합되며, 그 둘을 분리하는 1세기가 사라진다)에서 어떻게 시간적 압축이 이루어지는지를 보았다. 바이패스 수술의 예에서는 학교 어린이들과 절개라는 수술 행위를 구분하는 전체 시간의 길이가 단 몇 분으로 축소되었다. 아기의 상승 예에서는 아기의 전체 인생이 계단을 올라가는 데 걸리는 시간으로 축소되었다.

5장에서는 개념적 혼성을 통한 원인과 결과의 압축을 대거 보았다. 흡연하는 발기부전 카우보이 예에서는 담배라는 원인이 수그러짐이라는 결과와 융합되어 있다. 바이패스 수술의 예에서는 아동 조기 교육과 성인 의사의 능력 사이의 기나긴 인과적 연쇄가 극히 짧은 길이로 축소된 것을 보았다.

칸트와의 논쟁 예에서는 개념적 혼성이 어떻게 지리적 공간들에 대한 압축을 수행하는지를 보았다. 이런 압축의 결과, 칸트와 현대 철학자는 같은 방에 있게 되는 것이다. 이러한 논쟁의 예는 또한 수세기나 떨어진 사람들이 같은 대화 순간에 있도록 하고, 칸트의 생애 전역에 걸친 갖가지 주장들을 단 몇 분간의 논쟁으로 압축하면서 정교한 시간 압축을 달성한다.

어떤 중추적 관계는 '끈string'으로 불리는 간격이나 확장, 연쇄를 이끌어낸다. 이런 중추적 관계는 결국 시간, 공간, 원인-결과, 변화, 부분-전체, 의도성이다. 예컨대, 비행하는 공룡 예에서 모든 공룡을 잇는 시간 끈은 단 하나의 일생으로 축소된다. 더욱이 그런 수명에서는 특정 순간만 활성화된다. 끈 위에 있는 점들의 부분적 활성화를 '중략中略, syncopation'이라고 부른다. 이와 유사하게, 바이패스 수술의 예에서는 초등학교와 수술 사이의 약 30년은 단 몇 분으로 축소된다. 여기서의 인과적 끈 역시 중략될 수 있다. 말하자면 학교 학습과 최종 전문 능력만 활성화되는 것이다. 양탄자가 당신 응접실에 있다면 그 양탄자가 어떨지를 상상해볼 때, 당신의 응접실과 양탄자 가게 간의 공간적 끈이 제거된다. 졸업식에서 대학생이 4년간 겪는 변화의 긴 끈도 중략으로 압축된다. 출석, 수강, 친구들과의 만남 등과 같은 대학의 특정 사건만 활성화된다. 그뿐만 아니라 한 학생이 4년간 겪는 변화는 사각모의 장식술이 한쪽에서 다른 쪽으로 옮겨지는 간단하고도 순식간의 변화로 급격히 축소된다. 부분-전체 끈도 개념적 혼성 아래 압축될 수 있다. 국제 항공사가 분명 국적이 서로 다른 여러 항공권 판매인에게 서로 다른 언어로 '환영합니다'라고 말하게 해서 항공사 자체를 대표하도록 하는 경우를 생각해보라. 우리는 이 회사에 대해 부분-전체를 포함한 많은 층위가 있음을 알고 있다. 국제회사라면 국가별 지사가 있고, 그 지사마다 다른 많은 사무실이 있다. 그 각각의 사무실이 행하는 운영 중 한 부분이 항공권 판매이며, 이를 포함해 다른 많은 활동에 종사하는 직원들이 많다. 사무실 내의 항공권 판매원 집단에도 많은 구성원이 있다. 혼성공간에서 국제회사에서 개별 승차권 판매원으로 연결되는 부분-전체 단계의 모든 순서가 하나의 단계가 된다. 여기에 하나의 전체, 즉 국제회사가 있으며 그 회사는 이런 부분들로 이루어진다. 의도성의 긴 끈도 압축될 수 있다. 배 경주의 예에서 1853년과 1993년 사이의 긴 끈 때문에 그레이트아메리칸Ⅱ호의 승무원들은 노던라이트호에 대해 알 수 있지만, 혼성공간의 승무원들은 그 쾌속 범선을 직접 관찰할 수 있다. 지식의 장황한 전달은 직접적인 관찰로 압축되었다.

동일성, 압축, 탈압축

첫 장에서 말했듯이, 동일성은 마음의 세 가지 과정 중 하나이다. 동일성은 중추적 관계일 뿐만 아니라 중심적인 중추적 관계로서, 동일성의 부재는 다른 중추적 관계들을 무의미하게 만든다. 동일성을 포함하는 지속적인 압축과 탈脫압축이 없는 우리의 정신적 삶은 생각할 수 없다. 언어적 체계가 어떻게든 유용하기 위해서는 그러한 압축과 탈압축을 촉진하는, 광범위하고 강력한 자원이 있어야 한다. 동일성은 본원소로, 이를테면 분석 불가능한 개념처럼 보이지만, 그렇기는커녕 상상력의 성과이다. 상상력이 동일성 구성에 역할을 한다는 것과 개념적 혼성과 압축이 중요하다는 것을 파악하기 위해 1996년 12월 4일 화요일에 나온 〈뉴욕타임스〉 과학부 제1면 기사를 살펴보라. '과거 포식자의 유령'이라는 제목의 이 기사엔 작은 미국산 가지뿔영양이 펜으로 그린 듯한 선사시대의 치타와 날랜 개에게 쫓기는 커다란 삽화 사진이 있다. 미국산 가지뿔영양은 오늘날 어느 육식동물보다 날렵하다. 진화는 왜 아무런 부가적인 생식 혜택을 부여하지 않을 때에도 이런 값비싼 과도한 속도를 선택하는가? 과학자들은 이렇게 말한다.

> 가지뿔영양은 유령, 즉 과거 포식자의 유령에게 쫓기고 있어서 그토록 빨리 달린다……. 연구가들이 조사에 착수하자, 그런 유령의 존재는 더욱 분명해 보였다. 다른 종에 대한 연구는 비록 포식자가 수천수백 년 전에 사라졌을지 몰라도 그들의 먹잇감은 결코 포식자를 잊지 않았을 수 있다는 것을 보여준다(p. C1).

이 단락에 대한 개념적 혼성 연결망은 유독 복잡하다. 여기서는 동일성을 수반하는 몇 가지 압축과 탈압축을 쟁점으로 삼았다.

선사시대에서는 미국산 가지뿔영양은 치타나 날랜 개처럼 사나운 육식동물보다 그다지 빠르지 않다. 오늘날에는 가지뿔영양은 모든 현재의 육식동물보다 단연 더 빠르다. 혼성공간에서 가지뿔영양은 선사시대의 맹수에게 쫓긴다. 이 육식동물은 현대 세계에서는 견줄 만한 것이 없다는 뜻에서 '유령'으로 표현된다. 우리는 이 교묘한 혼성공간에 혼동되지 않는다. 그리고 유령이 실제로 가지뿔영양을 쫓는다고도 예상하지 않는다. 살아 있는 가지뿔영양이 선사시대의 육식동물을 기억한다고도 믿지 않는다. 그보다 우리는 어떻게 혼성공간이 가지뿔영양의 이야기와 연결될 수 있는지를 알고 있다. 날쌘 속도는 사나운 육식동물을 만나는 그 동물의 조상에게 적합했다. 지금은 멸종했지만 그런 육식동물에겐 빨리 달릴 수 있는 생리적 능력이 남아 있다.

이런 통합 연결망의 혼성공간에는 가지뿔영양 한 마리가 있으며, 그 영양은 한때 자기를 쫓던 맹수를 기억하고 있다. 이 영양은 그 당시에 쫓길 때의 기억이 각인되어 있어서, 다른 육식동물에게 쫓길 때에도 옛날의 속도로 달리는 것이다.

그런데 조금만 더 생각해보자. 이 가지뿔영양은 무엇인가? 분명 이 영양은 어떤 개별 동물도 아니고 오늘날의 가지뿔영양의 전형도 아니다. 더욱이 현대 미국 종의 대표도 아니다. 왜냐하면 그 종의 어느 구성원도 이런 맹수를 본 적이 없어 '기억할' 수 없기 때문이다. 우리에게 진화적 진리를 파악하는 총체적 통찰력을 제공하는 것은 종, 개체, 시간에 대한 동일성의 광대한 압축이다.

두말할 나위도 없이, 이런 혼성공간을 달성하려면, 빨리 달리지만 그것이 날쌘 육식동물 때문이 아닌 현대 가지뿔영양이 있는 정신공간과 날쌘 맹수에 쫓겨 달아나는 선사시대의 가지뿔영양이 있는 정신공간이 입력공간으로 설정되어야 한다. 혼성공간 내의 한 마리 가지뿔영양이 입력공간 내의 아주 다른 두 마리 가지뿔영양과 대응한다는 데 주목해보라. 과연 이 입력 정신공간은 어디서 출현한 것인가? 우리는 도대체 어디서 치타에게서 쫓기는 '선사시대판 가지뿔영양'과 아무리 둘러봐도 치타 그림자도 없는 '현대판 가지뿔영양'을 가져왔는가? '선사시대판 가지뿔영양'과 '현대판 가지뿔영양' 모두 실제하는 개체가 아니다. 각각은 종의 역사상 시기를 유일성으로 압축한 것이다. 각각은 '원형적인 가지뿔영양'의 이상적인 집합으로부터 선택되었다. 그 집합은 '원형적인 가지뿔영양'에다가 해당 시대 동안에 실제로 살았던 가지뿔영양의 집단을 특징짓는 특성을 부여함으로써 상상적으로 구축된 것이다.

원형에 도달하기 위해서는 좀 더 많은 압축과 탈脫압축이 요구된다. 그러나 지금까지 살핀 압축의 복합체만 고려하기로 하자. 외부 한계선에는 이런 두 시대 가운데 어느 한 시대 동안에만 존재하는 모든 개별 가지뿔영양으로의 탈압축이 있다. 첫째, 가지뿔영양은 두 개의 구분되는 그룹으로 압축되며, 각 그룹은 고대 가지뿔영양 대 현대 가지뿔영양이라는 하위범주를 구성한다. 각 그룹은 시간과 공간상 압축된다(각 그룹은 조상이나 후손으로서 해당 시대 동안 모든 가지뿔영양으로 구성되기 때문에 이 경우에 진화상의 원인과 결과이다). 우리는 그룹의 모든 구성원들에게 동질적인 자연, 경험, 행동이 있다는 가정하에 이런 각 그룹을 압축한다. 그래서 이제 두 그룹에 있는 모든 구성원들은 모두 동일하다. 그러고 나서 한 구성원을 선택하는 재치 있는 장치를 통해 각 그룹을 압축한다(그들은 모두 동일하기 때문에 어느 구성원이든지 상관없다). 이런 압축은 두 그룹을 유일무이한 두 마리의 동물로 바꾸는데, 바로 고대의 가지뿔영양과 현대의 가지뿔영양이다. 이제, 원형적인 옛날의 가지뿔영양과 원형적인 현대의 가지뿔영양에 대한 몇 번의 압축 끝에 우리는 드디어 주목할 만한 실제 혼성을 하는 데 필요한 것을 가지게 되고, (옛날의 질주 행동과 똑같은) 오늘날의 질주 행동과 자신을 쫓던 치타에 대한 기억을 지닌 한 마리의 가지뿔영양을 혼성공간에서 얻는다. 이런 기억은 혼성공간 안의 발현구조이다. 왜냐하면 이상적인 현대의 가지뿔영양과 살아 있는 실제 가지뿔영양 모두가 이런 기억을 가질 수는 없기 때문이다.

입력공간들은 시간과 인과성이라는 중추적 관계로 연결된다. 현대의 가지뿔영양이 그토록 빨리 달리는 것은 고대의 가지뿔영양과 이어지는 여러 세대에 걸쳐 이루어진 능력을 물려받았기 때문이다. 입력공간들 *사이의* 진화적 계승이라는 이런 공간횡단 관계는 혼성공간 *내에서는* 가지뿔영양의 기억이라는 구조로 압축된다. 이것은 6장에서 보았던 통합 연결망을 구성하는 데 이용할 수 있는 일반적 전략이다. 즉 정신공간들 사이의 중추적 관계는 혼성공간 내에서 구조로 압축된다. 이런 가지뿔영양의 예는 일반적인 전략의 두 번째 사례에 해당된다. 마치 빨리 달리는 편이 좋다고 *배운* 것처럼, 고대의 가지뿔영양은 맹수 때문에 조건 반사적으로 빨리 달리도록 된 것으로 생각하기 쉽다. 그렇지만 여기엔 아무런 학습도 수반되지 않았다. 고대의 가지뿔영양이 그렇게 빨리 달리는 이유는 계통상 앞서 있는 가지뿔영양들이 육식동물을 피할 만큼 재빠른 가지뿔영양이었기 때문이다. 느린 가지뿔영양은 잡아먹혔다. 이것은 많은 다른 가지뿔영양의 세대를 잇는 *적응*에 관한 이야기로서, 이런 연결은 *변화*라는 공간횡단 중추적 관계이다. 정신공간들 사이의 적응을 통한 변화는 고대의 가지뿔영양에겐 학습을 통한 변화로 압축된다.

마지막 압축에 이르게 될 때, 우리는 고대의 가지뿔영양이 있는 한 입력공간과 현대의 가지뿔영양이 있는 또 다른 입력공간을 가지고 있으며, 이 둘은 유전에 의해 연결된다. 우선, 고대의 가지뿔영양과 현대의 가지뿔영양 사이의 범주 연결은 외부공간 동일성 연결로 압축된다. 고대의 가지뿔영양과 현대의 가지뿔영양은 일생의 구분되는 단계에 있는 어린 가지뿔영양과 성숙한 가지뿔영양이라는 동일한 개체가 된다. 고대의 가지뿔영양과 현대의 가지뿔영양 사이의 진화적 시간은 수명 기간으로 압축되었다. 그런데 두 정신공간 사이에 의도성 연결이 추가된다. 왜냐하면 그것은 두 정신공간에서 동일한 개체이기 때문이다. 그래서 현대의 가지뿔영양은 고대의 가지뿔영양이 한때 '학습한' 것을 '기억할' 수 있는 것이다.

마지막 혼성공간에서 두 가지뿔영양 사이의 동일성과 의도성 연결은 유일성과 내부공간 의도성으로 압축된다. 즉 학습한 것을 기억하는 단 하나의 신중한 가지뿔영양이 등장한다. 이런 성숙한 가지뿔영양은 굳이 그렇게 할 이유가 없을 때에도 왜 그렇게 빨리 달리는 것인가? 그것은 어릴 때 무시무시한 이웃들 틈에 살면서 배웠기 때문이다. 다시 말해, 고대의 가지뿔영양의 특성인 날랜 질주는 어렸을 때 학습한 '가지뿔영양'의 능력으로서 혼성공간으로 투사된다. 이런 능력이 종에게 지속되는 것은 어렸을 때 학습한 것이 평생 동안 지속되는 것으로 투사된다. 우리가 우리 반 반장이나 우리에게 싸움을 가르친 골목대장을 잊지 못하듯이, 성숙한 가지뿔영양도 어렸을 때 자신을 빨리 달리도록 가르친 치타를 잊지 못한다.

신중한 가지뿔영양을 제공하는 압축은 분석하고 분해할 수 있다. 그런 압축은 약간 초자연적인 것으로 보이긴 해도 상당히 유용하고 자연스럽다. 우리는 더욱 자연스러워 보이는 유일성으로의 압축을 이미 보았다. 한 사람의 일생을 압축해서 유일무이한 사람과 고유한 이름인 호칭을 생산한다. 우리는 압축을 보지만, 이는 어느 정도 인간 인생의 본질과 일치하는 듯하다. 한편 단 하나의 '푸른색 컵'에 대한 지각을 제공하는 평범한 압축은 훨씬 알아차리기 힘들다. 이런 경우 동일성 압축, 즉 결합이 진행되고 있다는 사실까지 설명하려면 신경생물학자가 필요하다. 그러나 신중한 가지뿔영양과 다른 방향에는 더욱 초자연적인 듯한 유일성으로의 압축이 있다. 윤회전생輪廻轉生이 그 적절한 예이다. 당신과 클레오파트라, 성聖 바르바라*, 엘리자베스 1세, 당신의 증조모(프리마 돈나), 사라 베르나르†가 모두 같은 사람이라는 압축에 어리벙벙할 수도 있겠지만, 이것은 당신이 왜 이집트어로 꿈을 꾸고, 한때 번개를 맞고서도 다치지 않았으며, 승마를 좋아하고, 스스로 '밤의 여왕'의 아리아를 완벽하게 부를 수 있다고 믿으며, (당신 친구들이 말하길) 연기를 하고 싶어 하는지를 설명해준다. 다른 경우들과 달리, 유일성으로의 압축은 개인의 고유한 이름이나 가족 집단의 성姓, '가지뿔영양'과 '컵' 같은 보통명사로 그에 상응하는 압축을 가리키는 식으로 알려지지 않으며, 클레오파트라에서부터 당신에게까지 이어지는 일련의 동일한 개인들을 압축하는 특별한 요소를 꼭 집어낼 수 있는 표현이나 구문은 없

---

* 3세기의 성녀. 기독교를 박해하는 아버지 손에 처형당했으며, 그녀가 처형당하자 하늘에서 벼락이 떨어져 그녀의 아버지를 벌했다.

† 프랑스의 전설적인 여배우.

다. 그것은 언어 안에서는 관습적으로 표현되지 않기 때문에, 사람의 정체성이 시간을 넘어서도 유지되며 집단이나 개별적인 한 개인은 그렇지 않다는 더 관습적인 압축을 이용한 다른 방식으로 드러난다. 그러나 이런 표현이 우리 문화 속에 존재하지 않는다는 것을 뜻하는 것은 아니다. 우리는 '당신'이 과거에 이러저러했기 때문이라는 것으로 설명할 수 있는 어떤 행동을 하는 것을 부각하기 위해 일상적으로 "당신은 전생에 이러이러했음이 틀림없다"라는 관습적인 구문을 사용한다. 마치 가지뿔영양의 속력이 빠른 이유가 가지뿔영양은 빠르고 무시무시한 육식동물에 대한 기억을 가지고 있기 때문이라고 설명할 수 있는 것과 같다. 역사를 가로지르는 이런 동일성 압축은 이를 뒷받침하는 모든 문화, 예컨대 환생을 포함하는 신념 체계가 있는 모든 문화에서 인생의 심오한 원리로 작용한다.

역사를 가로지르는 유일성으로의 압축은 가지뿔영양의 경우에는 종, 생물학적 동일성의 경우에는 유기체, 개인적 동일성의 경우에는 인간의 장황하고 다양한 역사에 대한 총체적 통찰력을 제공할 목적을 가진다. 이 장의 제사題詞에서 윌리엄 버틀러 예이츠는 붉은 가지 왕 퍼거스가 드루이드 성직자가 준 '작은 암회색 주머니'를 열었을 때 곧바로 인식할 수 있었던 윤회전생을 기술한다. 이 경우 동일성에 대한 압축과 이어지는 유일성으로의 압축은 부족의 역사와 그들의 환경, 문화에 걸쳐 확장된다.

연결망은 어떻게 압축과 탈압축을 하는가

통합과 압축이 동전의 한 면이라면, 탈脫통합과 탈脫압축은 동전의 다른 면이다. 가지뿔영양 혼성공간 하나만으로는 적절한 이해를 제공할 수 없다. 이 혼성공간은 연결망의 나머지 부분들과 연결되어야 하고, 혼성공간에서 압축되는 사물들은 탈압축되고 분리된다. 승려 예에도 동일하게 적용된다. 즉 혼성공간은 탈통합된 입력공간과 연결되지 않고서는 그 수수께끼를 풀지 못한다. 같은 길에서 반대 방향으로 이동하는 두 승려가 서로 만난다는 것을 아는 것만으로는 전혀 통찰력이 생기지 않는다. 그런 만남이 하산과 분리되는, 등반의 입력공간으로 재再투사될 때라야 그 수수께끼에 대한 총체적 통찰력을 얻을 수 있다. 전체 연결망에서 모든 탈압축과 압축을 활용할 때, 혼성공간 안에서의 만남은 입력공간들 사이에 정렬되어서 자동으로 연결된다. 특히, 두 이동의 이런 정렬이 이 수수께끼의 해답이다. 따라서 이해는 결정적으로 전체 연결망에서 압축과 동시에 탈압축을 활성화하고 연결하는 문제이다.

원칙적으로, 개념적 통합 연결망에는 압축과 탈압축이 포함된다. 전형적으로, 사용되고 처리되는 연결망의 부분만 이용 가능하고 나머지는 동적으로 구성되어야 한다. 어떤 경우는 탈압축이 구성의 주요한 방법이고, 다른 경우는 압축이 구성의 주요한 방법일 수 있다. 그러나 대부분의 경우에는 처리나 인식, 과학적 발견, 예술적 창조에도 압축과 탈압축이 있을 것이다.

압축과 탈압축에 대한 다양한 가능성, 정신공간의 위상에 대한 다양한 가능성, 정신공간들 간 연결의 종류, 투사와 발현의 종류, 세계의 풍부함은 수많은 종류의 가능한 통합 연결망을 생산한다. 이런 다양성 가운데 네 가지 통합 연결망이 두드러진다. 단순 연결망, 거울 연결망, 단일범위 연결망, 이중범위 연결망이 그것이다. 연결망 모형은 이론적 원리로부터 이 네 연결망의 존재를 예측하며, 실제로 우리가 자연의 실험실을 보게 되면 그런 연결망이 정말로 존재한다는 매우 강력한 증거를 찾을 수 있다.

단순 연결망

무엇보다 간단한 통합 연결망은 인간의 문화적·생물학적 역사가 효과적인 프레임을 제공하고 이 프레임이 값 역할을 하는 특정 종류의 요소에 적용되는 연결망으로서, 프레임은 한 입력공간 안에 있고, 요소는 다른 입력공간 안에 있다. 쉽게 이용할 수 있는 인간의 친족관계 프레임은 *가족*으로서, 이 프레임에는 아버지, 어머니, 아이 등의 역할이 들어 있다. 이 프레임은 원형적으로 인간에게 적용된다. 한 통합 연결망이 이 프레임만 포함하는 한 정신공간과 폴과

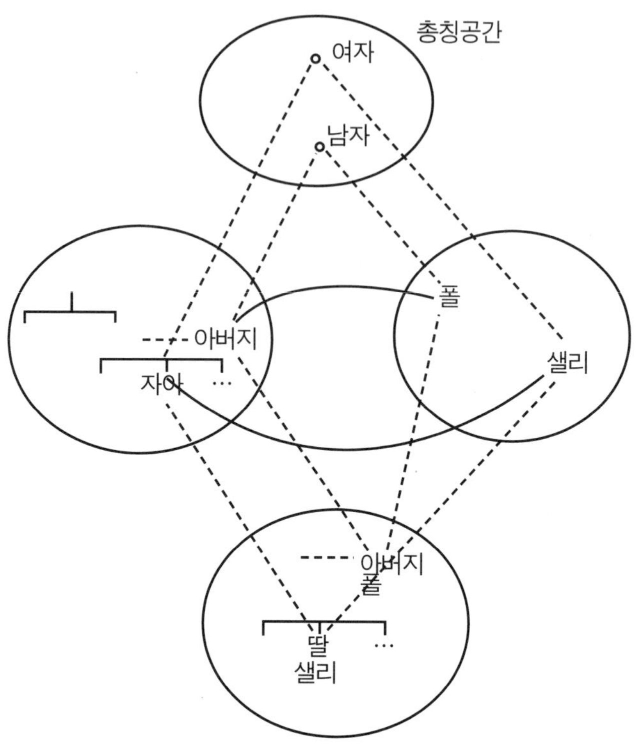

그림 7.1 단순 연결망

여기서 한 입력공간은 역할은 있지만 값은 없고, 다른 입력공간은 프레이밍되지 않은 요소를 포함하고 있다. 이 두 입력공간은 프레임-값 연결로 일치된다.

샐리라는 두 사람만 포함하는 다른 정신공간을 가진다고 가정해보라. 폴을 샐리의 아버지로 간주할 때, *가족 프레임*의 구조는 폴과 샐리라는 요소와 통합되는 혼성공간을 창조하게 된다. 혼성공간에서 폴은 샐리의 아버지다. 이것은 단순 연결망이다. 입력공간들 사이의 공간횡단 사상은 프레임-값 연결, 즉 조직된 한 묶음의 역할 연결자다. 이 경우에 *아버지*라는 역할은 폴이라는 값과 연결되고, *딸*이라는 역할은 *샐리*라는 값과 연결된다.

단순 연결망에서, 한 입력공간 안에 있는 프레임의 관련 부분은 그 역할들과 함께 투사되며, 요소들은 혼성공간 안에 있는 역할의 값으로서 다른 입력공간으로부터 투사된다. 혼성공간은 가장 간단한 방식으로 프레임과 값을 통합한다. 한 입력공간 안의 프레임은 다른 입력공간 내의 요소들과 양립한다. 입력공간들 사이에는 경쟁적 프레임이나 비양립적 대응요소 같은 충돌이 전혀 없다. 그래서 단순 연결망은 직관적으로 전혀 혼성 같지 않다. 그럼에도 불구하고 그것은 본래 개념적 혼성의 이론적 원리로부터 예측할 수 있는 규칙적인 통합 연결망이다. 이런 혼성공간의 구성을 촉진하는 문장은 "폴은 샐리의 아버지이다Paul is the father of Sally"이다. 뒤에서 "X는 Z의 Y이다" 같은 문법 구문이 특정 유형의 통합 연결망을 구성하는 일반적인 촉진제라는 사실을 보게 될 것이다.

그러나 "폴은 샐리의 아버지이다"는 F(a,b)와 같은 프레게의 일차논리로 쉽게 표현할 수 있는 의미적 합성의 원형으로 간주된다. 이때 F는 아버지이고, a는 폴이며, b는 샐리이다. 딱 들어맞지 않는가! 우리가 방금 발견한 것은 프레게의 논리 형태가 단순 연결망의 공간횡단 사상과 대응한다는 것이다. 이런 연결망에서, 두 입력공간에서 나온 적절한 전체 정보가 혼성공간에서 결합된다는 의미에서 혼성공간은 합성적이다. 이런 합성은 다음과 같은 의미에서 진리조건적이다. 이를테면 혼성공간이 '세계'의 현재 상태와 일치한다면 (즉 폴이 실제로 샐리의 아버지이면) 이 문장은 이 세계에서는 '참'인 것이다.

이런 유형의 복잡한 통합 연결망인 단순 연결망이 인공지능에서 연구되었고 술어논리 개념에서 형식적으로 포착되는 우리에게 익숙한 '프레이밍'일 뿐이라니 깜짝 놀랄 일 아닌가![54] 단순 연결망이 합성적 형태이면 혼성공간일 수 없다는 생각이 통용되고 있다. 하지만 반대로 놀랍게도 일차논리와 개념적 혼성은 상반되지 않는다. 전자는 후자의 간단한 경우이다. 이것은 놀랍게도 점, 선, 삼각형 모두가 쌍곡선, 포물선, 원, 타원과 마찬가지로 원뿔곡선의 특별한 경우인 것과 비슷한 일이다. 이것으로 우리의 기술은 상당히 절약된다. 그러나 그것은 좀 더 중요하게 연구 중인 현상에서 심오한 일반화를 포착하고 있다. 매우 다양한 개념적 통합 연결망이 있으며, 이런 다양성이 우리가 사고하는 방식에서 볼 수 있는 다양성과 창조성을 설명한다. 이 한 가지 연결망인 단순 연결망에는 특별한 특성이 있다. 바로 대부분이 합성적이고 진리함수적이라는 것이다. 우리는 단순 연결망이 외부 연산과 순차적 상징적 조작에 이상적인 특성을 가진다고 제안한다. 그래서 이것은 형태 접근법으로 다루기 쉽고 동시에 기본적인 것으로 파악되었다. 이런 특성은 연산적 목적에서 논리학이 성공한 이유를 설명하지만, 그와 동시에 수십 년간의 집중적 노력에도 불구하고 왜 의미론과 사고의 다른 중요한 형태를 상징적 논리학으로 환원하는 것이 불가능한지를 파악하는 데 도움을 준다. 의미구성은 단순 연결망 말고도 많은 종류의 통합 연결망을 요구하기 때문에 의미론의 어마어마한 부분은 상징적 논리학의 영역에 속하지 않는다.

실제로 조사해보면, 단순 연결망에서도 논리적 접근법이 인식한 것보다 더 많은 것이 진행된다는 것을 알 수 있다. 단순 연결망의 한 가지 개념적 장점은 여러 역할들을 압축하고, 그런 압축을 혼성공간에서 단 하나의 새로운 역할로 확정할 수 있는 능력임이 드러난다. 예컨대, 폴과 샐리가 아버지와 딸로 관련된다고 여겨지는 입력공간에서, 한 입력공간에 *아버지*라는 추상적 역할이 있고, 다른 입력공간에 *샐리*라는 구체적인 사람이 있는 것이다. 단순 혼성공간은 이런 요소들을 계승하는 한편 *샐리의 아버지*라는 새로운 역할을 창조한다. 일단 이런 새로운 역할이 확정되면, "폴은 샐리의 아버지이다. *그렇기에 폴은 샐리의 주차 위반 소환장에 책임이 있다*Paul is the father of Sally. *As such,* Paul is responsible for Sally's parking tickets"에서처럼, 그 역할은 직접적으로 언급할 수 있다. 6장에서 보았듯이, 역할–값은 본질적인 중추적 관계이다. 단순 연결망에서 이런 중추적 관계는 프레임–값Frame-to-values 조직을 통해 두 입력공간을 연결시킨다. 다른 중추적 관계처럼, 역할–값은 개념적 혼성을 통해 압축된다. 이것은 단순 연결망에서 발생한다. *자아와 샐리* 사이의 연결처럼, *아버지와 폴* 간의 연결은 두 입력공간 사이의 외부공간 역할–값 연결이다. 그러나 개념적 혼성 아래에서, 한 입력공간 내의 내부공간 *아버지–자아* 관계는 *자아와 샐리* 사이의 외부공간 역할-값 연결과 압축되어 *샐리의 아버지*라는 압축된 새로운 내부공간 역할을 창조한다. 전체 혼성공간에서 이 역할은 폴이라는 유일무이한 값과 추가적으로 압축된다.

물론 어느 값이든지 내적으로 복합적인 의미 구조를 가질 수 있다. 첫 번째 입력공간으로 팬과 스포츠 경기라는 역할을 가지는 스포츠 프레임이 있고, 다른 입력공간에 *사이클 경기*라는 구체적인 스포츠 경기와 샐리라는 구체적인 사람이 있는 단순 혼성공간을 고려해보라. 이 혼성공간에서 샐리는 사이클 경기의 팬이다. 스포츠 경기에서 사이클 경기로 이어지는 한 역할 연결자와 팬에서 샐리로 이어지는 또 다른 역할 연결자는 팬과 스포츠 경기의 프레임 관계와 함께 혼성공간에서 압축된다. 이런 특별한 경우에는, *사이클 경기*라는 값 자체에는 프레임 구조뿐만 아니라 경기 참여자, 심판, 정비사 같은 역할도 있다.

단순 연결망에서는 입력공간의 조직 프레임 사이에 아무런 충돌이 없다. 왜냐하면 값(폴과 샐리)이 있는 입력공간에는 다른 입력공간이 제공하는 조직 프레임(아버지-자아)과 경쟁하는 조직 프레임이 없기 때문이다. 따라서 이런 연결망은 역할 압축을 필수적으로 수행하지 않을 수 없다.

거울 연결망

우리는 이미 몇몇 거울 연결망을 보았다. 승려의 예, 칸트와의 논쟁, 배 경주 등이 그것이다. 거울 연결망은 입력공간, 총칭공간, 혼성공간이라는 모든 정신공간들이 하나의 조직 프레임을 공유하는 통합 연결망이다. 6장에서 보았듯이, 정신공간에 대한 조직 프레임은 적절한 활동, 사건, 참여자의 본질을 상술하는 프레임이다. 경쟁 같은 추상적 프레임은 조직 프레임일 수 없다. 왜냐하면 인지적으로 표상 가능한 활동과 사건 구조 유형을 상술하지 않기 때문이다.

입력공간들은 동일한 조직 프레임을 가진다는 의미에서 서로를 반영한다. 총칭공간 역시 동일한 조직 프레임을 갖는다. 혼성공간도 그런 프레임을 가지지만, 보통 혼성공간에서는 그 연결망의 공통된 조직 프레임이 혼성공간만의 더욱 풍부한 프레임에 내재해 있다. 예컨대, 배 경주의 예에서 항로를 따라 항해하는 배라는 공유된 조직 프레임은 항로를 따라 경주하는 범선들이라는 혼성공간 속의 한층 정교한 프레임에 내재해 있다. 칸트와의 논쟁 예에서 하나의 문제에 대해 숙고하는 철학자라는 공유된 조직 프레임은 하나의 문제에 대해 논쟁하는 철학자들이라는 혼성공간 속의 보다 정교한 프레임에 내재해 있다. 또한 승려 예에서 산길을 따라 걷는 사람이라는 공유된 조직 프레임은 산길에서 만나는 두 사람이라는 혼성공간 속의 좀 더 정교한 프레임에 내재해 있다.

조직 프레임은 그것이 조직하는 정신공간에 위상을 제공한다. 말하자면 조직 프레임은 정신공간 내 요소들 사이의 조직 관계를 제공하고 있는 것이다. 두 정신공간이 같은 조직 프레임을 공유할 때, 각각의 정신공간들은 상응하는 위상을 공유하기 때문에 훨씬 쉽게 대응될 수 있고, 입력공간들 사이에 공간횡단 사상을 확립하는 것도 간단해진다.

거울 연결망 내 정신공간들이 조직 프레임의 층위에서는 위상을 공유하지만, 훨씬 특정한 층위에서는 서로 다를 수 있다. 예컨대, 배 경주의 연결망에는 두 개의 요소가 있는데, 이 두 요소는 조직 프레임에서 배의 역할과 일치하고 프레임의 층위에서 동일한 위상을 가진다. 그런데 보다 특정한 관계는 보통 서로 다를 수밖에 없는 더욱 미세한 위상을 한정한다. 예컨대, 배 경주에서 요소들 가운데 하나는 화물 운송 중인 19세기의 쾌속 범선이라는 매우 특정한 프레임과 일치하고, 다른 요소는 빠르게 운항 중인 20세기 이국풍의 쌍동선이라는 훨씬 특정한 프레임과 일치한다. 이 두 특정한 프레임은 서로 다르며, 특정한 층위의 위상도 역시 서로 다르다.

거울 연결망 내의 많은 다른 정신공간들이 동일한 조직 프레임을 공유한다면, 거울 연결망은 그런 정신공간들을 통합할 수 있다. 1999년 7월 8일 〈뉴욕타임스〉는 히참 엘-게루Hicham el-Guerrouj가 3분 43초 13으로 1마일 달리기 세계기록을 갱신했다고 보도했다. 이 기사에 실린 삽화는 로저 배니스터Roger Bannister가 1954년에 4분의 벽을 깬 이후 매 10년마다 1마일 세계 기록을 갱신한 여섯 명이 0.25마일 레이스코스에서 경주하는 모습을 보여주고 있다. 배니스터가 모든 사람들의 뒤를 달리며 120야드가량 뒤에 있을 때 엘-게루는 이미 결승선을 넘어서고 있다. 이 삽화는 우리가 여섯 개의 개별 입력 정신공간에서 나온 구조를 혼성하는 개념적 꾸러미를 구성하게 한다. 각각의 정신공간에는 경주자가 세계기록을 갱신하는 1마일 경주가 있다. 혼성공간은 단 한 번의 출발시간과 함께 여섯 명의 경주자 모두를 단 하나의 경주 코스 위에 둔다.

이 혼성공간에는 개념적 통합 연결망의 모든 친숙한 자질들이 들어 있다. 여섯 개의 정신공간마다 승리자, 경주 코스, 결승선, 1마일 거리 등과 같은 대응요소들을 연결하는 공간횡단 사상이 있다. 이 모든 정신공간에 적용되는 구조와 요소들이 담긴 총칭공간이 있으며, 이런 구조와 요소는 *1마일 경기와 기록 갱신*이라는 아주 풍부한 조직 프레임을 구성한다. 혼성공간으로의 선택적 투사도 있다. 각 여섯 개의 입력공간으로부터 *1마일 경기*라는 전체 프레임이 혼성공간으로 투사되지만, 가령 특정한 경기 장소나 승리자 외의 경주자는 혼성공간으로 투사되지 않는다. 혼성공간으로 투사되는 경주 코스 같은 대응요소들은 서로 융합된다. *기록 갱신자* 같은 다른 대응요소는 융합되지 않는다. 마지막으로 혼성공간 내에 동적인 발현구조가 있다. 그것은 어느 입력공간에서도 찾을 수 없는 구조이다. 혼성공간은 스포츠 선수들 사이의 가상 경주 시뮬레이션이며, 그 선수들 대부분은 실제로는 결코 함께 경주한 적이 없다. 이런 가상 경주에서 엘-게루는 배니스터를 120야드를 '앞질렀다'.

이런 혼성공간은 즉각적으로 이해할 수 있고 설득적이지만, 상당히 복잡한 구성이다. 엘-게루와 결승선상의 위치, 결승선을 통과할 때의 우승 시간을 혼성공간으로 투사한다고 해서 어떻게 다른 경주자들을 그의 뒤에 위치시킬지는 알 수 없다. 역사적 기록에는 그들이 3분 43초 13이라는 시간에 어디쯤 위치해 있었는지 나와 있지 않다. 그 시간에 트랙에서의 그들의 위치는 따로 계산해야 한다. 이런 경우에는, 물론 실제로는 그렇진 않지만, 각 경주자가 일정한 속도로 달렸다고 가정하고 계산한다. 따라서 우리는 혼성공간에 대한 입력 정신공간들이 제아무리 유용하더라도 그것을 탄생시킨 실제 상황과는 대응하지 않는 허구임을 알 수 있다. 이런 허구를 적절히 사용하면, 엘-게루와 각 경주자들의 우승 시간의 비율을 계산해서 각 경주자들이 3분 43초 13만큼의 시간 동안에 달렸던 거리를 알아내는 일은 어렵지 않다. 1마일에서 각 경주자가 3분 43초 13 동안 달린 거리를 빼면 경주자와 엘-게루 사이의 거리가 나온다. 특히, 역사적 시간이 3분 59초 4였던 배니스터는 [1,760야드]-[(3:43.13/3:59.4)(1,760야드)]=120야드만큼 떨어져 있어 엘-게루와 가장 가깝게 달린다.

이런 거울 연결망에서 자동적이거나 필연적인 것은 아무것도 없다는 것을 한층 더 깊이 보기 위해 우리는 이것을 사이클에서 정해진 시간 동안 거리 기록을 갱신하는 역사에 대한 혼성공간과 비교할 수 있다. 표준적인 1시간 사이클 경쟁에서 수행 시간은 같으나 거리는 다르다. 어떤 사람은 1시간에 다른 사람보다 더 멀리 감으로써 기록을 갱신한다. 이런 혼성공간에서 우리는 계산할 필요 없이 이전 기록 보유자에 대한 시간과 거리 모두를 투사할 수 있다. 이때 모든 기록 보유자들은 단지 같은 트랙 위에 놓여진다. 그들 각자는 1시간 뒤가 되면 도달한 거리 위에 있다. 사이클 선수에 대한 혼성공간은 경주자의 혼성공간과 비슷해 보이지만, 후자의 경우에는 혼성공간을 달성하기 위해 어떤 적극적인 조작이 요구된다. 사이클 경쟁에서 입력공간과 혼성공간 내의 경쟁자들은 실제로 1시간이라는 동일한 시간이 경과한 뒤에 정지한다. 육상 경기에서 혼성공간 속의 경쟁자들은 승리자가 결승선을 넘는 순간 경쟁하는 것을 멈춘다. 하지만 입력공간 내의 대응요소들은 계속해서 경쟁하고 1마일을 완주하고 각 입력공간에서 보유한 세계기록을 갱신한다.

충돌.　　거울 연결망의 프레임들은 각각 동일하기 때문에 조직 프레임의 층위에서는 입력공간들 간에 충돌이 전혀 없다. 하지만 프레임 층위보다 더 아래 특정한 층위에서는 충돌이 있다. 배 경주의 예에서 두 입력공간의 시대와 배의 종류는 충돌한다. 승려의 예에서 두 정신공간의 이동 방향과 시간은 충돌한다. 칸트와의 논쟁 예에서 입력공간들은 철학자들이 사용하는 언어, 그들이 사는 시대, 표현 방식 등에서 서로 충돌한다. 이런 특정 층위에서 일어나는 충돌은 두 가지 방법으로 해결할 수 있다. 한 가지 방법은 충돌하는 요소들 가운데 하나만 혼성공간으로 투사하는 것이다. 예컨대, 칸트와의 논쟁 예에서 *언어*라는 프레임 요소는 두 정신공간에서 동일하며 두 정신공간으로부터 투사되어 혼성공간에서 융합된다. 그런데 좀 더 특정한 층위에서는 두 입력공간의 값들, 다시 말해 각각 독일어와 영어 간에 충돌이 있고, 이 가운데 영어만 혼성공간으로 투사된다. 특정 층위에서 발생하는 충돌을 해결하는 다른 한 가지 방법은 충돌하는 요소들을 혼성공간에 개별 실체로 투사하는 것이다. 예컨대, 배 경주의 예에서 *배*라는 프레임 요소는 두 정신공간에서 같고 두 정신공간으로 모두 투사되지만, 혼성공간에서 융합은 되지 않는다. *쾌속 범선과 쌍동선*이라는 좀 더 특정한 충돌 요소 모두가 혼성공간으로 투사됨으로써 전혀 다른 종류의 두 척의 배를 생산한다. 혼성공간의 프레임 층위에서 *배* 두 척의 투사는 혼성공간에서 발현하는 *바다 경주*라는 프레임을 충족시킨다. 그러나 혼성공간의 특정 층위에서 그 결과는 이상한 종류의 경주이다. 왜냐하면 쾌속 범선은 보통 쌍동선과 경주하지 않기 때문이다. 이런 기이성은 거울 연결망을 구성하는 목적, 즉 배들의 상대 속도와 위치를 결정하는 목적에 아무런 영향도 미치지 않으며, 이런 경주가 두 입력공간을 가진 개념적 혼성임을 명백히 만들고 있다.

압축.　　거울 연결망은 시간, 공간, 동일성, 역할, 원인−결과, 변화, 의도성, 표상이라는 중추적 관계에 대해 압축을 행한다. 실제로 거울 연결망은 압축에 대한 어울리는 후보를 찾고 수용 가능한 압축을 수행하는 것을 무엇보다 쉽고 단순하게 만든다. 왜냐하면 다양한 정신공간 속의 프레임들 사이에는 아무런 충돌이 없기 때문이다. 도보 경주는 단 하나의 위치, 단 하나의 트랙에서 발생한다. 그래서 단 하나의 트랙만 있는 도보 경주의 혼성공간은 만들기가 쉽다.

승려, 배 경주, 가상 경주, 가지뿔영양, 칸트와의 논쟁이라는 예는 모두 시간이라는 중추적 관계로 분리되어 있는 두 정신공간이 혼성공간에서 동시에 발생하게 되는 시간 압축을 이용한다. 이런 동시성은 혼성공간의 프레임과 일치한다. 만남은 두 사람이 동일한 시간에 서로 접근할 것을 요구하며, 배 경주와 도보 경주는 경쟁자들에게 동시에 수행할 것을 요구하며, 약탈은 먹잇감이 달아나고 있을 때 육식동물에게 쫓을 것을 요구하고, 논쟁은 상호작용을 요구한다. 그러나 동시성만이 유일한 가능성은 아니다. 시간이 혼성공간으로 선택적으로 투사되는 다른 패턴은 시간 중복, 직접적 연속, 짧은 간격에 의한 분리 같은 다른 결과를 낳을 수 있다. 이미 보았듯이, 일부 시간은 생략될 수도 있다. 승려 예에서는 등반과 하산의 시간이 융합됨으로써 정상 도달과 하산 사이의 시간이 생략되는 경우가 생긴다.

승려, 배 경주, 가상 경주의 예는 시간 양을 보존하는 탓에 시간 축소를 수반하지 않는다. 그러나 거울 연결망은 시간 간격의 위상을 보존하지만 그 길이를 바꾸는 시간 축소를 사용할 수 있다. 거울 연결망인 가지뿔영양의 예에서는 모든 정신공간들이 가지뿔영양이 맹수에게서 쫓기는 프레임을 가지고 있어서 엄청나게 긴 외부공간 진화적 시간의 시간적 확장이 혼성공간에서 가지뿔영양의 수명으로 축소된다.

거울 연결망에서는 공간의 압축 역시 쉽다. 예컨대, 가상 경주에 대한 다양한 입력공간들 사이의 공간적 거리가 혼성공간에서는 0으로 압축되고, 모든 경주자들은 단 하나의 위치에서 단 하나의 트랙 위에 놓이게 된다.

동일성, 변화, 원인–결과 등과 같은 모든 다른 중추적 관계도 동일하게 거울 연결망에서 압축될 수 있다. 가지뿔영양의 예는 중추적 관계 압축의 경이로움이다. 가장 명확한 것은 동일성과 유일성으로의 압축이다. 이런 압축은 각각의 단계마다 이미 존재했던 모든 가지뿔영양을 혼성공간에서 단 하나의 가지뿔영양으로 바꾼다. 이 가지뿔영양은 생존에 열중하고 살기 위해 달린다. 적응과 유전이라는 많은 작은 진화적 변화의 긴 외부공간 연쇄는 혼성공간에서 홀로인 가지뿔영양의 마음속에서 의도적인 변화로 압축되며, 그 가지뿔영양의 생활은 학습과 기억이라는 행동을 통해 죽음을 피하려는 투쟁이다. 그리고 가지뿔영양의 모든 계통 발생의 세대 전체에 걸쳐 있는 원인과 결과의 긴 외부공

간 연쇄는 혼성공간에서 쫓기고 재빨리 도망가는 것을 신속하게 학습하는 것
으로 압축된다.

거울 연결망에서 개념적 통합은 일상적으로 내부공간과 외부공간 중추적
관계의 압축을 수행한다. 이런 압축은 연결망의 공유된 프레임에 의해 조정된
다. 공유된 프레임은 연결된 역할을 자동적으로 제공한다.

단일범위 연결망

단일범위 연결망은, 두 입력공간이 조직 프레임이 서로 다른 경우로서, 그 가운
데 한 조직 프레임이 투사되어 혼성공간을 조직한다. 단일범위 연결망을 특징
짓는 특성은 혼성공간의 조직 프레임이 두 입력공간 중 특정한 한 입력공간의
조직 프레임의 확장이라는 것이다.

두 사람이 권투하는 시나리오는 두 명의 사장이 사업상 경쟁하는 것에 대한
이해를 압축할 때 사용할 수 있는 강렬하고 간결한 프레임을 제공한다. 우리는
한 사장이 강타를 먹이고 다른 사장이 회복되었다거나, 한 명이 발이 걸려 넘어
지고 다른 사람이 우세하게 되었다거나, 한 명이 다른 사람을 완전히 쓰러뜨렸
다고 말한다. 상황에 대한 이런 해석이 개념적 통합 연결망을 구축한다. 권투
입력공간과 사업 입력공간 사이에 공간횡단 사상이 존재하며, 그런 사상은 가
령 각 권투선수를 사장에게 사상하고, 펀치를 한 사장의 노력에 사상하고, 강타
를 효과적인 행동으로 사상하고, 계속해 싸우는 것을 사업상 끊임없이 경쟁하
는 것에 사상한다(그림 7.2 참조). 요컨대, 간단한 단일범위 연결망에서 혼성공
간으로의 투사는 매우 비대칭적이다. 두 입력공간 가운데 특정한 한 입력공간
이 조직 프레임(권투)과 프레임 위상을 제공한다(가령 공간과 시간적으로 인접한
두 행위자가 있고, 이들은 서로 육체적인 적대 행동에 참여한다).

단일범위 연결망은 매우 관습적인 근원-목표 은유의 원형이다. 혼성공간
에 조직 프레임을 제공하는 입력공간, 즉 프레이밍 입력공간은 보통 '근원'으로
명명된다. 이해의 초점이 되는 입력공간, 다시 말해 초점 입력공간을 보통 '목

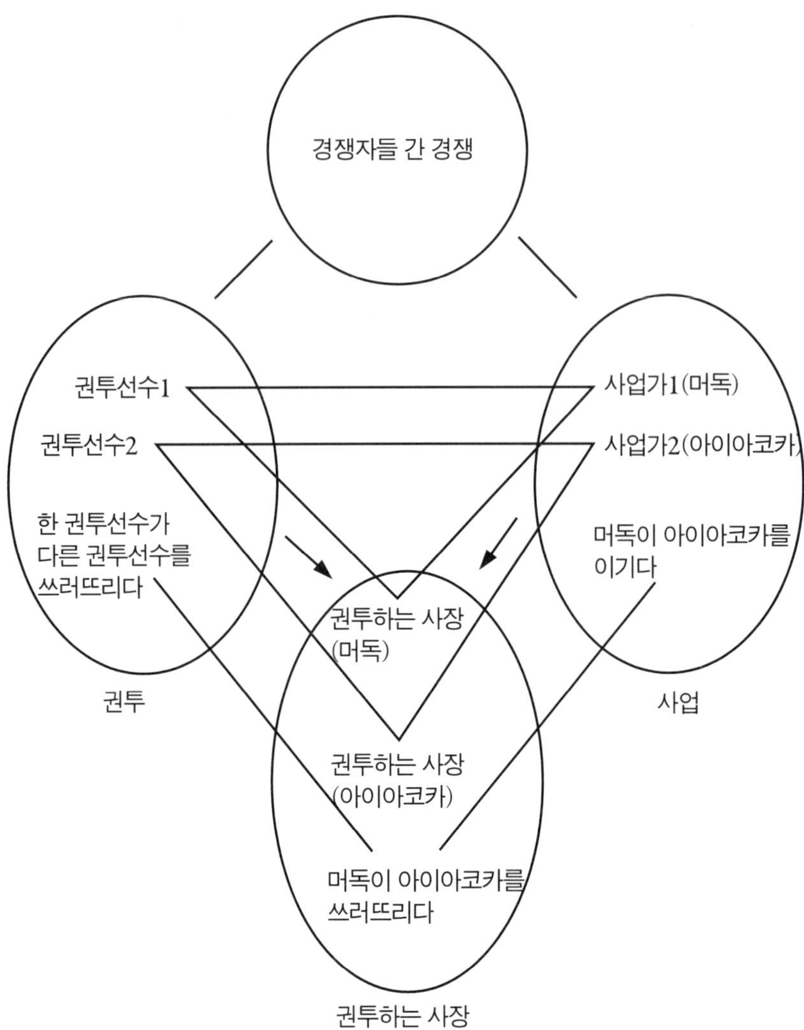

그림 7.2 단일범위 사상

표'라고 부른다.

단일범위 연결망의 한 유형에서, 입력공간들은 더 큰 역사 속에 들어 있지 않다. 예컨대, 권투하는 사장 예에서 우리는 권투선수와 사장이 하나의 통합적 이야기에 속한다고 생각하지 않는다. 권투의 입력공간과 사업의 입력공간 사이에는 아무런 역사적 연결이 없다. 사장들은 예전의 스파링 파트너가 아니며, 그들 회사는 권투 사업의 자회사가 아니다. 또한 권투 글러브를 파는 것도 아니다. 보다 일반적으로 말해 두 입력공간을 직접적으로 연결하는 시간, 공간, 변화, 원인-결과, 의도성이라는 중추적 관계가 없으며, 서로 다른 두 입력공간 위상의 층위 아래에서 조직 프레임 역할들이나 요소들 간에 아무런 외부공간 동일성 연결이 없다. 그래서 프레이밍 입력공간의 권투선수는 초점 입력공간의 사장과 직접적으로 동일하지 않으며, 프레이밍 입력공간 내의 *권투선수*라는 역할은 초점 입력공간 내의 *사장*이라는 역할과 직접적으로 동일하지 않다.

그러나 단일범위 연결망의 두 번째 유형에서는 입력공간들이 더 큰 역사 안에 있다. 외부공간 중추적 관계는 그런 층위 아래에서 조직 프레임들과 요소들을 연결할 수 있다. 한 입력공간과 다른 입력공간의 관련성은 부인하기 어렵다. 한 사람이 누이에게 자신의 고민을 털어놓고 그녀가 다음과 같은 반응을 보인다고 생각해보라.

"너는 어렸을 때 보물을 숨기는 데 골몰했고, 보물을 너무 잘 숨겨서 너조차도 다시 찾을 수 없었던 걸 아니? 네가 네 살 때, 새 1센트 동전을 숨겨서 누구도 찾지 못했 잖니, 기억하니? 앤젤라의 경우도 똑같아. 너는 모든 고민을 두 시간 내내 이야기하고 있지만, 그녀에 대한 너의 사랑을 너무 깊이 감춰둬서 네 자신조차 그것을 볼 수 없었던 거야. 이번에도 너는 1센트 동전을 너 자신도 찾지 못하게 숨겨놓은 거지."

이것은 단일범위 연결망의 예이다. 이해를 목적으로 혼성공간에서 이용되는 프레임은 한 입력공간의 프레임(소중한 1센트 동전을 너무 잘 숨기기)이다. 이 혼성공간의 요지는 다른 입력공간(성인이 된 남동생의 걱정스러운 인생)을 명료하게 해준다. 1센트 동전 숨기기는 프레이밍 입력공간이며, 걱정스러운 인생은 초점 입력공간이다. 두 입력공간 사이에 이런 중추적 관계가 있을 때, 연결망의 효과는 유추를 훌쩍 넘어선다. 그것은 전체 역사 안의 시간적 연결에 포괄적인 인과성의 패턴을 추가시킨다. 한 번 일어난 일은 다른 모습으로 다시 일어나기 마련이다. '1센트 동전 숨기기' 예는 나중의 입력공간에도 역시 영향을 끼치는 심리적 성격과 행동의 더 심오한 원리를 보여준다. 이러한 단일범위 연결망은 남동생의 깊은 심리적 본질을 보여준다. 실제로 그러한 중추적 관계의 단일범위에는 많은 목적이 있다. 누이가 "정신 차리렴! 너는 1센트 동전을 숨겼을 때를 기억하니……? 너는 앤젤라에게도 꼭 그렇게 하려고 하고 있단다. 너 자신에게 다시 그러지 마라! 이번에 네가 잃게 될 것은 1센트 동전보다 더 소중한 것이야"라고 말한다고 생각해보라. 이 경우에 그녀가 이런 연결망이 '실현되지' 못하도록 막기 위해 조처를 취하기를 바라며 남동생에게 연결망과 그 잠재력에 대해 경고하고 있다. 다른 식으로, 남동생 자신이 집에 와서 앤젤라가 사라지고 없다는 것을 알고는 갑작스러운 계시, 눈물을 흘리면서 1센트 동전을 찾기 위해 집을 난장판으로 만든 네 살 된 자신의 영상이 갑자기 떠오르는 데자뷰를 느낄 수도 있다. 이런 종류의 연결망 이면의 통속 심리학은 '타고난 것'(표범은 자기의 반점을 바꿀 수 없다)이나 '어렸을 적 버릇은 오래간다'(세 살 버릇 여든까지 간다)이다. '타고난 것' 판에서 사람은 '동일한 일'을 반복 발생시키는 본질이나 영속적인 성격을 가지고 있다. 그래서 첫 번째 이런 사건이 나중 경우들을 위한 경고 신호가 된다. '어렸을 적 버릇은 오래간다' 판에서, 사람은 반복하는 패턴을 인생에서 이른 시기에 확립한다. 따라서 '타고난 것' 판에서 연결망 내의 인과성은 총칭공간 안의 영속적인 개인적 성격에서 나와 두 입력공간으로 흘러간다. '어렸을 적 버릇은 오래간다' 판에서, 인과성은 초기의 프레이밍 입력공간에서 나와 흘러간다.

단일범위 연결망은 입력공간들의 프레임이 서로 다르기 때문에 매우 가시적인 유형의 개념 충돌을 제공한다. 단일범위 연결망은 한 입력공간, 곧 프레이밍 입력공간에만 연결망 전체를 조직하는 힘을 부여함으로써 그런 충돌을 다루는 경우이다. 전형적인 경우에, 프레이밍 정신공간에는 미리 구축된 뛰어난 압축이 있고, 그것을 초점 입력공간을 위한 압축을 유발하는 데에 이용한다. 따라서 자연스럽게도 단일범위 연결망은 '한 사물'이 '다른 사물'에 대한 통찰력을 제공하고, 그 둘 사이에 강한 비대칭성이 있음을 직감하게 한다. 이런 통찰력에 대한 느낌에는 세 가지 원인이 있다. 먼저, 혼성공간은 프레이밍 입력공간으로부터 이용 가능한 추리를 사용한다. 혼성공간은 프레이밍 입력공간에 미리 존재하는 유용한 압축을 사용한다. 그리고 혼성공간은 신뢰할 수 있는 프레이밍 입력공간에 부착되어 있는 듯 보이는 감정을 환기시키며, 우리에게 그 감정은 매우 명확한 것처럼 느껴진다. 일반적인 혼성공간에 대해 보았듯이, 혼성공간에서 발현하는 강한 감정은 총체적 통찰력의 느낌을 유발할 수 있다. 왜냐하면 강도 높게 압축된 혼성공간은 전체 연결망에 능동적으로 연결되어 있기 때문이다.

원형적인 단일범위 연결망에서 혼성공간은 프레이밍 입력공간의 프레임을 분열시키지 않는다. 사람들은 혼성공간에서 경험한 것이 항상 거기에 존재한다고 느끼며, 포착한 통찰력이 실제로 초점 입력공간에 대한 신뢰할 만한 발견이라고 느끼는 것이다.

단일범위 연결망에서 가장 자명한 압축은 프레이밍 입력공간으로부터 기존의 압축을 사용하는 것이다. 이런 연결망에서 가장 중요한 일은 산만한 구조를 초점 입력공간으로부터 이미 압축된 내부공간 관계로 투사하는 것으로서, 이 내부공간 관계는 프레이밍 입력공간으로부터 혼성공간으로 투사된 것이다(그림 7.3 참조).

권투 입력공간에서, 동일성, 사건, 시간, 공간, 역할-값 관계, 인과성은 개별적으로 단단한 압축을 가지고 있으며, 그것들을 프레이밍하는 관계의 꾸러미 또한 압축된다. 권투선수인 두 사람이 거의 30분 동안 링에서 펀치를 날리고, 주고받는 타격으로 둘 중 한 명이 쓰러지기까지 한다. 초점 입력공간에서, 동일성, 사건, 시간, 공간, 역할-값 관계, 인과성은 산만하다. 사장은 큰 조직의 부분이며, 그가 이끄는 사업은 다른 조직 및 외부 재정 사건과 복잡하게 얽혀 있다. 적절한 행동이 긴 시간 동안 발생할 수도 있고, 많은 행위자를 포함하기도 하

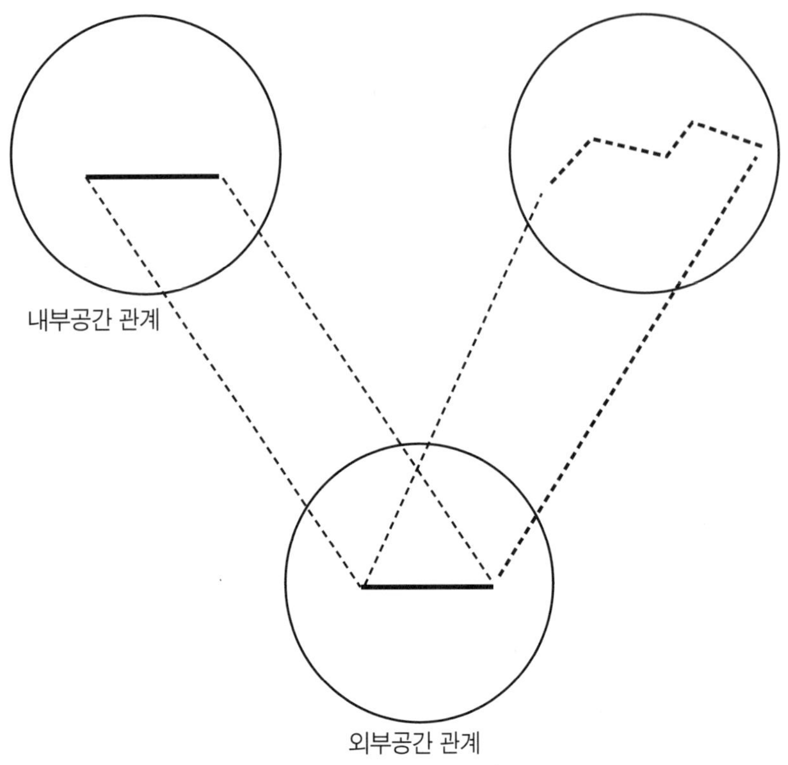

그림 7.3 내부공간 관계의 투사

며, 많은 물리적 위치에서 발생할 수도 있다. 프레이밍 입력공간과 초점 입력공간 사이에 있는 이런 분명한 충돌에도 불구하고, 두 정신공간의 위상은 공간 횡단 사상에서 보존된다. 즉 원인-결과 관계, 행위자-행동 관계, 시간적 순서는 두 입력공간에서 정렬된다. 이런 결정적인 이유로, 사업 구조라는 값을 권투 프레임에 투사하더라도(가령 각 사장은 권투선수이다) 그 프레임은 손상되지 않는다. 이런 종류의 투사는 상상력의 업적이다. 종종 혼성공간에서 그 프레임이 왜곡되지 않도록 초점 입력공간을 투사하는 방법을 찾기 위해서는 상당한 연구가 필요하다.

"그는 그 책을 소화했다He digested the book"는 사건의 훌륭한 통합을 달성하는 단일범위 연결망을 유도한다. 한편으로 연결망은 먹기와 읽기라는 두 입력공간의 개념적 대응요소들을 혼성한다. 다른 한편으로 연결망은 독서의 정신 공간으로부터 나온 구분되는 사건 연속들의 통합을 돕는다. 프레이밍 입력공간에서 소화는 이미 몇 가지 다른 사건들에 대한 통합을 구성한다. 그러나 연결망과 독립적인 것으로 간주된다면 초점 입력공간 속의 대응요소는 일련의 구분된 사건이다. 즉 책 들기, 책 읽기, 개별 문장 분석하기, 완독하기, 읽은 것에 대해 생각하기, 전체적으로 이해하기가 바로 그런 구분된 사건이다. 프레이밍 입력공간 안의 통합성은 혼성공간으로 투사됨으로써 초점 입력공간 내의 일련의 사건들은 혼성공간에서 한 단위로 개념적 통합을 이룬다.

이중범위 연결망

이중범위 연결망은 입력공간의 조직 프레임이 서로 다를 (그리고 종종 충돌할) 뿐만 아니라 각 프레임의 부분을 포함하고 자체 발현구조를 가진 혼성공간에 대한 조직 프레임 역시 가진다. 이런 연결망에서는 두 조직 프레임이 모두 혼성공간에 중요하게 기여하며, 둘의 명확한 차이는 풍부한 충돌 가능성을 시사한다. 이런 충돌은 연결망의 구성을 방해하기는커녕 상상력에 도전을 제공한다. 실제로 초래되는 혼성공간은 매우 창조적일 수 있다.

컴퓨터 데스크탑 인터페이스는 이중범위 연결망이다. 두 개의 주요한 입력공간은 조직 프레임이 서로 다르다. 서류철(폴더), 파일, 휴지통이 있는 사무실 일의 프레임이 그 하나라면, 전통적인 컴퓨터 명령의 프레임이 다른 하나다. 혼성공간 내의 프레임은 쓰레기 버리기, 파일 열기 같은 사무실 일의 프레임뿐만 아니라 '찾기', '바꾸기', '저장', '인쇄' 같은 전통적인 컴퓨터 명령의 프레임에서 나온 것이다. 여기서 상상적 성취는 설령 다를지라도 둘 다 양립할 수 있는 방식으로 혼성된 활동에 기여할 수 있는 프레임을 찾는 것이다. '휴지통에 잡동사니 버리기'와 '인쇄하기'는 동일한 프레임에 속하진 않지만 서로 충돌하지도 않는다.

이중범위 연결망은 또한 입력공간들 사이의 강한 충돌로 작용할 수 있다. "너는 네 무덤을 파고 있어You are digging your own grave"라는 친숙한 관용적 은유를 고려해보라.[55] 이 문장은 전형적으로 (1) 당신이 매우 나쁜 결과를 가져올지 모르는 일을 하고 있고, (2) 당신은 이러한 것을 전혀 모르고 있다는 것을 경고한다. 돈을 매트리스에 보관하는 고리타분한 부모는 "너는 네 무덤을 파고 있어"라고 말하면서 성인이 된 자식이 주식시장에 투자하는 것에 반대 의견을 표현할 수 있다.

얼핏 봤을 때, 이런 관습적 표현은 무덤, 송장, 매장의 조직 프레임이 투사되어 혼성공간이 조직된 직접적인 단일범위 연결망처럼 보인다. 이런 혼성공간에서 사람들은 자기 의지와는 상관없이 오류를 범하고 궁극적으로 실패하게 된다. 실패는 죽어서 매장되는 것이다. 자신의 무덤을 파는 것은 실패보다 먼저 일어나서 실패를 초래하는 나쁜 행동이다. 자기 무덤이나 자기의 실패를 유발하는 것은 어리석은 일이다. 그리고 그 자신의 행동, 특히 자신의 파멸까지 초래할 수 있는 그런 행동을 알지 못하는 것은 어리석은 일이다.

그런데 좀 더 꼼꼼히 살펴보면 이것이 단일범위 연결망일 수 없음을 알 수 있다. 왜냐하면 단일범위 연결망에서는 입력공간 횡단 사상이 입력공간들의 위상을 정렬하고, 그런 위상이 혼성공간에 나타나기 때문이다. 그러나 자기 무덤 파기의 예에서 입력공간들의 위상은 인과성, 의도성, 참여자 역할, 시간적 연속, 동일성, 내적 사건 구조에서 충돌한다. 이 모든 경우에, 혼성공간은 '무덤 파기' 입력공간이 아니라 '뜻하지 않은 실패' 입력공간으로부터 그 위상을 받는다! 혼성공간의 인과적 구조는 '무덤 파기' 입력공간이 아닌 '뜻하지 않은 실패' 입력공간으로부터 나온다. 어리석은 행동은 실패를 초래하지만, 무덤 파기는 죽음을 초래하지 않는다. 일반적으로 누군가가 죽게 되면 그에 따라 다른 사람들이 무덤을 파야 하는 것이다. 매장지를 확보하거나 근로자들을 바쁘게 하기 위해, 또는 누군가가 죽을 것으로 예상되기 때문에 일반적인 경우와는 달리 미리 무덤을 준비한다고 하더라도, 여전히 무덤 파기와 죽음 사이에는 극히 사소한 인과적 연결도 없다. 죄수가 자기 무덤을 파도록 강요받는 예외적인 시나리오에서조차도 무덤 파기가 죽음을 초래하지는 않는다. 어쨌든 죄수는 다른 누군가가 죽인다.

의도성 구조는 '무덤 파기' 입력공간이 아닌 '뜻하지 않은 실패' 입력공간으로부터 나온다. 교회 관리인들은 자신들이 무엇을 하고 있는지도 모르고 잠자면서 무덤을 파지는 않는다. 이와는 대조적으로, 비유적으로 자기 무덤을 판다는 것은 의도하지 않게 행동을 잘못한 것으로 여겨진다.

이와 유사하게, 행위자, 수동자, 사건 연속의 프레임 구조도 '뜻하지 않은 실패' 입력공간으로부터 나온다. 우리의 배경 지식은 '수동자'가 죽고 나면 그 다음에 '행위자'가 무덤을 파고 '수동자'를 묻는다는 것이다. 그러나 혼성공간에 이 출연자들은 융합되고 사건의 순서가 역전된다. '수동자'는 무덤을 파고, 무덤이 충분히 깊어지면 죽어서 그곳에 들어갈 수밖에 없다. 누군가 미리 자기 무덤을 파는 평범하지 않은 현실의 경우에서조차 무덤 파기를 끝내는 것과 죽는 것 사이에는 아무런 필연적인 시간 연결이 없다.

내적 사건 구조는 '뜻하지 않은 실패' 입력공간으로부터 나온다. 그 입력공간에서 당신이 더욱 곤란해지면 질수록 분명 실패할 위험도 더욱 더 커지게 된다. 곤란함의 크기는 무덤의 깊이에 사상된다. 그러나 다시 '무덤 파기' 입력공간에서는 누군가의 무덤의 깊이와 그 사람이 죽을 수 있는 가능성 사이에는 아무런 관련이 없다.

*자기 무덤 파기*의 혼성공간은 '무덤 파기' 입력공간으로부터 무덤, 파기, 매장이라는 구체적인 구조를 계승한다. 그러나 인과적·의도적·내적 사건 구조는 '뜻하지 않은 실패' 입력공간으로부터 계승한다. 두 입력공간은 단순히 병치되지 않는다. 오히려 혼성공간에 특정적이고 앞서 지적한 저마다의 별난 특성을 지닌 발현구조가 창조된다. 조건에 맞는 무덤이 있다는 것은 죽음을 초래하고, 또 죽음에 대한 필요 선결조건이다. 무덤이 깊어지고 완성되어감에 따라 자동적으로 의도한 무덤 점유자가 죽을 가능성도 더 커진다. ('무덤 파기' 입력공간

과는 반대로) 혼성공간에서 누군가의 무덤을 파는 것은 죽음을 필연적으로 불러올 심각한 실수이다. 이 혼성공간에서는 누군가의 구체적인 행동을 알지 못할 수 있다. 이것은 '뜻하지 않은 실패' 입력공간으로부터 투사되는 상황으로서, 이 입력공간에서는 누군가의 행동의 본질이나 중요성을 알지 못하는 것은 사실 흔한 일이다. 그에 반해 혼성공간에서는 그런 구체적인 행동을 모른다는 것이 상당히 어리석은 일인데, 이것은 '무덤 파기' 입력공간으로부터 투사되고 '뜻하지 않은 실패' 입력공간으로 역투사됨으로써 적절한 추리(즉 개인이 하는 행동의 어리석음과 그릇된 생각의 부각)를 생산한다.

우리는 혼성공간을 구성할 때, 죽음이 *무덤의 존재*의 원인이 되는 대신 *무덤의 존재*가 죽음의 원인이 된다는 인과 구조에서의 단 하나의 뒤바뀜이 혼성공간에 특정한 발현공간을 생산하기에 충분하다는 것을 강조하고 싶다. 자기 무덤 파기가 바람직하지 않다는 것, 그런 바람직하지 않다는 사실을 모르는 것의 이례적인 어리석음, 무덤의 깊이와 죽음의 가능성의 상관성이 그런 발현구조이다. 인과적 역전은 '뜻하지 않은 실패' 입력공간으로부터 안내되지만, 발현구조는 혼성공간 내에서 새로운 인과적 구조와 친숙한 상식적인 배경 지식으로부터 추론할 수 있다. 이런 요지는 아주 본질적이다. 왜냐하면 글자 그대로의 관점에서 보면 이상할지 모르나 발현구조는 의도한 추론을 다시 '뜻하지 않은 실패' 입력공간으로 전이함으로써 실제 세계의 추론을 하는 데에 가장 효과적이기 때문이다. 입력공간에는 이런 발현구조가 없다. 발현구조는 혼성공간에서 인지적 구성의 부분이다. 그렇지만 혼성공간의 부분으로 명시적으로 상술되지는 않는다. 그것은 단지 인과적 구조가 '무덤 파기' 입력공간이 아닌 '뜻하지 않은 실패' 입력공간으로부터 투사되었다는, 제시되지 않은 이해로부터 아주 자동적으로 따라 나온다.

혼성공간에서 사건들의 통합은 두 입력공간 속의 사건들과 연결되어 있다. 우리는 혼성공간의 구조를 어떻게 입력공간의 구조로 다시 바꾸는지 안다. 혼성공간은 그런 다른 정신공간들을 조직하고 개발하기 위한 통합적 플랫

폼이다. "투자를 하게 된다면, 너는 네 무덤을 더 깊이 파게 될 것이다With each investment you make, your are digging your grave a little deeper" 같은 좀 더 완벽한 표현을 고려해보라. '재정적 실패' 입력공간에는 무덤은 없지만 투자는 있다. '무덤 파기' 입력공간에서 무덤은 재정과는 관련 없으며 누군가가 무덤을 판다. 혼성공간에서 어리석은 투자는 삽이고 누군가가 파는 것은 그 사람의 *재정적인 무덤*이다. 하나의 행동이 동시에 투자이자 무덤 파기이다. 하나의 상태가 동시에 무덤 파기를 끝낸 것이자 자기 돈을 잃은 것이다. 당신의 무덤을 파는 것이 곧 당신을 죽이는 것은 아니지만, 당신 자신의 재정적 무덤을 파는 것은 당신의 죽음/파산을 초래할 것이다.

무덤 파기 예는 이중범위 연결망이다. 죽음과 무덤은 '죽음' 입력공간으로부터 나오며, 중요한 프레이밍은 실패로 이어지는 임의적인 행동과 실수가 있는 '뜻하지 않은 실패' 입력공간으로부터 투사된다.

복소수 또한 이중범위 연결망이다. 입력공간들은 2차원 공간과 실수/허수이다. 프레임 구조는 각 입력공간으로부터 투사된다. 각, 회전, 좌표는 2차원 공간으로부터 투사된다. 곱셈, 덧셈, 제곱근은 수의 정신공간으로부터 투사된다. 혼성공간에는 각을 가진 수의 발현구조와 회전을 수반하는 곱셈의 발현구조가 있다. 이런 혼성은 13장에서 다시 다룰 예정이다.

또한 동성 결혼에서도 이중범위 연결망을 볼 수 있다. 입력공간들은 한편으로는 전통적 결혼 시나리오이고 다른 한편으로는 동성인 두 사람이 포함된 대안적 가정 시나리오이다. 공간횡단 사상은 파트너, 공동 거주, 헌신, 사랑 같은 원형적 요소들을 연결시킨다. 선택적 투사는 각 입력공간으로부터 프레임 구조를 취한다. 선택적 투사는 '전통적 결혼'의 첫 번째 입력공간으로부터 사회적 인식, 결혼식, 세금부과 방식을 취하고, 두 번째 입력공간으로부터 동성, 생물학적인 아이의 부재, 문화적으로 한정된 파트너들의 역할을 취한다. 발현적 특성은 혼성공간에 의해 반영되는 이런 새로운 사회적 구조를 특징짓는다.

높은 비대칭성을 가진 이중범위 연결망.　　어떤 이중범위 연결망에서는 혼성공간이 두 입력공간으로부터 조직 프레임 위상의 투사를 받는 경우에도, 혼성공간의 조직 프레임은 단지 한 입력공간의 조직 프레임만 확장한 것이다.

로마 교황청이 낙태를 둘러싼 은유적 권투 시합에서 둔해 보이는 것을 관찰한 한 사람이 "교황은 머리에 쓴 관 때문에 제대로 몸을 움직이지 못하는 것 같다I suppose it's hard to bob and weave when you have a mitre on your head"란 말을 한다고 한번 생각해보라. 교황과 적의 경쟁은 권투 시합으로 묘사된다. 여기서 의식 때 의무적으로 착용해야 하는 교황관 때문에 교황은 권투선수로서 방해를 받는다. 우리는 이것을 (교황이 있는 입력공간에 관해서) 교황으로서의 위엄을 갖추고 있어야 하는 의무 때문에 교황이 경쟁에서 방해를 받는다는 의미로 해석한다. 교황이 있는 입력공간에서, 조직 프레임의 층위에서 교황과 위엄을 갖춘 행동 사이에, 그리고 교황과 교황관 사이에는 모종의 관계가 있다. 입력공간들 사이의 공간횡단 사상은 입력공간2 속의 필수적인 *위엄*이나 필수적인 *헤드기어*라는 요소에 대한 입력공간1 속의 대응요소를 제공하지 않는다. 입력공간2에 있는 교황의 의무와 그의 헤드기어 모두는 혼성공간에서 권투하는 교황의 헤드기어로 투사된다.

권투 입력공간의 조직 프레임에서 권투선수는 방해물인 헤드기어에 방해받지 않는다. 혼성공간에서는 조직 프레임이 전혀 다르다. 그 조직 프레임에는 *싸움을 어렵게 만드는 무거운 머리장식*이라는 역할이 포함되어 있다. 이 조직 프레임은 교황과 로마 가톨릭의 프레임이 아닌 권투 프레임을 확장한 것이다. 피상적으로 보면 혼성공간의 프레임에는 권투의 모든 역할이 들어 있다. 그러나 머리장식, 즉 교황관은 입력공간2로부터 투사된 것이다. 입력공간2 프레임에는 결정적 관계 R이 있다. 교황은 항상 정직하고 점잖아야 하기 때문에 교황의 위엄은 경쟁에 어려움을 더한다. 입력공간2에서 *교황관*이라는 역할은 *교황의 위엄과 의무*라는 역할에 (상징으로서) 직접 연결된다. 입력공간2에서 결정적 관계 R은 혼성공간에서 R'로 투사된다. 교황관/위엄 때문에 교황은 권투하기가 더욱 어렵다. 입력공간2의 교황관과 위엄 모두는 혼성공간의 동일한 요소로 투사되고, 결정적으로 이 두 요소는 입력공간1에 상관요소가 없다. 혼성공간은 입력공간1로부터 조직 프레임을 받지만 입력공간2로부터는 프레임 층위 관계 R을 받는다. 그래서 이 혼성공간은 이중범위가 되는 것이다.

혼성공간에서는 한 권투선수가 머리에 쓴 무겁고 다루기 힘든 교황관 외에 권투 프레임의 모든 요소를 발견할 수 있다. 무거운 사물을 머리 위에 쓰는 것은 싸움에 방해가 된다. 따라서 *무거운 헤드기어에 방해받는 권투*라는 새로운 프레임으로 이어지는 매우 자연스럽고 자동적인 혼성공간의 패턴 완성이 이루어진다. 이 프레임은 입력공간2가 아닌 입력공간1의 조직 프레임이 확장된 것이다. 바로 이래서 이들은 비대칭적이다.

자기 무덤 파기 예에서, 공간횡단 사상이 인과성의 방향 같은 양립하지 않는 대응 관계를 연결하고, 인과적 방향을 혼성공간으로 투사하려면 이런 대응 관계들 가운데 특정 관계를 선택하는 일이 필요하다. 교황 예에서, 입력공간2의 관계 R이 입력공간1에 대응 관계가 없기 때문에(그리고 더욱더 양립하지 않는 대응 관계가 없기 때문에), 혼성공간으로 투사될 수 있으며(완성에 의해 적절하게 확장될 수 있으며), 우리는 이 양립하지 않는 대응 관계들 중 하나를 선택할 필요가 없다.

충돌하지 않는 이중범위 연결망.　　물론 이중범위 연결망의 두 조직 프레임이 서로 충돌해야만 하는 것은 아니다. 때로 두 조직 프레임은 둘 모두를 통합하는 혼성공간에 기여할 수 있다. 예컨대, 어떤 회사 공동체에서 일반적으로 함께 출장 가는 사업 파트너가 연인들이라면, 그 문화에서 일상적으로 사용되고 친숙할 수 있는 발현구조를 가진 출장 가는 사업 파트너/연인 프레임을 개발할 수 있다. 이와 유사하게, 냉전 기간 동안 어느 한 초강대국이 다른 초강대국에서 순회 공연하도록 보내는 모든 교향악단에 스파이를 포함시킨다면, *제2바이올린 연주자 스파이* 프레임을 개발할 수 있다. 이것은 입력 조직 프레임에 아무런 프레임 층위의 충돌이 없는 이중범위 연결망이다.

줌아웃

토블레로네

어떤 연결망에서는 언뜻 보면 입력공간을 조직하는 두 프레임 사이의 공간횡단 사상이 상당히 빈약해 보일 수 있지만, 그런 연결망은 궁극적으로 풍부한 발현적 의미와 총체적 통찰력으로 이어진다. 연결망이 구성되면 처음에는 미미하게 관련된 것처럼 보이던 입력공간 사이에 강하고 본질적인 중추적 관계 연결이 구축된다.

그 예로 대·중·소 세 가지 크기로 만들어지는 피라미드 모양의 초콜릿인 토블레로네에 대한 광고를 한번 고려해보자. 이 광고는 유명한 기자의 이집트 피라미드를 보여준다. 그중 두 개는 작고, 하나는 중간이고, 다른 하나는 무척 크다. 이 광고는 모양은 닮았지만 훨씬 더 작은 토블레로네 초콜릿 네 개를 보여준다. 자막에는 "고대의 토블레로네 숭배인가?Ancient Tobleronism?"라고 씌여져 있다. 또 이 광고에는 "토블레오네: 전 세계에 영감을 주다Toblerone: Inspires the World"라는 문구가 들어 있다. 순간적으로 이는 기자 피라미드와 토블레로네 초콜릿 사이의 모양과 비율의 일치가 결코 우연일 수 없다고 시사한다. 확실히 어떤 심오한 인과성이 이 둘을 연결한다! 혼성공간에서 토블레로네는 고대의 사람들이 이런 유적을 짓도록 고무시켰다. *유적* 프레임에서는 위대한 것에 경의를 표하기 위해 종종 그 모양을 본따 유적이 세워진다. 바로 이처럼 혼성공간에서 피라미드는 토블레로네에게 경의를 표하기 위해 그것과 닮은꼴로 지어졌다. 여기서 발현구조는 토블레로네가 역사가 진행되는 내내 주변에 있었고 모든 다른 것들을 고무시킨 세계의 위대한 불가사의라는 것이다.

이런 통합 연결망은 단일범위 연결망과 비슷하다. *위대한 것*과 *유적*의 프레임은 혼성공간을 조직한다. 이 혼성공간에서 토블레로네는 이제 '위대한 것'에 대한 역할을 채운다. *초콜릿 먹기*와 *초콜릿 만들기* 프레임의 어느 것도 들여올 필요가 없다. 그럼에도 불구하고 이 연결망은 입력공간들 사이의 인과성, 의도성, 시간이라는 심오한 중추적 관계를 확립한다. 이제 토블레로네는 피라미드를 초래한다. 그것은 피라미드 건축업자들을 고무시키며, 그들은 토블레로네에게 경의를 표하고자 하는 의도를 가진다. 중요한 외부공간 중추적 관계는 (아이러니한) 연결망의 주요한 발현구조이다. 피라미드와 초콜릿이라는 두 개의 주요 요소가 닮음을 근거로 연결되지만 입력공간의 프레임에서 대응요소는 아니다. 토블레로네는 유적의 대응요소가 아니라 유적을 고무시킨 위대한 것의 대응요소이다. 인과성, 의도성, 시간이라는 발현적 중추적 관계는 분명 방향이 잘못되었다. 왜냐하면 이제 토블레로네가 피라미드보다 앞서고 그보다 더 중요해져야 하기 때문이다. 통합 연결망의 일반적인 구조적·동적 원리에 의해 전적으로 발생하는 이 예는 이런 원리들로 원형으로부터 얼마나 멀리 갈 수 있는지를 보여주고 있다.

토블레로네 연결망은 시시한 듯 보이지만, 입력공간들 사이의 빈약한 연결로부터 풍부한 발현구조를 만들어내는 것은 심오한 과학적 원리이다. 사과와 달 사이의 연결은 얼핏 모양과 이동의 가장 빈약한 유추처럼 보이지만, 뉴턴 물리학의 혼성공간에서 사과와 달은 동일하고 우주의 법칙을 예증한다. 이와 유사하게, 정신분석가는 어린 시절의 경험, 꿈, 성인의 행동의 전역에 흩어져 있는 외관상 '우연한' 동일성과 유추를 찾는다("당신은 항상 서커스에 갈 때 빨간색 신발을 신는다고 했죠. 할머니의 임종을 지키러 갔을 때 당신의 모자 색깔은 무엇이었다고 말했었죠? 당신은 서커스가 '삶의 축전'이라고 말했습니다. 그렇지만 사실 당신은 '죽음의'를 의미한 것이죠."). 정신공간들 사이의 약한 연결로부터 총체적 통찰력을 구축하는 정신분석학의 경우는 혼성공간의 발현구조에 기초해서 초기 정신공간과 후기 정신공간 사이의 동일성, 원인-결과, 시간, 의도성이라는 중추적 관계를 구축하는 것에 의존한다. 토블레로네 연결망에서처럼, 외부공간 중추적 관계는 발현적이다. 토블레로네 혼성과 정신분석학 혼성 모두 입력공간들 사이에 빠진 중추적 관계를 창조하기 위한 이론을 개발한다. 토블레로네 연결망에서 그 이론은 아이러니하다. 왜냐하면 그것은 전적으로 우리의 지식과 상반되기 때문이다. 정신분석학 연결망에서 그 이론은 가장 심오한 실재의 원리를 전달할 의도이고, 그 연결망의 특성들은 납득이 안 가거나 잘 이해되지 않는 행동을 설명한다.

과정의 통일성으로부터 나오는 산출물의 다양성

이제, 기하학에서 나오는 간단한 예를 하나 고려해보자. 쌍곡선, 타원, 포물선, 원은 모두 모양이 다르다. 직관적으로 볼 때, 이것들은 모두 다른 범주에 속한다. 수학적으로 볼 때, 이것들은 각각의 곡선에서 특정하게 나타나는, 서로 다른 정확한 기하학적 특성을 부여받을 수 있다. 그리고 한 번 더, 직관적으로 볼 때, 직선이나 심지어 단 하나의 점도 원뿔 곡선과는 극단적으로 다른 것처럼 보인다. 그런데 이 모든 기하학적 모양은 단 하나의 주제, 즉 3차원 (2차 곡면) 원뿔의 2차원 평면 절단면의 변이형으로 간주될 수 있다. 평면 절단면이 원뿔의 축에 직각이 되도록 하면 모든 종류의 원을 얻을 수 있다. 타원을 얻기 위해서는 평면을 기울이면 되고, 조금 더 기울이면 포물선, 다시 더 기울이면 쌍곡선이 나온다. 평면을 원뿔의 한 면과 평행으로 계속 옮기면 포물선이 직선으로 압축된다. 평면을 원뿔의 정점 쪽으로 옮기면 언젠가 타원이나 원이 단 하나의 점으로 수축된다. 이 다른 모양들은 모두 원뿔 곡선이고 동일한 개념적 연속체에서 일치한다. 이 연속체에서 우리는 원형을 찾을 수 있다. 타원의 타원체, 공중으로 쏘아 올린 포탄의 포물선, 맥주 받침 접시의 원, 점근선 쌍곡선이 그것이다. 그리고 우리는 제한적인 경우들을 발견할 수 있다. 직선, 점, 타원에 상대적인 원 자체, 무한히 뻗는 타원의 제한적인 경우로서의 포물선이 바로 그 경우들이다.

원뿔 곡선의 이론은 모양과 형상의 다양성을 단 하나의 원형으로 환원하지 않으면서 다양성 이면에서 유용한 수학적 통일성을 보는 방법을 제공한다. 우리는 이 관점에서 봤을 때는 이런 모양들이 모두 원이 원형인 같은 연속체에 속한다는 이유만으로, 모두 어느 정도는 원이라고 말하지 않는다. 이와 유사하게, 개념적 통합 연결망은 의미구성의 특정한 표현들의 다양성 이면에서 통일성을 보는 방법을 제공한다. 원뿔 곡선의 경우에서처럼, 우리는 앞서 환기한 일반적인 특징짓기(공간횡단 사상, 혼성공간으로의 투사, 완성과 정교화에 의한 발현구조 등)를 형식화함으로써 논의를 시작할 것이다. 이어서 이런 일반적인 구조화된 동적 과정의 특정한 변이형들을 조사할 것이다.

다양성 이면의 연속성

일 분, 일 분이 이제 여러 전략들의 아버지가 되어야 하오Every minute now should be the Father of some Stratagem.[56]

—윌리엄 셰익스피어William Shakespeare

단순 연결망, 거울 연결망, 단일범위 연결망, 이중범위 연결망은 강력하고 널리 사용되는 상상력의 도구인 것으로 판명된다. 이런 연결망은 우리가 제시했던 모든 이유로 서로 다른 것처럼 보이고 다른 것처럼 느껴지기도 하지만, 이들 사이에는 깊은 연속성이 있다. 이런 연결망들은 네 가지 종류로 서로 관계없이 나누어져서 혼성공간의 세계를 망라하고 있지는 않으며, 오히려 이들은 연속적인 풍경 위에서 부각되는 특징적인 지점들이라 할 수 있다. 여기서 우리는 그 풍경을 따라 걸어가면서 단계별로 어떻게 한 지점에서 중간 지점들을 거쳐 또 다른 지점으로 가는지를 보여주고자 한다.

이러한 연구의 결과는 무엇인가? 더 구체적으로 말해, 근간이 되는 연속성의 요체는 무엇인가? 개념적 통합 이론가들에게, 개념적 통합이라는 작용의 규칙성과 그 작용이 생성물에서 창조하는 상응하는 규칙성은 과학적 계획의 심장부에 놓여 있다. 우리는 어떻게 의미가 구성되고 어떻게 언어가 의미를 촉진하는지에 관심을 갖고 있는 언어학자와 인지과학자들에게 이런 구성과 촉진제를 설명할 것이다. 우리는 추론, 발명, 새로운 지식 프레임의 문화적 발달 같은 제반 분야에서 창조성과 의미구성이 어떻게 이루어지는지에 관심을 가진 사람들에게 각각의 분야들에서 연속성이 어떻게 표명되고 어떻게 언어 현상 전반으로 확장되는지를 보여주는 것이 유익하고, 더 나아가 다소 도움이 될 것이라 생각한다.

물론 더 많은 것이 문제일 수 있다. 이 장의 연구결과는 다음 장에서 제시할 언어의 기원에 관한 기본 가설의 토대이다. 언어의 기원은 여러 전문 분야의 협력을 필요로 하는 매혹적인 수수께끼이다. 종의 진화에서는 그 구조가 불완전한 중간 화석이 발견되고, 기관은 유사하나 복잡성의 정도는 서로 다른, 가령 서로 다른 수준의 '날개'를 가진 현존하는 종種들이 발견된다. 그런데 언어의 경우는 중간 화석이 없다. 현존하든 그렇지 않든, 우리가 알고 있는 모든 인간 언어는 복잡하기 그지없다. 세계의 공식 성인 언어들 가운데 그 어떤 언어도 간단하지 않다. 공통어*linguae francae* 역할을 하는 초보적인 피진어 부호조차도 그런 부호를 모국어로 학습하는 어린이가 있다면 상당히 복잡한 크리올 언어로 곧장 변한다. 또한 우리는 많은 동물 종이 음성 기술은 있지만 언어는 가지고 있지 않다는 것을 알고 있고, 인간 언어가 구어나 수화 같은 다른 양상으로도 나오고, 이런 양상들 모두가 문법적 복잡성은 동일하다는 것을 안다. 더욱이 단하나의 언어가 아닌 매우 많은 다른 인간 언어들이 있으며, 이런 언어들은 종종 매우 다른 방식으로 과업을 달성한다. 인간 언어는 문화적 시간이 지나면서 변하지만 그에 따라 복잡성이 증가하는 것은 아니다. 실제로 언어는 어떤 때라도 동일한 종류의 다양성을 보여주며 동일한 정도의 복잡성을 지닌다. 우리는 이번 장에서 발견한 것을 토대로 다음 장에서는 이런 수수께끼를 고찰할 것이다.

바로 앞 장에서 나온 예를 가지고 시작해보자. 폴이 샐리의 아버지인 단순 연결망이 그 예이다. 총칭공간에는 두 사람이 있지만 관계는 없다. 프레이밍 입력공간은 더욱 일반적인 친족관계 프레임의 *아버지-아이* 하위 프레임이다. 값 입력공간은 폴과 *샐리*라는 두 사람으로만 구성되어 있고 둘 사이에 아무런 관계가 없다. 이런 연결망은 혼성공간에서 역할과 값의 압축을 창조한다. 이런 단순한 연결망은 점점 증가하는 긴 복잡성 기울기gradient의 첫 부분일 뿐이다.

아버지-아이 입력공간과 '아버지'라는 낱말을 사용하는 연결망의 변화도를 살펴보자. 한 결과는 낱말 '아버지'가 다른 많은 의미를 가진 듯하다는 것이다. 그러나 실제로 이 낱말은 늘 동일한 역할을 하며, 우리로 하여금 잠재력을 사용하여 *아버지-아이*를 한 입력공간으로 하는 연결망을 구성하도록 유도한다. 다음을 고려해보라.

제우스는 아테나의 아버지이다. 그녀는 완전히 무장한 채로 아버지의 머리에서 태어났다Zeus is the father of Athena. She was born out of his head, fully clad in armor.

여기서, 자녀가 부모의 몸에서 태어난다는 인간 생식의 일반적 도식은 친족 관계 정신공간으로부터 가져오지만, 평범하지 않은 출생은 신성神性에 대한 지식으로부터 가져온다. 우리는 두 번째 문장에 근거하여 어머니와 아기를 수반하지 않는, 특별한 생식을 혼성공간에다 명시적으로 구축한다.

제우스-아테나 입력공간에서 신성은 불가사의한 많은 혼성을 허용한다. 저마다의 혼성에는 모두 *아버지*와 창조적인 생식 방식이 포함된다. 예컨대, 제우스는 또한 아프로디테의 아버지이다. 제우스는 크로노스를 거세해서 그의 성기를 거품이 이는 바다로 던졌고, 거기에서 아프로디테가 태어났다.

제우스의 경우는 비유나 유추를 함의하지 않는다. 제우스는 여전히 아주 명확히 아테나와 아프로디테의 아버지로 간주된다. 가족 구조는 추론된 것이며, 가족 구조와 함께 출현하는 정서와 감정도 마찬가지다.

이제 다음을 고려해보라.

요셉은 예수의 아버지이다Joseph was the father of Jesus.

우리는 이 혼성공간에서 아버지가 생식에서 역할을 맡는 평범한 구조와 어머니의 비非처녀성은 투사하지 않고, 가족 구조와 감정은 투사할 수 있다. 우리는 또한 그들이 살았던 공동체가 모든 면에서 요셉을 예수의 아버지로 간주한다는 사실을 안다. 여기서도 '아버지'의 이런 용법은 은유적이거나 유추적인 것으로 느껴지지 않는다.

이번엔 폴이 없는 동안 샐리를 돌보는 한 이웃을 생각해보자. 그 이웃은 샐리에게 점심을 챙겨주고, 학교에 데려다주고, 옛날이야기를 들려주는 것 같은 아버지의 임무를 수행한다. 또한 샐리에게 "오늘은 내가 너의 아버지이다I'm your father for today"라고 말할 수 있다. 제우스와 요셉 혼성에서처럼, 어떤 가족 구조와 가계가 투사된다. (제우스 혼성과는 달리) 요셉 혼성에서처럼, 생식은 투사되지 않는다. 아버지-자녀 관계의 많은 전형적 양상은 투사된다(일과, 보살핌, 책임감, 애정, 보호, 지도, 권위 등). 의미 합성성은 더 이상 이런 경우를 설명하지 못한다. 중심적인 것으로 느껴지는 수많은 특성들이 빠져 있다. 우리는 연속체를 따라 단순 연결망의 끝단에서부터 이동해왔다. 그러나 분명 직관적으로 은유라 느껴지는 연속체상의 어느 한 지점까지는 가지 않았다. 이 이웃이 하는 일은 아버지다움에 대한 은유가 아니다. 실제로 어떤 유추가 사상에 기여했지만, 이 혼성공간의 기능은 단순한 유추보다 강하다. 이 이웃은 아버지가 하는 것과 '유사한' 것을 아무렇게나 하고 있는 것이 아니라 실제로 아버지의 역할을 적절히 채우고 있다. 선택적 투사와 문맥적 정교화를 가진 개념적 혼성의 유연성은 일반적 특징짓기와 일치하지 않는, 이런 중간적 상황을 허용한다.

이런 '아버지' 연결망은 낱말이 어떻게 작용하는지를 알려주는 매혹적인 원리를 보여준다. 낱말이 한 입력공간에 부착될 때, 그것은 또한 혼성공간에 투사되고, 거기에서 의미를 골라낼 수 있다. 우리는 이 원리를 '낱말 투사word projection'라고 부를 것이다. 예컨대, 제우스와 요셉의 경우에, '아버지'는 *아버지-자아* 입력공간으로부터 혼성공간으로 투사되지만, 바로 이 혼성공간에서 *새로운* 의미를 골라낸다. 혼성공간과 프레이밍 입력공간은 연결되어 있기 때문에, 우리는 출생을 '자궁에서 떠나기'라고 말하는 것과 같은 식으로 '제우스의 머리에서 떠나기'라고 말할 수 있다. 이미 입력공간에 적용되는 낱말을 사용해서 혼성공간에서만 의미를 골라낼 수 있는 많은 유사한 표현들을 만들 수 있다. 또한 요셉을 '예수의 인간 아버지'라고 말할 수 있고, '인간 아버지'에게 중복적인 의미가 아닌 대조적인 의미를 주는데, 그 의미는 *아버지-자아* 입력공간에서도 적절하지 않기는 마찬가지다.

'아버지'와 관련된 또 다른 예를 고려해보자.

> 교황은 모든 가톨릭교도의 아버지이다The Pope is the father of all Catholics.
> 교황은 모든 가톨릭교회의 아버지이다The Pope is the father of all Catholic Church.
> 조지 워싱턴은 우리나라의 아버지이다George Washington is the father of our country.

첫 번째 예는 두 입력공간 모두에 사람이 있다. 낱말 '아버지'를 제공하는 '친족관계' 입력공간으로부터 인간 생식이 아닌 권위, 가족의 크기, 책임감, 지도력, 사회적 역할을 투사한다. 두 번째 입력공간으로부터는 가톨릭의 특정한 특성을 투사한다.

"교황은 모든 가톨릭교도의 아버지이다"는 분명 아이의 역할을 사회적 실체(교회)에 투사한다. 혼성공간은 사회문화적 모형의 한 유형을 반영한다. 여기서는 무엇보다 사회적 실체(교회, 국가, 공동체)가 지도자의 '아이'인 모형이다. 낱말 '아버지'는 이제 다른 의미를 가지는 것처럼 느껴지지만, 그렇다고 은유적 의미는 아니다. 또한 이 문장은 그 조직에서는 교황의 역할과 가족에서의 아버지의 역할을 혼성한 것으로 이해된다.

조지 워싱턴 문장의 경우에는 부모와 아이, 건국자와 국가 간의 시간적 인과성을 부각함으로써 좀 더 멀리 나아갈 수 있다. 이런 추상은 두 입력공간과 그 영역 사이에서 지각되는 차이를 가중시킨다. 은유의 느낌도 확실히 더 강해진다. "뉴턴은 물리학의 아버지이다"에서처럼 두 영역이 한층 더 명시적으로 구분될 때 그런 주관적 인상도 더욱 강해진다. 교회나 국가와 달리, 물리학은 사람과 그 어떤 환유적인 관계도 맺지 않는다. 하지만 성인 남자로서의 뉴턴과 워싱턴은 고정관념적인 사회적 자질(권위, 책임 등) 외에 가능한 아버지의 생물학적 자질을 가진다. 개념적 통합 연결망은 두 입력공간으로부터 프레임 구조를 곧장 가져온다.

에즈라 파운드의 "두려움, 잔인함의 아버지여Fear, father of cruelty" 같은 표현은 훨씬 주관적으로 은유적인 표현이다. 이 표현에서는 두 영역(감정/성질과 사람/친족관계) 사이에 낱말 자체에서 연상되는 부분이 전혀 없기 때문에, 그에 따라 투사된 공유하는 도식, 즉 인과성도 추상적이다. 마지막으로 윌리엄 워즈워스의 기교적인 은유 "아이는 어른의 아버지이다The Child is father of the Man"는 알고 있는 배경 지식(아이는 어른으로 성장한다)을 사용하여, 한 바퀴 빙글 돌아 친족관계를 이단적인 방식으로 인간의 조건에 사상하는 발현구조를 혼성공간에 창조한다. 대응요소 연결의 기이함과 혼성공간에 대한 새로운 조직 프레임을 창조하기 위해 두 입력공간의 프레임에 광범위하게 의존함으로써 워즈워스의 시 구절은 비유적인 것으로 다가온다. 그러나 "아이는 어른의 아버지이다"의 통사 구조와 사상 도식은 "폴은 샐리의 아버지이다"의 통사 구조와 사상 도식과 다르지 않다.

우리가 이야기하고 있던 혼성공간은 보통 언어를 통해 구축된다. 동일한 낱말이 사용되어 다른 의미를 낳도록 하는 혼성공간을 언어가 촉진할 수 있는 것은 언어가 의미를 직접적으로 나타내지 않기 때문이다. 대신 언어는 의미구성을 체계적으로 촉진한다. 모든 '아버지' 예는 너무나도 친숙한 XYZ 구문("X is the Y of Z")의 예로서, 혼성공간을 체계적으로 촉진하는 것이 목적이다.

우리는 낱말 '아버지'가 서로 다른 의미를 가진다고 느낀다. 왜냐하면 각각의 경우마다 '아버지'가 한 입력공간에 부착되고, 혼성이 개념적 작용으로서 입력공간에 적용되며, '아버지'가 혼성공간에서 요소를 선택하고 입력공간이 아니라 혼성공간에서 그 구조를 선택하는 구절에 참여하기 때문이다. '아버지'의 의미는 낱말 '아버지'의 고유한 특성이 아니라 개념적 혼성 작용과, 입력공간에 부착되는 다른 어떤 것과도 마찬가지로 낱말 역시 혼성공간으로 투사될 수 있다는 사실의 부산물이다. 선택적 투사와 정교화의 메커니즘이 있는 개념적 혼성이라는 인지적 작용은 그 예가 언어에만 국한되는 것은 아니다. 개념적 혼성을 할 수 있고 언어도 아는 마음은 필연적으로 개념적 혼성을 통해 낱말의 의미를 개발한다. 한 낱말이 입력공간에 등장한다면 그것은 입력공간의 다른 모든 요소와 마찬가지로 투사될 수 있다. 이런 결과는 대개 눈에 보이지 않게 적용되는 영역을 바꾸지만, 발현적 의미가 입력공간의 영역과 상당히 거리가 먼 듯할 때에는 인식할 수 있게 된다. 이런 거리를 인식하게 되면, 이는 확장, 표백, 유추, 은유, 환치換置 등의 이름으로 불린다. '다의성', 즉 단 하나의 낱말이 '많은 의미'를 가지는 것은 아주 흔한 현상이다. 이는 개념적 혼성의 표준적인 부산물이지만 소수의 경우에만 눈에 띈다.

우리는 언어를 통합에 대한 촉진제의 체계로 볼 수 있다. 통합되어야 할 많은 개념적 구조가 있고, 이런 개념적 구조에 일군의 낱말이 부착되어 있는 터라, 적절한 통합을 촉진하는 표현은 낱말을 결합해야 하며, 언어는 그런 결합을 가능하게 할 형태를 지녀야 한다. 단적인 예는 서술("이 해변은 안전하다")과 합성('그럴 법한 이야기', '가능한 해결책', '1등 신랑감', '가짜 총')이다. 가령 2장에서 논의한 "이 해변은 안전하다"를 고려해보라. 이 문장의 의미를 기술하는 평범하지만 그릇된 방법은 낱말 '안전하다'와 '해변'에 의해, *안전하다*라는 한 특성이 *해변*이라는 한 사물의 속성을 나타내게 된다고 보는 것이다. 이런 견해는 "이 집은 안전하다This house is safe"에 대해서도 *안전한*이라는 동일한 특성을 집이라는 다른 사물에 적용하도록 한다. 그러므로 '안전하다'에는 단 하나의 의미만 있게 된다. 아이를 거기서 놀게끔 하고 싶을 때는 "그 해변은 안전하다"라고 간단히 말할 것이다. 그리고 이런 상황에서는 "그 아이는 안전하다"라고 말해도 괜찮을 것이다. 그런데 우리는 "그 해변은 안전하다"에서의 해변과 "그 아이는 안전하다"에서의 아이에게 있는 *안전하다*라는 단언된 특성이 서로 다를 수밖에 없다는 것을 안다. 첫 번째 문장의 특성은 *잠재적으로 해롭지 않음*이고, 두 번째 문장에서는 *해를 입지 않음*일 것이다. 마찬가지로, 문장 "그 해변은 안전하다"에서 낱말 '안전하다'는 해변이 개발에 대해 법적인 보호를 받는지, 익사사고의 수가 통계적으로 낮은지, 범죄율이 낮은 지역인지, 소유자에게서 소유권이 박탈될 가능성이 없는지, 또는 ('안전한 내기'에서처럼) 마음 놓고 누군가에게 제안할 수 있는 휴양지인지에 따라 많은 다른 특성을 적용해야 할 것이다. 따라서 막상 조사해보면 '안전하다'에는 많은 다른 의가 있는 듯하지만, 사실상 낱말의 사용자는 동일한 낱말이고 동일한 개념이라고 느낀다.

'안전하다'의 의미를 바르게 나타내려면 그것이 특정한 특성을 적용하는 것이 아니라 특별한 종류의 혼성을 촉진하는 것으로 봐야 한다. 혼성공간은 해악의 프레임과 나머지 문장에서 언급되는 상황의 세부항목을 고려한다. 혼성공간은 우리가 그것들을 혼성하여 특정한 해악이 있는 반사실적 시나리오를 창조하고 현재의 상황이 그 상황과 어떤 점에서 다른지를 이해하게 만든다. 언어표현은 실제로 유사하지 않은 대응요소들을 택한다. 예컨대, 아이가 익사하지 않을 것임을 의미하는 "그 해변은 안전하다"는 역조逆潮와 위험한 파도가 치는 반사실적 대응요소인 해변을 선택하고, 현재 상황의 해변에는 이런 위험이 없다는 것을 이해시킨다. '안전하다'의 의미는 불변하는 특성이 아니라 오히려 해악 시나리오를 토대로 적절한 개념적 통합 연결망을 구축하기 위한 지령이다.

연결망에서 해악이 발생하는 반사실적 공간을 만드는 데 수반되는 비유추, 원인–결과, 동일성이라는 복합적인 중추적 관계는 혼성공간에서 특성이라는 내부공간 중추적 관계로 압축되며, 특성이라는 중추적 관계는 해악 상황 속의 한 역할에 적용된다.

이 모든 전체 연속체에서 개념적 통합이라는 통합적 작용이 의미를 구성하는 데 활용된다는 주장을 증명하는 다른 언어적 증거를 찾을 수 있을까? 다음 같은 언어적 증거가 있다면 매우 설득력 있을 것이다. 단순한 프레이밍 의미, 유추적 의미, 은유적 의미처럼 우리가 서로 다른 것으로 간주하는 의미들이 실제로는 개념적 통합의 모든 실례라면, 이 모든 다른 의미들의 구성을 촉진하는 단 하나의 통사 형태가 있을 수 있다. 실제로 영어에는 이 점에서 정확히 이런 식으로 분화하는 믿기 어려울 만큼 적절한 좋은 구문이 있다. 그것은 "필요는 발명의 어머니이다Necessity is the mother of invention"이나 "그는 기원전 5세기의 아인슈타인이다He was the Einstein of the fifth century B. C." 같은 명확히 단조롭되 매우 강력한 XYZ 구문이다. "X be Y of Z"라는 이 구문에서 X, Y, Z는 명사이거나 명사구이다. X와 Z는 한 입력공간에서 요소 x와 z를 식별하고, Y는 두 번째 입력공간에서 요소 y를 식별한다. 연결사 'be'는 x와 y가 대응요소라는 것을 암시한다. 그리고 이해하는 사람은 해당되는 두 영역을 식별하고 y의 대응요소인 암시적 요소 w를 확정해야 한다. "허영심은 이성의 모래늪이다Vanity is the quicksand of reason"에서 한 입력공간은 이성과 허영심 같은 인간의 특성에 관한 것인 반면 다른 입력공간은 여행 중에 모래늪에 빠지는 것과 관련된다. 빠진 요소 w는 여행자이다. 여행 입력공간의 구조에는 모래늪에 빠져 (아마도 죽는다고 말해도 좋을 정도까지) 모험심이 좌절되는 여행자가 있다. 이성을 가진 입력공간에서도 이와 비슷하게 이성이 허영심 때문에 위태로울 수 있다고 이해한다. 따라서 문법적인 XYZ 구문에 대응하는 혼성공간에는 여행자/이성인 한 요소와 허영심/모래늪인 또 다른 요소가 있다.

그런데 매우 흥미롭게도 우리는 이런 동일한 구문이 어떻게 단순 연결망도 촉진하는지를 보았다. "폴은 샐리의 아버지이다"는 "허영심은 이성의 모래늪이다"와 통사 형태가 매우 동일하다. 이는 친족관계 하위 프레임 *아버지—자아*를 폴과 샐리라는 두 사람에게 사상하고 그 두 입력공간을 더 풍부하게 구조화된 혼성공간으로 통합한다. 이런 사상 도식은 은유적 경우에서도 정확히 동일하다. 즉 한 정신공간에서 x와 z는 폴과 샐리이다. 다른 정신공간에서 y는 역할 아버지와 x(폴)의 대응요소이다. 빠진 요소 w는 친족관계 프레임의 자아이다.

영어에서 XYZ 구문은 XYZ 통합 연결망을 구성하는 일반적 촉진제이다. 이 구문은 단순 연결망, 단일범위 연결망, 이중범위 연결망뿐만 아니라 모든 중간 통합 연결망("제우스는 아테나의 아버지이다", "오늘은 내가 너의 아버지이다", "교황은 모든 가톨릭교회의 아버지이다" 등)을 총괄한다.

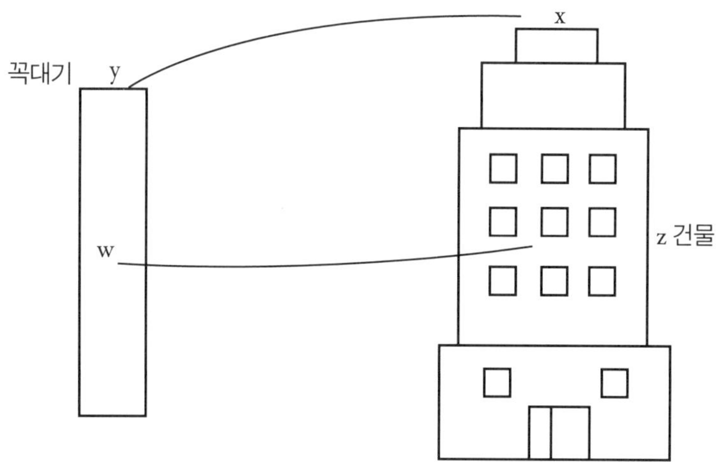

그림 8.1 단순 XYZ 혼성

그렇다면 '차문the door of the car'이나 '옥상the top of the building'에서처럼 낱말 'of'가 '한 부분'을 의미하는 것처럼 보이는 경우는 어떤가? 실제로 이런 경우들도 일반적인 사상 도식의 간단한 실례이다. 낱말 '꼭대기top'는 본래 건물의 부분을 가리키지 않는다. 오히려 그것은 개략적으로 방위가 수직적이고 공간이 한정된 사물을 가리키는, 훨씬 일반적인 프레임의 일부이다. 그래서 다른 경우들에서처럼, 건물의 한 위치를 가리키면서 "이것은 옥상이다This is the top of the building"라고 말할 때 단순 XYZ 혼성공간을 구성하고 있다. 그림 8.1에서 묘사되듯이, '이것'은 건물이 있는 초점 입력공간에서의 위치 x와 같고, '옥상'은 *부분을 가진 전체*라는 프레이밍 입력공간에서의 수직적 끝 y와 같고, '건물'은 건물 입력공간에서의 요소 z와 같다. 빠진 요소 w는 *부분을 가진 전체*라는 프레임에서 수직 방향이 있는 전체 사물이라는 일반적 개념이다. 전체 w는 건물인 z로 사상된다.

거울 연결망을 촉진하는 XYZ 구도 있는가? 물론 있다. 폴에게 열 살 때 죽은 딸 엘리자베스가 있고 엘리자베스가 죽은 지 2년 후에 또 다른 딸 샐리가 태어났다고 생각해보라. 그에게 다정하고 자연스런 관계였던 엘리자베스를 잃은 것은 깊은 상처였다. 그 때문에 그는 성장 기간 동안 샐리에게 완고하고 무뚝뚝했다. 그러다가 마침 샐리가 16세가 되고 그녀가 훌쩍 자란 것을 본 폴은 본심을 되찾아 갑자기 샐리를 따뜻하고 자연스럽게 대하기 시작한다. 당황한 샐리는 급기야 왜 자기를 이렇게 새롭게 다루는지를 묻는다. 그는 오랫동안 망설이다가 "왜냐하면 너는 내가 오래전에 잃어버린 딸이기 때문이란다Because you are my long-lost daughter"라고 대답한다. 이 표현은 "너는 나의 오래전에 잃어버린 딸이다You are my long-lost daughter of me"의 관용적 동의어이다. 아버지-딸 프레임에 의해 조직되는 한 정신공간에는 아버지의 값으로서의 폴과 딸의 값으로서의 엘리자베스가 있다. 동일한 프레임으로 조직되는 다른 정신공간에는 아버지의 값으로서의 폴과 딸의 값으로서의 샐리가 있다. 총칭공간과 혼성공간 또한 아버지-딸 프레임으로 조직된다. 이로 인해 간단한 거울 연결망이 된다. 혼성공간에서 아버지는 아버지와 혼성되고 딸은 딸과 혼성되며, 폴은 그 자신과 혼성되고, 엘리자베스는 샐리와 혼성된다. 혼성공간에서 엘리자베스는 샐리이다. 폴은 이런 혼성공간을 만듦으로써 이미 죽어서 오랫동안 잃어버린 딸 엘리자베스를 되찾고, 또한 다른 식으로 잃어버린 그의 딸 샐리를 되찾는다. 입력공간들 사이에는 많은 중요한 중추적 관계가 있다. 이것이 중추적 관계 거울 XYZ 연결망이다. 혼성공간에는 두 사람의 극적인 심리 변화와 놀라운 발현적 감정과 함께 제3자에 대한 기억이 있다.

합성성

페이지 위의 낱말은 외부의 실체를 직접적으로 나타내는가? 그렇지 않다. 우리가 보았듯이, 낱말과 낱말들이 어울리는 패턴은 상상력을 촉발하는 방아쇠이다. 그것들은 우리가 사용하는 촉진제로, 우리는 이를 이용해 우리가 알고 있는 것 가운데 일부를 환기시키고 그 환기시킨 내용에 창조력을 발휘해서 의미에 도달한다. 개념적 혼성은 이런 상상적 작업의 중요한 부분이다. 앞서 보았듯이, 개념적 혼성은 단지 기존의 한 의미에 또 다른 의미를 첨가함으로써 그 합을 얻는 것이 아니다. 낱말 자체는 우리가 구성하도록 촉구하는 의미에 매우 적은 정보만 제공한다.

우리가 구성하는 모든 통합 연결망은 사상 도식을 가질 수밖에 없다. 예컨대, 단순 연결망은 한 입력공간의 역할을 또 다른 입력공간의 값에 사상하여 혼성공간에서 서로를 융합한다. 이러한 개념적 혼성은 첨가적인 것만이 아닌 까닭에 매우 창조적이다. 하지만 결합하고 재결합할 수 있는 능력은 인간 사고의 전매특허이기도 하다. 개념적 혼성이 이런 재결합 능력에 의존함으로써 힘을 얻을 수 있는가? 그렇다. 개념적 혼성과 함께 재결합을 사용하는 것은 무엇보다 강력한 상상력의 재주이다.

우리는 지금까지 다양한 사상 도식을 보았으며, 이는 두 입력공간, 총칭공간, 혼성공간에서 작용하는 도식들이다. 뿐만 아니라 그런 사상 도식을 사용하도록 촉구하는 '안전하다safe', '만약if', '~의of' 등과 같은 언어 형태도 보았다. 이런 예가 보여주는 것은 개념적 혼성이 언제 어디서나 존재하는 정신적 활동이란 사실이다. 우리는 거듭해서 혼성하며, 앞선 혼성공간들을 이용해 혼성공간을 구축하고, 모든 부분에서 혼성한다. 이제 우리는 다음과 같은 중요한 질문을 던진다. 혼성공간들의 합성 방식에 규칙성이 있는가? 아니면 모든 합성 연결망을 위해 새롭고 유일한 사상 도식을 창조해야 하는가? 놀랍게도 모든 단계마다 예측 불가능한 창조적인 개념적 혼성이 있다고 할지라도, 더욱이 간단한 서술, 농담, 은유, 반사실문, 수학적 발견, 유추, 범주 확장, 사건 통합, 행동 혼성처럼 그 산물이 아무리 다양하게 보인다 할지라도, 개념적 혼성은 변함없이 동일한 골격의 사상 도식을 거듭 사용하고, 그런 도식들을 동일한 간단한 방식으로 결합할 수 있다. 우리는 이런 골격적 사상 도식을 촉진하는 언어 표현이 간단한 방식으로 결합된다는 것을 보게 될 것이다. 이것은 매우 효과적일 뿐만 아니라 격조도 높다. 표현들의 결합은 이런 표현들이 환기시키는 골격적 사상 도식들의 그에 병행하는 결합을 촉진한다. 따라서 언어 형태를 더욱 복잡한 언어 형태로 합성하는 것은 어떤 종류의 사상 도식을 구성할지를 말해준다. 그러나 이런 언어 형태는 그 안내를 받고 우리가 구성할 의미의 종류에 대해서는 거의 아무것도 말해주지 않는다. 의미 자체는 간단하든 복잡하든 개념적 혼성의 상상적 산물이며, 그것을 환기시키는 데 사용된 형태로부터는 예측할 수 없다. 이와는 대조적으로, 사상 도식은 그것을 환기시키는 데 사용되는 언어 형태로부터 얼마든지 예측 *가능하다.* 전체의 의미는 부분의 의미들로부터 예측할 수 없지만, 전체의 사상 도식은 부분의 사상 도식들로부터 예측할 수 있다. *형태*의 이런 합성적 양상은 형태 접근법에서 사고 자체의 본질을 말해주는 것으로 해석되어왔다. 그러나 반대로 그것은 단지 사고를 안내하는, 매우 정교하고 유용하며 효율적인 형태의 자질일 뿐이다.

"형용사는 품사의 바나나 껍질이다The adjective is the banana peel of the parts of speech" 같은 XYZ 표현은 경솔한 작가가 종종 형용사를 사용할 때 바나나 껍질을 밟고 미끄러지듯 실수한다는 것, 형용사가 명사를 이해하도록 도움을 주는 매우 유용한 요소라는 것, 형용사가 우리를 매혹시키지만 명사가 진정한 요점이라는 것, 형용사는 본질적인 의미를 숨기는 현혹시키는 표면이라는 것 등을 의미할 수 있다. 이런 다른 의미들은 모두 동일한 XYZ 사상 도식으로부터 발생한다. 첫 번째 입력공간의 X(*형용사*)는 두 번째 입력공간의 Y(*바나나 껍질*)의 대응요소이고, 첫 번째 입력공간의 Z(*품사*)는 두 번째 입력공간의 언급되지 않은 요소 W의 대응요소이다. 적절하지만 상술되지 않은 Y-W 관계(*바나나 껍질-W*)는 혼성공간으로 투사되고, 거기에서 X 및 Z 투사와 통합된다. 언어 형태 "X는 Z의 Y이다X is the Y of Z"는 우리를 이런 사상 도식으로 안내하지만, 그것으로 무엇을 해야 할지를 암시하지는 않는다. 의미를 구성하는 행위는 더욱 많은 것을 수반한다. 이를테면 프레임, 위상, 일반 지식, 문맥, 동일성과 역할의 연결, 중추적 관계, 무엇보다 개념적 혼성을 수반한다.

예컨대, 우리는 인간, 생식, 가족 구조 등에 대해 우리가 알고 있는 완전한 지식에 기초하여 "샐리는 폴의 딸이다"의 의미를 구성한다. 동일한 언어 형태

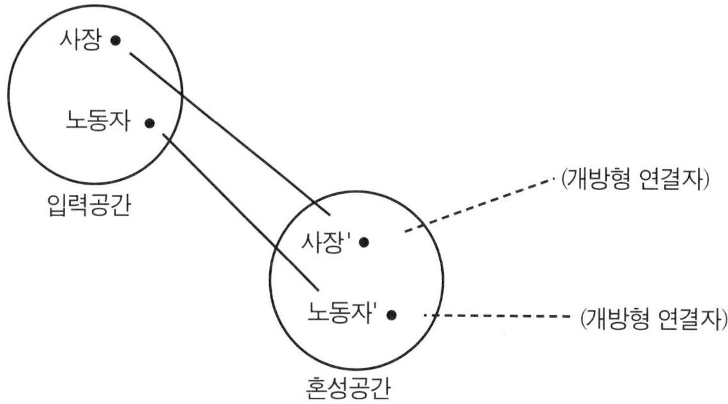

그림 8.2 '~의 사장The boss of'

와 동일한 사상 도식을 사용하여 "아테나는 제우스의 딸이다"의 매우 다른 의미도 구성한다. 제우스-아테나 혼성에서, 딸은 어머니가 없고 아버지의 머리에서 태어나고 완전히 갑옷을 입은 성인으로 태어난다라는 구조와 양립하여, 딸의 필수적인 특성으로 보이는 것은 혼성공간으로 투사되지 않는다. "프랑스는 교회의 장녀이다France is the eldest daughter of the Church"는 동일한 언어 형태와 동일한 사상 도식을 가지지만 발현적 의미를 지닌 혼성공간으로의 보다 창조적인 투사가 있다.

언어 형태들은 결합되어 사상 도식들의 순서대로의 결합을 환기시킨다. 다루기 쉬운 이런 능력은 "엘리자베스는 폴의 딸의 사장이다Elizabeth is the boss of the daughter of Paul", "짐은 디즈니 회장 아내의 비서이다Jim is the secretary of the wife of the president of Disney", "엘리자베스는 디즈니의 회장의 아내의 비서의 딸의 사장이다Elizabeth is the boss of the daughter of the secretary of the wife of the president of Disney"처럼 다소 긴 합성 XYZ 표현을 통해 잘 예증할 수 있다. 이런 예증을 수행하기 위해 XYZ 표현의 중축中軸인 '명사구+of'를 들어 설명할 필요가 있다. 우리는 이런 중축을 'Y 표현'이라고 부를 것이다.

그림 8.2에 그려진 구 '~의 사장The boss of'을 고려해보라. 그것은 사장-노동

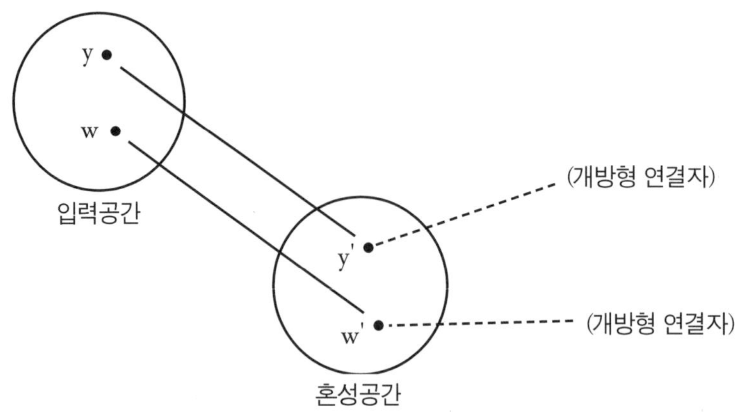

그림 8.3 Y-of 연결망

자 프레임으로 구조화되는 입력공간의 환기를 촉진하고, 혼성공간을 구성하고, 입력공간으로부터 *사장*을 투사하여 혼성공간에 *사장'*을 창조하고, 입력공간에 w(거의 확실히 노동자)를 제공하며, 노동자를 투사하여 혼성공간에 노동자'를 창조하고, 입력공간의 *사장-노동자* 관계를 혼성공간의 *사장-노동자'*로 투사하고, 혼성공간에 *사장'*과 노동자'에서 나오는 개방형 연결자를 구성하고, 노동자'에서 나오는 개방형 연결자가 'of' 뒤에 나올 명사구로 식별될 수 있는 어떤 요소에 연결될 것임을 예상하도록 촉구된다.

　일반적으로 Y 표현은 '명사구+of'라는 극히 간단한 형태로 이루어진다.

'~의 사장the boss of', '~의 비서the secretary of', '~의 신입생a beginning student of' 같은 표현은 모두 Y 표현이다. Y 표현의 명사구는 전형적으로 공통된 프레임 안의 한 역할로서, 이런 공통된 프레임은 종종 *아버지-딸, 남편-아내, 장인-수습공, 사장-회사* 등과 같은 관계적 프레임이다. Y 표현은 개념적 혼성을 촉진한다. 특히, Y 표현은 우리로 하여금 다음과 같은 작용을 수행하도록 촉진한다.

● y(Y에 의해서 명명되는 요소)를 포함한 관계적 프레임에 대한 입력공간을

환기시킨다.

- 혼성공간을 구축한다.
- 요소 y를 투사하여 혼성공간에 요소 y'를 창조한다.
- y와 적절하게 관계를 맺게 될 w를 입력공간에 제공한다.
- w를 투사하여 혼성공간에 요소 w'를 창조한다.
- y-w 관계를 혼성공간에서 y'-w' 관계에 투사한다.
- 그림 8.3에서 볼 수 있듯이, 혼성공간에 y'와 w'에서 나오는 개방형 연결자를 제공한다. 이런 연결자는 어떤 시점에서 연결될 것으로 예상된다.
- 혼성공간의 w'에서 나오는 개방형 연결자가 'of' 뒤에 나올 명사구가 나타내는 어떤 것에 연결될 것으로 예상된다.

이런 개방형 연결자란 어떤 것들인가? w'의 경우에, 'of' 뒤에 나오는 낱말이 개방형 연결자에 어떻게 부착되는지를 말해줄 것이다. 예컨대, '히레로니무스 보쉬의 고용주The boss of Hieronymous Bosch'는 화가 히에로니무스 보쉬가 포함된 정신공간을 구축하고 w'와의 연결을 촉구한다. '회사의 사장The boss of the company'은 회사 프레임에 의해 구조화되는 정신공간을 구축하고 w'를 그 공간의 역할 회사에 연결하도록 촉구한다. y'의 경우에, 개방형 연결자는 앞서 논의한 간단한 XYZ 표현에서처럼 명시적 연결로 지시될 수 있다. 그 예는 '엘리자베스는 히에로니무스의 고용주이다Elizabeth is the boss of Hieronymous Bosch'나 "엘리자베스는 오케스트라의 단장이다Elizabeth is the boss of the orchestra"이다. 혹은, 우리가 누군가를 지칭하면서 '오케스트라의 단장'이라고 말할 때처럼, 몸짓으로도 명시적으로 지시될 수 있다. 명시적 연결이 없다면, y' 요소는 단독으로 역할로 있게 된다.

기본적인 경우에, 개방형 연결자는 동일한 정신공간 속의 요소에 부착될 것이다. 이것은 정확히 "폴은 샐리의 아버지이다Paul is the father of Sally"로 예증되는 원래의 간단한 XYZ 구문에서 우리가 보았던 것이다. '~의 아버지The father of'

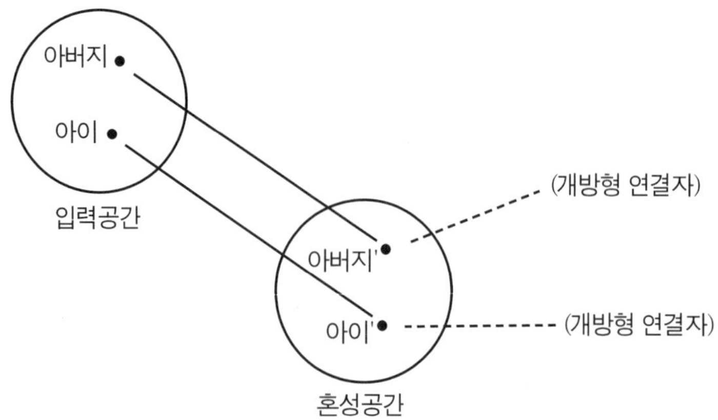

그림 8.4 '~의 아버지The father of'

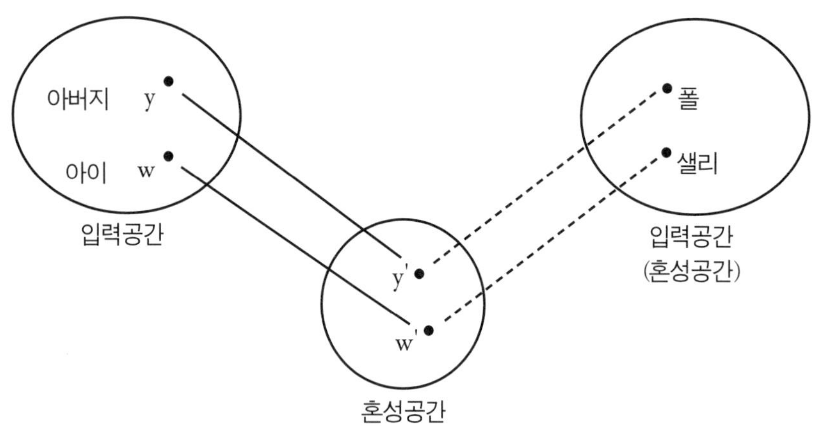

그림 8.5 XYZ 연결망

는 그림 8.4에 그려져 있는 Y-of 연결망을 구축하는 Y 표현이다.

완전한 XYZ 표현 "폴은 샐리의 아버지이다Paul is the father of Sally"에서 폴은 명시적으로 역할 *아버지*에 연결된다. '샐리'는 'of' 뒤에 나오기 때문에 혼성공간에서 샐리는 반드시 w'(아이)에 연결된다. 이 경우 Y-of 연결망은 그림 8.5처럼 완성된다.

가장 중요한 것은, 개방형 연결자가 다른 역할에 부착되도록 함으로써 Y 표현들을 합성할 수 있다는 것이다. 즉 다음 경우처럼 첫 번째 Y 표현에서 'of' 뒤

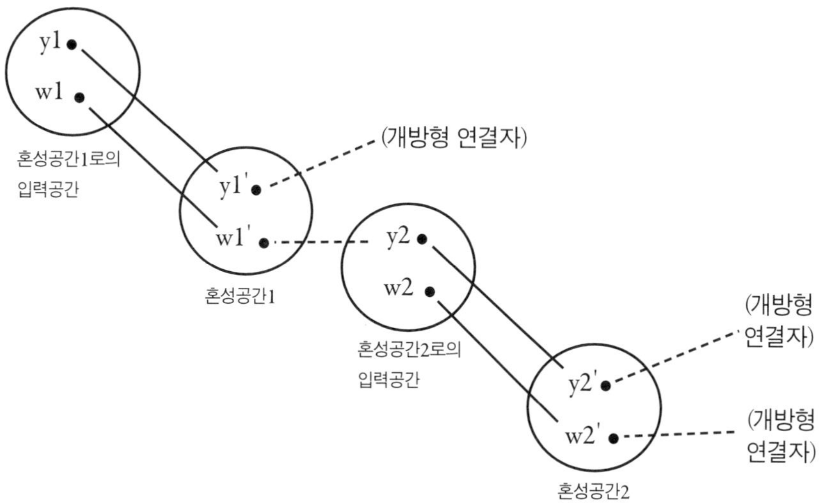

그림 8.6 Y–of 제곱 연결망

에 나오는 것은 또 다른 Y 표현일 수 있다. "……의 히에로니무스 보쉬의 고용주의 여동생의 의사The doctor of the sister of the boss of Hieronymous Bosch…." (또는 더 일반적으로 "……의 y4의 y3의 y2의 y1The y1 of the y2 of the y3 of the y4 of….") 우리는 더 앞서 사상 작용이 Y 표현에 의해 환기되는 것을 보았다. 이런 작용은 개방형 연결자를 가지고 있어서 반복 가능하다. 그래서 Y–of 연결망의 개방형 연결자는 또 다른 Y–of 연결망에도 부착된다. 표현을 반복하는 것은 단순히 우리에게 사상 작용을 반복하도록 요구한다. 그래서 두 개의 Y 표현을 포함하는 '~의 Y2의 Y1The Y1 of the Y2 of'이 있다면, 사상 작용을 두 번 거치도록 지시를 받는 것이다. 우리는 Y1로 시작해서 Y1–of 연결망을 구성한다. 이는 혼성공간에 개방형 연결자와 함께 요소 w1'를 제공한다. 그 다음에 우리는 그 개방형 연결자를 y2에 부착함으로써 그 연결망을 y2에 연결시킨다. 이것은 단지 사상 지령이 우리에게 하도록 지령을 내리는 바이다. 'of' 뒤에 나오는 것이 무엇이든, 모두 혼성공간에서 w를 어디에 연결할지를 말해준다. 이런 경우에 'of' 뒤에 나오는 것은 Y2이고, w1' 개방형 연결자를 y2에 부착할 수밖에 없다. 그 다음 단계로 Y2–of 연결망이 구성된다. 합성된 사상 도식은 그림 8.6에서 볼 수 있다.

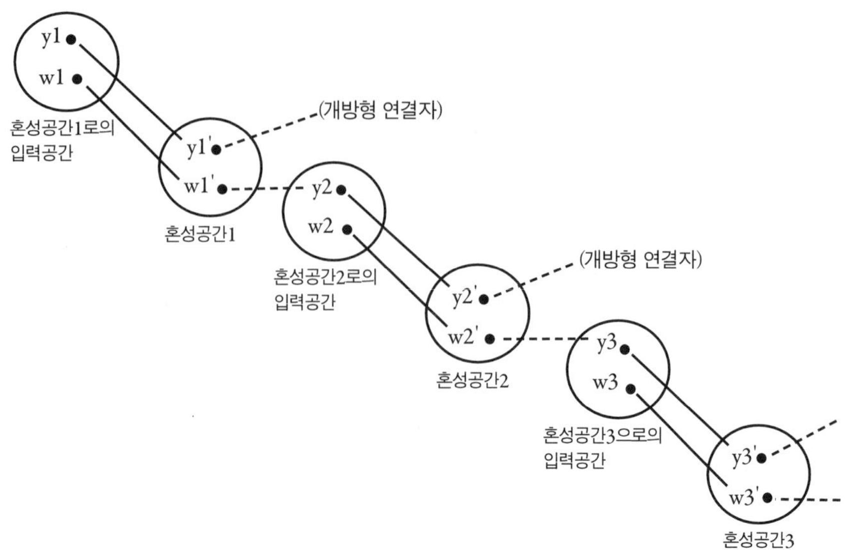

그림 8.7 Y-of 세제곱 연결망

'~의 회장의 아내의 비서The secretary of the wife of the president of'에는 세 개의 Y 표현이 있다. 그림 8.7에서 볼 수 있듯이, 이런 세 표현은 사상 작용을 세 번 반복하도록 촉구한다.

이런 종류의 일반적 연결망은 Y^n 연결망으로 불리워지는 것으로서, 이때 n은 반복의 횟수이다. 원칙상 Y 표현의 수나 사상 도식의 수에는 한계가 없다. 하지만 실제로 Y-of 세제곱보다 높은 표현은 거의 볼 수 없다. 이에 대한 중요한 이유 중 하나는 이런 연결망에서는 단순히 정신공간을 따라 길게 이어가면서 연속적인 혼성을 하는 것보다 더 많은 일이 진행되고 있다는 점이다. 앞서 논의했듯이, 총체적 통찰력에 대한 압축은 인지에 대한 일반적 값이다. Y 연결망에서, 새로운 의미는 혼성공간에서 구성된다. 따라서 혼성공간들이 발생하면서 이런 혼성공간들이 양립한다면 이를 통합하려는 압력이 있을 것이다. 혼성공간2를 구성할 때 우리는 이를 혼성공간1과 혼성하려 하고, 새로운 혼성공간이 발생할 때마다 이를 이전의 모든 혼성공간 중에서 가장 최근의 대★혼성

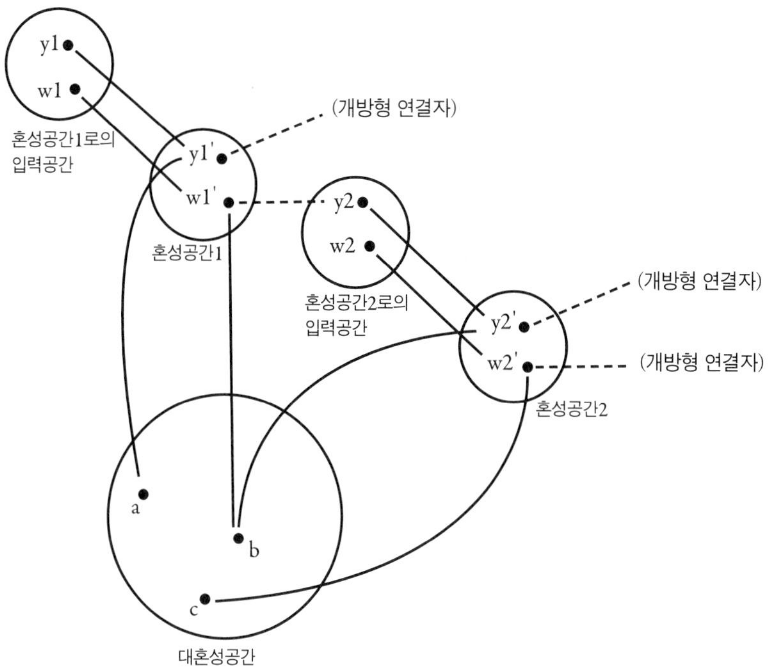

그림 8.8 대혼성공간 #1

공간과 혼성하고자 한다. 혼성공간들 가운데 대혼성공간은 언제든 전체 연결망에 대한 가장 좋은 총체적 통찰력을 제공할 것이다. 그림 8.8에서 묘사하듯이, 가령 '회장의 비서의 시종the valet of the secretary of the president'은 압축된 대혼성공간을 촉진한다. 사상 도식에 의해 주어지는 연속적 혼성공간에서 우리는 혼성공간1에서의 새로운 역할 비서의 시종valet of the secretary과 혼성공간2에서의 회장의 비서secretary of the president를 얻을 수 있다. 대혼성공간에서, 압축은 회장의 비서의 시종valet of the secretary of the president이라는 또 다른 역할을 제공한다. 이 역할은 관습적일 수 있고 개별 역할들의 자질을 합성한 것이 아닌 그 자체의 발현구조를 가질 수 있다. 예컨대, 한편에선 "회장의 비서의 시종은 세습직이다The valet of secretary of the president is a hereditary title"나 다른 한편에선 "회장의 비서의 아내는 정부에서 가장 중요한 직책이다The wife of the secretary of the president is the most important position in the government"라고 말할 수도 있다. 그 역할은 어느 중간 혼성공간이나 이런 혼성공간에 대한 입력공간 어디에도 없다. 단지 대혼성공간을 구축하는 것에 대한 증거를 제공할 뿐이다.

그림 8.8은 대혼성공간으로의 사상만 묘사하며 대혼성공간의 발현적 의미의 풍부함은 묘사하지 않는다. 예컨대, 대혼성공간에서 a는 이제 회장에게는 비서가 있으며, 그 비서에게는 시종이 있는 세계 속의 압축된 역할이다. a가 바로 그런 시종이다. 일반적으로 혼성공간에서 대혼성공간으로 이동하고 이전의 대혼성공간에서 나중의 대혼성공간으로 이동함에 따라 그 프레임은 더욱 복잡해지고 더 대단한 압축을 수행한다. *회장, 시종, 비서* 같은 연결되지 않은 역할은 궁극적으로 단 하나의 발현적 프레임으로 통합된다.

사상 도식의 합성과 발현적인 전체적 혼성공간에는 진정한 정밀함과 간결함이 있다. Y^n 표현은 연결, 압축, 개념적 혼성의 원리에 안내받는다는 점에서는 전혀 특별한 것이 아니다. 17장에서 좀 더 포괄적으로 이야기를 하겠지만, 문법 구문은 대체로 미리 압축된 통합 연결망으로서, 부착시킬 수 있는 개방형 연결자를 가지고 있다. 문법적 형태는 동일한 복잡한 혼성공간을 구축하는 여러 가지 방법을 제공할 수 있다. 예컨대, 'the valet of the secretary of the president'와 'the president's secretary's valet'은 궁극적으로 동일한 합성 통합 연결망을 초래하며, 'of'와 소유격 형태('s)의 사상 작용은 모두 연결, 압축, 개념적 혼성의 일반 원리로부터 진행된다. 그러나 이런 연결망을 구축하는 동력들은 체계가 상이하다. 이 두 표현은 우리에게 동일한 연결망의 구축을 촉구하지만, 출발점과 방향은 서로 다르다. 'the valet of the secretary of the president'는 연결망을 구축하는 밀접하게 관련된 또 다른 방법을 제공한다. 우리는 'the valet of'와 'the president's'만큼이나 간단하고 기본적인 형태가 복잡한 개념적 혼성을 본질적으로 촉진한다고 강조한다. 예컨대, 이 각각의 구는 우리가 입력공간, 혼성공간, 각 정신공간 내의 요소, 입력공간에서 혼성공간으로의 투사, 혼성공간에서 두 요소로부터 나오는 두 개방형 연결자를 구축하게 만든다!

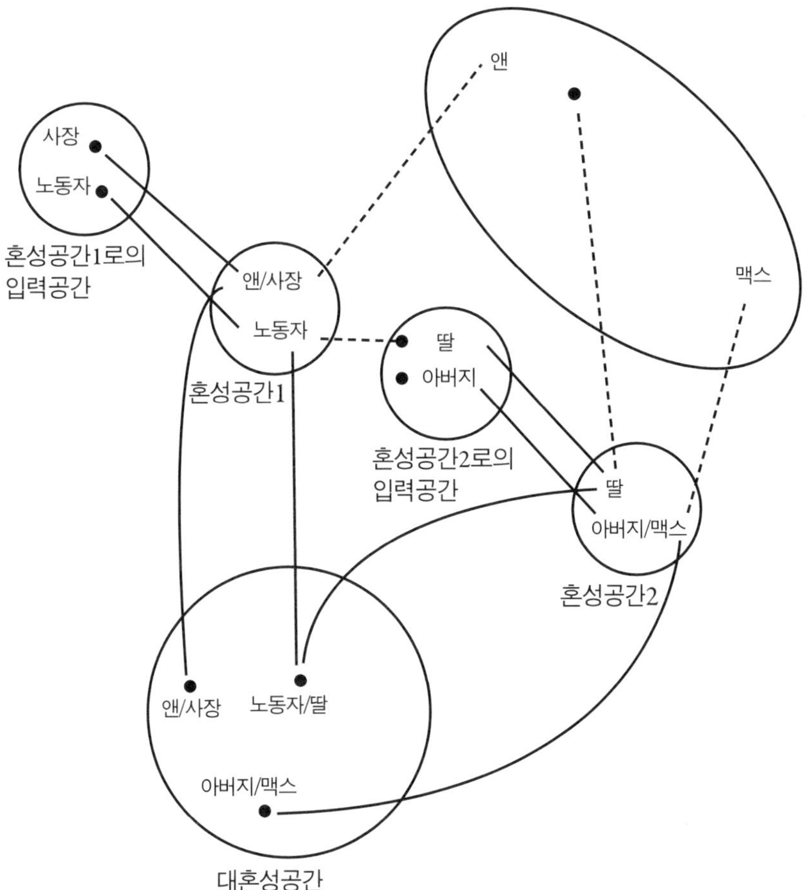

그림 8.9 대혼성공간 #2

이제 XYZ 표현으로 되돌아가서 "앤은 맥스의 딸의 사장이다Ann is the boss of the daughter of Max" 같은 합성 형태를 그림으로 나타내보자. 이 표현은 '~의 딸의 사장the boss of the daughter of'이라는 Y^2 표현을 포함하며, 이 Y^2 표현은 이미 논의된 대혼성공간을 포함하는 통합 연결망을 구축한다. 게다가 이 표현은 세 개의 개방형 연결자를 특정 정신공간의 요소에 연결시킨다. 앤과 맥스 그리고 대혼성공간에서 노동자/딸의 대응요소인 한 요소가 그 요소들이다. 결과로 나오는 그림 8.9는 항목의 명칭과 특정한 정신공간에 있는 개방형 연결자가 닿는 부분을 제외하고는 이전의 그림과 동일해 보인다.

이 예는 개념적 통합의 표준 자질을 명확히 보여준다. 이런 자질은 합성된 통사적 실마리로 촉진되는 합성된 통합 연결망에서 작용하는 자질이다. 연결과 정신공간의 구축은 체계적으로 통사적 순서를 따른다.

은유적 통합의 합성

앞서 보았던 언어 형태와 그에 상응하는 사상 도식은 은유의 경우에도 동일하게 작용한다. 은유적 통합은 전형적으로 단일범위나 이중범위 연결망이며, "폴은 샐리의 아버지이다" 같은 단일 통합과는 전혀 다른 것처럼 느껴진다. 은유적 통합은 아주 다른 투사와 의미구성을 수반한다. 하지만 상상의 의미구성의 차이와 언어 형태 및 사상 도식은 별개의 문제이다.

우리는 이제 형태와 의미가 어떻게 가동되는지에 대한 매우 흥미로운 통찰력에 다다르게 된다. 직관상 자구字句적 의미로 이어지는 언어 형태가 또한 전혀 다른 종류의 사고에 속하는 것처럼 보이는 은유적 의미를 제공할 수도 있다. 그러나 이런 동일한 형태는 전혀 다른 의미구성을 안내하는 동일한 사상 도식을 촉진하고 있다. 그리고 그 최종 의미가 밋밋하게 자구적이든, 시적으로 은유적이든, 과학적으로 유추적이든, 초현실적으로 암시적이든, 불투명하든 간에, 이 사상 도식들은 모두 동일한 방식으로 합성된다. 이번에도 한층 흥미롭게도, 우리는 문법이 하나의 촉진제로서, 우리가 상상적인 정신적 작용을 사용할 때 우리를 아주 정확하게 안내한다는 것을 알 수 있다. 이때 문법은 일종의 길과 같은 것이다. 그런데 이 길에서 궁극적으로 어떤 일이 발생하는지는 무엇보다 만나는 것이 무엇인지에 달려 있고, 이 길을 따라 수행하는 상상적 작용에 달려 있다. 우리가 무의식적으로 동일한 사상 도식을 수행하지만, 각각의 결과들은 주관적으로 서로 다른 사고의 영역을 차지하는 것처럼 보일 수 있다.

그렇다면 우리가 지금까지 개발한 것은 무엇인가? 우리는 개념적 내용과는 상관없이 동일한 XYZ 언어 형태가 동일한 통합 사상 도식을 촉진한다는 것을 입증하였다. 이 형태는 단순 연결망, 거울 연결망, 단일범위 연결망, 이중범위 연결망은 물론이고 모든 중간 단계의 연결망에서도 작용하고 있다. "폴은 엘리자베스의 아버지이다", "넌 오랫동안 잃어버린 내 딸이다", 제우스는 아테나의 아버지이다", "두려움은 폭력의 아버지이다", "허영심은 이성의 모래늪이다", "인과관계는 우주의 시멘트이다"가 그 예이다. 또한 어떻게 Y 표현이 통합 사상 도식을 촉진하고, 그런 표현이 어떻게 통사적으로 합성되어 그에 상응하는 사상 도식의 정확한 합성을 요구하는지를 세세히 보여주었다.

우리가 개발한 것이 옳다면, Y^n 표현을 포함한 모든 합성 XYZ 표현들은 표현 속의 명사가 어떤 것인가와는 상관없이 모두 동일한 합성적 사상 도식을 촉진해야 한다. 우리가 제안한 이론대로라면 이런 예측이 나오는 건 불가피하지만, 이는 우리가 알고 있는 다른 언어, 은유, 논리학, 수사학, 인지 이론의 모습이 아니다. 대부분의 주요한 의미 이론은 이런 다양한 표현들이 현격하게 차이가 나며, 합성성 같은 개념이 은유 같은 비유적 현상에서는 무의미하다고 가정했다.

이것이 주요한 예측이다. 그런데 정말로 그런가? 그렇다면 XY^nZ 구문의 기준에 맞는 명사 중 아무 것이나 가져와서 합쳐 이어보라. 그 결과 만들어지는 문장은 이해할 수 없지만, 예측대로라면 우리는 모든 정신공간들에서 이루어질 모든 사상 도식을 알 수 있다. "진은 조지프의 아들의 어머니의 누이이다Jean is the sister of the mother of the son of Joseph" 같은 어떤 표현은 관습적인 것처럼 보일 것이다. 반대로 "내 사무실은 절망의 대역배우의 비서이다My office is the secretary of the understudy of despair" 같은 표현은 이상하게 보일 것이다. 그러나 이중적으로 은유적인 표현을 검토하게 되면 알 수 있듯이, 이런 표현들은 모두 동일한 사상 도식을 갖는다. "기도는 영혼의 어둠의 메아리이다Prayer is the echo of the darkness of the soul"처럼 이중적인 은유 표현을 생각해보라. 이것의 문법적 형태와 사상 도식은 "앤은 맥스의 딸의 사장이다Ann is the boss of the daughter of Max"의 경우와 같다. 더욱이 모두가 XY^2Z 표현이다. 실제로 우리는 이미 그림 8.9

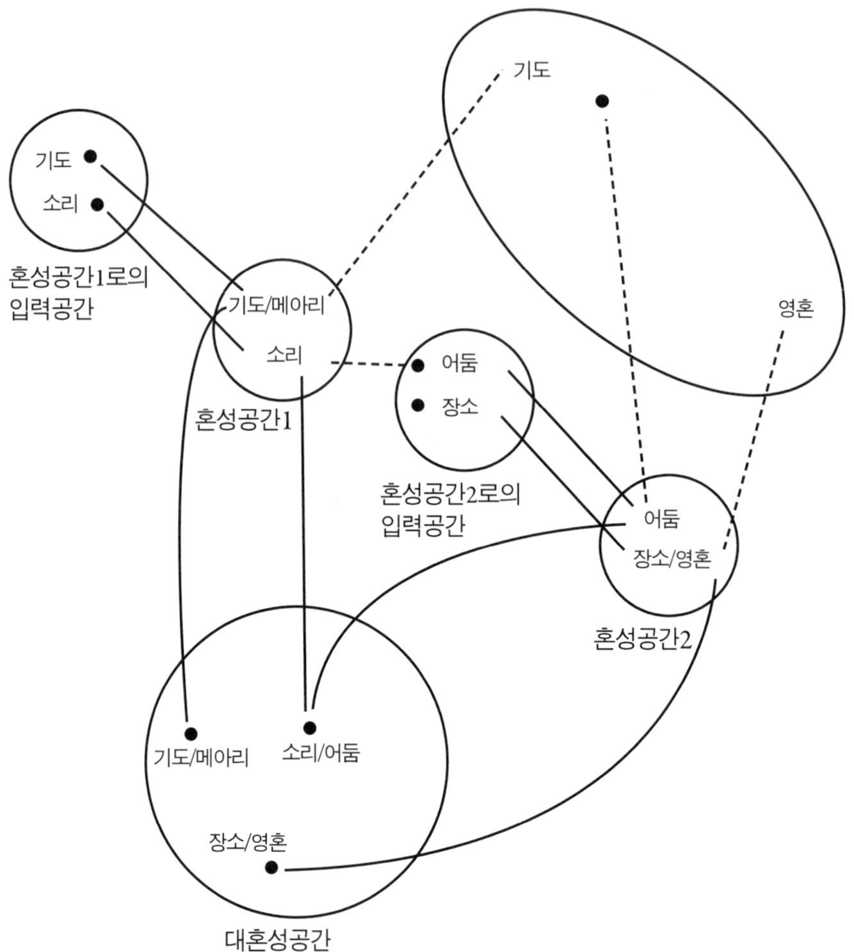

그림 8.10 대혼성공간 #3

에서 "앤은 맥스의 딸의 사장이다"에 대한 사상 도식의 그림을 보았다. 우리가 옳다면, 그 그림의 항목에 이름을 적절하게 새로 붙이면 "기도는 영혼의 어둠의 메아리이다"로 촉진되는 복잡한 합성 사상 도식을 직접 반영하는 그림이 될 것이다. 그림 8.10이 그것이다.

후자 예에는, 출발점이 있다. 그것은 *기도prayer* 같은 사물이 포함된 종교 정신공간이다. 첫 번째 Y 표현인 '~의 메아리the echo of'는 *메아리*를 가진 정신공간이 한 입력공간인 혼성공간을 촉진한다. 이 입력공간에 대한 잠정적 선택은 분명 메아리가 있는 정신공간이다. 이 정신공간 속의 *메아리*는 '이다is'에 의해 종교 정신공간 속의 *기도*에 연결되며, 그 결과 종교 정신공간은 혼성공간에 대한 두 번째 입력공간이 된다. 이 시점에서 잠정적으로 처리된 부분적인 언어 형태는 '기도는 ~의 메아리이다Prayer is the echo of'이고, 소리로부터 나오는 개방형 연결자를 갖춘 혼성공간1이 구축된다. Y 표현의 사상 도식은 이제 소리로부터 나오는 개방형 연결자를 'of' 뒤의 명사구가 나타내는 것에, 이 경우에는 '어둠darkness'에 부착하도록 지령을 내린다. 다시 어둠이 포함된 적절한 정신공간을 구성하는 것은 상상력에 달려 있으며, 그 상상력은 재차 많은 다른 선택을 할 수 있도록 하는데, 그 가운데 어떤 선택은 나중에 수정될 수 있다. 그러나 다만 한 가지 분명한 선택은 중심 및 중심 내에 빛의 등급이 있는 정신공간이란 것이다. 그런데 '~의 어둠the darkness of'이라는 Y 표현은 또 다른 혼성 연결망을 촉진한다. 그에 따라 *어둠darkness*과 *장소locus* 모두로부터 시작되는 개방형 연결자를 갖춘 혼성공간2를 구축한다. 또한 혼성공간1과 혼성공간2도 혼성한다. 그것은 대혼성공간에서 *기도/메아리, 소리/어둠*과 장소를 제공하는데, 그에 상응하는 장소의 개방형 연결자는 아직 완성되지 않은 상태이다. 이제, '영혼soul'이라는 낱말은 두 번째 Y 표현(과 문장)을 완성하며, 기도와 동일한 종교 정신공간에 있는 장소에서 영혼으로 이어지는 개방형 연결자를 부착하도록 지시한다. 어둠에서 출발하는 나머지 개방형 연결자는 종교 정신공간의 명명되지 않은 새로운 요소에 부착된다.

이런 복잡한 사상 도식의 결과로, 우리는 궁극적으로 X, Z에 대응하는 요소가 있는 특정한 정신공간과 그 혼성에 관여하는 모든 요소들에 달려 있는 개방형 연결자를 가지게 된다. 이런 특정한 정신공간은 이미 문맥상(가령 종교) 활용할 수 있거나, 대부분의 경우에 활용할 수 있어서 그 속에 새로운 요소와 관계를 확립하기만 하면 되는 경우도 있고, "앤은 공룡의 후예의 사장이다Ann is the boss of descendants of dinosaurs"에서처럼 합성 통합 연결망이라는 방법으로 무無에서 창조해야 하는 경우도 있다. 이런 표현은 앤, 그녀의 노동자, 조상 공룡 모두를 하나의 정신공간에 묶도록 촉구한다.

조금 전 약술한 사상 도식은 모든 은유적 혼성과 "기도는 영혼의 어둠의 메아리이다Prayer is the echo of the darkness of the soul"로 촉진되는 사상을 충실히 반영한다. 더욱이 이런 사상 도식은 "앤은 맥스의 딸의 사장이다Ann is the boss of the daughter of Max"에 대한 사상 도식과 정확히 일치하며, XY²Z 표현에 대한 사상 도식과도 딱 맞아떨어진다.

그러므로 그 예측은 옳다!

하지만 말해둘 점이 하나 있다. 개념적 혼성은 뛰어난 압축 도구이며, 풍부하고 필수적인 새로운 압축을 전달한다. 대혼성공간의 압축된 새로운 프레임은 우리에게 영혼과 종교 표현의 인과성이라는 새로운 개념을 제공한다. 이 프레임에는 명명되진 않았지만 뚜렷히 표현되는 어떤 것에 대한 새로운 역할이 있다. 그것은 소리인 동시에 어둠이다. 새로운 역할은 빛의 척도 속의 어둠이고 어떤 것에서 부딪혀서 되돌아오는 소리이다. 그것은 당신 영혼의 일부이자 영적 경험의 부분이다. 이런 경험과 영혼의 본질을 고려하면, 그 결과로 기도가 나온다. 상상력은 이런 발현적 프레임 안에서 좀 더 풍부한 의미와 또 다른 연상을 자유롭게 발전시킨다. 실제로 상상력은 모두 하나의 사상 도식으로 안내되는 한, 이런 암시적인 구문에 대해서 뉘앙스가 다르고 잠재적으로 충돌하는 해석들을 자유롭게 유발시킨다. 우리는 '메아리echo', '어둠darkness', '영혼soul'을 사용하여 어떤 정신공간이든 환기시킬 수 있다. 이런 낱말들은 공적으로 공유된 정신공간이나 심오한 개인적 경험으로부터 이런 정신공간을 암시한다. 우리는 이런 해석들 가운데 어느 것을 좀 더 선호할 수 있다. 어떤 해석은 기억하기 쉽고 어떤 해석은 무의미하다. 하지만 이런 해석들은 모두 동일한 사상 도식을 지니고 있으며, 이 모든 해석에서 대혼성공간은 가능한 총체적 통찰력을 위한 장소이다.

이중적 은유 예에 대한 다양한 가능한 해석들은 은유적 사상 도식이 "앤은 폴의 딸의 사장이다Ann is the boss of the daughter of Paul"와 같은 단순한 경우들의 사상 도식과 판이하게 다르다는 것을 암시하는가? 일단 그 대답은 '아니오'다. 사상 도식은 다르지 않으며, 원칙상 우리는 자유롭게 '사장boss', '딸daughter', '폴Paul'에 대해 우리가 원하는 정신공간을 환기시킬 수 있다. '사장'이나 '딸'에 대한 사람들의 생각은 개인적 경험과 기억 때문에 완전히 다를 수 있다. 같은 문장도 어떤 사람들에게는 폴이 기꺼이 앤에게 편의를 제공하고자 한다는 뜻을 환기시킬 수 있고, 다른 사람들에게는 폴이 딸에게 명령을 내리거나 딸에게 자신과 맞먹는 권위를 가진 사람에게 원한을 품는다는 뜻을 환기시킬 수 있다. 이런 더 큰 프레임은 대혼성공간에 나타나는데, 문맥마다 다를 수 있다. 폴이 다른 사람에게는 절대로 해주지 않을 어떤 일을 앤에게는 해주는 것을 막 목격한 누군가에게 들려주는 설명으로 이 문장을 사용한다면, 우리는 한 가지 해석을 얻을 수 있다. 폴이 유독 앤에게 적대적이라면 또 다른 해석을 얻을 수 있다. 그러나 이런 다양한 해석들 가운데 어느 것도 사상 도식 자체를 바꾸지 않는다. 같은 방식으로 "기도는 영혼의 어둠의 메아리이다"는 기도가 정신병의 징후를 암시하는 것이라는 말로 여겨지거나, 기도가 가장 가시적이고 신뢰할 만한 영적 대화의 증거라는 뜻으로 받아들여질 수도 있다. 그렇지만 모든 해석은 동일한 사상 도식을 갖는다.

다른 한편, 사상 도식이 동일할 때도 그런 도식 내의 특정한 통합 연결망들은 서로 다르다. "앤은 폴의 딸의 사장이다"는 단순 연결망 두 개의 합성인 데 반해, "기도는 영혼의 어둠의 메아리이다"는 이중범위 연결망 두 개의 합성이다. 이런 두 종류의 연결망은 6장에서 설명한 모든 방식과는 상당히 다르다. 예컨대, *사장-딸* 경우의 중간 혼성공간은 하나의 입력공간에만 등장하는 조직 프레임을 가지고 있는 데 반해, *메아리-어둠* 경우의 중간 혼성공간은 두 입력공간의 조직 프레임에 의존하는 조직 프레임을 가지고 있다. 합성 이중범위 XY^2Z는 창조적 충돌에 대해 매우 풍부한 가능성을 제공한다. *기도*는 자발적이고 음성적이고 의미가 있고 인간적이면서도 심오한 데 반해, *메아리*는 의도적이기는커녕 자동적이고 꼭 음성적인 것도 아니고 무의미하며 물리적이며 그저 다른 어떤 것의 빈약하고 왜곡된 복사본이다. 소리와 어둠 사이, 장소와 영혼 간의 유사한 충돌은 즉시 마음속에 떠오른다. 따라서 대혼성공간에 대한 입력 공간으로서의 두 중간 혼성공간 사이에는 충돌이 있다. 이런 모든 불일치들 가운데서 *기도*를 영혼에 연결하는, 매우 의미 있는 압축된 역할을 찾을 수 있다. 기도와 영혼이 이미 연결되어 있다고 보는 것도 무리는 아니다. 기도는 영혼 '으로부터' 나오고, 영혼이 '신에게 이야기하는' 것이며, 영혼을 지닌 '것에 대한 증거'이다. 이런 경우, 충돌은 실패로 이어지지 않고 효과적이고 새로운 의미로 이어진다.

　"앤은 맥스의 딸의 사장이다"와 "기도는 영혼의 어둠의 메아리이다" 모두에서, 통합 연결망은 특정한 정신공간(앤과 맥스를 가진 정신공간이나 기도와 영혼을 가진 정신공간)에 하나의 요소를 설정한다. 첫 번째 경우의 요소는 노동자이고 동시에 딸이지만, 이름이 없고 애초에 그 존재를 인식할 필요가 없는 누군가를 말한다. 두 번째 경우의 요소는 기도나 영혼과 관련된 요소로서, 일반적 이름은 없으며 앞의 것처럼 애초에 그 존재를 인식할 필요가 없었던 존재이다. 이 특정한 정신공간의 종교적 요소는 심오하고 변별적이나 말로 표현할 수 없는데, 합성 표현은 그 요소를 그 자체로 촉진시킨다.

　우리가 단지 *기도*에 대한 이중의 은유적 정의의 사상 도식을 묘사하기 위해서만 그림 8.10에서 XY^2Z 도형을 구축했다면, 그것은 타당한 것으로 보였을 것이다. 왜냐하면 모든 사람들은 신비하고 암시적인 은유의 해석이 정교하고 창조적인 사상寫像을 수반한다고 수긍하기 때문이다. 동일한 도형이 "앤은 맥스의 딸의 사장이다"의 뜻을 이해할 때 진행되는 과정에 대한 표상이라는 것은 타당하지 않은 것처럼 보일 수도 있다. 이는 논리적 접근법이 보통 그런 경우를 분석하는 방법이 아니기 때문이다. 그러나 이 모두에 적용되는 개념적 혼성 설명은 전통적인 논리학의 설명보다 훨씬 정확하고 경제적이며 일반적이다. 개념적 혼성 설명이 훨씬 정확한 이유는, 논리학의 설명은 압축된 역할을 가진 발현적 프레임과 아울러 대혼성공간의 많은 압축을 놓치기 때문이다. 실제로 논리학의 개념은 입력 프레임에 대한 이름표에 불과하다. 논리학의 개념은 이런 프레임에 대한 심리적 접근을 전제하고서 발현적인 새로운 프레임에 대해서는 별도의 언급을 하지 않는다. 혼성 설명은 더욱 경제적인데, 왜냐하면 동일한 개념적 혼성과 사상 도식이 통상 자구적이거나, 은유적이거나, 유추적이거나, 범주적인 것으로 기술되는 외관상 다른 많은 의미 현상을 설명하기 때문이다. 이런 일반적인 설명은 현상 표면의 현혹적인 자질에 맞추어진 매우 특수한 작용의 혼잡을 제거한다. 끝으로 개념적 혼성 설명은 이보다 훨씬 일반적이다. 왜냐하면 이 설명은 광대하고 제한이 없는 일련의 데이터를 대상으로 형태와 의미의 조화에 대한 설명을 깊은 수준으로 하기 때문이다. 그 조화는 형태와 사상 도식이 이루는 쌍 안에 존재하며, 형태의 합성은 사상 도식의 합성과 병행된다.

CHAPTER 8
줌아웃

초자연적 아버지

우리는 하나의 입력공간에 아버지가 있는 XYZ 혼성을 논의했다.

질문:

● 아버지는 아무리 멀리까지 확장되어도 여전히 아버지일 수 있는가?

대답:

문학 작품은 매우 정교한 개념적 혼성을 촉진시키곤 한다. 『실낙원』의 제2

권에서 밀턴이 사탄을 아버지로 묘사한 것은 이중범위 혼성을 확장하여 보여 준다.

사탄에 대한 상식적 개념은 이미 개념적 영역이 정교화되어 있는 혼성이다. 사탄은 생각하고 말하고 바라고 의도하는 개별 인간과 신학적 존재론의 혼성공간이다. 신학 정신공간에서의 사탄은 악과 같은 영구적인 자질은 물론이고 비인간적인 힘과 한계도 지닌다. 사탄은 사람의 모습과 닮았지만 신학적인 자질과 비인간적인 능력을 갖춘 존재이다. 사탄에 대한 혼성 영역은 아주 정교화되어 있다. 그에게는 악마 무리의 형태를 한 동지들이 있고, 그들과 함께 사회 집단의 정교한 위계 조직을 이룬다. 이런 혼성 영역은 개념적·언어적으로 고착된다. 결과적으로 혼성공간이 어떤 방식에서는 이중범위이지만, "악마가 날 그렇게 하도록 만들었다The devil made me do it"나 "썩 물러가라, 사탄아Get thee behind me, Satan" 같은 표현이나 어린이를 '어린 악마little devil'로 언급하는 것과 같은 또 다른 혼성에 기초한 표현일지라도 그다지 비유적인 것으로는 느껴지지 않는다.

밀턴은 이 혼성공간을 아주 비유적이고도 알레고리적인 방식으로 확장시킨다. 그의 신학 정신공간에는 악, 불복종, 죄, 죽음, 이들 간의 관계는 물론이고 영적 죽음에 직면한 죄인의 심리까지도 포함되어 있다. 친족관계 정신공간에는 생식, 친족관계, 특히 *아버지*라는 역할이 포함되어 있다. 그는 제우스의 이마로부터 아테나가 출생한다는 기존의 혼성공간을 첨가한다. 요컨대, 그는 우두 개의 이중범위 신학 혼성공간을 제공하는데, 죄의 아버지로서의 사탄과 죽음의 아버지로서의 사탄이 바로 그것이다.

밀턴의 혼성공간에서 사탄은 죄의 개념을 생각한다. 완전히 성숙한 여성의 모습을 한 죄Sin가 그의 이마에서 뛰어나온다. 사탄은 죄에 매혹된다. 사탄은 그녀와 성교를 한다. 그 당시에 알지 못하지만, 그가 빠져든 관계는 죽음이라는 결과물을 낳는다. 혼성공간에서의 죽음Death은 사탄과 죄가 근친상간으로 관계하여 탄생한 남자 아이이다. 죽음은 어머니를 성폭행한 후 그녀가 우의寓意

적 괴물의 작은 새끼를 낳게 만든다.

지옥에 보내진 사탄은 탈출을 시도하려다가 지옥의 문에서 자신을 가두려고 배치시킨 두 인물을 만난다. 그들은 죄와 죽음이다. 사탄은 그들을 알아보지 못한다.

이 혼성 이야기에 기여하는 정신공간, 즉 친족관계 정신공간과 신학 정신공간은 어떤 특정한 방식으로 대응하고 있다. 밀턴은 이 두 정신공간으로부터 무언가를 선택적으로 이끌어내 이중범위 혼성공간을 창조한다. 예컨대, 그는 전적으로 친족관계 정신공간으로부터 죽음과 사탄, 즉 아버지와 아들이 지독한 전투를 하려는 바로 그 찰나에 죄가 둘 사이를 중재시킬 상황을 가져온다.

또한 전적으로 신학 정신공간으로부터도 많은 중심 자질을 가져온다. 신학 정신공간에는 죄의 결과로 나오는 물리적 죽음과 영적인 죽음을 인식하지 못하다가, 그 죗값을 인정해야 할 때라야 비로소 소스라쳐 놀라는 죄 많은 마음이 있다. 따라서 혼성공간에서 죄는 죽음을 밴 것에 놀라고 아들이 증오스럽다고 생각한다. 다음으로 신학 정신공간에서 죽어야 할 운명과 영적인 죽음은 죄를 덜 매력적으로 보이게 하고 죄보다 훨씬 강하다. 죽음을 인정하게 되면서 죄의 가치는 하락한다. 고의적이고 죄스러운 욕망은 이 평가절하를 멈추기엔 무기력하다. 따라서 혼성공간에서 죄는 죽음이 스스로를 가혹하게 성폭행하는 것을 막을 힘이 없다. 신학 정신공간에서 영적 죽음이란 사실은 죄 많은 마음에 계속된 후회와 고통을 부여하고, 지옥의 고통이란 영원한 처벌을 내린다. 따라서 혼성공간에서 죽음은 죄를 성폭행함으로써 괴물 같은 자녀를 출생시킨다. 이런 자녀의 출생, 삶, 행동, 어머니와의 관계는 인간의 친족관계 영역에서는 있을 수 없는 일이다.

이 끊임없이 소리 지르고 짖어대는 괴물들은
보는 바와 같이 나를 애워싸고, 시간마다 잉태하여
시간마다 낳으니, 나에게는 끝없는 슬픔뿐.

그들은 마음 내킬 때마다, 저들을 낳은 뱃속으로 되돌아와,

짖어대면서 나의 창자를 씹어 먹어버리고는, 또 다시 밖으로 뛰어나와서,

몸에 사무치는 공포로 나를 괴롭혀,

편안도 휴식도 찾을 길 없다.[57]

밀턴은 친족관계 정신공간과 신학 정신공간 사이의 미묘한 대응요소를 창조한다. 예컨대, 그는 아이를 싫어하는 범상한 시나리오와 죽음의 사실에서 느끼는 공포감을 혼성한다. 또한 아들이 어머니를 성폭행하는 평범하지 않은 시나리오와 죽음이 죄에 미치는 효과를 혼성한다. 그리고 가장 독창적이게도, 분만으로 인해 어머니가 불구가 되어 덜 매력적으로 되는 평범하지 않은 의학 프레임과, 죽음이 죄의 결과라는 사실을 알게 되면서 죄가 덜 매력적으로 보이게 되는 방식을 혼성한다.

드디어 그대가 보는 바 이 추악한 자식,

그대의 소생은 사납게 나의 내장을 찢고

터져 나왔고, 두려움과 아픔에

뒤틀려서 내 하체는 온통 이처럼 흉하게

변해버렸지

밀턴이 사탄을 아버지로 묘사하는 것이 이중범위인데, 이런 묘사는 *아버지*나 출생과 연관된 많은 구조를 보존한다.[58] 먼저 죽음의 아버지를 생각해보자. '아버지'는 인간의 모습이고 인간의 언어를 사용하고, 여성의 아름다움에 흥분하고, 전형적인 인간 장면에서는 의인화된 여성과 의인화된 성교를 한다. 아이는 질관을 통해서 태어난다. 아들은 아버지와 어머니 모두의 속성을 계승한다. 아버지와 청년 아들은 권위를 두고 충돌한다. 다음으로 죄의 아버지를 고려해보자. 여기서도 아버지는 인간의 모습이고 인간의 언어를 사용한다. 인간의 모

습을 하고 있는 자녀가 있는데, 그는 그릇 같은 신체부위에서 나와 성적 존재로 성장한다.

밀턴의 독자들은 결코 사탄이 죄와 죽음의 아버지인지를 묻지 않는다. 밀턴은 독자들이 이런 질문을 하기도 전에 답을 제시한다. 아버지에 대한 표준적인 자질이나 진리조건적 자질로 간주될 수 있는 많은 자질들이 두 개의 이중범위 혼성공간에서 버려지고, 혼성공간들 자체는 중추적 관계로 연결되어 하나의 거대한 대혼성공간으로 압축되지만, 밀턴의 상상적 작업은 부성父性을 사탄에 할당하는 것이 간단하고도 참인 일관된 총체적 통찰력을 제공한다. 사탄을 아버지로 교체하는 것이 원래는 이런 연결망을 창조하는 데 주된 역할을 하는 대단한 도전이었음을 상기한다면 이는 무엇보다 놀라운 일이다. 아버지 하느님 God the Father에게는 그리스도라는 아들이 있다. 성 삼위일체Holy Trinity의 다른 구성원은 *Spiritus Sanctus*, 즉 영원한 삶의 호흡인 성령Holy Ghost이다. 밀턴은 악마를 신과 상반된 것으로 묘사할 의도였다. 그는 사탄이 신의 대응요소인 악惡 삼위일체Infernal Trinity를 창조하는 것이 필요했다. 사탄을 어떻게 아버지로 만들 것인지는 수수께끼 같은 문제지만, 밀턴은 그 수수께끼를 너무 잘 풀어애초에 아무런 문제도 아니었던 것처럼 보인다.

합성성에 대해 생각하는 방식

논리학, 의미론, 인공지능, 언어철학에서 합성성에 대해 많은 논의가 있었다.

질문:

● 여기서의 합성성 논의와는 어떤 차이가 있는가?

대답:

첫째, 일반적인 의미에서 말하는 합성성과 협소한 진리조건적 합성성은 구분되어야 한다. 논리체계에는 합성적 통사론과 합성적 의미론이 있기 때문에,

그 자체가 명제인 통사적 결합은 부분의 진리값으로부터 전체의 진리값 연산을 부호화한다. 예컨대, p의 진리값과 q의 진리값이 주어지면 $p \lor q$의 진리값을 생산하는 진리 함수가 있기 때문에, 명제논리에서 연결사 '$\lor$'(포함적 논리합*)는 합성적이다.

어떤 합성성의 형태는 항상 의미 이론에서 받아들여진다. 이는 사람들이 통사적 결합에 기초해 일관된 방식으로 의미를 구성할 수 있는 것처럼 보이기 때문이다. 특히 사람들은 서로를 곧잘 이해한다. 합성성은 의미의 생성적 본질을 설명해주는 것으로 자연스럽게 간주된다. 한정된 숫자의 형태들의 결합이 무한한 수의 의미를 구성할 수 있다는 것이다.

의미론의 합성성에 대한 가장 기본적인 견해는 논리체계에 적용되는 견해이다. 언어 표현은 아무것의 도움 없이 홀로 진리조건을 가지며 이 진리조건은 그 대상에 있는 진리조건적 특성들로부터 연산될 수 있다는 것이다. 예컨대, '갈색 소' 같은 표현이 어떤 것에 대해 참일 수 있는 조건은 '갈색'이 어떤 것에 대해 참이고 '소'가 어떤 것에 대해 참이 되는 조건으로부터 연산될 수 있다. 형식의미론의 많은 버전, 가령 몬터규 문법 이론은 합성성에 대한 이런 기본적인 견해를 유지하고자 했다. 그러나 이런 기본적인 견해가 경험적 증거에 의해 반박된다는 일반적인 의견 일치가 있다. 이 책 전반에 걸쳐 논의한 예들이 바로 이런 경험적 증거이다.

합성성에 대한 좀 더 느슨한 견해는 표현의 부분들의 진리조건에서 주어지는 것 외에, 문맥으로부터 나온 요소들도 진리조건의 연산에 포함되도록 허용한다. 명확한 경우는 "나 여기 있어I am here" 같은 표현인데, 직시어 *나I*와 *여기here*는 문맥상 지시가 주어져야 한다. 그다지 명확하지 않은 경우는 "그 신문은 중심가에 있다The newspaper is on Main Street" 같은 표현으로서, 문맥으로부터 신문이 무엇을 가리키는지를 알아야 한다. 또한 이해되는 그 지시가 편집실을 가리키는지 또는 신문 사본을 가리키는지, 또는 현재 장면을 취재하는 취재 기자

---

* Inclusive or. 양쪽 중 하나만 참이어도 결과가 참이고 양쪽 모두가 거짓일 때만 거짓인 논리 연산.

의 순간적인 위치를 가리키는지를 파악할 필요가 있다.

합성성에 대한 이런 좀 더 느슨한 견해에서, 문맥을 상술하는 목적은 안정된 부분의 진리조건을 다시 만드는 것이 아니라 필요한 지시적 할당을 진리조건의 연산에 첨가하는 것이다. 그러나 "아테나는 제우스의 딸이다"를 위한 혼성공간에서 *딸*은 이제 *어머니가 없고 아버지의 머리에서 태어나고 갑옷으로 무장한 성인으로 태어나 죽지 않는*이라는 구조와 양립하기 때문에, 딸의 진리조건처럼 보이는 것이 혼성공간으로 투사되지 않았다. 이런 경우 적절한 진리조건을 죄다 상술할 정도로까지 문맥을 상술하기 위해서는 입력공간의 프레이밍, 공간횡단 사상의 대응요소, 선택적 투사의 세부항목, 일치하는 위상의 정도, 개념적 통합의 연결망 모형의 다른 모든 부분들을 상술하는 것이 필요하다.

더 협소한 종류든 더 느슨한 종류든 간에, 진리조건적 합성성의 관점은 사람들이 실제로 달성하는 다양한 의미구성을 설명하기에는 충분하지 않다. 그렇다고 해서 의미구성이 다른 기본적인 방식에서 합성적이지 않다는 것을 의미하진 않는다. 사람들은 통사적 결합에 기초하여 일관된 방식으로 의미를 구성한다. 바로 이번 장에서 보았듯이, 그런 일관성은 일반적인 사상 도식의 층위와 그런 도식을 촉진하는 통사 형태의 층위에서 합성성이 있다는 사실로 설명된다.

이런 양 층위 합성성의 일반 패턴은 다음과 같다. 'of' 구문 같은 통사 형태는 혼성공간에서 구조의 창조를 촉진하고, 그 구조를 지시하는 방법까지 제공한다. 그리고 나서 이 혼성공간은 추가적인 통사 구문으로부터의 촉진 아래 그 이상의 사상을 이용할 수 있다. 사상 도식 자체는 문법 구문처럼 합성된다.

물론 프레게의 합성성이 사람들이 복잡한 통사적 촉진제에 반응해서 복잡한 의미를 어떻게 구성하는지를 설명하는 모형으로서 직관적인 매력이 있지만, 프레게의 합성성으로는 실제 의미구성을 설명하지 못한다. 연결망 모형은 프레게의 합성성의 경우와 프레게의 모형을 확실히 넘어서는 경우들에 일관되게 적용된다. 추가로 한 입력공간의 값이 다른 입력공간의 엄격하게 범주적인 프레임에 원형적으로 적용되는 단순 연결망이라는 특별한 경우에는("폴은 샐리의 아버지이다"), 혼성 사상 도식이 진리조건적으로 프레게의 합성성과 동일하다. 그러나 더 느슨한 프레임, 거울 연결망, 단일범위 연결망 또는 이중범위 연결망을 포함한 모든 다른 경우에, 연결망 모형은 계속 적용되지만, 프레게의 합성성은 이런 예들이 가지고 있지 않은 엄격한 범주화의 자질을 전제하기 때문에 원칙적으로 실패한다. 간혹 거울 연결망이 엄격히 범주적인 공유된 프레임과 그 역할에 대해 절대적인 원형적 값을 가진다 하더라도(가령 "너는 내가 오랫동안 잃어버린 딸이다"), 그런 통합 연결망은 프레게의 합성성으로는 포착되지 않는다.

연결망 모형이 앞서 논의한 프레게의 합성성의 '더 느슨한' 버전보다 문맥 참조에 덜 의존한다는 것은 다소 놀랍다. 그러한 더 느슨한 버전은 진리조건의 연산에 담화 정보를 첨가함으로써 프레게의 진리조건적 합성성을 보존한다. 연결망 모형은 통사적 합성과 사상 합성 사이의 관계를 보여준다. 이런 관계는 영역, 상황, 문맥의 참조와 독립되어 있다. "앤은 맥스의 딸의 사장이다Ann is the boss of the daughter of Max"와 "기도는 영혼의 어둠의 메아리이다Prayer is the echo of the darkness of the soul"의 경우에서 발견한 합성적 사상 도식은 본질상 동일하고, 'of' 구문의 통사적 합성에 기초를 두고 있다. 그런데 그것들의 개념적 영역과 문맥은 전혀 다르다. 물론 문맥이 매우 중요하겠지만, 문맥은 사상 도식이 아니라 혼성공간의 상상적 정교화에서 매우 중요한 것이다.

사상 도식의 일반적 구문이 통사 구문의 순서를 엄밀하게 따르며, 그러므로 그런 의미가 실제로 처리되는 방법에 대한 타당한 모형을 제시한다는 것은 재차 강조할 만한 가치가 있다. 우리는 수많은 다양한 출발점으로부터 동일한 최종 혼성공간을 구성할 수 있기 때문에, 언어마다 다른 통사 구문을 사용할 수 있으며, 실제로 동일한 언어가 동일한 사상 도식을 촉진하는 두 가지 이상의 방식을 가질 수 있다는 것을 보았다. "The valet of the secretary of the president"와 "the president's secretary's valet"는 동일한 최종 사상 도식을 촉진하지만 서로 다른 지점에서 출발한다.

이번 장에서는 또한 통사적 실마리의 합성이 어떻게 사상 도식의 합성을 촉진하는지를 연구했다. 모범적인 예증으로서, 통사적 합성 '명사구1 is the 명사구2 of 명사구3'을 사용했는데, 여기에서 '명사구3'은 '명사구4 of 명사구5'라는 형태를 가진다. 즉 우리는 XY^2Z 구문의 통사적 부분을 사용했다. 우리가 내놓은 요지는 모든 통사적 합성에 적용된다. 실제로 "언어는 영혼의 화석 시이다Language is the fossil poetry of the soul", "라스베가스는 미국의 몬테카를로이다Las Vegas is the American Monte Carlo", "폴의 딸은 디즈니의 회장이다Paul's daughter is the president of Disney", "사회운동은 진보의 조짐임과 동시에 도구이다Social movements are at once the symptoms and the instruments of progress", "시가 낱말의 조화인 것처럼, 대화는 마음의 조화이다As poetry is the harmony of words, so conversation is the harmony of minds"만큼 다양한 통사적 합성은 모두 사상 도식의 합성을 촉진하는 통사적 실마리를 합성한다.

~의 증조부

n이 3정도인 실제 Y^n 표현을 보았다.

질문:
- 사상 도식이 원칙상 무한히 합성될 수 있다면, 왜 3이나 4보다 더 큰 n에 대한 Y^n 표현을 일상적으로는 보지 못하는가?

대답:
'Y of'라는 언어 형태는 무한히 합성 가능하며, 당연히 대여섯 번 합성하고도 여전히 완벽하게 기억하고 발음할 수 있는 문장 역시 제공해준다. 그러나 실시간 의미 처리의 문제 때문에, 전면적인 총체적 통찰력의 느낌을 주기 위해서는 대혼성공간은 전체 연결망에서 능동적인 연결을 유지해야 한다. 우리의

가설은 대혼성공간과 그 연결이 작동기억에서 한계에 부딪친다는 것이다. 이런 한계들에서 가장 명확한 경우는 합성 연결망의 하위도식을 구축하고 그 도식을 관습적인 것으로 만드는 것이다. 대혼성공간에서 압축된 역할이 ~의 부모의 부모의 아버지*Father of Parent of Parent of*인 Y^3 연결망을 고려해보자. 영어 문장에는 이런 압축된 역할에 대한 이름이 있는데, '증조부*great-grandfather*'가 그것이다. 이 대혼성공간과 그 압축된 역할에 대한 낱말은 장기기억에서 한 덩어리로 나와 우리가 이용할 수 있기 때문에 '~의 어머니의 어머니의 아버지*The father of the mother of the mother of*' 같은 낯선 Y^3 연결망보다 작동기억에 그다지 많은 요구를 하지 않는다. 압축된 역할을 나타내는 낱말로, 장기기억에서 나오는 한 단위로 이용할 수 있는 압축을 제공하기 때문에, 증조부*great-grandfather*는 '너의 아버지의 증조부의 어머니*The mother of your father's great-grandfather*'에 대한 대혼성공간을 실시간으로 구성하는 것을 비교적 쉽게 만든다.

해석에 대한 자유와 한계

우리는 동일한 XYZ 표현을 두고서도 서로 다른 해석이 가능하다는 것을 지적했다.

질문:

● 사상 도식이 동일하다면 이런 차이가 나는 이유는 무엇인가?
● 여기에는 어떤 제한이 있는가?

대답:

첫째, 우리는 문법이 형태와 사상 도식을 쌍을 이루게 하고, 동일한 문법적 형태가 둘 이상의 사상 도식과 쌍을 이룰 수 있다는 데에 주목해야 한다. 예컨대, 'Y of'는 앞서 논의한 Y-of 연결망 사상 도식과 쌍을 이루는 형태이다. 그러나 이렇게 형태가 동일하지만 각각 서로 다른 사상 도식과 쌍을 이루고, 그러한 사상 도식에서 y는 '앨라배마 주the state of Alabama'에서처럼 'of' 뒤에 나오는 명사가 나타내는 것의 대응요소이다. 찰스 필모어는 이런 예를 제공하고 있다. "고리타분한 신앙이라는 목욕물을 버릴 때 *개인적 도덕이라는 아기*까지 함께 버릴 필요는 없다One needn't throw out the *baby of personal morality* with the *bathwater of traditional religion*." [59] '영국the nation of England', '코피피 섬the island of Kopipi', '겁쟁이의 낙인the stigma of cowardice', '부패의 특징the feature of decompositionality', '절망의 조건the condition of despair' 같은 예들에서 볼 수 있듯이, 이런 대응요소들은 은유일 필요는 없다. 이번 장에서 이런 서로 다른 사상 도식을 사용하도록 촉구하는 'of' 표현에 대해서는 언급하지 않았다. 그러나 중의적 표현들은 찾을 수 있으리라 본다. '사랑의 불The fire of love'은 어떤 식으로든 해석할 수 있다. 즉 사랑이 은유적으로 불이거나, 불이 성적 열정이나 고민 같은 사랑과 관련된 어떤 것의 은유적 대응요소일 수 있다. 따라서 해석상 차이에 대한 한 가지 원인은 동일한 언어 형태와 연계되는 서로 다른 사상 도식으로부터 나온다. 그러나 이는 여기에서의 논점이 아니다.

우리가 단지 하나의 사상 도식에만 관여한다고 생각해보자. 우리는 이미 특별한 사상 도식의 기초에 대한 완전한 이해와 특별한 영역 및 대응요소의 선택을 발전시키기 위해 상상력이 폭넓은 범위로 추가적인 배경 지식, 문맥, 기억을 보충하고 투사하고 혼성한다는 것을 보았다. 그러나 사상 도식 자체는 그 영역과 대응요소의 선택에 허용 범위를 남겨둔다. "허영심은 이성의 모래늪이다Vanity is the quicksand of reason"를 고려해보자. 사상 도식은 *모래늪quicksand*을 가진 정신공간에서 명명되지 않은 w를 찾아내고, 모래늪과 그 요소 w 사이의 명명되지 않은 관계를 찾도록 촉진한다. 여행자를 w로 선택하는 것은 간단해 보인다. 왜냐하면 허영심이 이성에 대한 잠재적인 함정인 것처럼 모래늪은 여행자에게 잠재적인 함정이기 때문이다. 사상 도식에 대한 요소의 이런 선택이 주어지면, 허영심이 이성이 피하고자 하는 어떤 것이라고 결론 내리는 것은 자동적인 것처럼 보인다. 그러나 오스카 와일드는 허영심의 미덕만이 이성이 지도에도 없는 메마른 사막에서 정처 없이 헤매지 않도록 할 수 있다는 해석을 제안했을 수도 있다. 즉 이런 해석에서 허영심은 시각의 명료함과 흥분, 목적을 제공한다. 결정적으로 사상 도식 자체는 우리가 여행자를 w로 선택하도록 안내조차 하지 않는다. 그 대신 상상력은 선택할 수 있는 범위가 최대한으로 넓으며, 사막을 w로 선택하는 것이 그 예이다. 왜냐하면 모래늪은 사막의 *부분*이고, *부분*은 매우 일반적이고 기본적인 관계이기 때문이다. 그러한 선택 아래 우리는 *허영심vanity*이 *이성reason*의 부분인 혼성공간을 형성할 수 있다. 비록 허영심이 가장 약하고 신뢰할 수 없는 이성의 부분이라 하더라도 허영심이 없다면 이성 또한 존재할 수 없다고 생각할 수도 있는 것이다.

이런 상상력의 자유는 무엇이든 가능하다는 의미인가? 반대로 세계가 제공하는 연결의 잠재적인 무한성으로부터 하나 또는 두 개의 통합을 발견하는 일은 너무 어렵고 결코 임의적이지도 않다. 어떤 연결이 만들어지고, 초래되는 어떤 연결망이 만족스러울지에 따라 미치는 그 영향이 서로 다르다. *모래늪과 여행자* 사이의 연결 같은 어떤 연결을 사용하려면, 연결이 활성화되어야 하고, 일단 그것이 먼저 존재하거나 구성되지 않으면 활성화될 수 없다. 고착화의 정도나 주어진 순간에 활성화하는 것이 얼마나 용이한가에 따라 활성화될 수 있는 연결들이 서로 다르다. 당신이 "허영심은 이성의 모래늪이다"라고 듣는다고 하자. 그것은 XYZ 사상 도식을 발진시키며, 당신의 뇌는 이제 w를 찾는다. 또한 당신의 뇌가 모든 가능한 허용 범위를 가지고 있고 박테리아를 시도한다고 생각해보라. 통합 연결망의 정교화를 추구할 때, 그 시점에서 어떤 일이 일어나는가? 우리는 혼성공간으로 투사되고 발현구조에 기여할 모래늪-박테리아 입력공간에 프레임이 필요하다. 그 프레임에 대한 최소 요구조건은 그것이 요소인 모래늪과 박테리아뿐만 아니라 그 둘 사이의 관계까지 포함해야 한다는 것이다. 하지만 대부분의 사람들은 이런 프레임을 이용할 수 없다. 왜냐하면 그들에게는 이런 프레임에 대한 관습적인 공적 지식이나 개인적 기억이 없기 때문이다. 설령 뇌가 박테리아를 시도한다고 해도 거기서는 아무것도 나오지 않고,

아무런 혼성공간도 형성되지 않으며, 시도 자체에 대한 아무런 의식적인 기억도 없다. 그렇지만 "허영심은 이성의 모래늪이다"가 진행되기 바로 직전에 우리가 적절한 프레임을 만든다고 생각해보라. 그러면 이 프레임은 활성화되고 시도될 것이다. 이런 경우에, 박테리아는 빠진 w에 대한 상당히 성공적인 후보일 수 있다. 이런 예측은 다음 문맥에서 "허영심은 이성의 모래늪이다"를 해석함으로써 쉽게 확인된다.

어떤 박테리아는 모래늪에서만 살고 모든 것을 모래늪에 의존한다는 것을 아는가? 그 박테리아에게 모래늪은 함정이 아니라 생존에 필수적인 것이다. 그렇듯이, 어떤 사람에겐 허영심이 이성의 모래늪이다. 그들의 허영심은 생각을 잘할 수 있다는 자신감을 그들에게 준다.

어떤 의미 이론에서든 활성화는 공짜가 아니다. 프레임, 지식, 경험, 시나리오, 기억은 그냥 주어지지 않는다. 활성화의 용이함과 고착화의 정도는 그 자체로 상상력과 언어 사용에 매우 강한 제약을 부과한다. 언어학자, 논리학자, 심지어 대부분의 심리학자들까지도 이미 구축되어 있으며 보통 쉽게 활성화되는 고착된 경우에 주안점을 두곤 한다. 오로지 엄격하고 고착된 패턴이 사용될 경우에만, 의미는 사상 도식과 그 패턴에 근거해서 예측할 수 있는 것이 된다. 이것이 아마도 언어학자, 논리학자, 언어분석철학자들이 창의적, 비유적, 창조적, 문학적인 예를 자신들의 연구 영역에서 잘못 배제하게 되는 이유일 것이다. 예측 가능한 의미의 합성만이 과학적으로 다룰 수 있어서 중요하고, 예측 가능한 의미의 합성만이 별난 생각의 덧없는 반짝임에 반대되는 진정한 합리적 사고를 뒷받침할 수 있다는 생각은 잘못이다. 우리가 끊임없이 발견하듯이, 합리적이든 별난 것이든 감정적이든 실용적이든, 사고의 힘은 동일한 기본적 정신 작용에 있다. 고착된 경우에만 전적으로 초점을 두게 되면 우리가 생각하는 방식을 깨닫지 못하게 된다. 이는 우리의 일반적인 생각의 작용은 물론이고 고착된 경우에서 발생하는 것들 가운데 거의 모든 것들을 모호하게 만든다. 의식이라는 무대 위에서 벌어지는 고착된 경우들은 무의식적인 상상의 날개 속의 더 많은 활동 덕분에 가능하다.

상상력의 범위는 가장 고착된 경우들에 대해서도 지적할 수 있다. 예컨대, "Mary is Paul's mom"을 보라. 강한 기본값 사상은 친족관계 프레임을 가진 입력공간에서 폴이 아들의 대응요소라는 것이다. 이 기본값은 상상력으로 선택한 것이다. 물론 활성화와 고착화 때문에 이런 해석은 가장 쉬운 선택이다. 그러나 그것은 언제든 파기할 수 있고, 동일한 사고의 원리를 사용해 다른 활성화를 요구하는 다른 선택을 할 수 있다. 아이가 있는 핵가족에서 폴은 남성 부모이고 아이를 위해 해야 할 노동이나 심리적 역할에 대한 도식이 있다고 생각해 보라. 이 시나리오에서 폴의 핵가족에는 어머니라는 역할이 있고, 메리는 폴에 대해 그 역할을 채운다. 말하자면 그녀는 폴이 남성 부모인 가족의 어머니이며, 우리는 이것을 의미하기 위해 "Mary is Paul's mom"이라고 말할 수 있다.* 폴의 대응요소로 아들을 선택하든 또는 가족의 남성 부모를 선택하든 간에, 동일한 일반적 XYZ 사상 도식이 존재한다. 하지만 이 두 해석은 실제로 사상이 다르다. 왜냐하면 공간횡단 사상에 대해 다른 대응요소를 선택했으며, 물론 혼성공간에서도 다른 통합을 수행했기 때문이다.

* 이런 해석에서는 이 문장은 "메리는 폴네 가족의 어머니이다"라는 뜻이 된다.

2부

개념적 혼성은 우리를 어떻게 지금의 우리로 만드는가?

CHAPTER 9
언어의 기원

아이들은 모두 천재로 태어난다.

—버크민스터 풀러Buckminster Fuller

언어는 유일무이한 것이기 때문에 신비롭다. 유독 인간만이 자연 언어에서 발견할 수 있는 문법을 가진다. 그러나 언어만이 유일한 특이성인 것은 아니다. 동물심리학자들이 상당한 노력을 기울였지만 그들은 다른 동물 종이 (허위의 기초가 되는 것들과 같은) 반사실적 시나리오, 은유, 유추, 범주 확장에서 매우 먼 수준까지 미칠 수 있다는 증거를 밝히지 못했다. 가장 인상적인 비인간 종조차도 하나의 도구를 설계해서 만드는 것은 말할 것도 없이, 도구를 사용할 수 있는 능력이 극히 제한되어 있다. 우리 인간에게는 먹고, 싸우고, 짝짓는 직접적인 상황과 무관한 문화적 의미를 구성하는 정교한 의례행사가 있지만, 다른 종들의 '의례'에 가장 가까운 행동은 당장의 상황과 직접 결부된 본능적 표현이다. 멀린 도널드Merlin Donald가 말하듯이, "인간의 유전자는 침팬지나 고릴라의 유전자와 대체로 비슷하지만 인지적 구성은 그렇지 않다. 게다가 우리는 인지적 진화에서 결정적 지점에 도달했기 때문에, 우리 앞에 있었던 다른 창조물들과는 달리 상징을 사용하고 네트워크를 이룩한 창조물이다."[60]

8장 도입부에서 논했듯이, 언어를 점진적 단계의 산물로 보는 합리적 이론은 생각하기 어렵다. 우리가 이전의 문법을 좀 더 복잡하게 만듦으로써 다음 단계의 문법을 생산한다고 볼 수는 없다. 이런 설명은 인간 집단이 매우 간단한 문법으로 시작해, 오늘날 세계의 언어에서 볼 수 있는 층위에 도달할 때까지 점차 세대가 바뀌면서 더욱 복잡해진다고 제안해야 할 것이다. 그러나 이런 설명은 우리가 간단한 형태의 언어를 전혀 찾아낼 수 없고, 다른 것과 비교해서 좀 더 간단한 언어도 찾아낼 수 없다는 사실과 충돌한다. 점진적 경로를 비교적 쉽게 볼 수 있는 많은 진화적 발달이 있다. 우리는 초기 포유동물이 영장류 동물이나 고래류 동물로 설득력 있게 진화한 점진적 단계를 볼 수 있다. 그러나 우리는 포유동물의 역사 속에서 많은 세대 동안에 걸쳐 점점 복잡해지는 문법의 발달을 보여주는 아무런 점진적 경로를 찾지 못한다.

기존 이론

언어의 기원에 대한 추적은 계속 진행 중이다. 무엇이 이런 특이성이 존재하도록 한 것인가? 한 가지 견해는 언어를 매우 특정한 인간의 산물로 간주하고 어떻게 언어가 발생할 수 있었는지를 묻는다. 언어 능력은 다른 인간 능력과 구별된다고 보며, 인간의 다른 특성들과의 상관성에 대해서는 아무런 이론적 입장을 가지지 않는다. 그런 다른 능력들은 언어와 구별되며 다른 설명을 요구한다. 이런 탐구는 많은 다른 종류의 이론에 대해서는 여지를 남겨두고 있다.

촘스키가 탁월함을 발휘한 생득설 이론은 언어의 특수성을 유전적으로 특정하게 명령을 받는 언어 모듈을 담당하는 특정한 유전적 자질에 달려 있는 것으로 본다. 그의 견해에 따르면, 언어를 습득하는 데 학습은 거의 관여하지 않는다. 대부분의 언어 모듈은 이미 제자리를 잡고 있다. 중국어, 반투어, 영어 같은 실제로 사용되는 언어는 상대적으로 표면적이다. 주어진 언어에 매우 빈약하게 노출되는 것만으로 언어 모듈의 출력을 통제하는 매개변인이 정해진다. 그런 노출로 인해 우리는 특정한 한 언어를 갖게 되는 것이다. 그러나 인간 뇌의 진화에서 무엇이 언어 모듈의 전조前兆였는지는 불명확하다. 중간 단계를 찾을 수 없다는 것을 가정하면, 자연적 선택으로부터 나온 어떤 압력이 그런 모듈을 생산했는지도 명확하지 않다. 그래서 생득설을 주장하는 많은 학자들은 인간 진화 역사에서 갑작스럽고 극적이며 아마도 뚜렷한 한 사건이 뇌의 이전 기능들 중 어느 것과도 닮지 않은 언어 모듈을 한 번에 생산했다는 견해를 채택하고 있다.

언어에 대한 또 다른 생득설 견해는 언어가 점진적인 자연적 선택으로부터 발생한 것으로 간주한다. 예컨대, 스티븐 핑커와 폴 블룸은 "언어가 없는 상태에서 우리가 지금 발견할 수 있는 언어로 이어지는 일련의 단계가 있었음이 틀림없고, 각 단계는 임의적인 돌연변이나 재조합으로 생산될 수 있을 만큼 충분히 작았다"고 주장한다.[61]

비록 언어를 다른 인간 능력과 구분되는 특별한 생산물로 간주하는 것이 언어를 모듈로 간주하는 생득설 이론과 연관이 있지만, 생득설이나 모듈성이 언어를 구분되는 능력으로 보는 견해에 결정적으로 필요한 것은 아니다. 인지가 어린 시절 동안에 뉴런들 간의 연결 형성, 강화, 약화를 통해 발달한 것으로 간주하는 급진적인 연상 이론가는 언어 역시 그런 연결망에서 발생하는 매우 특별한 작용으로 쉽게 간주하곤 한다. 이런 견해로 보면 언어는 다른 모든 능력들과 기본적인 연상 작용에서 공통분모를 가지지만 본질적으로 연결망 속의 다른 능력들과는 구분된다. 언어 능력은 연결망의 어느 한 구역에 국한되어 있지 않지만, 여전히 작용적으로는 구분될 것이다.

어떤 연상 이론가들은 진화가 경험에서의 통계적 추리를 수행하는 강력한 학습 메커니즘 개발에 일정한 역할을 한다는 점을 강조한다.[62] 이런 견해에서 뇌는 통계적 추출을 위한 풍부하고 특정한 구조를 진화시켰으며, 언어는 그러한 통계적 추리의 영역 일반적 과정을 통해 학습될 수 있는 것들 중 하나이다. 언어는 난해하고 그러한 학습 능력의 진화에 의존하지만, 언어를 학습하는 방법이 언어에만 특유한 것은 아니다. 어린이는 최소한의 언어만 듣고도 통계적 추리를 통해 충분히 문법 패턴 수렴에 도달할 수 있다. 여기에서 진화적 이야기는 뇌가 언어와 같은 것을 배우기 위한 성향을 지닌 학습 능력을 진화시켰지만 '언어'나 신경 '언어 모듈'을 진화시키지는 않았다는 것이다. 테렌스 디컨

Terrence Deacon이 지적하듯이, "상징적 학습의 평범하지 않은 본질을 가정해보면, 이와 관련된 마음의 성향은 다른 종의 그것과는 다르며, 특별한 방식으로 확대되는 것이 분명하다."[63] 물론 어떻게 그러한 특별한 학습 능력과 언어에 대한 성향이 진화될 수 있었는지를 설명하는 일이 도전 과제로 남아 있으며, 이런 설명에서 왜 중간적이고 보다 간단한 언어 형태에 대한 증거가 없는지는 여전히 명확하지 않다.

월리엄 캘빈William Calvin, 데렉 비커튼Derek Bickerton, 프랭크 윌슨Frank R. Wilson 같은 이론가들과 연관된 한 계열의 견해[64]는 손이나 상호적 이타주의의 발달과 같은 언어의 선적응[65]을 찾고자 한다. 이런 선적응들이 언어에 필요한 연산 능력을 적소에 위치시켰을 것이라는 견해이다. 이런 견해에서는 언어로 향하는 점진적 단계는 있으나, 초기 단계가 언어는 아니었기 때문에 언어처럼 보이지 않았다. 그러한 점진적 단계에는 단지 나중에 정교한 언어를 가능하게 만든 어떤 능력이 있었다.

또한 테렌스 디컨의 영향력 있는 최근 제안을 포함해 공진화적 제안이 있다.[66] 그 주장은, 언어는 본능이 아니며, 우리 뇌에 유전적으로 설치된 언어적 블랙박스는 없다는 것이다. 언어는 인지적·문화적 창의력을 통해 서서히 발생했다. 2백만 년 전, 유인원과 비슷한 비언어적인 정신적 능력을 갖춘 오스트랄로피테쿠스는 매우 조잡한 상징체계를 이따금씩 조직하고자 노력했다. 그런 상징체계는 약하고 학습하기 어렵고 비효율적이고 느리고 유연하지 않았고 결혼과 같은 사회적 규약에 대한 의례 표상에 매여 있었다. 우리는 그것을 언어로 인식하지 않았을 것이다. 그러나 그 다음에 언어는 두 가지 수단에 의해 개선되었다. 첫째, 발명된 언어 형태는 긴 선택 과정을 겪었다. 여러 세대가 바뀌면서, 새로 태어난 뇌는 적합하지 않은 것으로 알려진 언어적 발명을 폐기했다. 새로 태어난 뇌의 추측 능력과 복잡한 비언어적 성향은 언어적 발명의 산물에 대한 여과기로 작용했다. 오늘날의 언어는 살아남은 언어 형태의 체계이다. 아이의 마음은 선천적인 언어 구조를 구현하지 않는다. 오히려, 언어가 아이의 마음의 경향을 구현하는 것이다.

디컨의 견해에서, 언어를 개선한 두 번째 하위 수단은 뇌의 변화와 관련 있다. 조잡하고 어려운 언어는 상징의 관계적 연결망을 수립하고 유지해야 하는 지속적인 인지적 짐을 지웠다. 이런 벅찬 환경은 뇌가 언어에 더욱 숙련되도록 하는 유전적 변이를 선호했다. 언어는 인지적 적응으로 시작했으며, 그 다음에 유전적 동화가 일부 짐을 덜어주었다. 인지적 노력과 유전적 동화는 언어와 뇌가 함께 진화할 때 상호작용했다. 디컨의 견해에서, 언어는 "유연한 유인원 학습 능력의 도움으로 획득되었다." 그것은 유인원과 비슷한 뇌에 접목되었다. 따라서 언어는 해석과 추론 같은 다른 인지적 기능과 분리되지 않는다. 문법적 형태는 개념적 의미와 독립적이지 않다. 언어적 블랙박스는 없으며, 언어는 유전적으로 설정된 것도 아니다.

흥미로운 인간 특이성의 범위

선사시대에서 대략 동일한 시기에 인간사의 무대 위에 폭발적으로 출현한 것처럼 보이는 가장 큰 세 가지 특이성은 예술, 종교, 과학이다. 스티븐 미슨은 "창조적 폭발"이라는 글에서 다음과 같이 적고 있다.

예술은 고고학의 기록에서 극적으로 등장한다. 첫 번째 돌 도구가 나타난 지 2백5십만 년 이상 동안, 예술에 가장 가까운 것은 모양이 없는 뼈와 돌 위의 몇 가지 긁은 자국이었다. 이러한 긁은 자국에 상징적 중요성이 있다는 의견도 가능하긴 하지만, 그다지 설득력이 없다. 긁은 자국은 심지어 의도적으로 새긴 것이 아닐 수도 있다. 그 다음은 약 3만 년 전, 적어도 해부학적인 현대 인간이 출현한 지 적어도 7만 년이 지나고 나서야 비로소 우리는 남서 프랑스에서 동굴 벽화를 발견하는데, 그것은 전문적인 솜씨로 새긴 능숙하고 감정적인 힘으로 가득 찬 벽화이다.[67]

미슨은 종교와 과학에 대해서도 동일한 주장을 하며, 자연스럽게 무엇이 이런 특이성을 불러일으켰는지 질문한다. 그의 대답은 인간이 갑자기 '인지적 유동성'이라는 완전히 새로운 능력을 개발했다는 것이다. 그런 능력은 '사회적 지능'과 '자연사 지능' 같은 '행동 영역들 사이의 지식과 생각의 흐름'을 위한 능력이다. 그가 '인지적 유동성'의 원리에 대한 이론을 가지고 있지 않고 그것을 다른 영역들을 결합하기 위한 특별한 목적으로 사용되는 고차원의 작용으로 간주한다 할지라도, 미슨의 일반적인 개념은 개념적 통합이라는 우리의 개념과 어느 정도 닮았으며, 심지어 그의 도형은 우리가 승려 수수께끼를 예증하기 위해 사용했던 그림 3.1과 상당히 닮았다. 도대체 무엇이 인지적 유동성을 초래했는가? 미슨의 생각은 아주 다른 종류의 뇌를 만들어낸 유일하고 폭발적인 진화적 사건이 있었음에 틀림없다는 것이다.

미슨은 계속해서 많은 이론가들이 막연하지만 자신감 있게 인간의 특별한 인지 능력을 두 사물을 함께 구성할 수 있는 능력으로 여겼다고 주장한다. 아리스토텔레스는 은유가 천재의 표징이라고 적었다. 2장에서 보았듯이, 쾨슬러는 창조 행위가 다른 모체들을 '이연연상*'한 결과라고 제안했다.

우리에게 남겨진 선사시대의 그림은 신비로운 특이성들 가운데 하나이다. 그것은 새로운 인간 활동에서 아마도 거의 동시적으로 폭발했다. 우리에게는 이런 모든 특이성들의 경우에서 그 능력이 전혀 없던 시기와 완전히 개화한 사이의 중간 단계에 대한 기록이 본질적으로 없다는 문제가 있다. 그리고 적어도 언어에 관한 한 현대에도 이런 선사시대의 이야기와 유사한 문제가 있다. 우리는 아무리 고립되어 있는 인간 집단이라도 단지 덜 발달한 언어를 가지고 있는 경우를 찾지 못한다. 우리는 덜 발달한 언어를 가진 영장류 동물을 찾지 못한다. 이는 한눈에 봐도 완전히 비정상적인 상황처럼 보인다. 우리는 종의 진화에서는 이와 유사한 경우를 아무것도 찾지 못한다. 예컨대, 점액에서부터 선구_{先驅} 물질 없이 도약하는 복잡한 유기물 같은 것은 없다. 그러면 이상하고 전례 없는 이 그림을 설명하기 위해서는 어떤 이론이 필요한가?

* 서로 관계가 없었던 것들이 갑자기 하나로 연결시키면서 창조력이 발휘되는 현상.

언어 기원의 적절한 이론은 어떤 모습이어야 하는가?

다윈이 지적했듯이, 진화의 주요한 비결은 점진적 변화인 것으로 보인다. 그렇다면 적응주의 설명은 각각의 단계가 어떻게 적응적이었는지를 보여주어야 한다. 진화는 결코 "뭐, 내가 10단계에 도달할 수 있다면 좋겠지요. 그러니까 앞의 아홉 단계는 그냥 통과하도록 좀 봐주시오"라고 생각하게끔 허용되지 않는다. 다른 것이 동일하다면, 우리는 극적인 특이점singularity[*]보다는 변화의 연속성을 보여주는 진화적 설명을 선호한다. 심지어 '단속 평형' 이론들조차도 아무것도 없는 것에서부터 눈이나 언어를 만들어내는 도약이 아닌 비교적 작은 도약을 제안한다.

그러나 우리는 중요한 문제에 직면한다. 우리는 어떻게 뇌와 인지에서 비교적 연속적인 변화로부터 획기적인 인간의 특이성이 발생하는 것을 설명할 수 있는가?

이 문제에 대해 생각하려면 우리는 두 가지 주요한 오류를 제쳐놓아야 한다. 첫 번째는 원인-결과 동형 오류이다. 원인과 결과를 압축하는 것은 인지에 필수적이지만, 그것은 종종 우리가 결과를 인식할 때 원인과 결과를 거의 같은 것으로 간주하게 만들어서 과학적 사고에 나쁜 영향을 미치곤 한다. 결과가 극적이면, 우리는 원인 역시 극적인 사건이었으리라고 예상한다. 결과가 평범하지 않으면 평범하지 않은 원인을 예상한다. 이런 견해는 너무 흔해서 대중적인 과학 설명은 지겹고 판에 박힌 원인으로부터 평범하지 않은 경우가 나오는 방식을 반복해서 재미있게 예증해준다. 이것은 항상 진화나 카오스 이론에 대한 대중적인 설명에 나오는 이야기이기도 하다. 예컨대 흰개미처럼 보이게 해서 흰개미의 둥지에 살 수 있도록 하는 위장용 복장으로 복부가 변한 딱정벌레는 점진적 자연선택이라는 가장 판에 박힌 작용으로 발생했다.

원인-결과 동형 오류는 결과의 불연속성이 원인의 불연속으로부터 나오며, 따라서 언어의 갑작스러운 출현이 격변적인 신경조직의 사건과 연결되어야 한

---

[*] 특이점은 성질이 근본적으로 순식간에 변하게 되는 임계 지점을 의미한다. 문맥에 따라 'singularity'를 '특이성'과 '특이점'으로 나누어 옮겼다.

다고 생각하도록 우리를 유도한다. 이런 오류에 반대하기 위해 필요한 유일한 증거는 짐을 가득 실은 낙타의 등을 부러뜨리는 마지막 지푸라기 한 가닥이지만, 사실상 우리는 과학의 모든 곳에서 그런 증거를 볼 수 있다. 열을 받은 얼음이 갑자기 고체에서 액체로 바뀔 때에도 인과성의 매끄러운 연속성이 있다. 고체에서 액체로의 변화는 특이한 현상이지만, 원인이나 인과적 과정의 기초에는 특이성이 없다. 가득 찬 컵에 물방울이 한 방울 더 떨어지면 더해진 그 물 한 방울이 아니라 더 많은 물이 갑자기 테이블 위로 흐를 것이다. 몸의 지방이 1그램이 더 더해지면 당신은 남태평양 가운데서 아무 노력 없이도 물에 뜰 수 있을 것이다. 1그램이 더 적으면 당신은 가라앉을 것이다. 이 마지막 경우에서 삶과 죽음의 특이점이 원인과 인과적 작용의 매끄러운 연속성으로부터 발생한다. 어떤 것도 당신이 익사할 때 유체역학이나 부력의 원리를 바꾸지 않는다.

그래서 원칙상 언어의 갑작스러운 출현은 진화적 연속성에 반하는 증거가 아니다. 연속성으로부터 특이성이 발생하는 것은 흔한 일이다. 남아 있는 유일한 질문은 다음과 같은 것이다. 생물학적 진화 또한 이런 식으로 작용할 수 있는가? 우리에게 인과적 연속성으로부터 주목할 만한 특이점을 제공하는 특정한 진화적 과정이 있는가? 여기서 우리는 두 번째 주요한 오류에 직면하는데, 기능-기관 동형 오류가 바로 그것이다. 이것은 새로운 유기체 기능의 시작이 새로운 기관의 진화를 요구한다는, 널리 알려진 생각이다. 이런 오류에서 보면 주머니쥐는 꼬리로 나무에 매달려 있기 때문에, 그 꼬리는 나무에 매달리는 기능을 수행하는 기관인 것이다. 또한 이런 관점에서 보면 사람들은 혀로 말을 하기 때문에 혀는 말을 위한 기관이다. 그러나 생물학자들은 기관이 진화함에 따라 새로운 기능을 획득하거나 이전의 기능을 상실하거나 또는 그 둘 다를 할 수 있다고 늘 지적한다. 언어가 있기 이전에도 복잡한 포유동물의 혀가 있었다. 혀는 새로이 창조될 필요가 없었다. 그리고 주머니쥐의 조상은 주머니쥐가 나무에 매달리기 전에도 꼬리가 있었다. 기관의 연속적 진화가 반드시 기능의 연속적 진화와 관련 있는 것은 아니다. 기능은 특이한 것이지만 기관의 진화는 연속적이다. 물속에 있는 몸처럼, 기관은 부유 같은 놀라운 새로운 기능을 돕기 위해 단지 가장 작은 변화의 증대만이 필요할 수 있다.

우리는 공룡이 새로 진화하는 방식을 제안한 이론의 경우에서 이 사실을 볼 수 있다. 어느 누구도 기관(날개)이 불연속적으로 진화했다고 주장하지 않지만, 어느 누구도 기능(비행)이 연속적으로 진화했다고 주장하지 않는다. 반대로 그런 이론에 따르면, 날개는 점진적으로 나왔다. 비늘은 서서히 깃털로 발전한 것처럼 보이며, 깃털은 따뜻함을 제공해주었고, 더 긴 팔과 깃털을 가지게 되면서 팔을 퍼덕거려서 달리는 속도를 약간 상승시킬 수 있었고, 그래서 팔도 더 길어지고 깃털도 더 많아졌다. 이 모든 이론들에서 비행은 갑자기 출현했다. 결정적 시점에서 유기체는 진정으로 공중에 뜰 수 있게 되고, 그래서 이제는 잠자리를 쫓아 날아서 잠자리를 삼킬 수 있다. 화려한 기능의 특이점인 비행이 비행을 위한 기관이 아무것도 없는 것에서 갑자기 진화했기 때문에 실현되었다고는 아무도 생각하지 않는다. 현대의 새가 30미터보다 더 높이 날기 때문에 새가 맨 처음에는 30센티미터의 높이에서 날 수 있었고, 그 다음에 60센티미터에서 날고, 그 후 많은 세대가 계속 진화해서 30미터에 이르는 중간 단계가 있었다고는 어느 누구도 생각하지 않는다. 진정으로 공중에 뜰 수 있는 것은 전부 아니면 아무것도 아닌(all or nothing) 문제이며, 그래서 나는 행동 또한 기본적으로 전부 아니면 아무것도 아닌 문제이다. 유기체는 날 수 있거나 날지 못한다.

언어의 기원에 관해서 생각할 때 우리는 원인-결과 동형 오류와 기능-기관 동형 오류를 제쳐놓아야 한다. 언어는 기관이 아니다. 뇌는 기관이고, 언어는 다양한 다른 기관의 도움을 받아서 뇌가 수행하는 기능이다. 언어는 어떤 능력의 표면적 표명이다. 언어는 기능의 특이점이다. 그래서 어떤 것도 언어가 기본적으로 연속적이고 적응적인 진화의 과정으로부터 발생하는 것을 막지 않는다. 그것을 초래한 연속적인 변화가 수백만 년 동안 진행되어왔을 수 있지만, 기능은 인간 진화에서 최근에 발생했을 수 있다. 원인은 매우 오래된 것이지만, 어떤 특별한 결과가 단지 어제 나타났을 뿐이다. 이것이 우리가 제안하는 내용이다.

언어 기원에 대한 최고의 이론에는 다음과 같은 특징이 있을 것이다.

● 언어의 특이성에 대한 인식. 일련의 중간 단계에 대한 계통발생적 증거 및 현재의 인간 언어의 원시적인 형태에 대한 증거가 어디에도 없다.

● 특별한 능력을 발생시킨 특별한 사건 거부. 다시 말해, 원인—결과 동형은 없다.

● 언어의 원인으로서 매우 오랜 기간 동안 발생한 진화적 변화의 연속적 경로. 왜냐하면 그것이 진화가 거의 항상 작동하는 방법이기 때문이다.

● 타당한 적응적 이야기를 보여주는 경로. 경로를 따르는 각 변화는 그 경로가 궁극적으로 어디로 이어지는지와는 상관없이 그 자체로 적응적이라는 것이 분명하다.

● 따라서 특이성을 만들어내는 연속적인 진화적 경로.

● 어떤 정신적 작용이 그 경로를 따라 발전했으며, 어떤 순서대로 발전했는지에 대한 모형.

● 어떤 연속적인 변화가 어떤 특이성을 만들었으며, 어떻게 그렇게 했는지에 대한 명시적 설명.

● 인간이 그런 가설적 경로에서 실제로 정신적 작용을 한다는 많은 분야에서 나온 확고한 증거.

● 언어의 기능 그 자체를 위한 중간 단계가 아닌, 마침내 산물로서의 언어의 촉진precipitation으로 이어진 인지 능력을 위한 중간 단계.

● 오늘날의 인간에 대한 해부학적 증거가 우리에게 한때 꼬리가 있었다는 것을 지적하는 것처럼, 이런 단계들의 역사를 지적하는 오늘날의 인간의 해부학이나 행동에서의 증거.

● 다른 것이 같다면, 관련된 많은 인간 특이성들이 동일한 연속적 진화 경로를 따라 나타나는 산물로 발생한다는 것을 설명하는 경제적 방법.

언어의 중심 문제

의미의 세계는 언어 형태보다 훨씬 풍부하다. 언어가 비록 무한한 수의 형태를 이용할 수 있게 한다고는 하지만, 언어는 우리가 살고 있는 매우 풍부한 물리적 정신적 세계가 제공하는 상황의 무한대보다는 작은 무한대이다. 이를 확인하려면 "내 소는 갈색이다" 같은 형태를 가지고 모든 가능한 사람, 소, 적용되는 갈색의 모든 음영뿐만 아니라, 이 단락에서 예로 드는 용법을 포함해 아이러니 용법, 범주적 용법, 은유적 용법 같은 다른 모든 용법을 상상해보라.

'음식food'이나 '거기there' 같은 낱말이 제 역할을 하고자 한다면 매우 폭넓게 적용되어야 한다. 동일한 것이 낱말과 독립적인 문법 패턴에도 적용된다. 영어의 결과 구문을 고려해보라. 이 구문은 A–동사–B–형용사의 형태를 하고 있으며, 형용사는 특성 C를 가리킨다. 그것은 "캐시는 벽을 하얗게 칠했다Kathy painted the wall white"에서처럼, "*A가 B에 뭔가를 해서 B가 C라는 성질을 갖게 되었다*"를 의미한다. "그녀는 그에게 키스해서 넋을 잃게 만들었다She kissed him unconscious", "어제 밤의 식사는 나를 앓게 만들었다Last night's meal made me sick", "그는 그것을 평평하게 망치질했다He hammered it flat", "나는 냄비를 말라붙도록 끓였다I boiled the pan dry", "지진이 건물을 갈라지도록 흔들었다The earthquake shook the building apart", "로마 제국은 라틴어를 보편적인 언어로 만들었다Roman imperialism made Latin universal"에서처럼, 우리는 이 구문이 광범위한 범위의 인간 생활에서 행동과 결과의 개념을 촉진하기를 원한다. 결과 구문의 의미가 이런 모든 다른 영역에 적용될 수 있다는 것이 명확하지만, 그것을 적용하는 데는 복잡한 인지 작용이 필요하다. 여기서 기술되는 사건은 전혀 다른 영역에 있으며(로마 제국주의 대 대장장이), 상당히 다른 시간 길이(언어가 발생하는 시기 대 몇 초간의 지진), 다른 공간적 환경(유럽 대부분 대 스토브 위), 다른 정도의 의도성(로마 제국주의 대 건망증이 있는 요리사 대 지진), 원인과 결과 사이의 매우 다른 종류의 연결(망치의 강타는 사물이 즉각적으로 납작해지도록 만들지만, 특정한 시간에 식사를 하는 것은 긴 생물학적 사건의 연쇄를 통해 나중에 병을 일으킨다)을 가지고 있다.

매우 간단한 이런 문법 구문은 우리가 실제로 동일성(가령 로마 제국주의), 시간, 공간, 변화, 원인-결과, 의도성을 압축하는 복합적인 개념적 통합을 수행하도록 허용한다. 문법 구문은 압축된 입력공간에 그에 상응하는 언어 형태를 제공한다. 그리고 나서 그 입력공간은 전형적으로 통합적이지 않고 비교적 느슨한 사건의 연쇄를 포함하고 있는 또 다른 입력공간과 연결망에서 혼성된다. 그래서 끓는 물에 서양 호박이 들어 있는 냄비 아래 버너를 끄는 것이 우리의 일이고 그것을 잊어버리고 물이 모두 증발한다면, 우리는 "오늘밤에 호박 요리는 없어. 내가 냄비를 말라붙도록 끓였거든. 미안"이라고 말할 수 있다. 느슨한 입력공간에서 인과적 연쇄는 망각에서부터 버너 손잡이의 고정된 위치로, 그리고 가스의 흐름, 불길, 냄비의 온도, 물의 온도, 물의 수준, 냄비의 건조로 이어진다. 행위자는 냄비에 대해 직접적이거나 간접적인 행동을 수행하지 않는다. 그러나 혼성공간에서 문법 구문과 연상되는 압축된 구조는 느슨한 입력공간 속의 느슨한 사건의 연쇄로부터 선택한 일부 참여자들과 함께 투사된다. 혼성공간에서 행위자는 냄비에 직접적으로 작용한다. 더욱이 물이 끓는 것이 사건이고 행위자가 했거나 하지 않은 어떤 일이 그 원인이지만, 입력공간과는 달리 혼성공간에는 원인-결과 압축이 있어서 *끓음*이 행위자가 냄비에 직접 수행한 행동이 된다.

이 예가 보여주듯이, 가장 간단한 문법 구문도 영역들에 대한 높은 추상뿐만 아니라 복합적인 이중범위 통합을 요구한다. 17장에서 상당한 추가 증거로 예증되듯이, 이것은 문법 구문의 매우 일반적인 특징이다.

역설적으로, 언어는 제한된 수의 결합 가능한 언어 형태가 매우 많은 의미 있는 상황을 포함하도록 허용할 때만 가능하다. 앞에서 그것이 어떻게 발생하는지에 대한 예를 기술했다. 우리는 'Y of'라는 간단한 형태가 어떻게 광대한 범위를 효과적으로 포함하는 통합 사상 도식을 촉진하는지를 보았다. 우리는 또한 그 형태가 어떻게 결합해서 한층 더 큰 사상 도식을 촉진하는지를 꽤 상세하게 보았다.

어떤 동물 종은 가령 도구 사용, 교배, 먹기라는 개별 영역에서 이런 추상과 통합을 수행하지 않고서도 효과적으로 활동할 수 있다고 생각할 충분한 이유가 있다. 그렇다면, 그런 종은 문법이 촉진하도록 역할하는 개념적 통합을 수행할 수 없기 때문에 문법은 그런 종에게는 소용이 없을 것이다. 그러나 그런 종은 더 간단한 문법을 가질 수는 없었을까? 그들이 더 간단한 문법으로 발생하는 모든 일을 서술하기 위한 유일한 방법은 모든 다른 영역에서 발생하는 모든 일에 대한 개별 형태와 낱말을 가지는 길뿐이었을 것이다. 그러나 세계는 무한할 정도로 너무도 풍부해서 그런 것은 아무런 소용이 없다. 그런 크기의 '언어'를 지니고 다니는 것은 큰 손해를 줄 것이다. 영장류 동물이 가령 각각 특별한 시나리오를 전달하는 백만 개의 특수 목적 낱말을 개발함으로써 언어의 결핍을 보상했다는 증거는 보이지 않는다. 반대로 영장류 동물은 (가령 잠재적인 약탈자에 대한 반응으로) 특정한 '발성'을 하는 능력이 있지만, 침팬지에게 낱말을 가르치고자 아무리 노력을 해도 약 2백 항목 이상의 어휘 범위를 넘을 수 없다. 소수의 발성법을 가지는 것은 명확히 도움이 되지만, 진화는 그런 전략을 매우 멀리까지 확장하는 것이 별로 소용없다는 것을 알았다. 언어의 특별한 진화적 장점은 *어떠한* 상황에서도 사용할 수 있는 놀라운 능력에 있다. 우리는 이런 중요한 언어의 특성을 '동등잠재력equipotentiality'이라고 부를 것이다. 실재하든 상상적이든 간에 어떤 상황에 대한 생각을 표현하기 위해 언어를 사용하는 방법이 항상 존재한다. 우리가 당연한 것으로 여기고 모든 상황에서 노력을 기울이지 않고 사용하는 언어의 동등잠재력의 놀라운 힘에 대한 열쇠는 *이중범위 개념적 통합*이다.

개념적 통합의 등급과 언어의 발현

독자적인 근거에서 우리는 오늘날 인간에게는 강력하고 일반적인 개념적 통합의 능력이 있다는 것을 인정할 수밖에 없다. 특히 이중범위 연결망은 인간은 상당히 쉽게 수행하지만 다른 종은 달성할 수 없는 정신적 행동이다. 지금까지 우리는 이중범위 연결망이 문법 구문, 과학적·수학적 개념의 발명, 종교 의식, 반사실적 시나리오, 설득력 있는 표상, 중추적 관계 압축에서 담당하는 결정적인 역할을 보았다.

우리는 또한 개념적 통합의 연결망이 복잡성에 따라 나누어진다는 것을 보았다. 맨 위에는 입력공간들의 조직 프레임이 서로 충돌하고, 혼성공간은 그 둘 다의 프레임에 의존하는 이중범위 연결망이 있다. 맨 아래에는 관습적 프레임과 역할에 대한 평범한 값을 가지는 단순 연결망이 있다. 우리는 8장에서 가장 엄격하고 기본적인 단순 연결망에서부터 위상이 충돌하는 이중범위 연결망으로 이르는 복잡성의 연속체를 조사했다. 우리는 그 사이에서 거울 연결망과 단일범위 연결망이라는 다른 원형을 발견했으며, 이런 유형의 연결망이 별개의 범주가 아니라 개념적 통합의 기본적인 정신 작용의 산물이라는 것을 보았다. 그 원형들은 개념적 혼성 연결망의 넓은 범위에서 두드러진다.

언어의 기원에 대한 우리의 가설은 다음과 같다.

● 이중범위 개념적 통합은 다른 종에서는 찾아볼 수 없는 인간만의 기질이며, 예술, 종교, 추론, 과학 및 인간의 특징인 다른 뛰어난 정신적 행동에 필수적이다.
● 진보한 개념적 혼성 능력의 특징적인 장점은 느슨하고 다루기 힘든 일련의 의미들에 대한 효과적이고 지적이고 강한 압축을 공급하는 것이다. 인간이 즉각적으로 이해할 수 있는 많은 장면이 있는데, 특정한 방향으로 돌 던지기, 알맹이를 얻기 위해 견과를 깨물어 까는 것, 사물을 움켜잡는 것, 눈에 보이는 위치로 걷는 것, 동물을 죽이는 것, 상대를 인식하는 것, 친구와 적을 구분하는 것이 그런 일이다. 이중범위 혼성은 매우 가치 있고 아마도 우리 종을 규정하는 인지적 도구로, 다른 의미들을 이런 즉각적으로 이해할 수 있는 기본적인 장면들 같은 상당히 압축된 혼성공간에다 고정시킬 수 있다. 이런 장면들은 보통 혼성공간을 프레이

밍하는 데 도움을 주기 때문이다.

- 개념적 혼성 능력의 발전은 점차적이고 기나긴 진화적 시간의 확장을 필요로 했다. 기본적인 혼성의 기원은 포유동물의 진화 정도까지 거슬러 올라가는 것이 명백하다.

- 개념적 혼성 능력의 발전에서 각 단계는 적응적이었다. 매우 간단한 단순 혼성공간에서부터 매우 창조적인 이중범위에 이르기까지 그 능력의 각 단계는 적응적이었다. 왜냐하면 각 단계는 압축하고, 기억하고, 추론하고, 범주화하고, 유추할 수 있는 증가하는 인지적 능력을 제공하기 때문이다.

- 개념적 혼성 능력의 발전에서 중간 단계에 대한 풍부한 증거가 있다. 예컨대, 어떤 종은 간단한 단순 연결망만을 만들 수 있는 것처럼 보이는 반면 다른 종은 약간 더 비범한 단순 연결망을 만들 수 있는 것처럼 보이기도 한다.

- 또한 우리가 이중범위 혼성을 할 수 있지만 여전히 단순 혼성을 할 수 있다는 의미에서, 인간에게 중간 단계에 대한 충분한 증거도 있다.

- 제한된 수의 결합 가능한 형태들을 가진 표현의 체계가 무한한 수의 상황과 프레이밍을 다룰 수 있기 위해서는 개념적 통합 능력의 특별한 수준을 달성해야 한다.

- 언어에 대해 필요한 필수적인 능력은 이중범위 혼성을 할 수 있는 능력이다.

- 이중범위 혼성의 발전은 대변동의 사건이 아니라 오히려 개념적 혼성 능력의 연속적인 척도를 따라 있는 성취이며, 그래서 언어의 기원에 원인-결과 동형은 없다. 원인은 연속적이지만 결과는 특이성이었다.

- 언어는 특이점으로서 발생했다. 언어는 개념적 혼성의 능력이 이중범위 혼성의 결정적 수준까지 발달함으로써 자연스럽게 발생한 새로운 행동이었다.

● 언어는 비행과 같다. 즉 전부 아니면 아무것도 아닌 행동이다. 종이 이 중범위 혼성의 단계에 도달하지 못했다면, 전혀 언어를 개발하지 못했을 것이다. 왜냐하면 문법의 최소한의 양상도 이중범위 혼성을 요구하기 때문이다. 그러나 그 종이 이중범위 혼성의 단계에 도달했다면, 문화적 시간 안에서 완전한 언어를 매우 신속하게 개발할 수 있다. 그 종은 완전한 일련의 문법적 통합에 대한 모든 필요한 선결조건을 가지게 된 것이기 때문이다. 문화는 '보다 간단한' 언어, 가령 주어-동사 절 구문이 있는 언어에서 멈출 수 없다. 문법적 체계는 동등잠재력의 결정적인 조건을 충족시키기 위해서 완전한 일련의 통합과 그에 상응하는 형태를 소유해야 하며, 그런 형태들은 결합해서 어떠한 상황에 대해서도 적절한 표현을 제공할 수 있다. 따라서 언어는 자동적으로 다중적으로 이중범위적이고 복합적일 것이다. 그리고 언어의 발전이 그 수준에 도달하지 못하게 막는 것은 없을 것이다. 왜냐하면 동등잠재력을 생산하는 이중범위 혼성의 엔진이 완전히 제자리에 있을 것이기 때문이다.

● 언어 기원에 대한 이야기는 그 능력의 부분에서는 중간 단계에 대한 여지가 있다. 인간에게는 여전히 간단한 개념적 혼성을 할 수 있는 능력이 있다. 그러나 언어 자체에서는 어떠한 중간 단계도 찾지 못할 것인데, 왜냐하면 완전한 문법은 결정적 단계에 일단 도달하고 나면 개념적 혼성 능력의 특별한 산물로 빠르게 촉진되기 때문이다. 여기에서 '빠르게'는 즉시를 의미하는 것이 아니라 진화적 시간보다는 문화적 시간 안에서라는 의미이다.

● 언어의 장점은 기본적인 인간 장면에 적절한 문법 패턴을 사용하고 그다지 정돈되지 않은 의미를 포착하고 전달할 수 있는 능력이다. 이것은 이중범위 혼성이 제공하는 거대한 압축을 통해서 이루어지며, 이런 이중범위 혼성은 그런 기본적인 인간 장면과 연상되는 문법 패턴과 일치하는 혼성공간을 달성할 수 있다(우리는 17장에서 문법의 기본 구문이 이중범

위 혼성에 의존하는 방식을 조사할 것이다). 언어는 강한 의미에서 동등잠재적이어야 한다. 언어는 우리가 접하는 무수한 새로운 상황에 대처해서 기능해야 한다. 그러나 그것이 동등잠재적일 수 있는 유일한 방법은 인간의 마음이 그런 새로운 상황과 우리가 이미 알고 있는 것을 혼성해서, 우리에게 그러한 기존의 문법 패턴이 새로운 상황을 표현할 수 있도록 고착된 문법 패턴으로 이해할 수 있는 혼성을 제공하는 것이다. 무언가 새로운 것을 말하기 위해 새로운 문법을 발명할 필요는 없으며, 또한 어떤 좋은 것을 발명해야 할 필요도 없다. 반대로 우리는 기존의 문법이 역할을 하도록 하는 혼성공간을 생각할 필요가 있다. 이런 식으로 해야만 작고 비교적 한정적인 어휘와 기본적인 문법 패턴을 가진 개별 인간이 매우 풍부하고 무한한 세계를 극복할 수 있다.

● 도구 디자인, 예술, 종교, 과학 지식 같은 인간 능력과 사회에서 다른 특별한 폭발은 '인지적 유동성'의 결과였다는 스티븐 미슨의 견해를 따른다면, 개념적 혼성 능력의 연속적인 개선이 이중범위 혼성의 결정적 수준에 도달하면, 인간의 활동에서 이런 모든 장엄한 변화가 실현된다고 결론내리는 것이 타당하다. 미슨은 명시적으로 언어의 기원을 '인지적 유동성'의 발전보다 훨씬 앞에 둔다. 그에게 언어는 '인지적 유동성'에 대한 입력이다. 이와 대조적으로, 우리에게 언어는 이중범위 혼성의 가장 두드러진 행동의 산물이다.

요컨대, 개념적 혼성 능력의 지속적인 개선은 이중범위 혼성의 결정적 수준에 도달했으며, 언어는 특이점으로 촉진된다. 그러나 왜 이중범위 혼성이 언어를 가능하게 한 개념적 혼성의 결정적 수준이었어야 했는가? 표현의 중심 문제는 우리와 아마도 다른 포유동물에게 조작할 수 있는 광대하고 무한히 많은 프레임과 일시적인 개념적 조합이 있다는 것이다. 우리가 프레임마다 하나의 낱말만을 가진다고 할지라도 그 결과로 낱말이 너무 많아지기에 잘 다룰 수 없다. 그러나 이중범위 통합은 어떤 한 프레임이나 영역, 개념적 조합에 대한 어휘나 문법을 다른 경우에도 사용하도록 해준다. 그것은 표현에 대한 어려운 정신적 물류 작업logistics을 해결하기 쉽게 만들어주는 효율성과 보편성을 단번에 가져온다. 우리가 언어의 형태로 광대하고 무한한 일련의 의미를 부호화하고자 했기 때문이 아니라, 우리가 이미 마음대로 할 수 있는 개념적 정렬에 대해 고차원의 통합을 촉진할 수 있었기 때문에 언어의 형태가 작동하는 것이다. 개념적 통합과 개념적 정렬 모두 언어의 형태에 의해 부호화되고, 전달되고, 포함되고, 포착되는 것이 아니다. 언어의 형태는 특정한 상황에 대해 완전한 해석을 전달할 필요가 없으며, 사실 전달할 수도 없다. 언어는 대신 상황에 대한 촉진제로 이루어져 있어서 적절한 방식으로 해석에 도달하게 한다.

우리의 제안은 언어 출현의 명백한 불연속성을 설명한다. 간단한 초기 언어의 어떠한 '화석'도 발견되지 않았는데, 왜냐하면 그런 것이 없었기 때문이다. 언어의 출현은 먼지 입자가 과포화된 용액으로 떨어질 때 발생하는 신속한 결정화 같은 특이점이다. 공동체가 개념적 층위에서 이중범위 통합으로 나아갈 때, 특정한 이중범위 통합으로 해결되는 표현의 국부적인 문제는 표현의 일반적인 문제를 해결하기 위한 패턴을 제공하며, 그런 일반적인 문제를 다루기 쉽게 만들고, 무한한 수의 상황을 망라하기 위해 제한된 수의 결합 가능한 형태들을 사용하는 체계의 출현이라는 복잡한 특이점이 초래된다. 그것은 (가령 진리 조건적 합성성을 통해) 상황에 대한 해석을 부호화함으로써가 아니라, 오히려 완전한 해석인 창의적인 실시간 통합을 촉진하기 위해 제한된 수의 형태를 사용함으로써 이런 상황을 '망라한다'.

인지적 현대 인간의 기원

비록 서로 다른 식으로나마 널리 인식은 되었지만 개별적으로 알려져 있었을 뿐 이전까지 단 한 번도 일관된 이야기로 합쳐지지 않은 현대 인간의 진화와 기원에 대한 매력적인 진리들이 있다.

- 생물학적 진화는 점진적으로 발생한다.

- 인간 언어는 진화적으로 말해서 최근인 선사시대에 매우 갑작스럽게 나타난다.

- 예술, 과학, 종교, 도구 사용 역시 최근 선사시대에 매우 갑작스럽게 나타난다.

- 인간은 이러한 행동적 특이성을 가지고 있다는 점에서 다른 종들과 다르며, 이런 분야에서 인간의 활동은 특히 진보했다.

- 해부학적 현대의 인간은 15만 년 전에 나타났다.

- 그러나 행동적 현대의 인간은 약 5만 년 전으로 거슬러 올라간다. 도구 사용과 예술, 종교적 관행에서 진보한 현대의 행동에 대한 증거는 약 5만 년 전의 고고학 기록에 나타난다.

- 다른 종에게는 '간단한' 언어에 대한 증거가 없다.

- 다른 인간 집단에게는 '더 간단한' 언어에 대한 증거가 없다.

- 아이들은 복잡한 언어를 놀라울 정도로 쉽게 학습한다. 그러나 그들은 중간 단계처럼 보이는 과정을 거친다.

어떠한 이전 이론도 이 모든 진리를 결합하지 않았으며, 존재하는 이론들은 때때로 극단적인 방식으로 서로 충돌한다.

어떤 이론가들은 극적인 생물학적 사건이 언어 능력을 가진 극적으로 다른 인간을 만들어냈다고 제안한다. 촘스키는 언어에 대한 그러한 극적인 생물학적 사건을 제안한다. 이와 대조적으로, 미슨은 언어에 대한 것이 *아니라* 인지적 유동성에 대한 신경생물학적 '대폭발'을 제안한다. 미슨이 보기에는 가장 초기의 해부학상 현대의 인간에게는 이미 언어가 있었지만, 예술, 종교, 과학, 정교한 도구 사용을 얻는 데에는 또 다른 수백수천 년이 걸렸으며, 인간이 그러한 능력을 얻는 일은 단 하룻밤 사이에 발생했다. 그러한 행동상의 변화는 상당히 적응적인 인간 뇌의 예외적이고 특별한 변화로 발생한다. 미슨이 보기에 그런 생물학적 변화는 언어의 기원과 관련이 없으며, 대신에 놀랄 만한 인간의 창조적 능력을 만들어낸다. 그전에 이미 사용할 수 있었던 언어는 이런 새로운 능력을 손에 넣는다. 이 설명에서 언어는 인지적 유동성의 수익자이긴 하지만 원래부터 창조적이지는 않다. 촘스키가 보기에 극적인 생물학적 사건은 통사론만을 직접적인 산물로 낳는다. 그는 또한 적응이 언어의 출현에 역할을 한다는 설명에 회의적이다. 촘스키와 미슨 모두 특별한 결과들을 보고서 특별한 생물학적 원인을 가정하여 설명한다. 이런 식으로 그들은 중간 단계의 부재를 효율적으로 다룬다. 즉, 원인으로부터 완전한 결과가 재빨리 뒤따라 나왔다는 것이다. 촘스키에게 극적인 생물학적 변화의 비범한 결과가 언어이고, 언어는 인간의 무대에서 폭발적으로 나타난다. 미슨에게 예술, 과학, 종교는 인간의 무대에서 폭발적으로 나타나지만 언어는 그렇지 않다. 그러나 이런 이론들에는 치명적인 약점이 있다. 이런 이론들은 진화의 점진주의 원리를 거스른다. 촘스키의 이론조차도 자연 선택에 거스르는 것처럼 보인다. 촘스키와 미슨 모두 사색적이고 대이변적이고 비결정적이지만 전능한 생물학적 사건을 마음대로 조작한다. 그들의 설명에는 내적인 한계가 있으며, 그 한계를 넘어서는 확장될 수 없다. 촘스키의 이론에서는 모든 다른 인간 특이성을 설명하기 위해서는 또 다른 이론이 필요할 것이며, 미슨의 경우는 언어를 설명하기 위해 또 다른 이론이 필요할 것이다. 그들의 이론은 원인-결과 동형으로부터 유도된다. 촘스키는 가장 강력한 기능-기관 동형을 추가한다. 이런 동형은 우리에게 압축과 총체적 통찰력을 제공하기 때문에 현혹적이다.

한편으로 테렌스 디컨의 이론과 다른 한편으로 스티븐 핑커와 폴 블룸의 이론 같은 다른 이론들은 언어 능력의 점진적인 진화적 또는 공진화적 발달을 제안한다. 이 두 이론은 극적인 생물학적 원인을 제안하는 함정은 피하지만, 왜 생존하고 있는 중간 단계가 없는지를 설명해야 하는 문제에 직면하게 된다. 둘 다 중간 단계가 있었다고 설명하지만, 그것을 가지고 있었던 사람들이 사라지고 없으며 그런 단계의 흔적을 남겨놓지 않았다고 설명한다. 핑커와 블룸은 게다가 다른 인간 특이성을 설명해야 하는 어려움에 직면한다. 촘스키의 이론처럼, 그들의 이론은 어떤 형태의 개념적 사고의 발전이 아닌 전적으로 언어의 기원에만 향해 있다. 디컨은 우리가 참고하는 이론가 중 한 명으로, 언어의 기원을 다른 문화적 행동의 기원과 관련짓는 충분한 가능성을 남겨두고 있다. 그는 일련의 인간 활동의 기초가 되는 상관 능력의 점진적이고 적응적인 진화를 제안한다. 따라서 그런 활동은 정신적·생물학적 능력과 함께 진화했다. 우리의 견해에서 볼 때, 디컨에게는 언어의 기원에 대한 올바른 전체적 틀이 있지만, 그의 이론은 이런 상관 능력의 기초가 되는 정신적 작용에 대한 설명이 빠져 있다. 디컨이 자신의 견해를 발전시키고 있었을 때에는 우리가 이 책에서 제시하는 연구결과를 이용할 수 없었다. 더 일반적으로 간단한 프레이밍, 반사실적 사고, 사건 통합만큼이나 이질적인 인간의 정신적 행동이 동일한 인지적 능력으로부터 진행되고 공통된 연속체상에 있을 수 있다는 개념을 인지신경과학 집단은 이용할 수 없었다. 우리는 개념적 혼성이 언어의 특이성을 생산할 수 있는 연속적으로 진화하는 정신적 능력에 대한 중요한 후보라는 것을 보았다. 이것은 디컨이 고려할 수 없었던 가능성을 열어준다. 우리 연구 결과의 또 다른 귀결은 언어가 디컨이 제안하는 것보다 더 빨리, 수백만 년의 기간이 아니라 수천 년의 기간에 걸쳐 촉진될 수 있었다는 점이다. 그러나 다른 한편으로 특이점이라 할 수 있는 언어를 낳은 인지적 능력의 진화는 인간이나 사람과 hominid의 동물, 심지어 영장류가 있기 오래전에 시작되었을 수도 있다.

여전히 윌리엄 캘빈과 데릭 비커튼의 기계 장치의 언어Lingua ex Machina 제안과 같은 다른 이론들은 선先적응 이야기를 제공한다. 이런 이론들에 따르면, 진화는 통사론을 촉진하는 능력을 생산하기 위해 오랫동안 노력했다. 이런 이론들은 특별한 대변동적 원인을 가정하는 것을 피한다. 반대로 이런 이론들은 점진주의적인 이야기이다. 캘빈과 비커튼 역시 그러한 진화된 능력이 무엇이며(예를 들어 투사물을 던질 수 있는 능력, 상호 아타주의에 대한 능력), 그런 능력이 통사론에 어떤 연산 능력을 제공할 수 있는지에 대한 세부내용을 연구한다. 선적응이 언어의 기원을 가능하게 만드는 데 중요한 역할을 했다고 생각하는 데에는 명확하게 잘못된 점은 전혀 없다. 사실상 우리가 환기시키는 능력인 개념적 혼성은 언어에 국한된 것이 아니며, 행동, 추리, 사회적 상호작용 등으로 확장된다. 개념적 혼성의 발현은 선적응에 의해 뒷받침되었을 것이다. 우리가 캘빈과 비커튼과 다른 부분은 그들이 진화가 문법에 대한 능력을 전해주었다고 제안하는 반면 우리는 진화가 개념적 혼성에 대한 능력을 전해주었다고 제안한다. 개념적 혼성이 이중범위 통합의 단계에 일단 도달해서 그 산물로 문법이 나온 것이다.

우리가 보았던 제안들 가운데 어떤 것도 언어, 과학, 종교, 예술 같은 모든 특이성들을 공통된 원인으로부터 도출되는 것으로 명시적 연결을 하지 않는다. 그러나 그런 연결이 먼저 일어났어야 했다고 보는 다른 설명들이 있다. 예컨대, 리처드 클라인Richard Klein은 『인류의 생애The Human Career』에서 약 5만 년 전에 극적인 변화가 신경학적 변화를 생산했으며, 이런 신경학적 변화가 인간에게 언어 같은 신호 능력을 제공했다는 가설을 제공한다. 그런 특별한 능력이 일단 적소에 있었다면 그것은 진보된 도구 사용의 발달과 예술의 발명 및 아마도 다른 능력으로 이어졌으며, 신경학적으로 진보한 이런 인간들이 전 세계로 퍼졌을 것이다.[68]

언어의 기원에 대한 우리의 제안에는 약 5만 년 전에 발생한 인간 활동의 특이성들을 완전히 연결하는 충분한 여지가 있지만, 그 특이성들 가운데 특정한 하나가 다른 모든 특이성들의 원인이었다는 것을 요구하지는 않는다. 반대로 심오하고 기본적인 원인이 있다. 즉 개념적 혼성이 이중범위 혼성이라는 결정적 지점에 도달할 때까지 계속 발전했으며, 인간의 이런 모든 경이적인 새로운 활동들은 그 능력으로부터 진행되어서 산물들이 동시에 발전했다. 우리의 견해에서 이런 새로운 활동은 문화적 시간 동안 서로를 강화했다. 이중범위 혼성의 진화적 성취는 여전히 앨매를 맺기 위해 문화적 시간을 필요로 한다. 새로운 인지 능력의 가시적인 산물인 예술, 종교, 언어, 도구 사용은 모두 사회적이고 외적이다. 그런 능력이 달성되고 문화적 산물이 발생하기 시작하면서 그것들이 서로를 강화했다고 생각할 충분한 이유가 있다. 문화의 나무가 이런 특별한 새로운 산물들을 내놓은 것처럼, 언어는 사회적 상호작용을 도왔으며, 사회적 상호작용은 언어의 문화적 발달을 도왔고, 언어는 도구 사용의 정교화를 도왔다. 언어와 예술은 종교의 한 부분이 되었고, 종교는 예술의 한 부분이 되었고, 언어는 도구 기술의 한 부분이 되었으며, 모든 것들은 뒤얽혀 있다. 확실히 이것은 우리가 오늘날의 인간을 볼 때 보게 되는 모습이다. 우리는 개념적 혼성과 물질문화를 다루는 다음 장에서 이런 뒤얽힘에 대해 더 많은 증거를 살펴볼 것이다.

우리는 클라인과 마찬가지로 특이성들이 연결되어 있다는 것에 동의하지만, 그렇다고 이것이 그런 특이성들 가운데 하나가 다른 것들을 초래했다고 의미하지는 않는다. 특이성들은 모두 기본적으로 이중범위 혼성 능력이 진화하면서 나온 산물이다. 그러나 우리의 설명에 결정적인 클라인 연구의 한 양상이 있다. 그는 언어의 기원을 시대상 다른 특이성들의 기원에 가까이 놓는다. 인지적 유동성을 인간 진화의 '대폭발'로 간주한 미슨 같은 이론가는 왜 언어를 그런 대폭발로부터 초래된 예술, 과학, 종교 같은 특이성들의 집합의 한 부분으로 간주하지 않는가? 대답은 간단하다. 그는 언어가 큰 뇌와 발전한 음성 기관의 결합으로부터 발생한다고 가정하기 때문이다. 미슨은 이렇게 적고 있다. "지난 몇 년 동안에 초기 호모사피엔스와 네안데르탈인 모두 언어라고 불러야 하는 발성법의 진보된 형태를 위한 뇌 능력과 신경구조, 음성 기관을 가지고 있었다는 논지는 설득력을 얻고 있다."[69] 이런 설명은 언어의 기원을 10만 년에서 40만 년 전의 범위 안에 둘 것이고 어쩌면 78만 년 전만큼이나 오래전으로 둘 것이다. 따라서 미슨의 견해에서 언어는 인간의 기록에서 예술, 과학, 종교가 폭발하기 최소한 5만 년 전에 발생했음이 틀림없다.

그러나 미슨 자신은 약 5만 년 전의 인간이 뇌 크기나 해부상의 변화를 필요로 하지 않은 놀라운 새로운 정신적 능력을 개발했다는 견해를 취한다. 우리는 이 주장이 정확히 옳다고 생각하지만, 언어 역시 그 진화로부터 흘러왔던 산물들의 한 부분이었다. 이런 통합적 가설은 미슨은 이용할 수 없었던 최근의 고고학적·유전적 연구가 강력하게 뒷받침한다.

클라인은 해부학적 현대 인간과 행동적 현대 인간이라는 두 가지 구분되는 현대 인간의 유형이 있다는 고고학적 증거를 제시한다. 해부학적 현대 인간은 우리와 같은 해부 구조를 가지지만, 우리의 특징적인 행동은 가지고 있지 않다. 행동적 현대 인간은 그 둘 모두를 가지고 있다. 약 20만 년 전으로 거슬러 올라가는 해부학적 현대 인간은 한 시기에 네안데르탈인 같은 더 고대의 인간과 함께 서식했다. 행동적 현대 인간은 훨씬 더 최근인 약 5만 년 전에 출현했으며 아프리카로부터 동쪽으로 흩어지면서 궁극적으로는 모든 다른 인간들을 밀어내고 그 자리를 대신했다.

클라인의 견해는 두 개의 유전학 연구로부터 더욱 강력하게 뒷받침되는데, 실바나 산타치아라-베네레세티Silvana Santachiara-Benerecetti의 연구와 러셀 톰슨Russell Thomson, 조너선 프리차드Jonathan Pritchard, 페이동 선Peidong Shen, 피터 외프너Peter Oefner, 마커스 펠드먼Marcus Feldman의 연구가 그것이다. 미토콘드리아 DNA에 대한 산타치아라-베네레세티의 연구에서 그녀는 행동적 현대 인간이, 이전에 더 고대의 해부학적 현대 인간의 경우도 그랬듯이, 약 6만 년 전에 아프리카에서 출현했으며 북쪽의 유럽이 아니라 동쪽의 아시아로 이주했다는 결론에 도달했다.[70] 다음에는, 러셀 톰슨과 그의 동료들은 오늘날 세계 여기저기에 있는 사람들의 Y 염색체를 살펴보고 우리의 가장 최근의 공동 선조가 살았을 것으로 예상되는 시기를 약 5만 년 전으로 계산했다.[71] 그런 연대 추정은 보다 큰 불확실성의 범위 안에 있지만, 어떤 결과에서도 행동적 현대 인간의 기원을 수만 년가량 우리 쪽으로 더 가까이 이동시킨다.[72]

루이기 루카 카발리-스포르차Luigi Luca Cavalli-Sforza는 언어를 행동적 현대 인간의 창조로 놓으면서 마지막 단계에 다다른다. 그는 언어를 보트와 뗏목의 발명과 사회적·종교의식적 목적을 위해 염주나 펜던트 및 다른 개인적인 장식을 사용했다고 하는 오리냑 문화의 기술과 나란히 놓는다. 카발리–스포르차는 언어의 기원을 약 5만 년 전으로 가져가는 한편 다른 연구가들은 끈 만들기 및 직조 같은 공예 기술의 발명의 연대를 수만 년가량 뒤로 가져간다. 직물을 전 공하는 인류학자인 제임스 아다바소James M. Adavaso는 직조와 끈 만들기가 아마 도 '최소한' 기원전 4만 년과 아마도 훨씬 더 옛날로 거슬러 올라간다고 평가한 다.[73]

이런 새로운 연구결과들은 한데 모아져서, 조정된 일단의 현대적인 인간 행 동이 급속히 문화적으로 발명되었다고 제안한다. 아마도 이런 인간의 행동들 은 약 5만 년 전이라는 동일한 시기에 나타났을 것이다. 우리는 인간 진화에서 특이성으로 나타나는 이 모든 현대 인간의 행동이 인간 마음이 개념적 혼성 능 력, 즉 이중범위 개념적 통합의 결정적 층위에 도달한 것의 공통된 결과라고 주 장한다.

CHAPTER 9

줌아웃

과학적 발견을 이끄는 개념적 혼성은 또한 과학적 오류도 이끈다

우리는 앞의 장들에서 복소수의 경우에서처럼 통합을 통한 압축이 총체적 통 찰력을 생산할 수 있다는 사실을 살펴보았다. 그러나 이번 장에서는 압축된 총 체적 통찰력이 또한 오류를 이끌 수도 있다는 것을 보았다. 원인–결과 동형과 기능–기관 동형은 압축이 그릇된 전체적 통합을 전할 수 있는 그런 경우이다.

질문:

● 개념적 혼성을 통한 통합 압축이 오류로 이어질 때의 장점은 무엇인가?

대답:

개념적 혼성을 통한 압축은 보통 유용한 진리에 대한 심오한 통찰력으로 이어진다. 지진이 건물이 무너지도록 할 때, 우리는 땅의 진동과 건물의 진동 사이에서 단단한 원인-결과 동형을 보게 된다. 진동하는 건물은 지진의 부분이 된다. 원인과 결과에서 유사성을 찾고자 하는 이런 충동은 문화, 신화, 마술에 대한 인류학적 연구에서 상세하게 연구되었다. 그런 연구로는 이를테면 『황금가지*The Golden Bough*』에서 제임스 조지 프레이저James George Frazier가 행한 연구를 들 수 있다.

그러나 원인과 결과가 유사하거나 동형이 되도록 압축하는 것이 좋을 수도 있지만, 그 둘이 반드시 유사하거나 동형*이어야* 한다고 가정하는 것은 오류이다. 다시 말해, 수세기 동안 닳고 해져서 벽이 바로 무너질 수도 있다. 우리는 이런 오류가 대이변적인 유전 변이로 언어 능력이 아무것도 없는 것에서부터 즉시 나타났다는 이론들에 작용하는 것을 보았다. 그런 이론들에서 구조동형은 결과의 특이한 본질을 원인과 혼성해서 원인 역시 특이했을 것이라고 생각하게 한다. 역으로, 점진적인 자연 선택에서처럼, 원인이 점진적이라면 결과 역시 점진적으로 발생했을 것이라고 가정하는 것 또한 잘못된 것이다. 우리는 공통조어proto-language에 대한 아무런 증거가 없음에도, 점진적인 자연 선택이 점진적으로 발달하는 공통조어를 생산했음에 틀림없다는 이론에서 오류가 작용하는 것을 볼 수 있다. 디컨, 핑커, 캘빈, 비커튼 등의 다양한 이론가들은 모두 그러한 공통조어의 존재를 완전한 언어로 가는 진화적 길 위에 있는 단계로 설정했다. 우리의 견해에서 언어는 특이점이고 이중범위 혼성의 결정적 층위에 도달한 것의 외적인 사회적 표명이다. 더 초기 수준의 개념적 통합 능력이 언어 같은 형태로 외부로 나타나거나 인간이 이중범위 혼성의 수준에 도달한 이후에 어떤 추가적인 생물학적 진화가 있을 필요는 없다. 문화적 시간 내에서 문화적 진화는 충분했을 것이다. 원인-결과 동형 오류는 원인-결과 중추적 관계를 취하고 그것이 동등하게 유사성 관계라고 가정하는 것으로 이루어진다.

그것은 원인과 결과가 어떤 층위에서 동일하리라는 잘못된 생각이다.

또 다른 압축의 오류는 언어가 인간 진화에서 다른 특이성들을 초래한 뇌 신경에서의 커다란 사건이었다라는 클라인의 가설에서 나타난다. 이 경우에 언어, 장식, 기술 같은 능력이 어떤 층위에서 유사하기 때문에, 우리는 그런 능력이 또한 원인-결과 연결을 가지고 있어야 한다고 가정한다. 어떤 것이 몇몇 점에서 다른 것들과 닮았을 뿐 아니라 다른 것들의 원인이기도 하다고 단순하게 가정하는 것이다. 이것은 원인-결과 동형의 뒷면이다. 우리는 이것을 초콜릿 캔디와 피라미드 사이의 유사 관계를 캔디가 피라미드의 원인이 되도록 바꾸는 토블레로네 광고에서 따와 토블레로네 오류라고 부를 것이다.

이 모두는 특정한 압축을 *가정하는* 오류이다. 그러나 압축은 종종 옳은 것으로 입증된다. 우리들은 인간 활동의 많은 특이성들에 대한 압축을 제안하고 있으며, 그 모두를 이중범위 혼성이라는 단 하나의 원인에서 나온 결과로 간주한다. 그러나 우리는 원인-결과 동형 압축을 사용하지 않는다. 우리의 제안에 따르면, 원인은 점진적이고 연속적이고 인지적인 반면에 결과는 특이하고 빠르고 사회적이었다.

정신적 혼성과 사회적 언어

개념적 통합 능력은 내적 과정이다. 예술, 과학, 종교와 같이 언어는 의사소통에 의존하는 외적인 사회적 과정이다.

질문:

● 개념적 혼성 설명에서 언어 자체는 언어의 기원에 아무런 역할도 하지 않는 것처럼 보인다. 언어가 그저 부산물일 수도 있는가?

대답:

언어의 기원에 대한 우리의 분석은 내적인 인지적 작용이 언어와 독립적인 기능을 위해 진화적 시간에 걸쳐서 진화했지만, 이중범위 혼성이라는 이 작용의 특정 단계가 의사소통할 수 있는 외적인 언어의 기능을 위한 필수조건이라고 가정한다는 점에서 다른 분석들과 다르다. 언어의 능력을 가지고 있다는 것은 세계의 풍부함에 비해서는 작지만, 동등잠재적인 문법 구문의 목록을 가지고 있다는 것을 의미한다. 비교적 작은 문법 구문의 목록이 동등잠재적이기 위해서는, 다시 말해 적은 수의 제한된 장면에만 적용되지 않고 보편적으로 적용되기 위해서는 문법 구문은 이중범위 개념적 통합이어야 한다. 따라서 이중범위 혼성의 단계에 도달할 때까지는 올바른 의미에서의 언어는 존재하지 않을 것이다. 그러나 그 시점부터 원칙상 복합적 구문의 발명에는 아무런 제한이 없다. 17장에서 우리는 이중범위 능력이 기본 문법 구문을 비롯해 심지어 기본 낱말의 일상적인 사용에도 필수적이라는 것을 상세하게 볼 것이다. '아버지' 같은 명백히 간단한 낱말을 어느 정도 구사하기 위해서도 정교한 이중범위 혼성이 요구된다. '집', '빨강', '날다' 같은 모든 개방부류(내용어) 낱말에도 동일한 것이 적용된다. 우리가 보았듯이, 'of', 'that', 'here', 접미사로서의 '-ed' 같은 폐쇄부류(기능어) 항목 자체는 전형적으로 통합을 수반하는 사상 도식을 촉진한다.

이 점을 놓치는 것은 엘리자 오류의 한 예인 칸지 오류를 범하는 것이다. 보노보인 칸지는 이제까지 님 침스키와 사라를 포함해 기호를 사용하도록 훈련시킨 유인원 중에서 가장 능숙했다. 칸지는 6살에 약 150개의 낱말을 구사하는 것처럼 보였으며 두 낱말로 된 연속체를 만들 수 있었다. 칸지가 통사론을 가지고 있는지의 여부를 두고 맹렬한 논쟁이 있었지만, 칸지가 어휘를 사용하고 있다는 점에서는 의견이 일치했다. 왜냐하면 칸지는 우리가 알고 있는 낱말과 대응하는 듯 보이는 몇 가지 상징을 조작할 수 있었기 때문이다. 그러나 칸지가 우리가 낱말로 간주하는 상징을 조작할 때 틀림없이 인간의 아이들이 어휘를 사용할 때 사용하는 것과 동일한 동등잠재적인 이중범위 개념적 통합을 하고 있다고 가정하는 것은 오류이다.

우리는 칸지가 상징과 나아가 상징의 결합을 조작할 때 반드시 강력한 개념적 통합을 사용하리라는 것을 반박하지 않음을 분명히 밝힌다. 칸지와 인간은 사실상 정신적 능력의 연속체상에 있다. 그러나 우리는 입증된 칸지의 행동들 가운데 어떤 것도 동등잠재력에 대한 능력을 보여주지 않으며 이중범위 개념적 통합의 수준에 도달하지 않는다는 사실을 지적한다.

인간 어린아이의 낱말 사용은 동등잠재적이기 때문에 칸지의 능력과 전혀 다른 모습을 보인다. 어린이가 새로운 낱말을 신속하게 습득하는 것과 그것을 매우 폭넓게 적용하는 일에는 분명히 아무런 제한이 없으며, 아이는 접하는 모든 것과 모든 사람들의 낱말을 계속해서 사용한다. 그러나 칸지는 소수의 낱말과 제한된 적용에 고정되어 있으며, 분명히 그것을 혼자 힘으로 개발하고자 하는 충동을 지니고 있지 않으며, 요청을 하는 것과 같은 제한된 목적을 제외하고는 그것을 사용하려 하지도 않는다. 우리는 칸지의 '어휘'가 제한적으로만 적용되는 한정된 수의 프레임과 관련이 있으며, 고차원의 개념적 혼성 능력이 없기 때문에 그런 프레임이 유동적으로 통합될 수 없다고 생각한다. 그리고 프레임이 유동적으로 통합되는 것은 개념적 혼성의 힘이고 언어의 필수 사항이다. 엘리자 오류는 여기서 칸지가 만든 낱말 결합을 받아들이고 칸지가 정신적으로 인간 어린이가 그런 동일한 낱말 결합을 만들 때에 하는 것과 똑같은 일을 하고 있다고 가정하는 데 있다. 우리는 칸지나 사라가 의미를 알 수도 있으며, 상징을 의미와 연결시킬 수 있으며, 그에 상응하는 의미의 병치와 연결되는 방식으로 그런 상징들을 결합할 수도 있다는 생각에 대해서는 원칙상 반박하지 않는다. 우리의 의견은 그와 다르다. 이런 종류의 상징-의미 관계는 동등잠재적일 필요가 없다. 칸지는 제한된 프레임을 사용하기 때문에, 칸지의 행동과 아이의 행동이 아주 유사해 보이더라도 그 바탕의 정신적 작용은 다를 수 있다. 칸지가 본질적으로 아이와 동일한 정신적 일을 하고 있다고 가정하는 것은 오류이다. 이것은 체스 기계가 체스를 할 수 있기 때문에 그런 기계가 인간이 체스를 둘 때 하는 굉장한 이중범위 혼성을 하고 있다고 가정하는 것과 같은 오류이다. 칸지의 어휘가 제한적으로 적용되는 200개 낱말 이상을 넘지 못하는

반면에 6세 어린이는 매우 폭넓게 적용되는 1만 3천 개의 낱말을 사용한다는
사실이 이를 더욱 증명한다. 실제로 광범위한 인간의 기본적인 낱말 사용은 상
상의 성취인 것으로 밝혀지고 있다.

아이의 언어

18개월 된 아이는 결코 성인처럼 말할 수 없다.

질문:

- 아이의 언어는 간단한 언어인가?
- 아이 역시 이중범위 혼성 능력을 가질 텐데, 그렇다면 이것은 언어가 이
  중범위 혼성으로부터 직접적으로 발생한다는 이론에 대한 반증이 아닌
  가?
- 또한 이것은 우리의 언어보다 더 간단한 언어는 있을 수 없다는 주장에
  대한 반증 사례가 아닌가?

대답:

두 살 된 아이의 언어를 단편적으로 살펴보자. 그것은 동등잠재적인가? 그
것은 동등잠재적인 문법 구문에 기초를 두는가? 확실히 그렇다. 그 언어의 문
법 구문 체계가 우리의 문법 구문보다 더 간단하다는 것은 단지 우리 것보다
규모가 더 작다는 의미에서인가? 이번에도 확실히 그렇다. 그렇기에 적절하게
말해보자. 왜 우리는 더 간단한 언어는 없다고 말하는가? 대답은 아이에게는
언어 사용의 매우 초기 단계에서도 이중범위 혼성을 할 수 있는 능력이 있음에
틀림없으며, 이런 능력이 정상적인 발달 과정에서 그를 완전히 복잡한 언어로
매우 빨리 데리고 갈 것이기 때문이다. 어린이가 언어를 개발하는 순간부터 죽
음, 뇌 손상, 거의 생각할 수도 없는 사회적 지원의 결핍을 제외하고는 완전한
문법을 개발하지 못하게 막을 방법은 없다. 우리는 언어의 기원의 경우에도 유

사하다고 생각한다. 인간에게 일단 이중범위 혼성에 대한 능력이 있고 그 능력을 사용해서 언어를 개발하기 시작한다면, 인간은 문화적 시간의 기간 동안에 완전히 정교한 문법 구문의 체계까지 나아가게 될 것이다. 그러나 몇 년 동안에 걸쳐 발전하는 어린아이의 언어와 '짧은' 문화적 시간의 기간에 걸쳐서 발전했던 선사시대의 인간 언어 모두 그 시작부터 이중범위 혼성에 의존하며 동등 잠재력을 달성하는 쪽으로 향해 있다.

우리의 설명에서는 칸지가 상징을 사용하는 것처럼, 어떤 종이 언어에 대한 능력을 가지기 전에도 상징을 사용하는 것이 가능하다. 언어는 이미 상징과 정교한 사회적 관행, 의사소통 능력을 가지고 있던 인간의 사회적 공동체에서 비롯되었다. 현대적인 인지 능력으로의 진화는 이런 공동체에 이중범위 혼성을 할 수 있는 능력을 주었다. 그런 변화는 자연적·사회적 상황에서 성공할 수 있는 힘을 가져다주었기 때문에 놀랍도록 적응적이었다. 인지적 현대 인간은 번성했다. 그 다음에 그들은 단순히 제한된 방식으로 개별 프레임을 표상할 수 있는 능력이 아니라 이중범위 통합 연결망을 표현하고 환기시킬 수 있는 이중범위 혼성에 대한 공통된 능력을 사용했다. 이것이 언어의 탄생이었다.

자전거

자전거는 최근의 인간 문화적 역사에서 위대하고 비범한 사건이었다. 자전거의 발명에는 긴 진화적 과정이 있었다. 바퀴, 기어, 꽉 쥐는 핸들, 또 더 이른 시기에 철 채광과 철강 생산이 필요했다. 그리고 브레이크와 공기 펌프, 나무에서의 고무 추출도 잊지 말아야 한다. 이런 초기 진화 중 그 어떤 것도 낮은 수준의 자전거를 만들어내지 못했다. 자전거라는 성취는 갑자기 나타났으며, 그 이후의 정교화는 거의 없다시피 했다. 흥미롭게도 자전거 타기를 배우는 것은 자전거를 발명하는 것과 유사하다. 바퀴를 사용하는 모든 이전의 수송 방식의 경우에는 타는 것보다 정지해 있는 것이 더 쉬웠기 때문에, 즉 정지해 있는 말이나 이륜마차, 사륜마차에 앉아 있는 것이 이것들을 타고 이동하는 것보다 더 쉬웠기 때문에, 두 개의 바퀴로 이동할 수 있다는 사실은 직관에 반하는 것처럼 보인다. 그러나 자전거의 경우에는 빨리 가면 갈수록 균형을 잡기가 더 쉬우며, 자전거의 요령을 터득할 때까지 이런 사실은 직관에 반한다. 우리는 어떻게 타는지를 점진적으로 배우지만, 성공은 특이점이다. 여러 번의 무익하고 심지어 고통스럽기까지 한 시도 끝에 갑자기 바퀴가 둘인 기계를 탈 수 있게 된다.

핸들이나 페달이 없고 바퀴가 하나인 기계를 타는 법을 먼저 배우고 그 다음에 단계별로 더욱 복잡한 기계로 올라가서 마침내 현대의 자전거의 수준에 도달했다고 주장하는 사람은 아무도 없을 것이다. 완전한 자전거로 볼 수 있는 더 초기의 형태를 찾는 것이 아니라, 자전거의 중간 단계를 찾기 위해 정비 공장을 조사하는 역사가는 없을 것이다. 어린아이가 먼저 외바퀴 자전거를 타는 것을 배우고 그 다음에 더 복잡한 자전거를 타는 법을 배워야 한다고 이야기하는 사람은 아무도 없다. 반대로, 어린아이는 세발자전거로 시작하고 그 다음에 세 번째 바퀴를 떼어낸다. 자전거를 들이박았지만 다치지 않은 사람은 누구나 집까지 운전해갈 수 있을지 알기 위해 핸들이 비틀어졌는지, 브레이크에 패드가 없는지, 프레임이 찌부러졌는지 등을 살피며 그 자전거를 점검해야 한다는 것을 안다. 찌부러진 자전거를 타고서도 여전히 집으로 갈 수 있기는 하다. 그렇지만 여전히 작동하는 그 찌부러진 기계가 그러므로 자전거 발명의 어느 한 중간 단계였음에 틀림없다고 주장하는 사람은 아무도 없을 것이다.

자전거 타기는 아주 매끄럽고 교차하는 연속체상에서 결정적 단계에 도달할 때만 발생할 수 있는 계통발생적·개체발생적·기술발생적 특이점이다. 우리에게는 바퀴와 튜브 등이 필요하며 또한 다리(뱀과 물고기는 자전거를 타지 못한다), 앞을 보는 눈, 정밀한 균형 감각, 엄지손가락, 두 발 보행도 필요하다. 두 발 보행이 자전거를 타고자 하는 우리의 노력을 뒷받침하기 위해 진화했다고 이야기하는 사람은 아무도 없지만 자전거를 타는 데 본질적인 것처럼, 이중범위 혼성이 언어에 대한 우리의 노력을 뒷받침하기 위해 진화한 것은 아니지만 언어에는 본질적이다. 언어는 이중범위 혼성에 대한 인지적 능력과 문법 구문을 개발하고 보급시키기 위한 노력을 뒷받침할 수 있는 사회적 공동체를 필요로 한다. 이런 선행조건이 달성되면, 다시 말해 인지적으로와 사회적으로 현대의 인간이 진화하면, 우리는 자전거 타는 법을 쉽게 배우듯이 언어를 쉽게 배울 수 있다.

 CHAPTER 10

물건

오늘날 우리에게 일용할 양식을 주옵시고.

—주기도문

인간의 가장 인상적인 특이성들 가운데 하나는 물건의 계속적인 발명과 사용, 그리고 물건에 대한 집착이다. 우리는 물건을 만들고 들고 다니고 참고하고 서로에게 어떻게 그것을 사용하는지를 가르치고 몸치장을 하고 선물로도 준다. 왜 그런가?

손목시계를 고려해보라. 시계는 몇 그램의 금속과 유리로서, 보통 보이지 않는 복잡한 내부 부품들이 있으며, 부속물 주위에 가죽끈을 달았다. 보통 시계에는 중심에서 방사상으로 퍼져 있는 두세 개의 얇은 바늘이 있으며, 이 바늘들은 균등하지 않은 비율로 일정 코스를 돈다. 그것은 본래 사물 자체로서는 별스럽고 무의미하며, 손목에 추가적으로 무게가 실리고, 쉽게 부서지는 위치에서 망가지기 쉬운 물건이다. 시계는 먹을 수 없으며, 우리를 따뜻하게 하거나 시원하게 해주지도 않는다. 그것은 좋은 음료를 담을 수 없다. 왜 우리는 그런 시계를 만들고, 사고, 들고 다니고, 보는가?

인지인류학자 에드 허친스는 물질문화가 일상 사물을 물리적 고정 장치로 사용하는 개념적 혼성으로 가득 채워지는 방식을 매우 통찰력 있게 연구해왔다.[74] 허친스의 예는 시계, 해시계, 계량기, 나침반, 계산기 같은 물건을 포함한다. 손목시계는 매력적인 개념적 혼성을 위한 물리적 고정 장치이다.

시계를 분석하는 첫 단계는 하루에 대한 시간의 문화모형에서 강력한 통합 연결망을 고려하는 것이다. 이것은 구분되는 날짜와 동일한 수의 입력공간을 가진 거울 연결망이다. 시간을 주기적인 것으로 생각할 수 있는 것은 상당한 업적이다. 날 뒤에는 또 날이 오고, 계절 뒤에는 또 계절이 온다. 태양은 떠오르고 내일 또 다시 떠오를 것이다. 정오와 정오를 연결하면서 이 모든 날들을 가로질러 이어지는 유추 연결자가 있다. 총칭공간에는 단 하나의 추상적 날들이 있다. 구분되는 날들에서 그에 상응하는 시간은 혼성공간에서 유일성으로 압축되어, 서로 다른 입력공간 속에 있는 어제의 정오와 오늘의 정오, 그리고 내일의 정오가 혼성공간에서는 동일한 정오인 것으로 느껴진다. 각 입력공간에서 단 하나의 날은 꼭 한 번만 그 코스를 통과한다. 총칭공간에서 추상적인 날도 꼭 한 번만 그 코스를 통과한다. 그러나 혼성공간에서 날은 끊임없이 그 코스를 통과하고 다시 시작해서 새벽, 아침, 정오, 오후, 저녁, 밤이라는 시간의 동일한 과정을 통과한다. 우리는 이것을 순환적 날 연결망이라고 부를 것이다. 혼성공간에서 "다시 정오에 도달한다". "당신의 아침 커피", "초저녁에 제비는 사라지고 박쥐가 나타난다", "이 공원은 해질 무렵에 닫는다" 같은 표현은 순환적 날 연결망의 혼성공간에서 구조를 선택한다. 입력공간들 사이의 외부공간 유추 관계를 혼성공간에서 유일성으로 이렇게 압축하는 것은 융합의 압축 원리를 따른다. 물론 각기 다른 시간의 단위에 대해 많은 유사한 통합 연결망이 있으며, 이것은 우리에게 주(주간 연습)와 달(달마다 어머니 방문), 해(연간 점검)라는 혼성된 개념을 제공한다. 이런 각 연결망에서 입력공간들은 모두 유사한 시간 단위를 가지며, 이 각각의 시간 단위는 꼭 한 번만 그 코스를 통과한다. 입력공간의 시간들 사이에 유추 연결자가 있으며, 이는 융합되어 혼성공간에 *반복되는* 자연적 시간 단위를 창조하고 *동일한 시간 단위를* 계속 발생시킨다. 이런 각 연결망에서 입력공간에는 동등한 분절로 나누어진 직선 시간이 있지만, 혼성공간에는 순환적 시간이 있다. 입력공간들의 *외부공간 직선* 순서, 즉 무한

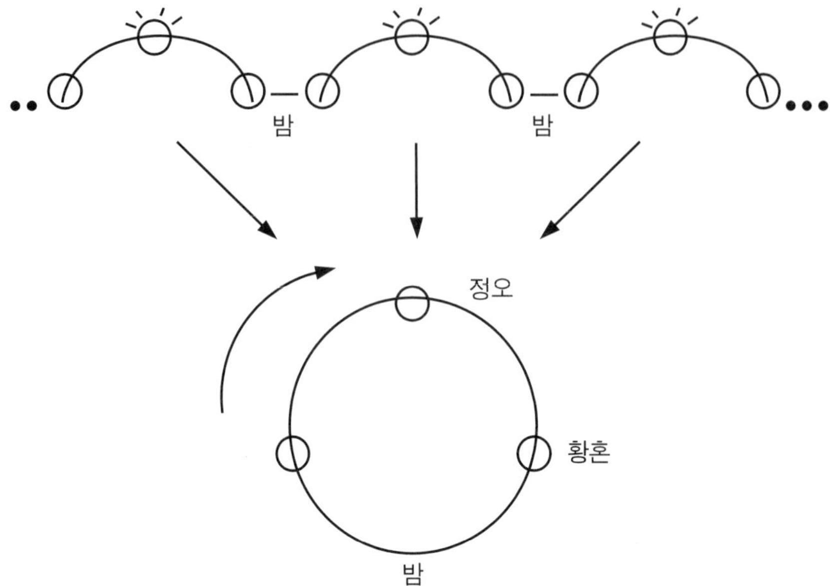

그림 10.1 순환적 날

히 계속될 수 있는 연속적인 날들은 혼성공간 내에서 동일한 유일무이한 날을 통해 반복되는 이동의 *내부공간* 순환적 순서로 압축된다. 순환적 날은 16장에서 논의하는 지배 원리와 최상위 목표를 훌륭하게 따르는 놀라운 압축이다. 그것은 시간의 무한성을 인간 척도인 단 하나의 날로 압축한다. 그것은 많은 것(모든 아침, 모든 저녁, 모든 정오……)을 하나(아침, 저녁, 정오……)로 압축한다.

이 연결망에서 아주 흥미롭게도 새벽에서 황혼까지의 기간인 내부공간 시간 관계와 날과 날의 간격을 메우는 '밤'인 외부공간 시간 관계가 단 하나의 내부공간 시간적 순환으로 압축되는 것을 볼 수 있다. 외부공간인 밤의 무한한 연속은 순환에서 단 하나의 호弧가 되었다.

시계는 순환적 날 통합 연결망의 존재에 의존한다. 시계에 대한 통합 연결망의 한 입력공간은 순환적 날 연결망 속의 혼성공간이다(그리고 그 정신공간은 연결망의 나머지와 연결되어 있다). 다른 입력공간은 회전하는 바늘이다. 즉 그것은 시계 자체의 물리적 모양으로서, 얇은 바늘들이 특정한 위치에 있으며, 각

바늘은 이동한다. 그 입력공간 역시 고유하게 순환적이다.

공간횡단 사상이 다소 별스럽긴 하지만 명확하다. 순환적 날의 한 순환은 회전하는 작은 막대의 두 번의 순환과 더 큰 막대의 스물네 번의 순환에 사상된다. 순환적 날이 정오에 도달할 때 회전하는 막대의 위치는 12를 가리킨다. 작은 막대가 두 번 순환하고 더 큰 막대가 스물네 번 순환한 이후에 순환적 날에서는 다시 정오이다.

시간이 주기적 날의 반복으로 되어 있다는 우리의 이해는 순환적 날 연결망에 대한 혼성공간에서 발현한다. 시간이 동일하게 지속되는 시간, 분, 초로 나누어지는 반복되는 날로 되어 있다는 우리의 좀 더 구체적인 이해는 시계 혼성공간에서 발현한다. 시계 연결망에 대한 공간횡단 사상에서, 순환적 날의 매 순간은 회전하는 바늘의 위치로 사상된다. 이러한 공간횡단 사상에서, 순환적 날에서의 시간 간격의 기간은 바늘이 스쳐 지나가는 호의 길이와 대응한다. 시계 연결망의 혼성공간에서, 바늘이 스쳐 지나가는 호는 시간의 간격이다. 결정적인 발현적 특성은 동일한 호들은 동일한 시간 간격들이라는 것이다. 이러한 혼성된 발현적 시간 개념은 바늘의 회전이나 진자의 흔들림 같은 주기적 사건을 사용하는 물건, 즉 기계를 인간이 발명했기 때문에 일관된다. 기계가 항상 정오마다 동일한 위치에 있도록 기계를 조정할 수 있는 것은 한층 더 중요하다. 당신이 그렇게 해서, 순환적 혼성 날을 기계가 정오에서 정오로 가는 것과 동일한 수의 균등한 분절로 자동적으로 '나누게 된다'. 우리가 시계 문자반을 k개의 동등한 호로 나누고, 정오에서 정오까지 n개의 회전이 있다면, 그것에 의해 순환적 날을 'n 곱하기 k'개의 동등한 간격으로 나누게 된다. n이 2이고 k가 12이면, 하루를 24시간으로 관습적으로 나누게 된다. n이 2이고 k가 1이면, 하루를 오전과 오후로 관습적으로 나눈다. 바빌론 시대 이후의 문화적 진화는 k를 12나 60과 같게 만드는 보편적인 관습에 도달했다. 시계는 각각의 12개의 호를 동등한 5개의 더 작은 호로 나눔으로써 12와 60 둘 다에 대한 표시를 가질 수 있다. 전형적인 시계의 작은 바늘은 n=2 및 k=12에 상응한다. 이 바늘을 대상으로 한 시계 혼성공간에서 작은 바늘이 1, 2, …… 12의 식별 가능한 위치가 있는 시계 문자판 주위를 두 번 도는 것은, 순환적 혼성 날을 우리가 '시hours'이라고 부르는 24개의 동등한 시간 간격으로 나눈다. 시계의 더 긴 바늘을 대상으로 한 다른 시계 혼성에서 n=24이고 k=60이다. 이것은 순환적 날을 1,440분으로 나눈다. 시계의 세 번째 얇은 바늘에 대한 또 다른 시계 혼성에서 n=1440이고 k=60이며, 이것은 순환적 날을 86,440초로 나눈다. 순환적 날과 주기적인 물리적 사건의 이런 연속적인 압축은 인간의 삶과 지식에 무수한 영향을 미친 매우 인상적인 문화적 업적이다. 발현하는 시간에 대한 심오한 개념은 너무 강력해서 우리는 그것을 시간 자체의 구조적인 부분으로 간주한다. 우리는 시간이 매일매일 그리고 해마다 반복되는 동등한 간격으로 구분되는 것이 직관적으로 명확하다고 생각한다.

게다가 시계는 1시간 안에 60분이 있듯이 1분 안에 똑같이 60초가 있다는 사실, 12가 60의 인수이므로 초바늘이 1분 후에 정확하게 12에서 끝나고, 분바늘이 한 시간 후에 정확하게 12에서 끝나고, 시간 바늘이 하루가 지난 후에 정확하게 12에서 끝난다는 사실을 이용해서 추가적으로 창의력을 발휘한다. 시계는 그 자체로 n=2이고 k=12인 혼성공간, n=24이고 k=60인 혼성공간, n=1440이고 k=60인 혼성공간, 이 세 개의 시계 혼성공간 모두에 대한 물리적 고정 장치이다.

에드 허친스는 오늘날의 시계가 해시계로 시작해서 역사적으로 많은 혼성공간을 연속적으로 거쳐온 산물이라고 지적한다. 그는 나침반, 시계, 일반적인 지침반 사이에 명확한 관계가 있다고 지적한다. 이 모든 혼성공간은 시간의 프레임을 방향의 프레임과 통합한다.

계량기

어떠한 크기의 선형 척도와 간단한 원형 물건 위의 표시를 혼성하는 패턴은 계량기의 역사와 더불어 확장되었다. 우리에게는 라디오 튜너, 속도계, 회전속도

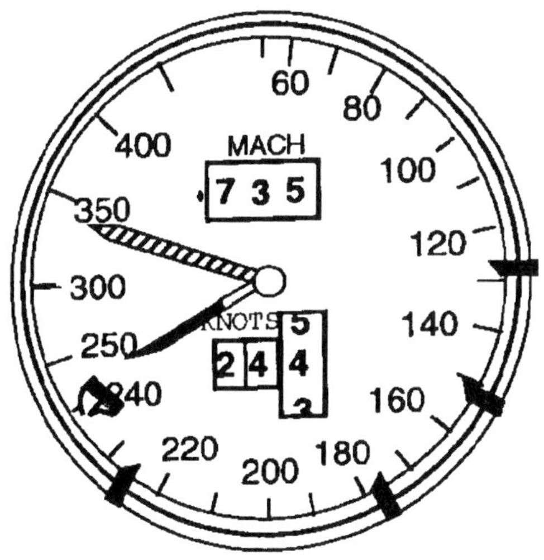

그림 10.2 항공 다이얼[75]

계, 고도계, 기압계, 오븐 온도 손잡이, 오븐 온도계, 온도 조절 장치 같은 많은 전문적인 측정용 도구와 항해 도구로 사용되는 바늘이 달린 원형 다이얼이 있다. 이 모든 계량기들은 간단하고 명료한 것처럼 보이지만 아주 복잡하다. 예컨대, 오븐 온도 손잡이를 고려해보라. 그것은 오븐의 온도를 암시하는 것이 아니라 우리가 원하는 오븐의 온도를 암시한다. 그러나 우리는 또한 더 낮은 온도에서가 아니라 550도에서 몇 분 동안 연어를 굽고 싶어 할 때처럼, 오븐이 언제 그 온도에 도달하는지를 알고 싶어 한다. 그래서 오븐에는 보통 지정한 온도에 실제로 도달했을 때 불이 들어오는 '경고등'이 있다. 경고등이 들어오기 전에는, 화살표는 희망 정신공간에서의 온도를 가리킨다. 그 뒤 경고등이 들어오면, 그 순간에는 온도에 대응하는 손잡이 위의 숫자를 가리키고 있다.

온도 조절 장치의 경우에 희망 공간과 실제 공간에 대한 두 계량기는 도구에서 겹쳐져 있으며, 하나의 바늘이 각 공간을 모두 나타내고, 바늘들은 동일한 다이얼과 눈금을 공유한다.

마지막으로, 에드 허친스는 항공 눈금판을 읽을 때 수반되는 뛰어난 선택적 투사를 지적한다. 그림 10.2에 그려진 눈금판은 상승력을 위해 날개에 달린 슬랫과 플랩을 조절하여 날개 모양을 어떻게 바꾸어야 하는지에 대한 정보를 조종사에게 제공한다. 슬랫과 플랩의 적절한 형상은 비행기의 속도와 전체 무게에 따라 달라지며, 그런 전체 무게는 특정 비행 중인 화물의 무게와 특정 비행 동안 남아 있는 연료의 현재 무게에 따라 다르다. 순항 고도로부터 하강을 시작한 후에, 그리고 어떤 고도에 도달하기 전에, 조종사는 착륙 데이터를 준비한다. 이 일은 비행기의 전체 무게를 확정하고 어떤 관련 작업에서 날개가 그 무게를 감당하기 위해 모양을 바꾸어야 하는 속도를 알아내는 것을 포함한다. 그 다음에 조종사는 날개가 모양을 바꾸어야 하는 속도를 구분하기 위해 속도 계기판의 가장자리에 탑재되어 있는 '속도 벌레'라고 부르는 네 개의 칩을 이동시킨다. 하강 과정에서 그런 방식을 사용함으로써, 조종사는 더 이상 비행기의 특정한 속도나 비행기의 전체 무게에 대해서는 걱정할 필요가 없다.

도구에 의해 고정되는 혼성공간에서, 바늘이 두 개의 특정 클립 사이를 가리키고 슬랫와 플랩이 상응하는 모양으로 있기를 원한다는 것이 그 발현구조이다. 결정적으로 이 구조는 어떤 비행이든 그리고 전체 무게가 어떻든 불변하며, 그래서 인지적으로 클립이 일단 정해지면 조종사는 혼성공간을 이용하기만 하면 된다. 여기서 우리는 개념적 구조를 혼성공간에서 일정하게 유지하기 위해 클립을 설정함으로써 실세계를 수정하는 예를 보게 된다. 이 혼성공간은 다른 정신공간들과 복잡하게 연결되어 있지만, 조종사가 클립을 적절하게 설정했다면 비행 동안 그런 연결을 활성화할 필요는 없을 것이다. 그는 비행 중에 눈금판이 클립을 가리키고 있을 때 슬랫과 플랩 모양을 리셋만 하면 된다.

현대의 비행기에는 그림 10.3에서 보이는 것과 같은 선형의 디지털 디스플레이가 있다. 허친스가 보여주듯이, 아이러니하게도 현대의 비행기는 형식적으로 모든 필요한 정보를 포함하고 있지만, 슬랫과 플랩의 속도 및 위치의 차이를 인간 척도에서 지각적으로 반영하지 않는다. 예전의 계량기에서 디스플레이의 전체 물리적 형상은 속도가 달라짐에 따라 달라졌고, 디스플레이의 다른

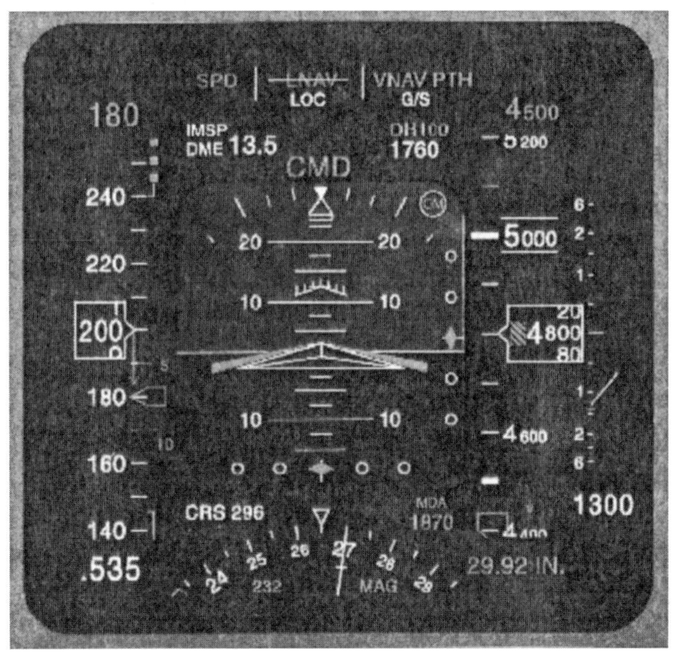

그림 10.3 현대 비행기의 선형의 디지털 디스플레이

지역은 다른 위치 범위와 대응했다. 그러나 새로운 디스플레이에서는 디스플레이의 전체 물리적 형상이 바뀌지 않는다.

우리는 다이얼을 간단하고 명확한 사물로 여기지만, 정교하고 어떤 경우에는 더 정확한 디지털 디스플레이와의 교체는 다이얼이 매우 효과적인 압축이었다는 사실을 알려준다.

현대의 디스플레이 또한 놀랄 만한 발현구조와 인간 척도로의 압축을 보여주며, 그것들 가운데 대부분은 고안자가 의도한 것이지만 일부는 사용자가 발견한 것이다. 바버라 홀더Barbara Holder는 에어버스 320 비행 통제 디스플레이의 '파란 하키채'의 경우에 대해 논의한다. 파란 하키채는 비행기의 진로를 보여주는 스크린의 작고 굽은 파란색 화살표이다(그림 10.4 참조). 그것은 현재 설정하에서 미리 계산된, 바라는 고도에 도달할 때까지 비행기의 비행 경로에 있

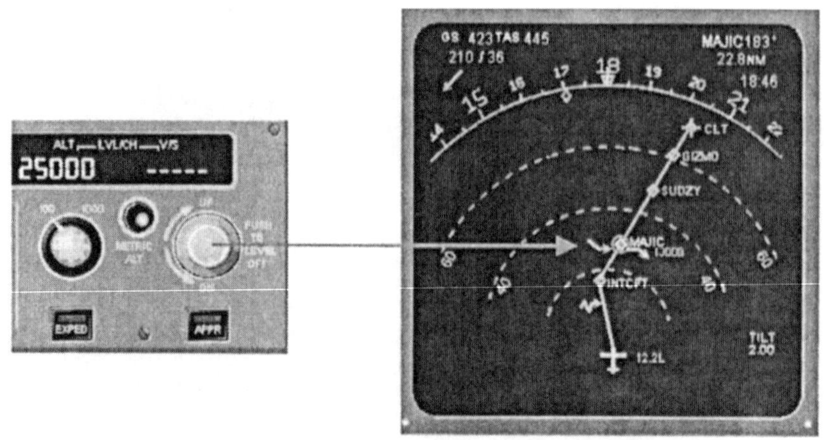

그림 10.4 "파란 하키채" [76]

는 지점들을 보여준다. 하강 동안 조종사는 특정한 지리적인 위치의 특정한 고도에서 이착륙을 허가받을 것이다. 그는 그 위치에 도달할 무렵에 그 고도에 도달하고 싶어 한다. 하강의 수직 속도 방식에서 조종사는 수직 속도 손잡이를 조작해서 비행기의 고도를 바꿀 수 있으며, 그 손잡이의 설정은 바라는 수직 속도를 나타낸다. 수직 속도 손잡이를 조작하면 비행기 계기로 하는 계산을 통해서 비행 경로의 지점이 바뀌며, 그 지점에서 바라는 고도에 도달할 것이다. 그 지점은 파란 하키채에 의해 디스플레이에서 나타나기 때문에, 파란 하키채는 손잡이를 돌릴 때 움직일 것이다. 이것은 조종사가 혼성공간에서 직접적으로 작업하도록 허용해주는 굉장한 압축이다. 조종사는 단순히 수직 속도 손잡이를 돌려서 파란 하키채를 비행 경로 디스플레이의 바라는 위치로 돌린다. 이러한 압축을 조종사에게 가르치지 않지만, 어떤 조종사는 그것을 발견한다. 홀더는 이 압축을 발견한 한 조종사의 말을 인용한다. "그리고 그들[항공 교통 관제]이 횡단 제한을 주는 경우에 저는 그 파란 하키채를 사용하고, 수직 속도를 있어야 할 것 같은 곳으로 돌리고 파란 하키채가 어디에서 끝나는지를 봅니다. 하키채가 항행 디스플레이 위의 지도 디스플레이에서 올바로 보인다면 그대로

갑니다."

돈

시계는 기계적 작용 때문에 유용하다. 시계를 이해하는 데 필요한 개념적 연결망은 우리가 머릿속에 가지고 다닐 수 있다. 무인도에 혼자 떨어지면 우리는 시계를 얼마나 고마운지 깨닫게 될 것이다.

돈은 다른 특징을 가진 물리적 고정 장치이다. 돈 역시 정교한 개념적 연결망에 의존하지만 사회적으로만 뒷받침될 수 있는 개념적 연결망이다. 돈을 유용하게 만드는 메커니즘은 돈 자체가 아닌 사회 속에 있다. 우리는 사막에 혼자 있을 때 1달러 지폐에 실질적인 가치가 전혀 없다는 사실을 실감할 것이다.

시계의 역사처럼, 돈의 역사는 복잡하며 이제는 망각된 지 오래인 많은 연속적인 혼성공간을 수반한다. 그러나 시계에 의해 고정된 시간의 개념을 물질적으로 봤던 것처럼, 돈의 개념을 공시적으로 바라볼 수 있다. 이런 분석이 어떻게 진행되는지를 경험하기 위해 대폭 단순화된 돈에 대한 통합 연결망을 약술할 것이다. 상품이라는 한 입력을, 필요하고, 거래하고, 바라고, 물려주고, 제공하고, 도난당하고, 어떤 방식으로는 한 중개자의 소유에서 또 다른 중개자의 소유로 전이될 수 있는 일련의 물건으로 간주해보라. 가치라는 두 번째 입력을 임의적인 측정 단위를 사용하는 미터법 척도로 간주해보라. 가치 척도는 널리 이용할 수 있는 것이다. 우리는 무언가가 어떤 다른 것보다 3배 더 아름답다거나 누군가가 어떤 다른 사람보다 10배 더 똑똑하다고 이야기할 수 있다.

상품 입력공간에는 전형적으로 그 자체의 국부적 가치 구조가 있다. 소는 닭 20마리의 가치가 있을 수 있으며, 닭 3마리는 천 조각 여러 개의 가치가 있을 수 있다. 그러나 대부분의 상품은 직접적으로 비교할 수 없다. 어부는 자신의 그물과 농부의 쟁기를 교환할 이유가 없다.

상품은 가치의 위상이 입력공간들 사이에서 보존되도록 하면서 가치 척도로 사상된다. 그래서 농부에게 쟁기는 소 2마리의 가치가 있고, 어부는 직공에게 닭 10마리의 가치가 있는 그물이나 천과의 교환하기 위해 연어 30마리를 기꺼이 줄 것이다. 연어 1마리가 가치 척도에서 2번 위치로 사상된다면, 그 다음에 국부적 위상의 일관성과 보존을 위해 그물을 60번 위치로 사상해야 하고, 소는 120번 위치로, 쟁기는 240번 위치로, 닭은 6번 위치로, 천은 60번 위치로 사상되어야 한다. 완전한 가치 구조를 상품 입력공간으로 투사하는 명확한 결과는 전체 상품의 영역에 대한 교환 기준을 암시적으로 정의하는 것이다. 그러면 결과적으로 분명히 닭 1마리를 얻는 데 연어 3마리가 필요할 것이고, 쟁기를 얻는 데 그물 4개가 필요하며, 소를 얻는 데 천 2조각이 필요할 것이다. 사상은 교환을 일반화하지만 그것을 간소화하지는 않는다. 어부는 항상 연어를 가지고 여행해야 하며 농부나 직공이 생선을 좋아하길 바라야 할 것이다.

진정한 돈 연결망의 발명에서 놀라운 단계는 원래의 상품 교환 체계에는 존재하지 않는 사물이 있는 제3의 입력공간을 들여오는 것이다. 예컨대, 동인한 모양을 한 색깔 있는 종이 쪼가리 같은 것 말이다. 가장 간단한 경우에 새로운 사물은 동일하게 생긴 표시token이다. 우리는 각 표시를 가치 입력공간의 척도상, 가령 1번 위치와 같이 동일한 위치에 사상한다.

다음으로 상품 입력공간으로부터 나온 모든 사물과 새로운 제3의 입력공간으로부터 나온 표시를 혼성공간으로 투사한다. 또한 가치 입력공간에서 나오는 모든 값을 투사해서, 혼성공간 내의 모든 요소는 이제 새로운 사물을 포함한 값을 가진다. 새로운 사물은 이제 한데 뭉뚱그려 돈이라고 부르며, 각각의 이름(가령 달러)이 주어진다. 교환 체계는 상품 입력공간으로부터 투사되고 혼성공간에서는 가치를 가진 모든 사물에 적용된다. 따라서 돈은 교환 체계에 참여할 수 있다. 닭과 연어에 대해서 보았듯이, 입력공간들에서 상품과 가치의 관계는 복잡하게 도출된 계산이다. 상품, 가치, 임의적인 사물의 세 입력공간들 사이의 외부공간 연결은 상품의 교환 관계들 사이의 연결을 연산하기 위한 복잡한 방법을 제공한다. 그러나 이러한 연산은 어떤 교환이 조건에 맞는지를 발견하기 위한 산술 계산은 물론이고 전체 공동체에 대한 여론조사도 요구한다. 혼성공

그림 10.5 돈

간에서 이러한 외부공간 연결은 사물의 간단한 특징으로 압축된다. 이제 각 사물에는 고유한 가치가 있다. 혼성공간에서 간단한 가치를 아는 것을 계산하여 여론조사를 대체한다. 표준 구매 시나리오상, 교환되는 사물 가운데 하나는 돈이어야 한다는 또 다른 제약이 혼성공간의 발현구조에 있다.

구매라는 기본적인 사회적 구조는 이 혼성공간에서 발생한다. 돈으로 간주되는 사물에는 많은 특별한 특징이 있다. 예컨대, 이런 특별한 사물의 가치와 본질(화폐 주조 등)에 합법적으로 집행된 공적인 합의가 있어야 하며, 문화는 그 물건들을 가지고 다니기 쉽고 인식하기 쉽고 분해되지 않도록 해야 한다(그림 10.5 참조). 복잡한 재정 및 경제 구조는 혼성공간의 부분인 사회적 관행에서 나타난다.

역사적으로 볼 때, 돈 연결망으로의 도약은 항상 정교한 문화적 단계를 요구했다. 특히 측정하고 들고 다니기 쉽고 상품의 교환 체계로 쉽게 통합되는 어떤 것을 돈으로 간주하는 물건으로 선택하는 중간 단계가 필요했다. 가령 귀중한 금속의 무게나 향신료의 분량 같은 것이 그런 물건으로 선택됐다. 돌이켜 보면, 돈에 대한 문화적으로 성숙한 연결망에 대해 생각하기 시작할 때 누구든지 돈을 여태껏 있는 그대로 받아들였다는 것은 놀라운 일이 아닐 수 없다.

그러나 가치란 무엇을 의미하는가? 이 낱말을 사용할 때 우리는 등가의 체계에 대해 이야기하고 있다. 즉 그것은 많은 사람들이 믿기로는 가장 실재적인 것이지만 사실상 단순한 상상력의 행동인 상징적인 것과 실제적인 것 사이의 거래이다. 딱딱하고 먹을 수 없고 주인이 없는 물질(돌, 조개껍질, 금속)을 음식이나 의복, 숙소와 거래할 수 있다는 것은 누구의 생각이었는가? 돈의 사용은 가장 순수한 믿음의 행동이다. 환영을 따라 사막으로 갔던 어느 은둔자도 우리가 기계에 1달러를 넣으면 곧 다이어트 콜라를 마실 수 있을 것이라는 우리의 믿음만큼이나 터무니없는 생각으로 행동하지는 않았다.[77]

돈 연결망의 발달에 대한 우리의 설명은 굉장히 단순화시킨 것이지만, 이는 우리의 요점을 예증한다. 지폐와 동전의 형태로 된 돈은 상품 및 상품 교환 방법의 개념에 대한 단단한 압축을 위한 핵심적인 물리적 고정 장치를 제공한다. 간단한 재료로 만들어진 생산물이 사회적 약속을 통해 사회적 관행을 급진적으로 재조직하는 물질적 고정 장치가 되며, 이것이 인간 문화에 전반적으로 엄청난 영향을 미친다는 것은 놀라운 일이다.

무덤, 묘비, 재

호메로스의 서사시에서 전쟁 엘리트는 명예로운 희생자를 화장하는 반면에 일반 사람들은 죽은 사람을 묻고 무덤을 관리한다. 우리는 지금도 이런 전통을 유지하고 있으며, 이 두 전통은 우리에게 죽은 사람에 대한 물리적 고정 장치를 남겨놓게 한다. 그 한 경우가 능陵 속이나 집의 선반 위에 있는 납골 속의 재이다. 다른 한 경우는 묘비가 있는 '묘지'이다.

우리는 앞의 장에서 인지적 현대 인간의 놀라운 특이성이 '이중범위' 혼성으로부터 발생했다는 가설을 제시했다. 이 가설은 매장 의식의 발명 및 더 일반적으로는 죽은 사람과 함께 살기라는 개념의 발명에도 동등하게 적용된다. 고고학 기록에 따르면, '죽은 사람'에 대한 그런 대우 또한 약 5만 년 전에 발생했다. '죽은 사람'에 대한 연결망에서 한 입력공간에는 살아 있을 때의 사람이 있고, 다른 입력 정신공간에는 전형적으로 죽기 직전의 살아 있는 사람처럼 보이는 유골이 있다. 어떤 매장 관행은 확실히 유골이 이런 모습을 하도록 하기 위함이다. 이런 관행에는 시체 보존, 데스마스크, 석관, 장의사들이 사용하는 화장 기술이 포함된다. 장의사는 시체에다 가장 좋은 옷을 입히고 특징적인 장신구를 두른다. 많은 중추적 관계는 사람이 있는 입력공간과 유골이 있는 입력공간을 연결한다. 사람과 유골은 인과적으로 연결된다. 그 둘은 물리적 변화에 의해서도 연결된다. 그 둘은 비유추에 의해 연결될 수도 있다. 예컨대, 사람은 움직이지만 시체는 그렇지 않다. 몸은 산 사람이 있는 입력공간 속의 사람의 일부이기 때문에, 한 입력공간에 있는 부분으로서의 몸과 다른 입력공간에 있는 시체 사이에 물리적 변화의 관계가 있다. 부분으로서의 몸과 시체 사이에는 많은 유사성도 있다. 살아 있는 사람이 있는 입력공간에서 몸과 영혼(성향에 따라서는 사람의 의도적 능력)은 분리할 수 없다. 혼성공간에는 살아 있는 사람의 정신공간으로부터 투사되는 어떤 의도성이 있다. 그래서 살아 있는 사람의 기억, 관심, 심리적 특징이 있다. 전형적으로, 혼성공간에는 유골이 있는 현재의 정신공간으로부터 가져온 시간적 순간이 있다. 사람은 생명이 있지만 유골은 그렇지 않다는 점에서 두 입력공간 사이의 외부공간 비유추 연결자는 혼성공간 안에서 *부재*로 압축된다. 혼성공간 속의 죽은 사람은 부재 혹은 부재인 것으로 느껴지지만, 살아 있는 사람의 정신공간으로부터 투사된 것도 있다.

혼성공간에서 *사람*은 살아 있는 사람이 있는 입력공간으로부터 투사되었으며, 입력공간의 복잡한 구조와 외부공간 연결은 내부공간 특성 죽다로 압축되었다. 죽다는 안전하다와 같다. 즉 그것은 복합적 연결망을 촉진한다. 그리고 죽은 *사람*에 대한 혼성공간이 일단 고착되면, 그것은 범주 *사람*의 표준 확장에 대한 입력공간 역할을 할 수 있다. 그래서 이제 그 범주는 죽은 사람을 포함하는데, 우리는 그 죽은 사람의 도움을 간청하고 그의 분노를 피하고 그의 충고를 구한다.

개인적 동일성 자체는 혼성공간으로의 압축이 유일무이한 사람을 창조하는 정신공간의 느슨한 연결망을 포함한다. 개념적으로, 사람은 많은 변화를 통해 많은 시기와 장소에 걸쳐 정신공간에 포함된다. 그런 모든 정신공간은 단 하나의 유일무이한 사람을 가진 혼성공간에 기여한다. 이런 개념적 혼성에 대한 물리적 고정 장치가 있다. 그것은 우리가 볼 수 있고 함께 상호작용할 수 있는 살아 있는 능동적인 생물학적 몸이다. 우리는 그것의 목소리를 들을 수 있고 그것은 우리의 목소리를 들을 수 있다. 사람이 죽을 때, 유일무이한 사람을 가진 개념적 연결망은 그 사람에게서는 아니더라도 우리에게서는 지속된다. 그러나 물리적 고정 장치는 사라진다.

죽음이나 죽은 사람과 관련 있는 개념적 혼성공간 및 이런 혼성공간에 대한 물리적 고정 장치의 복잡성은 이루 헤아릴 수 없다. 우리는 여기서 물리적 고정 장치는 부재하지만 죽은 사람을 이용 가능하게 만들기 위해 그런 혼성공간을 개발하는 데 사용되는 몇몇 놀라운 방법을 지적할 수 있다. 묘지와 무덤은 실세계의 부분이며, 그 자체가 물리적으로 조직되어 있다. 그러나 그것의 중요성은 '죽은 사람과 살기'라는 혼성공간에 대한 물리적 고정 장치로 역할한다는 점에 있다. 투사는 비교적 직접적이다. 살아 있는 사람의 몸은 시체로 사상되기 때문에, 당신이 살아 있는 사람을 만날 수 있는 장소(즉 그의 몸이 있을 수 있는 장소)는 시체가 '있는' 장소, 즉 무덤으로 사상된다. 우리는 살아 있는 사람의 정신공간으로부터 사람과의 접촉을 확립한다는 개념을 투사하고, 다른 입력공간으로부터 그러한 접촉이 가장 잘 확립되는 장소, 즉 묘비로 표시가 되어 있는 무덤을 투사한다. 혼성공간에 대한 이런 간단한 물리적 고정 장치는 무덤에 꽃을 두고 정기적으로나 만성절 같은 공식적으로 정해진 날 무덤을 방문하고, 특히 '죽은 사람'이 매장된 장소에서 그들과 이야기하고 그에게 말을 걸면서 죽은 사람에게 경의를 표하는 것 같은 폭넓은 문화적 관행을 위해 필요한 도구를 제공한다. 이중범위 혼성공간에서 죽은 사람은 한 범주로서 존재하며, 그 범주의 요소는 현존함과 동시에 부재한다.

죽음의 변천은 죽음이 가까운 살아 있는 사람으로부터 방금 죽은 사람으로 그리고 장례식장 준비, 시체 방문, 장례식, 매장, 무덤에서 '고인'과의 대화로 진행된다.

죽음 직후, 시체 자체는 사람의 개인적 동일성의 복잡한 통합 연결망을 위한 매우 강력한 물리적 고정 장치이자 그 자체로서, 한편으로는 그것이 죽은 유기물이라는 사실을 처리하기 위해, 그리고 다른 한편으로는 그 사람에게 모욕을 주지 않기 위해 정교한 의식적 방식으로 다루어진다. 그 사람에 대해 그것은 일시적인 물리적 고정 장치 역할을 하고 있다. 그 기간 동안 시체는 그 사람과 '연락하거나' '이야기를 나누는' 물리적 고정 장치이다. 시체가 매장 전에 홀로 남겨지지 않도록 하기 위해 고안된 철야veillées 및 다른 의식 자체는 살아 있는 사람을 돌보는 것과 시체를 다루는 것의 혼성이다. 일단 시체가 매장되면 그것은 물리적 고정 장치 역할을 하지 않는다. 그런 역할은 다른 무덤과 아마도 예배당이나 교회와 함께 묘비, 묘지, 공동묘지로 전이된다. 몇 년이 지난 다음에도 무덤 위에서 죽은 사람과 연락하고 이야기를 나눌 때, 우리는 전형적으로 매장 직전의 몸에 대한 기억을 환기시키며, 전형적으로 관 속의 실제 내용물이 아닌 그 몸이 무덤 속에 살고 있는 것으로 간주한다.

형에 대한 카툴루스의 작별의 비가悲歌에서 물리적 고정 장치는 죽은 사람 부근에 있는 재이다.

Multas per gentes et multa per aequora vectus

advenio has miseras, frater, ad inferias,

ut te postremo donarem munere mortis

et mutam nequiquam alloquerer cinerem.

수많은 땅과 바다를 건너

제가 왔습니다, 형님. 당신의 슬픈 장례식에

당신의 죽음에 마지막 선물을 드리기 위해

그리고 말없는 재가 된 당신에게 헛되이 말을 건네러.

Across many lands and seas

I have come, brother, to your sad funeral rites

to offer the final gift to the dead,

and speak in vain to your mute ashes.

혼성공간에는 한 입력공간에 있는 형과 다른 입력공간에 들어 있는 재에 대응하는 유일무이한 요소가 있다. 카툴루스는 첫 번째 투사에 의해 그것을 '형님brother'과 '당신you'(라틴어로는 'frater'와 'te')이라고 부를 수 있다. 그것은 재로부터 투사되기 때문에 카툴루스에게 대답할 수 없다. 혼성공간에서 형은 대답하지 않으므로 그는 말이 없으며, 따라서 재도 말이 없다. 그러나 혼성이 없는 입력공간에서는, 재는 말이 없을 수가 없다. 난로 속의 재는 우리에게 말을 하지 않지만, 어느 누구도 그것이 '말이 없다'라고 하지는 않을 것이다.

대성당과 장소법

무덤은 홀로 떨어진 경우가 아니다. 인간의 많은 시간과 에너지 그리고 재능이 영적이고 개인적인 통합 연결망을 위한 물리적 고정 장치를 만드는 데 들어간다. 로버트 스콧Robert Scott은 '고딕 대성당의 이상'과 그것이 실제로 존재하는 고딕 양식의 대성당, 곧 종교의식과 내부기물이 그 안에 있는 실제 대성당에 어떻게 연결되는지를 다룬 책 한 권 분량의 연구를 저술했다.[78] 무덤이 비교적 접근할 수 없는 죽은 사람과 이야기를 나누기 위한 물리적 고정 장치인 것처럼, 대성당은 비교적 접근하기 힘든 신성과 고인의 세계와 이야기를 나누기 위한 물리적 고정 장치이다.

무덤의 경우에 시체가 매장되는 장소는 죽은 사람과 자연스럽고 필연적으로 연결된다. '죽은 사람과 함께 살기'라는 혼성공간에서 죽은 사람은 무덤에서 자연스럽게 이용 가능하다. 스콧에 따르면, 더 일반적인 신성의 경우에, 목표는 "신성을 공동체에 끌고 가는 것"이다. 왜 신성을 특별한 장소로 끌고 가야 하는지에 대한 아무런 선험적인 이유는 없다. 스콧의 말로 신성은 "느슨하고 도처에 있으며 널리 퍼져 있지만 집중되지 않은 힘"으로 간주되며, 그러한 힘은 "말하자면 대기 속에 떠 있다". 대성당의 한 가지 목적은 신성을 끌어 들이고 그것을 특별한 위치에 집중시키는 것이다. 이것은 "신성을 위한 거주지의 창조"를 요구하는데, "그런 거주지는 스스로 사라지거나 이주할 수 있는 그 잠재력이 실현되지 않도록 신성을 끌어당기고 보관하는 특별한 장소와 환경이다".[79]

대성당과 그 장소에 대한 문화적·지각적 경험은 공동체 사람들에게 신성함의 느낌을 주는 혼성공간을 활성화하는 데 이바지해야 한다. 다소 명확하게, 대성당은 웅대함, 크기, 빛의 정도와 질, 구성과 유지의 어려움, 음악과 기도의 패턴 및 성당을 다른 인간 세상의 실용적인 건물과 구분 짓고 문화적인 신성의 개념과 연상 짓는 정교하게 짜여진 다른 의식들을 특징으로 가진다. 그다지 명확하지 않게, 대성당의 시각적 양상을 초월하는 정신적·문화적 통합이 있다. 대성당의 개념은 신성에 대한 물리적 고정 장치로서 그 효율성을 몇 배나 더 증가시키는 상상력과 기억의 양상과 연결된다. 이것이 어떻게 발생하는지에 대한 스콧의 가설은 오랫동안 서구 수사학 내에서 인식되어 왔던 정신적 도구에 의존한다. 이 도구는 '장소법method of loci'이다.[80]

장소법에서 어떤 사람은 복잡한 생각의 조직을 기억해야 할 필요가 있다. 이는 그것을 나중에 말의 형태로 전달하기 위해서이다. 그는 그런 생각을 어떤 낯익은 길 위의 지점들과 연상 짓고 이어서 그 지점들을 통과하고 있다고 상상함으로써 그 생각을 기억하고 표현한다. 한 입력공간에는 생각이 있고, 다른 입력공간에는 낯익은 길이 있으며, 두 입력공간에는 질서 정연한 두 순서 사이에 유추 사상이 있다.

예컨대, 만약 당신이 식후의 담화를 기억해야 할 필요가 있다면, 집의 앞 입구에서부터 현관과 앞문, 방, 뒷문을 통해 안마당으로 통하는 길에 대해 생각할 수 있다. 그런 다음 각각의 생각이나 행동을 길을 따라 있는 장소에 순서대로 부착해보라. 그래서 당신을 초대한 사람들에게 전하는 감사는 앞뜰로 가는 입구이고, 당신이 하는 '첫 번째' 농담은 그 입구의 통로이고, 그렇게 해서 전체 저녁 대화까지 이어진다. 따라서 연단에서 초초할 때 당신은 집까지 정신적 산책을 하기만 하면 언제 무슨 말을 해야 할지를 기억할 수 있다. 허친스는 층을 이룬 혼성 형판을 포함하는 이 방법을 통찰력 있게 분석한다.

장소법은 물질적 구조를 인지적으로 사용하는 것에 대한 잘 알려진 예이다. 긴 일련의 생각들을 기억하기 위해, 그 생각들을 순서대로 물리적 환경의 일련의 지표와 연상 짓는데, 그런 환경에서 항목들이 기억되어야 할 것이다. 장소법은 환경의 일련의 특징을 가로질러 주의의 간단한 궤도를 설정하는데, 우리는 이런 특징을 지표라고 부른다. 특정한 순서대로 지표들에 주의를 기울이는 환경을 통과하는 흐름을 수립할 수 있다. 이것은 층을 이룬 혼성공간이다. 처음의 입력공간들은 탄도체의 이동 모양과 환경 속에 있는 지표의 집합이다. 이런 입력공간들은 함께 결합해서 환경 속의 지표들을 통과하는 연속적인 흐름인 혼성공간을 생산한다. 지표의 순차적 관계는 혼성공간의 발현적 특성이다. 따라서 이 정신공간은 더 복합적인 혼성공간을 위한 입력공간이 된다. 기억해야 할 항목들은 지표들과 연상되고, 기억해야 할 항목들은 그에 상응하는 지표들과 함께 위치하는 것으로 상상되는 정신공간을 생산한다. 이런 혼성공간에서 기억해야 할 항목들은 지표들 사이에서 창조된 순차적 관계를 획득한다. 기억해야 할 항목들 사이의 순차적 관계는 이런 합성 혼성공간의 발현적 특성이다.[81]

이 방법은 키케로를 비롯한 다른 사람들이 고대에 개발한 이후로 시행된 기억술의 일부였다. 허친스는 많은 문화에서 이런 장소법의 예를 찾는다. 예컨대 "파푸아뉴기니의 트로브리안드 섬에서 긴 서사는 현지 지형 주위에서 구조화된다".[82] 섬의 성인들은 그 지형을 알기 때문에, 이야기의 주인공이 낯익은 길을 따라 나아가는 내용은 길을 따라 있는 지점의 순서를 이야기 부분들의 순서와 연결시켜서 긴 서사를 훨씬 쉽게 기억하게 만든다.

허친스의 예에서, 장소법에서 사용하는 물리적 고정 장치는 이미 존재하고 있던 것이다. 스콧이 주장하는 고딕 대성당은 다른 경우이다. 대성당의 이상은 신학 내용을 가진 입력공간과 건물을 가진 입력공간으로부터 시작한다. 장소법은 신학 구조가 우리가 건물을 통해 지나가는 위치들의 순서와 융합되는 혼성공간을 창조한다. 그런 후 이 혼성공간에서 강한 발현구조가 발생한다. 건물은 신학 정신공간으로부터 나오는 위상학적 투사를 받아들이기 위해 상상력에서 수정된다. 수세대 동안 신학자들은 이 혼성공간을 잘 다듬었고, 신학을 소개하는 사람들은 이것을 사용한다. 결과는 굉장한 발현적 개념이다. 즉 고딕 양식의 대성당으로서, 그것은 많은 복잡한 상호작용 방식으로 혼성공간에서 기독교 신학과 융합되는 구조물이다. 스콧의 주장에 따르면, 대성당이 물론 전제상 예배 장소에 대한 지식에 기반하긴 하지만, 그것은 첫째로 정신적 구성물로서 존재하며, 대성당 자체는 이차적인 것으로서 실제로 건물을 지음으로써 주어지는 완전한 물리적 고정 장치일 뿐이다. 스콧은 신성한 텍스트에 대한 광대한 지식이 어떻게 수사修士들을 "신성에 대한 내재적인 경험 쪽으로" 안내했는지 설명한다. '상상의 수도원 도식'은 다음과 같은 신성한 텍스트를 기억하기 위해 고안되었다.

신성한 텍스트에는 위치적인 특성이 있다. 이는 그런 텍스트가 모든 것을 위해 장소를 제공하고 모든 것을 각자의 장소에 할당했으며, 이를 하기 위해 이용되는 은유가 건축학적이었다는 의미에서 그러하다. 접근할 의도인 소재(즉, 신성한 텍스트)는 명상을 목적으로 사용되었기 때문에, 그런 소재를 사용할 때, 기억술의 수행이 수행자가 *상상의 공간*을 통한 상상의 이동을 하도록 요구한다는 것을 의미한다.[83]

스콧은 기억술이 작용했던 방법에 대한 예를 전한다. 그것은 메리 캐류터스

Mary Carruthers가 『기억의 책*The Book of Memory*』에서 제공했던 예이다. 그는 다음과 같이 적고 있다.

> 한 가지 예는 지하실의 피터라는 수사修士에 관한 것이었다. 그는 전체 수도원을 이런 방식으로 상상했으며 청중들에게 그 안에 들어가서 자신과 함께 그것을 사용하자고 권했다. 그녀가 제공한 또 다른 예는 성 빅토르 수도원의 휴의 예로서, 그녀는 그가 "신중하게 (그의 상상적 건물의) 각 부분이 어떻게 전체 구조의 도식에서 구분되는지, 그리고 기억의 장소로 사용되는 이야기와 방이 정보를 영상의 형태로 '담기 위해' 어떻게 나누어지는지를 정확하게 보여주었다……. 휴는 이 건물을 자기 마음 속에서 구성한 대로 보았다. 그는 그 건물을 통과해 '걸었으며' ……… 다른 사람들에게 조언했던 대로 자신도 그것을 보편적인 인지적 기계로 사용했다"고 설명했다. 세 번째 예는 히포의 아우구스티누스로서, 그는 그의 설교에서 가옥에 대한 수사적 그림을 그리고 그 다음에 동료 수사들에게 자신과 함께 그곳을 둘러보고 주위를 걷자고 요청했다.
>
> 아마도 가장 유명한 예는 성 갈렌 수도원의 설계도로서, 이것은 전적으로 기능적인 수도원 공동체를 위한 실제 스케치로, 계몽의 길을 추구하는 전례典禮의 행렬과 명상에 종사하기 위한 이상적인 공간을 제공하고 있다. 부분적으로 이것은 아직 존재하고 있기 때문에 유명하다. 의미심장하게도, 그것이 결코 실제로 지어지지 않았지만, 실제로 성 갈렌 수도원의 수사들은 그것을 명상하기 위한 공간으로서 개별적으로와 공동으로 상상 속에서 사용했다.[84]

요컨대, 대성당은 혼성공간을 뒷받침하는 정확한 물리적 고정 장치를 가지기 전에 혼성공간의 개념적 구조로 개발되었다. 물리적 고정 장치가 일단 구성되면 그것은 수사의 정신적 활동을 뒷받침하지만 또한 그들이 그 개념적 구조를 평신도 공동체에게 전달하도록 해주며, 그들의 활동을 조직하도록 만든다. 이것은 시계와 돈이 오늘날 사회의 사람들의 행동과 상호작용을 조직하는 것과 같다. 수세기 동안 대성당의 개념, 대성당이라는 건물, 그 실제 사용과 존재는 최적의 압축에서 정점에 이른다.

일반적인 예배 장소처럼 대성당에는 많은 다양한 물리적 고정 장치가 있고, 그 모든 고정 장치들은 통합된다. 예복, 초, 특별 활동을 위한 특별한 의자와 벤치, 고해소, 그 자체의 장소법을 사용하는 십자가의 위치, 제단, 성물실聖物室, 시각적 이미지, 무덤, 성경이 그런 고정 장치들이다. 충분한 경험이 없는 사람들에게 이러한 물리적 고정 장치는 기괴하고 설명할 수 없는 집합처럼 보이지만, 그런 전통 가운데 자란 사람들에게는 수세기 동안의 예배를 통해서 문화적으로 진화된, 실제로 매우 강력한 혼성공간을 풀고 탈脫압축할 수 있는 수단과 능력이 있을 것이다.

우리는 자라면서 돈과 시계 같은 물리적 고정 장치와 상호작용하는 데 너무도 익숙해졌기 때문에 그런 고정 장치가 제공하는 압축은 파란색 컵에 대한 지각 같은 생물학이 제공하는 압축만큼이나 거의 완전하고 명확한 것처럼 보인다. 은행권이 빵과 교환되는 것을 볼 때 하나가 돈이라는 사실은 하나가 빵이라는 사실만큼이나 명확하다. 그러나 문화적 지식이 전혀 없는 사람에게는 그런 물건이 완전히 이상한 것처럼 보일 수 있다. 대성당에 들어가는 문외한에게는 물리적 고정 장치가 압축에서 무엇을 의미하는지 가르쳐줄 정교한 개념적 통합 연결망이 없다. 그러나 충실한 신자들에게 제단과 예복, 성상 앞에 놓인 초가 있는 대성당은 돈으로 빵을 구하거나 파란색 컵을 보는 것만큼이나 즉각적으로 이해될 수 있다.

우리는 반사실문, 은유, 승려 수수께끼, 칸트와의 논쟁 같은 물리적 고정 장치를 요구하는 것처럼 보이지 않는 연결망을 논의하면서 이 책을 시작했다. 우리는 허친스의 전례를 따라 이제 정신적으로 조작되기 위해 물리적 고정 장치를 요구하는 것처럼 보이는 개념적 통합 연결망으로 시선을 돌렸다. 사실 지폐나 동전, 회계장부 속의 숫자, 전자 뱅킹 장치의 형태를 한 물리적 고정 장치 없이는 효과적인 교환 매체로 '개념적 돈'을 사용하는 사회를 상상하기 어렵다.

바버라 홀더는 현금 자동 인출기의 발달에서 연속적인 혼성공간을 논의한다.[85]

그런데 물리적 고정 장치를 요구하는 개념적 통합 연결망과 표면상 그렇지 않은 개념적 통합 연결망 사이에는 어떤 명확한 차이가 있는가? 물리적 고정 장치가 돈이나 시계보다 덜 명확한 경우들로 시선을 돌려보자.

글

글은 전혀 시계, 동전, 대성당과 동일한 종류의 물건처럼 보이지 않는다. 그러나 글을 볼 때, 우리는 돌이나 종이, 컴퓨터 스크린 위의 물리적 표시를 보며, 이러한 표시는 공동체 여기저기로 퍼져나간다. 그것만으로 이런 표시는 무의미하다. 글을 적은 한 장의 종이를 1만 년 전까지 거슬러 올라가 인지적 현대 인간 부족에게 보낼 수 있다면, 그들은 그 종이에 놀라긴 하겠지만 그것으로 무엇을 할지 전혀 모를 것이다. 그러나 우리에게는 이러한 표시를 문화적으로 뒷받침되는 방식으로 사용할 수 있는 정교한 개념적·언어적·정신적 체계가 있다. 몇 시인지를 보기 위해 시계를 보는 것처럼, 누군가가 우리에게 무슨 말을 하고 있는지를 보기 위해 편지에 적힌 문장을 본다.

투사와 정교화가 엄청나게 풍부하지만 이 혼성공간은 우리에게 자연스럽게 보인다. 한 여성이 군인으로 전선에 나가 있는 약혼자의 편지를 읽고 있다고 생각해보라. 그녀는 무엇을 하고 있는가? 한 가지 관점에서, 그녀는 종이 위에 있는 표시들을 보고 구분한다. 그러나 실험용 쥐나 비둘기도 아마도 종이 위의 표시를 구분할 수 있을 것이다. 그녀는 명확히 실험용 쥐나 비둘기가 하지 못하는 무언가를 하고 있다. 한 여성이 물리적 사물을 보면서 혼자 있는 한 입력공간이 있다. 약혼자와 그녀에게 말을 할 수 있는 일반적인 능력이 있는 다른 입력공간이 있다. 혼성공간에서 약혼자는 그녀에게 말을 하고 있다. 투사는 선택적이고 상상적이다. 혼성공간에는 발현구조가 있다. 그들은 모든 일반적인 대화 방식으로 서로에게 응답을 할 수 없고, 약혼자로부터 들을 수 있는 소리도 없다. 글이 낱말들로 이루어져 있다는 사실은 말의 공간으로부터 나온다. 그러한 낱말/표시의 특수성은 종이 위의 특정한 표시를 가진 정신공간으로부터 나오며, 그것은 문화적으로 진화한 일반적인 사상과 결합하여 소리의 등가 부류와 표시의 등가 부류를 연결한다. 간단히 말해 표시 'boy'와 소리 'boy' (또는 더 정확하게 말해서 boy, *boy*, boy, Boy, BOY, boy 같은 모든 표시의 범주와, 높은 음조나 낮은 음조로, 영국이나 오스트레일리아의 악센트로, 속삭임으로 낱말 'boy'를 발음하는 모든 방법으로 이루어진 소리의 범주)를 연결하는 것이다.

능숙한 독자는 글과 읽기에 대한 통합 연결망을 구성하기 위한 일반적인 능력을 가진다. 한 입력공간에는 이야기하는 누군가가 있고 다른 입력공간에는 표시를 가진 어떤 매체가 있으며, 혼성공간에서는 표시와 말이 인상적인 방식으로 융합된다. '글을 통해 자신을 표현하고' '읽기를 통해 다른 사람들을 이해하는' 발현적인 통합적 활동은 거의 모든 면에서 말과는 매우 다르다.

글과 읽기 혼성은 우리에게 문화적으로 매우 중요하다. 그것은 물질적 재료 위 구분되는 표시라는 물리적 고정 장치 없이는 존재할 수 없다. 그러나 이러한 물리적 고정 장치의 사용은 어떤 무한한 표시들(boy, *boy*, boy, Boy, BOY, boy)을 쓰여진 낱말 'boy'라는 단 하나의 실체로 통합하는 매우 강력한 선행하는 개념적 혼성에 의존하며, 그러한 실체 자체는 또 다른 압축된 무한인 말해지는 낱말 'boy'와 동일한 것으로 해석된다.

일단 배우고 나면, 글과 읽기 혼성 연결망은 간단하고 필연적인 것처럼 보인다. 그러나 그것은 복잡한 투사와 우리가 당연시하는 사회적 관습을 포함한다. 예컨대 영어로 된 책을 읽으려면 시간상의 말을 페이지 위에 왼쪽에서 오른쪽으로 수형으로 배열된 위치로 사상해야 하고, 행의 끝에서 말이 다시 다음 행의 첫 부분으로 건너뛰며, 페이지를 넘기는 것(책으로 우리가 하는 가장 평범한 행동)이 말speech 공간에는 그 어떤 상관물이 없다는 것을 이해해야 한다.

말

말은 시계나 대성당 또는 심지어 묘비 위의 비문과는 전혀 달리 무형인 것처럼 보인다. 그러나 사실 그것은 물리적 고정 장치이다. 한 여성이 약혼자의 말을 실제로 듣고 있는 장면을 고려해보라. 그는 무사귀환했으며, 그들은 부엌에서 커피를 마시고 있다. 한 관점에서 보면, 일어나고 있는 일은 공기 중의 음파가 그녀의 고막을 때리고 있으며 그녀가 이 사실을 인식하고 있다는 것이다. 그러나 그러한 동일한 관점에서, 실험용 쥐나 비둘기도 동일한 일을 하고 있지만, 그녀는 다른 동물들이 하지 못하는 무언가를 하고 있다. 그녀에게 음파는 물리적 사물 같은 '소리'를 발생시킨다. 의사소통의 목적으로 두 개의 소리를 동일한 것으로 간주하는 식으로 소리들을 범주화할 수 있는 우리의 능력은, 소리에 물리적 고정 장치의 성질을 제공하는 영속성을 설명해준다. 그녀는 특별한 소리의 등가 부류를, 사회적으로 공유되고 정신적으로 표상되는 낱말이나 절 같은 특별한 언어적 구조와 연결하는 복잡한 사상을 알고 있는 것이다.

이런 개념적 통합 연결망은 우리가 묘사한 것보다 훨씬 더 복잡하다. 그런 연결망의 양상을 기술하기 위해서는 음성학, 음운론, 형태론을 거론할 필요가 있다. 그럼에도 불구하고 우리의 피상적인 설명도 글과 말에서 진행되고 있는 개념적 혼성의 유형과 다양한 종류의 물리적 고정 장치가 정신적·사회적 활동에 필수적인 방식임을 암시하고 있다.

수화

언어에 목소리 외의 양식이 있을 수 있다는 것은 이제 보편적으로 인식되고 있다. 구어는 구술–청각 양식을 사용하지만, 수화는 시각–몸짓 양식을 사용한다. 수화의 구조적·개념적 복잡성은 구어의 복잡성과 못지않게 크다. 목소리는 구어에서 통합 연결망을 공적으로 공유하고 학습하기 위한 필수적인 물리적 고정 장치이다. 몸짓은 수화에서 이와 동등한 물리적 고정 장치이다. 그러나 이런 양식들은 서로 다르기 때문에 물리적 고정 장치 또한 몇 가지 흥미로운 차이를 보인다.

스콧 리델Scott Liddell, 카렌 반 훅Karen Van Hoek, 크리스틴 풀린Christine Poulin

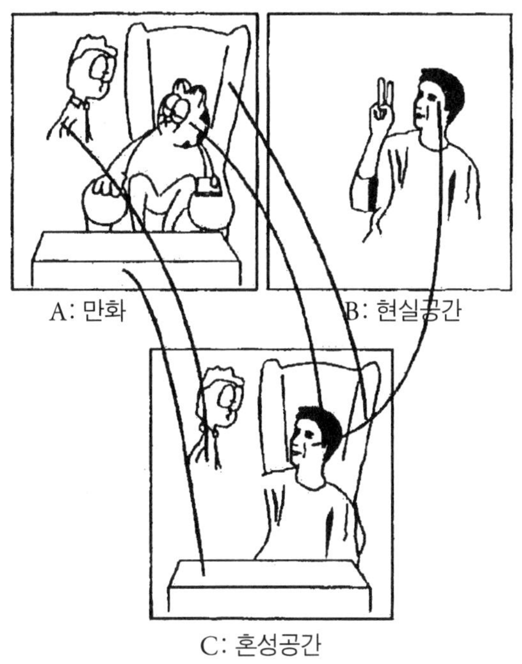

그림 10.6 가필드로서의 기호 사용자를 포함한 혼성. C(혼성공간)에서 개념적 배경은 만화이고, 물리적 배경은 지금 여기이다(출처: Liddell, 1998, 그림 4에서 채택).

같은 많은 유명한 학자들은 정신공간들 사이의 연결이 기호의 양식에서 반영되고 촉진되는 방식을 연구했다.[86] 미국 수화ASL에서 혼성공간을 명시적으로 연구한 리델은 사람의 직접적인 환경에 대한 정신적 표상이 그가 말하는 '고정된 정신공간'인 특별한 유형의 정신공간을 구성한다고 말한다. 즉각적인 물리적 환경은 그 정신공간에 대한 물리적 고정 장치이다. 이 고정된 정신공간 속의 요소는 의사소통의 부분으로 지적될 수 있는 즉각적인 환경에서 그에 상응하는 물리적 위치를 가진다. 수화는 화자들이 복잡한 방식으로 계속해서 동일한 지시물을 지시하게끔 흥미로운 방식으로 개념적 혼성과 가리키기를 사용한다. 이야기되고 있는 사물이 물리적으로 존재하지 않는다면, 수화 사용자는 고정된 혼성공간을 창조해서 그것이 개념적으로 존재하도록 만들 수 있다.

리델은 그런 개념을 잘 보여주는 사례를 다음과 같이 분석한다.

미국 수화의 원어민 화자는 만화 주인공 가필드와 주인 사이의 상호작용을 묘사하면서 이야기를 하고 있다. 여기서 가필드는 그의 주인을 올려다보고 있다. 이 일은 주인이 텔레비전 리모컨에서 배터리를 제거했다고 가필드에게 말한 바로 뒤에 나온다. 수화 사용자는 주인에 대한 가필드의 첫 반응을 기술하기 위해 '고양이 쳐다본다'라는 두 개의 수화로 된 절을 생산한다. 절의 주어는 수화로 나타낸 '고양이'이다. 술어 '쳐다본다'는 그림의 공간 B에서 예증된다.

　표현되고 있는 의미는 고양이가 오른쪽 위를 (주인 쪽을) 보고 있다는 것이다. 말하는 동안 실제 만화 주인공들은 현재 없다. 머리의 회전으로 표현되는 '쳐다본다'의 방향과 그림에서의 시선의 방향 둘 다를 설명하기 위해, 나는 수화 사용자의 머리 위치와 시선이 더 이상 그의 것이 아니라고 제안한다. 대신 그것들은 가필드가 자기 머리를 오른쪽으로 돌려서 주인을 올려다본다는 것에 대한 예증이다. 수화 사용자는 또한 가필드의 주인이 가필드 오른쪽에 서 있는 것으로 개념화했다. 이러한 개념화는 공간 C에서 볼 수 있는 고정된 개념적 혼성공간을 생산하기 위해 공간 A에서 B의 요소들을 혼성하는 것을 수반한다.

　혼성공간 내에서 가필드의 주인은 이제 가필드가 된 수화 사용자의 오른쪽에 서 있으며, 수화 사용자는 혼성된 만화 주인공이 주인과 시선을 맞추고 있다는 것을 보여주기 위해 오른쪽 위를 보고 있다. 이것은 더 이상 실제 공간이 아니다. 왜냐하면 실제 공간은 단지 직접적인 물리적 환경에 대한 정신적 표상이기 때문이다. 여기서 수화 사용자의 머리 위치와 시선은 혼성공간에서 가필드의 머리 위치와 시선으로 해석될 것이다. 즉 수화 사용자의 머리와 시선은 가필드가 무엇을 했는지를 예증한다. 그래서 수화 사용자는 적어도 부분적으로 가필드가 되었다. 왜냐하면 그의 머리와 시선은 가필드의 머리와 시선으로 여겨지기 때문이다. 그림에서 선은 A에 있는 가필드와 B에 있는 수화 사용자를 C에 있는 혼성된 가필드에 연결한다.[87]

다시 말해, 수화 사용자의 살아 있는 몸은 부재하는 만화 주인공에 대한 물리적 고정 장치가 되었고, 또 다른 만화 주인공이 부재하는 위치는 그 위치를 가리킴으로써 물리적 고정 장치로 이용된다. 이것은 현존하는 장면과 부재하지만 보고되고 있는 장면의 혼성이다. 우리는 우리가 보는 것이 입력공간을 구성하기 위해 풀어야 하는 혼성공간, 입력공간들 사이의 연결, 그리고 혼성공간으로의 선택적 투사를 촉진한다고 받아들인다. 시선의 방향과 같은 혼성공간의 요소는 한 입력공간에서는 수화 사용자가 보고 있는 방향이고 또 다른 입력공간에서는 가필드가 보고 있는 방향이다.

리델은 구어를 수반하는 몸짓 체계에서도 유사한 혼성공간을 발견할 수 있다고 지적한다. 실제로 우리는 몸짓의 물리적 고정 장치를 포함하는 혼성공간을 발견할 수 있으며, 이것은 너무나도 자연스러워서 이러한 행동이 정말로 얼마나 복잡한 것인지를 알려면 다시 한 번 생각해봐야 한다. 이런 혼성공간들은 이중범위 혼성의 힘을 가지고 들어온다. 이것은 놀라운 능력이지만 우리들 모두가 아주 어린 시절부터 쉽게 사용할 수 있었기 때문에 당연하게 여긴다. 우리는 단지 이런 방식 외에 다른 식으로는 생각할 수 없다.

CHAPTER 10
줌아웃

시간이 지나면서 문화들은 정교한 개념적 통합 연결망을 촉진하는 여러 가지 물건을 개발했다.

질문:
● 어린아이는 어떻게 이런 물건의 사용법을 배우는가?

● 이런 모든 통합 연결망을 조작하려면 어린아이는 어떤 능력을 가져야 하고, 어떤 발달 경로를 거쳐야 하는가?

대답:

우리는 9장에서 후기 구석기 시대 무렵의 이중범위 통합에 대한 능력의 진화를 논의했다. 그러나 그런 능력을 지니는 일은 그 산물을 가지는 일과는 다르다. 이중범위 통합에 대한 능력을 갖추고 있는 인간은 통합 연결망을 생산하는 힘든 문화적 작업을 거쳐야 하고, 그러한 연결망을 또 다른 연결망에 대한 입력공간으로 사용했다. 되짚어보면, 글이 발명되기 수만 년 전에 글에 대한 입력인 말이 개발된 것처럼, 일련의 혼성에 대한 문화적 발명은 발달 순서를 분간할 수 있다. 우리는 또한 수의 발전의 경우 새로이 달성된 각각의 수 혼성이 나중의 수 혼성에 대한 입력이 된 긴 과정을 보았다. 이런 역사에서 우리는 항상 개념적 혼성의 *작용*과 개념적 혼성의 *문화적 산물* 사이의 구분을 기억할 필요가 있다.

분명히, 어린아이들은 글 쓰는 방법이나 돈이나 시계의 사용 방법과 같이 개발하는 데 수백 년이나 수천 년이 걸렸던 것을 아주 빨리 배운다. 문화마다 그렇게 열심히 노력해야 했던 일이 그것을 배워야 하는 어린아이들 대부분에게는 그렇게 간단하다는 사실은 이상하게 보일 수 있다. 어린아이의 학습이 더 오래 걸려야 하거나, 문화가 보다 더 빨리 발전해야 하는 것으로 여겨질 수도 있다.

그러나 사실 최근 심리학의 연구, 특히 진 맨들러Jean Mandler의 "아기 만들기How to Build a Baby"는 유아들이 말을 하기 전부터 복잡한 개념적 체계를 개발했음을 보여준다.[88] 우리는 아이가 이중범위 능력을 지니고 세상에 태어난다는 것을 알고 있다. 맨들러의 연구는 7개월 정도밖에 되지 않았거나 아마도 더 어린 유아가 이미 강력한 통합 연결망을 이용하고 있음을 보여준다. 적어도 소품을 사용하는 가상놀이pretend play의 단계만큼 초기에 강한 이중범위 연결망을 구성했으며 분명히 생후 18개월은 넘지 않은 시기에 그렇게 했다.

어린아이는 이런 능력을 가지고 문화의 개념적 혼성에 대한 물리적 고정 장치가 가득한 세상에 나온다. 성인들이 사용하는 정교한 통합 연결망 안의 혼성공간은 어린아이에게 처음에는 단 하나의 통합된 정신공간으로 제시된다. 어린아이는 구입, 시간 말하기, 읽기에 대한 개념을 가지기 이전에 돈, 장난감 시계, 책을 가지고 논다. 어린이는 모방을 통해 그들이 환기시키려는 통합 연결망을 개발하기 이전에 그러한 물리적 고정 장치를 조작하는 일상의 과정을 개발할 수 있다. 문화에 대해 정교한 통합 연결망의 혼성공간은 어린아이에게는 그 연결망을 획득하기 위한 출발점일 수 있다. 통합에 대한 제약 때문에 그런 정신공간은 직접적인 지각과 행동을 포함하면서 인간 척도에 있다. 이 때문에 그런 정신공간은 아기가 학습을 시작하기에 좋은 장소가 된다. 어린아이는 문화가 제공하는 것 이면에 놓인 연결망을 획득하고, 입력공간의 혼성을 통해 새로운 연결망을 개발하는 과정에 있다.

이런 경우는 언어에서도 다르지 않다. 우리 생각에 문화는 어린이가 일련의 통합 연결망을 개발하도록 하기 위해 인간 척도에서 물리적 고정 장치를 사용할 뿐 아니라 직접적으로 지각 가능한 환경의 특질을 사용한다. 이런 특질은 어머니의 목소리에서 아기 담요, 나무, 아기 자신의 몸과 행동에 이르기까지 다양하다. 이런 연결망의 획득에 대한 외적 증거가 있다. 특히 억양 패턴, 낱말, 구문과 같은 물리적 고정 장치의 문화적으로 적절한 조작과 이와 동시에 이루어지며 분리할 수 없는 몸짓, 얼굴 표정, 눈의 움직임, 복장, 다루기 쉬운 물리적 사물, 사회적 상호작용, 그리고 의미를 구성하기 위한 촉진제로 조작 가능한 인간 척도의 다른 모든 것들이 그런 증거들이다.

이런 견해는 특별한 연결망과 고정 장치를 연구하고, 문화적 능력으로 간주되는 연결망과 고정 장치에 숙달하게 되는 발전 과정을 조사하는 광대한 연구 프로그램의 필요성을 제시한다.

허구의 구성

"저는 길에서 아무도 못 봤어요I see nobody on the road"라고 앨리스가 말했다.

"나도 그런 눈이 있으면 좋겠구나." 왕이 화를 내며 말했다. "그 아무도Nobody를 나도 좀 보게! 그것도 그렇게 먼 거리에서!"

—루이스 캐럴, 『거울 나라의 앨리스』

사람들은 서로 속이고, 모방하고, 거짓말하고, 공상하고, 기만하고, 미혹시키고, 대안을 고려하고, 가장하고, 모형을 만들고, 가설을 제안한다. 우리는 허구를 정신적으로 다룰 수 있는 비범한 능력을 가지고 있으며, 이런 능력은 진보된 개념적 통합에 대한 우리의 능력에 기반한다.

진화에는 대안을 고려하고 선택하는 방식이 있다. 절대적 관점에서 보면, 서로 구별되는 유기체들은 이미 진화가 자연 세계에서 행하고 있는 대안적 실험이다. 어떤 대안이 더 적절한지는 세대가 지나며 생식적 차이가 계산되면서 점점 명확해진다. 인지적 현대 인간을 낳은 엄청난 진화적 변화는 오프라인 인지 시뮬레이션을 운용할 수 있는 유기체를 진화시킨 사건이었으며 그로써 진화는 매번 선택을 해야 할 때마다 지루한 자연 선택의 과정에 착수해야 할 필요가 없어졌다. 인간은 다수의 시나리오를 운용할 수 있으며, 그 결과를 정신적으로 검토할 수 있고, 여러 세대에 걸쳐서가 아니라 순식간에 선택할 수 있다. 복잡한 새로운 추리와 선택을 하는 동안 거의 모든 영역에서 복잡한 새로운 시나리오를 생각하는 것은 이제 정신적·문화적 삶의 부분으로서 운용될 수 있다. 현대 인간의 인지 능력은 개인들에게 한층 더 대단한 선택과 개념화의 힘을 허용해주고, 또한 문화가 전체 공동체에 의해 만들어지고 테스트된 선택을 전달할 수 있게 한다.

허구의 다양성

우리는 2장에서 넬슨 굿맨의 고전적인 견해를 인용했다. "반사실적 조건문의 분석은 까다롭고 대수롭지 않은 문법 연습문제가 아니다. 사실상 우리에게 반사실적 조건문을 해석하는 수단이 없다면, 아무래도 타당한 과학 철학을 가지고 있다고 주장할 수 없다."[89] 이제 이미 이 의견은 반사실문을 논의하는 학문 분야에서는 전혀 논란거리가 아니다. 과학은 본질적으로 반사실적 추론과 언어에서 반사실적 구문의 이용 가능성에 의존한다는 굿맨의 요지는 사실 반사실적 추론의 중요성과 문제가 뚜렷하게 인정되는 사회과학에서 동등하게 유효하다. 개리 킹Gary King, 로버트 코헤인Robert O. Keohane, 시드니 버바Sidney Verba는 『사회 조사 설계: 정성 연구의 과학적 추론Designing Social Inquiry: Scientific Inference in Qualitative Research』에서 반사실적 추론에 의존하지 않는 사회과학의 인과적 추리의 형태는 없다고 주장한다.[90] 사회적 사건에 대한 인과성을 분석하는 것은 실제로 발생한 일과 다른 조건에서 발생할 수 있었던 일에 대한 반사실적 시나리오를 대조하는 문제이다.

> *반사실적 조건*은 인과성에 대한 이런 정의의 이면에 있는 본질이다……. 따라서 인과성에 대한 이런 간단한 정의는 결코 우리가 인과적 결과를 확실히 알기를 희망할 수 없음을 증명한다. 홀랜드Holland(1986)는 이것을 인과적 추리의 근본적인 문제로 언급한다. 이것은 실제로 근본적인 문제이다. 왜냐하면 연구 디자인이 아무리 완벽하고, 우리가 아무리 많은 데이터를 수집하고, 관찰자가 아무리 지각력이 있고, 연구 보조자들이 아무리 성실하고, 실험적 통제를 아무리 많이 가지고 있다 하더라

도, 우리는 결코 인과적 추리를 확실히 알지 못하기 때문이다.[91]

반사실문의 핵심 역할이 널리 인식되었지만, 반사실적 시나리오에 대해 생각하는 것은 실제 세계를 바꾸고 그런 변화에 대한 결과를 관찰하는 간단한 문제라고 생각되고는 한다. 킹, 코헤인, 버바는 현지 정치의 복잡성에 대한 경험에도 불구하고, 민주당 현직 의원이 공화당 (비현직) 도전자와 선거에서 겨루고 투표에서 x만큼의 조직표를 받는 특정한 하원의원 선거구의 실제 선거 상황을 떠올리라고 요청한다. 반사실적 추론을 하려면 우리는 "우리가 시간상 선거 캠페인의 시작 단계로 되돌아가고, 민주당 현직 의원이 재선거에 출마하지 않기로 결심하고, 민주당이 투표에서 y만큼의 조직표를 받는 또 다른 지원자를 임명한다는 것을 *제외하고는 모든 것이 동일하게 남아 있다고 상상해야*"[92]한다. 킹, 코헤인, 버바는 (이 경우에 민주당 지명자의 현직 지위의) 인과적 결과를 $x-y$라는 양으로 정의한다.

그러나 굿맨이 처음 인식했듯이, 어떤 하나의 요소를 바꾸는 일은 '그 한 요소가 달라지기 위해서는 어떤 다른 것을 바꿀 필요가 있는가'라는 복잡한 문제를 제기한다. 반사실적 시나리오들은 세계의 완전한 표상을 취하고 모든 가능한 세계를 전달하는 개별적이고 한정적인 알려진 변화를 일으킴으로써가 아니라, 대신에 당장의 개념적 목적에 적합한 도식적 혼성공간을 구성할 수 있는 개념적 통합에 의해 정신적으로 조립된다.

또한, 반사실적 사고가 항상 인과적 분석에 초점을 둔다는 주장이 자주 제기된다. 닐 로스Neal Roese와 제임스 올슨James Olson이 『반사실적 생각의 사회심리학*The Social Psychology of Counterfactual Thinking*』을 소개하면서 사회심리학의 확립된 발견으로서 "모든 반사실적 조건문은 인과적 주장이다"라고 주장한다.[93] 그러나 거꾸로, 일련의 반사실적 사고는 원칙상 인과성에 관여하지 않는 이해, 이성, 판단, 결정의 중요한 양상에 초점을 두고 있다.

이제 반사실적 혼성공간을 수립하는 과정의 몇 가지 놀라운 예를 살펴보자.

첫 번째 예는 반사실적이지만 인과적이지 않은 주장이다. 10년 동안 이미 혼수상태에 빠져 있던 한 여성이 병원 직원에게 성폭행을 당하고 아이를 낳았다. 낙태를 시켰어야 했는지에 대한 논쟁이 연이어 일어났다. "그녀가 무엇을 원했을 것인지를 이해하는 것은 옳다. 그녀가 무엇을 원하는지를 이해하려는 것은 잘못되었다"와 같은 반사실적 시나리오가 발생했다. 이 사건을 보도하는 〈로스앤젤레스 타임스〉 기사는 "비록 모두 그녀[혼수상태의 여자]가 19세 때는 낙태에 반대했다는 것에 동의하겠지만, 그녀는 지금 29세이며 식물인간 상태이다. 우리는 묻지 않을 수 없다. '그녀는 낙태를 반대하는가?' 좀 더 적절하게 물어보자. '29세에 식물인간 상태로 있으면서 강간을 당한 그녀는 낙태를 반대할 것인가?'"[94]라고 말한 어느 법학 교수의 견해로 끝났다.

혼성공간에서 이 여자는 지속적인 식물인간 상태에 있지만, 평범한 상황이었다면 29세의 나이에 지닐 법한 추론 능력과 일반적인 정보를 가지고 있다. 이 혼성공간의 목적은 한 여성이 추론할 수 없는 자신의 무능력에 대해 추론하는 그럴듯한 상황을 구성하는 것이 아니다. 분명 여성의 혼수상태의 원인이나 그녀의 임신, 상황에 대한 어떤 다른 것을 입증하기 위해서도 아니다. 오히려 반사실적 혼성은 그 여성이 실제로 혼수상태에 있는 입력공간에서 '선택'의 요소들을 밝히는 것이 목적이며, 우리는 이로써 어떤 행동이 올바른지에 대한 판단을 고민하게 된다. 쟁점은 인과성이 아니라 타당성이다. 법학 교수는 이 여성에게 선택할 권리가 있다는 것으로 프레임을 짜는 데 전념하지만, 과연 혼수상태에 빠진 여성이 선택을 한다는 것이 무엇을 의미하는가? 그녀의 이런 딜레마가 있기 10년 전 말로 표현된 그녀의 추상적인 견해는 '선택'에 대한 우리의 프레임을 충족시키지 않는다. 법학 교수는 대안을 제시하고 있는 것이다. 혼성공간에서 임신한 여성은 이런 특정한 딜레마에 대한 정보에 근거해서 선택을 할 수 있으며, 이러한 선택은 다시 우리의 행동을 이끄는 입력공간으로 투사되어야 한다.

이 예는 반사실적 추론이, 반사실적 시나리오가 가능하기 위해서 우리가 실제 세계에서 무엇을 바꾸어야 하는지를 상상하는 문제가 아님을 명료하게 보여준다. 우리는 10년 동안 혼수상태에 있었던 누군가가 또한 그 시간 동안에 완전히 의식이 있었으며, 지금은 추론할 수 없는 자신의 무능력에 대해 추론하는 가능한 시나리오를 꾸며낼 수 없다. 그 혼성공간은 승려가 자신을 만나는 예나 그레이트아메리칸Ⅱ호가 노던라이트호와 경주하는 예만큼이나 불가능하지만, 이런 경우에 가능성이나 불가능성은 완전히 요점에서 벗어난 문제이다.

비록 그런 경우들이 불가능한 상황을 상상함으로써 진리를 추구할 수 있다는 사실에 당황스러워하는 철학자의 주의를 끌지도 모르겠지만, 일상 담화에서는 대체로 예고 없이 진행된다. 예컨대, 이런 반사실문은 법적 논의에서 제공되었고, 그것은 우리의 실제 추론과 판단을 도울 의도였다. 신문은 그것을 설명이나 해명을 필요로 하지 않는, 완벽하게 합리적인 논평으로 보도했다. 판사, 변호사, 신문 독자에게 문제는 단지 법학 교수가 옳으냐 그르냐일 뿐이다. 어느 누구도 법학 교수가 기괴한 말을 했다고는 생각하지 않는다. 사실 법학 교수의 논평에 이어 그 입장을 지지하는 사람들이 "절대적으로 옳다"라거나 반대하는 사람들이 "그것은 잘못이다"와 같은 의견을 아주 자연스럽게 제기할 수도 있었다. 두 부류의 응답자들은 망설임 없이 혼성공간에서 계속 추론할 수 있다. 찬성자들은 "19세 때의 그녀는 너무 어렸기 때문에 그것은 그녀 스스로의 의견이라고 할 수 없다"라고 말할 수 있다. 비난자들은 "그녀는 확고부동했고 당당했기에 혼돈스러운 부도덕성에 휘둘리지 않았을 것이다"라고 말할 수 있다.

여기에는 그 어떤 경솔하고 가벼운 행동도 수반되지 않는다는 데 주목할 필요가 있다. 법학 교수의 반사실문은 현재 미국 사회에서 가장 결정적이고 가장 민감한 사회적 협상들 중 하나의 한가운데에 있으며, 이 혼성공간은 심오하며 곤란한 질문에 대해 현실적인 해답을 제공하고자 하는 진정어린 인지적 노력이다. 임신 중절 합법화에 반대하는 측이 제공하는 "모든 셋째 아이는 선택으로 죽습니다"라는 슬로건이 형성하는 혼성공간에서 보는 것처럼, 혼성공간이 모두 즐거우리라 예상할 이유는 없다. 이 슬로건이 실린 광고 게시판에는 줄지어 앉은 귀여운 아홉 명의 아기가 등장하는데, 세 번째와 여섯 번째, 그리고 아홉 번째 아기의 모습은 흐릿하다. 아홉 번째 아기는 옆을 보고 있고, 입은 울음 때문에 벌어져 있는데, 그 울음은 별로 극적이지는 않지만 그럼에도 불구하고 의심할 여지없이 불행이나 고통의 울음이다. 표준 반사실적 혼성공간("만약 이 아이들이 살아 있다면……")에서 그 구체적인 아기는 아기들이 하는 행동을 하면서 살아 있을 것이다. 혼성공간에서 희미한 아기는 낙태한 태아인 동시에 몇 개월 정도 된 아기이다. 태아에서 아기로의 발달이라는 변화 관계는 혼성공간에서만 압축된다. 태아와 아이 사이의 원인-결과 관계는 압축되었다. 특히 시간 간격이 압축되었다. 이것은 우리가 우리의 개인적 동일성의 평범한 형판에서 압축하는 중추적 관계의 꾸러미이며, 광고는 이를 공짜로 얻고 있다. 결과적으로, 혼성공간에는 한 입력공간에서 태아에게 발생하는 것의 대응요소가 있다. 혼성공간에서 태아와 아기에서 발생하는 일은 동일하다. 왜냐하면 태아와 아기가 동일하기 때문이다. 그리고 우리는 그 아기가 죽었다는 것을 알게 된다. 9개월 된 아기의 고통은 태아의 실제 공간으로 역투사될 수 있다. 울음은 혼성공간에서만 태아의 임박한 죽음에 발생하는 고통스러운 상황에 대한 평범한 아기의 반응으로 해석될 수 있다.

어떤 중요한 정치적 또는 사회적 논쟁의 주제처럼, 낙태는 강력하고 경쟁적인 수많은 혼성공간을 이끌어낸다. 그런 혼성공간은 관습적인 문화적 대화의 한 부분이 될 수 있으며, 언론인, 면접자, 정치 후보 또는 직접적으로 사용할 수 있는 모든 사람들에게 유용하다. 우리가 제시한 두 예는 매우 강력한 이중범위이다. 혼수상태에 빠진 여성은 두 입력공간의 프레임으로부터 완전히 모순되는 요소들(예컨대 혼수상태 대 의식)을 통합하는 프레임을 가진다. 모든 세 번째 아기에 대한 광고 게시판은 한 정신공간으로부터는 유기체의 최후를 가져오지만, 다른 입력공간으로부터는 늦게서야 발생하는 유기체의 자질을 가져온다. 셔너 컬슨은 몇 가지 입증된 낙태 논쟁과 인터뷰를 상세하고 통찰력 있게 분석한다.[95] 그녀의 인지적 수사학적 분석은 이런 논의에 사용되는 정교한 사상 도식, 문화모형, 개념적 혼성을 보여준다.

이런 예들이 기교적이긴 하지만, 반사실적 추론은 보통 간과한 채 진행되는 일상의 사건으로, "우유가 있다면, 머핀을 만들어보겠어", "내가 너였다면, 난 그만두겠어" 같은 평범한 문장도 반사실적 추론의 한 모습이다. 문법은 동일한 관습적 형태로 일상적인 혼성공간과 곡예적인 혼성공간 둘 모두를 촉진한다. 우리가 "앤은 맥스의 딸의 사장이다"와 "기도는 영혼의 어둠의 메아리다"에서 동일한 형태를 사용할 수 있는 것처럼, "내게 돈이 있다면, 나는 집을 살 것이다 If I had the money, I would buy a house"라고 말할 수 있듯이 "그녀가 혼수상태에서 임신을 한 자신에 대해 생각할 수 있다면, 그녀는 출산을 택하지 않았을 것이다If she could think about herself being pregnant in a coma, she would not choose to give birth"라고 말할 수 있다. 혼성공간들이 매우 다른 듯하지만, 동일한 언어 형태에 의해 촉진되면서 동일한 사상 도식이 작용한다. 영어에서 반사실적 혼성공간을 명시적으로 설립하기 위한 전형적인 형태는 두 가지 절을 사용한다. 'if'를 가진 전건前件 절과 후건後件 절이 그것이다. 이 두 절은 순서와 상관없이 나타날 수 있다("I would buy a house if I had the money"). 이 두 절에서 시제, 가정법 같은 동사의 법, 시간 지시의 결합은 반사실성을 암시하거나 강요한다. "만약 내가 홍역에 걸린다면 나한테 반점이 생길 것이다If I had measles, I would have spots"는 반사실성을 암시하기만 한다. "그리고 나한테 반점이 생기면 나는 의사에게 검사를 받으러 갈 것이다And I have spots, so I'm going to the doctor to check"가 뒤따라 나올 수 있다. 그러나 "오늘 우리 파티에 온다면 너무 즐거울 거야If you had come to my party today, you would have had a lot of fun"는 반사실성을 강요한다.

"만약 클린턴이 타이타닉에 타고 있었다면, 빙산이 가라앉았을 것이다If Clinton were the Titanic, the iceberg would sink"는 영화 〈타이타닉〉이 흥행 중이었고 섹스 스캔들로 이미 구설수에 오른 클린턴 대통령이 이번에는 대통령 집무실에 근무하는 젊은 인턴과 또 다른 탈선적 행위로 막 고소될 때인 1998년 2월 동안 워싱턴 D. C. 내부에서 나돈 놀라운 반사실문이다. 그러나 그는 아무 손상 없이 그 소문에서 살아남은 것처럼 보였다. 이 반사실문은 하나의 전조로 입증되었다. 그 후로도 계속 일어났던 스캔들 때문에 클린턴은 역사상 두 번째로 탄핵받은 대통령이 되었다. 그는 탄핵에서 살아남았고 6개월 후 거의 모든 사람들은 그 사건을 까맣게 잊었다. 그러나 그 반사실문이 만들어졌을 당시에는 그 시작에 불과했다.

이 반사실적 혼성공간에는 두 개의 입력 정신공간이 있다. 타이타닉이 있는 입력공간과 클린턴 대통령이 있는 입력공간이다. 이 입력공간들 사이에는 부분적인 공간횡단 사상이 있다. 클린턴은 타이타닉의 대응요소이고 스캔들은 빙산의 대응요소이다. 클린턴이 타이타닉이고 스캔들이 빙산인 혼성공간이 있다. 이 혼성공간은 이중범위이다. 이 혼성공간은 타이타닉 입력공간으로부터 조직 프레임 구조의 많은 것을 가져온다. 즉 이 혼성공간에서 배는 목적지로 항해하며, 거대한 것과 충돌한다. 그러나 이 혼성공간은 클린턴 시나리오로부터 결정적인 인과적 구조와 사건의 형성 구조를 취한다. 클린턴은 파멸되지 않고 살아남는다. 클린턴 입력공간에서의 사건들은 대부분 추측적이다. 얼마나 많은 사람들이 이런 사건을 준비하는 데 연루되었는지 또 그들의 동기가 무엇이었는지는 불분명하다. 그러나 타이타닉 정신공간은 인간 척도에서 단단한 압축을 혼성공간에 제공한다. 배는 빙산과 충돌하고, 이 단 하나의 원인에 대한 명확하고도 극적인 결과가 쏜살같이 이어진다. 혼성공간은 역사적인 침몰선 타이타닉의 정상공간에 대해 반사실적이다. 역사적인 타이타닉은 침몰하지 않음의 척도에서 최고의 배로 등급이 매겨진다. 따라서 빙산은 비非이동성의 척도에서 최고의 장애물로 등급이 매겨진다. 혼성공간은 이런 정신공간으로부터 압축을 사용하고 그 척도들을 보유하게 된다. 그러나 그것은 침몰의 인과성을 뒤집으며 그래서 이제 클린턴-타이타닉은 실제보다 한층 더 침몰하지 않는다. 혼성공간은 신중하게 과장되어 있다. 빙산은 잠길 수 있지만 가라앉을 수는 없다. 혼성공간에서 클린턴은 물리학의 법칙보다 한층 더 강하다.

그 구조가 두 입력공간 모두에 적용되는 것으로 간주되는 총칭공간이 있다.

여기서는 어떤 목적을 동기로 활동을 하는 한 존재가 그 활동에 위협을 가하는 또 다른 존재와 만나게 된다. 총칭공간에서는 그런 만남의 결과가 상술되지 않는다.

8장에서 논의했듯이, 개념적 통합의 산물은 많은 등급에 따라 분류되며, 언뜻 보면 같은 종류가 아닌 듯하다. 피상적으로, 은유, 반사실문, 글자 그대로의 프레이밍, 유추, 과장법은 다른 종류처럼 느껴지며, 우리는 이런 서로 다른 산물을 만들어내는 바탕의 정신적 작용 역시 다를 것이라는 원인-결과 동형 오류에 빠지기 쉽다. 이 오류는 이런 산물들을 연구하는 대부분의 철학, 언어학, 심리학, 인문학에서 깊이 뿌리 박혀 있다. 이 연구들은 표면적인 차이에 기초해서 현상들을 명확하게 분리했으며, 그래서 똑같이 바탕의 정신적 작용도 명확히 분리했다. 침몰하지 않는 타이타닉은 흥미롭다. 왜냐하면 우리에게 아마도 전혀 다른 많은 현상들을 모두 동시에 보여주는 혼성공간을 제공하기 때문이다. 뚜렷하게 반사실적인 문법적 형태와 뚜렷한 반사실적 혼성공간(클린턴은 배가 아니며 타이타닉은 가라앉았다)을 가지고 있기 때문에, 혼성공간은 두 입력공간에 대해서 반사실적이다. 그것의 공간횡단 사상은 은유적이고 '의도적인 행동은 여행이다', '탄핵 소추를 당하는 것은 멈추게 되는 것이다', '자리에서 물러나는 것은 침몰이다', '반대되는 대립은 물리적 충돌이다' 같은 기본적인 은유를 보충한다. 이 공간횡단 사상에서 여행 중인 배는 은유적으로 목적을 가진 사람인 클린턴으로 사상된다. 은유에는 전형적으로 인간 척도에서 단단한 압축을 제공하는 근원영역이 있다. 바로 여기에서 적용되는 경우가 그렇다. 압축은 타이타닉 입력공간으로부터 혼성공간으로 투사된다. 개념적 통합 연결망은 두 입력공간 사이의 비유추를 발전시킨다. 우리가 보았듯이, 마지막 수사학적 효과는 과장법이다. 이 단 하나의 개념적 통합 연결망에서 우리는 전통적으로 변별적이고, 심지어 양립하지 않다고 생각되는 많은 자질까지 보게 된다.

3장에서 분석한 승려 혼성처럼 지금까지 고려한 대부분의 개념적 혼성은 눈에 띄게 반사실적이다. 그런데 사실 반사실적 혼성은 눈에 띄지 않는 경우가 훨씬 더 많고, 복잡성도 의식에서 인식하지 못한다. 우리가 4장에서 분석한 평범해 보이지만 복잡한 진술인 "칸트는 이 점에서 나와 의견이 다르다"는 반사실적 혼성에 의존하며, 우리의 모든 '안전하다' 예 ("이 해변은 안전하다", "아이는 안전하다") 역시 마찬가지다.

복잡한 반사실적 혼성을 구성하는 것이 얼마나 간단한지를 보기 위해 심각한 논쟁 중간에 사용되는 흔한 혼성공간을 고려해보자. 로저 펜로즈는 『마음의 그림자*Shadows of the Mind*』라는 의식에 관한 책에서 정신적 세계, 물리적 세계, 플라톤적인 세계 사이의 연결에 대한 견해를 그림으로 요약·제시하면서 이렇게 적고 있다. "어떤 이들은 나의 몇 가지 화살표 방향이 반대여야 한다고 주장할지 모른다. 아마도 버클리 주교라면 두 번째 화살표가 정신적 세계에서 물리적 세계로 향하는 것을 선호했었을 것이다……. 나는 세 번째 화살표가 [그림에서] 묘사되듯 외관상 '칸트적' 방위로 향하는 것이 왠지 불편하다 [S]ome might argue for a reversal of the directions of some of my arrows. Perhaps Bishop Berkely would have preferred my second arrow to point from the mental world to the physical one…. I am somewhat uncomfortable about directing the third arrow in the seemingly 'Kantian' orientation that is depicted [in the diagram]."[96] 여기에서 과거 반사실문('선호했었을 것이다would have preferred')은 반사실적 혼성을 촉진한다. 이 혼성에서 버클리는 그림을 보고 화살표가 어디로 향해야 하는지에 대한 의견을 표현할 수 있다. '선호했을 것이다would prefer' 역시 작동해서 우리가 칸트와의 논쟁 예에서 주목한 초시간적 공간을 구성하도록 촉진한다. 우리는 혼성공간에서 버클리 주교, 펜로즈, 우리 자신, "어떤 이들은 주장할지 모른다some might argue"로 환기되는 다른 사상가까지 발견할 수 있다.

우리 자신, 버클리, 칸트, 펜로즈, 수많은 다른 사람들이 함께 대화할 수 있는 혼성공간을 구성하고 활용하기란 매우 쉽다. 이 대화에 대한 개념적 프레임은 논쟁 프레임에 기초하지만, 선택적 투사, 위상 및 개념적 혼성의 다른 원리들 때문에 특별한 복잡성을 가진다. 예컨대, 버클리는 실제로는 펜로즈와 동시대인이 아니며 펜로즈가 누구인지 모르고 또 현대의 어떠한 신경과학에 대해서도 모르지만, 혼성공간에서는 그와 의견을 달리할 수 있다. 독자는 연결망과 그 복잡성, 혼성공간 또는 그것의 반사실성에 대해 인식하지 못한 채 복잡하고 놀라운 개념적 통합 연결망과 그것의 반사실적 혼성으로 작업하게 된다.

버클리 반사실문은 실제로 14장에서 논의할 다중 혼성공간이다. 다중 혼성공간에서는 많은 입력공간에 의해 동기부여되면서 많은 일들이 한꺼번에 진행된다. 펜로즈의 책에 인쇄된 화살표는 이제 이동시킬 수 있다. 버클리 주교는 화살표를 볼 수 있고 화살표 방향에 반대할 수도 있다. 동사 '선호하다prefer'는 버클리의 개념에 대한 정신공간을 구축한다. 이런 많은 입력공간들에 대한 압축은 뚜렷하다. 버클리, 펜로즈, 이동하는 화살표를 함께 놓는 것은 공간과 시간에 대한 압축이다. 원인과 결과에 대한 압축도 있다. 혼성공간에서는 어느 방향을 선호하는 것만으로 화살표를 옮길 수 있다. 여러 세기 동안 이어진 어려운 철학적 논의가 화살표를 두 개의 가능한 방향들 가운데 한 방향으로 가리키는 간단한 행동으로 압축되기도 한다.

반사실문의 난장

놀라울 정도로 다양한 형태를 가진 뚜렷한 반사실문은 가장 쉽게 인식할 수 있는 실험실을 개념적 혼성 연구에 제공한다. 이런 다양성을 맛보기 위해 우리는 여기에서 그 문장들이 제기하는 문제에 대한 조언과 함께 몇 가지 반사실문을 기술하겠다.

"만약 모든 원이 크고, 작은 삼각형 'D'가 원이라면, D는 큰가?If all circles were large, and this small triangle 'D' were a circle, would it be large?" 데이비드 모저David Moser가 착상한 이 놀라운 부조리한 반사실문에 사람들은 매우 일관되고 주저 없이 "예"라고 대답하는 놀라운 모습을 보인다.[97] 추론은 아무 문제가 없어 보인다. 즉 D가 원이기 때문에 그 범주의 구성원들에게 적용되는 법칙을 준수해야 한다. 그런 법칙 가운데 하나는 약속에 의해 원이 크다는 것이다. 대체 사람들은 어떻게 평면이 어떤 크기든지 될 수 있다는 평면 모양의 법칙을 무시하고 모든 원이 크며, 실제 세계의 삼각형이 원으로 나타나는 부조리한 이 '가능 세계'를 기꺼이 구축하는 것인가? 그 대답은 사람들이 실제 세계와 이 반사실문 사이의 인과적 연결을 고려하지 않는다는 것이다. 대신 동일성과 투사가 규정한 직접적인 통합 연결망에 입각해 있다. 이러한 반사실적 진술문을 해석하는 한 가지 방법은 연속적 혼성공간을 만드는 것이다. 첫 번째 혼성공간은 작은 삼각형과 작은 원을 포함해서 어떤 크기의 평면 모양이든 가능한 한 입력공간과 크다는 것이 원의 표준 특성인 또 다른 입력공간을 가진다. 이 혼성공간은 작은 삼각형을 가질 수 있지만 오직 큰 원밖에 없는 세계이다. 다음으로 D를 포함하고 있는 첫 번째 혼성공간의 출력과 D에 대해 크기가 구체적으로 정해지지 않은 대응 원을 포함하고 있는 정신공간을 혼성한다. 이 새로운 혼성공간에서 원은 커야만 하며 이제 D 또한 원이기 때문에 클 수밖에 없다. 반면, "만약 당신의 주머니에 들어 있는 모든 동전이 25센트짜리이고 10센트 동전이 당신 주머니에 들어 있다면, 이 10센트 동전은 25센트 동전인가?If all the coins in your pocket were quarters, and this dime were placed in your pocket, would it be a quarter?"에서 동일한 도식의 반사실적 형태가 전혀 다른 답을 이끌어낸다는 점에 주목해보라. 여기에서 대답은 '아니오'이다. 왜냐하면 투사 원리들이 다르게 해석되기 때문이다. 우리는 분명 원의 집합에서 '크다'를 표준으로 간주하는 것보다는 호주머니에 들어 있는 동전의 집합에서 '25센트 동전이다'를 표준으로 간주하는 것이 더 어렵다는 사실을 알 수 있다. 우리는 논리 체계와 수학 체계가 일상의 반사실적 추론을 탐구하기 위한 실험실으로서는 상대적으로 불충분하다고 생각한다. 왜냐하면 일상의 세계는 선택적 투사, 조정, 변형에 대한 가능성이 매우 풍부하기 때문이다. '원이 되는 것'은 절대적이고 엄격한 범주이지만, '주머니 속에 있게 되는 것'은 이용할 수 있는 인간 생활의 모든 가능성을 가진다.

"만약 당신이 내 입장이라면 당신은 나를 가엾게 여기겠죠. 그리고 만약 내가 당신 입장이라면 나는 당신에게 돌아가겠어요If you'd only put yourself in my shoes,

you'd have some sympathy, and if I could put myself in your shoes, I'd walk right back to you." 컨
트리 웨스턴 노래에서 따온 이 간단한 행은 동일성, 기질, 상황을 조작하기 위
해 복잡한 반사실적 혼성을 매우 일상적으로 사용한다는 것을 보여준다. 우리
는 다음 장에서 이 문제를 언급할 것이다. X가 Y의 입장에 있다는 것은 보통 X
가 X의 동일성과 기질을 유지하면서 Y의 상황에 있다는 것을 상상한다는 의미
이다. 이 노래 가사 중 첫 번째 반사실문은 그러한 관습적 의미를 사용하지만,
두 번째 반사실문은 그렇지 않다. 첫 번째 반사실문에서 버림받은 연인은 떠나
는 연인에게 그녀 자신이 그의 상황에 있다고 상상해달라고 요청한다. 두 번째
반사실문에서 떠나는 연인은 상황을 바꾸지 않고 버림받은 남자로부터 새로운
마음 상태가 옮겨간다. 첫 번째 경우, 여성의 상황 변화는 혼성공간에서 남자에
대한 마음 상태의 변화를 일으킨다. 두 번째 경우에 여성의 마음 상태 변화는
남자에 대한 행동의 변화를 일으킨다.

"프랑스였다면 워터게이트 사건은 닉슨에게 타격이 되지 않았을 것이다In
France, Watergate would not have hurt Nixon." 이 반사실문은 다양한 의미로 해석할
수 있다. 전형적인 해석은 미국과 프랑스의 문화적·정치적 체계를 대조한다(그
림 11.1 참조). 이 반사실문은 한 입력공간에서 프랑스 체계의 양상을 가져오고
다른 입력공간으로부터는 워터게이트 스캔들과 닉슨 대통령을 가져온다. 혼성
공간에는 프랑스의 워터게이트 같은 상황이 있지만, 혼성공간의 운용은 미국
입력공간에 있는 것과는 아주 다른 태도를 전달하기 때문에 대통령은 타격을
입지 않는다. 게다가 화자는 인과적 주장을 하고 있지 않다. 핵심은 워터게이
트 사건이 프랑스에서 발생하도록 하고 또는 닉슨이 프랑스 공화국의 대통령
이게끔 하기 위해서, 우리의 실제 세계를 어떻게 바꾸어야 하는지는 우리가 상
상하지 않는다는 것이다.

"만약 지구가 금성만큼 태양에 가까웠다면, 우리가 알고 있는 생명은 결코
우리 행성에서 진화할 수 없었을 것이다If the Earth were as close to the sun as Venus, life
as we know it would never have evolved on our planet." 이 반사실문의 요지는 생명의 기

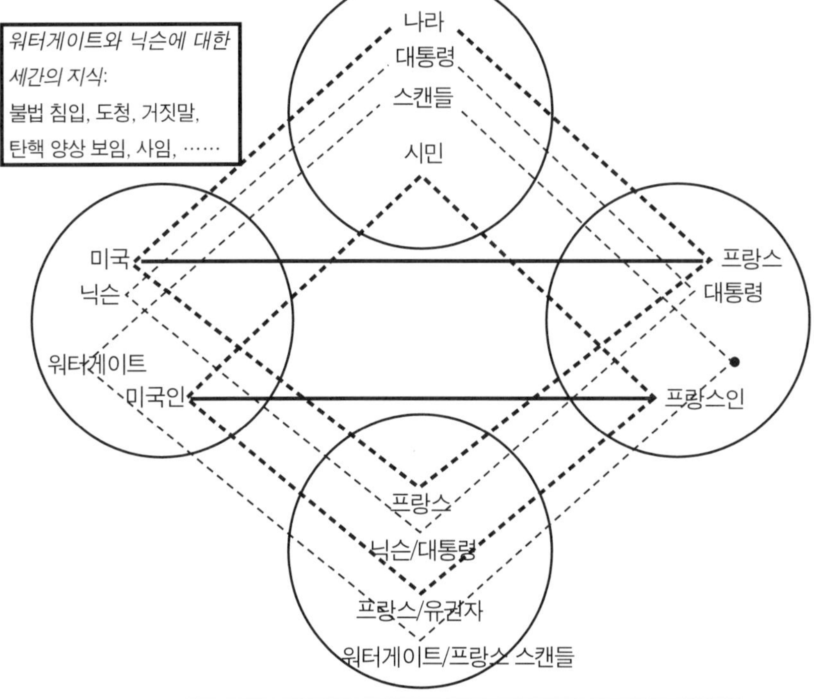

그림 11.1 프랑스에서의 닉슨 연결망

원을 가능하게 만든 지구의 특별한 조건을 강조하는 데 있다. 요지는 지구가 금성의 궤도를 돌도록 하거나 자체 궤도를 돌다가 금성의 궤도로 마술적으로 이동하도록 물리학 법칙을 말도 안 되게 바꾸는 상상을 전혀 하지 않는다는 것이다.

"만약 차가 남자라면, 당신은 딸을 이 차와 결혼시키고 싶었을 겁니다If cars were men, you'd want your daughter to marry this one" (볼보자동차 광고 문구). 이 반사실문은 통합 연결망에서 작용하는 일부 공간횡단 사상의 자의성을 강조한다. 자동차가 남자인 세계는 우리에게 전혀 생각 밖의 일이다. 설령 생각할 수 있다고 하더라도, 그런 세계가 가능성이나 유사성의 척도에서 우리와 떨어진 '거리'는 측정할 도리가 없다. 이 반사실문은 사회심리학자들의 의미로는 인과적이지 않다. 이 광고는 남자가 남자인 우리의 실제 세계에 대한 인과적 주장을 연역하기 위해 자동차가 사람인 세계에 대한 인과적 주장을 하도록 유도하는 것이 아니다. 오히려 혼성공간은 *사고 싶어 한다*와 *결혼시키고 싶어 한다*를 연결하는 유추적 사상을 이용한다. 이 유추는 당신이 세상에서 최고이고 가장 신뢰할 수 있는 것을 구입하고 그것과 결합하고 싶어 한다는 가정에 기초해 있다. 구입과 결혼이 혼성되듯이, 최고의 자동차와 최고의 사위도 혼성된다. 다시 한 번 이 혼성공간을 이해하기 위해 자동차와 남자 사이에 그리고 구입과 결혼 사이에는 아무런 기존의 객관적인 유사성이 존재할 필요가 없다는 점에 주목해 보라.

"집에 오면서, 나는 다른 집으로 잘못 운전해 들어갔고 우리 집에는 없는 (내가 가지고 있지 않은) 나무와 부딪혔다Coming home, I drove into the wrong house and collided with a tree I don't have." 이 진술문은 올바른 집으로 운전해 들어가면 나무와 충돌하지 않는다는 사실을 환기시키는 반사실적인 시나리오에 의존하기 때문에 반사실적이다. 여기서 문법적 매개는 '만약…… 라면if... then'이 아니라 형용사 '다른wrong'이다. 한 입력공간에서 운전사가 자기 집 주차 공간으로 운전해 들어간다. 다른 입력공간에서 그는 다른 집의 부지로 운전해 들어가서 나무와 충돌한다. 이 입력공간들은 자동차를 집에 주차한다는 프레임을 공유하고, 자동차들 그리고 운전자들 사이에는 동일성 연결이 있지만, 두 입력공간 사이에는 비유추가 있으며, 이것은 역할 집의 값과 특정한 위치에 서 있는 나무의 존재와 관련된다. 혼성공간에는 실제로 발생한 일의 정신공간으로부터 나온, 운전자가 운전해 들어간 집과 나무, 그리고 충돌이 있다. 집들 사이의 비유추는 혼성공간에서 집의 특성으로 압축된다. 그것은 바로 '다른 사람의' 집이다. 그리고 나무와 관련된 비유추는 '우리 집에는 없는 나무a tree I don't have'라는 나무의 특성으로 압축된다. 이것이 혼성공간과 독립적인 나무의 특징이라고 자연스레 생각하기 쉽지만, 공유림에서 산책 중인 친구가 한 나무를 가리키면서 "저 나무는 우리 집에 없어That is a tree I don't have"라고 말한다면 어떤 일이 발생할지 생각해보라. 우리는 그 화자가 그런 유형의 나무를 소유하고 있지 않다는 의미라고 해석할 것이다. 그렇지 않고 그가 그 특정한 한 나무를 실제로 소유하지 않는다는 의도였다면 그것은 아주 이상한 발언일 것이다. 우리가 보고 있는 제시문에서 "우리 집에는 없는 나무a tree I don't have"는 운전자가 특정한 그 나무를 소유하고 있지 않다는 의미로 해석되지 않고 오히려 혼성공간과 운전자가 집에 자동차를 주차하는 입력공간 사이에 반사실적 관계가 있다고 의미하는 것으로 해석된다. 그의 집에는 대응하는 지점에 나무가 없으며, 그가 그 지점을 통과해 운전할 때 충돌도 없다. 아주 일반적으로 "저 차에는 에어컨이 없다That car does not have air conditioning", "아칸소 주에는 해안선이 없다Arkansas has no coastline", "아프리카에는 곰이 없다Africa does not have bears", "우리 집에는 저런 현관이 없다My house doesn't have that porch"에서처럼, 비유추가 역할 값의 존재에서 작용할 때 그 비유추는 '소유하지 않음'으로의 압축의 좋은 후보이다.

'카페인 두통Caffeine headache', '돈 문제money problem', '니코틴 발작nicotine fit'. 커피의 부족으로 생기는 두통, 돈의 부족과 연관된 문제, (아마도 충분히 흡연하지 않아서 생기는) 니코틴 부족 때문에 야기되는 발작을 가리키는 이런 간단한 어구는 모두 정신공간들 사이의 반사실적 연결을 수반하는 통합을 만든다.

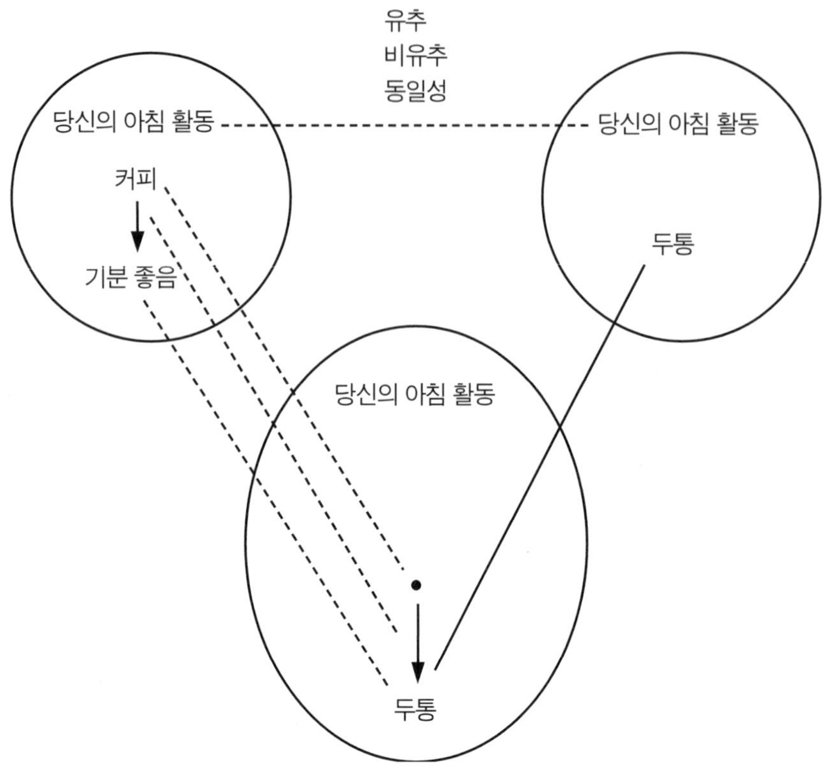

그림 11.2 초래된 두통 연결망

'카페인 두통'은 두 가지 상황을 상정한다. 하나는 당신이 커피를 마시는 상황이고, 다른 하나는 당신이 두통을 겪는 상황이다. 이런 두 상황 사이에는 명백한 동일성, 유추, 비유추가 있다. 두 상황 모두 시간은 늦은 아침이고 당신은 직장에 있다. 그러나 첫 번째 상황에서는 커피만 있고 두 번째 상황에서는 두통만 있다. 혼성 연결망은 다음과 같은 방식으로 구축된다. 대조되는 두 상황과 대응하는 입력공간이 등장하고, 두 입력공간 사이에 유추, 비유추, 동일성의 연결이 있으며, 아침 활동의 프레임은 두 입력공간에서 혼성공간으로 투사된다. 두통이 있는 입력공간으로부터 두통을 투사한다. 그리고 희망하는 입력공간으로부터 인과적 관계와 인과적 요소를 투사한다. 혼성공간에서 두통은 결국 무

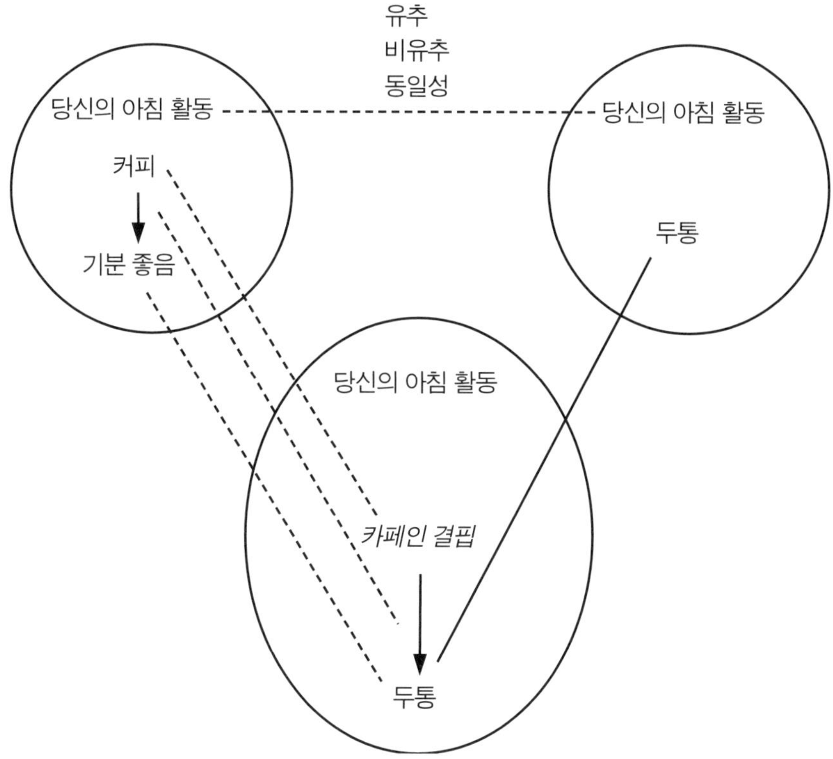

그림 11.3 카페인 두통 연결망

언가가 미치는 효과이다(그림 11.2 참조).

혼성공간은 상황에 대한 새로운 해석이다(그림 11.3 참조). 커피가 있는 입력공간은 혼성공간에 관해서 반사실적이다. 혼성공간에는 두통을 초래하는 커피의 대응요소가 있다. 그것은 '커피의 결핍'이라는 표현으로 지칭된다. 표현 '카페인 두통'은 반사실적 입력공간에 있는 커피 요소로부터 '카페인'이라는 이름표를 가져오고 그것을 혼성공간에 있는 대응요소에 적용하고 있는 것이다.

'카페인 두통', '돈 문제', '니코틴 발작'이 공유하는 언어 구문에서 첫 번째 명사는 희망하는 입력공간에서 요소를 선택하는데, 혼성공간에서 이런 요소의 부족은 원치 않는 상태의 원인이 된다. 두 번째 명사는 한 입력공간과 혼성공간에서 얻는 나쁜 상태를 선택한다. 따라서 '안전 문제security problem', '자극 문제arousal problem', '인슐린 혼수insulin coma', (적정 수준의 인슐린의 부족으로 인한 고혈당증의 경우) '인슐린 사망insulin death', '식량 비상food emergency', '정직성 위기honesty crisis', '쌀 기근rice famine'도 있다.

이런 예들은 개념적 혼성이 다중 가능성을 지니는 방법의 예시이다. 예컨대, 우리는 '카페인 두통'을 카페인 때문에 초래되는 두통을 가리키는 것으로 읽을 수 있다. 두 연결망 모두 혼성공간에는 원인-결과 관계가 있다. 첫 번째 경우는 *카페인의 결핍*과 두통 사이의 관계이고, 두 번째 경우에는 *카페인의 존재*와 두통 사이의 관계이다. 두 가지 모두에서 원인-결과 중추적 관계는 또한 특성으로 압축된다. 그 결과 이제 '카페인 두통', '위스키 두통', '섹스 두통'이 있을 수 있다.

결핍의 개념은 표현 '카페인 두통'의 어떤 부분에도 명시적으로 암시되지 않는다. 이 개념은 문법 구문으로 촉진되는 전체 연결망으로부터 발생한다. 물론 이런 압축을 명시적으로 암시하는 언어 표현도 있다. '~의 결핍absence of', '~의 부족lack of', '~의 결여want of', 심지어 '나는 무無카페인성 두통이 있다I have a no-caffeine headache'의 '무no'가 그것이다.

이런 반사실적 연결망은 알아차리기가 매우 어려운 경우가 많은데, 왜냐하면 우리는 그런 연결망을 인식하지 못하는 인지의 한 부분으로서 전혀 노력을 들이지 않고 구성하고 있기 때문이다. 예컨대 2000년 슈퍼볼을 다룬 〈USA 투데이〉 2000년 1월 31일자 신문을 보자. 마지막 경기에서 공을 갖고 상대 진영으로 돌진하던 타이탄스 선수가 골라인에서 1야드 떨어진 곳에서 태클을 당했다. 우리는 여기서 이 선수가 1야드를 더 돌진해 득점하는 대조되는 정신공간을 어쩔 수 없이 연상하게 된다. 이런 두 정신공간을 혼성해서 *단 1야드 전진의 부족absence of one more yard of progress*이라는 요소가 있는 혼성공간이 제공된다. 우리는 부정하는 요소를 명시적으로 만들어서 "램스는 타이탄스가 단 1야드 더 전진하려던 것을 막음으로써 승리했다The Rams won by stopping the Titans from advancing one more yard"라고 이 혼성공간을 표현할 수 있다. 하지만 실제로는 1면 헤드라인에 "램스가 1야드의 차이로 이겼다Rams win by a yard"라고 씌어졌다. 그래서 '램스의 1야드 승리'라고 말하는 것이 가능해진다. 이것은 통합 패턴에서 '카페인 두통'과 동일한 구문이다. 이 예는 그 외 다른 것도 보여준다. '1야드 차이의 승리winning by a yard'와 '한 끝 차이의 승리winning by a nose' 같은 보다 더 관습적인 패턴의 표현은 물론 우승팀이 차위次位팀보다 결승선을 1야드 먼저 넘은 경기를 가리킬 때 사용하는 것이다. 이것은 얼핏 보면 반사실적 표현처럼 느껴지지 않는다. 우리가 결승선의 사진에서 바로 그런 숙명적인 야드를 '볼 수' 있는 듯하다. 그러나 그것에 대해 깊이 생각할 때, '1야드 승리one yard win'라는 좀 더 표준적인 개념이 실제로는 반사실적임을 인식하게 된다. 슈퍼볼 승리에서 결정적인 야드가 공을 갖고 상대 진영으로 돌진하는 선수와 골라인을 떼어놓은 야드였던 것처럼, 결정적인 야드는 패배자가 따라잡지 못한 야드이다.

혼성공간, 입력공간, 암시적인 반사실적 정신공간

우리는 일반적으로 현실이 단순히 비현실과 대립되고, 반사실적 정신공간이 현실을 가리키지 않는 정신공간이라고 생각한다. 따라서 현실에 대해 생각할 때, 곧 오늘 아침에 한 것이나 오늘 오후에 할 수도 있는 것과 같은 사건에 대해 생각할 때, 우리가 반사실적 사고를 하고 있지 않다고 생각하기 쉬우나 이는 잘못된 생각이다. 이런 논리대로라면 복권에 당첨되었다면 오늘 아침에 무엇을 할 수 있을지를 생각할 때나 내가 백만장자이면 오늘 오후에 무엇을 할 수 있을지에 대해 생각할 때에만 반사실적 사고를 하는 것이다. 이 관점에서는 제2차 세계대전의 역사를 공부하는 것은 반사실적 사고를 수반하지 않지만, 처칠이 1938년에 수상이 되었다면 어떤 일이 발생했을는지 궁금해하는 것은 반사실적 사고를 수반한다.

이런 논리와 상반되는 온갖 형태의 증거가 있다. 실제로 겪는 카페인 두통에 대해 생각하는 것은 분명 가장 실용적인 측면에서 현실에 대해 생각하는 것이다. 그러나 그것은 근본적으로 우리가 커피를 마셨다는 정신공간을 수반하며, 그 정신공간은 우리가 특별한 종류의 두통, 즉 카페인 두통을 겪는 혼성공간에 대해서는 반사실적이다. 반사실성은 정신공간들 사이의 강요된 비양립성이며, 우리가 현실에 대해 생각할 때 반사실성은 종종 동일한 사람과 동일한 사건을 수반하는 정신공간들 사이의 중추적 관계이다.

반사실성은 절대적인 특성이 아니다. 정신공간은 우리가 취하는 입장에 따라, 즉 관점의 역할을 하는 정신공간에 따라 반사실적일 것이다. 예컨대, "구혼자들은 그 거지가 진짜 오디세우스가 변장한 것임을 알지 못하고 페넬로페의 정절을 헐뜯었다. 그들은 만약 오디세우스가 그 자리에 있다면 자신들이 모두 큰 위험에 처하리라고 생각했다The suitors don't know that the beggar is really Odysseus in disguise, so they abuse Penelope's hospitality. They are thinking that if Odysseus were here, they would all be in great danger"를 생각해보라. 물론 독자는 오디세우스가 그 자리에 있다는 것이 사실임을 알지만, 문법적 실마리는 오디세우스가 지켜보고 있고 그들이 위험에 처해 있는 정신공간을 반사실적인 것으로 제시한다.

우리는 이 책에서 하나의 정신공간이 다른 정신공간에 대해 강요된 비양립성을 가진다는 것을 의미하기 위해 '반사실적'이라는 용어를 사용하고 있다. 그러나 어떤 정신공간이 우리가 '실제적'인 것으로 간주하는 정신공간과 관련하여 강요된 비양립성을 가진다는 것을 의미하는, 더 협소하고 더 일반적인 뜻으로 사용되는 용법도 있다. 이런 협소한 의미 또한 유용하다. 그러나 핵심은 이런 두 경우 사이의 사상과 개념적 혼성의 인지적 작용에는 아무런 차이가 없다는 것이다. '반사실적 사고'와 반사실적 사고의 모든 메커니즘은 어느 경우든 발생한다. 우리가 어떤 정신공간을 '실제적'이라 이름 붙이는 일이 때때로 있을 뿐이다. 5장에서 보았듯이, 전형적으로 어떠한 통합 연결망에도 인상적인 다양한 '실제' 정신공간에 부착된 암시적인 반사실적 정신공간이 있다. '안전한 해변', '가짜 총', '만약 클린턴이 타이타닉에 있었다면' 같은 표현들은 반사실적 정신공간을 구축하고 정확한 사상 도식을 전개시키도록 적절하게 요구한다.

그러나 이런 정신공간들은 또한 종종 그런 표현이 부재하는 연결망에도 수반된다. 흡연하는 발기부전 카우보이 통합 연결망에서 사내다움과 성적 능력이 들어 있는 정신공간은 결정적이지만 문법적으로는 촉진되지 않는다.

복잡한 허위성로부터 나오는 진정한 과학과 감정

우리는 반사실적 정신공간을 절묘하게 다룰 수 있는 능력이 인지적 현대 인간의 진화나 이중범위 혼성에 대한 주목할 만한 능력의 결과로 간주하면서 이 장을 시작했다. 반사실문은 이중범위 혼성의 좋은 실례이다. 왜냐하면 정신공간들 사이의 대립이 너무도 분명하게 나타나기 때문이다. 인간 생활에서 반사실문의 중요성은 조금도 과장이 아니다. 서로 다른 많은 분야의 사상가들이 반사실문이 인간 생활에 막대하고 기본적인 필수성을 가지고 있다고 인식해왔다. 우리는 이런 필수성을 매우 다른 방식으로 예증하는 두 가지 놀라운 경우들을 볼 것이다. 한 가지는 비非가시적이고 말해지지 않은 반사실적 혼성으로부터 발생하는 극적인 결과이다. 다른 하나는 마찬가지로 극적인 결과를 초래하지만, 그 결과는 대략 명시적인 반사실적 혼성으로부터 발생한다. 이 두 경우 모두 현실은 비현실 속에서 인지적 작업에 깊이 영향을 받는다.

1980년대 영국에서 극심한 우울증의 형태를 중점적으로 연구했다. 환자들은 복권에 당첨되지 않을 가능성이 매우 크다는 것을 아주 잘 알고 있으면서도 추첨하기 몇 주 전에 복권을 구입했다. 그들은 당첨에 대한 아무런 희망도 표현하지 않았다. 그들은 복권을 그저 재미로 구입했다고 이성적으로 밝혔다. 그러나 당첨되지 않았을 때, 그들은 몸이 쇠약해지는 우울증에 빠져들었다. 그 증상은 '도박' 우울증과는 전혀 달랐다. 도박 우울증은 도박에 중독되어 나타나는 증상이다. 반면 '복권 우울증'의 희생자들은 집이 파괴되거나 부모를 잃는 것과 같은 심각한 손실을 겪은 사람들과 증상이 비슷했다. 치료사들의 진단은 이런 희생자들이 의식적으로든 무의식적으로든, 그리고 일부러든 아니든 간에 복권 구입과 당첨자 추첨 사이의 2주 동안 복권에 당첨되면 무엇을 할 것인지 공상에 빠졌다는 것이다. 실제 추점은 그들이 공상 세계에서 획득한 모든 것을 잃게 만들었다. 그들은 사실상 바로 그 세계에서 심각한 손실을 겪은 것이다. 놀라운 것은 환자들이 당첨 가능성에 대한 망상을 전혀 가지고 있지 않았고 또 분명히 그렇게 말했음에도, 공상의 세계가 실제 세계의 심리적 세계에 심오한 영향을 미친 것으로 보인다는 점이다.

복권을 재미 삼아 하는 사람들은 추첨할 때 반反사실이라고 드러난 가상 혼성공간을 구성했다. 우리는 혼성공간에서 사는 것에 대해, 그리고 가장 세속적인 일상적 의미를 구성하는 일에서 무의식이 맡는 전능한 역할에 대해 이미 언급한 바 있다. 여기 복권 우울증의 경우에서도 무의식은 마찬가지로 대단한 힘을 발휘하며 복권을 재미 삼아 하는 사람들은 몇 주 동안 혼성공간에서 살았다. 이것은 정신의학적 조건으로 간주되지만, '혼성공간에서 사는 것'이 미치는 효과는 신경생물학적 증후군에서도 또한 나타난다. V. S. 라마찬드란은 대뇌 손상으로 팔이 마비된 환자들이 또한 질병인식불능증이라고 알려진 증후군을 가진 경우를 보고했다.[98] 그런 환자들은 정신이 명확히 온전하지만, 질병인식불능증 때문에 자신들이 마비된 사지를 움직일 수 있다고 확신한다. 라마찬드란이 왼쪽 팔이 마비된 환자에게 그 팔을 움직일 수 있는지를 물어보았을 때, 그녀는 물론 그렇게 할 수 있고, 두 팔 모두 튼튼하다고 말했다. 라마찬드란이 그녀에게 그의 코를 만져보라고 요청했을 때 그녀의 손은 앞으로 움직이지 않았다. 하지만 그럼에도 그녀는 자기가 지시를 따르고 있다는 믿음과 지각을 '꾸며 냈다'. "당신은 제 코를 만지고 있나요?"라는 질문을 받자, 그녀는 "네. 물론이죠"라고 대답했다. 동일한 증후군을 가진 다른 환자들은 보통 "저는 그러기 싫어요. 저는 제 팔을 움직이고 싶지 않아요"나 "저는 심한 관절염이 있어요"라는 식으로 자신을 합리화한다.

복권 우울증 환자들은 많은 개념들을 한꺼번에 운용하는 바람에, 개념들 가운데 일부가 서로 충돌하고는 한다. 뇌는 잠재적으로 마찰을 빚는 여러 개념들을 운용할 수 있도록 매우 잘 설계되어 있는 것처럼 보인다. 질병인식불능증에 걸린 라마찬드란의 또 다른 환자인 맥켄 씨를 보자.[99] 이탈리아의 신경학자인 에두아르도 비시아치Eduardo Bisiach가 고안한 기술을 사용하면서 라마찬드란은 얼음처럼 차가운 물을 환자의 귀에 주사했다. 이렇게 하면 귀 속의 관에서 대류를가 일어나 뇌가 머리가 움직이고 있다고 속는다. 놀랍게도, 왼쪽 귀에 차가운 물을 주사함으로써 일시적이지만 질병인식불능증이 말끔히 치료되었다. 맥켄 씨는 바로 그 순간에 자신의 마비를 온전히 인정할 수 있었다. 더욱이 그녀는 3주 동안 마비 상태였다고 올바르게 진술했다. "이것은 의외의 말이었다"라고 라마찬드란이 보고했다.

> 왜냐하면 그 사실은, 내가 마지막 몇 주 동안 그녀를 진찰할 때마다 그녀는 자기 마비를 부인했지만 실패한 시도에 대한 기억이 그녀의 뇌 어딘가에 새겨지고 있었고, 다만 그 기억들에 대한 접근이 차단되고 있었음을 암시하기 때문이다. 차가운 물은 마비에 대한 그녀의 억압된 기억을 표면으로 가져온 '자백약'으로 기능했다.

일단 자백약이 점차 줄어들면, 맥켄 씨는 재차 부인함은 물론 차가운 물 치료를 받는 동안에도 팔이 멀쩡하다고 대답했다고 주장했다.[100] 질병인식불능증에 걸린 또 다른 환자는 마비를 부정하는 증세를 완전히 극복했다. 라마찬드란이 이 환자에게 이전에 방문했을 때는 팔 상태에 대해 어떻게 말했느냐고 묻자, 그녀는 실제로는 모든 이전의 방문 때마다 팔이 멀쩡하다고 말했음에도 불구하고, 왼쪽 팔이 마비됐다고 보고했었다고 대답했다. 이 두 환자는 상충하는 개념들을 운용하고 있었고 어떤 개념의 지배 아래 있는지에 따라 기억을 계속해서 수정했다.

우리 인간이 혼성공간에서 살고 있고 때때로 한 번에 두 가지 이상의 혼성공간에 살고 있다는 것을 명확히 볼 수 있는 놀라운 시나리오가 최면상태에서부터 망상에 이르기까지 다양하게 존재한다. 복권 우울증의 경우에, 복권을 재미 삼아 하는 사람은 추점 전에 평행한 혼성 공간―하나는 복권이 당첨된 혼성공간과, 하나는 복권이 별 의미가 없고 단지 재미 삼아 하는 것일 뿐인 혼성공간—에 살고 있지만, 우울증이 시작되고 그 우울증을 설명해야 할 때가 되어서야 비로소 그 사람이 복권에 당첨된 혼성공간에서 살고 있었음이 명확해진다.[101] 복권 우울증은 대니얼 카너먼Daniel Kahneman, 폴 슬로빅Paul Slovic, 아모스 트버스키Amos Tversky가 연구한 '혼성공간에서 살아가는' 많은 방법들 중 단지 하나일 뿐이다. 그들의 한 가지 결론은 이익이라는 프레임이 부여될 때보다 손실로 프레임이 부여될 때 동일한 객관적인 사실을 실험대상자들이 훨씬 더 고통스럽게 느낀다는 것이다. 복권 우울증에서, 복권을 재미 삼아 하는 사람의 구입과 추첨 사이에는 긴 시간이 있다. 이 시간 동안 그는 중요한 수익의 환상들을 쌓아올린다. 그런 '수익'은 당첨 번호가 발표될 때 물거품처럼 사라진다. 환자는 이런 환상의 수익이 그에게 얼마나 틀림없는 것으로 여겨졌는지에 대해서는 흐릿하게 인식하고 있을 뿐이다. 당첨 복권을 추첨하는 실제 사건은 두 혼성공간의 부분이다. 하나는 복권광이 당첨되는 혼성공간이고 다른 하나는 복권이 꽝인 혼성공간이다. 이것은 당첨 정신공간에서는 파국적인 사건이다. 왜냐하면 그 정신공간의 기본적인 전제를 송두리째 내던지기 때문이다. 그 일은 완전히 불공평하고 포학한 방식으로 정해진 사실을 바꾼다.

이와 대조적으로, 반사실성이 뚜렷할 뿐만 아니라 추구하는 목표인 경우가 있다. 수학에서 (그리고 그렇기 때문에 논리학과 자연과학에서) 기본적인 연역 기술인 귀류법歸謬法이 그렇다. 귀류법에서, 우리는 체계 내에서 명제 P의 그릇됨을 증명하고자 한다. 두 입력공간을 혼성함으로써 연결망은 뚜렷하게 구성된다. 첫 번째 입력공간은 모순이 없는 수학적 체계에 대한 우리의 확립된 지식으로부터 구축된다. 이 입력공간에서 우리는 수학적 체계와 그것이 모순적이지 않다는 확실성에서 나온 연역법 절차와 일부 사실을 활성화한다. 다른 입력공간에는 동일한 사실들이 있지만 여기서는 명제 P가 참으로 간주된다. 혼성공간에는 한 입력공간으로부터 나온 P와 두 정신공간으로부터 나온 현재 활성화된 사실들, 확립된 수학적 체계로부터 구축된 입력공간에서 나온 연역법 절차가 있다. 우리는 이제 사실과 연역법 절차, 그리고 P가 있는 혼성공간을 운용할 수 있으며, 첫 번째 입력공간에 연결된 확립된 수학 체계에서 활성화를 위해 선택한 잠재적 도움을 주는 많은 사실들을 진행해가면서 보충한다. 우리는 혼성공간에서 모순을 발현구조로 발전시키고자 한다. 모순이 발생하면, 우리는 그 자체로 자기모순적이지 않은 것으로 알려진 확립된 입력공간에 관해서 혼성공간이 반사실적이라는 사실을 알게 된다. 혼성공간과 확립된 입력공간 사이의 유일한 차이는 P의 진리 상태이기 때문에 우리는 P가 확립된 입력공간에서 참이 아니라고 결론 내린다.

예컨대, 한 수학자가 수 이론으로 작업을 하고 있고 가장 높은 소수素數가 없다는 것을 증명하고 싶어 한다고 생각해보라. 그 수학자는 가장 높은 소수 h가 있다고 가정하고, 그 다음에는 수학에서 이미 알고 있는 내용으로 조작한다. 수학자는 수 $h!+1$을 구성한다. ('h 팩토리얼'이라고 발음하는) $h!$는 1에서 h까지의 모든 정수整數의 곱이다. 따라서 $h!+1$은 h보다 훨씬 더 크다. 그러므로 전제상 소수일 수 없으며 정의상 1과 그 자체 말고도 소인수素因數가 있어야 한다. 그런데 그 소인수가 1과 h 사이에 있는 정수라면, 그것은 또한 1의 인수여야 하고 그러면 오직 1 말고는 없다. 그래서 $h!+1$은 h보다 더 큰 소인수를 가져야 한다. 그러나 이것은 h보다 더 큰 소수가 있다는 것을 의미하며, 그래서 혼성공간에서는 h가 가장 큰 소수이자 h보다 더 큰 소수도 있다. 그렇다면 이것은 모순이며 가장 큰 소수가 있다는 가정은 틀림없이 거짓이다.

귀류법이라는 방법은 수학에서 특수한 절차가 아니다. 그것은 수학의 기본 절차들 가운데 하나이며, 유클리드에서부터 부르바키에 이르기까지 가장 중요한 정리定理를 개발할 때 빈번하게 사용되었다. 과학에서 반증가능성에 대한 포퍼의 견해 같은 규범적 견해는 모든 실험 절차에서 귀류법의 개념을 통합한다. 가설 A가 주어지면, A의 거짓을 입증하는 방법은 우리가 의심의 여지가 없는 것으로 간주하는 A와 몇 가지 실험과 그 결과를 포함하는 혼성공간을 구성하는 것이다. 그 다음에 우리는 A가 실험 결과와 충돌을 일으키는 결과를 가진다는 것을 보여주기 위해 혼성공간을 운용한다. 따라서 혼성공간은 자기모순 적이다. 혼성공간은 A가 거짓임에 틀림없다는 사실의 증거로 간주된다. 우리 의 일상생활에서도 동일한 과정이 발생한다. 빌리가 제인을 사랑하지 않는다 는 가설이 있다. 이 가설을 인간의 본질에 대해 우리가 알고 있는 사항과 결합 해보라. 빌리는 그녀를 위해 자신을 희생하지 않을 것이며, 특히 그녀를 위해 그녀의 박사학위논문도 타이핑해주지 않을 것이다. 그런데 그는 그렇게 해주 었다. 혼성공간은 모순적이다. 그러므로 그는 그녀를 사랑함에 틀림없다. 증명 완료QED. 귀류법이 없다면, 탐정 소설도 없을 것이고 연애 소설도 존재하지 않을 것이다.

우리가 앞 장에서 본 일부 혼성공간들은 일상의 귀류법 논쟁이다. 바이패 스 수술의 예에서, 당신은 의도는 좋지만 무능한 어린이 외과의사가 행한 수술 을 받고 죽는다. 이것은 교육을 등한시했기 때문에 발생하는 일이며 그러므로 현행 정책의 귀류법이라 할 수 있다. 따라서 당신은 교육을 개선하기 위해 '지 금 행동해야' 한다. 흡연하는 발기부전 카우보이 예에서, 혼성공간에서의 발기 부전은 지속적인 흡연의 결과이고, 이는 지속적인 흡연의 귀류법이라 할 수 있 다. 귀류법의 일반적인 목표는 혼성공간에서 파국을 보여주는 것으로서, 그러 므로 그 혼성공간은 피해야 하는 것이 된다. 수학의 특별한 경우에서 파국은 수학적인 자기모순이며, 우리는 가정을 거부함으로써 그 모순을 피한다. 다른 영역에서의 파국은 단순히 바람직하지 않은 결과일 수 있다.

원칙상 귀류법이 진리 체계에서 어리석음을 피하기 위한 부정적 기술인 것 처럼 보일 수 있다, 하지만 그것은 많은 경우 위대한 수학적 발견의 기술이다.

쌍곡기하학을 생각해보자. 모리스 클라인Morris Kline과 로베르토 보노라 Roberto Bonola 둘 다 기술하듯, 비유클리드 기하학이 어렵게 탄생하기까지는 1,500년이나 걸렸다.[102] 유클리드는 평행선을 두 방향으로 무한히 확장했을 때 결코 만나지 않는 평면상의 직선으로 정의한다. 그는 두 직선을 지나는 횡단선 이 같은 크기의 내부 엇각을 만들 때, 같은 크기의 동위각을 만들 때, 또는 같은

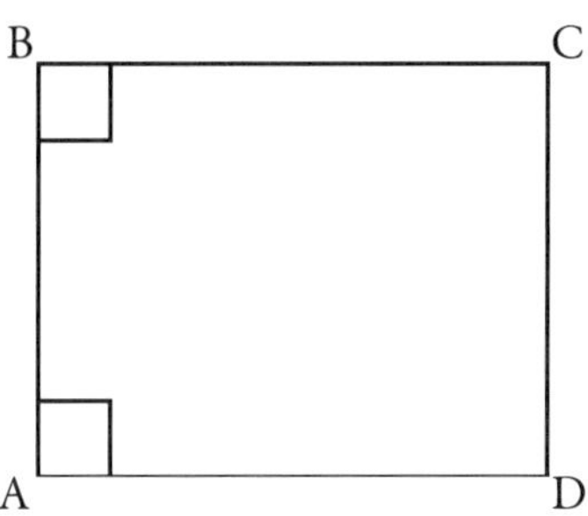

그림 11.4 각 DAB와 각 ABC가 직각이고, 선분 AD와 BC가 같은 사각형 ABCD.

쪽에 있는 두 내각이 보각을 형성할 때 그 두 직선이 평행하다는 것을 보여주는, 평행선 공리와는 독립적인 일련의 증거를 제시했다. 그러나 이런 명제들의 역을 입증하는 것은 *평행선 공리*로 알려진 것을 필요로 하는 듯 보였다. "한 직선을 두 직선에 내려 그어서 같은 쪽 내각의 합이 두 직각의 합보다 작을 때, 두 직선을 무한히 연장하면 내각들의 합이 두 직각의 합보다 작은 쪽에서 서로 만난다." 유클리드를 포함해 많은 기하학자들은 이 공리가 자명한 진리의 요건을 모두 갖추었다고 보지 않았다. 그들은 그것을 공리로 가정하기보다는 평행선 공리를 사용하지 않는 다른 공리들 및 유클리드의 첫 번째 28개의 정리로부터 도출하고자 노력했다.

　사각형 ABCD에 초점을 두고 결정적인 시도를 한 사람은 지롤라모 사케리 Gerolamo Saccheri(1667~1733)였다.[103] 사각형에서 각 DAB와 ABC는 직각이고, 선분 AD와 BC는 크기가 같다(그림 11.4 참조). 평행선 공리를 사용하지 않고 각 BCD와 CDA가 같아야 한다는 것을 증명하는 것은 쉽다. 사케리는 그렇게 했다. 우리가 평행선 공리를 가정한다면, BCD와 CDA는 직각이어야 한다. 따라서 BCD와 CDA가 직각임을 부정한다면, 우리는 평행선 공리를 부정하는 것이다. 사케리는 이런 부정이 모순을 일으킨다는 것을 보여줌으로써 귀류법에 의해 평행선 공리를 증명하려 했다.

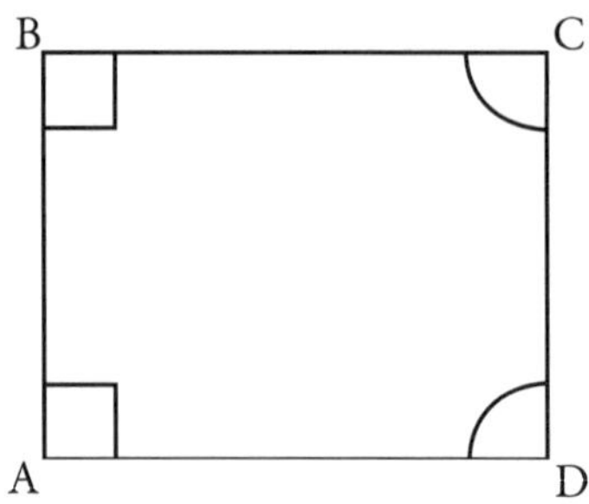

그림 11.5 각 DAB와 각 ABC가 직각이고, 각 BCD와 각 CDA가 예각이고, 선분 AD와 BC가 같은 사각형 ABCD.

BCD와 CDA가 직각이 아니라면, 크기가 같은 둔각이거나 예각이어야 한다. 사케리는 어떤 경우에도 모순이 뒤따라 나온다는 것을 입증하려 했다. 그는 혼성공간의 결과로 DAB와 ABC는 직각인 반면에 BCD와 CDA는 예각이고 크기가 같다고 가정했다(그림 11.5 참조). 유클리드 기하학에서는 혼성공간이 불가능하지만, 사케리는 결코 명확한 모순을 찾아내지 못했다. 그는 신중하게 이런 혼성에 대한 결론들을 대거 이끌어냈는데, 그는 그런 결론을 혼성의 내재된 거짓을 보여주는 모순적인 정교화로 간주했지만, 오늘날 그런 결론은 쌍곡기하학의 기본 공리로 간주된다.

사케리의 추론은 결코 색다르지 않으며 논리학과 수학에서는 모든 귀류법 논증의 정형화된 전략을 이용한다. 모순이 없는 것으로 간주되는 추론 원리의 체계는 모순이 있을 수도 있는 구조에 적용된다. 사케리는 자신이 행하고 있는 것이 귀류법 논증일 수밖에 없다고 생각했으며, 예상되는 모순이 필연적으로 발생하기를 희망했다. 그 이후 학자들은 동일한 증거를 귀류법 논증으로 해석하지 않고 새롭고 모순이 없는 기하학 분야를 개발하는 단계로 해석했다.

쌍곡기하학을 전달하는 혼성공간을 만들 수 있는 동등한 방법은 많은 것처럼 보인다. 필요한 것은 삼각형 내각의 합이 180도 미만이 되도록 요구하는 혼성공간이다.

사케리가 비유클리드 기하학을 발명한 것으로는 여겨지지 않는다. 클라인은 그 역사를 다음과 같이 요약한다. "비유클리드 기하학이 유클리드 평행선 공리에 대한 대안을 포함하는 공리 체계의 결과에 대한 전문적인 개발을 의미한다면, 대부분의 공적이 사케리의 것이겠지만, 그 역시도 유클리드 기하학에 대한 수용 가능한 대체 공리를 찾고자 했던 많은 사람들의 작업에서 도움을 받았다." 대신 카를 프리드리히 가우스Carl Friedrich Gauss, 야노시 보여이Janos Bolyai, 니콜라스 로바체프스키Nikolas Lobatchevsky가 쌍곡 비유클리드 기하학이 수학적으로 모순이 없음을 (증명하지는 않지만) 인식한 것으로 여겨진다. 가우스는 물리적 공간이 비유클리드적일 수 있다는 사실을 인식한 것으로 알려졌다.

귀류법 전략의 본질은 두 정신공간을 혼성하는 것이다. 그 가운데 하나는 수학적 체계에서 이미 수용된 진리를 포함하고, 다른 하나는 거짓으로 입증할 가정을 포함한다. 그 다음에 우리는 내부공간 압축된 구조를 개발하기 위해 혼성공간을 운용한다. 혼성공간은 그 자체와 모순된다. 따라서 그것은 확립된 수학적 입력공간에 관해서 반사실적이다. 우리가 혼성공간을 운용하기 전에 유일하게 달랐던 것은 가정이었기 때문에, 그런 가정은 수학적 체계 속에 있을 수 없다.

리프라이즈

우리가 앞 장에서 지금까지 고려한 많은 통합 연결망은 '실제 세계'에 관해 반사실적인, 즉 다시 말해서 '거짓인' 뚜렷하거나 암시적인 정신공간을 포함하고 있다. '거짓' 혼성공간은 나머지 연결망들에 대해 강력한 방식으로 사용되며 궁극적으로 현실에 적절한 추리를 생산한다. 그런 혼성공간은 특별한 정신공간에 대해 새로운 구조와 추리 및 입력공간들 사이의 새로운 외부공간 연결을 가능케 한다. 이런 정신공간들의 '글자 그대로의 거짓'은 논리와는 무관하다. 철의 여인 예에는 마가렛 대처가 미국 대통령에 출마하지만 노동조합의 반대에 부딪히는 '거짓' 정신공간이 있다. 그런 '거짓' 정신공간 안에서 발전하는 추리는 미국이 들어 있는 입력공간의 양상을 해명할 의도이다. 승려 예에는 한층 더 색다른 '거짓' 혼성공간이 있다, 그 혼성공간에서는 누군가가 두 위치에 존재하며 궁극적으로는 자기 자신을 만난다. 이러한 다중 위치와 자기와의 만남이라는 내부공간 구조는 탈脫압축되어 우리에게 실제 세계의 사건에 대한 질문에 '참'인 답변을 제공한다. 가지뿔영양 예에도 '거짓' 혼성공간이 있다. 그 혼성공간의 가지뿔영양은 사나운 육식동물에게 쫓기며, 육식동물 때문에 빨리 달리는 법을 배웠던 기억을 가지고 있다. 이러한 '거짓' 내부공간 구조는 다시 적응과 유전에 대한 현실의 외부공간 연결로 탈압축된다. 이쯤에서 우리는 이러한 많은 '거짓' 혼성공간에 대한 일반적인 패턴을 볼 수 있다. 우리가 다양한 정신공간들 사이에서 실제 외부공간 연결을 만들거나 이해하고 조작하고 싶다면, 그것들을 혼성공간으로 압축하는 것이 좋다. 이는 종종 그것들을 혼성공간 내의 강력한 내부공간 연결로 압축하는 것을 의미한다. 이러한 연결의 '글자 그대로의 거짓'은 추론 과정과 관련 없다. 우리는 배 경주 예에서 이런 패턴을 정확하게 볼 수 있다. 그 혼성공간에는 샌프란시스코에서 보스턴으로 경주하는 서로 다른 시대에 만들어진 두 척의 배, '글자 그대로 거짓'인 내부공간 구조가 있다. 그 압축된 '글자 그대로 거짓'인 내부공간 구조는 두 입력공간 사이의 현실의 외부공간 연결과 대응하며, 각각의 입력공간에는 그 시대의 배가 들어 있다. 통합 연결망을 구축하는 이러한 방법은 반사실적 압축을 찾음으로써 입력공간을 해명하는 데 특히 유용하다. 그러한 반사실적 압축은 혼성공간과 입력공간 사이의 적당한 정렬을 통해 입력공간에서 우리가 필요로 하는 구조를 보존하지만, 효과적이고 기억하기 쉽게 그 구조에 작용해, 인간 척도에서 총체적 통찰력을 제공한다. 바이패스 수술, 흡연하는 발기부전 카우보이, 가상 경주, 칸트와의 논쟁 예는 모두 혼성공간에 '글자 그대로 거짓'인 내부공간 구조의 동일한 패턴을 보여주며, 이런 구조는 입력공간들 사이의 외부공간 '참'인 관계로 탈압축된다.

또한 혼성공간이 '거짓'인 내부공간 구조를 포함하는 통합 연결망도 있지만,

그런 연결망의 요지는 혼성공간의 구조와 입력공간들 간의 외부공간 관계 사이의 관계를 강조하지 않는 데 있다. 예컨대, 이미지 클럽의 혼성공간에는 고등학생과 섹스를 하는 남자가 있으며, 미크로네시아 항해 혼성공간에는 항행자의 목적을 수행하는 이타크라는 섬이 있다. 그러나 혼성공간 외부의 관점에서는 실제 고등학생과는 무관하고 해당 위치에 실제의 섬도 없다. 이런 연결망에서 혼성공간의 원칙적인 목적은 만족스러운 행동에 대한 통합적인 지침을 제공하는 것이다. 또한 다양한 목적을 위하여 입력공간에 접근하는 것이 필요할 수는 있지만, 탈압축은 행동과 충돌할 수도 있다. 그래서 때때로 혼성공간 안에 머무는 것이 오히려 더 낫다.

CHAPTER 11
줌아웃

반사실문은 어디든 있다

일반적으로 사람들은 반사실적 사고가 드물고 적당한 형태의 동사와 함께 '만약, 그러면if, then', '만약 그렇다면What if?' 같은 아주 특정한 소수의 문법 구문에 의해 언어로 표시된다고 생각한다.

질문:
● 반사실성은 제한적인 문법 현상인가?

대답:

절대 그렇지 않다. 언어에는 한 정신공간과 다른 정신공간 사이의 반사실적 관계의 구문을 촉진하는 형태들이 무수히 많다. "폴은 자신이 딸을 버클리 대학에 입학시킬 수 있을 것이라고 믿는다. 왜냐하면 그는 메리가 입학처의 과장이라고 생각하기 때문이다Paul believes he'll get his daughter admitted to Berkeley because he thinks Mary is the dean of admissions"는 복잡한 방식으로 우리로 하여금 폴과 그의 딸, 버클리 대학, 메리, 입학처 과장이 있지만, 메리가 입학처 과장이 아니며, 따라서 폴의 믿음 공간이 '거짓'이라고 생각하도록 유도한다. 만약 빌이 폴과 전화 중이고 그가 폴에게 무언가를 팩스로 보낼 수 없어 애를 먹고 있다면, 그는 "왜 당신은 팩스 기계를 가지고 있지 않습니까? 당신은 제 제안서를 지금 당장 읽어야 해요!Why don't you have a fax machine? You could be reading my proposal right now!"라고 물을 수 있다. 우리는 폴이 팩스 기계를 가지고 있고 제안서를 읽는 '거짓'이지만 선호되는 혼성공간을 구성해야 한다. 사실상, '사실상in fact'은 자동적으로 우리에게 반사실적 관계를 구축하도록 요청한다. 사실상 폴이 팩스 기계를 가지고 있는 공간이 '거짓'이라는 것은 우리가 이미 상상의 폴과 상상의 빌, 상상의 전화와 제안은 있지만 폴의 상상의 집에 팩스 기계가 없는 기저 공간을 설립했을 때만 가능하다. 그런 공간에 대해서 폴의 팩스 기계가 있는 혼성공간은 '거짓'이다. 그러나 '실제' 관점으로 보면 그 둘 다 '거짓'이다. "퐁티비는 나폴레옹에게는 프랑스의 수도였다Pont-Ivy was meant by Napoleon to have become the capital of France"는 퐁티비가 프랑스 수도인 '거짓' 공간을 요구한다. "나는 차를 사지 않았어. 차고를 너무 차지할 것 같더라고I didn't buy a car. It would take too much room in the garage"는 부정이 정교화될 수 있는 반사실적 혼성공간을 상례적으로 구축한다는 사실을 보여준다. 대명사 'it'은 '나I'가 자동차를 구입했고 그것이 차고에 맞지 않는 '거짓' 공간에서 자동차를 선택한다. 우리가 이 '거짓' 혼성공간을 얼마나 정교화할 수 있는지에는 한계가 없다. "그러면 연료비로 돈을 많이 지출해야 할 것 같아it would have cost me a fortune in gas, 나는 자동차 보험에 들을 수가 없어I could't have gotten insurance for it" 등으로 더 진행시킬 수 있다. 5장에서 지적했듯이, '너무 안됐다too bad', '아쉽다missed', '그렇지 않으면otherwise' 같은 표현도 상례적으로 반사실적 공간을 촉진한다. '하지 못하게 하다prevent' 같은 동사와 '감소dent' 같은 명사 또한 반사실적 공간을 촉진한다.

반사실적 연결망

우리는 반사실성을 연결망 내의 정신공간들 사이의 강요된 비양립성으로 정의
했다.

질문:

● 이것은 반사실성을 찾을 수 있는 사고 내의 유일한 장소인가?

대답:

흥미롭게도 전체 통합 연결망은 어떤 다른 의미에 관해서는 반사실적일 수
있다. 우리는 7장에서 토블레로네 연결망을 제시한 바 있다. 거기에서 토블레
로네 초콜릿은 유적에 대한 동기로 프레이밍되었으며, 혼성공간에서 기자의
피라미드는 토블레로네 초콜릿의 모양을 모방한 지금의 모양을 가진다. 전체
연결망은 반사실적이다. 우리는 '유적' 프레임과 토블레로네 초콜릿이 애초부
터 연결되어 있다고 여기는 것이 거짓이라고 생각한다. 혼성공간에 고대의 토
블레로네 숭배를 피라미드 건설에 대한 배경으로 구성하는 것은 더더욱 거짓
이다.

후건 부정

우리는 귀류법이 개념적 혼성인 것으로 직접적으로 설명했고, 그것이 일상 추
론에 널리 퍼져 있다는 것도 지적했다.

질문:

● 이 모든 것은 단순히 후건 부정이라는 간단한 논리 연산은 아닌가? 후건
부정에서는 p가 q를 함축할 때 not-q이면 not-p라는 결론이 나온다.

대답:

소수에 대한 예에서처럼, 가정 p가 모순 q를 함축한다면 not-q는 항상 참이고, 따라서 후건 부정에 의해 not-p가 참이라는 결론이 나온다. 명확히, 그런 의미에서 후건 부정이라는 논리 규칙은 참이고 중요한 무언가를 포착한다. 그러나 후건 부정은 q를 어떻게 찾을 수 있는지에 대해서는 아무것도 말해주지 않는다. 여기서는 반사실적 혼성공간의 구성이 결정적이고, q가 나타나기까지는 혼성공간의 상당한 운용이 요구된다. 예컨대 쌍곡기하학의 경우, q는 수세기 동안의 노력 이후에도 나타나지 않았지만, 혼성공간은 헛되이 운용된 것만은 아니었다. 왜냐하면 훨씬 더 대단한 다중 기하학의 발견이 있었기 때문이다. 마침내 모순 q를 발견하는 수학자나 논리학자의 긴 연구는 되돌아보면 후건 부정 진술로 압축될 수 있지만, 후건 부정이라는 논리 규칙은 본래 모순을 발견하는 방법이 아니다. 사실, 더 간단하게도 'p가 q를 함축한다'와 같은 추리는, 길고 난해한 상상을 필요로 하는 인지 과정을 사후에 간단히 나타내는 것이다. 모순을 구성하는 것은 인지적 업적이다. 우리는 종종 수학이나 논리학의 진리가 이상적으로 영원하고 독립적인 존재를 가진 것으로 해석하며, 자연스럽게 인지적 업적과 영원한 진리를 구분한다. 이것은 'p는 q를 함축한다'는 사실이 항상 존재한다는 사후의 환상을 창조한다. 수학에서 참인 것은 훨씬 더 분명한 이유로 일상생활에서도 참이다. 유형이 정해지지 않은 명제로부터 추리에 의해 사랑의 부재를 증명하는 일은 문화적·인지적 자원을 대거 보충하며, 그 결론은 반사실적 혼성공간의 모든 상상 작업의 산물이다. 후건 부정 공식은 단지 그러한 과정이 (어떻게 해서) 발생했으며 어떤 결과를 내놓았다는 피상적 보고에 불과하다.

거짓으로부터의 진리

우리는 우리를 설득하는 많은 반사실적 혼성을 보았다.

질문:

● 거짓이 어떻게 우리를 설득할 수 있는가?

● 진리가 어떻게 거짓으로부터 나올 수 있는가?

대답:

우리는 한편으로는 혼성공간이 긴 인과적 연쇄를 총체적 통찰력을 제공하는 내부공간 구조로 압축할 수 있다는 것을 보았으며, 다른 한편으로는 입력공간들 사이의 외부공간 관계로 탈脫압축될 수 있는 인지적 작업을 하기 위해 내부공간 구조를 구축한다는 것을 보았다. 내부공간 혼성 구조는 입력공간 안이나 입력공간들 사이의 구조와 정확한 관계를 맺고 있다. 그러한 혼성공간에서 중요한 것은 압축과 탈압축이다. 혼성공간에서 내부공간 구조가 참인지 또는 실재하는지는 핵심이 아니다. 예컨대, 육식동물에게서 달아난 것을 기억하는 가지뿔영양의 일관된 (그러나 '거짓'인) 세계는 무엇보다 적응과 유전을 수반하는 변화와 동일성이라는 '참'인 외부공간 관계로 체계적으로 탈압축된다. 가장 큰 소수가 있는 거짓인 수학적 혼성공간에서는 내부공간 모순이 '참'인 외부공간 반사실성과 세밀한 관계를 맺고 있다. 가장 큰 소수를 가진 수학적 공간은 우리의 기존 수학 체계에 관해서 반사실적이다.

비사물

우리는 이렇게 말하곤 한다. "야채를 없어진 의자 앞에 있는 그릇에 놓아두어라Put the vegetables on the plate in front of the missing chair", "나는 이빨이 빠졌다I have a tooth missing", "안개가 없어서 착륙하기가 쉽다The absence of fog made landing easy", "아무도 제안을 하지 않았다. 그건 못 쓰게 될 것 같다Nobody offered a proposal; *it would have been shot down*", "나는 운이 없었다I had no luck", "커피에 우유를 넣으시나요, 아니면 우유 없이?Do you take your coffee with milk or with no milk?"

질문:

● '없어진 의자the missing chair', '이빨a tooth', '제안a proposal' 등과 같은 표현은 무언가를 가리키고 있는 것 같으나, 그것이 가리키는 것은 실제 세계에서는 공백처럼 보인다. 이런 현상은 단순히 언어의 관습인가, 아니면 우리가 사고하는 방식에 대해 무언가를 말해주는가?

대답:

우리가 '카페인 두통' 같은 예에서 본 압축은 일상적으로 혼성공간에 실재하지만 *비사물*인 요소를 창조한다. 혼성공간상 *카페인의* 결핍은 실재하며 원인이 되는 사물이다. 그것은 한 입력공간 안의 사물(카페인)과 한 입력공간 내의 카페인이 다른 입력공간에는 그 대응물이 없다,라는 사실로부터의 투사로 구성된다. 혼성공간에는 압축에 의해 사물이 있다. 우리는 이 사물을 외부에서 비사물, 즉 카페인 결핍으로 간주한다. 혼성공간 내에서의 새로운 요소는 일상 사물로 조작될 수 있으며, 사물을 가리키는 언어의 평범한 일상의 과정을 사용할 수도 있다. '없어진 의자'의 경우에 없어진 의자는 외부에서 볼 때 비사물인 혼성공간 내의 사물이다. 그것은 가리킬 수 있고 물리적 공간도 차지한다. 그것은 의자가 있는 반사실적 정신공간으로부터 사물성을 계승한다. 그것은 '실제' 입력공간으로부터 공백이 있다는 물리적 특징을 계승하는데, 이 실제 입력공간에서는 그에 상응하는 위치에 의자가 없다. 우리는 '아무도nobody', '아무것도nothing', '운이 없는no luck' 같은 표현이 공간에서 사물을 짚어내기 위한 평범한 명사구인 것이 우연이 아니라고 제안한다. "그는 아무의 눈에도 띄지 않았다He was seen by no one", "나는 돈이 없다I had no money", "머리가 없는 것이 너의 문제이다No brains is your problem", "나는 아무도 나를 이해하지 못할 것이라고 예상한다I expect no one to understand me", "그에게는 개념 없는 태도가 없다He has a no-nonsense attitude"에서처럼, 문법 구문의 모든 위치마다 이런 낱말들을 쉽게 사용할 수 있다.

우리에게 없으면 안 되는 비사물

우리는 비사물이 실제로 일상 사고에 큰 역할을 한다는 것을 방금 보았다.

질문:

● 비사물은 과학과 수학 같은 신중한 사고에 어떤 역할을 하는가?

대답:

비사물은 수학적·과학적 발견의 대단한 수단이었다. 영의 발명은 주목할 만한 경우이다. 일반적으로 수 발달의 역사는 수 체계를 재해석하는 역사로서, 그로써 우리는 수 체계 안에서 '공백'을 볼 수 있었고, 그 공백은 그 자체가 새로운 수인 것으로 재해석되었다. 수 0, 1, 2, 3······ 은 그것들 사이에 '공백'을 가지고 있는 것으로 재해석되었으며, 이러한 공백은 2분의 1과 같은 분수로 재해석되었다. 분수는 다시 그 사이에 공백을 가지는 것으로 재해석되었으며, 이러한 공백은 무리수와 초월수로 재해석되었다. 음수와 복소수의 발명에서도 동일한 패턴이 적용된다.

수학의 역사는 수의 개념이 두 개의 (또는 그 이상의) 입력공간이 있는 혼성공간을 창조해서 반복적으로 수정되었음을 보여준다. 이 가운데 한 입력공간에는 어떤 종류의 수가 있으며, 다른 입력공간에는 어떤 종류의 요소가 있다. 둘 사이에는 부분적인 대응요소 사상이 있으며, 그런 사상에서 모든 수는 다른 입력공간에 대응요소가 있지만 그 역은 아니다. 모든 수와 범주 수는 혼성공간으로 투사된다. 모든 요소와 조직들은 다른 입력공간으로부터 혼성공간으로 투사된다. 혼성공간 내의 모든 것은 범주 수에 속하는 것으로 간주되며, 이런 재해석의 결과로 혼성공간 안의 어떤 요소는 이제 앞선 수 체계, 즉 입력공간에 있는 수 체계의 공백을 메우는 것으로 간주된다.

이런 연결망에서 공간횡단 사상에서 수 대응요소를 가진 요소들은 혼성공간 내의 수와 융합된다. 혼성공간의 나머지 요소들은 새로운 수이다. 수학적 순서와 작용의 위상은 그대로 보존된다.

예컨대, 한 정신공간에 정수가 있고 다른 정신공간에 사물의 비율이 있다면, 혼성공간에는 모두 수로 범주화되는 모든 비율이 있다. 정수 대응요소를 가지고 있었던 비율은 대응요소들과 융합된다. 예컨대 6:3, 12:6, 500:250은 혼성공간에서 2와 융합된다. 그러나 전체 수 대응요소를 가지지 않은 3:4, 256:711, 5:9 또한 혼성공간에서 수이다. 그것들은 이제 전체 수들 사이의 공백을 메우는 것으로 간주된다.

두 입력공간으로부터 나온 어떤 위상은 보존된다. 수 입력공간에는 물론 순서, 덧셈, 곱셈이 있다. 비율 입력공간에도 위상이 있다. 그 입력공간에서 모든 비율 a:b는 a와 b라는 두 부분을 가진다. 어떤 두 비율이 주어졌을 때 두 번째 항이 동일하다면, 첫 번째 항이 더 큰 경우가 비율이 더 크다. 여기서 한 걸음 더 나아가, 어떤 두 개의 비율 a:b와 c:d가 주어지면, a:b는 ad:bd와 동등하고 c:d는 cb:db와 같아서, 앞서의 규칙을 이용해 a:b와 c:d를 비교할 수 있다. ad가 cb보다 크다면, 비율 a:b는 비율 c:d보다 크다. 이런 위상과 작용은 혼성공간으로 투사될 때 그대로 보존된다. 비율 정신공간에서 3:9와 1:3 같은 비율의 등치는 $\frac{1}{3}=\frac{3}{9}=\frac{5}{15}$ …… 에서처럼 혼성공간에서 수의 동일성으로 압축된다. 이런 방식으로 비율 입력공간에서 요소의 무한대는 혼성공간에서 단 하나의 수로 압축된다.

혼성공간에는 주목할 만한 발현구조가 있다. 혼성공간에 '덧셈' 작용이 있다는 것이 그것이다. 혼성공간은 수 입력공간에서 나온 덧셈과 비율 입력공간에서 나온 순서를 정확하게 보존한다. 그것은 $\frac{a}{b}+\frac{c}{d}=\frac{ac+bc}{bd}$로 정의될 수 있다. 유사하게도, 혼성공간에서 곱셈을 보존하는 위상은 $\frac{a}{b}\times\frac{c}{d}=\frac{ac}{bd}$로 정의될 수 있다. 비율 정신공간에서 유용한 어떤 위상은 혼성공간으로 투사되지 않는다. 우리는 두 개의 비율 a:b와 c:d를 a+c:b+d로 구성compose할 수 있으며, 이것은 (물론 유리수의 덧셈과 구분되는) 유용한 작용이다. 2명의 전사가 3명의 전사에 맞서 싸우고 있고, 3명의 전사가 2명의 전사와 싸우고 있는 또 다른 경우가 있을 때 그들을 결합하면compose, 2+3:3+2으로 균형을 이루면서 전쟁은 막상막하가 된다. 그러나 이런 구성의 위상은 혼성공간으로 투사될 때 보존되지 않는데, 왜냐하면 혼성공간에서 $\frac{3}{2}$는 $\frac{6}{4}$과 동일하지만, $\frac{2+6}{3+4}$은 1과 동일하지 않기 때문이다. 혼성공간에서 $\frac{6}{4}$에 $\frac{2}{3}$를 더하는 것은 $\frac{3}{2}$에 $\frac{2}{3}$를 더하는 것과 동일하지만, 비율의 정신공간에서 4명과 싸우는 6명의 전사와 3명과 싸우는 2명의 전사를 합치는 것은 2명과 싸우는 3명의 전사를 3명과 싸우는 2명의 전사와 합치는 것과 같지 않다.

수와 비율의 혼성공간은 정교하고 상당히 상상적이며, 선택적 투사와 놀라운 발현구조를 가진다. 이 혼성공간은 다름 아닌 '영을 포함하는 양의 유리수', 즉 어린이들이 2학년 때 배우는 정수와 분수 바로 그 영역이다.

어린이가 분수를 어떻게 덧셈하는지를 배우려면 비율을 결합하는(a:b 더하기 c:d=a+c:b+d) 매우 유용한 작용을 포기해야 할 뿐만 아니라, 또한 이전에 수의 위상을 가지고 있지 않았던 많은 비율에 수의 위상을 제공해야 한다. 게다가 그 비율들에 포함된 요소들의 수가 아주 다른 경우에도 그 비율을 동일한 것으로 간주해야 한다. 예컨대 혼성공간에서 비율 2:4와 53:106은, 첫 번째는 여섯 개의 사물을 수반하는 것처럼 보이고 두 번째는 159개를 수반하는 것처럼 보이지만, 동일하다.

정수의 입력공간에서 유리수의 혼성공간으로 가는 것은 극적 결과를 낳는다. 이전에 2는 1 다음 수이고, 3은 2 다음의 수였다. 1과 2 사이에 다른 수는 없었다. 사실상 1과 2 사이에 어떤 다른 수가 있을 수 없었다. 1과 2 사이에 또 다른 수가 있을 수 있는지의 여부는 절대 발생할 수 없는 문제였다. 그런데 정수의 혼성공간에는 이제 1과 2 사이에 무한대의 수가 있다는 경이적인 발현적 특성이 있다. 우리가 일단 유리수의 혼성공간을 가졌다면, 두 개의 연속적인 정수가 주어졌을 때 그것들 사이에 또 다른 수가 있는가라는 질문을 이해할 수 있다. 우리는 이제 정답이 '그렇다'임을 일반 원리로 이해할 수 있다. 그리고 나서 우리는 어떤 다른 유리수가 주어졌을 때도 그것들 사이에 또 다른 수가 있는지를 질문할 수 있으며, 초등학교 2학년은 놀라겠지만 이번에도 그 정답은 '그렇다'임을 증명할 수 있다. 한층 더 놀랍게도 어떤 두 수 사이에는 그 수들이 아무리 가까울지라도 항상 다른 무한한 숫자의 수가 존재한다.

우리가 혼성공간을 가지고 그것을 구체화하면, 수에 대한 이전의 개념에 '그곳에' 있었지만 '발견할 수' 없었던 몇 가지 수가 '빠져 있었다'는 입장을 가질 수 있다.

유리수가 같은 선상에 있는 다른 길이의 선분으로 사상될 때 또 다른 놀라운 혼성공간이 발생한다. 앞의 경우처럼, 선과 선분의 기하학적 위상은 정확히 혼성공간으로 사상된다. 유리수 대응요소를 가진 선분은 그러한 대응요소와 융합된다. 선의 한 선분에 그 대응요소로 유리수 1이 주어지면, 그것은 단위 선분이 되고 모든 다른 대응요소는 그 선분과 단위 선분의 비율에 의해 결정된다. 단위 선분의 절반인 선분은 혼성공간에서 $\frac{1}{2}$이다. 수 대응요소가 없는 선분이 있는가? 피타고라스 기하학자들은 놀랍게도 그에 대한 답이 '그렇다'임을 발견했다. 변의 길이가 단위 선분인 2등변 직각삼각형의 빗변에는 아무런 유리수 대응요소가 없다는 것이 잘 알려져 있다.

그러나 이 '공백'에 대한 반응으로 또 다른 혼성 연결망은 또 다른 극적인 발현구조, 즉 무리수를 낳는다. 지나고 나서 보면, 우리는 이제 수의 또 다른 무한대가 유리수에서 '빠져 있다'는 것을 '볼 수' 있다. 여기서도 존재할 수 없었던 사물은 혼성공간에서 요소가 되었으며, 우리는 원래 입력공간에서 '공백'을 보게 된다. 매우 상상적인 또 다른 개념적 혼성은 또 다른 공백, 즉 초월수를 '밝혀낼' 것이다. 여전히 다른 혼성공간은 영, 음수, 허수 등을 창조한다. 모든 경우에 혼성공간은 이전의 수 입력공간에 대응요소가 없는 많은 요소들을 가지고 있으며, 지나고 나서 보면, 그런 수는 수에 대한 이전의 개념에서 '빠져 있는' 것으로 간주된다. 상징 0은 알렉산드리아의 그리스인들이 수의 부재를 가리키기 위해 사용한 것이지만, '수의 부재'는 기원후 7세기에 힌두 수학자들에 의해 개발된 혼성공간에서 완전한 수로 자리하였고, 덧셈, 뺄셈, 곱셈에 참여할 수 있었다. 수 개념의 역사는 '카페인 두통'의 반복이다. 수학의 체현적 본질에 대한 조지 레이코프와 라파엘 누녜즈Rafael Núñez의 최근 연구는 수학과 수학적 사고의 발달에 개념적 혼성이 담당하는 결정적인 역할에 대한 또 다른 중요한 증거를 제공한다.[104]

수 이론뿐만 아니라 수학의 모든 집합 이론의 토대는 전에는 아무것도 없던 곳에 요소가 있는 혼성공간을 만듦으로써 진행된다. 수를 도출하는 표준적인 집합 이론적 방식은 무로부터 시작하고 그것을 '공집합'이라고 부른다. 이런 공집합은 보통 Φ로 지시되는 집합이다. 이제 Φ를 유일한 요소로 가진 집합을 고려해보라. 그것은 보통 {Φ}로 지시된다. 그러면 자동적으로 두 요소의 집합 {Φ,{Φ}}이 있다. 그리고 따라서 세 요소의 집합 {Φ,{Φ},{Φ,{Φ}}} 등이 있다. 집합 이론의 토대에서 이런 집합은 (수에 대한 일상적인 개념을 가진 암시적인 혼성공간을 통해) 수이다. 음이나 양의 유리수 혼성공간은 그런 집합 쌍의 동치류를 사용해서 '정의될' 수 있으며, '절단' 같은 부가적인 기술은 실수에 대한 집합 이론의 토대를 제공할 것이다.

리어왕의 엄청난 실수는 "아무것도 없는 것에서 나오는 것은 아무것도 없으니Nothing will come of nothing"라는 행에서 분명하게 드러난다. 코딜리어의 사랑뿐만 아니라 수학의 역사 또한 그가 틀렸다는 것을 입증한다.

비사건

우리는 무無가 사물이 된다는 것을 보았다. 우리의 정신적 우주에는 무無의 어두운 물질이 살고 있다.

질문:

● 무無가 사건이 될 수 있는가?
● 무無가 행동이 될 수 있는가?

대답:

비사건과 비행동은 우리 인지의 거의 모든 곳에 있다. 물리적 현실은 전형적으로 반사실적 공간으로부터 많은 투사를 전달하는 개념적 혼성공간에 대한 물리적 고정 장치이다. "병 뚜껑이 열리지 않는다The jar-lid won't come off", "책 더미는 무너지지 않았다The stack of books has not fallen", "책 더미는 무너질 것이다 The stack of books will fall", "병 뚜껑이 열리기를 거부하고 있다The jar-lid refuses to come off", "책 더미는 무너지려고 한다The stack of books wants to fall over"는 모두 한 입력공간에서는 아무 일도 발생하지 않고 다른 입력공간에서는 어떤 일이 발생하는 연결망을 제시한다. 혼성공간에서 아무 일도 발생하지 않는 것은 다른 사건과 대립되는 사건이다. 즉 책 더미가 똑바로 서 있는 것은 책 더미가 무너지는 것과 대립한다. '숏을 놓치다missing a shot'는 비사건을 포함하는 혼성공간을 환기시킨다. 두 입력공간에는 숏이 있다. 한 입력공간에서는 공이 목표 지점이 아닌 다른 곳으로 가며, 반사실적 입력공간에서는 공이 목표 지점으로 간다. 혼성공간에서 공이 목표 지점으로 가지 않은 것은 '놓친 숏', 즉 비非사건이 된다.

"당신이 던지지 않은 숏은 100퍼센트 빗나가게 됩니다You miss 100 percent of the shots you don't take"라는 스포츠 티셔츠에 인쇄된 명언에서처럼, 빗나간 숏은 비非숏과도 혼성될 수 있다. 이러한 관찰은 많은 종류의 비사건을 가진 정교한 통합 연결망을 촉진한다. 이 가운데 두 개는 이미 관습적이다. 첫째, 어떠한 '빗나간 숏'이라도 그것은 이미 혼성공간이다. 두 입력공간에는 던져서 어디론가 가고 있는 공이 있지만, 한 입력공간에서만 공이 그물로 들어간다. 두 정신공간은 완전한 사건이다. 이 둘 사이의 대조는 혼성공간에서 압축된다. 혼성공간에는 어떤 입력공간에도 없는 새로운 사건의 범주, 즉 빗나간 숏이 있다. 둘째, 어떠한 '던지지 않은 숏shot not taken'도 이미 혼성공간이다. 이 경우 두 입력공간에는 공을 가지고 무언가를 하고 있는 선수가 있지만, 이 가운데 한 정신공간에서만 선수가 공을 그물로 던진다. 이 두 정신공간은 완전한 사건이다. 둘 사이의 대조는 혼성공간에서 압축된다. 혼성공간에는 이미 어느 입력공간에도 없는, 던지지 않은 슛이라는 새로운 사건의 범주가 있다. 이런 각각의 관습적인 혼성공간은 빗나간 슛과 던지지 않은 슛이라는 새로운 범주를 창조한다. 그것들은 농구 경기에서 결정적인 역할을 한다. 성공한 3점슛, 성공하지 못한 2점슛 등처럼 농구에서 슛의 통계적인 측정은 일상적으로 적용된다. 이런 측정은 이제 비非슛에 적용될 수 있다. 흥미롭게도, 모든 다른 슛의 범주에 대해 우리는 통계적 측정을 가지기 위해서는 경기를 해야 하지만, 던지지 않은 슛 혼성공간은 애초에 아무런 비非슛이 그물에 들어가지 않는다는 것을 보장하며, 빗나간 슛 혼성공간은 이 모두가 '빗나간 슛'이라는 것을 보장한다. 따라서 던지지 않은 슛은 100퍼센트 빗나간 슛이다.

이러한 기기묘묘한 혼성은 빗나간 슛 혼성공간으로부터 모든 통계적 장치를 가져온다. 사람들은 슛이 빗나가는 것을 꺼리기 때문에 던지지 않은 슛을 피해야 한다는 함축을 갖는다. 즉 사람들은 더 많이 슛을 해야 한다는 것이다. 그러나 *던지지 않은 슛* 혼성공간에는 위상이 있다. 당신이 슛을 하지 않으면 공에 대한 통제권을 계속 가지는데 그것은 좋은 일이다. 이런 위상은 당신이 슛을 던지고 공에 대한 통제권을 포기하는 *빗나간 슛* 혼성공간의 위상과는 다르다. *던지지 않은 슛=빗나간 슛* 혼성공간에서 던지지 않은 슛의 위상은 슛을 하는 위상을 대가로 하여 사라진다.

관습적인 문화적 반사실적 압축

우리는 '카페인 두통', '없어진 의자', '공백'에서처럼 언어가 반사실적 압축을 제공한다는 것을 보았다.

질문:
- 이것은 순수하게 언어적인 기교인가?

대답:

문화는 쉽게 전할 수 있는 압축을 고안하는 것이 효과적이라고 판단한다. 한편으로, 문화는 넓은 범위의 가능한 이중범위 통합을 차단하기 위해 방향을 정해주는 사고를 전하고 싶어 한다. 예컨대, 교차로에서의 충돌을 방지하는 많은 방법이 있지만, 문화는 당신이 그 모든 방법을 시도하기를 원하지는 않기 때문에 신호등이라는 하나의 지배적인 해결책을 전달한다. 신호등은 복잡한 압축에 대한 물리적 고정 장치이다. 탈압축된 형태는 자동차가 교차로를 통과할 수 있는 모든 경우에 대해 서로 다른 정신공간을 가진다. 자동차가 없을 때, 이쪽 방향에 자동차가 있을 때, 저쪽 방향에 자동차가 있을 때, 자동차 한 대가 막 지나갔고 다른 자동차가 도착했을 때 등등이 가능한 경우이며, 자동차의 속도, 운전자 등등도 각각의 경우마다 서로 다를 것이다. 이 모든 정신공간은 동일한 프레임을 가지지만, 그 프레임을 상술하는 매우 많은 방법들이 있다. 어떤 정신공간에는 충돌이 있을 것이다. 우리는 실제 세계에서 충돌이 반사실이기를 원한다. 교통을 정리하는 한 가지 방법은 교차로에서 도로를 동시에 가로지르는 모든 이동을 인정하지 않는 것이다. 그 한 가지 방법은 한 도로로 교차로를 지날 때, 그 도로를 횡단해서 이동하는 것은 완전히 불가능하게 만드는 것이다. 이 해결책은 절대적이지만 지나치게 강력하다. 왜냐하면 그렇게 하면 종종 운전자가 교차로를 통과하고 있는 자동차가 하나도 없는데도 멈춰 서 있을 것이기 때문이다. 그렇지만 이 지나치게 강력한 해결책이 사고를 방지하기 때문에 그것이 채택된다.

파란 불이 들어온 걸 본 운전자는 사회 시스템이 한 특별한 혼성공간이 실제적이도록 설정되어 있다는 확신을 가진다. 그런 혼성공간에서 우리는 비충돌 공간으로부터는 교차로에서 아무 자동차도 교차로에 들어가고 있지 않다는 사실을 투사했으며, 충돌 정신공간으로부터는 현재 운전자와 확실하게 충돌하는 코스에 있는 자동차를 포함해서 교차로에 많은 자동차가 있을 수 있다는 사실을 투사했다. 혼성공간의 발현구조는 혼성공간에서 아무런 충돌이 없다는

것을 보증하지만, 이는 비충돌 정신공간에서 아무 충돌이 없다는 것과 동일한
이유에서는 아니다.

수수께끼

신보다 더 위대한 것은 무엇인가What is greater than God?

악마보다 더 사악한 것은 무엇인가More evil than the devil?

가난한 사람들은 그것을 가지고 있다The poor have it.

부자들은 그것을 필요로 한다The rich need it.

그리고 그것을 먹으면 당신은 죽는다And if you eat it, you die..

힌트: 당신이 정답을 찾고 있다면 그만두어야 한다.

동일성과 특징

이 이름은 끊임없이 상기된다. 굉장히 불확실한 경주에서 그들의 이름은 사건과 소동을 거치며 흐르는 시간과 위대한 특징의 변하지 않는 본질을 연결시키는 닻이다. 마치 사람이 무엇보다 사건의 주인이 되는 이름인 것처럼.

—롤랑 바르트Roland Barthes, 「투르 드 프랑스 경주에 대하여」

『오디세이아』에서 오디세우스는 싸우기, 항해하기, 논쟁하기, 계집질하기, 숨기기, 변론하기, 설득하기와 같이 생각할 수 있는 거의 모든 상황에 참여하면서도, 시종일관 오디세우스로 남아 있다. 사람들이 상황의 변화에 따라 명확해지는 특징character*을 가지고 있다고 생각하는 것은 인간 이해의 핵심 측면이다. 누군가가 새로운 상황에서 어떤 방식으로 행동할 때, 우리는 "꼭 그 사람답다. 나라면 그렇게 하지 않았을 텐데"라고 말할 수 있다. 그런 상황이 오디세우스가 살던 세계에는 알려져 있지 않았음에도 불구하고, 우리가 "이런 상황에서 오디세우스라면 어떻게 했을까?"라고 물을 수 있을 정도로, 특징은 프레임을 가로질러 옮겨지고 그 모든 프레임에서 그대로 인지된다. 아동 문학은 『버드나무에 부는 바람』의 토드, 래티, 모울, 배저처럼 우리에게 동일한 상황에서 대비되는 등장인물character을 제공한다. 그렇지만 아킬레우스, 디오메데스, 헥토르, 아이아스, 메넬라오스, 오디세우스의 경우가 보여주듯, 성인 문학도 이와 다르

---

* 'charater'를 문맥에 따라 '특징'과 '성격'으로 나누어 옮겼다.

지 않다. 롤랑 바르트는 『신화학*Mythologies*』에서 투르 드 프랑스를 서사시로 분석했는데, 이 서사시의 등장인물들은 경주에서의 행동을 통해 자신들의 특징을 표출하고 있다.

> 투르 드 프랑스Tour de france에 대한 성명학적 연구가 있다. 이것은 그 경주가 그 자체로 대서사시라는 것을 우리 모두에게 말해준다. 사이클 선수들의 이름은 소수의 멋진 음운들이 사람의 피를 들끓게 만들었던 오래전 부족 시대 때부터 전해져오는 듯하다(프랑크족의 브랑카르Brankart the Franc, 프랑크인 보베Bobet the Francian, 켈트족의 로빅Robic the Celt, 이베리아인 루이즈Ruiz the Iberian, 가스코뉴 사람 대리개드Darrigade the Gascon). 이 이름은 끊임없이 상기된다. 굉장히 불확실한 경주에서 그들의 이름은 사건과 소동을 거치며 흐르는 시간과 위대한 특징의 변하지 않는 본질을 연결시키는 닻이다. 마치 사람이 무엇보다 사건의 주인이 되는 이름인 것처럼. 브랑카르, 제미니아니, 라우레디, 앙투앙, 롤랑과 같은 이러한 부칭은 용기, 충성, 배반, 금욕의 대수학 기호처럼 읽힌다……. 골Gaul은 변덕스러움, 신성, 초자연적, 선택받음, 신과의 관련성을 구현하고 있다. 보베는 공정함, 인성을 대표하고, 신을 부인하고, 대표로 사람을 상징화한다. 골은 대천사이고, 보베는 프로메테우스이며, 장엄하게도 그가 단지 인간일 뿐이라고 천형을 내린 신에게 바위를 쓰러뜨리는 데 성공하는 시지프스이다.[105]

가훈은 유사한 모습을 보여준다. 조셉 삼촌의 특징은 이렇고, 에밀리 이모의 특징은 그러하며, 우리는 주어진 상황에서 그들이 무엇을 했을지를 말할 수 있다. 우리가 생각하는 방식에서 특징은 상당히 다른 프레임들에서 본질적으로 동일하게 남아 있을 수 있으며, 각각의 프레임은 상당히 다른 특징들이 있을 때도 본질적으로 동일하게 남아 있을 수 있다.

우리가 분석한 다수의 혼성공간에서, 한 입력공간에서 나온 특정한 특징이 본질 그대로 혼성공간으로 투사된다는 것은 중요하다. 예컨대, 칸트와의 논쟁 예에서, 칸트는 자신의 특징적인 철학적·논리적 성향과 함께 등장한다. 우리는 그가 실제로 저술한 것을 혼성공간으로 가져오지 않는다. 오히려 그의 특징을 고려하여 그가 말했을 법한 것을 구성한다. "만약 처칠이 1956년에 수상이었다면, 수에즈 분쟁 같은 재난은 있지 않았을 것이다" 같은 반사실적 혼성은 처칠의 본질적인 특징을 암시적으로 가정하는데, 그 특징은 그가 더 이상 활동하지 않는 시기와 상황으로도 투사될 수 있다. 바텐더이든 정치학자이든 간에, 사람들이 그러한 표현을 설득력 있게 사용하려면 본질적인 특징의 존재에 관한 신비스러운 합의가 있어야 한다. 프레임과 마찬가지로, 특징은 기본적인 인지적·문화적 도구이다. 우리는 특징의 정확성이나 합법성 또는 불변성의 모든 양상이나 심지어 존재 여부를 논쟁할 수 있지만, 인지적으로 우리에게는 특징이 없어서는 안 된다.

동일성과 프레임

지금까지 통합 연결망에 대한 우리의 분류법은 프레임의 역할을 강조했다. 단순 연결망, 거울 연결망, 단일범위 연결망, 이중범위 연결망은 모두 입력공간의 조직 *프레임*들의 관계와 그것이 총칭공간 및 혼성공간의 *프레임*과 맺는 관계에 의해 주요한 유형으로 정의되었다. 그러나 동일성과 특징도 동등하게 우리 사고방식의 중요한 양상이다. 우리는 프레임이 다른 특징을 가로질러 이송된다고 생각할 수 있거나(*구입-판매* 프레임은 누가 구입하고 판매하는지와 상관없이 동일하게 남아 있다), 특징이 다른 프레임들을 가로질러 이송된다고 생각할 수있다. 오디세우스는 주어진 상황과 상관없이 오로지 그 자신으로 남아 있다.

예컨대, 한 회사 직원이 아내에게 자기 회사에서의 상황을 설명하고 있다고 생각해보라. 물론 아내는 그 회사에서 아무런 일도 맡고 있지 않다. 그녀는 "내가 당신이라면 난 그만두겠어요"라고 말한다. 여기서 우리는 회사로부터 나온 조직 프레임을 가진 혼성공간을 구성해야 하며, 혼성된 사람은 직원의 역할을 하고 있다. 그 사람은 통상 공적인 의미에서 남편의 동일성뿐만 아니라 그의 경험과 많은 특징을 가지고 있지만, 이제 아내의 기질과 판단, 의지도 가지고 있다. 중요한 것은 이 경우에는 우리가 프레임을 혼성하고 있지 않다는 점이다.

"프랑스에서는 워터게이트 사건이 닉슨에게 타격이 되지 않았을 것이다" 같은 앞 장의 예를 고려해보라. 거기에서 우리의 분석은 혼성된 미국-프랑스 프레임에 초점을 두었고, '닉슨 같은' 대통령을 그런 혼성된 프레임에서 이용할 수 있다는 것을 당연하게 여겼다. 그러나 좀 더 명쾌한 논의는 닉슨이 오디세우스처럼 어떤 프레임에서도 자신을 위한 자리를 만들 수 있는 인물character이라는 것이다. 혼성공간에는 미국-프랑스 혼성된 정치 프레임뿐만 아니라 인물의 모습도 있다.

특징을 옮길 수 있다는 사실은 "당신이라면 이 남자에게서 중고차를 사시겠습니까?"처럼 닉슨에 반대하는 캠페인 슬로건에서도 명확하게 볼 수 있다. 닉슨의 특징을 명확히 하기 위해 우리는 그를 높은 관심을 유발하는 프레임 안에 집어넣는다. 중고 자동차를 판매하는 일이 리처드 닉슨의 실제 삶에는 존없었다는 사실은 중요하지 않다. 중요한 것은 새로운 프레임이 대단한 압축과 특징에 대한 총체적 통찰력을 제공한다는 것이다. 이 캠페인 슬로건은 단지 사람들이 특징을 이해하도록 촉구하기 위한 매우 일반적인 인지적 전략의 한 실례일 뿐이다. 동료에 대해 서술한다면, "그는 복권을 사자마자 상금으로 뭐 할지를 떠들고 다니는 유형의 사람이야"라고 말할 것이다. 중고 자동차와 복권 예는 프레임을 가로질러 옮겨지는 본질적인 특징을 발견하는 것이 초점이다.

다른 활동들 사이에서 특징의 안정성이라는 주제는 매우 복잡하고 세계의 문학에서 끝없이 탐구되고 있다. 그리고 조금 전 지적했듯이, 개념적 혼성은 이런 특징의 개념에 중심적인 역할을 한다. 여기서는 이 요지에 대해 보다 상세한 분석을 할 상황은 아니지만, 일반적인 패턴만큼은 명확하다. 첫째, 우리는 그 사람에 대한 총칭공간, 즉 개인적 특징을 구축하기 위해 동일한 사람의 다양한 행동들 사이에서 규칙성을 선별할 수 있다. 둘째, 우리는 어떤 종류의 행동에 대한 총칭공간을 구축하기 위해 많은 사람들의 다른 행동들 사이에서 규칙성을 선별할 수 있다. 그것들은 서로 상호작용한다. "그는 X를 하는 유형의 사람이다"라는 표현은 우리에게 두 가지 일을 하도록 요청한다. 그를 위한 총칭공간과 X로 예증되는 행동에 대한 총칭공간의 구축이 그것이다. 또한 테오프라스토스Theophrastus*와 그의 계승자 라 브뤼예르La Bruyère†가 성격character에 대한 연구에서 한 것 같은 다른 종류의 추출이 있다. 여기에서 우리는 자만한 사람, 거짓말쟁이, 출세지향자 같은 '인물 유형'의 총칭공간을 창조한다. 이런 인물 유형은 몇 가지 종류의 전형적 행동의 혼성이다. '당신은 누구인가'를 발견하고, 당신의 참 자아를 발견하려는 많은 통속 심리학은 성격에 대한 이런 종류의 총칭공간을 찾고 구성한다. 동일한 것이 개성을 다루는 과학에도 적용된다. 지그문트 프로이트, 에이브러햄 매슬로우Abraham Maslow, 미하이 칙센트미하이Mihaly Csikszentmihalyi의 연구는 성격에 대한 총칭공간을 찾아내고 그것이 어떻게 그런 식으로 되었는지 밝히는 데 노력을 기울인다. 개념적 혼성의 이러한 업적은 유머의 가장 기본적인 부분이다. 최근의 한 유머러스한 혼성은 신의 이해할 수 없고 불가사의한 행동에 대한 것으로서, 신이 양극성 장애를 가지고 있기 때문에 그렇다는 것이다. 그러한 양극성 장애는 성격이 순환해서 변하는 증상이 있기 때문에 지상에 계절이 나타나는 것이다.

이런 경우, 특징은 공유된 총칭공간을 찾기 위해 프레임들을 가로질러 이송됨으로써 뚜렷해진다. 그러나 다른 경우에 프레임을 가로질러 동일한 본질적인 특징을 이송함으로써 프레임이 뚜렷해지는 경우도 있다. 그래서 "프랑스에서는 워터게이트 사건이 닉슨에게 타격이 되지 않았을 것이다"에서 중점은 각각 미국과 프랑스의 사례로 나타나는 정치 프레임에 있다. 목적은 '서구 민주주의'의 두 경우들 사이의 비유추를 이끌어내는 것이며, 닉슨을 두 경우 모두에 집어넣음으로써 도움을 받는다.

* 고대 그리스의 철학자. 인간의 성격을 분류한 『성격론』을 저술했다.

† 17세기 프랑스의 모럴리스트로 테오프라스토스의 『성격론』을 번역하였으며, 여러 유형의 인간의 모습을 묘사한 『사람은 가지가지』를 저술했다.

우리가 보는 것은 다음과 같은 일반 원리이다. 단 하나의 프레임을 해명하려면 그것을 다른 본질적인 특징들로 채워라. 프레임들 사이의 관계를 해명하려면 프레임을 동일한 본질적인 특징으로 채워라. 본질적인 특징을 해명하기 위해서는 다른 프레임들을 가로질러 그것을 이송하라.

자연스러운 일이지만, 프레임과 특징이 항상 구분되는 것은 아니다. 왜냐하면 특징은 프레임에 부착되어 있는 것처럼 보이기 때문이다. 오디세우스는 다양한 종류의 프레임 내에 자신을 위한 장소를 만들지만, 셜록 홈스는 그 자신의 탐정 프레임을 가져오기 때문에 단지 모습을 드러내는 것만으로도 프레임 혼성을 초래한다. 그렇기에 당신의 저녁파티에 셜록 홈스가 온다면 누군가는 반드시 죽게 될 것이다.

이번에도, 우리는 프레임을 이동시킴으로써 특징을 평가하거나 특징을 이동시킴으로써 프레임을 평가하는 일의 장점을 두고 논쟁하지는 않을 것이다. 그보다, 그러한 평가를 하는 것이 일반적이고 일상적인 상상의 작업을 수반한다는 데 핵심이 있다. 오디세우스나 처칠 같은 정체성Identity이 주어졌을 때 놀라운 것은 그 사람이 과거에 그러한 프레임을 차지했었는지의 사실 여부와는 상관없이 그런 동일성이나 어떤 프레임에 대한 혼성공간을 운용하는 데 우리가 자신감을 가질 것이라는 사실이다. 프레임이 개인에게는 다소 어울리지 않는 것이라라면 우리는 특별히 아주 폭넓은 통찰을 하게 될 것이다. "그는 너에게 자기 옷이라도 벗어서 줄 사람이야He'd give you the shirt off his back"라는 표현처럼 말이다.

여기에서 보는 전체적인 통속 이론은 우리가 특징을 사용해 프레임에 대한 이해에 집중하고, 프레임을 사용해 특징에 대한 이해에 집중한다는 것이다. 통속 이론에서 프레임과 특징은 서로 맞물린 인간 현실의 양상이다. 특징 없이는 프레임을 가질 수 없다. 하지만 어떤 경우에는 특징이 더 강조되고 다른 경우에는 프레임이 더 강조된다. 이 모두를 파악하기 어렵게 하는 것은 특징은 원칙적으로 모든 가능한 프레임에서의 모든 행동이지만, 프레임 그 자체가 특징과 대체로 바로 연결될 수도 있다는 점이다. 예컨대, 성자Saint, 외교관diplomat, 창녀hooker, 중재인mediator, 정복자conqueror는 모두 두 가지 방식으로 작용할 수 있다. 매춘부를 보자. 이것은 누구든 매춘부가 될 수 있다는 일반적인 프레임이나, 그 프레임에 맞는 사람은 어떤 특징을 가지고 있어야 한다는 특징 함축을 가진 프레임으로 해석할 수 있다. 매춘부를 단지 일반적인 프레임으로 해석하면, 우리는 그런 특징을 지닌 사람들이 그 프레임에서는 어떻게 행동할지를 질문함으로써 특징을 연구할 수 있다. 마더 테레사, 마가렛 대처, 클레오파트라, 빌 클린턴의 특징을 지닌 사람은 매춘부 프레임 안에서 어떻게 행동할 것인가? 한편 프레임이 특징에 대한 함축을 가진 것으로 해석하면, 우리는 누군가가 그 프레임 내에서 작용할 수 있는지의 여부를 상상함으로써 그 사람이 매춘부에 맞는 특징을 지니고 있는지 여부를 조사할 수 있다. 첫 번째에서는 마더 테레사는 의연하게 희생을 받아들임으로써, 결코 불평하지 않음으로써, 신을 믿음으로써 그녀의 성스러움을 드러낸다. 그 프레임은 그녀의 특징과 충돌하지 않는다. 왜냐하면 '순수한 사람들에게는 모든 것이 순수하기' 때문이다. 두 번째 해석에서는 마더 테레사의 특징은 그녀가 매춘부가 되지 못하게 막는다. 누군가는 막달라 마리아의 경우에서 일어난 것처럼 매춘부에서 성인으로 전환하는 데는 특징의 변화가 요구된다는 견해를 받아들일 수도 있다.

개념적 통합, 정신공간, 프레임, 그리고 특징

프레임을 강조하는 단순 연결망, 거울 연결망, 단일범위 연결망, 이중범위 연결망 같은 개념적 통합 연결망이 발생하는 것처럼, 특징과 프레임의 혼성이나 특징과 특징의 혼성을 강조하는 통합 연결망이 발생한다. 여기서는 이런 종류의 통합 연결망의 몇 가지 예를 고찰할 것이다.

칸트와 현대 철학자가 개별 요소로 들어있는 혼성공간을 지닌 거울 연결망인 칸트와의 논쟁 예를 생각해보라. 우리는 특징 혼성을 사용해서 칸트와 현대 철학자가 개별 요소로 투사되는 대신 혼성공간에서 융합되는 다른 종류의 통합 연결망을 쉽게 창조할 수 있다. 어쩌면 현대 철학자는 칸트가 고려했을 수도 있거나 단지 간략하게 추구했던 고전적인 철학적 문제를 제기했을 것이다. 난관에 빠진 철학자는 "만약 내가 칸트였다면, 이 문제를 어떻게 공략했을까?"라고 자문한다. 이 시나리오는 단 하나의 철학자가 있는 혼성공간을 창출하며 그것은 창조적이고 무한히 운용될 수 있다. 현대 철학자는 혼성공간을 운용하기 위해, 즉 그 문제에 접근할 때 어떤 면에서 칸트가 '되기' 위하여, 칸트의 특징과 동일성에 대한 자신의 지식과 지적 특징, 기호, 관심을 사용한다. 그 철학자의 칸트 모방이 객관적으로 정확한지 여부는 논외의 일이다. 중요한 것은 철학자가 상상하고 철학자가 '되는' 혼성된 특징이 지적으로 생산적인지의 여부이다. 요컨대, 철학자는 마음의 다른 유형을 활용해 새로운 통찰력을 얻을 수 있다. 철학자는 이 혼성공간에 거주할 때 일정 수준의 새로운 능력을 획득한다. 따라서 다른 식으로는 불가능한 발견을 할 수 있다.

그러나 잠시 짚어보자. 이 '칸트'란 도대체 누구인가? 프레임에 초점을 맞추었을 때, 우리는 구조가 프레임으로부터 들어오는 것을 볼 수 있었다. 특징이나 동일성 또는 자아의 경우에서, 무엇이 혼성공간으로 투사되는가? 그 철학자는 다른 사람들이 프로이트, 오디세우스, 예수, 소크라테스를 잘 알고 있듯이 칸트의 생애와 작품을 잘 알고 있다. 그 철학자에게 '칸트'는 단순히 일련의 자질이 아니라, 칸트가 나중에 편지에서 보고한 상황에서 가졌던 느낌과 행동 방식, 스타일을 포함해 많은 다른 시나리오에서 행한 행동에 대한 풍부한 지식이다. 인지적으로 이것은 혼성공간을 운용할 때 활성화될 수 있는 아주 풍부한 신경 패턴이 된다. 프레임 관점에서 볼 때 이것은 여전히 거울 연결망이다. 그러나 동일성 관점에서 볼 때는 이중범위 연결망이다. 왜냐하면 그것은 칸트와 현대 철학자의 동일성에 대해 상당히 다른 양상을 초래하기 때문이다.

이제, 현대 철학자가 파트리샤 처치랜드라는 컴퓨터 과학자 겸 신경과학자이고, 연결주의 연산과 신경 집단 선택을 수반하는 문제를 다룬다고 생각해보라. 그녀의 활동은 여전히 생각에 잠긴 철학자의 도식 프레임과 어울리지만,

입력공간의 프레임은 전혀 다르다. 연결주의 이론과 신경 다원주의는 칸트 시대에는 존재하지 않았다. 칸트는 그것들을 다룰 수 없었다. 하지만 이런 사실은 혼성공간을 구성하고 운용하는 데 전혀 장애물일 수 없다. 가장 심오하고 통찰력 있는 방식으로 적절히 논제에 접근하기 위해 파트리샤 처치랜드가 자신과 칸트를 혼성하는 일은 효과적인 것으로 판명될 수 있다.

동일성뿐만 아니라 프레임 자체는 상당히 다르더라도 창조적인 혼성공간으로 이어질 수 있다. 그래서 전자 안내 시스템은 고장 났으며 사용법을 한 번도 배우지 않은 지도와 도구와 육분의六分儀를 갖고 바다에서 표류하는 항해사 던 라일리Dawn Riley는, "만약 내가 임마누엘이었다면 지금 무엇을 했을까?"라고 자기 자신에게 질문하면서 칸트에 대한 평생의 관심에 의지할 수도 있다. 이전의 혼성공간들처럼, 이 혼성공간은 동일성에 대한 이중범위이다. 칸트는 태평양으로의 항해는 말할 것도 없고, 평생 자신의 집을 떠나지 않았으며, 던은 이전에 항상 그녀의 철학과 항해를 구분해두었다. 그러나 혼성공간은 또한 프레이밍에 대해 이중범위인데, 왜냐하면 새로운 혼성된 항해자/철학자의 프레임이 혼성공간으로부터 발생하기 때문이다. 혼성공간 속의 사람은 이제 던 라일리의 공적인 동일성을 가지고 있지만, 던 라일리의 특징만으로는 활용할 수 없는, 그녀가 지금 원하는 행동 방법을 전달하는 새로운 특징을 지니고 있다. 그녀는 이 질문을 하면서 혼성공간이 어떻게 결합되며 어떤 구조가 발생할지를 알지 못한다. 개념적 혼성은 결정적이지도 않고 합성적이지도 않다. 그것은 단지 지금의 상황에서 좋은 것이다. 그것이 결정적이고 합성적이라면, 오히려 새로운 통찰력을 전달하지 못할 것이다.

개념적 통합은 정신공간들에 대한 기본적인 정신적 작용이며, 모든 경우에 동일한 구조적·동적 원리를 충족시킨다. 프레임은 정신공간을 조직하는 한 가지 기본 방법을 제공한다. 특징, 동일성, 자아는 또 다른 방법을 제공한다. 필연적으로, 개념적 통합은 정신공간에서 작용할 때 프레임과 특징 모두에서 작동한다.

내가 만일 너라면

우리가 일단 규범적인 통합 연결망의 이런 체계와 그 기초가 되는 원리를 알고 나면, 논리학과 의미론에서 이전의 당혹스러웠던 많은 자료에 어떻게 접근할지 명확해진다. 한 가지 종류의 자료는 메리앤과 로버트 모두 사무실에 있는 어느 토요일에 메리앤이 로버트에게 "만약 내가 당신이었다면 나는 오늘 우르술라와 함께 있었을 거예요" 같은 진술문이다. 한 입력공간에는 사무실에 가려는 로버트가 있고, 다른 입력공간에는 메리앤이 있다. 혼성공간에서, 메리앤과 로버트는 융합되어 로버트와 우르술라의 관계와 매리엔의 판단 둘 모두로부터 영향을 받는 새로운 인물을 제시한다. 혼성된 인물은 우르술라와 함께 있고자 했으며, 그래서 혼성공간에는 동료라는 다른 프레임이 있다. 관습적이고 화용적話用的으로, 둘 중 하나의 의미로 평가될 수 있다. 메리앤의 의견은 로버트에 대한 비판이나(그는 그의 아내와 함께 있어야 한다) 로버트에 대한 칭찬으로 해석될 수 있다(그는 진정 그의 일에 헌신적이다).

취업 지원자가 사장에게 "만약 제가 당신이라면, 저는 저를 고용할 겁니다 If I were you, I would hire me"라고 말하는 경우도 유사한 동일성의 혼성공간을 요구한다. 한 입력공간에는 '나'를 채용할지의 여부를 고려하는 '당신'이 있고, 다른 입력공간에는 본질적인 특징, 판단, 기질을 가진 '나'가 있다. 이 표현은 비非유추 연결자에 의해 '당신'과 '나'를 대응요소로 만들며, 동일성 연결자에 의해 '나'와 '나'를 대응요소로 만든다.

'당신'에서 '나'로 이루어지는 외부공간 비유추 연결자는 혼성공간에서 유일무이한 사람으로 압축되는데, 이 사람은 공적인 동일성과 고용주의 관심사와 권력을 가지고 있지만 화자의 좋은 판단과 자신에 대한 화자의 친밀성도 가지고 있다. 그러나 혼성공간에는 또한 고용주가 바라보는 취업 지원자인 '나'가 있다. 이것은 인터뷰 입력공간에서 혼성공간으로의 직접적인 투사이다. 두 명의 '나'가 다른 입력공간으로부터 투사된다는 것은 대명사를 재귀대명사로 만들지 않으려는 문법적 선호도와 관련을 맺는다. "만약 제가 당신이라면, 저는

저를 고용할 겁니다”는 “만약 제가 당신이라면 저는 저 자신을 고용할 겁니다
If I were you, I would hire myself”(이것은 사장이 그 일에 사장 자신을 고용해야 한다는 것
을 말하는 것으로 이해될 수 있다)보다 선호된다.

그러나 구직자가 문법적으로 3인칭이면, 우리는 “만약 그가 당신이라면 그
는 그를 고용할 것이다If he were you, he would hire him”라고 말하기보다 오히려
“만약 그가 당신이라면 그는 그 자신을 고용할 것이다If he were you, he would hire
himself”(이 문장은 ‘그’가 지원자 빌이고 ‘당신’이 고용주 메리이면, 메리의 입장에 있으
면서 빌의 지식과 판단을 가진 고용주가 빌을 채용할 것이라는 의도의 해석이 된다)라
고 말한다. “그가 그를 고용하다he would hire him”에서 3인칭 대명사에 대한 좀
더 강한 제약이 있다. 이 제약은 재귀적 표지가 없을 때 3인칭 대명사가 관련된
요소를 지칭하지 못하게 한다. 이러한 예에서 요소들은 관련되고 재귀적 선택
만 이용 가능하다(그는 그 자신을 고용할 것이다he would hire himself).

혼성공간에서 구조를 선별하려면 “나는 나를 고용할 것이다I would hire me”
같은 예를 사용하는 것은 이질적으로 보일 수 있지만, “만약 내가 [사이영상 투
표를 하는] 기자이고 기록을 보며 투수들이 일 년 동안 어떤 활약을 했는지 확인
했다면, 나는 내가 선두가 되어야 한다고 말할 것이다”라는 우완 투수 브렛 세
이버하겐Bret Saberhagen의 말처럼, 그런 예는 너무나도 일반적이며 거의 눈에 띄
지 않는다. 유사하게, 미셸 샤롤Michel Charolles는 사무엘 베케트Samuel Beckett의
다음과 같은 행을 예시로 가져온다. “S’il avait été sa mère, il se serait détesté”(“만약 그
가 그의 어머니였대도, 그는 그 자신을 증오했을 것이다If he had been his mother, he would
have hated himself.” 반사실적 혼성공간에서 이 말은 어머니가 아들을 증오한다고 해석
된다). 그리고 이브 스윗처는 화자가 현재 자신의 학생들에게 하는 것처럼 그녀
의 교수가 그녀에게 개인적 관심과 걱정을 해주기를 바랐다는 의미의 “Quand
j’étais étudiante, j’aurais voulu me rencontrer”(“내가 학생이었을 때, 내가 나를 만났으면 참
좋았을 거야When I was a student, I would have liked to have met me”) 같은 예를 제시하
고 있다.[106]

제프 펠티에Jeff Pelletier는 예전에 고대 철학의 채용 인터뷰에 응하라는 요청을 받았다고 한다. 그는 고대 철학에 대해 약간의 교육은 받았지만 실제 전문 지식은 없었다. 그의 고대 철학 교수는 그에게 "만약 내가 당신이라면 나는 갈 것입니다. 하지만 만약 내가 당신의 처지에 있다면 나는 십중팔구 가지 않을 겁니다If I were you, I would go; but if I were in your position, I probably wouldn't go"라고 충고했다.[107] 그녀는 펠티에의 자신감과 재주를 고려하면 전문 지식이 부족하더라도 인터뷰에 통과할 수 있을 것이지만 그녀 자신은 너무 소심해서 그런 일을 시도조차 하지 않을 것이라는 뜻을 표현한 것이다. 그러나 펠티에와 달리, 그녀는 실제로 고대 철학 전문가였다. 이런 예는 동일성의 반사실적 혼성의 힘뿐만 아니라 상당한 유연성을 보여준다. "만약 내가 당신이라면 나는 갈 것입니다"는 혼성된 지원자를 촉진하고, 이 지원자는 교수로부터 학계에서 지위를 얻는 것에 대한 지식과 학생 펠티에에 대한 지식을 계승한다. 그래서 펠티에의 공적인 동일성을 지닌 혼성된 지원자는 이제 실제 펠티에보다 펠티에에 대해 더 많은 지식을 소유한다. 이런 혼성된 지원자는 적어도 교수가 인정하고 있는 펠티에의 자신감과 용기를 지닌다. 대조적으로, "만약 내가 당신의 처지에 있다면 나는 십중팔구 가지 않을 겁니다"는 아마도 인생의 더 어린 시절에 있는 교수가 고대 철학의 특정 자리를 위해 인터뷰를 받는 프레임 속의 반사실적 혼성을 촉진시킨다. 여기에서 동일성의 혼성은 별로 이중범위이지 않다. 교수는 그녀의 모든 특징을 가지지만, 고대 철학에 대한 펠티에의 상대적 무지함도 지니고 있다. 고대 철학 교수가 주는 완전한 충고 중 첫 번째 부분은 자기 학생에게 하는 충고이지만, 두 번째 부분은 단지 그녀 자신에 대한 의견일 뿐이다. 이는 아마도 자신과 다른 특징을 지닌 그가 성공할 수 있으리라는 그녀의 주장을 뒷받침하기 위해 한 말일 것이다.

두 개의 다른 동일성에 대한 혼성을 허용하는 것 외에, 유사한 문법에 의해 환기되는 반사실적 혼성은 특징과 프레임의 혼성을 강조할 수 있다. 닐리 만델블리트Nili Mandelblit가 제공한 예로, "만약 내가 그의 아내였다면 나는 오래전에 과부가 되었을 것이다If I had been his wife, I would have been his widow long ago"는 특징의 지속을 강조한다.[108] 화자는 그 남자가 너무 싫어서 결혼도 그녀의 감정을 바꾸지 못하리라는 것이다. 이러한 프레임은 특징에 의해 압도되고, 아내가 남편을 빨리 죽이는 혼성공간에서 변형되어야 한다. 동일성들을 혼성하는 해석 또한 이용 가능하다는 데 주목해야 한다. 남자에게는 이미 아내가 있으며, 아내의 경험이 분노를 불러일킬 만한 것이라면, 화자의 완고한 결심과 혼성된 분노는 어느 입력공간에서도 이용 가능하지 않은 특징과 살인을 제공한다.

이런 요지들은 또한 빌 클린턴 대통령이 아내 힐러리의 상원의원 캠페인을 위한 기금마련 행사에서 사용한 다음 예에서도 명확하다. "만약 그녀가 내 아내가 아니었다 해도, 저는 이 자리에 왔을 겁니다. 왜냐하면 우리는 미래에 대해서, 그리고 아이들에 대해서 평생의 약속을 했기 때문입니다I would be here for my wife if she were not my wife, because we have got to have people with a lifetime commitment to the future, to the children."[109] 이 문장은 반사실적 혼성공간을 구성할 만한 여지가 충분하다. 조건절에 따라 혼성공간에는 빌 클린턴과 결혼하지 않은 힐러리 로댐이 있으며, 그녀에게는 미래에 대한 평생의 약속이 있다. 그 외에 혼성공간에서 그녀와 빌이 평생 친구였고, 함께 예일 법과대학에 다녔다거나, 그녀가 단순히 공직에 출마하는 책임을 가진 어떤 사람인지의 여부는 화용론의 문제이다. 전문적으로, 한 입력공간에 있는 프레임 역할 *내 아내*는 힐러리라는 값에 접근하는 데 사용되며, 우리가 혼성공간에서 발견하는 것은 이런 값의 대응요소이지 역할 *내 아내*의 대응요소가 아니다. 빌 클린턴이 아내를 그렇게 공적으로 지원하는 것이 모양새가 좋지 않다는 이유로 그가 기금마련 행사에 참여하기를 거절했다면, 반사실적 표현은 다른 해석도 가능할 것이다.

힐러리 로댐이 빌 클린턴의 아내라는 사실은 분명 부차적인 문제가 아니다. 프레임 구조는 동일성과 명백히 연결된 행동에 본질적 역할을 할 수 있다. 한 매춘부가 살해된 채로 발견된 〈새빨간 거짓말The Naked Lie〉이라는 영화의 대화 한 대목을 고려해보자.[110] 악질이고 자기 중심적인 인물인 웹스터는 연민이라곤 찾아볼 수 없다. 빅토리아는 그런 그에게 반발한다.

빅토리아: 그 사람이 당신 누이였으면 어땠을까요?
웹스터: 나에게는 누이가 없습니다. 만약 누이가 있다 해도 창녀 같은 건 되지 않았을 거요.

이 영화 뒷부분에서 빅토리아는 다른 누군가에게 "웹스터한테 없는 누이를 아세요? 뭐, 그녀는 자신이 얼마나 운이 좋은지 알지 못할 거예요You know that sister Webster doesn't have? Well, she does't know how lucky she is"라고 말한다.

처음에, 웹스터는 혼성공간으로 투사될 *웹스터의 누이*라는 역할의 값이 없다는 논리로 반사실적 혼성을 거부한다. 그러나 그 다음 그는 역할 *누이*만이 도식적인 친족 프레임으로 투사되는 혼성공간을 어쩔 수 없이 받아들이며, 그 역할의 값은 혼성공간에서 발현된다. 그래서 혼성공간에는 정체성을 가진 특정한 *웹스터의 누이*가 있지만 우리는 그녀가 웹스터의 누이라는 것 말고는 그녀에 대해 아무것도 알 수 없다. 따라서 그녀의 '특징'은 바로 이 특성에 의해 전적으로 제한된다. 웹스터에 따르면, 그의 누이라는 특성은 그녀의 특징에다 매춘부가 되지 못하도록 막는 본질을 제공한다. 그는 자신의 친족 프레임이 특징에 영향을 미치는 것으로 간주하고 있다. 때문에 그의 누이는 마더 테레사가 매춘부일 수 없는 것처럼 매춘부일 수 없다. *웹스터한테 없는 누이*에 대한 빅토리아의 나중 말은 웹스터에게 특정한 누이가 있고 그가 그녀를 앤이라고 부르는 이전의 반사실적 혼성을 현실과의 또 다른 혼성에 대한 입력으로 택한다. 그것은 반사실적 입력공간에서 나온 앤을 새로운 혼성공간으로 투사하고, 웹스터에게 누이가 없다는 사실을 현실로부터 투사한다. 그래서 새로운 혼성공간에 앤은 존재하지만 그녀는 웹스터의 누이가 아닌데, 그렇기에 매우 운이 좋다. 그녀는 자신에게 주어진 운명에 대해 알 수 없다. 왜냐하면 그녀는 반사실적 입력공간에서 그녀의 대응요소를 알지 못하기 때문이다. 앞서 보았듯이, '감소dent’, ‘떨어지다drop’, ‘놓치다miss’ 등과 같은 낱말은 대안적인 반사실적 정신공간을 환기시킨다. ‘운 좋은’은 이와 같은 맥락의 또 다른 낱말이다. 우리는 해당되는 사람이 그다지 성공하지 못하는 매우 도식적인 또 다른 정신공간을 구성해야만 그 낱말을 이해할 수 있다. 〈새빨간 거짓말〉의 대화에서 필요한 반사실적 정신공간은 담화 동안에 이미 구축되었다. 그것은 앤이 웹스터의 누이인 이전의 반사실적 혼성공간이다. 사실 그것은 앤에 대한 정보가 포함된 유일한 정신공간이며, 그녀에 대한 어떤 것이라도 이해하려면 반드시 활성화되어야 한다.

회복, 복수, 명예

7장에 나온 한 대화로 되돌아가보자.

“너는 어렸을 때 보물을 숨기는 데 골몰했고, 보물을 너무 잘 숨겨서 너조차도 다시 찾을 수 없었던 걸 아니? 네가 네 살 때, 새 1센트 동전을 숨겨서 누구도 찾지 못했잖니, 기억하니? 앤젤라의 경우도 똑같아. 너는 모든 고민을 두 시간 내내 이야기하고 있지만, 그녀에 대한 너의 사랑을 너무 깊이 감춰둬서 네 자신조차 그것을 볼 수 없었던 거야. 이번에도 너는 1센트 동전을 너 자신도 찾지 못하게 숨겨놓은 거지.”

우리는 앞에서 이 혼성공간에서 보물 숨기기가 어린 시절에 대한 입력공간으로부터 혼성공간으로 투사되고, 그것이 혼성공간의 조직 프레임을 제공한다고 지적했다. 보물 숨기기의 프레임은 앤젤라와의 사랑 상황을 해석하는 방법을 제공한다. 그러나 여기에서는 더 많은 일이 진행되고 있다. 첫째, 통합 연결망을 구성하는 것은 총칭공간을 개발하는데, 총칭공간에서는 연결망의 모든 정신공간들이 공유되며 화자의 수사적 요지이자 본질인 심오한 성격심리학이 있다. 둘째, 이 말은 사랑에 빠진 남자에게는 의외의 사실로 여겨지며, 그가 그것을 이해하기 위해서는 자기 자신의 동일성에서 이중범위 혼성을 수행해야 한다. 사랑에 빠진 성인 남자는 물건을 몰래 숨기는 어린아이와 혼성되어야 한다. 이런 혼성은 본질을 분명히 하는 방법이며, 이 본질 자체는 구체적으로 표명될 때를 제외하고는 추상적이고 비가시적이다. 사랑을 숨기는 것과 1센트 동전을 숨기는 것 모두 행동이다. 혼성공간에서 그것들은 동일하며, 두 개의 생생한 입력공간으로부터 나오는 이중적인 구체성을 나타낸다.

우리는 8장에서 XYZ 거울 연결망에서의 동일성 혼성을 논의했다. 그 대표적인 예는 자신의 딸 엘리자베스를 잃고 상심한 폴이 더 어린 딸 샐리를 냉정하게 대하다가 마침내 본심으로 되돌아온 뒤 샐리가 왜 자기를 다르게 대하느냐고 물었을 때 "왜냐하면 너는 내가 오래전에 잃어버린 딸이기 때문이란다"라고 대답한 것이다. 우리가 프레임을 강조한다면, 이것은 거울 연결망이다. 각각의 정신공간에는 *아버지*와 *딸*이라는 역할 그리고 역할 *아버지*의 값인 폴이 있다. 그러나 특징을 강조한다면 이것은 이중범위 연결망이다. 폴이 자신과 폴을 혼성하고 있지만 그는 심리적으로 예전의 그와는 전혀 다른 사람이다. 그는 현재의 자아와 이전의 자아를 혼성함으로써 이전의 자아를 얼마간 회복한다. 여기에서 발현구조는 자명하다. 그는 상당한 심리적 변화를 겪는다. 샐리 또한 엘리자베스와 혼성된다. 이러한 급진적인 이중범위 동일성 혼성공간은 폴의 깨달음을 심리적으로 가능하게 만든다.

이런 예들은 인간의 심리적·감정적 삶의 일반적인 동적 원리를 암시한다. 종종 한 입력공간에 있는 한 사람과 다른 입력공간에 있는 그 자신을 연결하는 외부공간 중추적 관계는 그 사람의 본질적 부분으로 이해되는 내부공간 성격 특성으로 압축된다. '1센트 동전 숨기기' 예는 유일무이한 혼성공간 및 유일무이한 개인적 본질을 제공한다. 그러나 문화는 꼭 이런 유형의 일반적인 모형을 세우고 그것을 *속죄*redemption*, *명예 회복*restoring honor, *복수*vengeance, *상호보복* vendetta, *저주*curse 같은 문화적 범주로 만든다.

속죄는 누군가가 실패한 이전 상황과 동등한 것으로 간주되는 나중 상황에

---

* 기독교의 구속救贖과 구원을 가리키기도 한다

들어가거나 실제로 그런 상황을 창조하는 문제이다. 프레임 관점으로 볼 때, 이는 거울 연결망이다. 그 누군가는 나중 상황에서 성공한다. 속죄를 표현하는 문학·드라마·영화 등에서, 주인공은 예전에 실패했던 순간에 자주 머뭇거리지만, 이번에는 일을 제대로 수행한다. 우리는 두 사건에 동일한 비중을 두되 그런 줄거리를 한 번은 실패했고 한 번은 성공한 사람에 대한 이야기로 간주하지 않는다. 대신 우리는 두 번째의 성공한 사건이 주인공의 본질을 밝혀주며 첫 번째 사건이 실수였다는 것을 증명하는 것이라고 간주한다. 성공은 단순히 실패를 메꿔서 척도를 다시 영으로 맞추는 것이 아니다. 성공은 주인공의 동일성을 회복하며 그를 '다시 한 번' '전체'로 만든다. 객관적으로 생각했을 때, 나중에 수행한 일이 더 일찍 수행한 일을 평가하는 데 영향을 미쳐야 한다는 것은 좀 이상하다. 실패는 바뀔 수 없으며, 실패한 사람에게 죄의식과 수치를 주고 속죄해야겠다는 마음을 심어주는 끔찍한 결과들은 미미하게만 바뀔 수 있다. 입력공간에서는 어떠한 속죄도 가능하지 않다. 그러나 혼성공간에서 두 개의 상황은 하나가 되고, 주인공의 (행동이 아니라) 특징은 나중 입력공간으로부터 나온다. 따라서 혼성공간과 총칭공간에 안정되고 좋은 특징을 제공하며, 더 이른 시기 실패의 입력공간은 단지 그런 특징의 불행한 일탈로 여겨진다.

예술과 대화는 종종 이런 혼성 구조를 매우 뚜렷하게 암시한다. 영화 〈식스센스〉에는 여러 해 전에 환자 치료에서 파국적인 실패를 한 아동심리학자가 등장한다. 그는 똑같은 증상을 앓고 있는 아이를 찾아가 치료를 위해 초자연적인 방법을 동원한다. 왜? 그는 "나는 이 새 아이를 돕는 것이 예전 아이를 돕는 것과 같은 것이라고 생각했다I though that helping this new one would be like helping the old one"라고 말한다. 객관적으로 이전 환자가 도움을 받을 수 있는 방법은 없다. 왜냐하면 분명 심리학자의 실패로 그는 죽었기 때문이다. 특징에 대한 정교한 통속 이론이 여기에 작용한다. 하나의 실패는 주인공이 본질적으로 나쁜 특징을 가지고 있는 총칭공간을 제시할 수 있다. 과연 그가 그런 특징을 가지고 있는가? 동일한 종류의 상황에서 나중의 성공은 총칭공간 내의 그러한 본질적인 나쁜 특징을 부인하며, 그것이 앞선 시기의 실패의 원인이라는 사실을 부인한다. 혼성공간은 한층 더 멀리 간다. 혼성공간에서 시간들은 융합되고 상황들도 융합된다. 새로운 상황에서의 성공은 이전 상황에서의 소급적 성공으로 간주된다. 어느 누구도 기만당하지 않는다. 예전의 실패는 불변의 역사이다. 그러나 통합 연결망에서는 실패의 심리적 맥락과 무게가 완전히 바뀐다. 〈식스 센스〉의 아동심리학자는 그가 첫 번째 소년에게 '보상을 해주고 있다making it up to'고 느낀다.

실패한 주인공이 잘못을 돌이킬 수 없다고 생각하며 속죄를 바라지 않고 살아가다가, 마침내 인간 현인이나 신성한 사자使者에 의해 사실은 죄가 다 씻겼음을 알게 되는 속죄 이야기의 장르도 있다. 다른 식으로는, 속죄가 막 일어났다는 것을 그와 그의 주변이 깨닫기 시작하는 경우도 있다. 최초의 실패와 나중의 성공은 독립적으로 발생하지만, 심리적으로 혼성되어 시간을 넘어서 진속되는 특징에 대한 총체적 통찰력을 유발한다. 따라서 속죄의 문화적 범주는 개념적 혼성에 의존하지만, 문화에서 나타나는 실제 모습은 근본적인 한정적 특징처럼 보일만큼 매우 강해 보인다. 부통령 앨 고어가 그의 2000년 대통령 캠페인 동안 인종 차별 발언을 한 야구 투수를 어떻게 해야 하는지에 대해 질문받았을 때 처벌 대신에 속죄할 수 있는 기회를 주어야 한다고 제안한다. 그는 자신의 견해에 대한 명확한 보증으로서 "미국은 잘못을 회복할 수 있는 나라입니다America is all about redemption"라고 덧붙였다. 그는 이 논평으로 속죄를 개인 차원의 특징에서 국가 차원의 특징으로 바꾼다.

속죄의 절대적 대립어는 *저주**이다. 이 경우에는 나중의 사건 또한 실패하며, 혼성공간과 총칭공간 모두에, 그리고 실제로 두 입력공간에 이런 실패의 원인인 본질적 특성이 있다. 저주의 한 버전에서 이런 본질적인 특성은 행위자의 특징에 함께 붙어 있으며, 외부 행위자가 유발하는 것이 아니다. 다른 버전에서 본질적인 특성은 신이나 또는 영적인 능력이 있는 인간과 같은 어떤 외부 행위

---

* 저주curse는 기독교의 맥락에서는 신이 인간에게 내리는 천벌이라는 의미를 가지며, 파문을 의미하기도 한다.

자에 의해 행위자에게 부착된다. 가문에 내린 저주 같은 중간 경우들도 있다. 이 경우에 저주는 외부 행위자가 부여하지만 특징의 일부가 되어 자자손손 전해진다. 사회적 삶에서는 저주하는 사람이 누구더라도 의미가 중대하지만, 저주하는 사람과 저주받는 사람이 가까우면 가까울수록 비중은 더 크다.

보복은 유사한 문화적 범주이다. 나중 상황은 더 앞선 상황과 관련해서만 의미를 지닌다. 이번에도 그 결과는 한 번의 실패 대 한 번의 성공이 아니라, 보복 상황의 요소들이 원래 상황의 요소인 진정한 통합이다. 통합 연결망을 규정하는 것은 입력공간으로 있는 원래 상황의 사실들을 바꾸지 않지만, 자리잡고 있는 전체적인 문맥이 바뀌고, 또한 패배가 보복자의 영구적이거나 근본적인 자질이라는 가능성은 제거된다.

속죄, 저주, 보복에서 우리는 공간횡단 중추적 관계가 혼성공간의 내부공간 문화적 요소로 압축되는 것을 볼 수 있다. 이 모든 경우는 동일성과 시간에 대한 본질적 압축이다. 저주 역시 결과의 동일성(손실–손실)에 대해 압축하는 반면에, 속죄와 보복은 결과에 나타나는 비유추(패배–승리)에 대해 압축한다. 더욱이 최상위 압축은 명예*honor* 같은 문화적 요소를 창조한다. 결핍이나 공백처럼 명예는 암시적인 반사실성, 특히 비겁이나 일방적 모욕, 친구나 가족에 대한 공격 같은 굴욕적인 어떤 것이 발생하는 정신공간을 환기시키는 낱말이다. 그러나 그러한 정신공간에서 명예를 '잃게 되면', 나중의 행동에 의해 '되찾거나' '회복된다'. 거듭 말하거니와 우리는 이것을 단순히 불명예스러운 사건 다음에 명예스러운 사건이 나오는 것, 즉 한 번의 패배 대 한 번의 승리라는 단순한 연속체로 간주하지 않는다. 그보다는 나중 시나리오는 더 앞선 시나리오와 관련하여 의미를 가진다. 통합은 명예를 잃은 정신공간을 제거하지 않으며, 다만 굴욕 상태에 있는 조건을 제거한다.

상호보복*vendetta*, 처벌*punishment*, 배상*restitution*, 탈리오 법칙*lex talionis** 등과 같은 많은 유사한 개념들이 있다. 이 모든 개념은 문화적 의미를 창조하기 위

---

* 동해복수법. 피해자가 당한 것과 똑같은 피해를 가해자에게 행사하는 '눈에는 눈, 이에는 이'의 법칙을 말한다.

한 개념적 혼성의 일반적 활용도에 의존한다. 결정적으로 그것들은 서로 상호 작용함으로써 하나의 행동이 속죄임과 동시에 보복이고 처벌일 수 있다. 체계의 응집성은 *명예*와 같은 최상위 개념에서 한층 생생하게 나타난다. 일반적으로 명예의 가치가 인정되는 가운데, 가족을 부양하기 위해 떠났던 사냥꾼이 돌아와서 그가 없을 때 자행된 굴욕스러운 범죄 행위에 대한 증거를 보고 범죄자를 뒤쫓아 그들을 처벌함으로써 속죄하고 명예를 회복할 때처럼, 사람들은 단번에 속죄, 보복, 처벌의 의미를 제공하는, 매우 풍부한 통합 연결망을 구성할 수 있다.

CHAPTER 12
줌아웃

시나리오

프레임의 혼성, 특징의 혼성, 프레임과 특징의 혼성을 논의할 때, 우리는 이중 범위와 거울과 같은 개념이 프레임과 특징 각각에 적용된다는 것에 주목했다.

질문:

● 한 편에 프레임이 있고 다른 한 편에 특징이 있어서, 합성으로 이들을 결합하기만 하면 되는 산뜻한 그림이 있을까?

대답:

아쉽게도, 또는 다행히 고맙게도 그런 그림은 존재하지 않는다. 우리는 설명을 할 때 종종 프레임과 특징이 분리 가능한 것처럼 이야기했다. 어떤 의미에서는 그것들이 분리 가능하며, 언어적 체계는 그런 모습을 제시한다. 우리는 여행자의 특징에 본질적으로 부착하지 않고서 *비행기 여행*의 프레임에 대해 생각할 수 있으며, 언어는 어떠한 특징을 참조하지 않고도 프레임을 선택할 수 있게 '승객' 같은 낱말을 제공한다. 다른 방향에서 우리는 *비행기 여행* 프레임에 본질적으로 부착하지 않고 (여행을 많이 다녔던) 밥 호프Bob Hope 같은 인물에 대해 생각할 수 있으며, 물론 언어는 그 어떤 프레임도 참조하지 않고 단지 동일성을 집어내기 위해서 '밥 호프'란 이름을 제공한다. 밥 호프를 '승객'으로 지칭한다면, 프레임의 방향으로 추상하는 것이다. 그를 '밥 호프'라고 부른다면, 동일성의 방향으로 추상하는 것이다. 그러나 실제로 사람들은 결코 어떤 한 방향으로만 추상할 수 없다. 어떠한 동일성이든 프레임에 상당히 들러붙어 있는 채로 나타나며, 어떠한 프레임이든 동일성과 상당히 함께 붙어 있는 형태로 나타난다. *아버지*는 매우 추상적인 프레임이지만 우리 아버지 및 친구의 아버지에 완전하게 들러붙어 있다. 마찬가지로, 당신 아버지가 '존 스미스'라면, 존 스미스를 생각하면서 *아버지*의 프레임을 활성화시키지 않기는 매우 어려울 것이다. "폴은 샐리의 아버지이다"에 의해 환기되는 혼성공간이 한 입력공간으로 아버지의 도식적 프레임을 사용하고, 다른 입력공간으로 폴과 샐리라는 동일성을 사용한다고 말하는 것은 정확하지만, 이 프레임은 잠재적으로 활동적인 수많은 특징에 대한 연결을 내포하고 있으며, 폴과 샐리라는 동일성은 잠재적으로 능동적인 수많은 프레임에 대한 연결을 내포하고 있다. 이런 모든 지식의 연결망은 입력공간에 대한 보충 혹은 혼성공간으로의 투사에 이용할 수 있다. 누군가를 아는 것은 새롭거나 불가능한 상황을 포함해 극도로 다양한 상황에서 그 사람이 어떻게 할 것인지 아는 것을 의미하며, 그것을 아는 것은 그 사람이 과거에 무엇을 했는지를 아는 것에 의존하며, 예전 상황과 새로운 상황에 프레임을 적용할 수 있다는 것에 기인한다. 이와 유사하게, 프레임을 아는 것은 특정한 실례를 아는 것이며, 다양한 인물이 그 내부에서 어떻게 작용하는지를 아는 것이다. 프레임이나 동일성은 상세하기 이를 데 없고, 신경인지적인 활성화의 층위에서는 프레임과 특징이 항상 서로 뒤얽혀 있다. 언어와 의식적인 이해에 근거한 소박한 형이상학과 통속 이론은 프레임과 동일성을 명확히 분리시킴으로써 더욱 복잡한 의식 이면의 관련성을 감춘다.

혼성공간의 개화

혼성에 대한 우리의 많은 예에서, 그리고 무엇보다 동일성과 반사실적 혼성에 대한 많은 예에서, 명확한 의미가 발생하며, 그 의미가 무엇인지에 대해서 상당한 합의가 존재한다.

질문:

● 이것은 어쨌든 혼성공간이 어떤 의미에서 합성적이고 연산적이고 결정론적이라는 것을 보여주는 것 아닌가?

대답:

아쉽게도, 또는 다행히 고맙게도 그렇지는 않다. 특정한 혼성공간과 연계되는 각 언어 형태는, 다른 문맥에서는 마찬가지로 수많은 다른 혼성공간과 연계될 수 있다. 특정한 상황에서 언어 형태가 촉진하는 의미는 주관적으로 그 형태와 연계되는 유일한 의미처럼 보인다. 이것은 자연스러운 일이다. 왜냐하면 그 의미가 발생하도록 유발하는 의식 이면의 인지 과정은 대체로 무의식적이며, 의미가 일단 발생하고 나면 다른 대안적 구성을 조사할 이유가 없기 때문이다. 엘리자 효과는 우리가 획득한 의미가 전적으로 언어 형태에 담기며 어떤 특별한 인지적 선택을 요구하지 않았다는 믿음으로 우리를 안심시킨다. 특별한 상황, 가령 농담의 핵심적인 문구와 같은 경우는 몇몇 선택을 의식적으로 인식할 수 있게 한다. 대조적으로, "내가 너라면 나는 그만둘 것이다"는 유일무이한 혼성공간을 표현하는 것처럼 보이지만, 사실 그 문장은 다음에서 보듯 그 뒤에 어떤 문장이 이어지느냐에 따라 많은 혼성공간을 촉진할 수 있다.

그렇지만 나는 자수성가했으며, 너는 어떻게 해서라도 그만두어선 안 된다but I am independently wealthy; you shouldn't quit by any means.

나는 성급해서 나중에 그 일을 후회하며 내 일자리를 다시 달라고 무릎 꿇고 빌어야 할 것 같다I am a hothead and would regret it later and would have to go on my knees begging for my job back.

그리고 너는 그렇게 해야 한다and so should you.

그리고 너는 그래서는 안 된다and you shouldn't.

그러나 사장은 내가 너무도 필요해서 나에게 다시 임금 인상을 제시할 것이다but that's only because the boss needs me so much he would offer me a raise to get me back.

나는 내가 이제껏 나 자신을 그토록 푸대접했다는 사실을 알고는 살 수 없기에since I couldn't live with myself knowing how badly I had treated me.

왜냐하면 당신이라는 존재가 나를 너무도 괴롭히기 때문에 나는 더 이상 일을 계속할 수 없다because being you would make me so utterly miserable I couldn't possibly get any work done.

나는 부유한 아버지가 계시므로since I would have a wealthy father.

너는 다른 일자리를 제안받았으므로since you have another job offer.

나는 다른 일자리를 제안받았으므로since I have another job offer.

너의 친애하는 상사는 다른 일자리를 제안받았으며 곧 떠날 것이다your beloved boss has another job offer and will be leaving soon.

빠진 것의 식별

우리는 11장에서 비사물, 비사건, 비행동을 보았다. 10장에서는 무덤에 있는 죽은 사람과 접촉하도록 해주는 혼성공간을 보았다.

질문:

● 아무것도 아닌 것nothing이 사람일 수 있는가?

대답:

우리의 세계는 비非사람으로 가득 차 있다. 우리는 무덤과 재가 어떻게 죽은 사람과 접촉할 수 있는 물리적 고정 장치로 역할하는지를 논의했다. 우리는 물리적 고정 장치를 가진 동일한 종류의 연결망을 사용해 죽었거나 살아 있는 사람의 사진, 죽은 배우자의 결혼반지, 지금은 없는 사람에게서 받은 편지에까지도 말을 걸 수 있다. 누군가와 관련된 노래, 장소, 기억은 혼성공간에서 지금은 존재하지 않는 사람을 창조하도록 유발하기에 충분하다. 그 사람은 혼성공간에서 의도적인 자질을 가진다. 우리는 옛 스승에게 조언을 구하거나, 조부모 중 한 분이 갑자기 나타나 우리를 꾸짖거나 또는 죽은 배우자와 대화를 나눈다. 이것들은 단지 정적인 기억인 것만은 아니다. 우리는 딸이 태어나기 전에는 할머니가 돌아가셨음에도, 돌아가신 할머니가 우리 딸에 대해 이야기했다는 말을 들을 수 있다. 심리학적으로, 개념적 혼성이 어떻게 작용하는지를 인식한다면, 이런 것은 전혀 신기한 것이 아니다. 한편으로는 장기기억으로부터 선택적 투사를 하고, 다른 한편으로는 현재 상황으로부터 선택적 투사를 해서 혼성공간을 구성할 수 있다. 이런 혼성공간은 다른 모든 혼성공간처럼 자체적으로 정교한 발현구조와 물리적 고정 장치를 가질 수 있다.

교실로 들어오는 교사는 개념적 혼성의 동일한 패턴을 사용해서 결석해서 '없는' 학생들을 알아챈다. 그 학생들은 존재한다. 그들은 죽지 않았다. 그들은 세계 어딘가에 있다. 그러나 또한 그들이 규칙대로 교실에 있는 반사실적 정신공간을 가져오는 혼성공간에 의해 그들은 교실에 '없다'. 반사실적 외부공간 중추적 관계를 혼성공간에서 특성(부재)으로 압축하는 이런 혼성공간은 우리를 죽은 사람과 접촉하게 하거나 커피를 마시면 피할 수도 있었던 카페인 두통에 대해 생각하게 하는 혼성 연결망과 동일한 일반적인 구조를 가지고 있다. 다시 말해, 11장에서 기술한 비非사물, 비非사건, 비非행동이 있듯이 비非사람도 있다.

10장에서 언급한 제스처와 수화의 지시 기술도 똑같이 이런 비사람의 연결망에서 이용 가능하다. 우리가 마지막으로 만났던 실제 사람이 어디에 앉아 있었는지를 가리킴으로써 비사람을 가리킬 수 있다. 무덤, 사진, 머리카락 타래처럼, 텅 빈 의자와 계속 올리는 전화는 존재하지 않는 사람에 대한 물리적 고정 장치를 제공한다. 우리는 텅 빈 의자에 앉아 있는 결석한 학생에 대해 화가 날 수 있거나 전화의 다른 끝에 있는 존재하지 않는 사람을 저주할 수 있다. 수화에서 지시적 전이(10장 참조)를 통해 화자는 이야기하고 있는 부재한 사람에 대한 물리적 고정 장치가 될 수 있다.

이 장 앞 부분에 있었던 웹스터와 그의 누이에 대한 예는 비사람이 현실을 평가하는 데 중요한 역할을 하는, 매우 주목할 만한 경우이다. 누이는 존재하지 않는다. 그녀는 결코 웹스터의 누이가 아니며 그녀는 매우 운이 좋다. 그리고 그녀는 우리가 웹스터와 빅토리아를 이해하는 데 중요하다. 이와 비슷하게, 칸트와의 논쟁 예에서, 현대 철학자는 부재하는 칸트와 논쟁할 때 자신의 활약에 따라 자신의 지성을 평가하도록 암시적으로 유도한다.

칸트와의 논쟁은 현대 철학자와 같은 공간에 있지 않은 칸트가 논쟁이 발생하는 혼성공간에 있는 통합 연결망이다. 그러나 이런 혼성공간을 환기시키는 언어는 너무 관습적이라서 혼성공간의 구성은 뚜렷하게 나타나지 않는다. 대조적으로, 혼성공간에 주목하게 만드는 목적으로 사용되는 언어적 도구가 있다. '유령'이라는 낱말이 그런 도구의 하나이다. 이 낱말은 그레이트아메리칸 II호가 "간신히 노던라이트호의 유령보다 앞서 있다"라고 말할 때, 그리고 미국의 가지뿔영양이 '과거 포식자의 유령'에 쫓기기 때문에 그렇게 빨리 달린다고 말할 때에도 사용되었다. 토드 오클리Todd Oakley는 혼성공간을 환기시키는 '유령'의 이런 용법에 대한 정교한 예를 논의하는데, 그 예는 아트 슈피겔만Art Spiegelman의 『쥐 2: 한 생존자의 이야기』에서 나온 것이다.[11]

[아트는 한 번도 만난 적이 없는 형 리슈에 대해 아내 프랑세즈에게 이야기하고 있다.]

아트: 리슈 형이 살아 있다면 나하고 잘 지냈을지 궁금해.

프랑세즈: 당신 형 말이죠?

아트: 내 *유령* 형이지. 내가 태어나기 전에 죽었으니까. 겨우 대여섯 살이었지. 난 자랄 때는 형 생각을 많이 하지 않았어. 그저 부모님 침실에 걸린 커다란 흐릿해진 사진이었지. 부모님에게 그 사진은 골치 아프지도 문제를 일으키지도 않았지……. 그 사진은 이상적인 애였고 난 골치덩어리였어. 경쟁이 안 됐지. 부모님은 리슈 형 얘긴 하지 않았지만 그 사진은 나에 대한 일종의 비난이었지. 형은 의사가 되었을 것이고 부유한 유대인 아가씨와 결혼했을 것이고…… 아니꼬운 일이지. 그렇지만 적어도 형이 아버지를 보살피게 할 수는 있었을 거야. 사진 속의 형제가 경쟁 상대라니, 으시시하지.

존재하지 않는 형은 아트의 삶에서 그리고 아마도 부모님의 삶에서 가장 소중한 존재이다. 현재 현실에 사는 사람들은 부재하는 그 사람과 관련해서 평가된다.

없는 사람의 유형은 가지가지이다. 대부분의 예는 부재로 인해 초래되는 슬픔을 강조하지만 명예, 의지, 만족도 가져올 수 있다. 한 선장이 아메리카컵 요트 대회에서 자기 나라를 위해 승리하려고 노력하는 경우를 한 번 고려해보라. 아메리카컵 경주에는 '열일곱 번째 선원'을 위한 공식 지정석이 있다. 그는 배에 타지만 배를 젓는 데 도움 주는 행위는 금지된다. 선장의 나라에 지금은 죽은 전설적인 선장 호라시오가 있었다고 생각해보라. 그는 아메리카컵에서 몇 번 승리할 뻔했다. 이번에 선장이 승리하며, 기자회견에서 어떻게 그가 그 일을 해냈는지에 대해 질문받았을 때 그는 "오늘 제 열일곱째 남자는 호라시오였습니다My seventeenth man today was Horatio"라고 말한다. 이 경우에는 거울 연결망이 있다. 각 입력공간에는 아메리카컵 대회 승리를 원하는 같은 나라 출신의 선장이 있다. 혼성공간에서 이 선장들은 경쟁하지 않고 연합한다. 현대의 선장은 조언자의 후계자 겸 구원자이다. 시간과 공간 외부공간 중추적 관계는 중첩에 의해 압축된다. 유추의 외부공간 중추적 관계는 후계자 관계에 의해 강화되며, 입력공간들 사이의 후계자 관계는 혼성공간에서 내부공간 역할 협력자로 압축된다. 혼성공간에는 많은 종류의 인상적인 발현구조가 있으며, 특히 여기에는 단순한 승객이 아닌 가장 뛰어난 승무원인 열일곱 번째 항해자가 있다. 그 나라가 다른 장소에서 경주하면서 다른 배와 다른 승무원, 다른 선장들로 승리하기 위해 계속 노력해서 마침내 승리를 거둔 몇 년에 걸친 사건들의 장황한 연쇄는 이제 단 하나의 인간 척도 경주로 압축되고, 살아 있는 선장과 유령 선장 사이의 연합으로 달성된 영광스러운 승리로 압축된다.

드라마 연결자

드라마 공연은 동일성을 가진 살아 있는 사람의 계획적인 혼성공간이다. 이 공연은 우리에게 한 입력공간으로부터는 살아 있는 사람을 제공하고 다른 입력공간에서도 다른 살아 있는 사람, 즉 배우를 제공한다. 무대 위의 사람은 이 두 사람의 혼성이다. 묘사되는 등장인물은 물론 전적으로 허구이지만, 여전히 그 사람이 살아 있는 공간인 허구의 공간이 있다. 혼성공간에서 그 사람은 배우처럼 듣고 움직이며 배우가 있는 곳에 있지만, 공연 속의 배우는 묘사되는 등장인물을 자신에게 투사하려 하며 말, 외모, 옷, 태도, 제스처를 수정한다. 관객이 받아들이기에, 지각할 수 있는 살아 있고 움직이고 말하는 몸은 탁월한 물리적 고정 장치이다. 외부공간 관계는 표상의 관계이다. 전형적으로, 표상은 외부공간 유추로 뒷받침된다. 그래서 예컨대 중년의 여성 배우가 중년의 여성 역을 맡을 것이다. 혼성공간에서 이러한 외부공간 관계는 유일성으로 압축된다.

원칙상, 배우는 실제 세계의 행동으로 연기함으로써 등장인물에 연결된다. 그런 실제 세계에서의 행동은 표상되는 세계 안의 등장인물의 행동과 물리적 특성을 공유한다. 어빙 고프먼이 말하듯, 이것은 우리가 연극을 볼 때 한 가지 이상의 프레이밍을 인식하도록 한다.[112] 단 한 장면을 지각할 때, 우리는 관객 앞의 무대에서 움직이고 이야기하는 배우를 인식함과 동시에 표상되는 이야기

세계 속에서 움직이고 이야기하는 그에 상응하는 등장인물도 인식한다. 언어와 행동 패턴은 두 프레임 모두에서 공통적이다. 영화는 기술적으로 더욱 복잡하지만, 여기서도 우리는 등장인물과 배우를 동시에 인식할 수 있다. 우리는 〈바람과 함께 사라지다〉에서 레트 버틀러를 보면서도 클라크 게이블을 보고 있다는 것을 안다. 우리는 레트의 행동을 이야기의 부분으로 해석하며, 클라크 게이블이 하는 것으로 간주하는 완전 똑같은 행동을 영화 제작의 일부로 해석한다. 이런 의미에서 각각의 특정한 연극 표상에는 '현실'과 '허구' 사이에 공유된 풍부한 총칭적 구조가 있을 수 있다.

배우가 악센트를 똑바로 하지 않았거나 햄릿이 무대 조명에 걸려 넘어진 것을 알아차릴 때처럼, 관객은 혼성공간을 탈脫압축해서 이런 입력공간들 사이의 외부공간 관계를 인식할 수 있다. 그러나 드라마의 힘은 외부공간 연결로부터 나오지 않는다. 우리는 배우와 덴마크의 역사적인 왕자 사이의 유사성을 측정하기 위해 〈햄릿〉 공연에 가는 것이 아니다. 드라마의 힘은 혼성공간 내의 통합으로부터 나온다. 관객은 실제의 연기를 직접 구경하면서도 혼성공간 안에서 살 수 있다. 고프먼은 극단적인 경우 관객들이 자기 자신을 관객으로서 프레이밍하지 못하고 배우를 배우로 프레이밍하지 못해서, 연극 중의 살인을 멈추려고 무대 위로 달려가고 여주인공이 조각조각 난도질당했을 때 심장마비에 걸리는 등의 사례를 지적한다.

드라마 공연은 연결망 내의 정신공간과 연결을 급속히 증가시킬 수 있다. 예컨대, 셰익스피어의 〈헨리 5세〉에서 연극 제목이기도 한 등장인물이 역사적인 헨리 5세에 연결되고 또한 배우 로렌스 올리비에와 연결될 때처럼, 드라마의 이야기와 관련된 역사적 현실의 부가적인 정신공간이 존재할 수 있다. 어떤 남자는 남북전쟁 전투를 재연할 때 그의 증조부 역할을 할 수도 있다. 누군가는 카메오 출현으로 자기 자신을 연기할 수도 있다. 이런 가능성은 다양하다.

드라마 공연의 경험은 한층 더 복잡한 혼성공간을 요구한다. 우리는 이를 상세히 보지는 않겠지만, 그런 혼성공간에는 주목할 만한 특성이 있다. 아마도 가장 주목할 만한 것은, 관객은 선택적 투사에 의해서만 혼성공간에서 살 수 있다는 점이다. (어둠 속에서 다른 사람들 옆 좌석에 앉는 것 같은) 관객의 많은 양상은 비록 관객이 독립적으로 이용할 수 있긴 하지만 혼성공간으로 투사되지는 않을 것이다. 관객의 정상적인 생체성과 행위자성, 운동근육력, 표현력, 보는 것에 대한 반응으로 행동해야 하는 책임감은 모두 억제되어야 한다. 한편, 배우는 다른 종류의 혼성공간에 종사한다. 배우의 운동 패턴과 표현력은 연극에서 직접적으로 작용하지만, 그의 자유 의지나 미리 알고 있는 결과의 내용은 작용하지 않는다. 혼성공간에서 그는 등장인물이 말한 것만 말하고 동일한 사건 때문에 밤마다 놀란다. 가상놀이에 참여하는 유아와 이를 지켜보는 부모는 다른 투사와 경험을 가진다.

혼성공간에 사는 것의 중요성과 힘은 더 이상 과장할 수 없을 정도로 크다. 어떤 경우에는 우리가 파랑색 컵을 명확히 파랑색으로 지각하고 그것이 파랗기 때문에 파랑색으로 본다고 생각하는 것처럼, 생물학이 우리가 혼성공간에서 살게끔 한다. 우리는 또한 시계, 계량기, 복소수를 사용할 때도 혼성공간에 살지만, 이런 경우에 혼성공간은 문화적 진화의 산물이며, 입력공간과 외부공간 관계는 더욱 접근 가능하다. 드라마에서 혼성공간에 살게끔 하는 능력은 모든 활동에 대한 동기를 제공한다. 이는 진보된 이중범위 혼성공간이며, 인간에게는 완전히 자연스럽지만 다른 종들은 분명히 이용할 수 없다. 원칙적으로, 피그미침팬지와 자칼이 집단 내에서 놀이를 하지 못할 이유는 없다. 그들은 행동을 수행할 수 있고, 기억력도 있으며, 귀납적인 행동을 조직했고, 드라마 공연으로 만족될 수 있는 정교한 사회적 구조와 사회적 욕구를 가지고 있다. 그러나 그들은 이중범위 혼성을 가지고 있지 않기 때문에 그런 가능성은 절대로 일어나지 않는다.

CHAPTER 13
범주 변형

허수는 신성한 정신의 의지처, 존재와 비존재의 중간쯤 놓인 양서 동물이다.

—고트프리트 라이프니츠Gottfried Leibniz

우리는 관습적인 범주를 확장해서 새로운 재료를 빈번하게 조직한다. 보통 이러한 범주 확장은 잠정적이다. 강연용 유인물에 1에서 7까지의 항목들이 한 줄로 적혀 있고, 다른 줄에는 A에서 F까지의 항목들이 적혀 있었다. 질의응답이 오고가는 가운데 사람들은 별 생각 없이 '숫자 E'를 언급했다. 이 혼성공간의 입력공간은 각각 관습적인 방식으로 순서가 정해진 정수와 알파벳이다. 총칭공간에는 질서 정연한 순차적 순서만 있다. 그것은 두 입력공간 내에 있는 대응요소를 한정한다. 혼성공간에는 질서 정연한 순차적 순서가 있지만 또한 그것과 연결되고 서로 연결되어 있는 두 쌍의 정수가 있다. 이 가운데 하나는 '실제' 정수이고 다른 하나는 알파벳 글자이다. 그러나 혼성공간에는 정수를 가진 입력공간에서 나온 산술 특성이나 알파벳에서 나온 철자는 없다.

동성 결혼

어떤 점에서 개념적 혼성은 영구적인 범주 변화를 유도할 수 있다. 7장에서 논의한 '동성 결혼same-sex marriage'이라는 표현을 보자. 한 개념적 공간에서 나온 명사와 다른 개념적 공간에서 나온 수식어인, 이런 통사적 형태를 가진 표현은

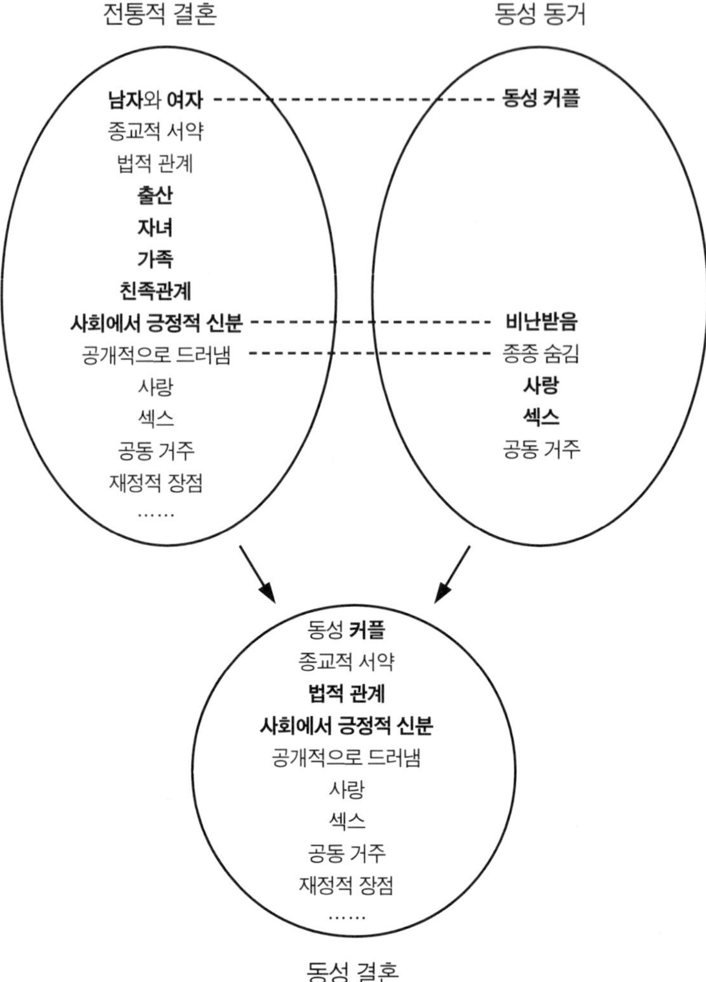

그림 13.1 동성 결혼

체계적으로 사용됨으로써 혼성공간을 유발할 수 있다. '동성 결혼'에 대해 입력공간은 한편으로는 전통적인 결혼 시나리오이고, 다른 한편으로는 동성인 두 사람을 수반하는 대안적인 가정 시나리오이다. 공간횡단 사상은 파트너, 공동 거주, 책임, 사랑, 섹스 같은 전형적인 요소들을 연결할 수 있다. 그 다음 이어지는 선택적 투사는 각각의 입력공간에서 나온 부가적인 구조를 보충한다. 예컨대, 사회적 인식, 결혼식, 과세 방법은 '전통적 결혼'의 입력공간으로부터 투사되는 데 반해, 둘 사이의 생물학적 자녀의 부재와 문화적으로 한정된 파트너의 역할은 다른 입력공간으로부터 투사된다. 그림 13.1이 입증하듯이, 혼성공간에서는 이러한 새로운 사회적 구조의 특성이 발생한다.

이러한 범주 변형은 범주의 구조를 근본적으로 바꿀 수 있다. 많은 혹은 대부분의 사람들은 전통적인 결혼의 기준적 속성은 번식을 위한 다른 성들의 결합이라고 생각한다. 이 구조에는 동성 결합을 포함하는 새로운 결혼의 범주가없다. 다른 기준적 속성이 이 새로운 범주를 구조화할 것이다.

복소수

과학의 역사, 이 중에서도 특히 수학과 물리학의 역사는 개념적 전이가 풍부하다. 한 모형이 이전 모형을 교체하거나 그것을 확장한다고 말하는 것은 관습적이지만, 개념적 혼성이 널리 퍼져 있고 중요하다는 사실은 과소평가되었다.

우리는 11장에서 범주 수가 어떻게 영과 분수를 포함하도록 바뀌고, 분수의경우 그 범주의 새로운 버전을 만들어낸 개념적 혼성이 얼마나 복잡한지를 이미 보았다. 일이 다 이루어진 지금에 와서 보면, 단순히 새로운 요소가 이전의요소에 첨가된 것처럼 보인다. 왜냐하면 우리는 여전히 새로운 요소들에 대해서도 동일한 낱말을 사용하기 때문이다. 그러나 실제로 범주 변형에서 전체 구조와 조직 원리는 극적으로 바뀌었다. 이전의 입력이 단순히 새로운 범주의 하위집합으로 대충 전이된다는 것은 착각이다. 동성 결혼에서 보았듯이, 범주 변형은 범주를 근본적으로 바꿀 수 있다.

복소수의 발달을 다시 고려해보자. 역사적으로, 복소수에 각과 크기가 주어지게 된 수학적 개념 발달은 느렸을 뿐 아니라 많은 어려움이 따랐다. 음수의제곱근은 16세기 수학자들의 공식에서 나타났으며 이 수학자들은 이 수들의연산을 정확하게 형식화했다. 그러나 카르단과 특히 봄벨리Bombelli와 같이 이런 연구를 한 수학자들 자신조차도 음수의 제곱근이 '소용이 없고' '궤변적이고'

'불가능하고' '가상적'이라고 느꼈다. 1세기 후의 데카르트도 동일한 생각이었다. 라이프니츠는 음수의 제곱근을 사용해도 아무런 손해가 없다고 말했으며, 오일러Euler는 음수의 제곱근이 불가능함에도 불구하고 유용하다고 생각했다. 음수의 제곱근에는 수학적 개념 체계와는 불일치하나 형식적으로는 조작될 수 있는 이상한 특성이 있었다. 복소수의 진정한 개념을 개발하기까지는 많은 시간이 걸렸다.

이러한 발달은 수와 1차원 기하학의 기존 혼성으로부터 시작했다. 선 위의 점은 정수 및 분수와 혼성됨으로써, 각각의 수는 점이고 각각의 점은 수였다. 오늘날 이런 혼성공간은 우리 문화에 너무 고착되어 있기에 물리적 현실의 확고부동한 사실처럼 보이지만, 달성되기까지의 지적 투쟁은 그것이 얼마나 상상력이 필요한 일이었는지를 보여준다.

수와 1차원 공간의 혼성은 데카르트가 좌표 평면을 창조함으로써 확장되었다. 여기에서 각각의 점은 음수를 포함한 한 쌍의 수로 정의되었다. 17세기 수학자 존 월리스John Wallis는 다음 단계로 나갔다. 그는 1685년에 발간한 『대수학』에서 음수가 직선으로 사상될 수 있다면 복소수는 2차원 평면 위의 점으로 사상될 수 있다고 주장했다.[113] 월리스는 $ax^2+bx+c=0$의 실근이나 허근의 대응요소들에 대한 기하학적 구조를 제안했다. 사실, 월리스는 불가사의한 수에 대한 일관된 모형을 제공했고, 그 결과 형식적 조작도 구체화했다. 월리스의 사상이 복소수를 포함하는 체계의 형식적 일관성은 보여주었지만, 수의 개념을 확장하는 데는 충분하지 않았다. 모리스 클라인이 적었듯이, 월리스의 연구는 무시되었다. 수학자들이 그런 수의 사용을 수용하지 않은 것이다. 이는 그 자체로 흥미로운 점이다. 일관된 정신공간을 개념적으로 일관되지 않은 정신공간으로 사상하는 일은 일관되지 않은 정신공간에 새로운 개념적 구조를 부여하기에 충분하지 않다. 따라서 수학에서도 일관된 추상적 구조가 만족스러운 개념적 구조를 생산하는 데 충분하지 않다는 결론이 나온다. 월리스의 표상에서 계량 기하학은 실수와 허수를 통합적으로 해석하기 위한 추상적 도식을 제공했

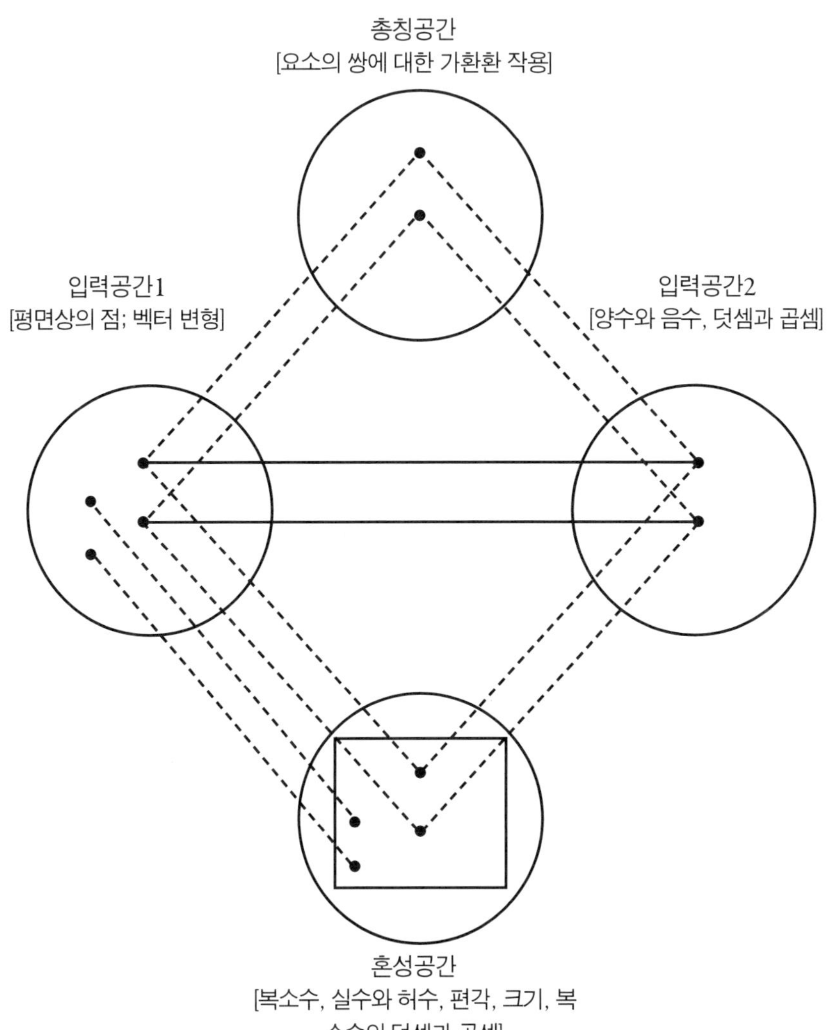

그림 13.2 복소수

지만, 수학자들이 그에 따라 수의 영역을 수정하도록 설득하지는 못했다. 복소수라는 새로운 개념적 구조가 혼성공간에서 개발된 후에야 비로소 수의 영역이 실제로 확장된다.

원래의 입력공간에서가 아니라 혼성공간에서야 한 요소가 수임과 동시에 데카르트 좌표cartesian coordinate(a, b)와 극좌표polar coordinate(r, q)를 가진 기하학적 점인 것이 가능하다. 혼성공간에서 수는 다음과 같은 흥미로운 형식적 특성을 가진다.

$$(a, b)+(a', b')=(a+a', b+b')$$

$$(\rho, \theta)\times(\rho', \theta')=(\rho\rho', \theta+\theta')$$

이런 확장된 의미에서 모든 수는 실수 부분, 허수 부분, 편각, 크기를 가진다. 혼성공간과 기하학적 입력공간의 연결로 수는 기하학적으로 조작될 수 있다. 혼성공간과 실수의 입력공간의 연결에 의해, 혼성공간 속의 새로운 수는 이전 수의 확장으로 직접 개념화된다.

전체 개념적 통합 연결망에는 두 개의 입력공간이 있다. 2차원 기하학적 공간과 실수가 그것이다. 복소수와 그 특성은 혼성공간에서 발생한다. 월리스의 도식에서처럼, 선 위의 점에서 수數로의 사상이 평면 내의 점에서 수數로의 사상으로 확장되었다. 한 입력공간에서 다른 입력공간으로 이루어지는 이런 사상은 부분적이다. 평면의 한 선만이 다른 입력공간 내의 실수로 사상된다. 그러나 기하학적 입력공간에서 혼성공간으로의 사상은 전체적이다. 평면의 모든 점은 대응하는 복소수를 가진다. 그리고 이것은 다시 혼성공간이 기하학적 입력공간의 완전한 구조를 통합하도록 돕는다(그림 13.2 참조).

이런 풍부한 혼성공간이 구축될 때 추상적인 총칭공간도 함께 나온다. 세 개의 정신공간이 각자 점(입력공간1), 수(입력공간2), 복소점/복소수(혼성공간)를 포함한다는 것은 점과 수에 '공통된' 특성을 지닌 추상적 요소의 네 번째 정신공간을 함의한다. 이 경우에, 추상적 개념은 요소들에 대한 '연산'이다. 수의 경우, 연산은 덧셈과 곱셈이다. 평면상의 점의 경우, 그 연산은 회전과 확장 같은 기하학적 변형으로 간주될 수 있다. 복소수의 혼성공간에서 수와 벡터는 동일하다. 그 결과 수의 덧셈은 단지 벡터 덧셈이고, 수의 곱셈은 벡터의 회전과 확장이다.

완전히 완성된 통합 연결망의 총칭공간에서 특정한 기하학적 특성이나 수의 특성은 없다. 오로지 요소의 쌍에 대한 두 연산이라는 더 추상적인 개념만 잔존하고, 그래서 각 연산은 결합적이고 가환可換적이며 동일성 요소를 가진다. 요소 하나하나는 각각의 연산에서 역逆 요소를 가진다. 두 연산 중 하나는 다른 연산에 관해서 분배적이다. 이런 구조를 가지고 있는 것을 수학자는 '가환환 commutative ring'이라고 부른다. 기하학, 산술, 삼각법이 수학에서 의식적인 연구의 대상이 되기 전까지, 수학자들은 그것들을 연구하면서 전형적으로 무의식적으로 조작하고 계산했다. 복소수를 개발하면서 수학자들이 그 지점까지 도달하는 데에는 대략 3세기가 걸렸다.

편각과 크기를 가진 복소수라는 개념의 발생은 개념적 혼성의 모든 특성을 한꺼번에 보여준다. 제일 처음에는 수에서 평면상의 기하학적 공간 속의 점으로 이루어지는 공간횡단 사상이 있다. 총칭공간이 있다. 두 입력공간에서 혼성공간으로의 투사가 있으며, 수는 기하학적 점과 융합된다. 그리고 완성(편각과 크기)과 정교화(벡터에서 이루어지는 작용으로 재구성되는 곱셈과 덧셈)에 의한 발현구조가 있다.

혼성공간은 수학 내에서 실재론적 해석을 취한다. 그것은 수와 공간을 이해하기 위한 새롭고 더 풍부한 방법으로 간주된다. 그러나 다른 한편으로 입력공간이 제공하는 더 앞선 개념과 연결을 유지한다. 이런 개념적 변화는 단순한 대체가 아니다. 그것은 보다 정교하고 풍부하게 연결되는 정신공간의 연결망을 창조한다.

복소수라는 개념의 진화는 이름과 그 개념화 사이의 깊은 차이를 선명하게 보여준다. $\sqrt{-1}$과 같은 표현을 수의 영역에 추가하고 수라고 부르는 것만으로는, 그 표현이 모순 없는 모형에 적합할 때조차도 개념적으로 수로 만들기에 충분하지 않다. 이는 범주 확장에서 일반적으로 진실이다.

컴퓨터 바이러스

우리는 '인조 생명'에 대한 오늘날 연구에서 영구적인 범주 확장을 위한 노력을 볼 수 있다. 다음의 말을 고려해보라. "몇몇 과학자들은 바이러스라는 용어가 좋은 은유 그 이상이라고 주장했다……. 비록 컴퓨터 바이러스가 완전히 살아 있는 것은 아니지만 그것은 생명의 많은 특징을 구체화하며, 생물학적 바이러스 정도로 살아 있다 볼 수 있는 미래의 컴퓨터 바이러스를 상상하는 것은 어렵지 않다."[114] 이것은 극적인 이중범위 혼성으로서, 한 입력공간은 제조품인 컴퓨터 프레임에 의해 조직되고, 다른 입력공간은 *생물학적* 바이러스 프레임에 의해 조직된다.

20세기의 마지막 15년 동안, 새로운 범주의 발명은 상호 무관한 두 가지 상황에서 발생했다. 첫 번째 상황은 해커들이 컴퓨터 작업을 방해하는 소프트웨어 코드를 써 넣어서 해악을 끼친 것이다. 두 번째 상황은 6장에서 논의했듯이, 생물학자들과 복잡성 이론가들은 컴퓨터에서 유기물의 진화를 모의실험하기 위해 '눈 먼 시계공The Blind Watchmaker' 같은 프로그램을 짠 것이다. 해커 시나리오는 '컴퓨터 바이러스'라는 최초의 빈약한 혼성 개념으로 이어졌다. 최초의 혼성공간을 위한 공간횡단 사상은 처음에는 바이러스의 막연한 공유 특성과 해커의 악질 프로그램에 기반하였다.

- 그 요소가 존재하지만 원치 않는 존재이다. 외부로부터 내부로 들어오거나 주입된다. 내부에서 자연스럽게 형성된 존재가 아니다.
- 그 요소는 복제할 수 있다. 원래의 것과 같은 바람직하지 않은 특성을 지닌 새로운 복제물이 등장한다.
- 그 요소는 시스템이 의도하는 기능을 붕괴시킨다.
- 그 요소는 시스템과 시스템 사용자에게 해롭다.

감염 치료, 백신, 안전한 인터페이스, 컴퓨터 건강 유지 서비스 제공자 같은

관련된 범주와 함께 *컴퓨터 바이러스*라는 훨씬 더 풍부한 범주를 창조하기 위해 통합 연결망이 신속하게 발전되었다.

그런 가운데, 컴퓨터상의 생물학적 진화에 대한 모형화 자체가 진화하고 있었다. 그것은 생명을 모형화하는 것까지 포괄하여 '인조 생명'이라고 부르는 모형화가 허용하는, 좀 더 일반적인 알고리듬과 그 과정에 대한 연구로 진행되었다. 인조 생명은 새로운 컴퓨터 개념으로서, 생물학적 과정과의 유추에 힘입어 구축되었다. 인조 생명과 생물학적 생명은 여전히 뚜렷하게 구분되는 것으로 여겨지지만, 몇몇 점에서는 흥미롭고 근본적인 역학을 공유하는 것으로도 여겨진다. 복소수의 진화에서, 흥미롭지만 비非범주적인 기하학적 공간과 수의 혼성이 마침내 범주 수 그 자체를 확장시켰다고 간주되는 더욱더 풍부하고 통합적인 혼성의 단계로 나아간 것처럼, 인조 생명이라는 개념의 발달에서 컴퓨터 과정과 생물학적 생명의 비범주적 혼성은 범주 생명의 본질을 통찰한 것으로 일컬어지는 더욱 풍부하고 통합적인 혼성공간의 단계로 나아갔다. 그 혼성공간은 이제 *생명*은 그간 우리가 생각했던 것과는 다른 것이라는 발견을 제공받는다.

컴퓨터 바이러스와 인조 생명 모두는 그 자체의 합법적인 범주로 진화했다. 앞서 인용한 과학자들이 구상한 마지막 단계는 *생물학적 생명, 컴퓨터 바이러스, 인조 생명*의 관습적인 문화적·과학적 대혼성공간을 구축하는 것일 터이다. 총칭공간은 이런 혼성공간을 결정적인 과학적 범주를 구성하는 것으로 특징지을 것이며, 혼성공간은 다윈이나 루크레티우스가 전혀 상상하지도 못한 세세한 내용을 제공할 것이다.

낱말과 낱말의 확장

신경과학자 안토니오 다마시오Antonio Damasio가 지적했듯이, 낱말은 다른 신경생물학적 요소와 비슷하다. 낱말은 하나의 연결망에 부착되고 활성화되며 다른 연결망에도 연결된다. 이것은 (물론 뇌에서 완전히 실례화되어야 하는) 개념적 혼성에서, 낱말은 다른 요소들과 마찬가지로 정신공간을 위한 활성화 패턴에 부착되고, 혼성공간으로 선택적 투사가 가능함을 의미한다. 우리는 11장에서 이런 종류의 투사를 '카페인 두통', '돈 문제', '니코틴 발작' 등을 통해 명시적으로 분석했다. 낱말 '카페인'은 카페인이 있고 두통은 없는 반사실적 입력공간으로부터 투사되며, 궁극적으로는 카페인이 전혀 없어서 발생하는 두통을 가리키는 언어적 기호의 일부가 된다.

우리는 이런 투사를 '카페인 두통'에서 쉽게 볼 수 있다. 왜냐하면 카페인과 무無카페인 사이의 대조는 쉽게 알 수 있기 때문이다. 그러나 이는 사실 낱말을 사용하면서 일어나는 평범한 사건의 과정이다. 그렇기 때문에 결국 낱말은 다중 '의미'를 '가지게' 되며, 우리가 일반적으로 기존의 낱말을 사용해서 새로운 범주에 대해 이야기할 수 있는 것이다. 개념적 혼성에서 선택적 투사의 작용은 입력공간에 부착된 요소인 낱말에 적용될 때 낱말 사용의 확장을 위해 네 가지 원리를 창출한다.

1. 선택적 투사를 통해, 입력공간에 적용되는 표현은 투사를 거쳐 혼성공간 안의 대응요소에 적용될 수 있다. 이런 방식으로 혼성공간은 내부에서 발생하는 새로운 의미를 표현하기 위해 기존의 낱말을 이용한다. 예컨대, '바이러스'는 건강이라는 원래의 입력공간 내의 어떤 것을 가리키고, 투사되어서는 컴퓨터의 혼성공간 안에 있는 적절한 대응요소를 가리킬 수도 있다. 그러나 결정적으로 혼성공간에서 '바이러스'가 선택하는 것은 그것이 투사되는 입력공간 안에서 선택하는 것이 아니다. 우리는 이제 혼성공간 내의 구조를 드러내기 위해 "나는 네 플로피 디스켓 때문에 바이러스가 옮았어"라고 말할 수 있다.

2. 입력공간들에서 나온 각종 표현들의 결합은 혼성공간 안의 구조를 선택하는 데 적절할 수 있지만 그러한 결합이 입력공간에서 적절하지 않을 수도 있다. 따라서 문법에 맞기는 하지만 의미 없는 표현이 혼성공간에

대해서는 문법에 맞고 유의미할 수 있다. 예컨대, 복소수 혼성을 가지게 되면 기존의 낱말과 문법 패턴을 사용해서 '음수의 제곱근'이라고 의미 있게 말할 수 있다. 그리고 일단 동성 결혼 혼성을 가지게 되면, "신부들은 정오에 서로 결혼을 했다The brides married each other at noon"라고 의미가 통하는 말을 할 수 있다. 이 표현들 중 어느 표현도 기존의 입력공간에서는 무의미하지만, 우리는 이렇게 말할 수 있다.

3. 우리는 보통 입력공간 자체에는 적용할 수 없는, 혼성공간 내의 발현구조에 대한 용어를 가지며 그것을 사용할 수 있다. 예컨대, 칸트와의 논쟁 예에서 "칸트는 아무런 답변도 하지 못한다Kant has no answer"라고 말할 수 있듯이. 비록 이 '답변'은 정신공간에는 전혀 적용되지 않지만, 칸트가 들어 있는 입력공간에 대해서 실제로 우리에게 무언가를 말해주고 있다.

4. 개념적 혼성은 일상적이고 필연적으로 낱말 사용을 확장하지만, 우리는 이런 확장을 거의 알아채지 못한다. 예컨대, 2장과 11장에서 논의한 '안전하다'는 우리가 인식하는 것보다 훨씬 많은 '표면 의미'를 가지고 있다.

이런 원리들이 전혀 엉성하지 않을 뿐 아니라 보통 정확하고 일관된 지시를 가능하게 한다는 점을 인식하는 것이 중요하다. 수학은 '수' 같은 낱말을 다양한 방식으로 사용함으로써 그 엄격함을 잃지 않는다. 어떤 문맥에서, '수'는 각이 없는 요소를 선택한다. 다른 문맥에서, '수'는 각이 있는 요소를 선택한다. '수'는 이전의 모든 의미를 포함하지만, 복소수 혼성공간에서는 해당 요소를 선택하기 위해 새로운 의미를 획득한다.

우리는 이런 원리들이 작용하는 것을 종종 보았다. 예컨대, 8장의 '아버지' XYZ 혼성에 대한 논의는 '아버지'라는 낱말 용법의 확장된 많은 용법을 제시해주었다. 이 가운데 어떤 확장은 은유적이거나 창조적이거나 임시적이거나 영구적인 것으로 간주되는 의미를 드러낸다. 낱말 '아버지'에 대한 변화는 자연스러운 것으로 판명된다. 왜냐하면 '아버지'는 매 경우마다 한 입력공간에 부착되기 때문이다. 개념적 작용으로서의 개념적 혼성은 그런 입력공간에 적용된다. 원리 1과 2에 의해 '아버지'는 입력공간이 아니라 혼성공간에서 구조를 선택하는 표현에 참여하게 된다. 낱말의 사용을 확장하거나 수정하는 것은 낱말 자체의 특성이 아니라 개념적 통합의 작용 및 낱말이 입력공간에서 혼성공간으로 투사된다는 사실의 부산물이다. 개념적 혼성이라는 인지적 작용은 언어에 국한되지 않는다. 그러나 혼성할 수 있고, 또 언어를 아는 마음은 필연적으로 개념적 혼성을 통해 낱말의 다중 의미를 발전시킬 것이다. 낱말이 입력공간에 나타나면, 그 입력공간의 다른 요소들처럼 투사될 수 있다. 이것은 대부분 자연스럽게 적용의 영역을 바꿀 것이지만, 혼성공간 안의 발현적 의미가 그것이 나온 입력공간의 영역과 현저히 다른 것처럼 보일 때에는 작용이 두드러져 보일 것이다. 이런 거리를 인식할 때, 우리는 그것을 확장, 표백, 유추, 은유, 환치換置, displacement 같은 많은 이름들 가운데 하나로 부를 것이다. 이런 입장에서 다의성, 즉 단 하나의 낱말에 대한 다양한 의미는 매우 흔한 일이고 개념적 혼성의 표준적인 부산물이지만, 이는 거의 인식되지 않고 있다.

인간은 근본적인 문제에 직면해 있다. 개념적 체계는 광대하고 풍부하고 무한하지만, 언어적 체계는 아무리 인상적이라 해도 상대적으로 매우 빈약하다. 어떻게 언어적 체계가 개념적 체계의 산물을 전달하는 데 사용될 수 있으며, 언어적 체계의 무한과 개념적 체계의 무한이 완전히 불일치하다는 사실을 생각해봤을 때 어떻게 개념적 체계의 산물이 언어에서 표현을 찾을 수 있는가? 언어의 형태가 완전하고 불변하는 의미를 표상해야 한다면, 언어로는 극히 일부 내용만 의사소통할 수 있다. 이 문제에 대한 진화적 해결책은 형태의 체계가 형태 그 자체를 초월하는 어떤 의미를 구성하도록 촉진하게 만드는 것이었다. "폴은 샐리의 아버지이다", "잔인함의 아버지", "가톨릭 교회의 아버지", "허영심은 이성의 모래늪이다", "위트는 대화의 소금이다" 같은 예에서 찾을 수 있는 '의of'는 어떤 특정한 혼성, 더 나아가 어떤 특정한 투사를 선택하지 않는다. 그것은 단지 적절한 의미를 나타낼 개념적 연결망을 구성하는 방법을 찾도록 촉진한다. 그런 연결망을 구성하기 위해 우리가 해야 할 일은 언어적 구조 어디에서도 표상되지 않는다. 따라서 단 하나의 낱말 '의of'는 사상mapping의 개방된 무한성과 연상된다. 그러나 이러한 사상의 무한성은 결코 자의적이지 않다. 그것은 개념적 통합 연결망에 대한 요구조건에 의해 제약받는다. 다른 문법적 형태는 개념적 사상의 다른 무한성을 촉진한다.

언어 표현은 의미를 표상하는 것이 아니라 의미를 촉진한다. 때문에 언어적 체계는 개념적 체계와 유사할 필요가 없으며 유사할 수도 없다. 언어 표현은 의미구성을 촉진할 수 있다. 그러나 의미를 표상하지는 못한다.

다중 혼성공간

음, 우리 부자를 조롱하고 있는 어릿광대 같은 죽음아,

두고 보아라. 너희들의 무례한 횡포로부터,

탤벗 부자는 영원히 굳게 뭉쳐서,

맑은 공중을 새와 같이 날아

죽음의 운명에서 벗어나리라.

오오! 상처로 네 얼굴에 죽음의 기색이 어렸구나.

숨을 거두기 전에 애비에게 말을 해다오.

말하여 죽음과 맞서거라, 놈이 그럴 수 있건 없건.

그놈을 프랑스인이라고, 너의 적이라고 생각하여라.

가엾은 애야! 빙긋이 웃고 있구나.

죽음이 프랑스인이라면 놈은 오늘 전사했을 것입니다, 하는 것같이.[115]

—윌리엄 셰익스피어

개념적 통합은 적어도 네 개의 정신공간을 늘 필요로 한다. 두 입력공간, 하나의 총칭공간, 하나의 혼성공간이 그것이다. 우리는 지금까지 주로 이런 최소의 형판을 사용했다. 그러나 이제 많은 정신공간상에서 이루어지는 동적 작용인 개념적 통합에 대한 좀 더 일반적인 설명으로 시선을 돌릴 것이다. 게다가 그런 정신공간은 반복적으로 적용되어서 그 출력이 또 다른 개념적 혼성에 대한

입력이 될 수 있다.

보다 일반적인 이런 도식에서도 우리는 변함없이 입력공간들 사이의 공간 횡단 사상, 선택적 투사, 총칭공간이라는 개념적 통합을 특징짓는 자질을 발견할 수 있다. 그러나 다중 혼성 연결망에 총칭공간이 하나만 있어야 하는 것은 아니다. 차차 보게 되겠지만, 연결망이 다중 혼성일 수 있는 두 가지 주요한 방법이 있다. 몇몇 입력공간이 동시에 투사되거나 또는 중간 혼성공간으로 잇따라 투사되는 것이 바로 그 두 가지 방법이다. 여기서 중간 혼성공간 자체는 또 다른 혼성공간에 대한 입력공간 역할을 한다.

드라큘라와 그의 환자

다음은 클린턴 전 미국 대통령의 의료 개혁에 대한 신문 사설 가운데 발췌한 것이다.

클린턴 대통령은 내가 생각하기에 과감하고 훌륭한 승부를 걸었다. 의료 산업이라는 레퍼토리 배우[*]가 미국인들을 아주 두려움에 떨게 만들어서 그들이 이 의료 멜로드라마의 엑스트라 지위에서 벗어나기 위해 높은 세금을 포함한 모든 조치를 받아들이게 될 것이라는 것이다. 이 드라마는 끝없이 계속되는 〈드라큘라〉 같아서 항상 백작이 승리하여 마지막 피 한 방울까지 가져간다……. 드라큘라 무리는 '의료 사회화 제도'라며 비명을 지르고 사람들이 자신이 원하는 의사를 지정할 수 없을 것이라며 불평을 늘어놓을 것이다.[116]

우리는 이 단락에서 두 개의 혼성 연결망을 찾을 수 있다. 그 입력공간 각각은 은유적 사상에 의해 연결된다. 첫 번째 연결망에서 한 입력공간은 의료 산업이다. 여기에는 전문가(의사, 병원 행정, 건강보험 직원)와 (환자이고 진료비와 보험료를 내는) 일반 대중이 있다. 다른 입력공간은 영화 제작으로부터 그 구조를

---

[*] 고정적인 전문 배역을 가진 배우.

가져오며, (직장이 안정적이고 월급이 많고 아마도 오만한) 특권을 가진 레퍼토리 배우와 (모든 것이 감독의 손에 달려 있고 보호를 받지 못하고 착취당하는) '엑스트라'를 대조한다. 레퍼토리 배우(영화 전문가)는 이 공간횡단 사상에서 의료 전문가의 대응요소이며, 비천한 엑스트라는 지친 일반 대중의 대응요소이다.

두 번째 혼성 연결망에도 의료 산업의 입력공간이 있다. 다른 입력공간에는 희생자의 피를 빨아 먹는 드라큘라 백작 흡혈귀에 대한 관습적인 공포 이야기가 있다. 혼성공간에서 건강 전문가는 흡혈귀이고 환자는 그의 희생자이다.[117] 이러한 의료 흡혈귀는 환자/희생자로부터 돈/피를 짜낸다.

이런 두 가지 혼성 연결망은 은유적인 것으로 느껴지고 은유적 공간횡단 사상을 지니고 있다. 분명히 두 은유는 서로 다르며 독립적으로 사용될 수 있다. 한 은유에서 의사와 민간 의료보험 기구의 의사는 흡혈귀이고 다른 은유에서는 레퍼토리 배우이다.

그러나 여기서 우리는 개념적 통합이 어떤 개념적 배열에도 작용할 수 있는 방식을 볼 수 있다. 이런 두 은유적 통합 연결망은 의료 산업이라는 하나의 입력공간을 공유한다. 부가적으로 다른 두 입력공간(레퍼토리 연극과 드라큘라 흡혈귀. 그 가운데 하나는 각 연결망 안에 있다)은 자연스럽고 관습적인 공간횡단 사상을 가진다. 드라큘라 백작의 이야기는 종종 영화로 제작되는데, 그런 영화에는 드라큘라와 그의 희생자 역을 맡는 배우와 엑스트라가 있다. 12장에서 논의한 드라마 연결자에 따라서 이런 자연스러운 사상은 배우와 등장인물을 연결한다. 이런 드라마 공간횡단 사상은 은유적이지 않다.

"의료 산업이라는 레퍼토리 배우the repertory actors of the health care industry"라는 어구는 통합 연결망을 구축하는 'Y of' 촉진제로서, 연결망의 입력공간은 영화 제작과 의료의 정신공간이다. 이런 배우들이 "미국인들을 두려움에 떨게 만들었다"라는 것을 곧장 알게 되자마자, 우리는 그 행동을 혼성공간에 포함시키지만, 그것과 다른 요소들과의 여러 방식에서의 관계는 '드라큘라'가 제공될 때까지는 비결정적이다. 그리고 나서 공포를 설명하는 방법 하나가 밝혀진다. 의료 산업으로의 은유적 공간횡단 사상과 영화 제작 입력공간으로의 자연스러운 드라마 사상이 있는 드라큘라 이야기를 가진 또 다른 정신공간이 있다는 것이다. 다중 혼성공간은 이제 활동을 개시하고 진행된다. 드라큘라 정신공간은 이제 의사/배우/흡혈귀가 환자/엑스트라/희생자로부터 돈/특권/피를 짜내는 혼성공간에 대한 입력공간이다.

영화 제작, 영화 내용, 의료에 대한 상호 연결된 세 가지 정신공간과 함께, 그 대응요소 구조는 다음과 같다.

영화 제작	영화 내용	의료
레퍼토리 배우	흡혈귀/드라큘라	의료 전문가
엑스트라	희생자	일반 대중

실제 영화에서는 주연 배우가 희생자 역을 맡을 수도 있지만, 이 구조가 엑스트라를 희생자에게 사상한다는 점에 주목하라.

세 가지 정신공간 모두 혼성공간으로 선택적으로 투사된다. 혼성공간에서 사건 참여자들은 그 자질을 계승한다. 한 집단은 두려움에 떨며, 그들은 엑스트라이자 일반 대중(환자)이고, 여러 방식으로 피를 빨리게 된다. 다른 집단('드라큘라' 집단)은 레퍼토리 배우/흡혈귀/착취자로 이루어진다.

우리는 이것이 뒤섞인 두 가지 은유가 아닌 하나의 다중 혼성공간임을 어떻게 아는가? 첫째, 배우/엑스트라에서 착취자/희생자로 이루어지는 사상은 매우 형편없는 은유일 것이다. 레퍼토리 배우들은 결코 피에 굶주린 착취자의 전형이 아니다. 그러나 흡혈귀 정신공간으로부터 투사되는 희생 관계의 힘이 존재하는 혼성공간에서, 양립 가능한 배우/엑스트라 구조가 유용한 자질은 더하고 다른 자질은 빼는 역할을 한다. 예컨대, 레퍼토리 배우는 다른 분장으로 되돌아와 항상 볼 수 있는 사람으로서, 또한 영화에서 유일하게 중요한 대접을 받는 배우이다. 혼성공간에는 의료 기관이 있는 것과 꼭 같이 영화 '기관'이 있으며, '엑스트라'는 영화의 일부이지만 관심의 대상은 아니다. 다른 한편, 흡혈귀-영화 정신공간에서, 희생자는 행동의 중심이고 관객이 주의를 기울이는 중심이며 중심인물이다. 그러나 그런 자질은 혼성공간으로 투사되지 않는다. 혼성공간에서 그런 자질은 더 적절한 '엑스트라'의 하찮음이라는 특성과 충돌할 것이며, 그런 특성은 일반 대중들이 무시당하고 있다는 의료 입력공간에 대해서 의도하고 있는 메시지와 대응한다.

이 단락에서 이용하는 언어 형태 "의료 산업이라는 레퍼토리 배우가 미국인들을 매우 두려움에 떨게 만들어서the repertory actors of the health care industry have frightened Americans so badly" 또한 개념적 혼성의 특징이다. 여기 단 하나의 문장 안에 세 가지 입력공간의 어휘가 있다. 레퍼토리 배우들이 어떤 결점을 가지고 있든 간에 그들은 전형적으로 엑스트라나 미국인들을 두려움에 떨게 만들지 않는다. '두려움에 떨게 만들다'는 앞 장의 끝에서 제시한, 낱말을 투사하는 원리에 따라 흡혈귀 정신공간으로부터 투사된다. 아울러 혼성에서 우리는 종종 다른 예에서도 알아차릴 수 있는 편의주의적 보충을 발견할 수 있다.

"언제나 백작이 승리하여 마지막 피 한 방울까지 가져간다The count always wins, right up to the last drop."

흡혈귀 입력공간을 이용한 이 형식화는 피가 의료/건강 입력공간에 역할을 한다는 사실을 이용한다. 그러나 이런 연결은 흡혈귀 입력공간과 의료 정신공간 사이의 적절한 공간횡단 사상의 일부가 아니다. 논설위원은 환자들로부터 사람의 피를 짜내려고 하는 병원을 고발하는 것이 아니다. 그보다 흡혈귀 공간으로부터 나온 피 빨기는 관습적으로 자원, 돈, 에너지의 탈취로 사상된다. 물론 혼성공간에서 돈과 피는 동일하고, 의사와 흡혈귀도 동일하며, 편의주의적 보충이 능수능란하게 작용한다. 그렇다고 돈과 피 그리고 흡혈귀와 의사 사이의 구분이 희미해지는 것은 아니다. 개별 입력공간들과의 모든 연결은 동적으

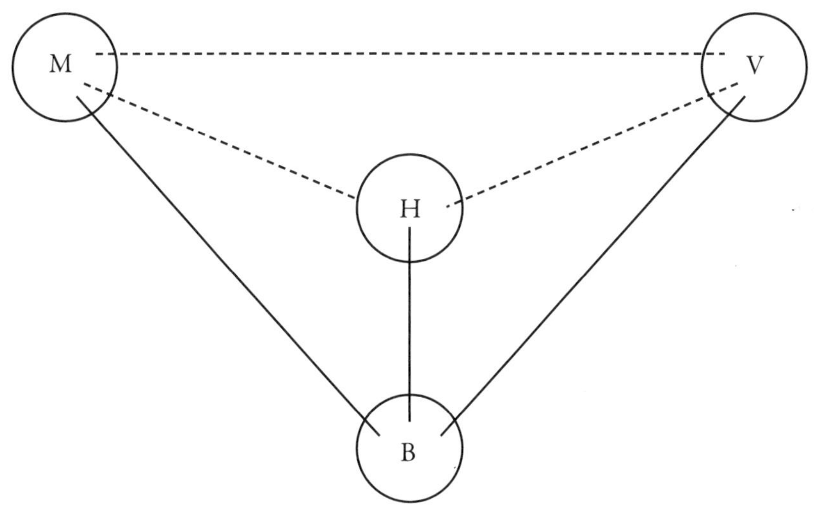

그림 14.1 드라큘라 연결망

로 활성화된 채 남아 있다. 피 뽑기가 의료 입력공간에서는 흔히 있는 위상이지만, 그것은 결국 혼성공간에서 중심적인 프레임 위상(피 빨기)과 융합된다.

혼성공간을 B라고 부르고 세 개의 입력공간을 M, V, H(각각 영화 제작, 흡혈귀, 의료)라고 부르자. 그림 14.1에서 볼 수 있는 최종 연결망 형상에서 점선은 정신공간들 사이의 공간횡단 사상을 나타내고 실선은 혼성공간으로의 선택적 투사를 암시한다.

이 형상에는 세 개의 공간횡단 사상이 있다. 그러나 우리는 아직 총칭공간에 대해서는 아무 말도 하지 않았다. 세 개의 공간횡단 사상이 있기 때문에 총칭공간도 세 개까지 구분될 수 있다. 비공식적으로 V와 H에 공통된 도식적 구조 G_{VH}는 박해자/희생자 도식이다. M과 H에 공통된 도식적 구조 G_{MH}는 '저명한 위상, 중요한 위상, 본질적인 위상 대 낮은 위상, 중요하지 않은 위상, 없어도 좋은 위상'이라는 사회적 신분 도식이다. 총칭공간 G_{MV}는 배우를 그들이 묘사하는 등장인물에 연결한다. 우리는 12장의 드라마 연결자에 관한 절에서 이런 유형의 총칭공간을 논의한 바 있다.

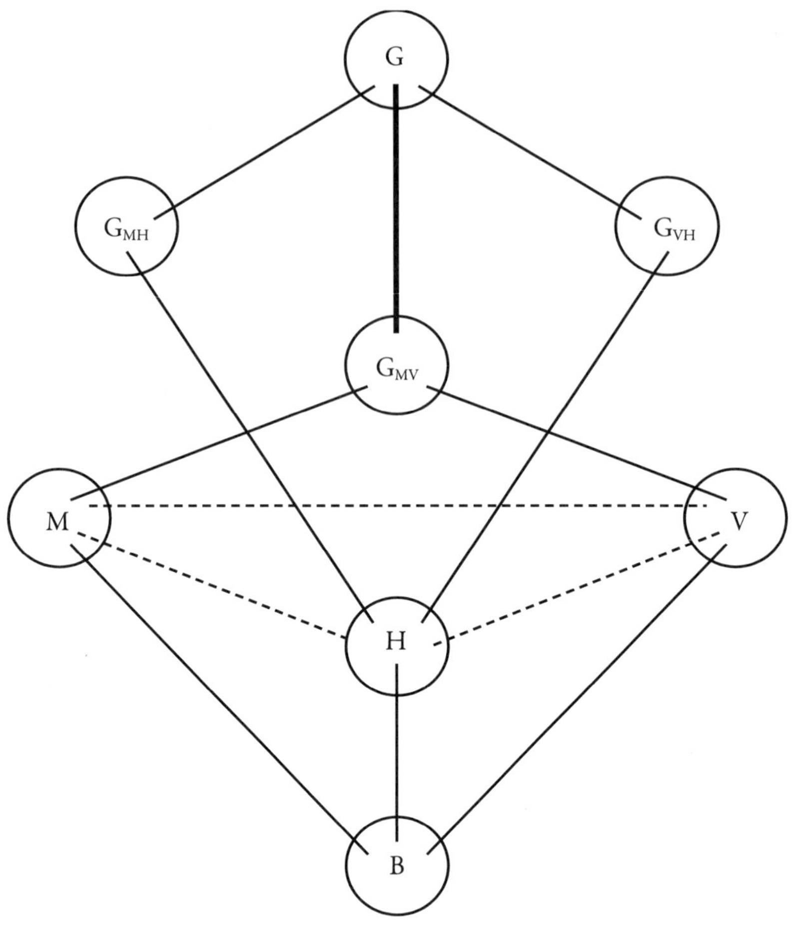

그림 14.2 총칭공간을 가진 드라큘라 연결망

M, V, H를 연결하는 유추와 드라마의 외부공간 중추적 관계는 평범한 원리를 따라 유일성으로 압축된다. 은유를 유도하는 두 개의 총칭공간 G_{VH}와 G_{MH}는 조화를 이룬다. 그 둘이 구분되긴 하지만 '많은 힘/거의 또는 아예 없는 힘'이라는 훨씬 도식적인 총칭공간 G의 하위경우들로 간주될 수 있다. G가 한편으로는 V 및 H와 일치하고 다른 한편으로는 M 및 H와 일치하기 때문에 G는 자동적으로 V 및 M과 일치한다. 하지만 이것은 복잡한 통합 연결망의 달성된

산물이다. 드라마 사상은 자동적으로 엑스트라를 연회장에 있는 백만장자에 연결할 수 있다. 그러나 정교한 드라큘라 다중 혼성공간은 드라마 사상과 G_{MV}를 G_{VH}, G_{MH}, G라는 다른 모든 총칭공간과 일치시킨다. 결국 *희생자, 엑스트라, 환자*는 정렬되어야 하고, *흡혈귀, 레퍼토리 배우, 의료 전문가*는 정렬될 수밖에 없다.

입력공간 M, V, H 사이에 부가적인 중추적 관계가 있다. 원인-결과는 M을 V에 연결한다. 왜냐하면 영화사에는 그 산물들 중 하나로 흡혈귀 영화가 있기 때문이다. 의도성은 M을 V에 연결한다. 왜냐하면 영화 제작자는 이런 영화들을 만들 의도를 갖고 있기 때문이다. 따라서 통합 연결망의 전체 구조는 그림 14.2처럼 형상화된다.

이런 특별한 연결망의 기능은 H를 수사학적이고 개념적으로 구조화하는 것이다. 작가는 의료 제도에 대해 언급하고 있지 흡혈귀 영화나 영화사에 대해 언급하고 있는 것이 아니다. 7장에서 소개한 이중범위 연결망의 개념이 여기에서 자연스럽게 다중범위 연결망의 개념으로 확장된다.

드라큘라와 그의 환자는 이전에 접하지 않은 총칭공간의 자질을 부각시킨다. 그 연결망에 다른 모든 정신공간들과 일치하는, 상당히 도식적인 단일한 총칭공간 G가 포함된다. 그러나 우리는 적절한 공간횡단 사상을 상술하는 더욱 특정한 총칭공간 G_{MH}와 G_{VH} 및 M와 V 사이의 독립적인 드라마 사상을 상술하는, 총칭공간 G_{MV}를 고려해야 한다. 연결망이 전개됨에 따라 다양한 총칭공간들을 정렬시키려 하는 압력이 가해진다. 예컨대, *엑스트라*를 *희생자*의 대응요소로 만들려 하는 압력이 G_{MV}에 가해진다. 좀 더 일반적으로, 높은 관리가 낮은 관리를 잔인하게 착취하는 것과 관련된 전체적인 총칭공간을 달성하려는 강한 압력이 존재한다. 그러나 그런 총칭공간을 달성하기 위해서는 약간의 조정이 필요한데, 왜냐하면 잔인성은 G_{MH}의 일반적인 부분은 아니기 때문이다. 레퍼토리 배우는 엑스트라에게 무관심할 수 있지만, 그들에게 잔인하다고 여겨지지는 않는다. G_{MH}는 G를 달성하기 위해 동적으로 재구성된다. 그렇게 해

서 다중 혼성공간은 하나의 복잡한 개념적 통합 연결망 내에서 정교한 총칭공
간 조직의 가능성과 총칭공간들 간 압력의 가능성을 표출한다.

3루에 가 있는 부시 대통령

1992년 미국 대통령 선거 운동 동안 민주당 대통령 예비후보 톰 하킨Tom Harkin
이 농담조로 한 다음 문장에서 네 가지 공간의 혼성을 고려해보자.

조지 부시는 태어나기를 3루에서 태어났는데, 그는 자기가 3루타를 쳤다고 생각한
다George Bush was born on third base and thinks he hit a triple.

한 입력공간은 야구이고, 다른 입력공간은 사회 및 어떤 사람과 사회의 관
계에 대한 그 사람의 이미지이다. 총칭공간에는 경쟁하는 행위자와 도달해야
할 목표가 있다. 연결망은 두 입력공간에서 프레임 구조를 가져오는 이중범위
이다. 야구 상황은 야구로부터 나오지만, 당신이 가 있는 곳에 어떻게 갔는지를
모를 수 있는 가능성은 당신이 왜 지금의 사회적 위치에 있는지를 이해하지 못
하는 상황으로부터 투사된 것이다. 이런 투사는 당신이 어떻게 베이스에 나갔
는지에 대해 착각할 가능성이라는 혼성공간 내의 발현구조로 이어진다. 야구
입력공간에서는 이런 착각을 한다는 것은 불가능할 정도의 어리석은 일이며,
실제로 혼성공간에서는 이런 착각이 가능하기는 하지만 매우 어리석다는 것은
마찬가지다.

이제 혼성공간의 이런 인위적인 발달을 고려해보라.

황새가 입에 은 숟가락을 문 조지 부시를 3루에 떨어뜨렸는데, 그는 자기가 3루타
를 쳤다고 생각한다The stork dropped George Bush on third base with a silver spoon in his
mouth and he thinks he hit a triple.

몇 가지 혼성공간이 연결되어 대혼성공간을 만든다. '아기를 데려오는 황새'를 전달하는 관습적인 다중 혼성공간은, "그는 15년 전에 이 세상에 왔다He came into the world fifteen years ago"에서처럼, 태어나는 것을 한 장소에 도착하는 것으로 보는 관습적인 은유적 혼성에 기초를 두고 있는데, 그 도착 위치는 전형적으로 세상이다. 마크 트웨인은 자신이 "핼리 혜성과 함께 왔으며, 그것과 함께 갈 것이다came in with Halley's comet and would go out with it"라고 말했다(그리고 정말로 그렇게 했다). '아기를 데려오는 황새' 다중 혼성공간을 얻기 위해서 출생을 도착으로 보는 관습적인 혼성공간 그 자체는 다른 입력공간들과 함께 하나의 입력공간으로 사용된다. 그 한 입력공간은 황새의 비행이다. 또 다른 입력공간은 공중 여행air travel이라는 매우 오래된 프레임으로, 이것은 제우스의 사자인 날개 달린 신발을 신은 헤르메스에서부터 마술 양탄자를 타고 가는 알라딘의 비행에 이르는 매우 다양한 사례들을 망라한다. 다른 입력공간은 아기에 대한 일상생활이다. 혼성공간 안의 아기는 막 태어나려는 아기이기도 하지만, 다른 한편으로는 약간 자란 아기의 자질을 가지고 있다. 우리는 아기를 볼 수 있으며, 아기는 황새를 볼 수 있으며, 미소 짓고, 벌써 기저귀를 차고 있으며, 머리를 들 수 있다. 거의 개관적으로는 관련이 없는 이 입력공간들은 혼성공간에서 황새가 아기를 물고 가는 단 하나의 장면으로 매끄럽게 통합된다(그림 14.3 참조). 우리가 알고 있는 세계에서는 이런 장면이 불가능하다. 하지만 그것은 인간 척도에 놓여 있고 매우 친숙한 많은 장면으로부터 구조를 빌려오기 때문에 이해하기 쉽다.

"난 1루에도 나가보지 못했다(나는 목표 근처에도 가보지 못했다)I never got to first base"에서처럼, 독립적으로 조작될 수 있는 인생과 야구의 또 다른 혼성공간이 있다. 이것은 "조지 부시는 3루에서 태어났다George Bush was born on third base"에 사용된다.

그러나 또 다른 하위연결망은 인생에서 지위의 위계를 식사 시나리오의 위계와 혼성한다. 입에 은 숟가락을 물고 있는 것은 이 투사의 혼성공간에 속해

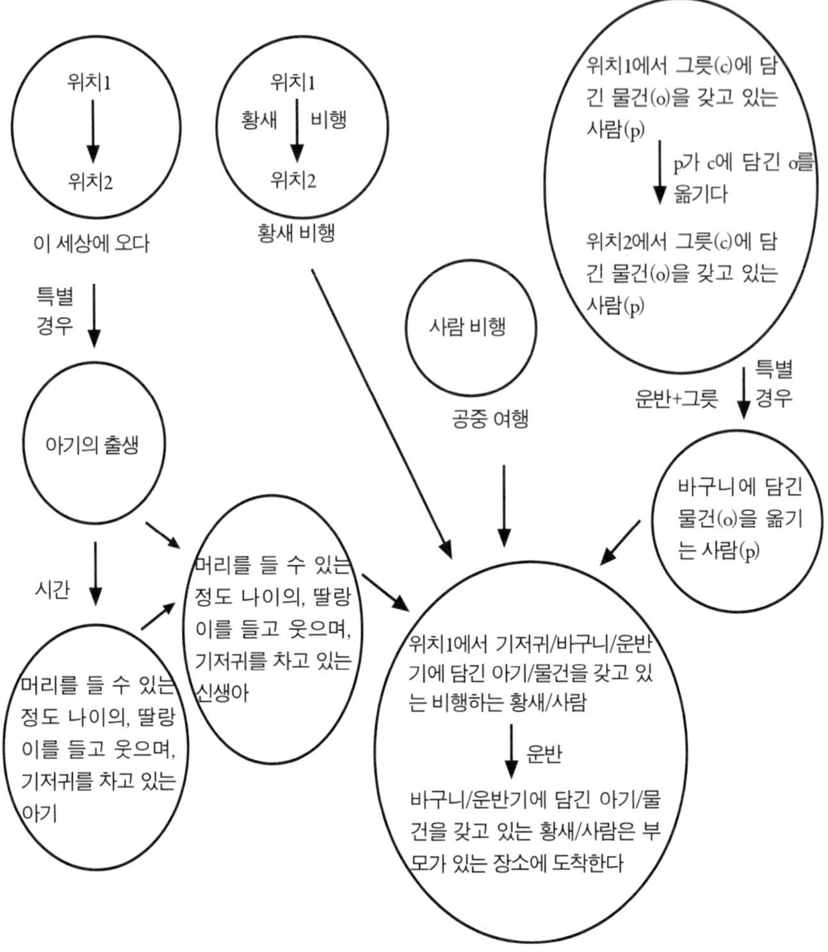

그림 14.3 출생 황새 연결망

있다.

그 다음 세 개의 혼성공간(황새가 아기를 물고 온다, 인생은 야구이다, 은제품은 높은 지위이다)은 모두는 출생, 황새, 3루, 은 숟가락이 모두가 있는 초超혼성공간으로 혼성된다. 그러고 나면 이 초超혼성공간에서 구성되는 추론, 동기, 감정은 모두 조지 부시, 그의 사회적 지위, 그의 입후보에 대한 우리의 이해와 느낌에 적용될 수 있다.

이런 다중 혼성공간은 원래의 농담과 비슷한 것을 표현한다. 특권적인 자리에서 태어나는 것, 그 지위에 있을 만한 아무런 공적이 없는 것, 누군가의 업적에 대해 착각하는 것 등을 함께 표현한다. 그러나 다중 혼성공간은 원래의 형식화에는 없었던 통합의 형태를 달성한다. 이것은 누군가가 베이스에서 태어나는 장면과는 달리, 황새가 무언가를 베이스에 떨어뜨리는 장면이 잘 통합되기 때문이다. 혼성공간은 더욱더 통합적인데(우스꽝스럽지 않은데), (아무리 있을 법하진 않지만) 전체 장면은 독립적으로 생각할 수 있기 때문이다. 혼성공간은 태어나는 것과 베이스 위에 있는 것 모두와 더 잘 어울린다. 왜냐하면 원래의 혼성공간에서는 결정되지 않고 설명되지 않은 채로 있던 '3루에서 태어나는 것'이 이제는 황새가 아기를 물고 간다고 하는 관습적인 혼성공간과 야구 경기의 장면 둘 다와 어울리게끔 프레임이 상세하게 부여되었기 때문이다. 황새는 이제 야구 경기라는 구체적인 공간적 상황으로 날아가서 3루에 물건을 떨어뜨리며, 아기를 떨어뜨리는 것이 세 입력공간 중 어디에도 속하지 않지만 이는 바로 출생으로 간주된다.

물론, 장면 통합은 프레임 통합과 동일하지 않다. 황새 장면은 이상한 방식으로 야구 프레임을 붕괴시킨다. 황새는 선수들을 베이스로 실어 나르지 않으며, 선수들은 입에 숟가락을 물고 있지 않다. 우리는 이상하고 주목할 만한 야구에 대한 새로운 가능성을 구성할 필요가 있다. 거의 모든 사람들은 베이스로 달려가야 하지만, 아주 불공정하게도 이 사람은 3루에서 시작한다.

두 가지 종류의 공간횡단 사상이 이러한 복잡한 통합 연결망에 기여한다. 첫 번째 종류는 '출생은 도착이다', '지위는 은제품이다', '인생은 야구이다'와 같은 은유적 사상으로 이루어져 있다. 두 번째 종류는 출생, 인생, 사회적 지위라는 은유의 목표 입력공간들 사이의 부분적인 중추적 관계 연결로 이루어져 있다. 부분-전체 연결자는 출생을 인생에 연결한다. 원인-결과 연결자는 사회적 지위를 사회적 인생에 연결한다. 원인-결과 연결자는 새로 태어난 아기에게 부모의 사회적 지위를 할당하는 문화모형에 의해 출생을 사회적 지위에 연결한다. 동일성 연결자는 태어난 사람, 삶에서 앞서가는 사람, 사회적 지위를 가진 사람을 연결한다.

이런 다중 혼성공간과 독립적으로, 인생, 출생, 지위는 이미 복잡한 문화적 '인생 이야기'에 통합되어 있다. 이러한 통합적인 인생 이야기의 존재 및 다중 통합 연결망에서 인생, 출생, 지위 사이의 필연적인 중추적 관계 연결은 드라큘라와 그의 환자의 다중 혼성공간에는 부재하는 특징을 연결망에 제공한다. 우리 문화에는 우리가 알 법한 배우, 의료 전문가, 흡혈귀를 통합하는 관습적인 이야기는 없지만, 어떤 사람이 특별한 사회적 지위를 가지고 태어나서 남보다 앞선 삶을 살아가는 관습적인 이야기는 존재한다.

이러한 인생 이야기가 어떻게 다중 혼성공간에서 다루어지는가? 잠시 한 발 뒤로 물러나 그러한 커다란 도식적 이야기로 조직되어서 어떤 종류의 복잡한 이야기라도 들려주는 표준적인 수사학적 절차가 있다는 것을 관찰해보자. 예컨대, 정치가가 우리에게 자신의 자서전, 즉 보잘것없이 시작해서 성공한 이야기를 하고 있다고 생각해보라. 그런 이야기에는 어린 시절의 성실함, 정치에 대한 첫 경험first taste, 가치 있는 명분으로 일찍 일을 시작한 것, 첫 번째 당선과 같은 단편적 순간들이 있다. 그런 각각의 정적인 일면들에 대해 그 이야기는 우리에게 개별적이고 종종 은유적인 통합 연결망을 제공한다. 그래서 그 정치가는 어린 시절의 성실함의 일면을 '책임감을 향해 첫 번째 계단을 오른 것'으로 제시할 수 있으며, 이른 시기의 정치 참여를 정치에 대한 '경험을 쌓아가는 것developing a taste'으로 제시할 수 있고, 첫 번째 선거에서 이기는 것을 '자리를 얻는 것'으로 제시할 수 있다. 이러한 수사학적인 디자인에서, 전체 제시는 개별적이고 독립적인 통합 연결망으로 뒤덮여 있다. 첫 번째 단계, 경험taste, 자리 얻기를 통합하고자 하는 또 다른 시도는 없다.

이와는 대조적으로, 부시-황새-야구-숟가락 통합 연결망은 황새가 입에 숟가락을 물고 있는 아기를 3루에 떨어뜨리는 응집적인 장면을 창조하기 위해서 분명하게 다른 입력공간들을 한층 더 통합한다. 그런 통합된 장면들을 결합하기 위해 개념적 혼성은 그런 장면들 모두가 위치에 의해 구조화된다는 점을 편의적으로 이용한다. 3루는 위치이고, 도착은 항상 어떤 위치에 가 닿는 것이고, 은 숟가락은 식사 영역에서 '높고' '낮은' '위치'의 척도를 나타낸다. '입에 은 숟가락을 문 채 황새에 의해 3루에 도착하는 것'의 통합적인 장면은 인생 이야기와 응집한다. 왜냐하면 그것의 공간적 관계는 관습적 은유에 의해 인가되는 방식으로 출생, 지위, 인생 사이의 중추적 관계와 일치하기 때문이다. 상태는 은유적으로 위치이다. 그래서 '인생은 야구이다'에서 어떤 상태에 있는 것은 인생에서의 어떤 상태와 일치하고, 어떤 사회적 지위를 가지는 것과 일치한다. 상태 변화는 은유적으로 위치 변화이며, 그래서 인생의 한 상태에서 다른 상태로의 변화는 '인생은 야구이다'에서 한 베이스에서 다른 베이스로 가는 것과 일치한다. 태어나는 것은 베이스(새로운 위치)에 떨어지는 것과 대응한다. 태어나는 것은 경기에 출전하는 것과 대응한다.

결정적으로, '입에 은 숟가락을 문 채 황새에 의해 3루에 도착하는 것'에 대한 개념적 대혼성공간의 본질적인 조직 구조는 어떠한 정신공간에 내적인 구조로부터 개별적으로 나오는 것이 아니라 출생, 식사, 인생을 연결하는 인생 이야기의 중추적 관계로부터 나온다. 혼성공간에서 사건이 평범하게 전개될 때 황새는 당신을 타석에 떨어뜨릴 것이며, 당신이 뛰어난 활약을 한다면 베이스를 돌아서 아마도 홈까지 갈 수 있을 것이다. 따라서 혼성공간에는 입력공간이 아닌 인생 이야기로부터 나오는 결정적인 *시간적 구조*가 있다. 즉 출생이 성취보다 앞서는 것과 꼭 같이, 황새에 의해 떨어지는 것은 베이스 위에 있는 것보다 앞서서 일어난다. 야구에서는 무엇보다 황새 같은 것이 없으며, 황새 입력공간에는 야구 경기가 없다. 혼성공간에는 결정적인 *의도적 구조*가 있다. 황새가 당신을 베이스에 바로 떨어뜨리면, 이것은 *당신을 또한 사회적 삶이기도 한 경기에 투입하고자* 하는 황새의 의도적인 행동이다. 황새의 이러한 의도는 황새가 없는 야구와 식사로부터 나오지 않거나, 아기를 어머니에게 데려다주는 것이 유일한 의도인 황새를 포함한 입력공간으로부터도 나올 수 없다.

자연스럽게도, 그 속에 몇 가지 더 작은 통합 연결망을 포함하고 있는 한 통합 연결망은 우리가 이전에 강조하지 않은 개념적 통합에 대한 기회를 제공해 준다. 우리는 이제 다른 통합 연결망 속에 있는 입력공간들 사이의 중추적 관계를 포함하는 이런 통합 연결망 압축에서, (인생은 야구이다, 출생은 황새가 데려다주는 것이다, 높은 지위는 훌륭한 식사이다와 같은) 개별 혼성공간을 대혼성공간으로 혼성하는 것과 그런 압축을 안내하기 위해 이미 존재하고 있던 최상위 통합(인생 이야기)을 사용하는 것을 보았다.

다중 통합 연결망 내의 총칭공간은 어떻게 되는가? 수반되는 많은 정신공간(야구, 인생, 출생, 공중 여행, 황새, 도착, 지위, 식사)은 전체적인 총칭적 구조는 전혀 공유하지 않고 단지 국부적인 총칭적 구조만을 공유하는 것처럼 보인다. 인생과 야구에 대한 총칭공간에는 다양한 상태에서 시간이 지나면서 성공하고자 하는 행위자가 있다. 출생과 도착에 대한 총칭공간에는 한 상태에 있고 이어서 다른 상태에 있는 행위자가 있다. 지위와 식사에 대한 총칭공간에는 특권 척도 및 그 척도상의 한 지점에 있는 누군가가 있다.

그러나 이러한 광대한 통합 연결망은 인생 이야기 그 자체를 위치 경로대로 진행되는 전진으로 수정할 수 있는 기회를 제공한다. 연결망 내의 각 개별 혼성공간은 공교롭게 한 위치에서 다른 위치로 이동하는, 풍부하거나 소략한 구조를 가지고 있다. '인생은 야구이다'에서 이 구조는 명확하고 복잡하며, 홈에 들어가는 것은 좋은 일이다. '출생은 황새가 데려다주는 것이다'에서는 도착 지점과 그 경로에 있는 위치는 대조적이며, 도착하는 것은 좋은 일이다. 식사 특권의 척도에서 플라스틱 숟가락에서 은 숟가락으로 올라가는 것은 사회적 성공이다.

연결망에 대한 이런 전체 총칭적 구조에 도달하는 것은 연결망의 다양한 부분들의 작업을 요구하는 상상적 성취이다. 모든 개별 혼성공간은 어떤 구조를 공유한다. 혼성공간마다 상태는 위치이고, 등급이 있는 한 상태/위치에서 다른 상태/위치로의 변화가 있다. 이 구조는 모든 혼성공간과 대혼성공간에 대해 G로 명명되는 총칭공간이다. 그러나 흥미롭게도 G는 개별 통합 연결망 하나 하나의 총칭공간에는 적용되지 않는다. 예컨대, 혼성공간과 대혼성공간에 퍼져 있는 총칭공간 G에는 추상적인 상태가 아닌 실제 위치가 있다. 그러나 '인생은 야구이다', '출생은 도착이다', '지위는 식사이다'에 대한 총칭공간에는 위치가 없다. 이런 총칭공간에는 추상적 상태만 존재한다. 그래서 G는 이런 총칭공간에 적용되지 않는다. 그러나 우리는 G에 대한 보다 추상적인 버전 G'를 만들 수 있으며 여기에는 등급이 매겨진 상태의 변화만 있다. 따라서 G'는 손쉽게 '인생은 야구이다'에 대한 총칭공간과 '지위는 식사이다'에 대한 총칭공간에 적용된다. 등급이 매겨진 상태의 변화를 가진 정신공간인 G'는 '출생은 도착이다'에 대한 총칭공간에 적용되는가? 가능하지만, 우리가 '출생은 도착이다'를 나쁜 상태에서 더 좋은 상태로의 변화를 강조하는 것으로 발전시킬 경우에만 그렇게 할 수 있다. 이런 강조가 원래의 '출생은 도착이다' 통합 연결망 부분은 아닐지라도 그것은 쉽게 들어맞을 수 있다. (태어나지 않았고 경로에서 더 앞서 있는) 이전의 상태는 (새로 태어나고 목적지에 있는) 마지막 상태보다 더 나쁜 것으로 여겨질 수 있다. 이런 부가적인 작업을 통해 G'는 개별 통합 연결망 내의 모든 총칭공간에 적용될 수 있으며, 그래서 전체 다중 통합 연결망에 대한 전체적인 총칭공간일 수 있다. 이어서 그런 총칭공간은 모든 총칭공간과 모든 입력공간, 모든 혼성공간, 대혼성공간에 적용된다. 당연한 결과로 그것은 문화적인 인생 이야기에 부가적인 구조를 제공한다. 이 구조는 출생, 지위, 인생의 입력공간들 사이에 중추적 관계 연결을 제공한다.

　요약하자면, 우리는 드라큘라와 그의 환자 그리고 야구 황새에서 두 입력공간에 적용되는 국부적인 총칭공간이 아닌 중요한 총칭공간이 어떻게 구축될 수 있는지를 처음으로 보았다. 우리는 이번 장의 줌아웃 절에서 이런 총칭공간으로 다시 돌아갈 것이다.

나 자신이 원치 않던 아이였기에

드라큘라와 그의 환자 같은 다중 혼성공간은 세 장면을 동시에 공연하는 화려한 서커스처럼 오락적이고 인상적이지만 실제 생활과 논리에는 별로 중요하지 않은 것처럼 보일 수 있다. 그러나 다중 혼성공간은 어떤 경우의 가장 진지한 문맥에서도 결정적이다. 셔너 컬슨은 리 에젤Lee Ezell이 1992년에 〈로스앤젤레스 타임스〉의 편집장에게 보낸 편지에서 나온 다음 발췌문을 보고하고 있다.[118]

나는 1963년도에 가족계획 클리닉이 없었던 것에 대해 감사한다. 그때 십대 처녀였던 나는 강간을 당해 임신했다. 캘리포니아 주는 나에게 손쉬운 탈출구를 보여줘서 위기 상태에 빠진 나를 이용했을 것이다. 나 자신이 원치 않던 아이였기에, 나는 낙태가 나의 일시적인 문제에 대해서 너무나 영구적인 해결책이라고 생각했다.

외관상 쉬운 이 논쟁을 이해하려 할 때 경이적으로 많은 정신공간들을 구축해야 하며, 그 가운데 많은 것은 반사실적 혼성공간이다.

- (임신을 하지 않았기 때문이거나 성교를 하지 않았거나 유산을 했기 때문에) 리의 어머니에게 리라는 자식이 없었던 반사실적 혼성공간.
- 리가 1963년에 성폭행을 당하지 않았고 따라서 줄리(편지 다른 곳에서 이름이 나와 있으며, 성폭행을 당한 결과로 그녀에게 생긴 아이)가 없었던 반사실적 혼성공간.
- 때는 1992년이고 십대 성폭행 피해자에게 낙태 수술을 해주는 가족계획 클리닉Planned Parenthood Clinics이 있는 정신공간.
- 때는 1992년이고 리가 임신했고 가족계획 클리닉이 없으며, 리가 가능한 수단으로 낙태를 고려하지만 그렇게 하지 않겠다고 결심하는 정신공간.
- 때는 1963년이고 가족계획 클리닉이 있으며 리가 그 가운데 한 곳에서 낙태 수술을 받은 반사실적 혼성공간('쉬운 탈출구').

- 때는 1963년이고 가족계획 클리닉은 이용할 수 없지만 리는 여전히 낙태를 한 반사실적 혼성공간.
- 때는 1992년이고 리가 1963년에 낙태 수술을 해서 줄리가 존재하지 않는 반사실적 혼성공간.

이런 정신공간들 사이에는 많은 중추적 관계와 프레임 연결이 있다. 이것들은 중심적인 혼성공간을 촉진한다. 프레임에서 프레임으로의 연결, 동일성, 반사실성, 변화, 시간, 역할, 유추가 그것이다. 1963년의 리의 상황은 명확히 그녀의 어머니가 임신했을 때의 상황과 유사하며 1992년의 십대 성폭행 희생자들의 상황과도 유사하다. 리는 그녀의 어머니와 십대 성폭행 희생자, 십대 어머니, 실재하거나 반사실적인 모든 정신공간 안의 아이들과 동일시된다. 그녀는 시간의 경과에 따른 사건 전개를 고려한다. 임신한 어머니가 있는 1963년 이전 정신공간과, 임신한 리를 가진 1963년 정신공간, 리가 줄리를 가진 어머니인 1992년 정신공간이 그것이다. 이런 시간 연결에 대한 추리로 그녀는 낙태는 "나의 일시적인 문제"(1963년 정신공간에서만 존재하는 문제)에 대한 "너무 영구적인 해결책"(그 결과가 많은 정신공간에까지 영향을 미치는 해결책)이었다고 말할 수 있다.

정교하게 상호 연결된 이 정신공간들은 결정과 판단을 유도할 수 있는 임의의 수의 혼성공간에 대한 무대를 마련한다. 그 혼성공간 중 하나에는 한 입력공간으로 리의 어머니가 리를 출산한다는 것이 들어 있으며, 다른 입력공간으로는 리가 줄리를 출산한다는 것이 들어 있다. 이 혼성공간에서 또한 리의 어머니이기도 한 리가 줄리의 목숨을 살려주는 것은 자신, 즉 리의 목숨을 살려주는 것이다. 그녀의 추론을 유도하는 이런 혼성공간에 초점을 두는 동기는 명확하다.

컬슨은 가장 크게 대조되는 극적인 혼성공간에는 다음과 같은 정신공간이 들어 있다고 지적한다. (1) 리의 어머니가 리를 임신해서 리를 출산하는 1963

년 이전 정신공간. (2) 리의 어머니가 리를 임신하지 않은 반사실적인 1963년 이전 혼성공간으로, 이것은 리의 어머니가 선호했을 것이다. (3) 1963년에 리가 낙태를 한 반사실적 혼성공간이 그것이다.

11장에서 논의한 '결핍', '공백', '놓침', '우유 없이' 등의 표현처럼, '원치 않는'은 상호적으로 반사실적인 입력공간 (1)과 (2)의 압축을 나타낸다. 우리는 이 둘을 혼성해서 (4)라는 새로운 정신공간을 창조한다. 이 새로운 정신공간에서 리는 '원치 않는' 아이이다. (4)와 (3)을 혼성함으로써 또 다른 혼성공간, 핵심적인 혼성공간이 발생한다. 이 혼성공간에서는 컬슨이 지적하듯이, 어머니의 역할을 하는 리가 원치 않는 아이인 리를 낙태한다. 자기 자신을 제거하는 것은 누구도 좋아하지 않는 일이라는 기본 원칙 아래, 이 혼성공간은 줄리의 낙태가 나쁜 생각이었을 것이라는 추리를 제공한다.

그러나 또 다른 혼성공간이 이용 가능하다. 가족계획 클리닉이 있는 1992년 공간과 리의 어머니와 그녀의 '원치 않은' 임신이 있는 1963년 이전의 정신공간을 혼성한다면, 리의 어머니가 리를 낙태한 반사실적 혼성공간을 창조할 수 있다. 이어서 이 혼성공간과 리가 줄리를 낙태하는 반사실적 혼성공간을 혼성하면 오직 리의 어머니만 있고 리와 줄리는 사라지고 마는, 최종적인 황폐한 혼성공간을 창조할 수 있다.

냉혹한 수확자

'죽음'을 '냉혹한 수확자(저승사자)Grim Reaper', 즉 고깔 달린 검은 수사옷을 입고 낫을 든 사악한 해골 같은 인물로 표상하는 것은 은유와 환유의 복잡한 상호작용이 수반된 통합이다. 냉혹한 수확자는 많은 정신공간으로부터 발생한다. (1) 한 개인이 죽는 정신공간, (2) 어떤 사건이 추상적인 인과적 요소로 초래되는 인과적 동어반복의 추상적 패턴의 정신공간(예컨대, 죽음은 죽는 것을 초래한다, 잠은 잠자는 것을 초래한다, 냄새는 냄새 맡는 것을 초래한다, 게으름은 게으른 것을 초래한다), (3) 전형적인 인간 살인자를 포함하는 정신공간, (4) 수확 시나리오에서

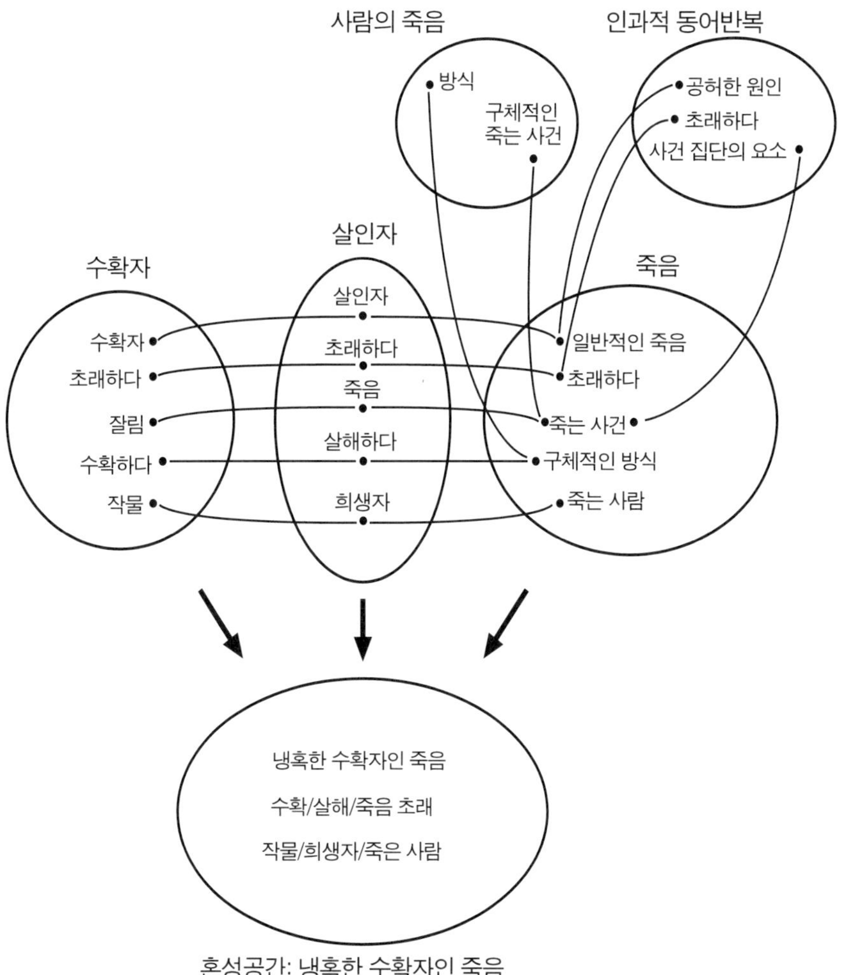

그림 14.4 죽음, 냉혹한 수확자 연결망[119]

수확자가 있는 정신공간(그림 14.4 참조)이 그것이다. 냉혹한 수확자는 개념적으로 다른 입력공간 중 어디에도 없다. 냉혹한 수확자는 대신 혼성공간 안에 있으며 모든 정신공간들은 혼성공간으로 구조를 투사하고 있다.

이 배열에서 전혀 놀랍지 않으면서도 동시에 가장 놀라운 정신공간은 인과적 동어반복의 정신공간이다. '죽음'이나 '병', '사랑' 같은 일반적인 원인들이 인간 생활 전반에서 영향을 준다는 것은 너무 뻔한 이야기이다. 죽음이 당신을 죽도록 만든다는 말은 전혀 중대한 소식이 아니어서 전혀 놀랍지 않다. (치명적인 칼날, 말기 암, 오랜 노환, 자동차 사고, 굶주림 등) 매우 다양한 제각각의 죽는 이유에는 모두 '죽음'이라는 모든 것에 우선하는 단 하나의 원인이 있다고 제시하는 것은 충격적이기 때문에 가장 놀라운 것이다. 죽음은 그 효과 자체 외에는 세계에 아무런 지시물과 증거가 없다. 우리는 사건에서 그 사건 범주의 관점에서 동어반복적이고 배타적으로 정의되는 원인을 읽어내고, 그 원인은 바로 그 사건의 용어로 나타나게 된다. 이런 원인들은 논점을 교묘히 피해간다. 우리가 '무엇 때문에 죽었는가?'라고 물었을 때 '죽음'이라는 답을 받는다면, 우리는 질문에 답이 되었다고 생각하지 않는다. 우리는 이렇게 논점을 교묘히 회피하는 원인을 '공허한 원인'이라고 부를 것이다. 공허한 원인의 구성은 그 자체가 개념적 혼성 과정으로, 사건을 가진 정신공간과 원인과 초래된 사건을 가진 정신공간을 혼성해서 나타난다. 혼성공간에서 원래의 사건은 이로써 원인을 가진다. 흥미롭게도, 원인의 자질은 사건으로부터 투사된다. 파란 컵의 '파랑'이 아마도 우리가 컵의 자질로 창조한 '파란색'에 의해 초래되는 것이라고 여기고 있듯이, 죽음은 죽음에 의해 초래된다.

당연하게도, 공허한 원인은 우리 세계의 다른 원인들과 동일하지 않다. 우리는 대부분 원인을 직접 보거나 조사할 수 있다고 생각한다. 우리는 병을 일으키는 세균을 찾을 수 있거나 노년을 초래하는 생물학적 변화를 발견할 수 있다. 그러나 공허한 일반적 원인인 죽음은 통상적으로 지각되지 않는다.

인과적 동어반복과 한 개인이 죽는 것에 대한 정신공간을 혼성하는 것은 인간의 죽음이라는 개별 사건이 공허한 원인인 죽음에 의해 초래되는 정신공간을 포기하는 것이다. 이것은 매우 관습적이다. 우리가 다시 이러한 관습적인 혼성공간을 하나의 입력공간으로 사용하고 살인자가 들어 있는 정신공간을 또 다른 입력공간으로 사용하면서 반복해서 혼성을 한다면, 그 결과는 공허한 원인인 죽음임과 동시에 *살인자*인 한 요소를 포함하는 새로운 혼성공간이다. 이것은 의인화이다. 행위자와 비非행위자(*살인자*와 *죽음*)는 혼성공간에서 융합되고, 두 사건도 융합된다. 더욱이 살인자가 있는 입력공간으로부터 투사되는 하나의 행동(*살인*)이 있다. 추가적으로 죽은 사람은 살인의 희생자와 융합된다. 혼성공간에서 죽음은 살인이라는 행위를 수행해서 희생자가 죽는 인과적 결과를 가져오는 살인자이다.

우리는 수확자가 곡물을 수확하는 시나리오를 한 입력공간으로 활성화할 수도 있다. 이 시나리오는 인간 생활에 쉽게 연결할 수 있다. 왜냐하면 이미 식물 성장과 인간 생활의 단계 사이에 관습적 사상이 있기 때문이다("그는 어린 새싹이다He's a young sprout", "그는 노년으로 시들어가고 있다He's withering into old age"[120]). 수확자 정신공간은 죽음-살인자 혼성공간으로 자연스럽게 사상된다. 곡물은 죽은 사람에 사상되고, 수확자는 살인자에 사상된다. 이제, 혼성공간에서 죽음-살인자-수확자는 사람-희생자-식물의 죽음을 초래한다. 우리는 우선 수확자 시나리오와 죽음의 장면을 가진 시나리오를 혼성해서 죽음이 살인자가 아니라 훌륭한 농부인 혼성공간을 창조하고 그 다음에 그 혼성공간과 살인자 및 희생자를 가진 혼성공간을 혼성하는 식으로, 다른 순서로 동일한 혼성공간에 도달할 수도 있다.

저승사자는 혼성공간 안에 있지만 어떤 입력공간에도 있을 수 없다. 인간 죽음의 개별 사건과 *살인자*를 가진 입력공간 모두 내부에 식물이나 수확자가 포함되어 있지 않다. 저승사자는 또한 너무 구체적이어서 인과적 동어반복 정신공간에 있지 않다. 그러나 수확과 수확자를 가진 입력공간에도 있지 않다. 그 정신공간에서 수확자의 전형은 저승사자의 자질과 양립하지 않는다.

'죽음은 수확자'라는 은유가 간단하고 수확이라는 근원 영역 프레임에서 죽음이라는 목표 영역으로 가는 일직선의 간단한 투사만 수반한다고 생각하기 쉽다. 이런 생각이 얼마나 부적당한지를 보기 위해서는, 혼성공간 내의 수확의 발현구조가 수확의 입력공간과 (그리고 더욱이 모든 다른 입력공간들과) 차이 나는 모든 방법을 검토해보는 것도 괜찮다.

인간 수확자는 설득하고 논쟁할 수 있는 여지가 있지만, 공허한 원인인 죽음은 결코 설득할 수 없다. 혼성공간에서 우리는 수확자의 정신공간으로부터 설득이나 논쟁, 어떤 다른 인간 협상의 구성 요소를 투사하지 않는다. 대신에 우리는 죽음의 비타협적인 태도를 투사한다.

수확자에 대한 개별적 권위는 알려져 있지 않다. 아마 그는 다른 사람들에게서 명령을 받을 것이다. 그는 노예일 수도 있다. 그러나 공허한 원인인 죽음의 권위는 혼성공간으로 투사될 때, 독단적으로 행동할 권위를 지닌 수확자를 낳는다. 죽을 수밖에 없는 사람은 수확자에게 멈추라고 명령할 수 있는 권위가 있지만, 죽을 수밖에 없는 운명에 처한 어느 누구에게도 저승사자를 멈추도록 명령할 수 있는 권위는 없다.

실제 수확자는 헤아릴 수 없이 많고 본질적으로 교체 가능하다. 그러나 공허한 원인인 죽음은 혼성공간으로 투사될 때 유일한 결정적인 죽음—수확자를 생산하는 유일한 원인으로 생각된다. 저승사자The Grim Reaper에서 정관사 'The'를 사용하는 이유가 여기에 있다.

실제 수확자는 죽을 수밖에 없는 운명이며 다른 수확자로 교체할 수 있다. 그러나 공허한 원인인 죽음은 그렇지 않으며, 이 구조를 혼성공간에 투사함으로써 영원불변의 죽음—수확자가 창조된다. 우리는 우리의 조상을 베어버린 동일한 저승사자에 의해 목숨이 잘리게 될 것이다.

인간 수확자는 강하고 생산적이고 보통 건강하며, 때때로 매력적이다. 그러나 살인자는 파괴적이고 해로우며 우리를 죽인다. 그래서 저승사자(냉혹한 수확자)은 매력적이지 않거나 '냉혹'함에 틀림없다. 인간 수확자는 낮에 일하고, 곡물 줄기 하나하나의 사정에 대해서는 관심이 없고, 무차별적으로 들판 전체를 수확한다. 그러나 저승사자는 어두울 때 찾아오며 특정한 시간에 특정한 사람을 택해서 그를 죽인다. 그는 살인자처럼 당신을 몰래 추적할 수 있다.

의인화에서는, 의인화된 사건에 대한 우리의 느낌을 표현하기 위해 사람의 외모와 행동을 선택한다. 죽음 자체가 냉혹한 것이라면, 죽음의 의인화도 냉혹하게 보이고 냉혹하게 행동할 것이다.

"죽음, 그 냉혹한 수확자Death, The Grim Reaper"의 언어적 요소를 살펴보면, 그런 요소들이 개념적 혼성을 반영한다는 것을 볼 수 있다. 정관사 'The'는 인과적 동어반복으로부터 나온다. 왜냐하면 그것은 단일한 일반적 원인을 나타내기 때문이다. 이름 '죽음'은 인과적 동어반복과 죽음이라는 개별 사건을 혼성함으로써 나온다. 형용사 '냉혹한'은 원형적인 살인자를 가진 정신공간과 인간의 죽음이라는 개별 사건을 가진 정신공간 모두로부터 나온다. 명사 '수확자'는 수확의 정신공간으로부터 나온다.

우리는 신문 칼럼, 의견서, 의인법과 같은 장르에서부터 농담과 심각한 논쟁에 이르는 다중 혼성공간을 기술했다. 드라큘라와 그의 환자 같은 다중 혼성공간은 신선한 데 반해, 출생 황새와 같은 다중 혼성공간은 고착되어 있다. 그러나 이 모두는 개념적 통합이라는 동일한 작용을 사용한다. 또한 놀랍게도 다중 혼성공간이 아무리 정교해도, 사람들은 다중 혼성공간을 어렵지 않게 구성한다. 막상 분석해보면, "나 자신이 원치 않던 아이였기에"에서 볼 수 있는 복잡한 개념적 통합의 속도와 힘은 불가사의해 보인다. 그러나 이것은 인지적 현대 인간이면 누구나 언제나 행하고 있다. 이번 장에서 상세하게 분석한 경우들이 독특하거나 독특한 정신적 책략으로부터 발생한 것이라는 생각은 착각이다. 앞서 든 사례 중 하나는 우리가 아무렇지도 않게 읽는 신문 사설이다. 실제로 모닝커피를 따르는 것이 이런 신문 사설을 이해하는 것보다 더 어렵다. 또 다른 예는 누구든 명확하고 간명하며 적절하다고 판단할, 신문사에 보낸 정성 어린 편지이다. 야구 황새는 정치 운동가들과 심야 코미디언들이 많은 청중들에게 할 수 있는 일종의 농담이다. 그리고 낫을 든 저승사자는 어린이와 성인 모두에게 문화적 상식이다. 우리는 14장에 이르는 논의를 거쳐 이러한 핵심에 도달했지만, 사실은 대부분의 일상 의사소통이 다중 혼성공간을 수반하고 있다. 어떤 다중 혼성공간이 다른 다중 혼성공보다 더 많은 주의를 끌지만, 그것은 전자의 다중 혼성공간들이 더욱 복잡하거나 더욱 이색적인 정신적 도구를 사용하기 때문이 아니다. 야구 황새는 상당히 주목할 만하고 익살맞기도 하지만, 별로 주목을 끌지 않는 원치 않는 아이 예가 분명 훨씬 복잡하고 다양한 숨겨진 반사실성, 곡예적인 초혼성공간, 혼성공간 내의 부정적인 요소 생산을 위한 상호적으로 반사실적인 정신공간들 사이의 원인-결과 압축을 수반한다. 예능인과 광고주의 가장 놀라운 다중 혼성공간은 우리가 매일같이 사용하는 개념적 통합의 기본 작용으로부터 발생한다.

CHAPTER 14
줌아웃

리프라이즈

이번 장에서는 다중 혼성공간에 주안점을 두었다.

질문:

● 우리는 더 앞 장에서 다중 혼성공간을 암암리에 접한 바 있지 않은가?

대답:

물론이다. 컴퓨터 데스크탑에는 책상(데스크)에서 일하기, 목록 선택하기, 숫자와 문자로 된 컴퓨터 명령어를 프롬프트에 입력하기, 창을 통해 보기, 창의 크기를 바꾸기, 가리키기와 같은 다중 입력공간이 있다.[121] 마우스, 화살표, 컴퓨터 데스크탑의 스크린 위의 사물을 조작하는 기본적인 통합적 조작 자체는 놀라운 다중 혼성공간이다. 데스크탑 인터페이스는 타이핑을 해서 컴퓨터에 '명령'을 '내린다'는 혼성 개념을 창조하기 위해, 상징의 연속체를 타이핑한다는 것과 누군가에게 명령을 내린다는, 매우 기본적인 두 입력공간의 혼성공간 같은 보다 앞선 연속적인 혼성공간을 능동적으로 구축한다.

실제로, 우리가 논의했던 거의 모든 혼성공간이 다중 입력공간을 가지고 있다. 과학적·문화적 개념은 수세대에 걸친 연속적인 개념적 혼성의 산물이다. 복소수 예는 수와 공간의 입력공간이 있다. 이런 입력공간 자체는 정교한 연속적인 개념적 혼성으로부터 초래된다. 다중 입력공간의 놀라운 경우 하나는 7장에서 논의한 가상 경주의 예이다. 이 예에서 이전의 여러 경주의 부분적인 양상들이 모두 투사되어 단 하나의 사건으로 혼성된다. 배 경주나 칸트와의 논쟁 같은 간단한 거울 연결망에서, 혼성공간을 조직하고 확장하기 위한 기존 프레임(경주나 논쟁)의 보충은 기술적으로 제3의 입력공간으로부터의 투사이다. 클레오파트라, 성 바르바라, 엘리자베스 1세, 증조모(프리마돈나), 사라 베르나르 같은 다중 동일성을 하나의 윤회전생輪廻轉生으로 혼성하는 것도 물론 다중 혼성공간이다. 5장의 발기부전의 흡연하는 카우보이 예도 연속적인 개념적 혼성의 산물이고, 또한 암시적인 반사실적 정신공간에 대한 다중 혼성공간을 수반한다. 우리가 접했던 다른 놀라운 다중 혼성공간으로는 죄의 아버지인 사탄(8장)과 경계하는 가지뿔영양(7장)이 있다.

더 나아가

우리가 이번 장에서 살펴본 분석은 다소 복잡해 보인다.

질문:

● 그러나 실제로 이런 혼성공간은 분석이 제안하는 것보다 훨씬 복잡하지 않은가?

대답:

그렇다. 우리가 말한 것보다 더욱 많은 것이 진행되고 있다. 드라큘라와 그의 환자 예에는 정치가와 도박꾼gambler이라는 또 다른 중요한 혼성공간이 있

으며("클린턴 대통령은 내가 생각하기에 과감하고 훌륭한 승부gamble를 걸었다), 우리
가 인용한 발췌문은 "최우수 정치가상Best Performance by a Politician"이라는 제목
의 신문 칼럼에서 따온 것인데, 이 칼럼에서 전체적인 정치 상황은 아카데미 시
상식에서 노미네이트되는 것과 혼성되었다. 신문의 그림 담당은 더 나아가 미
국 체신 공사가 유명한 예능인의 얼굴이 그려진 '유명인' 우표를 발행하고 있다
는 사실을 이용했다. 삽화는 두 개의 우표를 보여주는데, 하나는 엘비스 프레
슬리의 우표이고, 다른 하나는 '빌'의 우표인데, 그 우표에서 클린턴 대통령은
마이크를 잡고 노래하고 있는 예능인으로 묘사된다.

아이를 물고 오는 황새 혼성은 부가적으로 외부공간 중추적 관계에 압축을
수행한다. 좀 더 나이를 먹은 아기의 특징이 태어나지 않은 태아에게 주어진
다. 황새가 날고 있을 때, 아직 아기는 태어나지 않았지만, 혼성공간상 태어나
지 않은 아기는 일상의 유아처럼 보인다.

일반적으로, 실생활에서 혼성공간은 매우 풍부하다. 왜냐하면 이런 혼성공
간이 상황의 많은 집합적이고 개별적인 양상에 연결되기 때문이다. 우리의 목
적은 어떤 특별한 통합 연결망을 총체적으로 제시하는 것이 아니다. 그보다 그
것들이 모두 작용하도록 하는 인지적 작용을 설명하는 것이다.

전체적 총칭공간

우리는 이번 장에서 처음으로 추상, 수정, 정교화에 의해 다중 통합 연결망 내
에서 구축된 새로운 종류의 총칭공간을 보았다.

질문:

- 우리는 8장에서 대혼성공간을 보지 않았는가? 그렇다면 그 장에서 우리
  는 왜 이런 유형의 총칭공간을 보지 않았는가?

- 이런 종류의 총칭공간은 단지 다중 통합 연결망을 위해서만 발생할 수
  있는 것인가? 이런 총칭공간은 단순 연결망이나 거울 연결망 또는 다른

종류의 연결망에서도 발생할 수 있는가?

대답:

Y^n 대혼성공간을 논의한 8장에서 우리는 이런 새로운 종류의 총칭공간을 건너뛰었는데, 아직 그것을 분석할 이론적 메커니즘이 없었기 때문이다. Y^n 연결망에는 물론 평범한 방식으로 구축된 평범한 국부적 총칭공간이 있으며 그래서 총칭공간 안의 요소나 관계들은 저마다 두 입력공간 모두에 대응하는 요소나 관계를 가진다. 그러나 여기에서 흥미로운 새로운 논제는 전체 연결망에 대한 전체적 총칭공간의 가능성이다. 우리는 이제 입력공간 및 입력공간들 사이의 외부공간 중추적 관계에서 작용하며 새롭고도 매우 유용한 특성을 가진 '인생 이야기' 같은 총칭공간을 보았다. 총칭공간의 구조는 개별 입력공간에 전적으로 적용될 필요는 없다. 이런 정신공간은 '전체적 총칭공간'이라 명명된다. 전체적 총칭공간 안의 요소나 관계들은 저마다 그것이 작용하는 입력공간이나 외부공간 중추적 관계 내의 어느 곳에 대응요소를 가질 것이지만, 반드시 모든 입력공간 내에 가질 필요는 없다. 우리가 이번 장에 앞서 논의한 모든 총칭공간은 그것이 작용했던 두 입력공간 모두에 완전히 적용되었다. 예컨대, 배 경주에 대한 총칭공간에는 샌프란시스코에서 보스턴까지 바다 항해를 하는 배가 있으며, 이것은 그레이트아메리칸Ⅱ호를 가진 정신공간뿐만 아니라 노던라이트호를 가진 정신공간에도 적용되었다.

전체적 총칭공간은 입력공간 내의 중요한 요소들이나 그런 입력공간들 사이의 중요한 외부공간 중추적 관계에 대한 추상적 통합이다. 그것은 도식적 층위에서 통합적인 총체적 통찰력을 제공한다.

Y^n 연결망에는 n+1개의 입력공간과, n개의 혼성공간과, n개의 평범한 국부적 총칭공간이 있다. 그러나 우리는 이제 이 연결망이 또한 모든 n+1개의 입력공간 및 입력공간들 사이의 외부공간 중추적 관계까지 미치는 전체적 총칭공간이 있음을 지적할 수 있다. 이런 전체적 총칭공간에는 선형으로 순서가 정해

진 (적어도) n+1개의 요소가 있으며 어떤 인접한 두 요소들 사이에는 짝 관계가 있다. "앤은 맥스의 딸의 사장이다"에 대한 전체적 총칭공간에는 두 개의 간단한 역할, 이 두 역할의 복합적 역할로의 압축, 이런 역할에 의해 서로 관련된 세 요소가 있는 어떠한 상황과 일치하는 매우 추상적인 구조가 있다. 이런 전체적 총칭공간은 역할 *사장*, 역할 *딸*, 복합적 역할 *~의 딸의 사장*과 세 요소 앤, 맥스, 명명되지 않았지만 특정한 딸/직원이 있는 상황과 일치한다.

통합 연결망으로부터 잠재적으로 유용한 총칭공간을 도출하는 또 다른 일반적인 방법이 있다. 혼성공간은 정신공간이며, 항상 더욱 추상적인 정신공간의 버전을 만들 수 있다. "이 외과의사는 도살자야This surgeon is a butcher"에 대한 혼성공간을 고려해보라. 혼성공간은 무능력이라는, 어느 입력공간에도 부재하는 발현구조를 가진다. 이 혼성공간과 일치하는 매우 추상적인 총칭공간에서는 한 사람만 행동하고 있다. 그다지 추상적이지 않은 총칭공간에는 행위자와 영향을 받는 것이 있다. 훨씬 더 추상적이지 않은 총칭공간에는 행위자와 영향을 받는 (살아 있거나 그렇지 않은) 물리적 사물이 있다. 이런 방식으로 도출되는 총칭공간은 입력공간들에 걸쳐 있는 국부적인 총칭공간과 부합할 수도 있고, 혹은 더욱 추상적이거나 더욱 구체적일 수도 있다. 또는 이 총칭공간은 혼성공간 내의 발현구조와 대응하는 추상적인 구조를 포함할 수도 있다. 이런 경우에 총칭공간은 입력공간과 어울리지 않을 것이다. 예컨대, 외과의사—도살자에 대한 총칭공간에서는 어떤 사람이 지금과 다른 상황에서 지금과 다른 물리적 사물에나 알맞은 방법을 사용해 물리적 사물에 영향을 미친다. 이 총칭공간은 외과의사 입력공간이나 도살자 입력공간 또는 연결망에 대한 국부적 총칭공간과 일치하지 않지만, 혼성공간의 요점인 무능한 사람이라는 개념과는 잘 양립하고 있으며 우리는 이 총칭공간을 다른 연결망에서 사용하려고 할 수도 있다. 혼성공간으로부터 취했지만 입력공간과는 양립하지 않는 어떤 총칭공간은 독립적으로 이용할 수 있거나 관습적이기도 하다. 비록 경주 프레임은 1853년 정신공간, 1993년 정신공간, 국부적 총칭공간과 양립하지 않지만, 명확히 배 경주

예의 혼성공간에 대한 총칭공간이다. 칸트와의 논쟁 예의 논쟁이나 *대화*와 같
은 총칭공간에서도 이는 마찬가지로 사실이다.

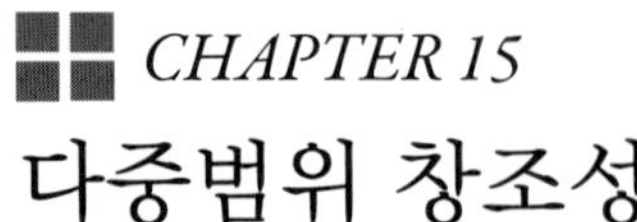

CHAPTER 15
다중범위 창조성

우리는 양날의 칼이며, 우리가 우리의 미덕을 닦을 때마다 우리의 악도 연마된다.

—헨리 데이비드 소로Henry David Thoreau

단순 연결망, 거울 연결망, 단일범위 연결망에서 혼성공간의 조직 프레임은 입력공간이나 기존의 패턴으로부터 빌려온다. 그러나 이중범위 연결망에서는 혁신이라는 새롭고 매혹적인 현상을 볼 수 있다. 이는 인지적 현대 인간에게 유일무이한 것이다. 이번 장에서는 이중범위 연결망에서 새로운 프레임의 발달을 조사할 것이고, 다음 장에서는 혁신적인 프레임의 발달을 포함해 혼성공간의 발달을 이끄는 원리를 기술할 것이다.

화

조지 레이코프와 졸탄 쾨벡세스Zoltán Kövecses는 1987년에 화anger에 대한 은유적 이해를 인상적으로 분석했다. 거기에서 그들은 열熱, heat에 대한 통속 모형과 화에 대한 통속 모형 사이의 사상을 밝혀냈다.[122] 이런 사상에서 가열된 그릇은 화난 개인에게 사상되고, 열은 화에 사상되고, 연기와 수증기(열의 표시)는 화의 표시에 사상되고, 폭발은 통제 불능의 격노에 사상된다. 이런 사상은 "그는 머리에서 김이 났다He was steaming", "그녀는 화로 가득 찼다She was filled with anger", "나는 부글부글 끓는 단계까지 왔다I had reached the boiling point", "나는 머리에서 연기가 피어올랐다I was fuming", "그는 폭발했다He exploded", "나는 울화

통이 터졌다I blew my top" 같은 관습적 표현에 반영되고 있다.

레이코프와 쾨벡세스는 또한 이런 은유가 증가한 체열, 혈압, 흥분, 얼굴의 붉어짐 같은 화의 생리적 효과에 대한 통속 이론에 기초를 둔다고 지적한다. 감정을 이런 생리적 효과에 연결하는 원인–결과 중추적 연결이 "그는 화가 나서 목 부분이 뜨거워졌다He gets hot under the collar", "그녀는 화가 나 시뻘게졌다She was red with anger", "나는 혈관이 터질 지경이다I almost burst a blood vessel"같은 표현으로 화를 나타내는 것을 허용한다.

은유적 사상과 중추적 관계는 다음과 같은 대응을 정의한다.

열 입력공간	감정 입력공간	신체 입력공간
'물리적 사건'	'감정'	'생리학'
그릇	사람	사람
열	화	체열
김	화의 표시	발한, 붉어짐
끓는점	가장 높은 감정의 정도	
폭발하다	극단적인 화를 보여주다	심하게 몸을 떪, 생리적 통제력을 잃음, 난폭한 행동

여기에는 독립적으로 조작 가능한 화라는 감정과 신체적 상태에 대한 정신공간이 있다. 또한 상관성에 기초한 둘 사이의 관계에 대한 관습적인 문화적 개념도 있다. 즉 사람들은 종종 화가 날 때 얼굴이 붉어지고 부르르 떤다. 우리는 이런 개념을 '감정과 몸의 이야기'라고 명명할 수 있다.

열과 감정 사이의 은유적 사상 및 감정과 몸 사이의 중추적 연결 외에, 열과 몸 사이에 세 번째 부분적 사상이 있다. 이 사상에서 그릇에서 새어 나오는 증기인 수증기는 몸에서 나오는 액체인 발한에 연결되고, 물리적 사물의 열은 체열에 연결되고, 그릇의 흔들림은 몸의 떨림에 연결된다.

세 가지 부분적 사상은 관습적인 다중 혼성공간을 위한 무대를 마련한다. 이 혼성공간에서 입력공간의 대응요소들이 융합되어 열, 화, 체열인 하나의 요소와 폭발, 극단적인 화에 도달하는 것, 흔들리기 시작하는 것인 또 다른 하나의 요소를 생산한다. 일단 이런 혼성공간을 가지면 그것을 운용해 또 다른 발현구조를 발달시킬 수 있다. 이런 발달을 용이하게 하기 위해 입력공간에 다른 정보를 보충할 수 있다.

그 한 예로 우리는 다음과 같이 말할 수 있다.

그는 너무 화가 나서 귀에서 연기가 날 정도다He was so mad I could see smoke coming out of his ears.

이 시나리오는 귀를 몸 입력공간에 보충하고 구멍을 열 입력공간에 보충하고 그 둘을 혼성공간 속의 동일한 요소로 투사함으로써 도출된다. 그 결과 새로운 생리적 반응을 가지게 된다. 그것은 귀에서 연기가 나오는 것으로서, 원래의 몸 입력공간에서는 상상할 수 없는 일이다. 혼성공간에서는 이런 반응이 화와 융합된다. "그는 폭발했다" 같은 관습적 표현은 몸 입력공간 자체에서는 불가능한 새로운 생리적 반응을 혼성공간에서 촉진시킨다. 이런 경우, 감정의 생리적 상관물의 개념이 '감정과 몸의 이야기' 입력공간으로부터 나오지만, 물리적 반응의 특정한 내용(연기, 폭발)은 열 입력공간으로부터 나온다. 이것은 다중범위 연결망으로서, 두 입력공간과 두 입력공간의 중추적 관계 위의 관습적인 전체적 총칭공간(감정과 몸의 이야기)을 가지며, 외부공간 중추적 관계가 혼성공간에서 유일성으로 체계적으로 압축된다.

혼성공간은 입력공간에 연결되어 있다. "그는 너무 화가 나서 귀에서 연기가 날 정도다" 같은 문장은 혼성공간에서 직접적으로 구조를 식별하지만, 연기를 매우 화가 난 것을 나타내는 신호로 보는 추리는 감정 입력공간과 몸 입력공간에서 그에 상응하는 추리로 역투사된다. 그가 매우 화가 났으며, 그 사실을 나타내는 생리적 신호가 보이고 있다는 것이다(실제로 인간 몸의 어디에 이런 신호들이 있는지는 중요하지 않다).

"그는 폭발했다. 그의 귀에서 연기가 날 정도다He exploded. I could see smoke coming out of his ears" 같은 표현은 혼성공간을 직접적으로 언급할 수 있다. 입력공간 그 자체로는 어떤 경우에도 부적절한 이런 표현은 혼성공간의 통합적인 장면을 응집력 있게 골라낸다. 또한 비록 어휘가 어느 한 입력공간에 적절할 때도, 혼성공간은 보통 그 입력공간에서는 비문법적인 방식으로 그 어휘를 사용할 수 있다. 예컨대, 주방장이 화가 났고 압력솥이 폭발할 때까지 가열해서 화를 행동으로 표현한다고 생각해보라. '화anger'와 '폭발하다explode'가 이런 장면에 적용될 수 있고, 솥이 "힘을 못 이기고 폭발했다exploded with force"라고 말할 수 있지만, 그것이 "화가 나서 폭발했다exploded with anger"라고는 말할 수 없다. 그러나 화가 압력이고 열이고 힘인 혼성공간에서는 실제로 "그는 화가 나서 폭발했다"라고 말할 수 있다.

"그녀는 화가 나서 뻘게졌고 마침내 폭발했다She became red with anger and finally exploded"에서처럼, 세 입력공간 모두에서 나오는 어휘가 혼성공간을 언급할 때 결합될 수 있다. 그러나 이번에도 우리는 화난 주방장이 뻘겋게 가열한 냄비를 놓고 그것이 "화가 나 뻘게졌다"라고는 말할 수 없다.

"맙소사, 그는 너무 화가 나서 귀에서 연기가 날 정도야. 모자에도 불이 붙을 것 같아"에서처럼, 혼성공간을 운용해서 정교한 발현구조를 생산힐 수 있다.

열 입력공간이나 화 입력공간에서 불타는 모자 같은 것은 없다. 불타고 있는 모자는 혼성공간에서 발현되었으며, 혼성공간에는 누군가가 불타고 있다는 프레임이 있다. 불타고 있는 모자는 더 큰 열/화, 더 큰 통제 상실, 더 큰 위험을 암시한다.

다중범위 연결망에서는 종종 주요한 유형을 초월하는 패턴을 식별할 수 있다. 화 연결망은 드라큘라와 그의 환자가 보여주는 패턴과 같다. 이것은 놀라운 것처럼 보일 수 있다. 왜냐하면 그 두 연결망은 전혀 다른 개념적 영역을 취

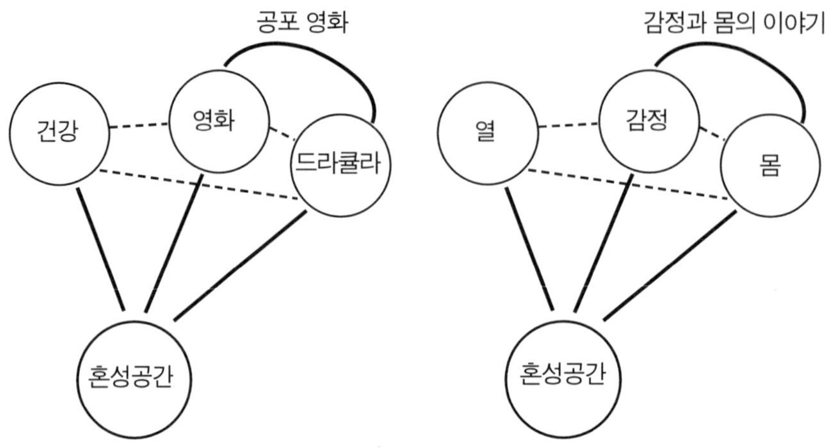

그림 15.1 드라큘라 연결망 대 화 연결망

급하고 있으며, 하나는 고착화된 문화모형인 반면 다른 하나는 새롭고 상당히 주목할 만한 혼성공간이기 때문이다. 그러나 이 두 가지 사례 모두 세 개의 입력공간 및 그중 두 개의 입력공간 사이의 일련의 중추적 관계를 가진다. 그러한 중추적 관계와 중추적 관계들이 연결하는 두 정신공간은 전체적 총칭공간(드라큘라의 경우에 '공포 영화', 화의 경우에 '감정과 몸의 이야기')의 실례들이다. 두 경우에서 중추적 관계는 동일성 연결자를 포함한다. 게다가, 드라큘라는 드라마 연결자를 가지고 있고 화는 원인–결과 연결자를 가진다. 그렇지만 이 두 연결망 사이에는 표면적인 차이가 있다. 드라큘라에서는 연결망의 주제가 전체적 총칭공간 아래에 없는 정신공간인 데 반해('의료'는 '공포 영화' 아래에 있지 않다), 화에서 연결망의 주제는 전체적 총칭공간 아래 있는 정신공간들 중 하나이다('감정'은 '감정과 몸의 이야기' 아래에 있다). 이런 유사한 연결망은 그림 15.1이 예시한다.

엘머 퍼드*가 발부터 빨갛게 변하기 시작해 마치 온도계처럼 머리 끝까지 붉어지다가 연기가 귀에서 나오는 만화 같은 일부 경우에, 혼성공간을 실례화

* 달걀 모양 머리와 사냥꾼 복장이 특징인 미국 만화영화의 등장인물.

하기 위해 우리는 의식적으로 하나의 세계를 구축한다. 이 세계는 정말로 화난 사람의 귀에서 연기가 나오는 세계이다. 이것은 '유령선'을 명시적으로 끌어들일 수 있는 (그러나 그렇게 할 필요가 없었던) 배 경주 연결망과 같다. 그러나 대부분은 어떠한 세계도 구축되지 않는다. 화 다중 혼성공간은 환상의 세계를 구축하지 않고 일상적으로 사용된다. 그런 세계를 구축하는 만화는 단지 이미 존재하는 혼성공간을 이용한다. 배 경주 예의 경우에 대해서도 동일한 방식으로, "그레이트아메리칸II호는 현재 노던라이트호보다 4.5일 앞서 있다"라고 말할 수 있다. 이는 혼성공간의 구축을 촉진하지만 유령선이 있는 세계는 구축하지 않는다. 사상의 작용은 동일해도, 그것과 부합하는 세계를 창조하는 것이 혼성공간을 훨씬 더 두드러지게 만든다.

세계를 구축하는 것은 우리로 하여금 입력공간에 대해 추론적인 혼성공간의 구조와 그렇지 않은 구조를 구분하게 민든다. 벅스 버니*가 연기가 싫어서 엘머 퍼드 만화에서 연기를 불어 날려버린다면, 화 입력공간에 대한 추리가 없을 수도 있다. 그러나 아마도 사람들은 '내'가 화난 사람을 진정시킬 수 있었다는 함축적 의미로 "나는 연기를 날려 없앨 수 있었다I was able to blow the smoke away"라고 말할 수도 있다. 이런 해석에서는 더 이상 연기가 없다면 불도 없고 따라서 화도 없다. 그러나 이것은 열 입력공간과 일상 세계에서는 틀린 사실이다. 가열된 냄비에서 나는 연기를 불어 날려버리는 것은 열의 뜨거운 정도와는 아무런 관련이 없다. 반대로 감정 영역에서는 화의 표시가 사라지면 화 역시 사라진 것이고, 이것이 혼성공간으로 투사되는 규칙이라고 가정된다. 혼성공간은 감정과 몸의 입력공간에서 나온 일부 구조를 가져옴으로써 열 입력공간에서 유효한 물리학의 법칙을 위배한다. 이러한 인과적 구조의 역은 혼성공간에서 무덤 파기가 죽음을 초래하는 7장의 무덤 파기 예에서 관찰한 것과 같다.

* 미국 만화영화의 토끼 캐릭터. 항상 엘머 퍼드를 골탕 먹인다.

저승사자의 재래

화 혼성공간에서처럼, 저승사자 연결망에는 원인-결과 중추적 관계의 압축이 있다. 공허한 원인인 죽음은 해골의 존재와 매장을 둘러싼 의례처럼 먼 곳까지 많은 결과를 불러일으킨다. 혼성공간에서 이 가운데 어떤 원인-결과 관계는 압축되지만 유일성으로까지는 압축되지 않는다. 예컨대, 공허한 원인인 죽음으로부터 특정한 인간의 특정한 죽음, 송장, 매장, 땅속에서 살의 썩음, 시체 발굴, 눈에 보이는 해골에까지 이르는, 여러 단계의 원인-결과 연쇄는 유일성 다음으로 가장 단단한 중추적 관계, 즉 부분-전체로 압축된다. 혼성공간에서 해골은 저승사자의 몸이다. 이와 유사하게 공허한 원인인 죽음으로부터 죽음이나 매장의 순간에 경건한 참석자들이 입는 고깔이 달린 수사修士옷과 예복에 이르는 여러 단계 연쇄는 또 다른 단단한 중추적 관계로 압축된다. 고깔 달린 수사의 겉옷과 예복 역시 저승사자의 분리 불가능한 부분이다.

중추적 관계 압축은 개념적 통합의 가장 강력한 지배 원리 중 하나이다. 화와 저승사자의 다중범위 혼성공간은 중추적 관계 압축이 중심적임을 확인해준다. 우리는 이런 중심성을 다음 장에서 일반적 이론의 관점으로 살필 것이다.

냉혹한 인쇄기

입력공간의 요소들은 서로 연관되며, 물론 장기기억 속의 다른 지식과도 연관된다. 예컨대, 신문사는 출간된 신문(제품), 건물(위치), 공적으로 거래되는 주식과 연관된다. 이런 연결들은 "그 신문은 도심에 있다The newspaper is on Main Street", "그 신문은 5천만 달러에 팔렸다The newspaper was sold for fifty million dollars", "그 신문은 시장을 공격하기로 결정했다The newspaper decided to hound the mayor" 같은 표현을 가능하게끔 한다. 이런 표현들에서 동일한 낱말인 '신문'이 건물, 회사, 사람에 대해서 사용될 수 있다.[123]

혼성공간은 이런 연결을 창조적으로 사용한다. 한 강력한 신문사가 힘없는 자동차 회사를 비우호적으로 인수하는 일을 막 마무리하고자 하는 상황을 그린 만화를 보자. 자동차 회사는 자산들이 팔려서 결국 없어지게 될 것이다. 이 만화에서는 거대한 인쇄기가 자동차 한 대를 박살내고 있다. 이 혼성공간은 은유를 수반한다. 입력공간1에는 강한 사물과 약한 사물이 있고, 입력공간2에는 회사들 사이의 경쟁이 있다. 공간횡단 사상은 강한 사물이 약한 사물을 파괴하는 것을 승리와 패배에 연결하는 기본적인 은유이다. 강하고 무거운 사물은 강력한 신문사에 사상된다. 약한 사물은 힘없는 자동차 회사에 사상된다. 혼성공간에서 인쇄기는 강하고 무거운 사물이고 자동차는 약한 사물로 인식된다.

이것은 관계를 효율적으로 이용한 것이다. 인쇄기는 신문을 만드는 특징적인 도구이고, 자동차는 자동차 회사의 특징적인 제품이다. 입력공간에서 인쇄기는 파괴의 도구가 아니다. 인쇄기의 힘역학은 자동차를 재활용하는 데 사용하는 자동차 분쇄기와 연계될 수 있다. 혼성공간에서 인쇄기는 신문사와 자동차 분쇄기 모두와 융합된다. 결과는 혼성공간에 대한 새로운 프레임으로서, 이 프레임에서 강한 사물은 의도적으로 약한 사물을 *패배시킨다*. 이 프레임은 의도성이 없는 강한 사물과 약한 사물이 있는 입력공간과 일치하지 않는다. 그뿐 아니라 이 프레임은 사물들 간에 경쟁이 없는 회사를 가진 입력공간과도 일치하지도 않는다.

여기서는 무슨 일이 진행되고 있는가? 혼성공간은 세 가지 목표를 달성해야 한다. 첫째, 만화가 시각적 매체라고 한다면, 혼성공간에는 시각적으로 나타낼 수 있는 구체적인 요소를 포함해야 한다. 둘째, 그것은 강한 사물과 약한 사물이 있는 프레임과 일치해야 한다. 셋째, 혼성공간 내의 강한 사물과 약한 사물은 입력공간2에 있는 두 회사와 적절히 연결되어야 한다. 이런 회사들은 추상적이기 때문에 그 자체는 혼성공간에 필요한 구체적인 요소를 제공할 수 없다. 입력공간1에 있는 약한 사물과 강한 사물은 구체적이지만 특정적이지 않고 시각적으로 나타낼 수 없다. 그러나 입력공간 내의 관계를 이용하면 혼성공간 내의 요소를 적절한 것으로 만들 수 있다. 인쇄기와 자동차는 해당 회사를 연상시키는 구체적이고 특정한 물건으로, 이 두 물건은 강한 사물이 약한 사물을 파괴하는 프레임과 일치할 수 있다. 부분적으로는 인쇄기에는 파괴할 수 있는 고유한 힘역학적 구조가 있기 때문에, 그리고 부분적으로는 우리가 자동차 분쇄기에 친숙하기 때문에, 인쇄기와 자동차는 이 프레임과 일치한다. 혼성공간에서 두 요소는 동시에 (a)구체적이고 특정한 두 사물이고 (b)강한 사물이 약한 사물을 파괴하며, (c)두 회사이다.

이런 혼성공간은 명확히 창조적이다. 인쇄기와 자동차는 혼성공간에서 관계가 있다(인쇄기는 눌러서 뭉개고 자동차도 눌려서 뭉개진다). 그런데 회사 입력공간의 그 대응요소들은 그런 관계를 가지지 않는다(인쇄기는 신문을 만드는 도구이고 자동차는 자동차 회사의 대표적인 제품이다). 회사 입력공간의 인쇄기와 자동차는 강한 사물과 약한 사물이 있는 입력공간에는 대응요소가 없다. 흥미롭게도, 입력공간 관계를 투사하지 않은 요소(인쇄기와 신문)는 결국 혼성공간에서 유일한 사물이 된다.

이 만화에서 혼성공간의 통합 및 혼성공간 속의 관계와 입력공간 속의 관계 사이의 일치는 회사 입력공간으로부터 나온 특별한 내부 연결을 보충함으로써 최대화된다. 한쪽에 있는 강하고 약한 사물의 위상과 다른 한쪽에 있는 경쟁 회사들은 매우 추상적인 층위에서만 일치할 수 있다. 때문에 우리는 회사 말고도 회사와 밀접하게 연결되는 사물들이 혼성공간으로 투사되는 것을 발견할 수 있다. 이때 투사는 강한 사물과 약한 사물을 가진 입력공간의 관계를 정교화하는 방식으로 이루어진다.

이런 혼성 구조는 이중범위이다. 강한 사물과 약한 사물의 관계는 첫 번째 입력공간으로부터 나오지만, 그 의도성(인쇄기가 자동차를 눌러서 뭉개고자 하고 자동차는 그것을 싫어한다)은 회사 입력공간으로부터 나온다. 회사 입력공간에서 인쇄기와 자동차가 아닌 각각의 회사가 의도성을 가진다.

우리가 혼성공간에서 보는 것은 회사 입력공간에 있는 내부공간 중추적 관계의 단단한 압축이다. 회사 입력공간에서 인쇄기는 부분-전체, 수단, 의도성에 의해 신문사와 연결되며, 자동차도 유사하게 원인-결과(생산자-제품)와 의도성에 의해 자동차 회사와 연결된다. 혼성공간에서 이런 내부공간 중추적 관계는 유일성으로까지 압축된다. 인쇄기는 신문사이고 자동차를 분쇄하고자 의도한다. 자동차는 자동차 회사이고 분쇄되기를 원하지 않는다.

이런 분석은 개념적 투사가 정적인 그림으로는 적절히 나타내기 힘든 동적인 과정임을 보여준다. 일단 개념적 투사를 달성하면, 인쇄기는 항상 강한 사물과 대응하고 자동차는 약한 사물과 대응하는 것처럼 보일 수도 있다. 그러나 공간횡단 사상에서 인쇄기와 자동차는 아무런 역할도 하지 않는다. 그 둘은 강한 사물과 약한 사물을 가진 입력공간에 대응요소가 없다. 오히려 공간횡단 대응요소는 강한 사물과 신문사이고, 약한 사물과 자동차 회사이다. 회사 입력공간의 중추적 관계는 혼성공간에서 유일성으로 압축된다. 행위자로서의 신문사와 신문사가 명시적인 결과를 창조하기 위해 사용하는 도구로서의 인쇄기는 하나의 요소로 압축되고, 행위자로서의 자동차 회사와 그 회사가 생산하는 명시적인 결과물로서의 자동차도 하나의 요소로 압축된다. 또한 전자는 강한 사물이고 후자는 약한 사물이다.

이 만화가 더욱 정교해져서, 신문사 소유주가 인쇄기를 작동해서 자동차 소유주가 운전하고 있는 자동차를 짓눌러 뭉개는 것을 보여주고 있다고 생각해보라. 혼성 구조에는 이제 도구를 가진 적敵 프레임이 있는데, 이 구조에서 적들은 대항 무기를 가지고 싸우고, 승자는 우수한 도구를 가진다. 이제 회사 입력공간에서 인쇄기와 자동차는 도구를 가진 적 프레임에 대응요소가 있다. 회사 입력공간에서 인쇄기는 회사 간 경쟁의 도구로 생산 능력의 상징이고, 자동차는 회사 간 경쟁의 도구인 제품이다. 결국, 혼성공간에서 대항 무기들 사이의 관계는 도구를 가진 적 프레임에서 대항 도구들 사이의 관계와 일치한다. 이 프레임에는 도구의 우수성을 적의 우수성과 연결하는 유용한 특성이 있다. 회사 입력공간 내의 관계를 이용함으로써 입력공간의 관계와 혼성공간의 관계 사이의 일치를 증가시키는 프레임을 보충하는 일이 가능하게 된다.

양날의 칼

'양날의 칼'이라는 표현은 사용자를 돕지만 동시에 상처를 입힐 수도 있기 때문에 위험성이 있는 논쟁이나 전략을 가리킨다. 글자 그대로의 칼의 영역에서, 양날의 칼은 두 날이 모두 잘 들기 때문에 찌르기에 훨씬 좋고 두 날 모두 날카롭기 때문에 마구 베는 데도 더욱 좋은 뛰어난 무기이다. 제조하고 관리하기가 비교적 어렵지만, 성능이 우수해서 널리 개발되고 이용된다. 그러나 혼성공간에서 양날의 칼은 전혀 다르다. 칼/논쟁의 한 날은 오로지 사용자를 돕기만 하고, 다른 날은 사용자를 다치게만 한다. 글자 그대로 전사가 자기 칼에 다치는 것이 불가능하지는 않지만 그런 일은 거의 없다. 그리고 하나의 날은 항상 사용자를 다치게 하는 반면, 다른 날은 항상 사용자를 돕는 일은 결코 일어나지 않는다. 만약 그렇다면 양날의 칼은 버리고 날이 하나인 칼을 대신 사용할 것이다.

이 혼성공간에서 칼 입력공간에는 구분할 수 있고 공간적으로 대칭적인 두 요소가 있으며, 논쟁 입력공간에는 구분할 수 있고 의도성이 대립되는 두 요소가 있고, 총칭공간에는 구분할 수 있는 대칭적인 두 요소가 있으며, 혼성공간에는 의도성이 대립되는 대칭적인 두 요소가 있다. 이런 패턴에는 다음과 같은 몇 가지 유사한 예가 있다. "동전의 반대 면은……The other side of the coin is...", "동전의 뒷면은……The flip side of the coin is...", "이것은 양방향 도로이다This is a two-way street" 이런 패턴은 너무 일반적이어서 우리는 거의 알아채지도 못한다. 우리는 이런 방식을 이용해 서로 반대인 정당을 '우익'과 '좌익'으로 부른다. 이 모든 경우에 혼성공간에는 두 입력공간을 연결하는 국부적인 총칭공간과 양립하지 않는 유용한 총칭공간이 있다. 이 유용한 총칭공간에는 양면이 대칭적인 요소가 있으며, 이런 요소는 공간적으로는 완전히 일치하지만 의도적 반대 관계에 있다.

쓰레기통 농구

셔너 컬슨은 우리에게 학생들이 잘못 적은 종이를 던져 넣는 휴지통이 있는 대학 기숙사를 상상해보도록 한다.[124] 이것은 쓰레기통 농구 게임으로 쉽게 발전할 수 있는 활동으로서, 경기자는 '공'을 던져서 '바스켓'에 들어가면 점수를 얻는다. 이런 발명은 한편으로는 농구와 다른 한편으로는 쓰레기통에 종이 버리기로부터 선택적으로 투사하는 개념적 혼성공간이다. 그림 15.2는 쓰레기통 농구에 대한 개념적 통합 연결망을 나타낸다. 총칭공간에는 대충 공처럼 생긴 사물을 그릇에 던지는 행위자만 있다.

쓰레기통 농구는 종이 뭉치와 농구공 사이의 고립된 사상으로부터 나오지 않는다. 그보다 화자가 다양한 영역들 사이에 구축할 수 있는 대응의 전체 체계로부터 발생한다. 처음의 사상이 농구 영역과 쓰레기 영역 사이에 구축되면, (덩크숏, 레이업숏, 훅숏, 맨투맨, 팀플레이 같은) 농구 입력공간에서 나온 갖가지 프레임이 혼성공간으로 투사될 수 있다. 더욱이, 종이를 다룰 때의 물리학은 가죽공을 다룰 때의 물리학과 다르기 때문에, 게임 참가자들은 자연히 슈팅이나 드리블에서 차이를 발견하게 될 것이다. 이런 차이는 벽, 가구 배치, 종이 무게 같은 물리적 지원물affordance로부터의 압력과 사회적인 상호작용의 힘 아래에서 혼성공간의 발현구조로 이어진다. 게임이 진행됨에 따라, 선수들은 이 발현구조를 발견한다. 선수들은 그것을 미리 예측할 수 없었고, '규칙'으로 명기할 수도 없었다. 쓰레기통 농구 혼성공간의 발전은 수학자들이 복소수를 위한 혼성공간을 발전시킨 것과 같다. 예컨대, "곱셈은 각도의 덧셈을 수반한다"와 같은 혼성공간 내의 발현구조는 입력공간들로부터 예측할 수 없다. 더 일반적으로, 중요한 과학적 도약은 좀 더 유용한 발현구조를 발전시키는 일에 더 잘 운용할 수 있는 강력한 혼성공간의 발견을 수반한다.

쓰레기통 농구는 두 입력공간에서 가능한 국부적인 대응요소 정렬을 찾아 가장 강력한 '일치'를 선택함으로써 도출되지 않는다. 예컨대, 종이 뭉치를 손으로 쓰레기통에 넣는 것은 쓰레기통을 가진 입력공간에서 적절하며, 농구공을

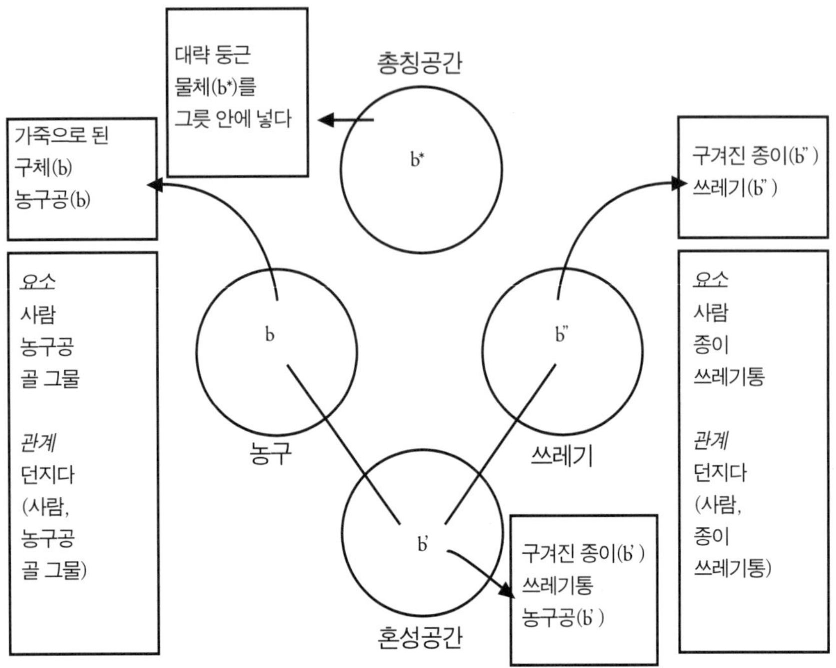

그림 15.2 쓰레기통 농구에 대한 개념적 통합 연결망

농구 골대에 손으로 넣는 것은 농구에서 적절한 행동이지만, 종이 뭉치를 손으로 쓰레기통에 넣는 것은 너무 쉬운 행위라서 쓰레기통 농구에서는 별 가치가 없다. 입력공간들 사이의 매우 강한 일치에도 불구하고, 이런 일치는 혼성공간으로 투사되지 않는다.

죽음과 마술사

조지 레이코프와 마크 터너는 죽음을 사악한 마술사와 자비로운 마술사로 보는, 죽음에 대한 상반되는 의인화를 최초로 고려했다.[125] 사악한 마술사는 물건을 영원히 사라지게 만든다. 혼성공간에서 그는 사악한 마술사인 죽음으로, 사람들이 영원히 존재하지 않도록 만든다. 자비로운 마술사는 물건이 사라지게 만들지만 그것을 어떤 다른 것으로 다시 등장시킨다. 혼성공간에서 그는 자비로운 마술사인 죽음으로, 사람들을 환생시킨다.

이런 혼성공간은 입력공간이 제공하지 않는 구조를 가진 이중범위이다. 이는 몇몇 요소들에서 명확하다. 어느 입력공간에도 마술사가 '죽음'인 경우는 없다. 그러나 더 미묘한 부분이 있다. *사악함*과 *자비로움*은 그 자체가 발현구조이다. 공허한 원인인 죽음은 의도성이 없으며, 사악하거나 자비롭지도 않다. 마술사의 영역에서 마술사의 성격이 어떻든지 간에 누구나 두 가지 종류의 마술 묘기를 부릴 수 있으며, 사마귀와 얼룩 같은 것이 사라지는 일은 바람직할 수 있다. 그러나 혼성공간에서 마술사가 영향을 미치는 사물은 '우리'이다. 우리가 영구적으로 사라지는 것은 바람직하지 않으며, 사라지거나 죽은 사람이 되돌아오는 것은 바람직하다. 결과적으로, 바람직하지 않은 행동을 수행하는 마술사는 사악한 것으로 간주되고, 바람직한 행동을 수행하는 다른 혼성공간 안의 마술사는 자비로운 것으로 간주된다. 죽음이 영구적인 경우, 결과적으로 한 가지 종류의 묘기를 전문으로 하는 사악한 마술사가 있는 입력공간이 남게 된다. 죽음이 환생인 경우, 결과적으로 다른 종류의 묘기를 전문으로 하는 자비로운 마술사가 있는 다른 입력공간이 남게 된다. 이런 입력공간에서 마술사를 사악하거나 자비로운 것으로 해석하는 것은 혼성공간에서 발전된 추리의 역투사이다. 혼성공간에서 우리는 결과의 바림직함과 바람직하지 않음을 원인의 특징과 압축한다.

CHAPTER 16
구성 원리와 지배 원리

지금까지 우리는 인간이 개념적 통합을 사용해 성적 환상, 문법, 복소수, 개인적 동일성, 보복, 복권 우울증 같은 특징이 있는 풍부하고 다양한 개념적 세계를 창조하는 방법을 탐구했다. 매우 다양한 인간의 생각과 행동에 대한 이런 개관은 하나의 물음을 던진다. 그렇다면 무엇이든 가능한가? 모든 것이 다 된다면, 개념적 통합 이론에는 어떤 것이든 다 된다는 이론적 진술 이상에 더 무엇이 있는가?

우리는 진화생물학과의 유추를 다시 지적한다. 유기체의 세계는 너무 풍부하고 다양해서 가장 뛰어난 과학자들도 계속해서 놀라고 있다. 해마다 거듭해서 최상의 예측을 벗어나는 진화 현상이 발견된다. 이제 유전공학은 진화생물학의 법칙과 완전히 통합되어 인간의 귀가 쥐의 등 뒤에서 자라고, 메뚜기 다리 위에 눈이 달리게 할 수도 있다. 그렇다면 무엇이든지 다 되는가?

당신은 그렇다라고 생각할 수도 있다. 몇십 년 전에, 우리가 표현형phe-notype에 대한 근본적인 제약에 대해 심사숙고했다면, 예컨대 눈이 머리 위에 발생해야 한다는 압도적인 통계학적 증거에 기초해서 가설을 내놓을 수도 있었다. 그러나 이제 우리는 눈이 아주 쉽게 다리 위에서 발생할 수 있다는 사실을 알고 있다. 이것은 진화생물학자들이 자연적·성적 선택의 제약을 포기했다는 것을 의미하는가?

오히려 이런 괴물 같거나 놀라운 일탈은 이론의 가공할 힘을 보여주며, 실제로는 어떤 지침에 따라 만들어진 것이다. 진화생물학자들은 여전히 고등 유기체의 경우에는 거의 모든 돌연변이가 치명적이라는 것을 안다. 그러나 거의 모든 결합이 실패임에도 불구하고, 그 와중에서도 성공적인 결합이 많고, 다양한 딱정벌레와 장미, 개똥벌레의 유충과 박새과의 새들, 바이러스와 벌거숭이뻐드렁니쥐의 세계가 우리와 함께 존재하고 있다.

핵심적인 부분에서 의미구성은 종의 진화와 동일하다. 의미구성에는 매우 풍부한 정신적·문화적 세계에서 언제나 작용하는 응집적인 원리가 있다. 많고 많은 새로운 통합이 개인의 배후 인지에서 그리고 문화의 구성원들에 의한 상호교환에서 시도되고 탐구되고 있으며, 그중 대부분은 결코 살아남지 못한다. 그러나 그 가운데 살아남은 것들이 우리 주변에서 우리가 보는 모든 언어, 의식, 발명을 제공하기에 충분하다. 우리는 개념적 통합에서 무엇이 성공 대 실패를 조장하는지를 탐구할 필요가 있다.

인간의 인지적 힘을 설명하는 이론은 인간 혁신의 풍부함과 다양성을 설명해야 할 뿐만 아니라 그런 혁신이 어떻게 통제되는지도 보여주어야 한다. 우리는 이제부터 이런 지침 제약, 즉 개념적 통합의 구성 원리와 지배 원리를 다룰 것이다.

우리는 이 책에서 부분적 공간횡단 사상, 혼성공간으로의 선택적 투사, 혼성공간에서 발현구조의 발전 같은 개념적 통합의 구조적·동적 원리를 어쩌다 몇 차례 접했다. 이런 원리들은 이미 그 작용에 풍부하고 복잡한 질서를 제공한다. 우리는 이런 원리를 개념적 통합의 *구성 원리*라고 부를 것이다. 구성 원리 자체는 사회적·인지적·물리적 활동에 매우 강한 제약을 부과한다.

예컨대 『언어행위*Speech Acts*』에 제시된 존 설John Searle의 의도대로 미식축구와 언어를 고려해보라.[126] 어떤 것을 쇼핑이나 자동차 운전이 아니라 미식축구로 간주하려면 그것이 미식축구의 구성 규칙을 따라야 한다. 미식축구를 하기 위해서는 적당한 운동장이 있어야 하고, 양측에 적당한 수의 선수들이 있어야 하며, 그들 가운데 누구든 금지된 위치에 있어서는 안 된다. 선수들은 특정 종류의 공을 사용하고 그 공은 (셔츠 속에 넣는 것같이) 어떤 방식으로는 사용할 수 없다. 당신은 일련의 공격을 시도해야 하며, 각 공격에는 규정된 시작과 끝이 있다. 그런 규칙 가운데 하나로 당신은 네 번의 공격을 마친 후에는 반드시 공을 넘겨줘야 한다. 그전에 상대편이 당신에게서 공을 빼앗기 위해서는 매우 제한적인 방법만 사용할 수 있다. 태권도에서처럼 돌려차기로 상대편을 날려버릴 수는 없다. 이것들은 매우 강력한 제약이다. 어느 한 순간에 인간이 하고 있을 수 있는 모든 활동과 비교하면, 미식축구의 한 부분으로 간주되는 활동은 매우 적다. 화성의 인류학자들이 미식축구라는 신비로운 인간 활동을 조사해서 미식축구의 규칙을 발견하게 된다면 아주 놀라운 성과를 거두었다고 생각할 것이다.

그러나 미식축구의 구성 규칙을 안다고 당신이 미식축구 경기를 보러 갈 때 무엇을 보게 될지 아는 것은 아니다. 실제로 미식축구의 규칙을 따르지만 어떤 미식축구 경기에서도 결코 볼 수 없는 수많은 사건이 있다. 게임의 문화적 발달은 규칙 내에서 특정한 목표를 달성하는 최고의 방법을 찾아내는 것과 관계가 있다. 공이 당신에게 올 때마다 공을 깔고 넘어지는 것은 완벽하게 합법적이지만, 그렇게 해서는 미식축구 경기에서 이기지 못할 것이다. 앉아서 상대편의 플레이에 감탄하는 것은 규칙에 완벽하게 부합하지만, 일반적으로 그것은 나쁜 전략이다. 미식축구 게임에 대해 실제로 발전하는 발현구조는 규칙보다 훨씬 더 풍부하며, 게임을 한층 더 제약한다. 화성의 인류학자는 또한 이런 구조를 발견하려고 무진 애를 쓰겠지만, 구성 규칙과 그것이 한정하는 목표를 발견하지 못한다면, 그의 희망은 성사될 가능성이 실제로 희박하다. 그럼에도 불구하고, *구성 원리*와 발현적인 *지배 원리*라는 이런 두 가지 층위의 제약은 여전히 결과물을 결정하지 않는다. 두 미식축구 팀이 경기하는 것을 보러 갈 때, 우리는 어떤 일이 발생할지는 모르지만, 어떤 일이 발생하지 않을지는 많이 알고 있으며, 그 경기가 이전에 본 어떤 경기와 완벽히 똑같다면 경악할 것이다.

제약의 이런 이중 패턴은 우리 인간 행동에서는 일반적이다. 이런 면에서 조성 음악은 미식축구와 다르지 않다. 몇몇 다른 음악가들과 함께 공연하는 재즈 즉흥연주자는 조성적 화성의 원리와 즉흥연주를 지배하는 발현적 원리 모두를 따르며 연주에 참여한다. 곡을 연주할 수 있는 사람이 조성적 화성의 원리는 잘 알면서 즉흥연주에는 완전히 서투를 수도 있는데, 그 연주를 지배하는 부가적인 원리를 터득하지 못한다면 그렇게 될 것이다.

언어에도 같은 내용이 적용된다. 언어의 문법 패턴과 어휘는 구성적이며, 그런 원리는 언어에서 어떤 것이 발생할 수 있는지를 꽤 강력하게 제한하지만, 언어의 화자는 또한 언제 누구에게 어떤 상황에서 무엇을 말할지를 지배하는 또 다른 광대한 일련의 원리를 개발해낸다. 그럼에도 불구하고 구성 원리와 지배 원리에 대한 완전한 지식이 있더라도 다음번 점심 대화에서 당신이 무슨 말을 들을지는 예측하지 못한다.

요컨대, 개념적 통합의 경우 연결망 모형의 기초가 되는 구성 원리는 이미 적절한 과정에 강한 제약을 부과하지만, 부가적 지배 원리는 그 범위를 한층 더 제한한다.

이제 이런 지배 원리를 좀 더 꼼꼼히 살펴보기로 하자. 지배 원리는 연결망에 대한 타협 없는 제약이 아니다. 오히려 지배 원리는 발현구조를 효과적으로 활용하기 위한 전략을 특징짓는다. '다른 것들이 동일하다면'이라는 원리는 '최적성' 원리라고 부른다. 보통 하나를 충족하는 것은 어느 정도까지는 또 다른 것을 충족시키는 쪽으로 나아가지만, 지배 원리는 종종 서로 경쟁한다. 이런 관계가 우리에겐 매우 친숙하다. 테니스를 예로 들자면, 다른 모든 것이 동일하다면 강하게, 코너 쪽으로, 상대방에서 먼 쪽으로, 네트 가까이로 공을 치고, 그리고 코트 안에 떨어지도록 공을 치는 것이 좋다. 보통, 매우 성공적인 전략은 두 원리를 따라서 공을 코너로 세게 치는 것이다. 그러나 공을 코너 쪽으로 세게 치면 공이 코트 안에 떨어질 가능성은 줄어든다. 그리고 상대방이 코너에 있다면, 공을 코너로 세게 치는 전략을 따르는 것은 상대방에게서 멀리 공을 친다는 전략과 충돌한다. 이런 전략들 가운데 어느 전략도 테니스에 대해서 구성적인 것은 아니다. 당신이 공을 바로 상대방 쪽으로 부드럽게 치더라도 여전히 테니스를 하고 있는 것이다. 동일한 방식으로 개념적 통합에 대한 지배 원리는 다른 방향으로 나아갈 수도 있고 특정한 연결망과 전체 목표에 따라 약한 힘이나 강한 힘을 가질 수도 있다.

먼저, 우리는 관계를 압축하기 위한 지배 원리에 착수할 것이다. 하나의 관계는 더욱 단단한 버전으로 압축될 수 있다. 하나 또는 그 이상의 관계는 또 다른 관계로 압축될 수 있다. 그리고 이렇게 압축된 새로운 관계는 혼성공간에서 무에서부터 창조될 수도 있다. 우리는 또한 하이라이트 압축을 논의하고 압축에 대한 지배 원리에 대해 전체적인 설명을 할 것이다.

둘째, 우리는 위상, 패턴 완성, 통합, 관계의 부각, 연결망에서 연결의 유지, 혼성공간의 명료함, 혼성공간의 구조가 전체 연결망에 대해 갖는 적절성과 관련된 다른 지배 원리를 다룰 것이다.

모든 원리들을 이끌어나가는 무엇보다 중요한 하나의 목표가 있다.

● 인간 척도*를 달성하라.

구성 원리와 지배 원리는 인간 척도에서 혼성공간을 창조하는 결과를 낳는다. 가장 명확한 인간 척도 상황은 사물이 떨어지고, 누군가가 사물을 들어올리고, 두 사람이 서로 이야기하고, 한 사람이 어디론가 가는 것과 같은, 인간이 쉽게 이해하는 친숙한 프레임 안에 직접적인 지각과 행동이 있는 경우이다. 이런 상황에는 극히 소수의 참여자, 직접적인 의도성, 직접적인 신체적 효과가 있으며, 일관된 것으로 직접적으로 이해된다.

개념적 혼성이 인간 척도의 혼성공간을 달성하면, 혼성공간 또한 인간 척도인 것으로 간주되며, 이 혼성공간은 많은 문화적 진화를 특징짓는 초기구동 패턴에서는 다른 인간 척도의 혼성공간을 생산하는 데 참여한다.

* 인간 척도Human Scale란 인간이 활동하는 데 알맞은 공간이나 사물의 크기, 즉 인간의 크기를 기준으로 삼은 척도를 가리키는 건축 용어이다. 인간은 자기 몸의 크기와 비슷한 것에서 친근함을 느끼고 쉽게 이해하고 사용할 수 있으므로, 사람 몸의 크기와 길이를 기준으로 척도를 만드는 것이다.

인간 척도 혼성의 성과는 종종 각각의 요소와 구조가 혼성공간으로 투사될 때 통합 연결망에서 요소와 구조에 대한 상상적 변형을 요구한다. 다음과 같은 주목할 만한 가치가 있는 몇 가지 하위목표가 있다.

- 산만한 것을 압축하라.
- 총체적 통찰력을 달성하라.
- 중추적 관계를 강화하라.
- 이야기를 만들어내라.
- 다수에서 하나로 진행하라.

압축

우리는 개념적 통합이 뛰어난 압축 도구라는 것을 여러 차례 보았다. 개념적 통합은 모든 유형의 연결망에 작용하여 압축된 혼성공간을 창조한다. 이러한 혼성공간은 연결망 안의 정신공간들을 연결하는 외부공간 관계와 입력공간 내의 내부공간 관계 모두에 대한 압축된 버전을 가지고 있다. 우리는 이제 주요한 종류의 압축을 개관할 것이다. 먼저, 단 하나의 중추적 관계의 압축부터 보기로 하자.

단일 관계의 압축

단일 중추적 관계의 축소.　　많은 중추적 관계는 척도와 함께 나온다. 예컨대, 시간의 간격은 길거나 짧을 수 있다. 가장 명확한 종류의 압축은 단순히 축소하는 것scaling down이다. 아기의 상승Baby's Ascent이라는 의례행사에서 한 입력공간은 전체 인간의 삶을 압축한다. 그런 시간적 간격은 혼성공간으로 투사될 때 줄어들어 아기를 계단 위로 옮기는 데 걸리는 시간의 길이와 동일하게 된다. 따라서 한 입력공간 안의 내부공간 중추적 관계는 다른 입력공간에 의해 이미 제공된 시간적 압축을 사용해 혼성공간에서 더 단단한 내부공간 중추적 관계로 압축된다. 우리는 바이패스 수술의 경우에 입력공간들 사이의 외부공간 중추적 관계가 혼성공간에서 더 단단한 내부공간 중추적 관계로 압축되는 것을 보았다. 바이패스 수술의 경우 입력공간들 사이의 몇십 년의 간격은 혼성공간에서 수술하기 몇 분 전으로 줄어든다.

원인과 결과의 경우, 크기 축소scaling는 인과적 연쇄를 많은 단계에서 몇 개나 또는 단 하나의 단계로 (또는 지각의 경우에 혼성공간에서 원인은 결과이기 때문에 0단계로) 축소할 수 있다. "자신의 재정적 무덤을 파고 있다"에서처럼, 원인과 결과의 크기 축소는 또한 인과적 사건의 다른 유형들의 수를 줄이는 데도 이용될 수 있다. 이 경우에 많은 재정적·사회적인 인과적 활동들이 혼성공간에서 반복되는 하나의 행동으로 압축된다. 결과, 결과의 종류, 인과적 행위자, 인과적 행위자의 종류의 범위도 유사하게 압축된다. 원인과 결과에 대한 또 다른 크기 축소는 산만하거나 불분명한 인과성을 명확한 인과성으로 압축하는 것이다. 역할 중추적 관계에 대해 우리는 8장에서 어떻게 다중 역할(사장과 딸 또는 비서와 시종)이 혼성공간에서 단 하나의 합성적 역할로 압축되는지 보았다.

의도성에 대해, 의도성이 전혀 없거나 거의 없거나 느슨하거나 많은 다른 의도성을 가진 복합적 패턴은 많은 척도를 따라 크기가 축소되어 단 하나의 명확하게 인식된 의도성을 제공할 수 있다(속이다, 공격하다, 묻다, 의심하다, 믿다). 의도성에는 척도가 있다. 칸트와의 논쟁, 배 경주, 가공의 경주 예에서 한 입력공간에 있는 누군가(현대 철학자, 그레이트아메리칸II의 선장, 엘-게루)는 다른 입력공간에 있는 참여자들을 알고 있고, 그들에 대한 의도적인 입장을 가지고 있다. 혼성공간에서 이런 의도적인 입장은 상호 의식적인 의도적 상호작용으로 고착된다. 한 입력공간에 있는 엘-게루는 다른 입력공간에 있는 로저 배니스터를 단지 알고 있을 뿐이다. 그러나 혼성공간 내에서 엘-게루는 배니스터와 직접적으로 경쟁하고 있으며 그를 이기려고 한다. 기근 구제를 위한 예산 지출을 승인하는 해외 원조 법안을 막는 정치가를 고려해보라. 그를 비방하는 사람들은 그가 "굶주리는 아이들의 입에서 음식을 가져가려 하고" 있다거나 단순히 "아이들을 굶주리게 하고" 있다거나 "아이들에게서 음식을 빼앗고 있다"라고 말할 수 있다. 긴 정치적 과정이 있는 입력공간에는 의도성이 있긴 하지만 흩어져 있다. 의도성의 힘은 혼성공간에서 급격히 증가한다. 그 정치가는 이제 마음속에 어린이들을 굶주리게 만들려는 특정한 목적을 가지고 오로지 아이들을 겨냥해서 행동하는 것으로 비친다. 이것은 또한 인과성의 크기를 축소하는 예이다. 정치가가 있는 입력공간에서 법안에 서명하는 것은 어린이들에게 음식을 공급하는 데 필요한 많은 원인들 중 하나일 뿐이다. 실제로 음식은 가져와서 포장하고 성공적으로 수송해서 적당한 사람들에게 나누어주어야 한다. 그러나 혼성공간에는 어린이들에게 음식을 주거나 어린이들을 굶주리게 하기 위한 단 하나의 원인, 즉 법안을 통과시키거나 법안을 막는 것만 있을 뿐이다. 그런 원인은 또한 인간 척도인 시간과 공간 간격을 가진 직접적인 인간 장면에서 직접적으로 작용한다.

변화라는 중추적 관계는 매우 쉽게 크기가 축소되어 길고 복잡한 변화가 단 하나의 사물에 대한 가시적인 빠른 변화가 되도록 허용한다. 바이패스 수술의 예에서 교육을 통한 길고 복잡한 변화 과정은 단 한 번의 교육 활동으로 압축된다. 해외 원조 법안을 막는 정치가의 예에서, 정치적 변화와 원조받는 외국의 변화 사이에 있는 긴 과정은 아이로부터 음식을 빼앗아가는 직접적인 변화를 일으키는 단 하나의 행동이 된다.

단 하나의 중추적 관계의 중략.　　7장에서 지적했듯이, 하나의 관계를 동일한 관계의 좀 더 단단한 버전으로 압축하는 또 다른 방법은 중략을 통해서이다. 우리는 진행을 매우 빨리 하기 위해 그 크기를 축소함으로써뿐만 아니라 몇 가지 핵심 순간(태어나기, 그리스도 만나기, 화살에 맞기, 천국에 가기)을 제외한 모든 순간을 생략함으로써 일생을 압축할 수 있다. 축소와 중략은 종종 함께 작용한다. 공룡이 새로 진화하는 경우에, 변화와 시간, 행위자의 수, 위치의 수에 대한 크기 축소가 있지만 또한 중략도 있다. 이런 연속적인 진화에서 단지 소수의 핵심 순간만 선택되고 이런 순간들은 혼성공간에서 결합된다.

하나 또는 그 이상의 중추적 관계를 다른 중추적 관계로 압축

개념적 혼성의 놀라운 일반적 특성은 하나의 중추적 관계를 또 다른 중추적 관계로 압축할 수 있다는 점이다. 실제로, 다른 중추적 관계들을 관련짓는 규범적 압축이 있다. 유추, 비유추, 유일성, 변화의 중추적 관계를 고려해보라. 유추는 보통 변화 없이 유일성으로 압축되고, 비유추는 변화와 함께 유일성으로 압축된다. 이제 이러한 압축의 위계와 하나의 중추적 관계를 좀 더 압축된 다른 중추적 관계로 대체하는 개념적 혼성의 작업을 탐구하겠다.

유추, 비유추, 변화, 동일성, 유일성.　　예컨대, 가지뿔영양은 혼성공간에서 유추적 관계를 다양한 층위에서 유일성으로 압축한다. 진화적 시간상에 있는 다양한 개별 가지뿔영양은 유추적이다. 이렇게 구분되는 두 시기(고대와 현대)의 가지뿔영양은 고대의 유일무이한 가지뿔영양과 현대의 유일무이한 가지뿔영양으로 압축된다. 두 가지뿔영양은 많은 면에서 유추적이지만 어떤 면에서는 비유추적이다. 비유추는 동일성+변화의 관계로 압축된다. 즉 우리는 고대의 가지뿔영양이 현대의 가지뿔영양으로 '변했다'라고 말한다. 최종적으로, 동일성의 중추적 관계는 유일성으로 압축된다. 최종적인 혼성공간에는 오직 단 하나의 가지뿔영양만이 있다. 유추, 비유추, 변화, 동일성, 유일성은 위계로 조직되는 관계로 간주될 수 있다. 동일성과 변화는 유추와 비유추보다 한층 압축되며, 유일성은 동일성보다 더욱 압축된다. 아주 유용하게도, 개념적 혼성은 중추적 관계의 압축을 생산할 때에도 압축되지 않은 중추적 관계를 버리지 않는다. 가지뿔영양에 대한 복잡한 연결망에서, 유추와 비유추의 중추적 관계는 여전히 유용한 개념적 작업을 하지만, 혼성공간은 우리에게 매우 단단한 총체적 통찰력을 제공한다. 이런 총체적 통찰력은 복잡한 통합 연결망 전체를 이해하고 조작하기 위한 기반이다. 이 모든 중추적 관계는 그 자체로 복합적이다. 혼성공간에 있는 하나의 유일무이한 가지뿔영양은 변화, 학습, 기억, 경험을 포함하는 복잡한 삶을 살며, 그 서로 다른 삶의 순간들 사이에는 유추가 있다. 압축은 인간 척도에서 개념을 생산한다. 그것은 생존 기간 동안 변하는 (또는 변하

지 않는) 단 하나의 동물이다. 역설적으로 이런 삽화가 수백만 년에 걸친 가지 뿔영양 진화의 복잡한 이야기보다 더욱 도식적이지만, 그것은 또한 인간적으로 의미 있는 유일성, 개인의 변화, 의도성(학습, 기억, 의도적인 행동)이라는 중추적 관계에서 훨씬 더 풍부하다.

원인-결과와 유일성.　　우리는 원인-결과가 유일성으로 압축되는 많은 예를 보았다. 자동차 회사는 자동차를 생산하지만, 혼성공간에서 자동차 회사와 자동차는 동일한 것이 된다. 인과적 연쇄 속에서 담배가 구부러진 성기 모양으로 이어지는, 흡연하는 발기부전 카우보이 연결망에서, 혼성공간에는 담배와 성기에 해당하는 유일무이한 모양이 있다. 일생생활에서 근본적인 원인-결과 압축은 지각의 압축과 지각의 원인이다. 우리는 지각과 지각을 초래하는 원인 사이를 구분짓는 것을 생각할 수 있지만, 행동할 때는 그것들을 혼성공간에서 융합한다.

표상, 부분-전체, 유일성.　　한 표상을 그것이 표상하는 것에 연결하는 표상의 외부공간 관계는 혼성공간에서 유일성으로 압축될 수 있다. 십자가에 못 박힌 예수의 그림에서 빨간색 페인트의 점은 그리스도의 성흔이 있는 사람을 표상하지만, 혼성공간에서 그 페인트는 피이다. 더욱더 평범한 예는 사람을 나타내기 위해 얼굴 사진을 사용하는 것이다. 사진과 사람 사이에는 표상과 부분-전체 관계 둘 다 있지만, 이 두 관계는 혼성공간에서 유일성으로 압축된다. 경찰이 신분증의 사진을 가리키며 "이 사람을 아십니까?"라고 말하는 것은 그래서이다.

시간, 공간, 동일성, 기억.　　시간에 대한 가장 기본적인 이해는 해시계, 손목시계, 달력 같은 문화적 혼성공간을 통해 이루어진다. 시간과 시간의 개념을 공간상의 정적인 그림에 의해 표상하는 것은 지금은 관례적이다. 예컨대, 다우존스 공업주 평균은 보통 한 축은 값을 표시하고 다른 축에는 시간을 표시하는 그래프로 제시한다. 일반적으로, 독서 수준, 침수하는 유조선에서 쏟아진 기름의 양, 국가 부채, 인기투표 같은 시간상의 변화는 도표로 제시된다. 손목시계, 해시계, 그래프는 모두 시간이 공간으로 압축되는 혼성공간에 대한 물리적 고정 장치이다.

시간을 압축하기 위해 공간을 사용하는 또 다른 방법은 바스티유 감옥, 밸리 포지*, 트로이, 베들레헴 같은 장소가 1789년 프랑스대혁명, 미국 독립전쟁, 헥토르의 패배, 예수 탄생 같은 역사적 사건과 연상되고, 그 시대와 연상된다는 사실을 이용하는 것이다. 노먼 메일러Norman Mailer의 『밤의 군대들Armies of the Night』에 나온 다음 단락을 고려해보라. 여기에서 작가는 미국 국방부로 행진하기 위해 메모리얼 브리지를 건너가고 있다.

그[메일러]는 어느 다른 미국 정치가나, 문학가나 또는 야바위꾼보다 감성이 풍부하지도 않고 영혼도 맑지 않았지만, 여기서 로웰과 맥도널드와 함께 걸으면서, 마치 프랑스대혁명과 남북전쟁 사이의 교차로로 걸어 들어가는 듯이, 죽은 남부연합군의 유령과 지금 바스티유로 행진하고 있는 듯 느꼈다.[127]

이 단락에서 메일러는 '혁명적인' 사건에 대한 정교한 혼성공간을 구축한다. 그가 지금 서 있는 메모리얼 브리지라는 물리적 장소는 동쪽으로는 링컨 기념관이, 서쪽으로는 남부연합군 대장인 로버트 리Robert E. Lee의 집이 한때 있던 알링턴 국립묘지와 연결되어 있다. 이것은 그의 현재 활동과 연합군의 활동을 이어주는 닻이다. 그가 '대의명분'을 위해 다리를 건너는 군중의 일부라는 사실은 바스티유 감옥을 습격하는 것과 적교를 건너는 것에 대한 유추적 닻이다. 공간과 사건을 압축하는 것은 시간을 하나의 순간으로 압축한다는 것을 함축한다. 한 입력공간에서 다리, 묘지, 리 장군의 집은 이미 공간적으로 매우 가깝고 화자와도 가깝다. 이것은 적절한 시간들을 더 쉽게 결합시킨다. 메일러가 "죽은 연합군을 위하여For the Union Dead"의 작가인 로버트 로웰Robert Lowell과 함께 걷고 있다는 사실은 적절한 사건들과 시간들을 함께 결합하는 것을 더 쉽

* 미국 독립전쟁 때 미국군이 가장 힘든 시절을 보내던 주둔지.

게 만든다.

　사건, 의도성, 시간을 혼성하기 위한 촉진제로 공간을 사용하는 것은 기본적인 문화적 도구이다. 우리는 죽은 친척, 영웅, 순교자의 무덤을 방문한다. 우리는 베르메르Vermeer와 셰익스피어가 태어난 마을을 방문한다. 우리는 모교로 되돌아간다. 우리는 예배가 없을 때에도 예배당이나 교회에 가서 기도한다. 물론, 교회 마루 밑이나 교회 옆 묘지에는 무덤이 있다. 이런 방문의 동기는 우리가 실제로 그곳에 있는다면, 아무리 시간이 오래지났다 할지라도 우리의 생각과 감정을 그곳과 관련 있는 사람, 문화, 사건과 더 쉽게 통합할 수 있다는 느낌이 들기 때문이다. 문화는 시간에 대한 연관된 압축과 추모를 위한 행사에 특별히 관심을 기울이도록 특정한 장소(묘지, 교회 부속 뜰, 베트남전 참전 기념비)와 특정한 날짜(전몰장병 기념일, 만성절, 부활절)를 지정함으로써 이런 압축을 조직한다. 물리적 공간은 기억에 의해 과거의 센세이션과 사건에 부착된다. 문화는 추모를 목적으로 이런 물리적 공간에 물리적 고정 장치를 담기 위해 엄청난 부가적인 일을 한다(묘석, 유적, 기념 명판). 많은 다른 물리적 고정 장치는 우연히 기억과 시간 압축에 대한 촉진제가 된다(우리의 개인적인 소유물, 우리가 한때 거주했거나 지금 거주하고 있는 방, 우리가 소유했던 자동차 등).

　우리는 시간을 단순히 사건들이 '시간 거리'에 따라 구분되어 순서대로 길게 늘어선 것이며 그래서 오래전에 발생한 것일수록 접근하기 쉽지 않은 것으로 생각하곤 한다. 시간에 대한 과학적 개념과 다르지 않은 이러한 시간 개념에는 압축이 존재할 여지가 없다. 그러나 우리는 시간의 압축이 개념적으로 귀중하고 인간 상상력의 가장 좋은 도구 가운데 하나라는 사실을 계속해서 주목해왔다. 우리는 이런 시간 압축을 가능하게 하는 근본적인 신경 기초가 있다고 본다. 즉, 대체로 인간의 뇌는 발생했거나 기록된 순서에 따라 사건을 조직하지 않는다. 인간의 기억은 우리가 원하는 지점까지 되돌아가기 위해서는 되감아야 하는 테이프가 아니다. 우리가 어떤 장소에 가서 그곳에서 있었던 마지막 순간을 기억할 때, 지금과 그 당시 사이에 있는 일련의 사건들에 대한 기억을 되감아서 그렇게 하는 것은 아니다. 간단히 자신을 성찰해보는 것만으로도 사람들이 단 1분 뒤에도 어떤 생각을 하게 될지 예측할 수 없다는 사실을 발견할 수 있다. 펜을 들고, 발을 그루터기 위에 걸치고, 음료수를 마시고, 쿠키를 먹으면서, '갑자기' 과거의 어느 시기에 대한 기억이 떠오를 수 있고, 그것이 어린 시절의 기억일 수도 있다. 물리적 공간이 문화와 기억에 의해 혼성을 촉진하는 힘으로 가득 차 있는 것처럼, 우리의 뇌에는 아주 다른 방식이지만 동등한 힘이 있어서 우리가 시간이나 공간상 멀리 떨어져 있다고 알고 있는 사물들에 대한 상상적 압축을 제공한다.

시간과 공간에 대한 객관적인 관점으로 봤을 때 인간 기억의 활동은 별나다. 왜 우리의 기억은 이렇게 요상한 방식으로 작용하는가? 이런 당혹스러운 질문에 대한 가능한 답 중 하나는 기억과 개념적 통합이 상호 보완적으로 진화했다는 것이다. 수준 높은 개념적 통합을 하기 위해서는 종종 매우 다르고 시간과 공간상 상당히 분리된 입력공간들을 통합하고 압축할 수 있는 능력이 필요하다. 우리는 어떤 입력공간이 유용한 것으로 입증될지 예측할 수 없지만, 많은 근원으로부터 나온 유용한 입력공간들이 중추적 관계에 의해 동시에 활성화되고 연결될 필요가 있다는 것은 안다. 인간 기억은 아주 다른 입력공간들을 동시에 활성화하고 입력공간들 사이에 적절한 잠정적인 연결을 제공하는 데 뛰어난 듯하다. 자동 조종 장치처럼 작동하는 인간의 기억은 그것들이 아주 유용한 혼성공간으로 이어질 때를 제외하고는, 보통 동시에 활성화되거나 어쨌든 연결되어야 할 명백한 이유가 없는 입력공간들과 연결들을 버린다.

다른 연결. 우리는 또한 입력공간의 원인-결과 관계가 혼성공간에서 더 단단한 부분-전체 관계로 변형되는 경우들을 보았다. 저승사자의 예에서, 공허한 원인인 죽음과 고깔 달린 수사옷이나 해골 사이의 여러 단계 원인-결과 연쇄는 부분-전체 관계로 압축된다. 그리고 다양한 외부공간 형상은 혼성공간에서 범주로 압축된다. 따라서 어떤 행동이 즐거움을 가져다주고 이것이 원인-결과 연결을 수반할 때, 혼성공간에서 이런 행동은 곧 즐거움이다. 그것은 한 범주의 실례이다. 이와 유사하게, 고통을 가져다주는 것은 그 자체가 고통이다. 혜택을 가져다주는 것은 혜택이다. 속임을 초래하는 행동은 속임수이다. 그리고 목탄화를 두고 "이건 내 노력이다"라고 말할 때처럼 노력의 산물은 노력 자체가 된다. 이 모든 것, 그리고 무수한 더 많은 것들은 원인-결과가 범주로 압축된 것이다.

외부공간 의도성은 혼성공간의 범주로 압축될 수 있다. 우리가 한 사건을 기억한다면, 기억하고 있는 사람이 있는 정신공간과 기억되는 사건이 있는 정신공간이 존재한다. 한 정신공간에 있는 기억하는 사람과 다른 정신공간에 있는 참여자 사이에는 동일성 연결이 있다. 이 둘 사이에는 기억이라는 의도성 연결이 있다. 또한 사건은 기억에 대한 원인이 되기 때문에 원인-결과 연결도 있다. 이런 의도성과 원인-결과 연결은 혼성공간에서 범주 *기억memory*으로 압축된다. 우리는 "나는 그때 기억이 있다I have a memory of that moment"라고 말한다. *소망hope, 욕망desire, 신념belief* 또한 의도성의 압축을 수반한다는 것을 보여줄 수 있다.

11장에서 논의했듯이, 범주 *공백gap*은 비유추와 반사실성의 압축이다.

복잡한 일련의 중추적 관계는 결국 혼성공간의 특성이라는 단 하나의 중추적 관계로 압축될 수 있다. 혼성공간에 있는 특성 *안전하다*는 복잡한 반사실적 연결망을 압축해서 '안전한 아이', '안전한 보석', '안전한 거리' 같은 표현을 만들어낸다. 그리고 이브 스윗처가 보여주듯이, 특성 *가능성 있다likely*는 실제 공간과 가상 공간의 연결망을 압축해서 '가능성 있는 후보likely candidate' 같은 표현을 만들어낸다. 이 표현은 인터뷰를 할 가능성이 있는 지원자를 의미하는 데 사용할 수 있다.[128]

범주와 특성 압축은 결합 가능하다. '죄스러운 즐거움guilty pleasure'을 고려해보라. 이 표현은 (기름진 음식 먹기처럼) 즐거움과 죄의식 둘 모두를 가져다주고, 즐거움을 주기 때문에 부분적으로 죄의식을 갖게 하는 행동을 기술하는 데 전형적으로 사용된다. 이런 행동은 인과적으로 즐거움과 죄의식이라는 결과에 연결되며, 즐거움은 인과적으로 죄의식과 관련된다. 이런 행동은 의도적으로 즐거움과 관련되지만 또한 죄의식과도 관련된다. 왜냐하면 행위자는 죄의식을 예상하면서도 고의적으로 탐닉하기 때문이고, 아마도 이런 행동이 부분적으로는 죄의식을 불러일으킬 것이기 때문이다. 원인-결과와 의도성이라는 이런 외부공간 중추적 관계는 혼성공간에서 압축된다. 즉 입력공간에서 결과인 *죄가 있는guilty*과 즐거움*pleasure*은 이제 혼성공간에서 각각 특성과 범주이다. 특성 압축에 대한 일상의 예는 널리 퍼져 있다. 다만 너무 관습적이어서 알아차리기 힘들다. 예를 들어 '시끄러운 남자loud man'는 그 사람의 행동 때문에 우리가 시끄러운 소리를 듣게 되는 사람이다. 원인-결과 관계는 혼성공간에서 압축되어 그 남자는 본질적인 특성, 즉 '시끄러운loud'을 획득한다. '폭력적인 모습violent look'과 '목을 부러뜨리는 속도(위험한 속도)breakneck speed'는 특성으로의 압축을 보여주는 유사한 예이다.

우리는 앞서 '기억'이 애초에 의도성을 범주로 압축한 것임을 보았다. 1996년도에 행동과학고등연구소의 연구원들이 '감사의 기억과 함께'라는 문구가 적힌 액자를 선물과 함께 연구소에 증정했다. 한 정신공간에서 기억하는 사람은 고마워한다. 다른 정신공간에는 그런 감사를 촉진하는 기억 속의 사건이 있다. 이런 정신공간들 사이에 기억과 관련된 의도성과 원인-결과 연결이 있다. 혼성공간에서 의도성과 원인-결과는 범주 *기억*으로 압축되고, 감사하다는 것과 관련된 또 다른 원인-결과 연결은 특성으로 압축되어서 기억 자체가 감사하다는 특성을 가진다. 이런 혼성공간은 감사를 받는 사람의 입장에서는 기억을 의도적인 선물로 바꾸는 놀라운 부가적 자질을 가지고 있다. 따라서 우리는 그 사람이 그 당시 우리를 몰랐고 우리를 인식하지 못했다고 할지라도, 기억에 대해서 누군가에게 우리의 감사를 표현할 수 있다.

내부공간 척도성 달성하기.   개별적인 정신공간은 크기를 쉽게 조정할 수 있는 시간, 공간, 변화, 유사성, 특성, 부분-전체라는 내부공간 중추적 관계를 가지고 있다. 그러나 전체 통합 연결망에는 단지 외부공간일 뿐 크기 축소를 할 수 없는 표상, 유추, 비유추, 동일성이라는 중추적 관계가 있다. 인간 친화적인 통합 혼성공간을 달성하기 위해 우리는 종종 혼성공간에서 그런 외부공간 관계를 크기 축소가 가능한 내부공간 관계로 압축한다. 이것은 통합 연결망에서 매우 일반적인 압축 원리이다. 인간 척도의 혼성공간을 달성하기 위해 우리는 크기 축소가 가능한 중추적 관계를 달성할 필요가 있다. 크기 축소가 불가능한 외부공간 관계를 크기 축소가 가능한 중추적 관계로 전환하는 것은 인간 척도의 혼성공간을 달성하기 위한 일반적인 메커니즘이다. 이런 압축 가운데 일부는 너무 관습적이고 고착되어서 알아차리기가 어렵다. 예컨대, 사람과 이름 같은 그 사람에 대한 표시 사이에는 표상이라는 외부공간 중추적 관계가 있다. 혼성공간에서 이름은 그 사람의 부분과 특성이 된다. 그래서 우리는 어떤 사람에 대해 생각하기 위한 일상 프레임이 애초에 외부공간 관계를 내부공간 관계로 인상적으로 압축한 것임을 알 수 있다. 중령과 올리버 노스Oliver North*, *아버지*와 폴 사이의 외부공간 역할-값 연결은 혼성공간에서 특성 관계가 된다. 심지어는 혼성공간에서 역할-값 연결을 부분-전체 관계로 압축할 수 있다. 이것은 명찰을 붙이거나 계급을 표시하기 위해 수장袖章이나 선장線章, 견장, 메달이 달린 군복을 입는 것과 같다. 인지는 신체화되어 있으며, 인간이 수행하는 놀라운 지적 행동은 지각과 행동에서 사용되는 중추적 관계를 이용해 인간 척도로 통합 연결망을 혼성공간에서 고정시킬 수 있느냐에 달려 있다.

압축을 통한 새로운 관계 창조

앞서 크기 축소에 관한 단락에서 간략히 논의했듯이, 개념적 통합은 종종 입력공간이나 입력공간들 사이의 연결에는 아무런 관계도 없음에도 혼성공간에서 어떤 관계를 창조해낸다. 예컨대, 가상의 경주에서 로저 배니스터는 자기 자신의 입력공간에 있는 경쟁자들은 알지만, 엘-게루를 가진 입력공간의 의도성이라는 외부공간 관계는 가지고 있지 않다. 그는 엘-게루와 경쟁하고 있지 않으

---

* 미국 외교 정책의 스캔들인 이란-콘트라 사건의 중심인물로 기소되었으나 끝까지 묵비권을 지킨 전 해군 중령. 이후 보수 논객으로 활약하고 있다.

며 그를 이기려 하고 있지도 않다. 그러나 혼성공간에서 배니스터는 그가 엘-
게루와 경쟁하고 있다는 것을 알고 있으며, 엘-게루에게 진다는 것도 안다. 입
력공간에는 배니스터에서 엘-게루까지의 의도적 연결이 없지만, 혼성공간에
는 단단하고 강렬한 연결이 있다. 신중한 가지뿔영양 예에서 적응의 원인-결
과 연결은 혼성공간에서 개별 가지뿔영양에 대한 변화의 관계로 압축된다. 그
가지뿔영양은 어리고 느린 것에서 나이 들고 빠른 것으로 나아간다. 이러한 변
화의 관계는 학습이라는 더욱 풍부한 인간의 시나리오, 즉 의도적 시나리오로
통합된다. 진화에 대한 과학적 설명에는 가지뿔영양이 시간이 지나면서 변하
고 나중의 가지뿔영양이 평균적으로 더 빠른 적응의 단계가 있으며, 그 속도가
유전적으로 다음 세대로 전달되는 유전의 단계가 있다. 이 두 단계에는 모두
원인-결과 관계가 있다. 전자에는 적응을 통한 원인-결과 관계가 있고, 후자
에는 지속되는 유전적 전달을 통한 원인-결과 관계가 있다. 혼성공간에서 이
런 두 가지 종류의 외부공간 원인-결과 중추적 관계는 학습과 기억이라는 두
가지 종류의 의도성으로 압축된다. 진화의 두 단계 시나리오가 개인 일생의 두
단계 모형과 꼭 일치된 것은 상당한 상상의 묘기이다. 먼저 당신은 무언가를
배우고 실행할 수 있으며, 그 방법을 기억하기 때문에 그 이후에도 여전히 실행
할 수 있다. 이와 유사하게, 공룡이 새로 진화하는 그림에서 공룡은 잠자리를
잡으려는 욕구를 가지며 이런 욕구가 진화를 이끈다. 새로운 중추적 관계를 구
성함으로써 혼성공간에 대한 압축의 효과가 창조될 때, 우리는 이를 '창조에 의
한 압축'이라고 부를 것이다.

하이라이트 압축

우리는 앞에서 정신공간들에서 확장되는 강한 중추적 관계에 의해 연결되는
많은 핵심 사건과 참여자로 이루어진 '인생 이야기', '출생 이야기' 또는 다른
'이야기'를 제시하는 전체적 총칭공간을 보았다. 앞서 언급했듯이, 혼성공간은
이런 이야기들에 대한 통합적 판을 제공할 수 있다. '저승사자(냉혹한 수확자)'로

서의 죽음은 '죽음 이야기'의 다양한 단계를 단일한 시나리오로 압축한다. 이런 총칭적 이야기는 막 숨이 끊어지려 하는 것, 임종, 매장, 시체의 부패, 그리고 한참 지난 뒤에 눈으로 볼 수 있는 영속적인 결과물인 해골 등과 같은 단계를 포함한다. 모든 것에 우선하는 이야기에서 하이라이트는 혼성공간에서 동시적 하이라이트로 압축된다. 저승사자 혼성공간에는 임종 직전에 대응하는 저승사자의 도착, 임종에 대응하는 큰 낫, 매장에 대응하는 고깔 달린 수사修士의 겉옷, 최후의 결과에 대응하는 해골이 있다.

여기에서 볼 수 있는 것은 모든 것에 우선하는 이야기의 구조와 하이라이트를 반영하게끔 혼성공간과 전체적 총칭공간에 작용하는 일반적 압력이다. 예컨대, 저승사자에서 원인-결과가 부분-전체로 압축되는 것처럼, 한 유형의 중추적 관계가 또 다른 유형의 중추적 관계로 압축될 수 있기 때문에 이런 일이 가능하다. 우리는 이제 저승사자 같은 혼성공간에서 시간 압축의 몇 가지 주목할 만한 양상을 볼 수 있다. 시간대로의 사건 순서 같은 모든 것을 관장하는 이야기의 본질적인 구조처럼 보이는 것은 혼성공간에서 빠져 있다. 하이라이트 압축은 시간적·인과적 연쇄를 모든 것이 동시적인 부분-전체 구조로 바꾼다.

차용한 압축

이런 모든 종류의 압축을 가로지르는 것은 한 입력공간에 미리 존재하고 있던 한 압축을 차용하는 것과 입력공간들 사이의 외부공간 관계를 압축하는 것 사이의 구분이다. 때때로 한 입력공간에는 이미 단단하게 통합된 시나리오가 있으며, 이것은 투사되어 혼성공간에서 단단한 압축을 제공한다. 예컨대, "자신의 재정적 무덤을 파고 있다"에서 *파기digging* 입력공간에는 이미 행위자, 행동, 시간, 공간, 원인-결과의 압축이 있으며, 이런 압축은 혼성공간으로 투사된다. 혼성공간의 많은 프레임 구조는 *재정* 입력공간으로부터 나온다. 그러나 그 구조는 *파기* 입력공간이 제공하는 압축된 시나리오 안에 위치한다. 아기의 상승이라는 의례행사는 아기를 계단으로 데리고 가는 한 입력공간이 제공하는 단단한 통합을 사용해서 혼성공간에 압축을 제공한다.

최적성과 뇌의 거품 상자

우리가 보게 될 다른 원리처럼, 압축에 대한 원리는 최적성 원리이다. 이런 원리들은 서로 경쟁하고 다른 원리들 및 목표와 경쟁하기 때문에, 어떤 연결망에서든 부분적으로만 충족된다.

이미 지적했듯이, 생물학적 진화와 새로운 혼성공간의 구축 사이에는 유용한 유추가 있다. 모든 유기체는 경합하는 가치와 제약에 직면한다. 강력한 것이 좋을 수도 있지만, 빠른 것이 좋을 수도 있고, 영양분이 조금만 필요한 것이 좋을 수도 있다. 그러나 이런 가치들은 제약에 부딪힐 수밖에 없다. 진화는 생물의 딱 맞는 필요를 위해 유기체의 최적의 디자인을 고안하고, 그 다음에는 그 유기체를 구성하는 식으로 작동하지 않는다. 오히려, 상호작용이 발생하고 그 결과로 산물이 나오며, 이런 산물은 선택되거나 혹은 거부된다. 단지 그에 필요한 돌연변이가 발생하지 않았기 때문에 딱 알맞은 유기체가 나오지 않을 수도 있다. 이와 유사하게, 뇌는 정신공간의 거품 상자로 생각할 수 있다. 즉, 새로운 정신공간은 항상 예전의 정신공간으로부터 형성된다. 우리는 뇌가 계속해서 아주 많은 혼성공간을 구성하고 있으며, 그 가운데 일부만 추가 발달과 적용을 위해 선택된다고 추측한다. 의식적으로 사용할 수 있는 혼성공간은 극소수이다. 수많은 뇌를 포함하는 '문화'는 진화하는 혼성공간 후보들을 위한 한층 더 큰 거품 상자로서, 그런 혼성공간을 테스트한 뒤 버리거나 개발하고, 그중 일부를 촉진하고 보급시킨다. 그러나 뇌라는 거품 상자와 문화라는 훨씬 더 큰 거품 상자의 풍부한 활동에도 불구하고, 나타나는 혼성공간은 단지 소수에 불과할 것이며, 활성화되는 입력공간도 소수일 것이고, 단지 소수의 개념적 돌연변이만이 발생할 것이다. 원칙상 많은 것이 발생할 수도 있었지만 발생하지 않았다. 예컨대 우리는 일단 그런 혼성공간을 이용할 수 있게 되면 이해하고 기억하기가 쉬워지기는 하지만, 수학과 과학의 역사에서 완전히 유용한 혼성공간이 떠오르게 되는 데는 수세기가 걸릴 수 있다는 것을 보았다. 더욱이 그런 체계에서 최적화는 절대적이지 않다. 한 유기체나 혼성공간이 다른 유기체나 혼성공간에 비해 당장은 목적을 이루는 데 부족함이 없더라도, 그것이 반드시 가능할 수 있는 최고의 것은 아니다. 진화는 모든 가능세계를 철저하게 조사하지 않는다. 진화는 발생한 것들 가운데서만 선택한다. 동일한 방식으로, 개념적 통합은 활성화될 수 있었던 모든 것을 검토하기보다는 개별 뇌나 뇌의 집합에서 우연히 활성화된 것들만 이용한다. 진화에서처럼, 개념적 혼성에서도 웬만큼 괜찮은 것은 웬만큼 괜찮다. 그 체계에는 무한한 시간이나 무한한 사실이나 활성화가 없으며, 그 체계는 현재의 상태 쪽으로 매우 기울어져 있다. 일단 진화상에서 가지뿔영양이 약탈자보다 빨리 달리게 되었다면, 그 가지뿔영양에게 더 빠른 속도로 진화해야 할 동기는 없다. 진화는 가능한 가장 빠른 사자나 가능한 가장 빠른 가젤을 동시에 고안하지 않는다. 진화는 절대적인 정도로가 아니라 이용할 수 있는 생태학과 발생하는 임의의 돌연변이에 대응하여 이 사자와 가젤을 최적화한다. 동일한 방식으로 개념적 혼성의 성공은 가능한 가장 강력한 방식으로 가능한 모든 지배 원리를 충족하는 데 달려 있지 않다. 애초에 원리들이 자주 상충되기에 이는 논리적으로 불가능하다. 많은 최적성 원리의 체계에서, 성공은 원리를 하나하나 충족하는 문제가 아니라 그것들 모두를 *웬만큼* 충족하는 문제이다.

인간 척도로 전환하기

이 장의 맨 처음에서 우리는 매우 중요한 하나의 목표가 지배 원리를 작동시킨다고 말했다. 인간 척도를 달성하라는 것이 바로 그것이다. 인간은 인간 척도에서 현실을 다룰 수 있도록 진화되었고 문화적으로 뒷받침된다. 즉 인간은 전형적으로 소수의 참여자와 직접적인 의도성을 포함하는 친숙한 프레임 안에서 직접적인 행동과 지각을 통해 현실을 다룬다. 친숙한 것은 자연스럽고 편안한 범위로 분류된다. 일시적인 시간, 공간적 근접성, 의도적 관계, 직접적인 원인―

결과 관계가 있는 특정 범위는 인간 친화적이다. 다른 것이 동일하다면, 혼성공간이 이런 범위에 속하는 것이 좋다. 압축에 의해 중추적 관계를 변형하거나 새로운 중추적 관계를 창조하는 것이 지배 원리에 따라 적절하게 이루어진다면, 혼성공간은 더욱더 인간 친화적이게 된다. 예컨대, 우리는 상호작용에서 강하고 간단한 의도성을 쉽게 다룰 수 있으며, 그래서 의도적 관계를 상호작용의 장면에 더함으로써 혼성공간이 더욱 명료하고 생생하고 기억하기 쉬워지며 인간인 우리가 유용히 사용할 수 있게 된다. 우리는 인간 척도로의 전환에 대한 많은 경우들을 보았다. 가지뿔영양의 복잡한 진화 이야기는 한 마리 동물이 학습하고 기억하는 인간 척도의 이야기로 전환된다. 인간 삶이라는 장황하고 복잡한 관념은 아기의 상승이라는 의례행사에서 계단으로 올라가는 인간 척도의 사건으로 전환된다. 그리고 당신이 모르는 어린이들을 교육하는 것과 당신의 생명이 달려 있는 전문 능력 사이의 먼 미래의 추상적 연결은 어린아이들이 바이패스 수술을 하려고 하는 인간 척도의 사건으로 전환된다.

개념적 통합의 구성 원리와 지배 원리는 많은 영역에서 경험적 자료에 대한 분석에서 발견되었다. 복잡성과 전문 메커니즘이 있는 원리들은 서로 협력해서 다음의 목표를 달성한다.

- 인간 척도를 달성하라.

이 목표에는 다음과 같은 요긴한 하위목표가 있다.

- 산만한 것을 압축하라.
- 총체적 통찰력을 달성하라.
- 중추적 관계를 강화하라.
- 이야기를 만들어내라.
- 다수에서 하나로 진행하라.

혼성공간이 인상적인 압축을 달성한다는 사실은 우리가 충분히 논의했던 사실 중 하나다. 또한 우리는 복잡하고 산만한 연결망의 혼성공간이 어떻게 인간 척도의 시나리오로 구조화될 수 있는지를 보았다. 예컨대, 조심성 많은 가지뿔영양 예는 단 한 마리의 가지뿔영양이 육식동물로부터 달아나는 인간 척도의 혼성 장면을 달성한다. 이 장면은 진화적 시간에서 작동하는 복잡하고 산만한 구조를 압축한다. 아기의 상승이라는 의례행사는 한 성인이 한 아기를 계단 위로 데리고 가는, 극소수의 행위자와 사건을 가진 매우 간단한 장면을 제공하는데, 이 장면은 적어도 두 가지 인생에 관여하는 매우 많은 사건과 행위자를 압축한다. 흡연하는 발기부전 카우보이의 예는 단 하나의 행위자와 사건, 시간을 포함하는 상당히 압축된 인간 척도의 혼성공간을 제시한다. 즉 한 남자가 구부러진 담배를 피우고 있는 것이다. 이런 혼성공간은 총체적 통찰력의 인상을 생산한다. 인간 척도의 혼성공간을 가지고 있으며, 복잡한 일련의 정신공간들이 적절하게 연결된 연결망의 구성은 총체적 통찰력의 인상을 생산하는 것처럼 보인다. 개념적 통합의 원리에 대한 또 다른 결과는 새로운 중추적 관계를 창조하거나, 기존의 중추적 관계를 강화하거나, 또는 한 유형의 중추적 관계를 또 다른 유형의 중추적 관계로 전환함으로써 중추적 관계를 강화하는 것이다. 또한 우리는 혼성공간 자체가 전체 연결망의 간단한 이야기를 제공하는 경우들을 여럿 보았다. 예컨대, 배 경주의 예에는 혼성공간상 간단한 경주의 이야기가 있다. '삶의 이야기'와 '죽음의 이야기'를 논의할 때 본 전체적 총칭공간이 이야기를 제공할 수도 있다. 마지막으로, 우리가 본 거의 모든 연결망은 한 입력공간의 많은 요소들로부터 혼성공간의 하나의 요소나 소수의 요소로 진행된다. 예컨대, 투자로 인한 파산에 수반되는 많은 행위자와 사건은 한 명의 행위자가 반복적으로 자기 무덤을 파는 단 하나의 행동이 된다. 그리고 미국의 가지뿔영양의 진화 역사와 관련된 수백만 마리의 가지뿔영양은 혼성공간에서 학습하고 기억하는 단 한 마리의 가지뿔영양이 된다.

이런 목표들은 독립적이지 않다. 압축은 인간 척도를 달성하는 한 가지 방법이며, 인간 척도를 달성함으로써 압축도 생산될 것이다. 중추적 관계를 강화하는 것은 또한 인간 척도를 달성하는 일의 한 부분이며, 그런 척도상의 시나리오는 전형적으로 간단한 이야기를 수반한다. 인간 척도는 직접적이고 신뢰할 수 있고 포괄적으로 이해가 된다는 인상을 우리에게 자연스럽게 주는 층위이다. 이것이 인간 척도에서 혼성공간을 달성하는 일이 총체적 통찰력의 느낌을 야기하는 이유이다. 혼성공간의 압축과 척도는 인지적으로 더 쉽게 다루고 조작할 수 있도록 해준다. 또한 복잡한 연결망에 연결시키기 때문에, 그 조작은 산만한 연결망을 통제하게 해주며, 그로써 전체적인 개념적 통제와 통찰력에 대한 느낌이 창조된다. 연결망 내의 많은 요소와 관계에서 혼성공간 내의 소수 요소로 진행해가는 것 또한 인간 척도, 압축, 이야기를 달성하는 데 도움을 준다. 왜냐하면 우리는 국부적인 공간적 지역에서 최소의 행위자와 짧은 시간적 간격을 가지고 있는 간단한 인간 척도의 시나리오를 지각적이고 행동적으로 잘 다룰 수 있도록 진화한 존재이기 때문이다.

압축에 대한 지배 원리

이제 압축에 대한 몇 가지 지배 원리를 진술할 차례이다. 이런 원리는 모두 연결망에서 압축을 최대화한다. 즉 이런 원리는 중추적 관계가 혼성공간으로 투사될 때 중추적 관계의 압축을 이끈다.

- 압축을 위한 차용. 한 입력공간에는 인간 척도상 기존의 단단한 응집성이 있지만 다른 입력공간에는 없을 때, 단단한 인간 척도의 응집성이 혼성공간으로 투사되어 다른 입력공간이 혼성공간으로 투사되면서 그 입력공간이 압축되는 결과가 생긴다. 그 예로 "자신의 재정적 무덤을 파기", "그는 그 책을 소화했다", '아기의 상승' 의례행사가 있다.
- 크기 축소에 의한 단일 관계 압축. 어떤 내부공간이나 외부공간 중추적 관계는 혼성공간에서 동일한 중추적 관계의 보다 압축된 버전으로 크기

가 축소될 수 있다. 외부공간에서 내부공간으로든 또는 단 하나의 정신
공간 안에서이든, 시간, 공간, 변화, 부분-전체, 의도성, 원인-결과는 모
두 크기가 축소될 수 있다. 또한, 단 하나의 정신공간 내에서 특성과 유
사성은 크기가 축소될 수 있다. 유사성의 축소는 공유된 특성의 수와 관
련이 있으며 그 특성은 자기 자신을 축소한다. 어떤 것이 더 또는 덜 *파
란색*일 수 있으며, 두 사물이 파란색이면 그 둘은 유사할 수 있으며, 하
나가 파란색이고 다른 하나는 적색이면 그 둘은 서로 다르며, 둘 다 파
란색이면 파란 정도에 따라 어느 정도 유사하가고 할 수 있다.

● 중략에 의한 단일 관계 압축. 한 입력공간이나 입력공간들 사이의 산만
한 구조는 몇 가지 핵심 요소를 뺀 모든 요소를 생략함으로써 혼성공간
으로 투사될 때 압축될 수 있다.

● 한 중추적 관계를 다른 중추적 관계로 압축. 한 유형의 관계는 다른 유
형의 관계로 압축될 수 있다.

● 척도성. 압축의 최상위 목표는 단 하나의 정신공간에서 인간 척도를 달
성하는 것이다. 단 하나의 정신공간에서의 요소는 정의상 유일성을 충
족시키며, 시간, 공간, 원인-결과, 부분-전체, 특성, 유사성, 의도성 같은
다른 중추적 관계는 크기를 축소할 수 있다. 따라서 유추, 비유추, 동일
성, 표상 같은 크기를 축소할 수 없는 관계는 크기를 축소할 수 있는 관
계로 압축될 수 있다.

● 압축에 의한 창조. 새로운 중추적 관계를 한 정신공간에 첨가하는 것은
그 정신공간이 인간 척도를 달성하는 데 도움을 줄 수 있다. 압축은 입
력공간에는 없는 중추적 관계를 혼성공간을 위해 창조할 수 있다.

● 하이라이트 압축. 최상위 이야기에서 분포된 요소들은 범주로의 압축,
특성으로의 압축, 세부사항의 중략 같은 도구에 의해 혼성공간에서 동
시적 배열로 압축될 수 있다.

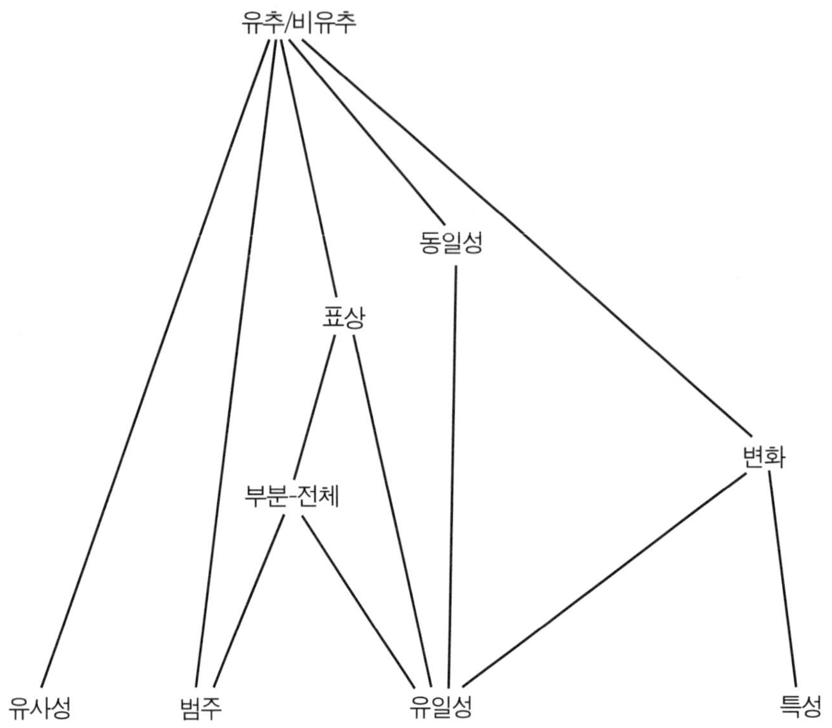

그림 16.1 유추/비유추에 대한 압축 위계

그림 16.1과 16.2는 두 가지 압축 위계를 예증한다.

위상

우리는 6장에서 입력공간 내의 조직적 관계와 입력공간들 사이의 조직적 관계를 논의했다. 전자를 '내부공간 위상'이라고 불렀고 후자를 '외부공간 위상'이라고 불렀으며, 정신공간 위상의 본질적인 부분이 중추적 관계에 의해 정의된다는 사실을 살펴보았다. 입력공간과 외부공간 연결을 가진 연결망에서, 내부공간 위상과 외부공간 위상을 혼성공간으로 투사할 수 있는 다양한 가능성이 존재한다. 기본 가능성은 관계가 변화 없이 투사된다는 것이다. 예컨대, 그레이

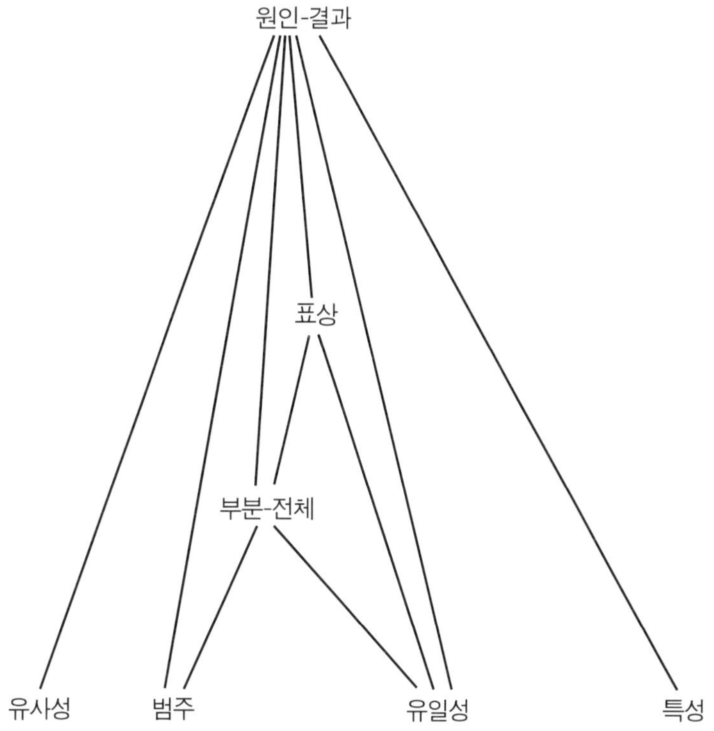

그림 16.2 원인/결과에 대한 압축 위계

트아메리칸 II 호가 샌프란시스코에서 이동해간 거리는 혼성공간으로 투사될 때 변하지 않는다.

모든 다른 가능성은 혼성공간과 입력공간에 대한 내부공간이나 외부공간 관계 사이의 몇 가지 차이를 수반한다.

첫째, 한 관계가 혼성공간에서 아무런 대응요소를 가지지 않는다는 것이다. 직관적으로 어떤 위상이 혼성공간으로 투사되지 않는 것은 틀림없이 유해한 것처럼 보일 수 있다. 왜냐하면 그것은 정보의 소실이기 때문이다. 반대로, 어떤 위상이 혼성공간에 존재하는 것만으로 그 특별한 위상이 강조되고 그래서 그 중요성을 *더* 잘 이해할 수 있게 된다. 10장에서 논의한 비행기 조종실의 두 가지 대안적 디스플레이가 좋은 예이다.

둘째, 관계가 혼성공간에서 동일한 관계로 투사되지만 크기가 축소된다는 것이다. 아기의 상승 의례행사에서, 전체 인생을 가진 입력공간 안의 시간이 혼성공간에서 시간으로 투사될 때 크기가 축소된다.

셋째, 관계를 혼성공간으로 투사할 때 중략이 있을 수도 있다. 중략은 순서는 보존하되 특정 하이라이트를 제외한 모든 것을 생략한다.

넷째, (유추에서 유일성으로의 경우에서처럼) 한 관계는 또 다른 관계로 압축될 수 있다. 이런 유형의 연속체를 따라 있는 관계들 사이에는 명확한 차이가 있지만, 이런 연속체는 인간의 개념적 체계에 기본적이다. 예컨대, 우리가 어떤 사람을 한 번 보고 1년 후에 다시 본다면, 우리가 본 것들 사이의 유추와 비유추를 노력을 기울이지 않고 이끌어낼 수 있다. 우리가 변화 과정을 보지 않았음에도 노력을 기울이지 않고 저절로 변화 과정을 환기할 수 있다. 우리는 변화를 통해 어떤 자질은 변하지 않았지만(유추적 부분) 다른 자질은 변했다고(비유추적 부분) 생각한다. 이러한 변화의 관계는 무의식적으로 개인적 동일성으로 압축된다. 1년 사이에 그의 머리카락이 모두 희끗희끗해졌음에도, 우리는 '동일한' 사람을 지각하고 있다고 생각한다. 죽음과 해골 사이의 원인-결과 관계는 저승사자에서 부분-전체 관계로 바뀌었다. 이것은 기근과 전쟁 같은 공허한 원인에 대한 도상적 표상을 위한 표준 전략이다.

명백한 것처럼 보일 수 있지만, 우리는 이런 정신적 과정을 당연한 것이라고 생각해서는 안 된다. 이런 정신적 과정은 신경학적 병리학에서 왜곡될 수도 있다. 희귀한 신경심리학적 병리인 카그라스 증후군에서는, 어떤 환자는 실제로 가까운 친척과 친한 친구를 완벽한 사기꾼으로 여기고, 실제 친척과 친구와 모든 면에서 똑같은데도 그들 본인이 아니라고 생각한다.[129] 더욱이, 우리가 앞서 논의했듯이 (파란색 컵을 지각하고 호랑이의 포효를 듣고, 누군가의 인상이 '폭력적'인 것으로 지각할 때) 원인-결과를 유일성으로 압축하는 것은 매우 자연스럽고 유용한 압축이다. 대부분 이런 압축을 눈치채지 못하지만, 15장에서 본 자동차를 생산하는 회사가 혼성공간의 자동차가 되는 예처럼, 이런 압축은 창조적인 혼성공간에서 이용될 수 있다.

다섯째, 한 입력공간에서 하나의 관계는 다른 입력공간에서는 그 관계의 역일 수 있다. 혼성공간은 한 입력공간으로부터 그 관계를 가져오지만, 다른 정신공간으로부터는 그것의 압축을 가져온다. 예컨대 "자신의 재정적 무덤 파기"에서 투자 입력공간상 인과성의 방향은 무덤 입력공간상 인과성 방향의 역이다. 투자 입력공간에는 선호되는 위상이 있지만, 무덤 입력공간에는 선호되는 압축이 있다. 우리는 혼성공간을 위해 무덤 입력공간의 단단한 통합을 취하지만 투자 입력공간에서는 인과적 방향을 취한다.

우리가 본 혼성공간의 위상과 입력공간의 위상을 정렬하는 다섯 가지 방법은 조직 위상은 보존하는 반면 압축은 최대화하는 전략을 보여준다. 이런 전략은 모두 위상의 지침 원리에 기초를 둔다.

위상 원리: 다른 것이 동일하다면, 입력공간과 외부공간 관계의 유용한 위상이 혼성공간의 내부공간 관계로 반영될 수 있도록 혼성공간과 입력공간을 구축하라.

위상의 지침 원리와 압축의 지침 원리는 자주 충돌한다. 개념적 통합의 구성 원리 자체는 입력공간과 외부공간 관계에 있는 모든 것을 혼성공간에서 단하나의 구분되지 않는 요소로의 압축을 금지하지는 않는다. 압축은 그런 방향으로 움직이지만, 엄격한 압축은 실제로 입력공간의 위상과 외부공간 관계와 관련해 아무런 대응요소가 없는 혼성공간을 생산한다. 위상 원리는 중요한 위상을 제거하는 압축에 저항한다. 이와 유사하게, 개념적 통합의 구성 원리 자체는 모든 입력공간의 위상과 외부공간 관계를 아무런 변화와 융합도 없는 혼성공간으로 투사하는 것을 금지하지 않는다. 그러나 그러한 혼성공간은 전형적으로 인간 척도에 존재하지 않는다. 따라서 압축 원리는 위상 원리가 위상을보존하려는 것에 저항한다. 어떤 통합 연결망에 대해서도 이 둘 사이에는 적절한 균형이 이루어져야 한다. 널리 이용되는 압축 패턴은 이러한 경쟁하는 요구들을 수용하는 방법 중 하나이다. 입력공간에 있는 별로 압축되지 않은 위상은 당신이 만약 그 패턴을 알기만 한다면 혼성공간에 있는 훨씬 압축된 위상으로부터 추론될 수 있다.

패턴 완성

칸트와의 논쟁이나 배 경주 예처럼 많은 개념적 혼성의 경우에는 단단하게 통합된 기존의 프레임이 혼성공간으로 보충됨으로써 단단한 통합을 제공한다. 신문사 사장이 인쇄기를 돌리고 자동차 회사 사장이 운전석에 앉은 냉혹한 인쇄기의 버전에서, 우리는 반대자들이 서로에게 도구를 사용하고 더 좋은 도구나 더 나쁜 도구를 가짐으로써 이기거나 패배하는 프레임을 혼성공간으로 보충한다. 이러한 보충은 혼성공간 내의 요소들을 통합적 패턴으로 구조화한다. 예컨대, 신중한 가지뿔영양에는 학습과 기억을 가진 혼성공간에 대한 프레임이 있으며, 이런 관계는 연결망에서 원인-결과, 시간, 다양한 가지뿔영양을 가진 입력공간들 사이의 변화(적응과 계승)라는 중요한 외부공간 중추적 관계의 압축 버전 역할을 한다. 패턴 완성에 대한 일반적인 지침 원리는 다음과 같다.

> 패턴 완성 원리: 다른 것이 동일하다면, 기존의 통합적 패턴을 부가적인 입력공간으로 사용하여 혼성공간의 요소를 완성하라. 다른 것이 동일하다면, 입력공간들 간의 중요한 외부공간 중추적 관계의 압축된 버전일 수 있는 관계를 가진 완성 프레임을 사용하라.

통합

통합은 이 책의 중심 주제이다. 통합된 혼성공간을 달성하려는 충동은 인간 인지의 최상위 원리이다.

통합 원리: 통합적인 혼성공간을 달성하라.

　개념적 통합 연결망의 본질은 때때로 충돌하는 많은 다른 입력공간으로부터 단 하나의 혼성공간으로 투사하는 것이다. 혼성공간에서의 통합은 입력공간에서 암시되는 하찮은 것이 아닌 뛰어난 업적이다. 혼성공간에서의 통합은 혼성공간의 조작을 한 단위로 할 수 있게 해주고, 더욱더 기억하기 쉽게 만들고, 사고자가 연결망 내의 다른 정신공간을 계속해서 참조하지 않고서도 혼성공간을 운용할 수 있게 해준다. 통합은 혼성공간을 인간 척도로 가져올 수 있도록 도와주며, 그렇게 해서 이미 인간 척도에 있는 우리 지식의 범위로부터 추가적으로 혼성공간에 유용한 보충을 할 가능성을 증가시킨다.

　방금 보았듯이, 입력공간은 종종 반대되는 위상을 가지고 있다. 이런 위상들을 혼성공간으로 투사함으로써 탈통합된 정신공간이 창조된다. 이런 경우, 탈통합된 혼성공간을 피하기 위해 선택하고 조종하는 것은 통합 원리의 당연한 결과이다. 예컨대, 칸트와의 논쟁 예에서 첫 번째 입력공간에서 나온 독일어라는 언어는 투사되지 않는데, 왜냐하면 논쟁 프레임에서의 통합은 단 하나의 언어만 요구하기 때문이다.

중추적 관계의 촉진

우리는 신중한 가지뿔영양 예에서 의도성(학습, 기억)이라는 새로운 중추적 관계가 혼성공간에 출현하는 것을 보았다. 혼성공간이 내적인 중추적 관계를 발전시키는 일은 흔하다. 자연스럽게도, 이러한 중추적 관계의 최대화는 혼성공간으로의 새로운 프레임 보충과 협력하고, 혼성공간의 인간 척도로의 전환과 협력한다. 또한 외부공간 중추적 관계와 혼성공간 내의 중추적 관계 사이의 반영을 최대화하는 일반 원리도 있다. 이런 원리는 새로운 외부공간 중추적 관계를 구축하도록 자극한다. 7장에서 논의한 토블레로네 광고는 두 원리를 한꺼번에 보여준다. 광고를 보는 사람은 초콜릿, 피라미드, "고대의 토블레로네 숭배인가?"라는 표현을 보게 된다. 이것은 누군가나 무언가를 기리기 위해 만든 관습적인 기념비 예와의 유추로 훨씬 더 풍부한 혼성공간을 구축하기 위한 기초이다. 따라서 이런 혼성공간은 친숙한 사상 도식으로 풀린다. 이런 사상 도식에서는 위대한 일을 하는 사람은 추종자들에게 숭배받게 되고 나중에 그가 죽은 후에는 그와 닮은 동상이 세워진다. 토블레로네에 대한 개념적 통합 연결망을 완성하기 위해, 외부공간 중추적 관계는 상당히 확산될 필요가 있다. 고대 사람들도 초콜릿을 먹었으며, 너무 인기가 좋아서 찬미자들은 이 초콜릿을 기려 기념이 되는 닮은 모양을 세워 숭배했다. 인상적인 이런 인지적 작업의 최종 결과는 혼성공간과 외부공간 연결에 많은 보충적인 중추적 관계를 지닌 통합 연결망이다. 유사한 예는 7장에서 논의한 동전 숨기기 예이다. 여기에서 누군가가 나중에 낭만적 관계를 맺으면서 갖는 심리상태는 물건을 너무 잘 숨겨서 그도 그것을 찾을 수 없었던 어린 시절의 습관에 근거해서 설명된다. '동전 숨기기'와 '사랑 숨기기' 사이의 유추적 연결은 '타고난 것'이나 '오래 가는 버릇'의 변이형을 지닌 인과적 관계가 된다.

중추적 관계의 최대화 원리: 다른 것이 동일하다면, 연결망 속의 중추적 관계를 최대화하라. 특히 혼성공간 속의 중추적 관계를 최대화하고, 그것을 외부공간 중추적 관계에 반영하라.

곧 보게 되겠지만, 지침 원리의 상대적 중요성은 목적에 달려 있을 수 있다. 혼성공간의 목적이 입력공간들 사이의 관계에 대해 무언가를 밝혀내는 것인 경우에는, 중추적 관계를 최대화하는 것이 특별한 중요성을 띤다. 왜냐하면 그런 밝혀냄은 고대의 고귀한 토블레로네 조각상 같은 새로운 외부공간 중추적 관계에 달려 있을 수 있기 때문이다. 이와는 대조적으로, 혼성공간의 목적이 입력공간과 현저하게 다른 가상 공간을 발전시키는 경우에는, 이 원리가 별로 중요하지 않다. 예컨대, 증권 중개인이 되는 것이 어떨까라고 생각하는 사람이라면 자신과 지금 증권 중개인 일을 하고 있는 한 친구를 혼성해서, 자신이 바로 증권 중개인이고 새 직업에 대한 발현적 느낌과 판단을 가지는 혼성공간을 형성할 수 있다. 이런 혼성공간의 목적은 지금 그대로의 자신과 친구 사이의 비교점을 탐구하는 것이 아니다. 따라서 그것은 새로운 외부공간 중추적 관계를 촉진하지 않는다. 이런 목적 아래에서는 외부공간 중추적 관계를 최대화한다는 지침 원리는 그다지 중요하지 않다. 그렇지만 여전히 연결망에 잠재적인 압력을 발휘하고 개념적인 결과를 초래할 수는 있다. 비교의 탐구가 그 목적은 아니어도 혼성공간은 여전히 그 원리를 이용해 자신과 친구를 비교하거나 감탄, 질투, 시샘 또는 경멸 같은 친구에 대한 새로운 태도를 초래할 수도 있다. 그 목적이 분명히 비교가 아닐 때에도 우리는 종종 두 요소를 융합하려는 시도를 거부한다. 왜냐하면 입력공간들 사이에 더 단단한 연결을 할 수 있는 잠재적인 가능성이 언제나 존재하기 때문이다. 예컨대, 억압받는 소수민족과 멸종 위기에 빠진 종의 혼성은 의도는 좋을지라도 모욕으로 여겨질 수 있기에 거부될 것이다.

혼성공간에서 중추적 관계를 최대화하고, 정신공간들 사이의 외부공간 중추적 관계에서 그것을 반영하는 과정은 혼성공간의 구조를 강화하고 입력공간들 사이의 전체 연결을 강화하는 방법이다. 이미 이용 가능한 중추적 관계를 강화하는 것 역시 또 다른 방법이다. 우리는 곧잘 인간의 행동을 포함하는 연결망을 발견하는데, 이런 연결망에서 혼성공간 내의 인과성과 의도성은 입력공간에서보다 혼성공간에서 더 날카롭고 더 간단하고 더욱 강력하다. 그 예로 해외 원조 법안을 방해하고 "굶주려 있는 어린이들의 입으로부터 음식을 빼앗아간다"는 비난을 받는 정치가를 들 수 있다. 이 연결망 또한 정치 과정에 수반되는 수많은 행위자들을 한 명의 행위자로 압축한다.

중추적 관계의 강화 원리: 다른 모든 것이 동일하다면, 중추적 관계를 강화하라.

망

망 원리: 다른 것이 동일하다면, 혼성공간을 한 단위로 조작해도 추가적인 계산이나 감독 없이 입력공간과의 적절한 연결망이 쉽게 유지되어야 한다.

이 원리는 우리가 연결망에서 하나의 정신공간에만 초점을 두고 있을 때에도 전체 연결망이 함축된다는 사실을 반영한다. 망 안의 좋은 연결이 무의식적으로 유지되기 때문에, 혼성공간 내에서 이루어지는 일은 입력공간 안에서든 입력공간들 사이에서든 자동적인 효과를 미칠 수 있다. 예컨대, 혼성공간에서 승려가 자신을 만나는 것은 입력공간에 직접적인 영향을 미친다. 왜냐하면 혼성공간과 두 입력공간에서 하루 중의 시간은 항상 동일하기 때문이고, 하루 중 어느 때의 승려의 위치는 각 입력공간에서 그 시간에 그의 대응요소가 있었던 위치와 동일하기 때문이다. 이러한 혼성공간과 시계의 진행 입력공간 및 특정한 시간에서의 승려 위치 입력공간 사이의 엄격한 동일성은 망 원리를 매우 흡족하게 만족시킨다.

위상이 충족되면 그것은 망을 충족시키는 데에도 도움이 된다. 왜냐하면 사용자는 전형적으로 망 연결이 위상의 투사에 의해 제공된 것이라 가정하기 때문이다. 그러나 이 두 원리는 별개이며 한 줄로 정렬될 필요는 없다. 그 두 원리는 경쟁할 수 있다. 위상은 입력공간과 혼성공간 사이의 위상을 최대화하는 방향으로 밀고 나간다. 그러나 망은 정신공간들 사이의 *적절한* 연결을 유지하는 것과 관련되며, 그래서 망은 위상적 연결을 제한하는 방향으로 밀고 나간다. 혼성공간을 사고와 행동에 대한 기초로 사용할 때, 입력공간과 혼성공간이 어떻게 위상적으로 일치하지 않는지를 명확하게 파악해야 한다. 예컨대, 1995년경에 컴퓨터 데스크탑은 손가락으로 스크린을 가리키거나 음성 명령을 내리거나 ("4월 15일 이후 버린 것" 같은 식으로) 폴더 외부에 정보를 쓸 방도가 없었다. 이런 위상은 개인 간의 명령을 내리는 입력공간, 실제 사무실에서 일하는 입력공간, 그리고 (우리가 발음하지 못하는 이름들로 가득한 메뉴에서 어떤 와인을 원하는지를 웨이터에게 가리킬 때처럼) 목록에서 품목을 암시하는 입력공간에서 중요하다. 그러나 이런 위상은 혼성공간에서는 이용할 수 없다. (〈스타트렉〉에서 미래에서 온 인간 방문객이 하는 것처럼) 마치 마우스가 마이크로폰인 양, 마우스에 대고 말하는 것은 음성 의사소통의 위상이 컴퓨터 데스크탑 혼성공간으로 투사되지 않는다는 것을 아는 사람에게는 우스운 행위이다. 이런 '자연스러운 실수'는 혼성공간에 들어 있긴 하지만 입력공간에서만 이용 가능한 위상을 사용하기 때문에 발생한다. 흥미롭게도, 데스크탑 인터페이스는 현재 진화해서 이런 더 많은 위상을 포함하고 있다.

미래에서 온 방문객은 입력공간으로부터 혼성공간으로 너무 많은 위상을 투사했다. 혼성공간에서 입력공간으로의 다른 방향으로, 우리는 입력공간에 적절치 않은 발현적 위상을 혼성공간으로부터 역투사해서는 안 된다. 이런 일은 드라마의 광적인 시청자들이 드라마에서 악역을 맡은 배우를 길거리에서 공격할 때 발생한다. 혼성공간에는 발현적 위상이 있다. 사악한 사람이 그 배우의 외모를 가지고 있는 것이다. 등장인물과 사람의 그러한 통합은 배우가 있는 실생활 입력공간으로 역투사되어서는 안 된다.

두 방향 모두 망 원리를 위배하면서 위상을 최대화하기 때문에 그런 실수가 일어난다.

망 원리의 당연한 결과는 우리가 입력공간과의 귀중한 망 연결을 끊어서는 안 된다는 것이다. 컴퓨터 데스크탑은 컴퓨터 작동의 정신공간과의 망 연결을 가지며, 이런 연결에서 모든 초점 전이는 간단한 클릭만을 요구한다. 예컨대, 사용자가 데스크탑에서 다섯 가지 다른 응용프로그램을 돌리고 있고 이 가운데 하나만 보고 싶다면, 그는 "다른 것 감추기"(역은 "다른 것 보기")를 클릭하면 된다. 다른 문서에 부분적으로 가려져 있는 문서를 전부 보려면 단지 바라는 문서 어딘가를 클릭하기만 하면 된다. 그러나 사무실의 공간에서 초점을 두고 싶어 하는 물건 하나를 제외하고 책상 위에 있는 모든 것을 숨기기 위해서는 번잡한 물리적 작용이 필요하다. 이 모든 작용을 혼성공간으로 투사하는 것은 컴퓨터 작동 입력공간과의 유용한 망 연결을 절단할 것이다. 여기에서는 각각의 기능이 경쟁을 이끈다. 컴퓨터 작동 입력공간에서 '초점 변화'와의 망 연결은 중요한데, 왜냐하면 데스크탑 인터페이스가 컴퓨터가 작동하도록 고안되었기 때문이다. 그 기능이 사무실 작업 환경을 시뮬레이션하는 것이라면, 연산 효율성을 희생하고 물리적 작동의 복잡성을 유지할 것이다.

망은 통합과 결합하여 혼성공간에서의 새로운 통합을 강요한다. 예컨대, 은유 '자기 무덤 파기'에서 혼성공간의 인과적·시간적·의도적 구조(*행위자는 자신의 행동을 알지 못한다, 그 행동의 충분한 반복은 실패를 초래한다*)는 실수와 실패의 입력공간으로부터 혼성공간으로 온다. 이런 망 연결은 추론에 결정적이지만, 대신 우리가 무덤 입력공간의 평범한 구조를 투사한다면 그것은 파괴될 것이다(보통은 죽은 이후에 다른 사람이 무덤을 판다). 프랑스의 닉슨 예에서 닉슨은 혼성공간으로 투사되지만, 닉슨이 프랑스 대통령이 되는 것을 막는 그의 미국 시민권은 투사되지 않는다. 따라서 혼성공간에서 두 번째 입력공간으로의 결정적인 망 연결이 절단된다.

풀기

풀기 원리: 다른 것이 동일하다면, 혼성공간 자체는 전체 연결망의 재구성을 촉진해야 한다.

혼성공간의 힘 가운데 하나는 그것이 본질적으로 전체 연결망의 싹을 지닌다는 것이다. 우리가 이미 전체 연결망을 활성화했다면, 혼성공간을 운용하는 것은 나머지 연결망에 추리와 결론을 제공한다. 그러나 전체 연결망이 아직 구축되지 않았거나 망각되었다면, 또는 연결망의 적절한 부분이 사고하는 순간에 활성화되어 있지 않다면, 혼성공간이 그런 활성화를 촉진시키는 일을 훌륭히 수행한다. 혼성공간이 총체적 통찰력을 제공하는 힘의 일부는 기억 장치로서의 기능에 자리하고 있거나(우리가 연결망에 대한 지식을 가지고 있고 단순히 그것을 회수하고 활성화시킬 필요만 있는 경우) 또는 우리가 그것들을 연결망의 완전한 모습을 갖춘 부분들로 풀도록 안내하는 작은 압축을 지닌 유발 장치로의 기능에 있다. 때로는 담화 환경이 혼성공간에 앞서 입력공간과 연결을 구축하는 반면에, 우리가 광고판을 볼 때처럼 어떤 경우에는 혼성공간에 대한 물리적 고정 장치만 제공될 수 있다. 풀기는 종종 혼성공간에서 탈통합과 부조화로 인해 용이해진다. 예컨대, 흡연하는 발기부전 카우보이 광고판은 단지 구부러진 담배를 가진 카우보이와 "경고: 흡연은 발기부전을 일으킬 수 있습니다"라는 표현을 제공한다. 구부러진 담배가 갖는 그 자체의 부조화는 이런 표상을 카우보이가 담배를 피우고 있는 간단한 그림 이상으로 해석하도록 촉진한다. 담배는 남성다운 카우보이를 가진 정신공간에 있는 평범한 담배와 성적 행위를 가진 정신공간에 있는 구부러진 성기 모두로 '풀린다'. 사실 애시당초 우리가 부조화가 있는 정신공간을 인식하고 나면, 그런 부조화가 정신공간을 혼성공간으로 인식하게 하고 입력공간을 찾도록 만든다고 말하는 것이 더 알맞을 수도 있다. 동일한 방식으로 칸트와의 논쟁 혼성공간은 풀기를 충족한다. 왜냐하면 18세기의 누군가와 21세기의 누군가가 동일한 정신공간에 있기 때문이다. 이런 경우, 우리에게 제시되는 장면에는 이런 장면이 다른 입력공간을 지니고 있다고 간주하게끔 유도하는 탈통합이 있다. 이와 유사하게, "그는 너무 화가 나서 귀에서 연기가 나는 것이 보일 정도다"는 가장 상위 층위에서 통합되지만, *화, 열, 신체 생리기능*에 대한 뚜렷한 촉진제를 가진다. 올바른 연결을 만드는 촉진제는 종종 저승사자(냉혹한 수확자)의 예처럼 단단한 압축 형태를 취한다. 저승사자의 몸, 복장, 도구는 해골, 장례식, 수확, 살인을 촉진한다.

더글러스 호프스태터가 지적하듯이, 풀기 원리는 순수하게 연결망 내 구조의 원리가 아니라 더 폭넓은 의사소통의 원리이다. 왜냐하면 혼성공간이 제공하는 풀기 가능성은 의사소통의 문맥에서 이미 활성화된 것을 전제로 하기 때문이다.[130]

적절성

적절성 원리: 다른 것이 동일하다면, 혼성공간 속의 요소는 적절성이 있어야 한다. 이는 다른 정신공간과의 연결을 확립하는 것과 혼성공간을 운용하는 데 대한 적절성을 포함한다. 역으로 연결망의 목적에 중요한 입력공간들 사이의 외부공간 관계는 혼성공간에서 그에 상응하는 압축을 가져야 한다.

의사소통 참여자는 자신의 의사소통이 적절해야 한다는 일반적인 압력을 받는다.[131] 혼성공간이 의사소통에 사용될 때는 이러한 일반적인 압력에 지배를 받지만, 그 적절성 부분은 연결망 내에서의 위치와 기능으로부터 나온다. 혼성공간 속의 요소는 다른 정신공간들과의 연결을 나타내거나 혼성공간이 발전하는 방향을 나타냄으로써 적절성에 대한 일반적인 기대를 충족시킬 수 있다. 화자와 청자 모두 이런 사실을 잘 알고 있으며, 이는 그들이 연결망을 구성하고 해석하도록 이끈다. 적절성을 충족해야 한다는 기대로 인해, 청자는 그 요소가 연결망에 대해서 적절성을 최대화하는 연결을 찾도록 촉구된다. 또한 화자는 적절한 연결망 연결을 촉진하는 요소를 혼성공간에 포함하거나 원치 않는 연결을 촉진할 수도 있는 요소를 배제하도록 촉구된다. 우리는 이런 원리를 '연결망 적절성'이라고 부를 것이다. 혼성공간 내의 한 요소가 풀기에 대한 촉진제로 성공적으로 간주될 수 있다면, 연결망 적절성은 그 요소에 대해 충족될 수 있다. 저승사자 예를 고려해보라. 공허한 원인인 죽음이 일단 의인화되면, 죽음은 모양, 몸, 태도를 가져야 하고 옷도 쉽게 가질 수 있다. 그러나 이런 양상은 죽음이라는 사건이나 살인자라는 프레임에 의해 강화되지 않는다. 하이라이트 압축을 논의할 때 보았듯이, 이런 요소는 잘 선택된 부분-전체 압축으로서, 풀기를 안내하고 원인-결과 같은 연결망 내의 중추적 관계를 촉진한다. 이런 요소들을 풀기에 대한 촉진제로 해석하는 것이 이런 요소들에 연결망 적절성을 부여한다.

사람의 옷, 악세서리, 매너, 표현, 제스처, 외모가 적절성을 가지는 것은 일상생활에서 표현되는 자아의 일반적인 자질이다. 따라서 그것들은 연결망 적절성을 지니는 혼성공간을 촉진한다. 무뚝뚝한 고등학생이 개목걸이를 차고 피곤해 보이는 모습을 한 것은 그가 군인(또는 개)이라고 암시하는 것이 아니라, 오히려 그가 학습한 폭력적이고 공격적인 행동이 그의 특징의 한 부분이 되었음을 암시한다.

적절성 원리는 연결망이 혼성공간에서 관계를 가지도록 압력을 가한다. 이것은 입력공간들 사이의 중요한 외부공간 관계의 압축이다. 우리는 이런 일이 많은 연결망에서 작용하는 것을 보았다. 예컨대, 배 경주 예에서, 노던라이트호가 있는 정신공간은 참조 정신공간이다. 그레이트아메리칸Ⅱ호의 항해자들은 노던라이트호에 대해 알고 있고 그와 관련해 야망을 가지고 있으며, 그 지식은 그들 활동에 대해 인과적이다. 의도성과 원인-결과라는 이런 외부공간 관계는 적절성 원리에 의해 혼성공간에서 압축을 가질 필요가 있으며, 이런 관계는 경주 프레임의 의도적·인과적 구조 때문에 그렇게 한다.

회귀

인간 척도를 달성하라는 개념적 혼성의 최상위 목표의 한 가지 중대한 필연적 결과는 한 연결망에서 나오는 혼성공간이 종종 또 다른 혼성 연결망에 대한 입력공간으로 사용될 수 있다는 것이다. 개념적 혼성이 새로운 정신공간을 인간 척도에서 전달한다면, 이 새로운 혼성공간은 인간 척도에 더 많은 압축을 달성하기 위한 잠재적 도구가 된다. 우리는 저승사자의 복잡한 다중 혼성공간이 어떤 사람, 즉 저승사자(냉혹한 수확자)를 가진 인간 척도의 상황을 생산한다는 것을 보았다. 저승사자가 *사람* 같은 기존의 범주와 일치해야 하는 이유는 원칙상 없다. 이것은 전형적으로 이중범위 연결망이 전적으로 새로운 범주에 속하는 요소를 생산하는 경우일 수 있다. 많은 압축을 가진 복잡한 연결망은 저승사자 혼성공간을 전달한다. 사람으로서의 저승사자는 사람을 포함하는 어떤 입력공간의 부분일 수 있다. 특히 이제 의인화 혼성공간은 입력공간으로서 사람과 함께 저승사자Grim Reaper를 가질 수 있다. 우리는 매를 저승사자 매Grim Hawk로 의인화할 수도 있다. 해골, 큰 낫, 고깔 달린 수사옷뿐만 아니라 날개와 부리를 완전히 갖추고 있으며 쥐의 세계에서는 신성한 존재로 의인화할 수 있다. 이런 종류의 회귀는 과학과 수학의 발달에서 일상적으로 발생한다. 우리는 처음에서는 해변에서 보는 파도wave로 시작해서 그 다음에 소리를 생각할 때, 비록 소리가 완전히 다른 현상이지만 매질에서 세로로 이동을 한다는 공통점을 인식하여, 이제 '종적' 파도의 다양한 종류를 포함하는 새로운 혼성 범주인 파장wave을 만들 수 있다. 이 새로운 범주 파장은 또 다른 혼성 연결망에 대한 입력공간일 수 있으며, 이 연결망의 다른 입력공간에는 전자기 현상이 있다. 새로운 연결망에서 혼성공간은 이제 '전자기'파를 포함하는 범주인 파동wave을 가진다.

수·개념의 역사는 많은 연속적 혼성공간을 보여준다. 각 단계에서 수의 혼성 개념은 새로운 통합 연결망에 대한 입력공간 역할을 하며, 그런 통합 연결망의 혼성공간은 훨씬 더 새로운 수의 개념을 가지고 있다. 이미 정수 1, 2, 3……이 있다면, 이 수는 연결망에 대한 입력공간 역할을 할 수 있으며, 이 연결망의 다른 입력공간에는 이런 수의 비례가 있다. 공간횡단 사상은 일 대 다수의 부분적 대응일 것인데, 이런 대응에서 각각의 정수 n은 정수 r과 s의 어떤 비례로 사상되며, r은 각각의 크기가 s인 n개의 부분을 가진다. 선택적 투사에 의해 모든 비례는 비례의 정신공간으로부터 혼성공간으로 투사되며, 모든 정수는 정수의 정신공간으로부터 혼성공간으로 투사된다. 동일한 비례는 혼성공간에서 동일한 요소로 투사된다. 곱셈 같은 작용은 혼성공간에서 발현적이다. 혼성공간에는 새로운 범주가 있는데, 그 범주의 요소들은 입력공간 속의 상당히 다른 요소들의 투사이며, 혼성공간에서 이런 모든 요소들에 대한 범주는 다시 수이다. 이런 요소들은 모두 그저 수이다. 예컨대 혼성공간의 요소 중 9 대 3의 비례의 투사, 12 대 4의 비례의 투사, 또는 투사 333 대 111의 비례는 모두 다 정수 3의 투사이다. 다시 말해, 혼성공간의 이 요소는 범주가 전혀 다른 입력공간 요소의 무한대의 투사이다. 또 다른 요소로 9 대 5, 18 대 10, 27 대 15 등의 비례의 투사가 있지만, 여기에 정수의 투사는 없다. 비율 자체는 순서가 선형적으로 정해지는 것은 아니나, 550 대 900의 비례로부터의 투사로 혼성공간에 창조된 수는 2 대 3의 비례로부터의 투사로 창조된 수보다 더 작은 것으로 판명된다. 비록 첫 번째 비례의 수는 매우 크고 두 번째 비례의 수는 매우 작지만 말이다. 한편, 유리수를 포함해 새로운 개념 수를 창조하는 혼성공간은 놀라운 수학적 업적이다. 다른 한편, 혼성공간은 예전 범주인 수들을 전달한다. 혼성공간의 출력인 범주는 혼성공간의 입력인 범주와 명칭이 같다. 그래서 범주의 내부 구조가 상당히 바뀌었음에도 동일한 것처럼 느껴진다. 이번에도 수는 인간 척도의 개념이기 때문에, 혼성공간은 인간 척도를 가진다. 그러나 수 개념의 내부를 보면 이제 더 복잡하고, 다양한 산만한 입력공간에 부착되어 있다는 것을 알 수 있다. 동일한 범주 수가 입력과 출력 모두를 조직한다는 사실은 연속적인 혼성 과정에 회귀를 도입하는 것으로서, 범주 *사람*이 입력과 출력 둘 다를 조직한다는 사실로 인해 저승사자 연결망에 회귀가 도입되는 것과 꼭 같은 일이다. 수 개념의 역사에 대해 특히 인상적인 것은 많은 연속적 혼성공간을 통해 범주 수가 항상 입력이고 출력이라는 것이다. 유리수를 의미하는 수는 통합 연결망의 입력이고, 그 통합 연결망의 출력은 실수를 의미하는 수이다. 그리고 13장에서 보았듯이, 실수를 의미하는 수는 2차원 공간과 혼성되어 복소수를 의미하는 수를 생산한다. 각 단계에서 조직 범주는 입력과 출력 모두에서 동일한 것처럼 느껴진다. 그러나 각 단계에 있는 그 범주의 내부 구조는 입력공간에 있었던 것과 혼성공간에 있는 것이 서로 다르다. 그런 회귀가 무한히 계속될 수 있을까? 한편으로 출력의 범주는 입력의 범주와 동일하고 그런 의미에서 인간 척도에 있다. 그래서 어느 단계에 있든 혼성공간은 또 다른 개념적 혼성에 대한 후보이다. 그러나 다른 한편으로 각 단계마다 범주의 내부 구조는 나머지 연결망에서 더욱 많은 탈脫압축과 연관되며, 그 때문에 연결망을 다루기가 점차 어려워진다.

원리들은 어떻게 협력하고 경쟁하는가

우리는 이 장 전체에서 구성 원리와 지배 원리가 어떻게 협력하는지를 보았다. 압축은 인간 척도를 돕고, 인간 척도는 이야기를 얻도록 돕고, 이야기를 얻는 것은 총체적 통찰력을 돕고, 다수에서 하나로 가는 것은 혼성공간이 인간 척도를 달성하도록 돕는다. 우리는 또한 지배 원리들이 어떻게 경쟁하는지도 보았다. 압축은 위상과 경쟁한다. 왜냐하면 위상은 다양한 구분과 요소를 보존하려는 압력을 행사하는 데 반해, 압축은 이들을 무효화하는 방향으로 작용하기 때문이다. 이와 유사하게, 통합은 풀기와 경쟁한다. 왜냐하면 절대적인 통합은 변별적인 입력공간의 표시가 없는 혼성공간을 남기기 때문이다. 가령, 천사가 동정녀 마리아에게 그녀가 신의 어머니가 될 것이라고 말하는 수태고지의 그림은 두 젊은 여자가 침실에서 대화를 하는 모습처럼 보이는데, 이런 경우에는 그것을 아주 다른 두 개의 입력공간, 즉 한 소녀가 자기 침실에 있는 한 입력공간과 신, 그리스도, 성령, 신의 어머니라는 영원한 신성한 관계가 있는 다른 입력공간으로 풀도록 만드는 자극이 존재하지 않는다.

지배 원리가 연결망의 유형에서 작용하는 방법

어떤 개념적 통합 연결망이든 우리는 다양한 원리들이 제공하는 협력과 경쟁의 운명을 해결해야 한다. 이것이 어려운 문제이기는 하지만 인간은 이 문제를 다루는 방향으로 독특하게 진화해왔다. 다양한 규범적인 연결망의 유형은 서로 다른 방식으로 지배 원리들 사이에서 교섭한다.

거울 연결망

거울 연결망은 어떤 지배 원리와는 매우 어울리지만 다른 지배 원리는 배제하는 특별한 특징을 가진다.

우리는 7장에서 거울 연결망이 어떻게 압축을 제공하는지를 비교적 상세히 살펴보았다. 여느 연결망처럼, 거울 연결망은 한편으로 축소 압축, 중략 압축,

한 유형의 중추적 관계에서 다른 유형의 중추적 관계로 압축, 중추적 관계의 창조를 사용할 수 있다. 다른 한편, 거울 연결망에는 차용 압축에 대한 역할이 없는데, 이는 입력공간과 혼성공간 모두 동일한 압축된 프레임을 공유하기 때문이다.

거울 연결망이 위상, 통합, 망을 동시에 쉽게 충족한다는 것은 거울 연결망의 특별한 장점이다. 조직 프레임이 공유되기 때문에 풍부한 위상학이 자동적으로 한 정신공간에서 다른 정신공간으로 전이된다. 통합은 공유된 프레임과 그것의 정교화에 의해 혼성공간에 제공된다. 이러한 정교한 프레임은 종종 경주나 논쟁, 만남처럼 이미 일반적이고 풍부하고 통합된 프레임이다. 연결망 전체에서 프레임의 공유는 자동적으로 정신공간들 사이의 망 연결을 보존한다.

거울 연결망에 대한 입력공간 속의 대응요소들이 혼성공간에서 융합될 때, 입력공간의 조직 프레임은 혼성공간 속의 요소들을 다 써버릴 것이고 패턴 완성은 없을 것이다. 혼성공간과 입력공간은 조직 프레임이 동일할 것이다. 우리는 8장에서 "너는 오래전에 잃어버린 내 딸이다"를 통해 그 예를 보았다. 후계자 선장 예에서처럼, 입력공간의 어떤 대응요소들이 융합되진 않지만, 그럼에도 불구하고 입력공간에 대한 조직 프레임이 혼성공간에서 그런 합성을 수용할 수 있는 경우들도 있다. 그러나 보통 거울 연결망의 혼성공간 속에 있는, 다수의 융합되지 않은 요소들은 더욱 완전한 프레임이 되었을 때 완성되는 부분적 패턴으로 볼 수 있는 관계를 창조한다. 칸트와의 논쟁 예에서 두 철학자를 융합하지 않음으로써 두 철학자가 동일한 문제에 대해 심사숙고하는 혼성공간이 탄생하고 혼성공간이 논쟁에 대한 프레임으로 완성될 때처럼 말이다.

공유된 프레임과 그 정교화가 제공하는 통합은 풀기를 배경으로, 다시 말해 공유된 프레임의 직접적인 실례인 혼성공간을 제공함으로써 작용하는 것처럼 보일 것이다. 그러나 정신공간은 상세성의 어떤 층위에서는 잘 통합될 수 있고 더 미세한 층위에서는 불충분하게 통합된다. 예컨대, 두 배의 경우는 좋은 통합이다. 하지만 더 상세한 층위로 보면 1853년 쾌속 범선과 1993년 쌍동선 사이의 경주는 불충분한 통합이다.

따라서 혼성공간이 한 층위에서는 잘 통합되어 통합을 충족시키지만 좀 더 상세한 층위에서는 더 약한 통합을 가지는 것이 가능하다. 7장에서 보았듯이, 거울 연결망의 정신공간들은 하나의 조직 프레임을 공유하지만 하위 층위에서는 반드시 구조를 공유하는 것은 아니다. 거울 연결망에서 풀기는 종종 하위 층위에서 단순히 불충분한 통합에 의해서 제공된다. 그것은 혼성공간의 요소를 다른 입력공간에 있는 대응요소와 연결하라는 신호를 제공하며, 그런 입력공간에서 그 대응요소들은 서로 잘 통합되어 있다. 예컨대 배 경주의 혼성공간은 조직 프레임의 층위에서 통합되지만, 쾌속 범선과 작은 쌍동선의 대조는 하위 층위에서 불충분한 통합을 생산하며, 이것은 풀기에 도움을 준다. 우리가 혼성공간을 마주칠 때, 불충분한 통합은 우리가 쾌속 범선과 쌍동선을 다른 입력공간으로 역투사하도록 촉진한다. 사실상 어구 '노던라이트의 유령'은 입력공간으로의 역투사를 상기시키면서 동시에 혼성공간의 발현구조도 환기시킨다. 낱말 '유령'은 입력공간들 사이의 중추적 관계를 암시하며, 혼성공간에서 그것은 그러한 중추적 관계들의 압축이다. 1993년 정신공간의 항해자들은 노던라이트호의 역사에 대해 알고 있다. 그것은 기억을 통한 의도성의 연결이다. '유령'은 이런 외부공간 중추적 관계의 구성을 촉진하고 혼성공간에 어떤 요소의 창조를 촉진시킨다. 이것은 물론 풀기를 충족시킨다.

범주 유령은 (기억의 형태를 하고 있는) 의도성, 시간, 표상, 동일성, 반사실성, 원인-결과의 압축이다. 역사적 사건은 기억에 대해 인과적이며 때문에 '유령'은 원인-결과를 압축한다. '유령'은 기억의 내용과 역사적 공간 사이의 동일성을 압축한다. '유령'은 혼성공간과 각 입력공간 사이의 반사실적 연결을 압축한다. 혼성공간의 유령선은 자연스럽게 두 입력공간 사이의 시간 연결로 탈脫압축된다. 입력공간들을 연결하는 기억의 의도성 연결은 종종 표상 연결로 보충되며, 기억을 과거 사건에 대한 표상으로 만든다. 혼성공간 내의 특별한 유령선은 그 표상 연결을 직접적으로 지각되는 범주 유령의 실례로 압축하며, 그 실례는 역사적 입력공간 내의 기억된 사물과 동일하다. 우리가 배 경주에 대해 지적했던 유령의 자질은 일반적이며 결코 거울 연결망에 국한되지 않는다. 이런 놀라운 범주는 세계 곳곳의 문화에, 아마도 모든 문화에 존재할 것이다.

거울 연결망은 혼성공간 속의 요소가 공유된 프레임에 의해 입력공간 속의 그 대응요소들과 자동으로 연결되는 한, 적절성에 대한 직접적 만족을 제공한다. 그러나 중요하게도, 혼성공간을 위해 보충되거나 구성되는 확장된 프레임 또한 적절성의 지배를 받는다. 신중한 가지뿔영양 예에서 기억이 고대 가지뿔영양 입력공간과 현대 가지뿔영양 입력공간 사이의 변하지 않은 유전을 압축할 때처럼, 공유된 프레임 안에는 부재하는 확장된 프레임 안의 관계는 입력공간들 사이의 외부공간 연결의 압축인 것으로 여겨진다.

단일범위 연결망

사업 경쟁자를 은유적으로 권투선수로 묘사하는 것과 같은 단일범위 연결망에서 혼성공간 내의 통합은 자동적으로 충족된다. 왜냐하면 혼성공간은 한 입력공간, 이 경우 권투 입력공간의 압축된 조직 프레임을 계승하기 때문이다. 동일한 이유 때문에 혼성공간과 조직 프레임을 제공하는 입력공간 사이의 위상도 충족된다. 그러나 경쟁을 육체적인 싸움으로 보는 관습적 은유가 두 입력공간의 적절한 위상들을 정렬했기 때문에, 혼성공간과 다른 입력공간 사이에서도 위상이 충족된다. 따라서 혼성공간 속의 요소가 공간횡단 은유적 사상에 수반되는 어느 한 입력공간 속의 요소로부터 위상을 계승할 때, 그것이 계승하는 위상은 기존의 관습적 은유에 의해 다른 입력공간 속에 있는 그 입력공간 요소의 대응요소의 위상과도 자동으로 양립한다.

단일범위 연결망 또한 압축을 위한 차용과 축소 압축을 직접 제공한다. 프레임을 제공하는 입력공간은 전형적으로 '인간 척도' (예컨대, 싸우고 있는 두 사람)에서 통합된다. 그 프레임이 혼성공간으로 투사될 때 초점 입력공간, 즉 사업 경쟁의 광대한 압축이 된다. 우리는 시간이 싸움의 지속으로 축소되는 것을 발견하고, 행위자의 수가 둘로 압축되고, 행동의 유형이 강타와 회피로 축소되고, 인과적 연쇄가 맞힘이나 빗맞힘으로 축소되는 것을 발견한다.

망 또한 차용된 프레임과 은유적 사상이 제공하는 공유된 위상에 의해 이와 유사하게 충족된다. 거울 연결망의 경우에서처럼 풀기가 제공된다. 비록 혼성공간이 프레임 층위에서 통합되지만, 더 특정한 층위에서 탈통합된다. 가령, 경쟁자들이 만화에서 사업 정장을 입고 권투를 하는 것으로 묘사된다고 생각해 보라. 사업 정장과 권투 사이에 통합의 결핍은 다른 두 정신공간으로 혼성공간을 풀도록 촉진한다. 동일한 방식으로 '머독*'과 '아이아코카†'가 권투선수가 아니라 사업가를 가리킨다는 것을 안다면, 문장 "머독이 아이아코카를 쓰러뜨렸다"에 사용되는 이들의 이름은 우리를 사업가 입력공간의 하위 층위로 향하게 하며, 이것은 풀기를 충족하도록 돕는다.

맞춤식 근원영역을 가지고 있는 단일범위 연결망이나 거울 연결망의 경우에, '동전 감추기'나 "너는 오래전에 잃어버린 내 딸이다"나 다양한 속죄의 예에서처럼, 외부공간 중추적 관계를 강화하는 많은 자연스러운 기회들이 있다. 예컨대, '동전 감추기' 예에서 입력공간들 사이의 유추는 '어릴 적 버릇은 오래간다' 해석 아래에서 원인-결과 관계가 된다. 이런 단일범위 연결망은 또한 중략에 대한 자연스러운 기회를 제공하며, 그래서 입력공간들 사이의 구분이 혼성공간에서 도외시된다. 혼성공간에서 융합은 인생의 어떤 사건들을 가리는 강화된 개인적 동일성을 생산할 수 있다. "너는 오래전에 잃어버린 내 딸이다" 예에서 외부공간 유추에 의해 연결되는 입력공간 속의 딸들은 동일성으로 압축된다. '동전 감추기' 예에서 외부공간 유추에 의해 연결되는 입력공간 속의 사건들은 본질적인 동일성으로 압축된다.

---

* 루퍼트 머독Rupert Murdoch. 폭스와 스타TV를 비롯해 다수의 신문과 방송을 소유한 미디어 재벌.

† 리 아이아코카Lee Iacocca. 크라이슬러의 전설적인 CEO였으며 1980년대 파산 위기에 빠진 회사를 구해냈다.

이중범위 연결망

이중범위 연결망에서 압축, 위상, 통합, 망은 자동적으로 충족되지 않는다. 특별히 혼성공간을 위해 개발한 프레임을 사용할 필요가 있으며, 그 프레임이 중심적인 발현적 구조를 가지고 있어야 한다(그래서 컴퓨터 데스크탑, 복소수, 자기 무덤 파기와 같은 이중범위 연결망이 적어도 고착될 때까지는 전형적으로 더 창조적인 것으로 간주된다). 따라서 이런 연결망에서 지배 원리들 사이에 늘어나고 있는 경쟁을 볼 수 있고 지배 원리를 만족시키는 데 실패하는 많은 기회들을 볼 수 있다.

컴퓨터 데스크탑은 이런 많은 경쟁과 기회를 예증한다. 우리는 지배 원리를 충족시키지 못한다고 해서 반드시 초래되는 혼성공간이 실패하는 것은 아니라는 점을 강조하고 싶다. 반대로, 유용한 이중범위 혼성공간을 구성하는 것은 종종 지배 원리를 느슨하게 하는 적절한 방법을 찾는 것에 의존한다. 일단 위상이 통합과 충돌하고 혼성공간의 통합이 승리하는 컴퓨터 데스크탑 혼성공간의 한 양상을 고려해보자. 이 혼성공간의 목적은 통합된 행동의 기초 역할을 수행할 통합적인 개념적 정신공간을 제공하는 것이다. 컴퓨터 데스크탑의 기본적인 상호작용 원리는 모든 것이 2차원의 컴퓨터 스크린 위에 있다는 것이다. 그러나 실제 사무실 일의 입력공간에서 휴지통은 책상 위에 있지 않다. 위상을 적용하자면, 컴퓨터 인터페이스 혼성공간에서 데스크탑 바깥에 휴지통을 둬야 하겠지만, 이것은 혼성공간의 내적 통합을 파괴할 것이기에, 컴퓨터 스크린에서는 데스크탑상에 휴지통이 있다. 이 경우에 혼성공간의 통합은 위상 원리를 느슨하게 함으로써만 달성될 수 있다. 또한 리카르도 말도나도Ricardo Maldonado 가 지적했듯이, 컴퓨터 휴지통은 본질적으로 결코 채워지지 않는다.[132] 이것은 통합이 위상을 넘어서는 또 다른 경우이다.

이런 식으로 위상을 기꺼이 느슨하게 하는 최소한 두 가지 이유가 있다. 첫째, 버려지는 위상은 공간횡단 사상에 우연적이다. 사무실의 3차원성과 책상 아래 있는 휴지통의 위치는 컴퓨터 작업 입력공간으로의 공간횡단 사상에 아무런 대응요소를 가지고 있지 않다. 휴지통의 용량 또한 대응요소가 없다. 왜냐하면 어떤 폴더(휴지통 폴더도 그중에 하나다)는 그 자신의 용량으로 사용되지 않는 시스템 전체의 용량을 갖기 때문이다. 둘째, 앞서 언급했듯이, 이 혼성공간의 목적은 사무실의 입력공간에 대한 결론을 이끌어내는 것이 아니라 확장된 행동에 대한 개념적 기초를 발달시키는 것이다. 입력공간의 위상, 즉 위치와 시간의 일치에 대한 결론을 끌어내고자 하는 것이 목적인 승려 예에서는 위상을 느슨하게 하는 것이 입력공간으로 잘못 투사되거나 전혀 역투사되지 않는 추리를 혼성공간에 허용할 것으로 보이며, 그런 추리는 혼성공간의 목적을 좌절시킬 것이다.

만족스러운 혼성공간은 당장의 목적을 위해 지배 원리에서 상대적으로 어디에 더 비중을 두어야 효과적일지 찾아냄으로써 달성된다. 승려 예에서는 좋은 상대적 비중은 컴퓨터 데스크탑 예에서는 좋지 않고 그 역 또한 마찬가지이다. 알맞게 비중을 두지 못해서 혼성공간에서 광대한 위배가 목적을 좌절시킬 때, 진짜 실패가 발생한다. 컴퓨터 데스크탑 예에서 가장 주목할 만한 실패는 삭제되어야 할 것을 담는 그릇과 플로피 디스크를 꺼내는 도구 둘 다로 휴지통을 사용한다는 것이다. 이런 실패는 통합, 위상, 망의 실패를 수반한다. 그것은 좋은 압축을 제공하지만, 이 경우에 그 압축은 핵심적인 위상과 혼성공간에서의 통합을 보존하기 위해 분리해야 했던 두 작용을 혼성한다.

여기에는 통합 원리의 위배가 있다. 삭제와 꺼냄 모두를 위해 휴지통을 사용하는 것은 세 가지 방식으로 통합을 위배한다. 첫째, 혼성공간을 위해 정교화되는 프레임에서 휴지통의 이중 역할은 모순적이다. 사람들은 플로피 디스크를 버리는 것이 아니라 보관하기 위해 빼내기 때문이다. 둘째, 혼성공간을 위해 정교화되는 프레임에서 한 아이콘을 다른 아이콘으로 끌고 가는 다른 모든 작용은 첫 번째 아이콘이 두 번째 아이콘에 *담기는* 결과가 되는데, 플로피를 휴지통으로 끌고 가는 것은 아주 특별한 예외이다. 셋째, 데스크탑 위의 아이콘에 대한 다른 모든 조작의 경우, 그 결과는 연산이지만, 이 경우에는 하드웨어 층위에서의 물리적인 *상호작용*이다.

휴지통의 이러한 이중적 사용은 또한 위상을 위배한다. 사무실 공간의 입력공간에서 사물을 폴더나 휴지통에 넣으면 그 안에 담기게 되며, 이러한 위상은 혼성공간으로 투사된다. 데스크탑 위의 휴지통은 은유적 그릇을 표상하는 아이콘이라 볼 수 있다. 파일을 폴더 아이콘이나 휴지통 아이콘으로 끌고 가서, 파일이 거기에 놓여지면, 이것은 사무실 공간의 입력공간의 위상이다. 그러나 플로피 디스크를 꺼내기 위해 그 아이콘을 휴지통 아이콘에 놓는 것은 사무실 입력공간으로부터의 위상의 투사를 위배한다. 그것은 또한 휴지통으로 보내지는 항목은 원치 않는 것이고 회수할 수 없게 될 운명이라는 입력공간2(실제 사무실의 정신공간)의 관계를 보존하지 않음으로써 위상을 위배한다.

그 작용은 또한 망을 위배한다. 플로피 디스크를 컴퓨터 데스크탑에서 꺼내는 과정은 최적이지 않은 망 연결을 창조한다. 왜냐하면 플로피는 때로는 컴퓨터 작업의 세계 '안에' 있고, 때로는 실제 사무실의 세계 '안에' 있기 때문이다.

데스크탑 인터페이스를 위한 워드프로세서 프로그램의 설계는 지배 원리들 사이의 다른 경쟁 형태를 증명한다. 워드프로세서 응용프로그램에 있는 명령어 연속체 선택-복사-붙이기는 위상과 망 둘 다를 위배한다. 텍스트가 실제로 필사나 복사기로 복사되는 입력공간에서 (선택 후의) 복사는 1단계 작용이기 때문에, 워드프로세서는 위상을 위배한다. 현실에서는 아무런 붙이기도 클립보드도 없다. 혼성공간 내의 통합에 특정한 특성은 이런 작용을 두 단계로 해체하는 것을 편리하게 만들지만, 그런 특성은 '실제 복사' 입력공간 내의 그에 상응하는 작용으로는 위상적으로 사상되지 않는다.

이 두 작용을 위해 선택된 명칭 '복사'와 '붙이기' 또한 망을 위배한다. (실제로 텍스트에서 아무런 시각적인 변화도 만들지 않는) 혼성공간에서의 복사 작용은 (시각적인 변화를 만들어내는) 입력공간에서의 복사 작용에 대응하지 않는다. 변화를 만들어내는 붙이기 작용은 입력공간에서의 '복사하기'와 더 가깝지만, 명칭 '붙이기'가 제시하는 대응요소(붙이는 것)는 복사 과정의 부분조차도 아니다.

당연히 혼성공간 내의 이런 결함은 초심자 사용자들이 저지르는 실수로 이어진다. 그들은 붙이기 대신에 복사를 클릭하거나 선택–삽입 지점 선택–복사 같은 연속 행위를 시도한다. (복사를 지정하지 않은) 첫 번째 선택은 그들이 두 번째 선택을 클릭할 때 사라지고 그 시점에서의 복사는 잘못된 명령이기 때문에 이 행위는 여지없이 실패한다. 이와 같은 실수는 흥미로운데, 왜냐하면 이런 실수는 사용자들이 최적의 위상과 망 연결을 유지하려는 노력에서 나온 것이기 때문이다. 혼성된 인터페이스에서 이중 선택이 가능하다면(예를 들어 주목이라는 측면에서 입력공간에서 그럴 수 있는 것처럼), 복사와 붙이기는 두 선택에서 작용하는 단 하나의 과정으로 쉽게 재통합될 수 있고, 이를 시도한 연속 행위가 가능할 것이다. 실제로, 현재 텍스트를 타이핑하는 데 사용되는 응용프로그램에는 이 개념에 더 가까운 (메뉴에 아무런 대응요소도 가지고 있지 않은) 키보드 명령이 있다.

텍스트를 이동시키는 '자르기와 붙이기' 방법은 덜 위배한다. 왜냐하면 '사무실' 입력공간으로부터의 투사된 작용이 타당하고 적절하게 망 연결이 되어 있기 때문이다. 그러나 이 명령은 간단하고 단일한 '이동'으로 보다 쉽게 생각하는 일에 개념적 복잡성을 더한다. 이 책의 원고를 타이핑하기 위해서 우리가 사용하는 최신 응용프로그램 버전은 텍스트를 선택해서 적절한 위치로 바로 끌고 갈 수 있는 기능을 추가했다. 마우스의 클릭을 놓을 때까지는 텍스트의 부분은 실제로 '이동하지' 않는다(단지 화살표만 이동한다).

이런 실패에도 불구하고, 컴퓨터 데스크탑 혼성공간은 친숙한 프레임으로부터 풍부하고 효과적인 구조를 이끌어내며, 사용자들은 그것을 기본적인 방식으로 매우 빨리 사용할 수 있으며 정교한 프레임을 남김없이 전부 배울 수 있다. 위상에 의해 플로피 디스크를 휴지통에 넣으면 사라질까봐 겁내는 초심자들에게 이런 비非최적성은 다소 어려움을 안겨주지만, 고급 사용자들은 이런 어려움을 잊고 비록 최적은 아니더라도 더 정교한 혼성공간을 학습한다.

이중범위 연결망에서 혼성공간의 조직 프레임은 둘 중 한 어느 입력공간의 조직 프레임을 확장함으로써 이용할 수 없다는 사실은, 지배 원리들 사이의 비최적성과 경쟁의 가능성을 증가시키는 한편 창조성을 발휘할 기회를 제공한다. 매우 복잡한 이중범위 연결망에서 지배 원리를 충족하고자 하는 압력은 역사적으로 가장 기본적이고 창조적인 과학적 발견들을 이끌어냈다.

복소수의 발전이 적절한 예이다. 복소수 혼성공간은 이중범위 연결망인 것으로 밝혀졌다. 각 입력공간의 몇몇 핵심 요소들은 기본적인 공간횡단 사상에서 대응요소를 가지고 있지 않다. 수에 대한 곱셈의 작용은 기하학 입력공간에서 아무런 대응요소를 갖지 않으며, 기하학 입력공간에서 각은 수 입력공간에서 아무런 대응요소를 가지지 않는다. 그러나 혼성공간은 '수' 입력공간의 프레임으로부터는 곱셈을 계승하고 '기하학' 입력공간의 프레임으로부터는 각도를 계승한다. 이것만으로도 이중범위 연결망을 만드는 데 충분하다. 왜냐하면 혼성공간 속의 곱셈은 두 번째 입력공간으로부터 나온 위상을 가지는 한편, 혼성공간 속의 각도는 첫 번째 입력공간으로부터 나온 위상을 가지기 때문이다. 그러나 이것 말고도, 곱셈은 각도를 구성 성분들 중 하나로 첨가하는 것을 포함한다. 이 사실은 전적으로 혼성공간을 운용함으로써 발견되었다. 그것은 새로운 수의 개념이 지닌 전혀 예상할 수 없었던 본질적인 특성으로 판명되었다. 실제로 이러한 이중범위 연결망에서 지배 원리를 충족시키고자 하는 압력은 중요한 수학적 발견으로 이어졌다.

복소수의 구성에서 이런 일부 경쟁을 고찰해보자. 13장에서 언급했듯이, 복소수 혼성공간에는 실제로 세 개의 입력공간이 있다. 그 가운데 두 개는 이미 상당히 풍부하고 잘 통합되어 있다. 2차원 기하학 평면과 실수가 그것이다. 세 번째 입력공간은 전혀 통합적이지 않은 정신공간으로서, 실수 및 숫자 계산을 하는 데는 유용하지만 실수의 자격이 있는 것 같지는 않은, 어떤 이상한 '불가능'한 요소이다. 모리스 클라인이 "18세기 최고의 대수학 텍스트"로 부르는 것에서 1768년처럼 이른 시기에 오일러처럼 위대한 수학자가 직면한 전형적인 정신적 도전을 고려해보라.

생각할 수 있는 모든 수는 영보다 크거나 영보다 작거나 영과 동일하기 때문에, 음수의 제곱근이 가능한 수[실수] 안에는 포함될 수 없다는 것이 명확하다. 결과적으로, 이것은 불가능한 수라고 말해야 한다. 그리고 이런 상황은 그런 수의 개념으로 우리를 이끈다. 그런 수는 본질상 불가능하고, 대개 상상에서만 존재하기 때문에 허수라고 부른다.[133]

오일러가 이런 추론을 하게 되는 이유는 그가 실수의 입력공간에서 어떠한 개념이든지 간에 '가능한' 수로 투사하려면 정렬성이 필요하다고 보기 때문이다. 자동적으로 정렬할 수 없는 이 요소들은 완전한 수라고 하기에는 부족한 것으로 여겨진다. 그러나 복소수의 현대 혼성공간에서 정렬성은 사실 혼성공간으로 투사되지 않는다. 1과 −1의 제곱근은 다르지만, 그 가운데 하나가 다른 것보다 '작은' 것은 아니다. 오일러는 실수에 관해서 너무 철저한 위상의 충족을 주장하고 있다. 결국 성공적인 혼성공간을 달성하기 위해서는 그런 특별한 지배 원리를 완화해야 한다는 사실이 밝혀졌다.

허수처럼 매우 곡예적인 수학적 구성물만이 수의 기준적 특성을 폐기하고 위상의 완화를 의미 있게 요구할 수 있다고 생각할지도 모른다. 그러나 반대로, 무리수, 영, 음수에 '수'의 위상을 할당하는 데도 동일한 종류의 투쟁과 동일한 종류의 완화가 필요했다. 블레즈 파스칼 자신은 무리수가 연속적인 기하학적 크기와는 독립적으로 존재하지 않는다고 판단했다.[134] 17세기 중반 파스칼의 절친한 친구인 위대한 신학자 겸 수학자 앙투안 아르노Antoine Arnaul가 음'수'를 실재하는 수로 가정했을 때 수반되는 혼란에 대해 설명한 추론을 고려해보라.

아르노는 −1:1=1:−1임을 의문시했다. 왜냐하면, 그가 말하길, −1은 +1보다 더 작기 때문이다. 어떻게 더 작은 것이 더 큰 것으로 될 수 있고, 더 큰 것이 더 작은 것으로 될 수 있는가? 많은 사람들이 이 문제를 논의했다. 1712년 라이프니츠는 타당한 반대가 있긴 하지만, 사람들이 상상적 양에 대해 계산할 수 있는 것처럼, 형태가 정확

하기 때문에 그런 비례를 계속할 수 있다고 주장했다.[135]

아르노와 라이프니츠를 비롯한 다른 학자들은 '음수'를 포함하는 새로운 수 개념과 모든 사람들이 현재 받아들이고 있는 수에서 핵심적인 것으로 간주되는 모든 특성을 통합하고자 노력하고 있었다. 그러한 전통적인 수의 경우에 a <b이면 $\frac{a}{b}$가 $\frac{b}{a}$와 등가일 수 없다는 것은 확실히 참이다. 사실상 $\frac{a}{b}$는 $\frac{b}{a}$보다 더 작아야 한다. 어쨌든 −1이 +1보다 더 작다는 것은 누구나가 받아들이는 개념임에도, $\frac{-1}{+1} = \frac{+1}{-1}$이다. '음수'를 나눗셈을 적용할 수 있는 완전한 수로 받아들이는 일은 수의 입력공간으로부터 나온 결정적인 위상처럼 보이는 제약을 완화시킬 것을 요구했다. 혼성공간에서 이런 완화는 환상적인 발현구조, 새로운 개념의 나눗셈을 불러온다. 두 수를 나누는 것은 이제 크기의 비율을 결정하고 이전에 발명되지 않은 다른 작용들에 기초해서 그 비율에 기호를 할당하는 문제이다.

개념적 혼성을 달성하고자 하는 노력은 완전한 형식적 상례를 달성함으로써 제거되지 않았다. 16세기라는 이른 시기에 라파엘 봄벨리는 음수와 허수 모두에 대한 공식 연산을 완벽하게 정리했다. 실제로 공식 연산의 성공은 수학자들에게 딜레마를 안겨줬다. 17세기의 존 월리스John Wallis는 허수를 2차원 평면과 대응시키는 공식 연산을 개발했고, 그런 수에 대한 연산과 기하학적 구성을 연상시켰다. 놀랍게도 수학자들은 비전통적인 수에 개념적 위상을 거부하는 동안에도 그 공식 연산을 사용했다.

우리에게는 학교와 대학에서 배웠고 당연한 것으로 받아들이는 혼성공간이 이미 주어져 있기에, 우리는 수 개념의 발명에 수반되는 위대한 창조성과 음수와 허수의 개념을 수라는 범주에 통합하고자 하는 수세기에 걸친 노력을 잘 깨닫지 못한다. 그러한 노력은 지배 원리들 사이의 엄청난 경쟁이었다. 수 이론의 이러한 발전은 몇 가지 새로운 수를 추가함으로써 수에 대해 이미 알고 있는 것을 확장하는 단순한 문제가 아니었다. 반대로, 공적인 새로운 혼성공간을 창조하기 위해 *나눗셈*, *~보다 더 큰*, *곱셈* 같은 기본 개념을 모든 수에 대해서 철저히 다시 정립해야 했다.

많은 잠재적 혼성공간은 효과적인 혼성공간을 달성하려는 노력에서 나타난다. 일례로, 월리스는 실수의 입력공간으로부터 신중하게 투사함으로써 음수가 영보다 작은 동시에 무한대보다 더 큰 혼성공간을 창조했다. 아르노의 추론과 마찬가지로, 그의 논리는 아주 신선하고 감탄할 만하다.

『무한의 수론 *Arithmetica Infinitorum*』(1665)에서 그는 a가 양수일 때 $\frac{a}{0}$ 는 무한대이며, 그래서 분모가 음수로 바뀌면, 즉 $\frac{a}{b}$ 에서 b가 음수이면 분모가 0보다 더 작기 때문에 이 분수는 $\frac{a}{0}$ 보다 더 커야 한다고 주장한다. 따라서 그 분수는 무한대보다 더 커야 한다.[136]

월리스의 추론은 간단하다. 평범한 수(즉 이른바 양수)의 경우, b가 영으로 향해 가면 $\frac{a}{b}$ 가 더욱 커져서 $\frac{a}{0}$ 는 무한대가 된다. 이런 식으로 계속 나가면 b가 영보다 더욱 작을 때(즉 음수가 될 때), $\frac{a}{b}$ 는 계속해서 더 커져야 하는 것 아닌가(무한대보다 더 커져야 하는 것 아닌가)? 이것은 좋은 혼성공간이지만 수학적으로 성공한 혼성공간은 아니다. 우리가 오늘날 사용하고 있는 현대 혼성공간에서는 아르노와 월리스가 유지하려 했던 나눗셈의 기준적 특성을 포기하고 있다.

우리는 무한히 긴 선분에서 음수가 양수의 뒤를 촘촘히 따르는 현대 혼성공간을 거의 자명한 것으로 간주하지만, 이러한 자명한 단순성은 인지적·문화적·역사적 관점에서 사람을 현혹시킬 수도 있다.

제프 랜싱Jeff Lansing은 (푸리에, 맥스웰, 패러데이의) 발견으로 이어지는 중요한 과학적 혼성공간의 또 다른 놀라운 예를 들고 있는데, 그 예들은 이것이 일반적인 과정임을 암시한다.[137] 우리는 이런 유형의 창조성이 지배 원리들의 경쟁 및 이런 원리들을 수용할 수 있는 개념적 혼성의 힘에 의해 가능하다고 강조한다. 더글러스 호프스태터는 또한 20세기 물리학의 많은 과학적 발견에 나타난 두드러진 유추를 분석했다.[138] 우리는 그의 분석에 해당 유추 그 자체가 창조적인 개념적 혼성 연결망의 성분이라고 덧붙이고 싶다.

마지막으로 혼성공간의 핵심 요소들이 한 입력공간의 동일한 조직 프레임으로 역투사될 수 없기 때문에 '풀기'는 이중범위 연결망에서 충족시키기가 비교적 쉽다. 예컨대, '자기 무덤 파기' 예에서 무덤을 파는 사람은 죽음에 책임이 있으며, 이 구조는 무덤 파기라는 단 하나의 조직 프레임에 의해서는 제공될 수 없다. 따라서 혼성공간은 다른 입력공간들의 조직 프레임으로 풀어져야 한다.

요약

앞으로 우리의 주요한 과제 중 하나는 개념적 통합의 구성 원리와 지배 원리를 조사하고 설명하는 것이다. 이미 발견된 원리들은 진술하기가 쉬운 것으로 판명되었지만, 이 원리들은 상호작용해서 풍부한 결실을 생산한다. 우리는 지금까지 있었던 진행 사항에 대한 요약과 추후 연구를 위한 촉진 모두를 위해 이런 원리들을 요약할 것이다. 이것은 추후에 탐구가 필요한 풍부한 영역이다.

구성 원리

조화와 대응요소 연결

총칭공간

개념적 혼성

선택적 투사

발현적 의미

합성

완성

정교화

압축에 대한 지배 원리

압축에 대한 차용

축소에 의한 단일 관계 압축

중략에 의한 단일 관계 압축

한 중추적 관계를 다른 중추적 관계로 압축

척도성

압축에 의한 창조

하이라이트 압축

다른 지배 원리

위상 원리

패턴 완성 원리

통합 원리

중추적 관계의 최대화 원리

중추적 관계의 강화 원리

망 원리

풀기 원리

적절성 원리

최상위 목표

인간 척도를 달성하라.

주목할 만한 하위목표:

산만한 것을 압축하라.

총체적 통찰력을 달성하라.

중추적 관계를 강화하라.

이야기를 만들어내라.

다수에서 하나로 진행하라.

 *CHAPTER 16*

줌아웃

인간 척도

우리는 압축을 최대화하기 위한 지배 원리를 살펴보았다.

질문:

● 그러나 작거나 매우 순간적인 것들을 생각할 때는 그것들을 '폭발시킴으로써' 생각하지 않는가?

대답:

그렇다. 우리는 작디작은 공이 오렌지 주위를 회전하는 모양을 생각함으로써 원자를 더 잘 이해할 수 있다. 이런 의미에서 우리는 크기를 축소하기보다 크기를 확대하고 있다. 그러나 순수한 효과는 여전히 우리를 인간 척도로 데리고 가고, 매우 많은 다른 사건들을 이해할 수 있는 하나의 시나리오로 압축하는 것이다. 이와 유사하게, 사건이 몇 초 안에 발생하는 혼성공간을 사용한다면 몇 나노초 안에 발생하는 고에너지 물리학의 사건을 더 잘 이해할 수 있다. 여기서도 그 효과는 많은 다른 사건들을 인간 척도에서 하나의 시나리오로 압축하는 것이다. 압축은 절대적인 크기의 문제가 아니며 크기를 줄임으로써 일관되게 달성되는 것이 아니다. 어떤 경우는 크기 확대를 요구한다.

시간은 압축을 통해 왜곡된다

인간 척도의 혼성공간을 위해 시간을 줄이거나 늘일 수 있다.

질문:

● 혼성공간에서 시간에는 어떤 다른 일이 발생할 수 있는가?

대답:

하이라이트 압축은 시간이 지나면서 전개되는 이야기의 요소들을 단번에 제공한다. 〈메로드 제단화〉에 그려진 수태고지의 그림은 신이 동정녀 마리아의 배 쪽을 향해 숨결을 불어넣고 있는 것을 보여주며, 작은 인간이 자신의 작은 십자가를 든 채 그 호흡을 타고 이동하고 있다. 루브르 박물관에 소장된 로히어르 판 데어 베이던Rogier van der Weyden의 〈수태고지〉에서 동정녀 마리아의 침대에 매달린 큰 메달은 부활을 묘사한다. 이 두 그림은 그리스도의 출생이 동정녀 마리아에게 고지되는 순간부터 그가 십자가에 못 박히고 부활되는 시기까지의 그리스도의 이야기를 포함하는 개념적 혼성공간을 촉진시킨다. 이런 장면에서 십자가를 지고 무덤에서 부활하는 것은 그리스도 탄생 이전의 사실로 제시된다. 이런 경우에 혼성공간은 인간 척도의 장면이다. 혼성공간은 더 큰 전체적 이야기에서 단 하나의 순간적인 하이라이트이지만, 돌연 단 하나의 압축에 있는 더 큰 전체적 이야기의 다른 하이라이트를 포함한다. 더 큰 이야기에서 수태고지보다 훨씬 더 뒤에 발생하는 부활과 같은 결정적인 하이라이트 장면은 이제 혼성공간에서는 수태고지에 있는 큰 메달의 근거가 된다.

큰 메달은 그림에서 너무 자연스러워 그것이 지닌 인간 척도로의 압축의 놀라운 체계를 간과하기 쉽다. 수태고지의 정신공간과 부활의 정신공간 사이에는 인과적 연결이 있다. 수태고지에서 동정녀 마리아의 자궁 속에 있는 그리스도와 부활한 그리스도 사이에는 동일성 연결이 있다. 물론 이런 정신공간들 사이에는 시간과 공간 연결이 있다. 이 모든 미세한 외부공간 연결은 혼성공간에서 가시적인 사물로 압축된다. 혼성공간 속의 큰 메달은 10장에서 논의한 파란 하키채와 같다. 그것 역시 시간, 공간, 원인-결과, 동일성, 표상의 외부공간 관계를 압축하는 화면 속의 가시적인 사물이다.

그러한 시간 왜곡은 인간의 시간을 초월하는 이야기, 즉 영원한 진리나 신성의 이야기를 표상하는 혼성공간에서나 가능한 것처럼 보일 수도 있다. 그러나 사실 그것은 상징적 하이라이트 압축의 표준 작용이다. 반 에이크의 〈아르

놀피니 부부의 결혼〉에서는 손을 잡고 있는 부부가 그들의 발 아래 있는 작은 개와 같은 많은 다른 요소와 함께 침실의 침대 앞에 그려져 있다. 신부의 영상은 때때로 임신을 암시하는 것으로 해석된다. 이 그림을 시간상의 스냅사진으로 해석한다면, 임신은 문젯꺼리일 수 있다. 그러나 다르게 해석하면 그것은 하나의 하이라이트 압축이다. 결혼의 이야기는 집, 침실, 손잡기, 결혼 예복, (충실한 개로 표상되는) 충성, 물론 임신과 아이를 포함한다. 결혼식의 순간에 임신을 제공하는 하이라이트 압축은 원인과 결과의 압축을 통한 또 다른 시간적 순서의 뒤집힘이다. 다시 결혼은 더 큰 이야기에서는 순간적인 하이라이트이며 단하나의 압축에서 다른 하이라이트를 포함한다.

저승사자 예는 하이라이트 압축을 통한 유사한 시간 왜곡을 제공한다. 그것은 임박한 죽음의 순간이라는 더 큰 죽음의 이야기에서의 한 순간이며 단일한 압축에서는 다른 하이라이트를 포함한다. 혼성공간에는 필연적으로 시간 왜곡이 있다. 예컨대, 저승사자가 임박한 죽음을 선고하기 위해 나타나기 전에 그는 장례식에서 종교적 수행원이 입는 복장을 입고 있다.

축소와 의도성 창조

인간 척도를 달성하는 것이 혼성공간에서 의도성을 구성하거나 강화하는 것을 수반할 수 있다.

질문:
- 혼성공간에 의도성을 구성하는 체계가 있는가?
- 이런 마술에 한계가 있는가?

대답:

혼성공간에 의도성을 구성하기 위한 체계와 순서가 있지만, 그런 체계는 지금까지 논의한 것보다 더 강력하다. 먼저 의도적인 행동이 입력공간에 이미 들어 있는 경우를 고려해보라. 더 앞서 우리는 해외 원조를 거부하는 정치가가 굶주린 아이들의 입으로부터 음식을 뺏어가는 것으로 표상되는 정치 시사만화를 논의했다. 거부가 있는 입력공간에서 그 정치가는 이미 전적으로 의도적이다. 누군가로부터 무언가를 가져가는 프레임을 가진 입력공간에서 행위자들은 이미 전적으로 의도적이다. 누군가로부터 무언가를 가져가는 프레임을 차용하는 것은 혼성공간에 압축을 제공하고 정치가의 의도성을 부각시키는 효과가 있다.

이제, 주제 입력공간에 의도성 없는 사건만 있는 경우를 고려해보라. 죽음의 생물학적 사건은 의도성을 수반하지 않는다. 그러나 "죽음이 그를 데려갔다"라는 문장은 사건이 이제 의도적인 행위자의 행동인 정신공간을 촉진한다. 『차가운 이성을 넘어서*More Than Cool Reason*』를 비롯한 여러 문헌에서 '사건은 행동이다'로 논의된 매우 일반적인 의미구성의 패턴이 있다.[139] 잠재적으로 이런 패턴은 사건이 혼성공간에서 의도적인 것으로 해석하도록 허용한다. 기존의 의도성을 강화하고 비의도적인 사건에 의도성이 있다고 생각하는 것은 서로 다른 종류의 두 가지 작용이 아니다. 이 둘은 혼성공간이 한 입력공간에서 나온 의도성을 주제 입력공간으로부터 투사된 사건과 통합하는 두 가지 경우이다. 한 경우에는 주제 입력공간 속의 사건이 그 자체의 비교적 약한 의도적 구조를 가지고 있으며, 다른 경우에는 그 사건이 아무런 의도적 구조를 가지지 않는다는 점에서만 차이가 있다. 따라서 '사건은 행동이다'는 중추적 관계를 강화하고 창조하는 지배 원리와 일치하는 혼성공간을 구성하는 체계적인 방법인 것이다.

어떤 것이 심지어 사건도 아니라면 어떻게 되는가? 개념적 혼성은 이런 사건에 의도성을 제공할 수 있는가? '가상이동'[140]이라고 부르는 정확한 개념적 절차의 경우를 본다면, 대답은 '그렇다'이다. 우리는 17장에서 이 주제를 다룰 것이다. 가상이동은 정적인 상황이 이동하는 것으로 간주되고, 그런 것으로 기술될 수 있도록 동적인 이동 시나리오를 정적인 상황과 혼성한다. 잘 알려진 예는 "울타리는 강을 향해 아래로 쭉 달려 나간다The fence runs all the way down to the river", "그 산맥은 캐나다 쪽으로 쭉 나아간다The mountain range goes all the way to Canada", "그 길은 산을 통과해 휘어진 경로를 밟는다The road traces a winding path through the mountains" 같은 문장이다. 동적인 입력공간은 길 위에서 이동하는 탄도체를 제공하는데, 이 물체는 다른 입력공간의 정적인 사물의 적절한 차원으로 사상된다. 따라서 혼성공간에서 탄도체는 정적인 사물의 적절한 차원을 따라 이동한다.

정적인 장면이 이제 이동을 하는 혼성공간은 '사건은 행동이다'에 따라 구성되는 새로운 혼성공간에 대한 입력공간일 수 있으며, 그 새로운 혼성공간에서 정적인 장면은 이제 이동뿐만 아니라 그 이동에 대한 의도적 구조를 가진다. 흠잡을 데 없는 문장 "나무들은 골란 고원을 향해 언덕을 기어오르고 자기들의 결의를 시험하기 위해 사막 근처로 내려간다Trees climb the hills toward the Golan and descend to test their resolve near the desert"를 고려해보라. 언덕 위에 늘어선 나무들은 정적인 장면으로서 가상이동 혼성공간에 의해 이동하게 된다. 그러한 비의도적인 가상이동 정신공간과 의도적인 행위자가 있는 입력공간을 혼성함으로써 나무가 '기어오르'는 새로운 혼성공간이 만들어진다. 한쪽의 가상이동과 다른 한쪽의 '사건은 행동이다'는 함께 복잡한 체계로 결합될 수 있는 개념적 혼성의 체계로, 이런 결합을 통해 비사건이 의도적 구조를 부여받을 수 있다. 이 체계는 인간 척도를 달성하고 이야기를 얻는 목표뿐만 아니라 중추적 관계의 강화 원리와 중추적 관계의 최대화 원리를 충족시키는 대단히 좋은 방법이다.

구성 원리 및 지배 원리와 연관되는 제약

구성 원리와 지배 원리는 매우 다양한 방식으로 충족될 수 있다. 사실상 우리는 우리가 본 모든 곳에서 이런 원리를 최고도로 충족하는 인상적인 혼성공간을 발견했다.

질문:

● 우리는 모든 곳에서 혼성을 발견하고 있는 것처럼 보인다. 이것은 모든 것이 혼성이라는 사실을 의미하는가?

● 그렇다면, 이 이론이 모든 것에 적용된다면 이는 공허한 것은 아닌가? 개념적 혼성이 없는 곳이 없고 모든 것 안에 있다면, 우리는 어떻게 무엇이 개념적 혼성에 초점을 두고 있다고 말할 수 있는가?

대답:

뇌는 개념적 혼성 말고도 매우 다양한 방식으로 요소들을 결합할 수 있다. 의자 옆에 탁자가 놓인 것을 볼 때 우리는 이 둘이 공간적으로 서로 인접해 있는 것으로 조직하는 것이지, 탁자와 의자를 혼성하고 있는 것이 아니다. 의자는 탁자에 앉기 위한 것으로 가정할 수 있다. 의자와 탁자는 어울리게끔 만들어졌으며 함께 팔렸다고 생각할 수도 있다. 이 경우 우리는 이 둘을 여러 가지 많은 프레임으로 결합하고 있긴 하지만, 입력공간을 일치시키거나 선택적 투사를 하거나 의자와 탁자를 혼성하는 것은 아니다. 우리가 집에서 나와 가구점으로 가서 의자와 탁자를 구입했다는 것을 기억할 때, 우리는 이 사건들을 시간적으로 인접하도록 조직하고 있지만, 집에서 나오는 것과 가게에 들어가는 것을 혼성하고 있지는 않으며, 가게에 들어가는 것과 가구를 구입하는 것을 혼성하지도 않는다. 더 나아가 이 사건들을 단 하나의 응집된 시나리오(의자와 탁자를 구입하기 위해 가구점에 가려고 집에서 나오기)로 조직할 수도 있지만, 여기서도 연속적인 사건들을 혼성하지 않고 정신공간들을 결합한다. 우리는 탁자와 의자를 가구점에서 팔리는 물건이나 부엌가구로 함께 범주화할 수 있지만, 여기서도 의자와 탁자를 혼성하지 않는다. 우리가 식당에서 먼저 의자를 보고 그 다음으로 탁자를 볼 때 이 둘은 지각적 순서대로 연결되지만, 여기서도 혼성은 없다. 다른 종들이 범주화, 공간적 순서와 시간적 순서, 에피소드적 기억을 수반하는 이런 조직 작용을 수행할 수 없다고 생각할 이유가 없다.

스키 타는 스키어와 식탁에서 시중드는 웨이터를 함께 결합하는 데도 이런 모든 조직적 작용을 이용할 수 있다. 예컨대, 공중으로 뛰어올라 통제력을 잃은 스키어는 산장에 있는 웨이터 위에 떨어질 수 있다. 누군가가 산장에서 웨이터로 일하면서 비번일 때 스키를 탈 수도 있다. 우리는 처음에 스키어가 언덕 아래로 스키를 타고 내려오고, 그 다음에 웨이터가 우리에게 마티니를 가져다주는 장면을 볼 수도 있다. 우리는 스키를 타는 스키 강사와 시중드는 웨이터 둘 모두에게 보험을 들어줘야 하는 산장에 대해 설명할 수도 있다. 이런 개념적 조직들 가운데 어느 것도 스키 타는 스키어와 시중드는 웨이터를 혼성공간으로 투사할 목적으로 이 둘 사이에 공간횡단 대응요소 사상을 만들지 않는다.

그러나 우리가 보았듯이, 스키 타기와 웨이터의 접시 나르기를 임시적으로 혼성함으로써 스키 기술을 향상시키려는 초심자의 시도로 이 두 행동을 결합시키는 또 다른 방법이 있다.

뇌가 두 사물을 함께 결합시킬 수 있는 모든 방법들 중 개념적 혼성은 비교적 작은 하위집합이다. 개념적 혼성의 구성 원리는 애초에 정신적 조직화에 대한 매우 강한 제한적 제약 조건을 가지고 있다.

그러나 구성 원리와 일치하는 정신적 조직화의 집합은 뇌의 전체 가능성의 범위에 비하면 작긴 하지만, 지배 원리를 충족시키는 하위집합과 비교해서는 거대하다. 지배 원리에 반하기 때문에 그 어느 누구도 만들지 않을 구성 원리와 일치하는 혼성공간을 창안하기란 쉽다. 예컨대, 압축을 위한 지배 원리가 아니라 구성 원리를 충족시키는 혼성공간을 구성하기는 쉽다. 어떤 정치가가 해외 원조 결의안을 거부하는 것에 대해 "그는 굶주리고 있는 아이들의 입에서 먹을 것을 가져가려 하고 있다"라고 말한 경우를 생각해보라. 여기서 우리는 두 입력공간 사이의 공간횡단 사상과 압축된 혼성공간을 본다. 그런데 실제로 누군가가 아이에게서 음식을 강탈하는 일을 주제로 말하려 한다고 생각해보라. 왜 이 경우에는 동일한 입력공간 및 동일한 공간횡단 사상을 사용해 강탈자가 "다수의 국가들에게 해외 원조를 할 법안을 거부하고 있다"라고 말할 수 없는가? 이 혼성공간은 구성 원리와 완벽하게 일치함에도, 우리에게는 완전히 이해 불가능할 만큼 괴상하게 느껴진다. 이 문장은 이미 압축되고 인간 척도에서 명확한 이야기가 있는 어떤 것을 가져와서, 행위자와 수동자가 많고 단 하나의 명확한 목표가 없는 산만한 어떤 것으로 바꾼다. 그런데 이는 압축에 대한 차용, 압축을 위한 시간과 공간의 축소, 압축 중략, 통합 원리, 중추적 관계의 최대화 원리, 중추적 관계의 강화 원리를 위배한다. 또한 인간 척도를 달성하라, 산만한 것을 압축하라, 중추적 관계를 강화하라, 다수에서 하나로 진행하라는 최상위 목표들도 위배한다.

거울 연결망 "너는 오래전에 잃어버린 내 딸이다"를 고려해보라. 구성 원리에 있는 어떤 것도 프레임 대응요소들 사이의 공간횡단 사상을 유지하지 못하도록 막지 않으며, 입력공간 속의 프레임 요소를 혼성공간 속의 다른 프레임 요소로 투사할 수 있다. 그래서 아버지는 딸에게 "나는 오래전에 잃어버린 내 딸이다I am your long-lost daughter"라고 말할 수 있다. 이는 거의 이해 불가능한 말이지만, 구성 원리를 위배한 탓은 아니다. 그보다 위상이 중요한 일을 하는 상황에서 위상 자체를 완전히 위배하고 있기 때문이다. 그래서 결국 망 또한 위배하게 된다.

승려 예는 공유된 프레임 덕분에 시간-공간 배치의 본질적인 위상을 유지하는 것이 아주 수월한 거울 연결망이다. 우리는 그 해답에 대한 쉬운 총체적 통찰력을 제공하는 혼성공간을 보았다. 그러나 한번 입력공간 속의 순간을 혼성공간 속의 순간으로 다른 식으로 투사한다고 생각해보라. 입력공간 속의 순간과 혼성공간 속의 순간 사이에 일대일 사상이 있지만 별도의 순서는 없다고 생각해보라. 그래서 예컨대, 입력공간 속의 새벽은 혼성공간 속의 오전 11시로 사상될 수도 있고, 입력공간 속의 오전 11시는 혼성공간 속의 오전 9시 30분으로 사상될 수도 있다. 두 승려가 이리 껑충 저리 껑충 뛰는 이런 혼성 공간에서도 승려가 자기 자신을 만난다는 것은 여전히 참이며, 이것은 실제로 다른 두 입력공간에서 승려가 하루의 같은 시간에 동시에 위치하는 길 위의 지점이 있다는 것을 수학적으로 증명하지만, 어느 누구도 껑충 뛰는 승려가 있는 혼성공간으로부터 이런 추리를 쉽게 얻을 수는 없다. 껑충 뛰는 승려 혼성공간은 원래의 승려 혼성공간은 물론 구성 원리와도 일치하지만, 그것은 (특히 변칙적인 방식으로) 위상을 위배하며, 결과적으로 망을 거의 철저히 파괴할 뿐 아니라 총체적 통찰력을 제공하지 못한다. 또한 이것은 원래 혼성공간으로부터 나오는 패턴 완성이 두 사람이 길을 따라 *서로에게 접근하고 서로를 만나다*라는 공통된 프레임을 보충하지 못하게 한다.

우리는 독자들에게 적절한 통합 연결망을 불러와 입력공간은 그대로 남겨둔 채로 지배 원리를 위배하는 거슬리는 표현을 만들어내는 것을 과제로 남겨둔다. 예컨대 "만약 타이타닉이 클린턴 대통령이었다면, 언론은 이구동성으로 비난하며, 즉각 하원에서 만장일치로 탄핵하고, 상원에서 즉결 심판을 내려 곧장 자리에서 쫓아냈을 것이다" 같은 표현처럼 말이다. 이것은 분명 혼성공간이며 구성 원리와 일치한다. 그렇지만 이는 지배 원리를 크게 위배하기 때문에 과연 이것이 적절한 클린턴-타이타닉 혼성공간과 유사한 구조라는 사실을 믿기 어렵다. 분명 사실이지만 말이다. 우리는 단지 주제 정신공간을 바꾸었을 뿐이지만, 그것만으로도 탈脫압축이 대규모로 이루어질 수 있다.

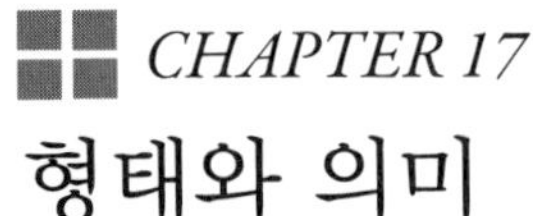

CHAPTER 17
형태와 의미

언어학은 분명 학문 영역에서 가장 격렬한 싸움이 일어나는 분야일 것이다. 언어학은 문법가들이 흘리는 피와 함께 시인들, 신학자들, 철학자들, 문헌학자들, 심리학자들, 생물학자들, 신경학자들의 피로 흠뻑 젖어 있다.[141]

—러스 라이머Russ Rymer

우리는 이 책 전반에 걸쳐 압축의 중요성과 중추적 관계를 최대화하고 강화하는 것의 중요성을 강조했다. 이중범위 능력은 우리 인간에게 놀라운 압축을 할 수 있는 능력을 제공하고, 모든 언어는 압축의 유형들에 체계적인 표현 방식을 제공한다. 매우 유용한 다채로운 압축 패턴은 관습적으로 되고 특정한 문법 형태와 연결된다. 8장에서 하나의 예를 연구한 적 있다. 우리는 이제 그 압축 패턴과 언어 형태를 연상시키는 일반적인 인지적 현상에 주목할 것이다.

단 두 낱말 요약 속의 이중범위 압축

우리는 두 사물을 다양하게 정신적으로 결합할 수 있다. 두 사물을 혼성하는 것은 이런 방법들 중 하나의 하위집합이며, 지배 원리를 충족시키는 혼성공간은 훨씬 더 작은 하위집합이다. 문화에서 고착되는 핵심 압축 패턴으로 구성된 더더욱 작은 하위집합이 있다. 그 다음 하위집합은 연계된 문법 형태를 지닌 고착된 압축 패턴으로 구성된다.

일반적으로 간단한 형태가 간단한 의미와 대응한다고 생각하기 쉽다. 그러나 우리가 보았듯이, 개념적 혼성은 광대한 압축을 수행하고 그런 압축을 간단한 형태로 표현할 수 있다. 그래서 압축과 탈脫압축의 힘에 의해 간단한 형태가 매우 복잡한 의미의 구성을 촉진할 수 있다.

얼핏 보면 언어에서 가장 간단한 형태는 두 낱말을 함께 결합하는 것이다. '보트 하우스boat house' 같은 명사–명사 복합어, '화난 남자angry man' 같은 형용사–명사 결합, '아동 안전child-safe'이나 '무설탕sugar-free' 같은 명사–형용사 결합이 그것이다.

우리는 탈압축을 통해 'dolphin-safe'나 'shark-safe', 'child-safe' 같은 'safe'를 사용하는 표현에 대해 다양한 복잡한 통합 연결망을 구성할 수 있다. 모든 경우마다 연속적 혼성이 있다. 우리는 먼저 돌고래나 상어, 아동을 포함하는 현재 상황에 대한 정신공간과 *위험*이라는 추상적 프레임을 혼성한다. 이로부터 돌고래나 *상어*, 아동이 *위험* 프레임에서 역할이 할당되는 특정한 반사실적 정신공간이 생산된다. 특정한 해악에 대한 이 정신공간은 현재 상황에 대한 정신공간과 유사하지 않다. 유사하지 않은 두 정신공간은 새로운 혼성공간에 대한 입력공간이며, 이런 혼성공간에서 비非유추성은 특성 '안전한safe'으로 압축된다.

오늘날 참치 통조림에 적힌 'dolphin-safe(돌고래 보호)'는 참치를 잡을 때 돌고래를 해치지 않기 위해 조치를 취했다는 것을 의미한다. 예컨대, 수영에 적용되는 'shark-safe(상어로부터 안전)'은 수영하는 사람들이 상어로부터 공격을 받을 것 같지 않은 상황을 가리킨다. 방에 적용되는 'child-safe(아동이 안전함)'은 아이들에게 위험한 물건이 방에 없음을 의미한다. 경우가 어떠하든 이를 이해하는 사람은 간단한 형태로부터 정교한 통합 연결망을 구성해야 한다.

이런 정신적 작업을 어떻게 하는지는 경우마다 다를 수 있다. 'dolphin-safe tuna(돌고래 보호 참치)'에서 돌고래는 잠재적 희생자의 역할을 한다. 그러나 위험에 처하지 않은 돌고래의 보호를 받으면서 자원을 찾는 잠수부를 두고 'dolphin-safe diving(돌고래가 보호하는 잠수)'이라고 말할 때 그 돌고래는 안전의 행위자 역할을 한다. 대조적으로, 돌고래가 헤엄치는 방식을 흉내 내기 때문에 안전한 다이빙에 대해 일컫는 'dolphin-safe diving(돌고래형 안전 다이빙)'은 돌고래를 연상시키는 수영이라는 의미로 사용한다. 돌고래가 금붕어를 먹는다고 가정한다면, 'dolphin-safe goldfish(돌고래로부터 안전한 금붕어)'는 돌고래에게 약탈자의 역할을 부여한다. 돌고래와 닮은 것을 생산하지 않고자 하는 유전공학자들은 돌고래 배아로는 결코 이어지지 않는 것으로 밝혀진 기술을 'dolphin-safe'라고 언급할 수 있다. 여기에서 돌고래는 희생의 대상이나 희생시키는 주체, 인과적 행위자의 역할이나 역할 모형을 채우지 않는다. 상어에게 가장 굴욕적인 것이 돌고래와 닮은 것인 세계에서는 의심할 바 없이 상어다운 행동은 'dolphin-safe'라고 부를 수 있다. 그리고 물론, 우리의 돌고래 예에 영향을 받지 않은 합성적 의미 이론은 'dolphin-safe'로 불릴 것이다.

1장에서 보았듯이, 형용사 '안전한safe'이 명사 '돌고래dolphin' 뒤가 아닌 앞에 나온다면, 또 다른 잠재적 의미를 다양하게 발견할 수 있다. '안전한 돌고래safe dolphin'는 보호를 받는 돌고래를 의미하거나 다른 돌고래들이 일으킬 수 있는 피해를 주지 않는 돌고래, 학교 앞에서 헤엄을 쳐서 학교의 나머지 부분이 방해 받지 않도록 보호하는 역할을 맡은 돌고래, 완전히 안전한 상황인 듯 행동하여 다른 돌고래들을 안심시켜 잡는 유인 돌고래 로봇을 의미할 수 있다.

어떤 명사가 멸종 위기에 처한 종을 가리킬 때 그 명사와 '안전한safe'의 합성에서는 좀 더 특정한 혼성 패턴이 발생한다. 이제 우리는 '거북 보호 그물turtle-safe nets'이나 '도롱뇽 보호 조경salamander-safe landscaping', '매 보호 경작hawk-safe agriculture'에 대해 이야기할 수 있다. 이 표현들을 적절하게 이해하려면, 멸종 위기 종들을 생각할 때 활용되는 문화적으로 정해진 압축 패턴과 또한 그 패턴이 명사 자리에 멸종 위기에 처한 종이 위치한 명사—safe 형태와 연관되어 있다는 사실을 알아야 한다. 이런 지식 없이는 명사와 형용사로부터 의미를 합성적으로 예측할 수 없다. 이 경우에 문화가 궁극적으로 갖게 되는 것은 매우 강력한 압축이다. 즉 그것은 통합된 혼성공간을 가리키고, 사상 도식 및 'safe'와 어울리는 반사실적 정신공간을 환기시킴으로써 풀기를 충족시키는 최대로 간단한 두 낱말 형태이다. 이런 압축을 고착시킨 특별한 문화에는 이중범위 창조성, 언어(영어), 생태학적 관심, 음식 포장 회사, 식료품 가게가 있다. 이중범위 창조성은 우리 종에 보편적이다. 영어는 통사적인 명사–형용사 형태를 제공하며, 그 형태는 명사–safe로 촉진되는 것처럼 잘 어울리는 어떤 혼성 유형을 구축한다. 돌고래에게 적용되는 것 같은 생태학적 관심은 분명히 최근의 일이다. 생태학적 관심은 돌고래가 어업 행위에 해를 입지 않는 시나리오를 두드러지고 중요하게 만들며, 이 시나리오가 반사실적인 것을 바람직하게 만든다. 결과적으로, 이 시나리오는 명사–safe 표현의 좋은 후보이고, 손님들이 제품을 구입하게끔 유도하고자 하는 마케팅 부서의 좋은 후보이다. 통사론과 상업의 이러한 수렴은 '돌고래 보호dolphin-safe'라는 참치 통조림에 나타난 압축을 창조한다.

'돌고래 보호dolphin-safe' 같은 표현은 투명하고 논란의 여지없는 방식으로 혼성 과정의 본질을 부각하기 때문에 유용하다. 게다가 이런 표현은 넘쳐난다. 샴푸 병에 붙어 있는 '잔인함이 없는(동물 실험을 거치지 않은)cruelty-free'이나 '방수waterproof'와 '조작 방지tamper-proof', '바보라도 할 수 있는(누구나 사용 가능한)foolproof', '아동에게 안전한child-proof'이나 '우수 인력 풀talent pool', '유전자 풀gene pool'과 '수영장swimming pool', '미식축구 도박football pool', '스포츠 도박betting pool' 같은 다양한 비합성적 통합을 생각해보라.

'dirt-brown[*]', 'pencil-thin[†]', 'red pencil[‡]', 'green house[§]' 같은 합성어는 동일한 방식으로 작용한다. 그렇지만 이런 표현은 매우 깊이 고착화되어 있기 때문에, 그 작용이 위의 예와 다소 다르다고 잘못 해석할 수도 있다. 우리는 찰스 트래비스Charles Travis를 따라 비합성적인 개념적 통합이 이러한 '핵심' 경우들에서도

---

[*] 진흙 같은 갈색을 의미하는 관용어.

[†] 연필심처럼 가는 것을 의미하는 관용어,

[‡] 직역하면 빨간 연필이지만, '교정하다', '삭제하다'는 뜻이 있는 관용어.

[§] 직역하면 초록 집이지만 온실을 의미하는 관용어,

꼭 그만큼 필요하다고 말한다.[142] 앞서 말했듯이, 'red pencil'은 목재 표면이 빨간 색인 연필이나, 빨간색으로 써지는 연필(연필의 심이 빨간색이거나 연필 안의 화학요소가 종이와 반응해서 빨간색을 만들어내는 등), 빨간 유니폼을 입은 팀의 활동을 기록하는 데 사용하는 연필, 립스틱이 묻은 연필을 의미할 수 있으며, 물론 단지 적자赤字를 기록할 때 쓰는 연필을 가리킬 수도 있다. 위치와 부엌 바닥의 색깔에서만 차이가 나는 집의 경우에 'green house'는 바닥이 녹색인 집을 의미할 수 있으며, 여기서 '녹색 바닥'은 녹색인 지점이 있는 바닥을 의미하고, 여기서의 '녹색 지점'은 녹색 연필로 그린 것을 의미하며, 여기서의 '녹색 연필' 은…… 이런 식으로 계속될 수 있다 .

이런 통합적 의미에 필요한 시나리오는 '돌고래 보호dolphin-safe'와 '바보라도 할 수 있는fool-proof'에 필요한 시나리오보다 간단하지 않다. 이러한 통합적 의미를 구성하는 데 필요한 인지 능력은 분명 색다른 예를 해석하는 데 필요한 인지 능력과 동일하다. 이런 인지 능력은 창문, 덧문, 내부의 목조부, 현관, 방수용 판, 토대, 계기판을 제외한 외부 벽이 대체로 비바람을 맞는 표면이 녹색인 집을 의미하는 '녹색 집green house' 같은 중심적인 예에도 사용될 것이다. 특히, 이 어구들을 독자적인 것으로 받아들일 때, 어떤 해석이 다른 해석보다 두드러지는 것은 강한 기본값이 존재하고 있기 때문이다. 이런 차이는 통합의 메커니즘이 아니라 어떤 주어진 상황에서 활성화될 가능성이 높은 개념적·언어적 기본값과 관련된다.

'red pencil'과 'government bond[*]'같은 중심적인 경우들을 다각도로 보자. 어떤 적절한 기본값은 풍부한 구조를 가진 문화적 프레임에 의해 주어지고, 다른 기본값은 많은 프레임을 우연히 접하는 총칭적 역할에 의해 주어지고, 또 다른 기본값은 발화 순간의 국부적 상황에 의해 주어진다. 이 마지막 경우는 언어학자와 철학자들에 의한 유도elicitation를 포함한다. 실험대상자는 아마 문맥에 구애받지 않고 표현을 판단하도록 요청을 받지만, 사실 그것을 해석하기 위해서

---

* 직역하면 정부의 계약이지만, 국채를 의미하는 관용어.

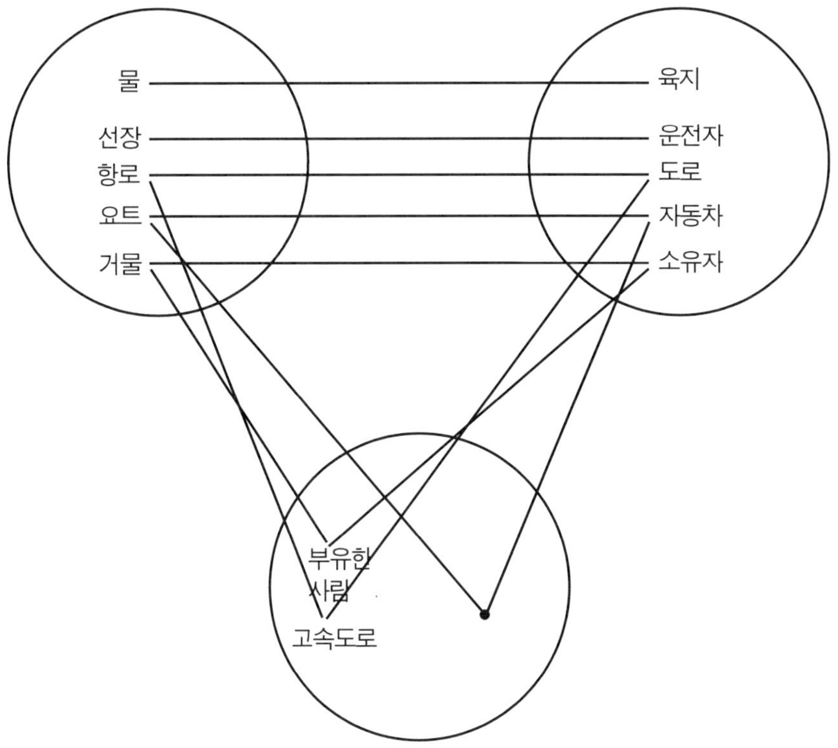

그림 17.1 육상 요트

는 최소의 문맥은 구성해야 한다. 그런 최소의 문맥은 전형적으로 가장 강한 기본값을 사용한다.

언어 단위로부터 개념적 요소로의 진행은 어떻게 이루어지고, 개념적 요소로부터 언어 단위로의 진행은 어떠한가? 명사 합성어의 경우 형식적 단위는 다른 두 정신공간에서 두 요소를 지명하고 해석자가 나머지를 찾도록 유도한다. 이런 개념적 요소를 *지명된 요소*라고 부르자. 크고 사치스러운 자동차를 가리키는 '육상 요트land yacht'를 생각해보라. '육상land'과 '요트yacht'는 명확히 다른 영역으로부터 나온다. 요트는 육지와 대조되는 물과 연계된다. '육상 요트land yacht'는 우리에게 한 정신공간으로부터는 땅을 주고, 다른 정신공간으로부터는 요트를 준다. 그리고 우리가 이 두 정신공간 사이에서 사상을 수행하도록 요청한다. 이런 사상에서 요트는 사치스러운 자동차와 대응하고 땅은 물과 대응하고 운전자는 선장과 대응하고 자동차용 도로는 배가 다니는 항로에 대응한다.

그림 17.1은 유추적 사상의 구축에 따라 개념적 혼성이 어떻게 이루어지고, 그에 상응하는 통사적 형태 '육상 요트land yacht'에서 '육상land'과 '요트yacht'가 어떻게 사상에서 대응요소가 아닌 요소를 지명하는지를 보여준다. 두 입력공간 내에 지명하는 것이 아무것도 없으며, *육상land*은 *요트yacht*의 대응요소가 아니지만, '육상 요트land yacht'는 이제 혼성공간 내의 새로운 요소를 지명한다. 형식적 표현, 곧 이 경우에는 두 낱말 결합은 혼성공간의 구축을 촉진하고 발현구조의 부분을 지명하는 방법을 제공한다. 일반적인 개념적·언어적 패턴은 예전의 '목장 범선prairie schoone[*]'이라는 표현과 동일하다.

"언어는 화석 시이다Language is fossil poetry"를 고려해보라. '화석 시fossil poetry'는 '육상 요트'처럼 작용한다. 화석은 고생물학 영역으로부터 나오고, 시는 표현의 영역으로부터 나온다. 사상에서 시는 유기체와 대응하는 데 반해, 언어는 유기체의 화석과 대응한다. 통합된 통사적 형태 '화석 시'에서 지명되는 개념적 요소는 개념적 사상 속의 대응요소가 아니다.

이제 그런 두 낱말 명사–명사 요약으로 제공 가능한 압축의 종류를 살펴보자. 성인 남자가 성적으로 매력적이라고 생각하는 미성년의 소녀를 가리키는 데 사용되는 어구인 '감옥의 미끼jail bait[†]'를 고려해보라. '감옥jail'은 인간 범죄성의 영역으로부터 나오는 데 반해 '미끼bait'는 낚시나 함정의 영역으로부터 나온다. 이 둘 사이의 사상에서 소녀에게 끌리는 것은 미끼에 끌리는 것에 대응하고, 섹스를 시작하는 것은 미끼를 삼키는 것과 대응하고, (미성년자와 성관계를 해서) 감옥에 들어가는 것은 잡히는 것에 대응한다. 통합적인 통사 형태 '감옥의 미끼'에서 지명되는 개념적 요소는 개념적 사상에서 대응요소가 아니다. 여

---

[*] 개척자들이 사용하던 대형 포장마차를 의미한다.

[†] 성적 매력을 지닌 미성년의 소녀를 가리키는 관용어. 남자가 법적 처벌을 받아 감옥에 가는 걸 무릅쓸 만큼 매력적이라는 의미이다.

기서 우리는 확실히 *미성년자와의 섹스* 프레임을 압축하고 많은 중추적 관계를 강화할 목적으로 *낚시* 프레임의 압축과 강도를 빌리도록 촉구된다. 예컨대, 인식에서 투옥으로 진행되는 *미성년자와의 섹스* 프레임에서 인과적 연쇄는 길고 산만할 수 있는 데 반해, *낚시* 프레임은 직접적인 인간 척도의 인과성을 가지고 있다. 단 한 번의 신체적 행동만으로도 바로 잡히는 결과가 나온다. 여기에는 독특한 발현구조가 있다. 혼성공간에서 남자는 죄가 없다. 낚시 정신공간에서 고기는 미끼가 미끼인지 모른다. 남자와 미성년자가 있는 정신공간에서 남자는 확실히 법과 감옥에 대해 알고 있으며, 소녀와의 섹스가 법적으로 금지되어 있음을 인지하고 있다. 그러나 그가 비록 법과 금지, 있을 수 있는 처벌, 처벌의 이유를 이해하지만, 혼성공간에서 그는 그런 행동에 대해 잘못이 없으며, 심지어 주된 피해자이기까지 하다. '감옥의 미끼' 혼성공간은 중추적 관계의 강화 원리를 통해 또 다른 발현구조를 구축할 수도 있다. 낚시 정신공간에서 의도성은 물고기를 속여서 잡고자 하는 낚시꾼의 시도에 있다. 다른 입력공간(*미성년자와의 섹스*)에서 의도성은 남자의 유혹에 있다. 미성년자가 있는 정신공간에는 낚시꾼에 대한 대응요소가 없지만, 그럼에도 낚시꾼의 의도성 같은 것을 혼성공간으로 투사할 수 있다. 그러면서 나오는 상응하는 한 해석은 소녀에게 남자를 속인 책임을 지우는 것이다. 또 다른 해석은 악마를 들여온다. 또 다른 해석으로 사회와 법의 부당함을 들여올 수도 있다.

'감옥의 미끼'는 *낚시* 프레임에서 내부공간 관계의 차용을 통해 압축을 촉진하는 두 낱말 요약의 예이다. 이런 압축에서는 시간이 축소되고, 많은 행동과 개인 사이의 장황한 상호작용이 미끼 삼키기라는 단 하나의 행동으로 압축된다. 이런 압축은 의도성을 어린 여성에게 할당하는 식으로 관계를 혼성공간에 창조할 수 있다. 또한 하이라이트 압축도 있다. 인식, 인사, 유혹, 성행위, 들통, 체포, 심문, 선고, 투옥으로 이어지는 인간 이야기에서의 순서는 혼성공간에서는 모조리 '보기'와 '하기'로 압축되는데, 거기에서 미끼를 잡는 것은 자동적으로 낚싯바늘에 걸리는 것이기 때문에 행동을 하는 것과 처벌받는 것 사이에는 구분이 없다. 이것은 강렬한 원인-결과 압축이다. 혼성공간에서 결과는 글자 그대로 원인 속에 있다. 낚싯바늘이 글자 그대로 미끼 속에 있듯이 말이다. '감옥의 미끼'는 일종의 충고라고 할 수 있다. 이 압축은 결과를 원인의 일부로 만듦으로써, 그 결과에 관해서 남자에 초첨을 맞추려는 의도이며, 그렇게 해서 그에게 강한 총체적 통찰력을 주려고 한다.

이와 대조적으로, 11장에서 분석한 '카페인 두통', '돈 문제', '니코틴 발작'에서처럼, 우리는 입력공간들 사이의 외부공간 중추적 관계가 혼성공간에서 압축되는 많은 경우를 보았다. 이런 예에서 입력공간들 사이의 비유추는 혼성공간에서 특성으로 압축된다. 예컨대, '돈 문제'는 돈의 부족으로 초래되는 문제이다. 여기서도 우리는 놀라울 정도로 복잡한 통합 연결망을 촉진하는 극히 간단한 언어 형태를 볼 수 있다. 인지적 현대 인간은 모든 이중범위 통합의 형태와 지배 원리 및 최상위 목표에 집중할 수 있기 때문에, 간단한 문법적 형태를 통해 의사소통이 가능하다. 언어 그 자체는 압축이나 패턴 완성 같은 작용을 수행할 필요가 없다. 왜냐하면 인간 두뇌가 언어적 비용 없이도 이런 작용을 제공할 수 있기 때문이다.

이런 합성어의 한 가지 공통된 양상은, 언어 형태를 '풀고자' 시도하는 사람이 지명된 요소가 반드시 개념적 대응요소라는 가정에서부터 시작하지 않는다는 점이다. 그러한 언어 형태가 제시될 때, 우리는 지명된 요소들 사이의 관계를 선험적으로 예측할 수 없다. 이런 요소들의 총칭적 역할이 '육상 요트', '화석 시', '감옥의 미끼'마다 서로 다르다는 데 주목해보라. '육상'은 장소이고, '화석'은 과정의 산물이고, '감옥'은 결과이다. '요트'는 수단이고, '시'는 활동과 그 산물이고, '미끼'는 도구이다.

이제 '보트 하우스(보트 보관소)boat house'를 고려해보자. 여기서도 동일한 작용이 수반된다. '육상 요트'에서처럼 우리는 땅과 물이라는 다른 두 정신공간 사이의 연결을 가지고 있다. 집house은 땅과 연계되고 배boat는 물과 연계된다. 이 둘 사이의 사상에서 집에 거주하는 사람은 배와 대응하고, 집 자체는 배를 보관하기 위한 보호 피난처와 대응하고, 집을 떠나는 것은 배가 출발하는 것과 대응한다. '배'와 '집'은 이 사상에서 대응요소가 아닌 요소들을 지명한다.

물론 지명된 요소가 대응요소가 되지 못하도록 막는 제약은 없다. '하우스 보트(수상가옥)house boat'를 고려해보라. 이것 역시 땅과 물이라는 다른 두 정신 공간을 환기시킨다. 땅의 정신공간에서 거주자는 집에 산다. 물의 정신공간에서 항해자는 배를 타고 있다. 형식적 통합 '보트 하우스boat house'에서, '배boat'와 '집house'은 개념적 대응요소가 *아니다*. 그러나 '하우스 보트house boat'에서 배와 집은 개념적 대응요소이며, 둘은 혼성공간에서 하나의 요소로 사상된다. 이와 유사하게, '감방jail house'은 가정 거주의 영역과 범인 처벌의 영역을 환기시킨다. 이 둘 사이의 사상에서 감옥jail과 집house은 개념적 대응요소이고, 이 둘은 혼성공간에서 하나의 요소로 사상된다. 이것은 '런던 시city of London'와 '죄책감 burden of guilt' 같은 Y와 Z가 대응요소인 'Y-of' 표현에 대해 8장에서 우리가 본 가능성과 일치한다. 크리스틴 브룩−로즈Christine Brooke-Rose가 상세히 보여주듯 이, '사랑의 불fire of love' 같은 명사구 of 명사구는 은유적 대응요소를 지명할 수 있다.[143] 찰스 필모어는 "*고리타분한 신앙*이라는 목욕물을 버릴 때 *개인적 도 덕*이라는 아기까지 함께 버릴 필요는 없다One needn't throw out the *baby of personal morality* with the *bathwater of traditional religion*"라는 사례를 제공한다.[144] 영국the nation of England', '코피피 섬the island of Kopipi', '겁쟁이의 낙인the stigma of cowardice', '부 패의 특징the feature of decompositionality', '절망의 조건the condition of despair'과 마찬 가지로 이런 대응요소는 은유적일 필요가 없다.

통사적 형태가 '하우스 보트'와 '감방'처럼 개념적으로 혼성되는 요소를 지명 하는 경우를 포함해 이 모든 경우에, 혼성공간에는 입력공간들의 합성보다 덜 한 부분과 그 이상인 부분이 모두 있다. '육상 요트'에서 우리는 요트에 요리 시 설과 취침 시설이 있으며 만들어진 도로가 필요 없다는 사실을 무시한다. 그러 나 혼성공간은 입력공간 이상의 것을 포함한다. 예컨대, 입력공간은 우리가 어 떤 탈것을 다루고 있다는 정보는 주지만, 그것이 다른 것이 아니라 자동차라는 정보는 주지 않는다. 또 사치스런 자동차를 육상 요트에 연결시키는 다른 세부적 특징, 즉 전자 창문, 가죽 내장, 오페라 윈도, 조종보다 편안함에 주안점을 둔 완충장치 같은 정보도 없다.

한편, '화석 시'에서는 화석이 전형적으로 멸종된 종과 연계되고, 일반적으로 시가 물리적이거나 생물학적이지 않다는 사실은 무시한다. 다른 한편으로 언어를 시의 파생물로 보는, 혼성공간의 중심적인 추론은 입력공간에 없다. '감옥의 미끼'에서는 누군가가 물고기를 유인하고자 의도하는 반면 아무도 남자를 유인하려고 의도하지 않는다는 사실은 무시한다. 우리는 남자가 물고기도 아니고 (그가 단순히 여성의 미모에 감탄하는 경우에는) 범죄자도 아니라는 사실을 무시한다. 우리는 혼성공간에서 특별한 사회적 프레임을 이용하는데, 그 프레임에 따르면 세계는 함정과 덫으로 가득 차 있고 금기들이 남자를 괴롭힌다. 물고기가 있는 정신공간에서는 물고기가 그러한 관점을 가질 능력이 없는 반면에, 범죄 행동의 정신공간에서는 세계가 꼭 사람들이 범죄를 저지르도록 부추기는 것은 아니다.

지명되는 요소가 우연히 개념적 대응요소일 때도 상황은 다르지 않다. '하우스 보트'에서 우리는 집에는 마당이 있고 움직이지 않는다는 사실이나 배가 원칙적으로 여행을 위해 고안되었다는 사실은 무시한다. 또한 우리는 하우스 보트에 대한 배경 지식으로부터 입력공간들에서 도출할 수 없는 것들을 많이 알게 된다. 우리는 하우스 보트가 단순히 땅에 놓여 있는 보통 배인데 그 안에 우연히 사람들이 살고 있다거나, 정박해 있는 보통 배에 누군가가 살고 있는 것을 의미하지 않음을 안다. 그러나 개념적 혼성이나 통합 연결망을 촉진하는 언어의 사용에서 어느 것도 이런 의미 구성을 금지하지는 않는다.

이런 예들에서 개념적 구조가 화자에 의해 언어적 구조로 '부호화된다'거나 언어적 구조가 청자에 의해 다시 개념적 구조로 '해독된다'는 일반적인 견해가 거짓임을 알 수 있다. 언어 표현에서는 몇 안 되지만 효율적인 정보로 개념적 구조가 구성된다.

따라서 문제는 형식적으로 통합된 언어적 구조와 화자가 구성하고 청자가 재발견하는 개념적 통합 구조 사이의 관계를 찾아내는 일이다. 일반적으로 개념적 통합이 상세하고 정교한 데 반해, 형식적 통합은 청자가 개념적 통합을 구성하도록 만드는 요점만 아주 간략하게 암시한다.

검은 주전자와 갈색 소

믿을 수 없을 정도로 간단한 다른 구문은 형용사-명사, 즉 여기서도 두 낱말 요약이다. 우리는 이미 '안전한safe'을 가지고 하나의 형용사가 구체적인 복잡한 사상 도식과 개념적 혼성을 촉진시키는 것을 보았다. 명사류 합성어가 각각의 입력공간에서 나온 지명된 요소를 제공하고 혼성을 우리의 몫으로 남기는 반면, 형용사-명사 합성어 속의 형용사는 통합 연결망을 유발하기 위해 그 자신의 사상 도식을 가져온다. 사상 도식은 '안전한safe', '가능성 있는likely', '가능한possible', '적합한eligible', '가짜fake' 같은 형용사에서 특히나 두드러지게 나타난다. '안전한safe'에 대한 사상 도식은 무언가가 해악을 입는 일반적 시나리오, 구체적인 실제 시나리오, 실제 상황 속의 특정한 사물이 해를 입는 반사실적 시나리오를 창출하기 위해 해악 시나리오를 실제 상황에 적용하는 것, 그리고 이제 '위해의 부재'가 있는 혼성공간의 창조를 포함한다.

이브 스윗처는 '가능성 있는 후보likely candidate'가 정치적인 후보가 되거나 후보로서 성공할 가능성이 있는 누군가를 의미하는 것이 아니라, 가령 회견을 할 가능성이 있는 정치적인 후보를 의미하는 경우를 고려한다.[145] 그녀가 기술하듯이, "우리가 해당 후보에 대한 시나리오를 생각할 수 있고 가능성에 대해서 그 시나리오를 평가할 수 있는 한, *가능성 있는 후보*는 우리가 설정한 시나리오에서 나타나는 후보를 의미할 수 있다". 그녀의 분석에서 그런 시나리오의 상상과 평가는, 앞으로 어떤 일이 발생할 수 있을까를 짐작하는 가능성에 대한 프레임과 후보에 대한 프레임의 혼성공간을 발견하는 일로 구성되어 있다. '안전한safe'처럼, '가능성 있는likely'은 혼성공간을 촉진한다. "그것은 일어날 가능성이 있는 사건이다That is a likely event"는 상반된 두 개의 결과 정신공간으로 탈脫압축된다. 한 정신공간은 예상되고 그 안에 발생한 사건이 있으며, 다른 정신공간은 예상되지 않고 그 안에 사건의 대응요소가 없다. 혼성공간에서 이 사건은 특성 *가능성 있는*을 갖는다. '가능성 있는 사람likely person'은 이때 동일한 프레임을 공유하면서 어떤 역할의 값에 관해서만 비非유추적인 일련의 사건으로 탈압축되고, 이 사건들 중 어느 하나에 방금 논의한 의미의 *가능성 있는*이라는 뜻이 붙는다. 예컨대, 프레임이 *인터뷰가 들어오는 것*이라면, '가능성 있는 사람likely person'은 예상되는 사람이 인터뷰 대상자의 역할을 갖는 대립적인 사건 정신공간을 암시하는 것으로 해석될 수 있다. 이 경우에 특성 *가능성 있는*은 역할의 값에 대한 비유추와, 대립되는 예상의 이중 압축이다. '가능성 있는likely'의 수식을 받는 명사가 특정한 프레임을 환기시킨다면, 이 프레임은 모든 대립하는 사건을 조직하는 프레임으로 선택될 수도 있다. 따라서 '가능성 있는 후보likely candidate'는 '후보가 될 가능성이 있는 누군가someone likely to become a candidate'이거나 '당선되거나 선택될 가능성이 있는 후보a candidate likely to be chosen or elected'를 의미할 수 있다. 그러나 스윗처가 보여주듯이, 전혀 다른 프레임을 사용할 수도 있다. '가능성 있는 후보likely candidate'는 인터뷰를 할 것 같은 후보를 의미하는 데 사용될 수 있다. '가능성 있는 용의자likely suspect'도 비슷한데, 이것 역시 '용의자로 간주될 가능성이 있는 사람a person likely to be deemed a suspect'이나 '유죄일 가능성이 있는 용의자a suspect likely to be guilty' 또는 '유죄를 선고받을 가능성이 있는 용의자a suspect likely to be convicted'를 의미할 수 있다. 그러나 혼성공간에서 가능성의 시나리오가 반드시 명사에 의해 환기되는 것은 아니다. 스윗처의 해석 '인터뷰에 응할 가능성이 있는 후보a candidate likely to grant an interview'는 후보가 되거나 당선될 수 있다는 의미의 가능성을 사용하지 않는다. 해마다 주지사가 교도소에 수감된 누군가를 사면해준다면, 우리는 누가 '가능성 있는 용의자likely suspect'일 것인지 내기를 할 수도 있다. 이와 유사하게, '가능한 교재possible textbook'는 아마도 대학 교과 과정에서 필수 교재로 선택될 수 있는 교재를 가리킬 수도 있다.

'안전한safe'의 다른 의미들이 간과될 수 있는 것처럼, '가능한possible'과 '가능성 있는likely'의 다른 의미들도 간과될 수 있다. 그러나 논리적인 관점에서, 채택될 수 있는 기존의 교재라는 의미의 '가능한 교재possible textbook'는 사용될 수 있는 교재나 교재 역할을 할 수 있는 기존의 대중 도서라는 의미의 '가능한 교재possible textbook'와 동일하지 않다.

셔너 컬슨은 '가짜fake' 같은 형용사가 무엇보다 정교한 혼성과 사상 도식을 지니고 있다는 것을 보여준다.[146] 이것은 비유추 연결자를 가진 두 입력공간을 환기시키는 데, 한 정신공간 내의 요소는 '진짜'이지만 다른 정신공간 내의 대응요소는 그렇지 않다. 예컨대, '가짜 총fake gun'의 '가짜fake'는 행위자와 도구가 있는 사실 시나리오와 그 도구의 대응요소가 진짜 총이고 어떤 다른 참여자들이 그에 따라 반응하는 반사실적 시나리오 사이의 사상을 촉진한다. 혼성공간에서 다른 참여자들의 반응과 믿음은 반사실적 시나리오로부터 투사되는 반면, 사물의 본질과 총을 든 사람의 믿음은 사실 시나리오에서 투사된다. 전체 상황은 혼성공간을 통해 해석되고, 혼성공간 내의 요소를 선택하기 위한 언어는 사실 입력공간 내의 대응요소를 선택하는 데 사용될 수 있다. 혼성공간에서 두 관점 사이의 이런 상호작용의 반사실적 중추적 관계는 '총gun'에 의해 식별되는 요소의 특성으로 압축된다. 식탁을 장식할 의도인 가짜 꽃fake flowers의 경우, 사물이 꽃인 입력공간과 사물이 비단이나 고무이거나 어떤 다른 이유에서든 꽃이 아닌 입력공간이 있다. 한 정신공간 내의 꽃과 다른 정신공간 내의 비단이나 고무 사물 사이에 비유추 연결자가 있다. 이런 관계는 혼성공간에서 사물의 특성으로 압축된다. 그것은 이제 '가짜 꽃fake flower'이다. 어느 누구도 그 사물이 꽃이라고 믿을 필요는 없다. 그것은 아마도 장식적인 목적으로 한 정신공간으로부터의 투사에 의해 꽃으로 다루어질 수 있으며, 다른 정신공간으로부터의 투사에 의해서는 꽃으로 다루어지지 않는다. 사람들은 마음껏 감상할 수 있지만 물을 줄 필요는 없다. '가짜 돈fake money'은 두 정신공간을 요구한다.

한 정신공간에서 사물은 돈이고, 다른 정신공간에서는 그 사물이 그저 종이 쪼가리일 뿐이다. 혼성공간으로의 가능한 투사가 다수 있다. 예컨대, 가짜 돈fake money은 합법적인 통화일 수 없지만, 카지노에서 발행한 것은 그 안에서 사용하기 때문에 통화 가치가 있다. 다른 식으로, 무가치한 돈을 지불함으로써 누군가를 속이는 데 사용될 수도 있다. 그런 경우에 가짜 돈이 진짜 돈인 정신공간은 또한 속임을 당하는 사람의 믿음 공간이며, 가짜 돈이 그저 종이인 정신공간은 사기꾼의 믿음 공간이다.

'안전한safe', '가능성 있는likely', '가능한possible', '가짜fake' 같은 형용사는 입력공간들 사이의 복잡한 외부공간 중추적 관계를 혼성공간 안에 있는 요소의 특성으로 압축한다. 그렇지만 '작은little'과 '큰big' 같은 별로 눈에 띄지 않는 형용사도 그렇게 한다. 무엇보다, 잘 알려져 있다시피 이런 형용사는 '상대적'이다. 어떤 것은 표준과 비교해 상대적으로만 작거나 크다. 더욱이 표준에 상대적으로 작거나 크다는 개념은 표준과의 비교나 일반적으로 두 사물의 비교를 전제한다. 유클리드에 따르면, 이런 비교는 두 사물을 같이 놓고 보는 것으로 자연스럽게 생각할 수 있다. 유클리드의 경우처럼 두 사물을 포개놓거나, 아니면 서로 옆에 두고 결과를 보는 것이다. 정신적으로 실행되든 물리적으로 실행되든 간에, 이런 만남은 합성과 발현구조를 가진 혼성공간이다. 혼성공간에서, 겹침의 경우에는 하나가 다른 것의 부분이 되거나 서로 옆에 두는 경우에는 하나의 윗면이 다른 것의 윗면보다 더 낮든지 하는 식으로, 어떤 비슷한 유형의 관계가 그런 만남에서 생겨난다. 예컨대, 겹침의 경우에 그 두 사물 사이의 외부공간 비유추는 부분-전체의 내부공간 관계와 대응한다. 동일한 방식으로 우리는 크기가 서로 다른 세 가지 대상, 즉 1과 2와 3을 비교할 수 있다. 혼성공간에서 1은 2의 부분이고, 2는 3의 부분이다. 혼성공간에서 이러한 부분-전체 관계는 1이 2보다 더 작고 2가 3보다 더 작은 외부공간 관계와 대응한다. 이 혼성공간을 하나의 입력공간으로 하고, 범주의 일반 도식과 그 중심 예를 다른 입력공간으로 해서, 우리는 범주의 세 구성원이 있고 중심 예가 2인 새로운 혼성공간을 만든다. 이 혼성공간은 어떤 범주의 세 요소를 비교할 때 사용되는 일반 도식이다. 이 혼성공간에서 1은 작고 2는 기준이고 3은 크다. 연결망 안의 외부공간 비유추 관계는 그 대응요소로 작고, 기준이고, 큰 내부공간 특성을 갖는다.

이런 특성들을 실제로 어떤 것에 적용하려면 또 다른 두 개의 혼성공간이 필요하다. 첫 번째 혼성공간에서, 작고 기준이고 크다는 것에 대한 일반적인 도식이 한 입력공간이고, 다른 하나는 특정한 범주(예컨대 코끼리, 나비, 행성)와 그것의 중심 예이다. 예컨대, 이 혼성공간에는 기준인 코끼리의 원형이 있으며, 기준 크기인 코끼리에 대한 측정기준도 있다. 특정 코끼리의 크기를 판단하기 위해서는 혼성공간이 하나 더 필요하다. 이 혼성공간의 한 입력공간에는 기준 코끼리와 코끼리의 측정기준상의 한 지점이 있고 다른 입력공간에는 특정 코끼리가 있다. 혼성공간에서 특정 코끼리는 작거나 기준이거나 클 것이다.

이렇게 사물과 사물 사이의 관계를 특성으로 상상력을 이용해 압축하는 일은 우리가 앞서 여러 차례 본 계열을 따른다. 혼성공간에서 2의 부분으로서의 1과 3의 부분으로서의 2를 제공하는 첫 번째 통합 연결망은 거울 연결망이다. 두 입력공간의 프레임은 동일하며, 이 프레임에는 구체적인 크기의 특정한 유형의 사물이 있다. 1-2-3 혼성공간을 범주와 그 중심 예에 대한 일반적인 프레임과 혼성하는 다음 통합 연결망은 이중범위 연결망이다. 예컨대, 혼성공간에서 2는 중심 예임과 동시에 1에 대한 그릇이고 3의 부분이다. 세 번째 통합 연결망은 이중범위 연결망으로서, 두 조직 프레임은 완전히 양립한다. 이미 범주의 구조와 원형을 포함하고 있는 일반적인 *작음-기준-큼* 프레임은 특정한 범주 및 그 원형과 혼성된다. 마지막 통합 연결망은 단순 연결망으로서, 특정한 범주, 원형, 그 범주에 대한 *작음-기준-큼* 측정기준은 그 범주의 특정 요소와 혼성된다.

작음과 큼은 간단한 특성처럼 보이기 때문에, 자연스레 그 의미의 기초가 되는 개념적 작업 또한 간단할 것이라고 생각하게 된다. 그러나 색깔에 대한 간단한 지식이 매우 복잡한 지각적 작업에서 나오듯이, 무언가가 작다거나 크다는 간단한 지각도 복잡한 과정을 거쳐 나온다.

그렇다면 갈색 소는 어떤가? 이 또한 동일한 이야기로서, 검은 주전자와 녹색 사과에 대해서 찰스 트래비스가 이미 부분적으로 말한 바 있다. 우리가 주전자를 보고 있을 때 찰스 트래비스가 "이 주전자는 검은색이다"고 말하고 우리 모두 그것이 실제로 검다고 동의한다고 생각해보라. 그러나 그 다음에 찰스는 주전자에 묻은 검댕을 닦아 없애면 그때서야 우리는 주전자가 녹색이라는 사실을 알게 된다. 그래서 그 주전자는 검지 않다. 그런데 과연 주전자는 정말 녹색인가? 찰스가 녹색 페인트를 벗겨내면 우리는 바탕 금속이 검다는 것을 알게 된다. 그래서 아마도 주전자는 결국 검은색이다. 그러나 이제 햇빛이 주전자에 비치면 주전자는 사실상 짙은 갈색으로 보인다. 찰스는 우리에게 자줏빛 안경을 주며, 우리는 이제 검은 주전자를 본다. 트래비스 이야기의 첫 번째 교훈은 특성 *검음*이 주전자에 절대적인 의미에서 적용되거나 적용되지 않는다는 것이다. 특별한 상황과 문맥적 전제에 따라 주전자가 검다고 부르는 것이 적절할 수도 있고 적절하지 않을 수도 있다.

이 이야기의 두 번째 교훈은, 주전자에 검은 장식 디자인이 있다면, 또는 다른 모든 주전자에 녹색 얼룩이 있지만 한 주전자만 검은 반점이 있다면, 또는 똑같이 표면에 검은색이 없는 두 주전자 중 하나가 흰색 오븐이 아닌 검은색 오븐 위에 있다면, 또는 검은 상자 안에서 나온 것이라면, 또는 흑인들이 전적으로 소유하고 있는 회사에서 제조한 것이라면, 우리는 그 주전자를 검다고 부를 수 있다는 것이다. '검은색'을 이런 경우에 사용할 때마다, 우리는 그 말이 주전자의 특성을 암시한다고 받아들인다. 그리고 동시에 우리는 앞선 예에서 주전자와 다른 어떤 것에도 독립적으로 정의할 수 있는 절대적인 의미의 안정된 특성이 없다는 것을 보았다. 어째서 그럴까? 답은 '검은색'이 우리가 본 다른 형용사와 같다는 것이다. 그것은 통합 연결망을 촉진시키고, 혼성공간에서 다른 외부공간 관계를 *검음*이라는 내부공간 특성으로 압축한다.

검은 색깔이 '흑마법black magic'이나 '흑인 예술black arts'처럼 은유적이거나 환유적 용법이 아닌, 글자 그대로 어떤 요소에 할당된 것처럼 보이는 경우에만 전적으로 초점을 둔다는 점에 주목해보라. 엄격한 색깔 할당처럼 보이는 것에서, 명사가 뒤에 나오는 '검은black'은 사상 도식을 촉진한다. 그 사상 도식에서 한 정신공간에는 색깔(특히 검은색)이 있고 다른 정신공간에는 명사가 선택한 요소가 있다. 검은색과 다른 정신공간 속의 두드러진 어떤 것 사이에 공간횡단 사상을 발견할 수 있다. 전형적으로 명사는 어떤 사물을 선택할 수 있는데, 그 사물의 두드러진 부분들 중 하나는 검은색에 가까운 색을 띤다. 통합 연결망에서 그 색깔은 기본 색채의 정신공간에서 검은색에 사상된다. 선택적 투사에 의해 색채 입력공간으로부터 나온 검은색만이 혼성공간으로 투사되는 데 반해, 그 사물과 환경은 다른 입력공간으로부터 투사된다. 따라서 혼성공간에서 사물 그 자체는 다른 색채는 모두 배제할 만큼 *검음*이라는 특성을 가지고 있다. 그리고 검은 얼룩 예가 보여주듯이, 이것은 사물의 다른 색채가 객관적으로 얼마나 남아 있느냐와는 상관없다.

그러나 사물의 부분은 정신공간 속에 있는 한 요소의 두드러진 양상의 한 종류일 뿐이다. 오븐 예가 보여주듯이, 그 위에 놓인 사물은 두드러질 수 있다. 이와 유사하게, 어떤 것을 포함하고 있으면 두드러질 수 있다(검은 페인트가 들어 있는 빨간색 컵은 흰색 페인트가 들어 있는 빨간색 컵 옆에서는 '검은 컵'일 수 있다). 또한, 사물의 생산자가 두드러질 수도 있다. 때문에 흑인들이 만든 주전자는 '검은 주전자'일 수 있는 것이다. 그러나 명사로 환기되는 정신공간 내의 요소는 원형적인 사물일 필요는 없다. 우리는 '검은 하늘'이 몇몇 불길한 구름들이 기본 색채 공간에서 검은색으로 사상될 수 있을 만큼 충분히 어둡다는 것을 의미하는 경우에 '검은 하늘'이라고 부를 수 있다.

확실히, 색채 형용사는 구체적인 복잡한 통합 연결망을 촉진하며, 외부공간 연결은 혼성공간에서 색채 특성과 대응한다. 이런 혼성 도식은 왜 '붉은 공red ball', '붉은 머리red hair', '붉은 여우red fox'에서 붉은색의 명암이 서로 매우 다를 수 있는지를 설명해준다. 예컨대, 여우의 색깔은 *붉음*으로 사상된다. 왜냐하면 포유동물의 털 색깔이 검은색, 붉은색, 흰색, 갈색, 노란색, 회색과 같은 기본 색채로 사상되기 때문이다. 이런 털 색깔이 포유동물의 털에 대해서 기본적이라는 사실은 검은색, 붉은색, 흰색, 갈색, 노란색, 회색이 대체로 일반적이라는 사실로 사상된다. 입력공간들 사이의 외부공간 사상은 혼성공간에서 압축되어, 여우는 사실상 *붉음*이라는 특성을 가지고 있다. 혼성공간에서 여우의 색깔은 이제 색채 범주 *붉음*의 중심 예이다. 광택 나는 붉은색으로 칠한 여우도 여전히 '붉은 여우'로 부를 수 있고 혼성공간에서 *붉음*이라는 특성을 가질 테지만, 여기서는 이 붉은색은 범주 *붉음*의 비표준 실례로 간주될 것이다. 혼성공간에서 평범한 붉은색 여우의 색깔은 털이 있는 동물의 입력공간으로부터 나오지만, 기본인 상태와 붉은색은 기본 색채어의 입력공간으로부터 나온다.

그래서 '갈색 소'에 대한 해석은 통합 연결망을 포함하는 것으로 밝혀지며, '작은 갈색 소'는 단순 연결망에서 거울 연결망을 거쳐 이중범위 연결망으로 이어지는 통합 연결망의 연속체를 따라 나열된 모든 주요 유형을 포함하는 것으로 드러난다. 이것은 보기보다 놀라운 일은 아니다. 크기와 색채 용어를 꼼꼼히 조사한 의미론자들은 그 용어들이 어떻게 작용하는지에 대해 한층 더 복잡한 분석을 해냈다. 크기 용어에 대한 가장 정교한 분석은 아마 로널드 래내커 Ronald Langacker의 분석일 텐데, 이 분석은 우리가 제시한 것과 동일한 정도의 복잡성을 지닌다.[147] 형태의 단순성, 어휘의 관습성, 잦은 사용 빈도가 기본적 개념 조직의 단순성을 나타낸다는 통속 개념은 오류인 것으로 완전히 밝혀졌다.

개념적 혼성이 다양한 여러 구문의 성분이라는 것은 화학물이 화학결합으로 이루어져 있다는 것만큼이나 놀랍지 않은 일이다. 개념적 혼성의 역할을 강조할 때 우리는 해당 현상이 개념적 혼성으로만 환원된다고 주장하는 것은 아니다.

형식적 혼성

새로운 개념적 혼성공간은 일반적으로 새로운 표현의 형태를 필요로 하지 않는다. 언어에는 이미 거의 모든 개념적 혼성을 표현하는 데 필요한 모든 문법적 형태가 있다. 예컨대, 이번 장에서 고려한 두 낱말 표현 모두가 기존의 통사 구조를 가지고 있다. 명사-명사, 형용사-명사, 명사-형용사와 같은 합성 형태는 물론이고 이런 형태를 채우는 특정한 기존 명사나 형용사가 그것이다. 개념 육상 요트는 새로운 혼성공간일 수 있지만, 그 어구는 기존의 문법과 어휘를 사용해 육상 요트 통합 연결망을 촉진한다.

형태는 정신적 요소이고 다른 정신적 요소처럼 혼성될 수 있다. 종종 이런 혼성은 형태들이 부착되는 개념적 구조의 혼성과 함께 이루어진다. 형태소에서 문장에까지 이르는 일련의 구문들 사이에서 개념적 혼성을 표현하기 위해 형식적 조직을 달성하고자 하는 이런 압력을 볼 수 있다. 영국 해협Channel을 밑으로 통과하는 터널tunnel을 가리키는 '처널Chunnel' 같은 단일 낱말 통합을 고려해보라. 명확하게도, 이것은 해협의 추상적인 프레임과 영국과 프랑스 경계 수역의 특정한 프레임 모두로부터 나오는 구조를 통합하는 개념적 구문이다. 이런 통합된 단위는 적절한 지질학에서부터 공학의 문제까지, 영국과 프랑스 관계의 역사에서부터 검역, 질병, 생태학 이슈에 이르기까지 엄청난 범위의 지식을 통합하기 위한 장소 역할을 할 수 있다. 그에 상응하는 문법적 형태인 '영국 해협 아래 터널the tunnel under the English Channel'이 이미 단단하게 통합되어 있다. 영어는 한층 더 압축된 합성어-명사 구문 '해협 터널the Channel tunnel'을 가능하게 한다. 우연히 닮은 '해협Channel'과 '터널tunnel'의 음소를 고려하면 형태의 또 다른 통합이 가능하다. 이런 통합이 형식적 혼성으로, 두 낱말 사이의 특정한 음운적 사상과 철자법 사상으로 촉발된다. 통합 압력은 (영어의 경우에) '처널Chunnel'을 생산한다. 그에 상응하는 우연이 프랑스어에는 없으며, 가장 통합적인 형태는 'tunnel sous La Manche'이다. 이 사실은 또 다른 중요한 통합의 양상을 보여준다. 즉, 통합은 편의주의적이다. 이런 편의주의가 구체적인 사례에서 중요하지 않아 보이는 우연에 의존한다는 사실은, 통합 작용 그 자체가 중요하지 않다는 잘못된 견해로 이어질 수도 있다. 그러나 실제로 바로 그렇게 우연을 편의주의적으로 이용함으로써, 가장 핵심적인 사건과 구조가 발생할 수 있다. 진화는 우리에게 이런 일이 역설적이지 않다고 가르친다.

수잔 켐머Suzanne Kemmer는 통합에 대한 다음과 같은 예를 보고한다.

"불만자들의 가장 흔한 불평은 자신들이 커플랜드 씨가 '맥잡'이라고 부른 하찮은 일자리밖에 가지지 못한다는 것이다The Whiners' most common complain is that they've been relegated to what Mr. Coupland calls 'McJobs'."

'맥Mc'은 패스트푸드와 그 산업에서 채용의 정신공간을 환기시킨다. '잡Jobs'은 직장을 구하는 좀 더 일반적인 프레임을 환기시킨다. 그것들은 공통된 역할(노동자, 고용주, 임금, 혜택, 진급의 가능성 등등)을 가지며, 혼성공간에 대해 총칭적 토대를 제공한다. 여기서 구축되는 두 입력공간은 맥월드McWorld의 양상에 대한 입력공간과 취업에 대한 입력공간이다. 직접적인 사상이 공통된 역할들을 연결한다. 그러나 그런 사상은 본질적으로 '맥잡'의 중심적 추리를 제공하지 않는다. 사회적 위신이 없고, 승진의 기회가 없고, 도전이 없고, 미래가 없고, 지루하고, 사회적으로 내세우기에 부끄러운 것 같은, 맥도널드 일자리의 구체적인 양상은 저수준 서비스 직종이라는 더 일반적인 개념과 혼성된다. 이 혼성이 없다면, 사람들은 저수준 서비스 직종을 다른 고정관념과 자유롭게 연상 지을 것이다. 그런 고정관념으로는 다른 사람들에 대한 이타주의적이고 심지어 거룩하기까지 한 헌신, 사회적 성공 사다리의 첫 계단 오르기, 지방 도시의 고요함과 일상적인 일, 탐욕과 심신을 지치게 하는 야망으로부터의 자유 등이 있을 수 있다. 이런 간단한 혼성은 유추적 사상과 총칭공간의 구축, 혼성공간에서의 맥잡과 같은 새로운 범주, 맥잡을 가진 사람의 유형, 맥잡에 대한 월급 척도를 가지고 들어온다. 이 혼성의 한 가지 목적은 혼성공간으로부터 나온 추론을, 오늘날 경제 체제에서 젊은 사람들이 처한 곤궁한 상태 같은, 어려운 현실의 개념과 연결시켜 입법과 정부 정책에 영향을 미치는 것이다. 혼성공간의 힘과 효율성은 동질적인 내적 구조와 그에 상응하는 단 하나의 낱말로의 형태 압축에서 나오는 것처럼 보인다. 이런 장치에서 놀라운 것은 그것이 완전히 새로운 개념적 구조를 창조하고 있음에도, 적절한 언어적·문화적 공동체의 구성원들은 그 구조를 구축하는 데 들어간 모든 개념적 공학을 단 하나의 낱말 '맥잡'으로부터 재발견한다는 점이다. 우리는 혼성공간이 개념적 층위와 형식적 층위에서 지배 원리를 충족시킨다는 것을 안다. 혼성공간은 최대의 형식적·개념적 압축과 통합을 제공하고 망과 풀기 원리 모두를 충족한다.

형식적 혼성은 배경적인 개념적 혼성이 있는지의 여부와는 독립적으로 발생할 수 있다. 경주 시작 시간이 오후 2시인 델마 경마장 버스 뒤에 붙은 광고에 'Hunch hour. 2 P. M.(예감 시간 오후 2시)'라고 적혀 있다. 언어유희를 이해하기 위해서는 'hunch(예감)'과 'lunch hour(점심 시간)'에 동시에 접근해야 한다. 이는 'hunch hour'에서 'lunch hour'로의 패턴을 완성한다는 것을 의미한다. 또한 'hunch'에서 'lunch hour'로의 부분적 사상을 한다는 것을 의미한다. 'hunch'와 'lunch'는 첫 음소만 다른 명사이다. 그것은 'hunch'의 'unch'와 'lunch'의 'unch' 모두를 투사한다는 것을 의미하고, 'lunch hour'의 명사류 합성어 구조(N1 N2)를 그에 상응하는 'hunch hour'의 명사류 합성어 구조로 투사한다는 것을 의미한다. 그리고 그것은 대응요소('hunch'와 'lunch')의 일반적인 명사 위상을 혼성공간에서 'hunch'의 명사 위상으로 투사하는 것을 의미한다.

어떤 집단의 한 사람이 길 아래의 새 쇼핑몰mall이 오후 9시에도 여전히 영업을 하는지 궁금해할 때, 다른 사람이 "뭐 분명 그럴 거야, 모두들 〈아말과 밤의 방문자들Amahl and the Night Visitors〉*을 알고 있잖아"라고 대답을 한다고 생각해 보라. 여기서 오페라의 제목에 들어 있는 'Amahl'은 명사구 'a mall'과 혼성되지만, 개념적 혼성은 전혀 없다. 또한 「위도 38」에 실린, 두 항해 구간 중에 바람

---

* 지안 카를로 매노티의 오페라.

을 안고 있는 구간에만 햇빛이 비치고 있는 1994년 발레이오 배 경주의 사진을 고려해보라. 여기에는 제목으로 "발레이오 94 — 두 항해 구간, 한쪽만 태양이 비추다Two legs, sunny side up*"가 붙어 있다.[148] 이 제목은 형식적 혼성과 부분적 투사, 형태들 사이의 사상, 패턴 완성 등을 요구하지만, 개념적 혼성은 요구하지 않는다. 그 경주는 특정한 아침 식사와 혼성되지 않는다.

때때로 형식적 혼성은 개념적 혼성과 상당히 유사하다. 1994년 2월 17일자의 〈애틀랜타 컨스티튜션The Atlanta Constitution〉은 첫 페이지에 "곤경에 처한 림보Out On a Limbaugh"라는 표제가 달려 있으며, 그 밑에 기사 내용을 요약해서 "비판자들은 플로리다의 감귤 산업과 방송인 러시 림보†와의 1백만 달러 거래를 강하게 비판하고 있다Critics put the squeeze on Florida's citrus industry for its $1 million deal with broadcaster Rush Limbaugh"라고 적었다. '곤경에 처한 림보Out On a Limbaugh'의 언어 유희 효과를 얻기 위해서는 '나뭇가지 끝에 선(곤경에 처한)out on a limb'과 '림보Limbaugh'에 동시에 접근해야 한다. 이런 형식적 혼성 이면에는 입력공간이 둘인 개념적 혼성이 있다. 한 입력공간에는 나뭇가지를 타고 올라가는 행위자가 있고, 다른 입력공간에는 플로리다 감귤 산업과 러시 림보 사이의 거래가 있다. *나뭇가지limb*와 *림보Limbaugh*가 개념적으로 혼성되듯이, 'limb'와 'Limbaugh'는 형식적으로 혼성된다. 이런 평범하지 않은 특정 경우에, 개념적으로 혼성되는 개념적 대응요소는 형식적으로 혼성되는 형식적 표현을 가진다. 사실상 형식적으로 혼성되는 요소는 개념적으로 혼성되는 요소를 나타낸다. 혼성의 표준으로서 형식적 혼성은 형식 입력공간으로부터는 예측할 수 없는 형식적 구조를 포함하고 있다. 이러한 형식 입력공간을 살펴보자. '곤경에 처한 림보Out On a Limbaugh'에는 부정관사와 보통명사가 있다. '림보Limbaugh'는 고유한 성이다. 영어에서 고유한 성은 그 성을 가진 사람들의 집단 내의 한 명을 가리키거나["그녀는 케네디(가문 사람)이다She's a Kennedy", "그녀는 가장 가난한

---

* 'sunny side up'은 본래 한쪽만 익힌 계란 프라이를 가리키는 말이다.

† 미국의 유명한 극우 성향 방송인.

케네디(가문 사람)이다She's the poorest Kennedy", 사람들의 집단에서 특정한 어떤 사람과 유추적으로 비슷한 사람을 가리키는 보통명사가 되지만["그는 아인슈타인(처럼 천재)이다He's an Einstein"], 여기서는 그런 경우가 아니다. 또한 'a Limbaugh'는 (전화 통화시에) "저는 피델리아 컴쿼트입니다There is a Fidelia Cumquat on the telephone for you"라고 하는 것처럼 부정관사를 고유명사와 함께 사용해서 그 이름을 가진 어떤 알려지지 않은 사람을 가리키는 경우도 아니다. '곤경에 처한 림보Out On a Limbaugh'에서 '림보'는 림보와 이름이 같은 사람이거나 그와 유사한 사람을 가리키는 보통명사가 아니다. 또한 알려지지 않은 특정한 사람을 선택하지도 않는다. 반대로, 상당히 잘 알려진 특정인을 선택하고 있다. 그럼에도, 'Limbaugh'에는 부정관사가 붙는다. 이것은 혼성공간에 대한 다른 입력공간 내에 있는 대응요소 'limb'의 특성이다. 결과적으로, 형식적 혼성은 부정관사+알려진 사람을 연상시키는 고유한 이름이라는 새로운 통사–의미론적 구조를 가지고 있다.

림보 예에서 우리는 형식적 혼성과 개념적 혼성을 동시에 보지만, 이런 거울 반사는 극히 드물다. 우리는 이미 개념적 층위에 그에 상응하는 아무런 혼성이 없는, 형식적 혼성의 경우를 보았다. 역으로, 개념적 혼성은 대부분 그에 상응하는 형식적 혼성 없이 발생한다. 예컨대, "뛰어들기 전에 잘 살펴라(돌다리도 두드려보고 건너라)Look before you leap"는 아무런 형식적 혼성이 없는 은유적 혼성에 대한 표준 촉진제이다. 개념적 혼성과 형식적 혼성이 모두 작용하지만, 형식적 혼성이 개념적 혼성과 반대로 진행되는 경우들도 있다. 예컨대, BBC 방송의 게임 쇼 〈마이 워드My Word〉에 참여한 사람들은 마지막 낱말의 단 한 글자만 빼고 대중가요의 제목과 동일한 이해할 수 있는 표현을 생각해내야 한다. 예를 들면 "당신이 튤립을 들고 있었을 때, 제 큰 코는 빨개졌죠When you wore a tulip/and I wore a big red nose"처럼 말이다.* 한 참가자의 대답은 "왜 여자는 매트처럼 될 수 없나Why can't a woman/be more like a mat?"였다(〈마이 페어 레이디〉에서 나온 원본은 "왜 여자는 남자처럼 될 수 없나Why can't a woman/be more like a man?"

---

* 미국의 로큰롤 가수 제리 리 루이스의 "당신이 튤립을 들고 있을 때 저는 큰 장미를 들고 있었죠 When you wore a tulip/and I wore a big red rose"에서 마지막의 rose가 nose로 한 철자가 변했다

이다). 형식적 층위에서 'man'과 'mat'는 혼성되지만 개념적 층위에서 남자*man*는 매트*mat*와 혼성되지 않으며 매트 위를 걷는 사람이라는 반대 요소와 혼성된다.

그 자체를 위하여 형식적 혼성을 하고자 하는 충동과 형식적 혼성 이면에 있는 개념적 혼성을 찾으려는 경향은 인터넷에 널리 퍼진 다음과 같은 익명의 사망기사와 같은 많은 농담에서 자명하게 나타난다.

필스버리의 베테랑 대변인 필스버리 도보이는 어제 심각한 이스트 감염과 복부를 반복해서 찔려 생긴 합병증으로 사망했다. 향년 71세였다. 필스버리 도보이는 기름을 살짝 입힌 관에 입관되었다. 버터워스 부인, 캘리포니아 레이진, 헝그리 잭, 베티 크루커, 호스티스 트윙키, 캡틴 크런치 등 수십 명의 유명 인사들이 모였다. 오랜 친구 제미마 이모가 도보이는 '자신이 얼마나 인격이 높았는지를 결코 몰랐던' 사람이라며 송덕문을 낭송하자 무덤 옆에는 고운 가루가 수북이 쌓였다. 드보이는 쇼 비즈니스에서 빠르게 출세했지만, 그의 만년에는 수많은 뒤집힘이 있었다. 그는 설익은 계획에 자신의 많은 돈을 낭비하는 바람에 현명한 사람이라고 여겨지지 않았다. 그는 때때로 별나긴 했지만 까다로운 노인으로서 무수한 사람들의 모범이 되었다. 도보이에게는 유족으로 플레이 도우라는 두 번째 아내가 있다. 그들에게는 두 아이가 있고, 다른 하나는 자궁 속에 있다. 장례식은 3시 50분에 약 20분 동안 열렸다.[*]

---

[*] 이 농담은 쿠키를 사람으로 비유하고 있다. 필스버리는 미국의 제과회사이며 필스버리 도보이는 그 회사의 마스코트인 밀가루 반죽 모양의 인형이다. 버터워스 부인은 버터를 의미하며 캘리포니아 레이진은 캘리포니아 건포도를 말한다. 헝그리 잭은 버거킹의 호주 명칭이며 베티 크루거, 호스티스 트윙키, 캡틴 크런치는 모두 과자와 캔디바 제품 이름이다. 제미마 이모는 오래된 팬케이크 제품의 마스코트이다. 이 농담에 사용된 단어는 모두 이중적 뜻을 가지지만 본문에서는 모두 사람의 관점으로 옮겼다. 이스트 감염은 이스트의 첨가를, 복부를 찌르는 것은 포크질을 의미한다. '인격이 높다'로 옮긴 'knead'에는 '반죽하다'라는 뜻이 있으며, '고운 가루flour'는 '밀가루'라는 뜻이다. '출세하다'로 옮긴 'rise'에는 '부풀어 오르다'는 뜻이 있다. 'dough'는 가루반죽이라는 뜻이지만 속어로는 돈이라는 뜻이다. 'cookie' 역시 속어로 사람이라는 뜻이다. '설익은 계획half-baked scheme'은 문자 그대로는 '반만 굽는 것'이다. 사람을 가리킬 때 '별난'이라는 뜻의 'falky'는 빵의 경우에는 '껍질이 바삭바삭한'이라는 뜻이고, 사람과 관련해서는 '까다로운'이라는 뜻의 'crusty'는 빵의 경우에는 '껍질이 두꺼운' 것을 의미한다. 플레이 도우는 밀가루 반죽처럼 생긴 아이들 놀이용품이다. 속어로 '자궁oven'은 말 그대로 오븐이다. 3시 50분은 일반적으로 사람들이 간식을 먹는 시간이다.

Veteran Pillsbury spokesperson, the Pillsbury Doughboy, died yesterday of a severe yeast infection and complications from repeated pokes to the belly. He was 71. Doughboy was buried in a slightly greased coffin. Dozens of celebrities turned out, including Mrs. Butterworth, the California Raisins, Hungry Jack, Betty Crocker, the Hostess Twinkies, Captain Crunch, and many others. The graveside was piled high with flours as longtime friend, Aunt Jemima, delivered the eulogy, describing Doughboy as a man who "never knew how much he was kneaded." Doughboy rose quickly in show business, but his later life was filled with many turnovers. He was not considered a very smart cookie, wasting much of his dough on half-baked schemes. Despite being a little flaky at times, he even still, as a crusty old man, was considered a roll model for millions. Doughboy is survived by his second wife, Play Dough. They have two children, and one in the oven. The funeral was held at 3:50 for about 20 minutes.

복잡한 문법적 구조

우리는 이미 많은 문법 구문이 어떻게 작용하는지를 상세히 보았다.

- '안전한safe'과 같은 단 하나의 낱말
- '그는 팬이 말라붙도록 끓였다He boiled the pan dry'와 '그녀는 그를 말라붙도록 빨아먹었다She bled him dry' 같은 결과절 구문
- '앤은 맥스의 딸의 사장이다Ann is the boss of the daughter of Max' 같은 Y-of 연결망
- '보트 하우스boat house', '하우스 보트house boat', '감옥의 미끼jail bait' 같은 명사류 합성어
- '죄스러운 즐거움guilty pleasures', '가능성 있는 후보likely candidate', '붉은 공red ball' 같은 형용사–명사 합성어
- '처널Chunnel'과 같은 단 한 낱말에서의 형태론적 결합

이 모든 경우에 우리는 언어의 구문이 특정한 혼성 도식을 촉진하는 안정된 통사적 패턴을 가지고 있다는 것을 보았다. 혼성 도식은 특별한 종류의 압축을 지닌다. 우리는 8장에서 "기도는 영혼의 어둠의 메아리이다Prayer is the echo of the darkness of the soul"와 같은 'of' 구문을 연구했으며, 그런 구문이 다중 입력공간들에서 압축된 대혼성공간을 전달하는 체계적인 혼성 도식을 촉진한다는 것을 보았다. 그리고 9장에서는 "나는 팬이 말라붙도록 끓였다I boiled the pan dry" 가 길고 산만한 사건의 연쇄를, 단 한 명의 행위자가 단 하나의 사물에다 단 하나의 행동을 수행해서 결과를 초래하는 혼성으로 압축한다는 것을 보았다.

언어는 혼성 도식을 창조하고 전달하는, 문화적으로 개발된 강력한 수단이다. 우리가 9장에서 보았듯이, 언어에 대한 능력은 혼성과 압축에 대한 능력에 복잡하게 의존한다. 언어에서 발견되는 패턴은 한 문화 내에서 발생하고, 폭넓게 적용되는 혼성 도식의 표명이다. 지난 5만 년 동안, 문화는 사람들이 모든 유용한 혼성 도식을 처음부터 발명하는 일을 덜어주기 위해 많은 체계를 개발했다. 어린이들에게 유용한 혼성 도식을 제공하는 가장 명확하고 강력한 방법은 언어를 이용하는 것이다.

언어학에서 언어의 형태는 '통사론' 분야에서 연구되었다. 그러나 우리가 어떤 식으로 보든지 간에, 이런 언어 형태는 매우 복잡하며, 우리가 인식하는 것보다 훨씬 더 복잡하다. 그래서 널리 알려져 있듯이, 통사론에 대한 연구 또한 복잡하다. 그러나 이런 언어 형태가 촉진하는 혼성 도식을 동시에 연구하지 않는다면, 그런 연구는 본질적으로 불완전하다. '감옥의 미끼jail bait'에서처럼 언어 형태가 간단할 때조차도, 상응하는 통합 연결망은 매우 복잡할 수 있다.

우리는 이제 개념적 혼성이 더욱 정교한 구문에서 담당하는 중심적 역할을 분석할 것이다. 이는 언어, 개념적 혼성, 압축을 일반적으로 분리할 수 없다는 생각을 갖게 할 것이다. 언어는 강력한 혼성 도식을 촉진하기 때문에 정교한 형식적 패턴을 갖는다. 그러나 형식적 패턴과 혼성 도식 또한 깊이 고착되어 있어서 의식적으로는 거의 알아차리지 못한다.

사역이동

우리에게 가장 일반적이고 친숙한 장면들 가운데 하나는 사물을 이동시키는 종류들이다. 우리는 사물을 던지고 차고 집어 던지며, 사물은 특정 방향으로 이동하여 어딘가에 놓인다. 이것은 '사역이동caused-motion' 장면이다. 이것은 무언가를 하는 행위자를 포함하고, 그 행동은 사물이 이동하도록 한다. 'throw(던지다)', 'hurl(세게 던지다)', 'toss(약하게 던지다)' 같은 동사가 있는데, 이런 동사가 하는 일은 사역이동 장면의 특정한 버전을 암시하는 것이다. 많은 언어, 아마도 모든 언어에는 이런 동사와 이런 동사가 어울리는 패턴이 있다. 영어에서 이런 패턴은 "Jack threw the ball over the fence(잭은 울타리 너머로 공을 던졌다)"에서와 같이 주어–동사–목적어–장소이다. 그러나 대부분의 언어와는 달리, 영어에서는 이 패턴은 또한 본질적으로 사역이동을 표현하지 않는 'walk(걷다)', 'sneeze(재채기하다)', 'point(가리키다)' 같은 동사의 경우에도 사용될 수 있다. 그래서 "I walked him into the room(나는 그를 방으로 걸어가게 했다)", "He sneezed the napkin off the table(그는 재채기해서 냅킨을 테이블에서 떨어뜨렸다)", "I pointed him toward the door(나는 그에게 문 쪽을 향해 가리켰다)"라는 표현이 있다. 이런 패턴은 심지어 'tease(놀리다)', 'talk(말하다)', 'read(읽다)'와 같이 전혀 물리적 이동을 수반하지 않는 동사를 수용할 수 있다. 그래서 "They teased him out of his senses(그들은 그가 센스가 없다고 놀렸다)", "I will talk you through the procedure(나는 당신에게 진행 과정 내내 말할 겁니다)", "I read him to sleep(나는 그가 잠들도록 읽어주었다)"이라는 표현이 있다. 이런 예에서 주어는 어떤 행동을 수행하고, 이것은 목적어가 자구字句적이나 은유적인 '방향'으로, 자구적으로나 은유적으로 '이동하도록' 만든다. 사역이동 구문은 아델 골드버그Adele Goldberg가 상세하게 연구했다.[149]

이 모든 경우에 형태는 사역이동 장면을 입력공간으로 가지고 (걷기나 던지기, 재채기하기, 말하기, 책읽기 등을 포함하는) 어떤 다른 산만한 장면을 다른 입력공간으로 가지는 통합 연결망을 촉진한다. "He sneezed the napkin off the table"

의 경우에 산만한 입력공간은 사람과 냅킨, 탁자가 있는 사건의 연속으로 이루어진다. 사람은 재채기를 한다. 재채기는 주위의 공기를 이동시킨다. 기류는 냅킨에 영향을 미친다. 냅킨은 가볍기 때문에 기류의 압력을 받아 이동해서 전형적으로 탁자의 모서리에 도달한다. 거기에서 중력이 작용해 냅킨은 (공기 저항이 없다면) 포물선에 가까운 경로로 이동해서 바닥에 떨어지며, 냅킨은 바닥을 통과하지 못한다. 어쨌든 냅킨은 그저 냅킨이기 때문이다. 산만한 입력공간에는 행동(재채기), 행위자, 사물(냅킨)의 특정한 방향으로의 이동이 있다. 행동은 인과적으로 이동과 관련이 있다. 압축된 사역이동 입력공간에는 행위자, 행동-이동, 사물, 방향이 있다. 결과적으로 사역이동 장면에서 산만한 입력공간으로의 자연스러운 사상이 있다. 행위자는 행위자로 사상되고, 사물은 사물로 사상되고, 방향은 방향으로 사상된다. 행동-이동은 행동, 인과적 관계, 이동과 같이 분포된 많은 후보들 가운데 어느 하나에게로 사상된다.

압축된 입력공간에는 개념적 압축과 연상되는 통사적 형태가 있다. 산만한 입력공간에서, 'sneeze'와 'napkin', 'off', 'table'과 같은 특별한 낱말이 개별 사건 및 요소들과 연상된다. 완전한 통합 연결망에서 개념적 압축과 통사적 형태는 압축된 입력공간으로부터 나오는 반면, 개별 낱말들은 선택적 투사를 통해 산만한 입력공간으로부터 나온다. "He sneezed the napkin off the table"의 경우에는 사역이동 장면의 개념적 구조를 산만한 입력공간으로부터 나온 행위자, 행동, 인과성, 사물, 이동, 방향과 같은 많은 요소 및 사건과 통합한다. 사역이동 입력공간에 있는 단 하나의 행동-이동이 적어도 세 가지 다른 요소, 다시 말해 산만한 입력공간에 있는 행동, 인과적 연결, 이동으로 사상된다. 또한 사역이동 통사 구문(주어-동사-목적어-장소)을 산만한 입력공간에 대해서 이용할 수 있는 소수의 낱말과 통합하는데, 이 경우에는 행위자를 나타내는 낱말('he')과 행동을 나타내는 낱말('sneeze'), 사물과 이동을 나타내는 낱말이 그것이다.

그러나 산만한 입력공간으로부터 나온 인과적 연결을 나타내는 낱말이나 사물의 이동을 나타내는 낱말은 가져오지 않는다는 데 주목하자. 행동-이동으로부터 산만한 입력공간으로의 사상은 일대일이 아니기 때문에, 산만한 입력공간으로부터 낱말을 투사할 수 있는 가능성은 많다. 우리는 'Sarge let the tanks into the compound(하사관은 탱크를 구내에 들어가게 했다)'에서와 같이 행동이나 이동이 아닌 인과적 연결을 나타내는 낱말을 투사할 수 있다. 이 낱말은 탱크가 구내로 들어가기 위해서 하사관의 허락이 필요한 전형적인 군대 상황을 환기시킨다. 이 문장은 (손을 흔들고, 서류에 서명하고, 전화로 구두 승인을 허락하는) 하사관이 수행하는 특별한 인과적 행동이나 (트럭으로 이송되고, 헬리콥터로 공수되고, 자체 동력으로 이동하는) 탱크의 이동을 구체적으로 서술하지 않는다. 우리는 'He rolled the barrels into the warehouse(그는 통을 창고 안으로 굴렸다)'에서와 같이 사물의 이동을 나타내는 낱말을 투사할 수 있는데, 여기에서 구르는 것은 행위자가 아닌 통이다. 이 문장은 (통을 밀고, 통을 경사 아래로 차고, 쭉 늘어선 통들을 떼어놓는) 특별한 인과적 행동을 구체적으로 서술하지 않으며, 인과적 연결 역시 구체적으로 서술하지 않는다. 사실상 사역이동 입력공간에서 단 하나의 통합된 행동−이동은 행동과 이동 방식을 모두 포함하며, 우리는 이것을 'throw(던지다)', 'push(누르다)', 'hurl(내팽개치다)'과 같은 특정한 사역이동 동사에서 볼 수 있으며, 이것은 행동의 방식과 사물 이동의 방식 모두에 대해 무언가를 암시한다. 그래서 단 하나의 행동−이동은 또한 산만한 입력공간 내의 행동 방식 및 이동 방식과 연결되며, "He floated the boat to me(그는 나에게로 보트를 떠내려 보냈다)"나 "He wiggled the nail out of the hole(그는 못을 흔들어서 구멍 밖으로 빼냈다)"처럼, 이런 방식을 나타내는 낱말을 혼성공간으로 투사할 수 있다. 이로써 환기되는 예는 행동, 이동, 방식을 포함하지만, 투사되는 낱말 'floating(떠내려 보내기)'과 'wiggling(흔들기)' 자체는 경로를 따르는 이동이나 외부 행동을 요구하지 않는다.

　이런 구문은 이미 만들어진 강력한 혼성 도식을 제공한다. 한 입력공간에서 나온 단단하게 압축된 프레임과 그에 상응하는 통사적 형태는 산만한 입력공간에 연결된 혼성공간으로 보충될 수 있다. 특정한 경우에 이런 도식에 기초하는 연결망을 구축하는 일은 두 입력공간에 적용되는 총칭공간을 구축할 수 있는지에 결정적으로 의존한다. 앞서 본 사역이동 예의 경우, 이 총칭공간에는 행위자-행동, 사물-이동, 방향이 있다. 이런 기술은 또한 매우 놀라운 예인 "They prayed the two boys home(그들은 두 소년이 집으로 돌아오도록 기도했다)"과 일치한다. 여기에서 혼성공간은 극단적인 압축을 수행하고 있다. 기도와 소년이 있는 장면에는 인과성이 비교적 약하거나 모호한 광대한 범위의 시간에 걸쳐 많은 인과적 단계와 중간 행위자가 포함되어 있지만, 혼성공간에는 소년을 집으로 오게 만드는 직접적인 원인인 단 하나의 행동이 있다.

앞서 여러 차례 보았듯이, 은유적 사상은 입력공간들 사이의 공간횡단 사상을 찾아내고 통합 연결망을 구성할 수 있는 표준 방법들 중 하나를 제공한다. 산만한 입력공간에 상태 변화의 인과성이 있다면, 거기에는 이미 상태, 위치, 상태 변화를 위치 변화와 혼성하기 위한 형판이 존재하며, 이런 형판은 공간횡단 사상의 많은 부분과 투사의 많은 부분을 혼성공간에 제공하기 위해 대대적으로 보충될 수 있다. 예컨대, "I pulled him out of his depression(나는 그가 우울에서 벗어나도록 끌어주었다)"은 한 입력공간이 통사 구조를 가진 사역이동 장면이고 다른 입력공간에 심리적 상태 변화를 수반하는 개인 간의 복잡한 인과성이 존재하는 연결망을 촉진한다. 우리는 상태-위치 혼성 연결망을 보충함으로써 이런 특별한 사역이동 통합 연결망의 많은 부분을 자동적으로 구성한다. 'Pull(끌다)'은 원형적인 사역이동 동사이지만, 그 분석은 "I talked him out of his depression(나는 그가 우울에서 벗어나도록 말해주었다)"이나 "He drank himself into oblivion(그는 자기 자신을 망각에 몰아넣기 위해 술을 마셨다)"에서도 동일하게 작용한다.

우리는 공간횡단 사상이 (throw가 역할 *인과적 행동—이동*에 대한 값인 "He threw the ball over the fence"에서와 같이) 단순 연결망에서 역할-값 사상의 다발인 경우와 유추적이거나 은유적인 경우("He drank himself into oblivion")를 모두 보았다. 또한 사역이동 연결망은 반사실적 연결이 있을 때 흥미롭게 작용한다. 아델 골드버그는 "Pat blocked Chris out of the room(패트는 크리스가 방에서 나가려는 걸 막았다)"을 제시한다. 다른 예로는 "We barred him from the building(우리는 그가 건물에서 나가려는 걸 막았다)", "John forbade him from participating(존은 그가 참가하려는 걸 금지시켰다)", 은유적 연결을 가진 "We kept him out of trouble(우리는 그를 문제에 휘말리지 않게 했다)"이 있다. 이런 예는 압축된 입력공간이 단순한 사역이동보다 더 일반적이라는 것을 보여준다. 더 일반적인 프레임은 행위자가 힘을 발휘하고 사물이 목적지의 방향으로 힘을 겪는 프레임이다. 그 간단한 경우에, "We moved the wolf to the door(우리는 늑대를 문 쪽으로 움직이게 했다)"에서처럼 행위자는 목표 방향으로 사물에게 힘을 발휘한다. 이 경우 'move'는 행위자에 의한 힘의 발휘를 암시하고, 'to'는 힘이 목표의 방향으로 향한다는 것을 암시하고, 'door'는 목표를 암시한다. 그러나 다른 경우에 "We kept wolf from the door(우리는 늑대가 문 쪽으로 오지 못하게 했다)"에서와 같이 행위자가 발휘하는 힘은 사물의 이동과 반대될 수 있다. 여기에서 동사 'keep'은 어떤 힘이 기존의 힘에 반대해서 적용된다는 것을 암시하고, 'from'은 이렇게 적용된 힘이 목표에서 멀어지는 방향을 향해 있다는 것을 암시하고, 'door'는 목표를 암시한다.

따라서 우리는 '사역이동' 연결망에서 일반적인 압축된 입력공간은 힘역학적이고, 사역이동 예와 차단된 이동 예에 동일하게 적용된다는 것을 볼 수 있다. 차단된 이동 예는 암시적인 반사실적 정신공간을 가진다. 동사 'keep'은 행위자의 힘이 사물의 힘에 반대한다는 것을 암시하며, 행위자의 힘이 사라질 때 사물은 목표로 이동한다.

발현적 통사 구조

사역이동 구문에서 통사적 성분은 전적으로 통합적인 사역이동의 압축된 입력공간으로부터 나오는 데 반해, 낱말은 인과적 순서와 연상되는 사건의 정신공간으로부터 나온다. 그러나 혼성공간에 사용되는 통사적 형태가 전적으로 하나의 정신공간으로부터만 나오지 않는 다른 구문이 있다. 그 일부는 한 정신공간으로부터 나오고 그 다른 부분은 다른 정신공간으로부터 나오며, 그것의 또 다른 부분은 특별히 혼성공간을 위해 발전한다. 이런 경우, 혼성공간에는 입력 공간에 상대적인 발현적 통사 구조가 있다. 동사 faire('do')를 사용해서 형성되는 프랑스어의 사역구문을 고려해보라.

NP	V	V	NP
Pierre	fait	manger	Paul
[Pierre	makes	eat	Paul]

"피에르가 폴을 먹인다"를 의미한다.
['Paul'은 'manger'의 행위자이다]

Pierre	fait	envoyer	le paquet
NP	V	V	NP
[Pierre	makes	send	the package]

"피에르는 부칠 짐이 있다"를 의미한다.
['le paquet'은 'envoyer'의 목적어이다]

Pierre	fait	manger	la soupe	à Paul
NP	V	V	NP	à NP
[Pierre	makes	eat	the soup	to Paul]

"피에르는 폴에게 수프를 먹였다"를 의미한다.
[Paul은 'manger'의 행위자이고 'la soupe'는 목적어이다]

이런 이중동사 형태를 통해 프랑스어는 화자에게 압축된 인간 척도의 장면을 전달하는 통합 연결망을 환기시킬 수 있는 방법을 제공한다. 이 연결망에서는 최소한 두 행위자(피에르Pierre와 폴Paul)와 인과적 행동, 인과적 연결, 초래된 행동(먹기)이 하나의 사건으로 통합된다. 여기에서, 프랑스어에는 이미 이런 통합의 부분에 적합한 단일동사 형태가 있다. 예컨대, "Jean fait le pain(장이 빵을 먹이다)"는 장이 또 다른 요소(빵le pain)를 수반하는 인과적 행동을 수행하는 장면을 환기시키는 데 적합하다. 그리고 "Paul mange la soupe(폴이 수프를 먹다)"
는 폴이 또 다른 요소(수프la soupe와 관련된 어떤 행동을 수행하는 장면을 환기
시키는 데 적합하다. 프랑스어에는 또한 몇 가지 기본적인 단일동사 절節 구문
이 있으며, 그 구문에 이런 단일동사 형태를 넣을 수 있다. 그러나 우리는 피에
르가 어떤 행동을 해서 폴이 수프를 먹게끔 만드는 장면을 어떻게 표현할 것인
가? 전적으로 혼자서 이 역할을 맡는 기본적인 단일동사 절節 구문은 존재하지
않는다. 프랑스어는 이 작업을 하기 위해 복잡한 세 혼성공간을 제공한다.[150] 각
각의 혼성공간에는 한 입력공간으로는 압축된 기본적인 세 가지 단일동사 절
節 구문들 가운데 하나가 있고, 다른 입력공간으로는 우리가 압축하기를 원하
는 중간 행위자들이 있는 인과적 사건들의 산만한 연쇄가 있다. 혼성공간은 압
축된 첫 번째 입력공간으로부터 절 통사 구조의 많은 부분을 가져오며, 이것이
중요한 부분이지만, 혼성공간은 추가로 발현적 통사 구조를 가진다. 그 통사 구
조에는 이제 동사 둘이 있다. 더욱이 (le나 lui, 그리고 "폴은 장 때문에 스스로 죽었
다"를 의미하는 "Paul *se* fait tuer par Jean" 대 "폴은 장이 스스로 죽게 만들었다"를 의미하
는 "Paul fait se tuer par Jean"에서의 se와 같은) 접어 대명사가 들어가는 새로운 위치
가 있으며, ("폴은 장이 마리에게로 보내는 소포를 가지고 있다"를 의미하는 "Paul fait
envoyer le paquet à Marie à Jean"에서와 같이) 다양한 보충어가 있다. 이런 이중동사
사역구문에서 개념적 층위에서의 이중범위 통합을 볼 수 있다. 기본 구문에 대
한 개념적 프레임은 일대일 방식으로 다른 입력공간 내의 복잡하고 산만한 인
과적 연쇄와 일치하지 않는다. 우리는 또한 형식적 층위에서 이중범위 통합을
볼 수 있는데, 그것은 혼성공간을 표현하기 위한 새롭고 발현적인 통사적 형태
를 전달한다. 사역이동 구문에서 통사적 형태는 전적으로 압축된 입력공간으
로부터 나왔다. 여기에서 이중동사 사역구문의 통사적 형태는 단지 부분적으
로만 압축된 입력공간으로부터 나온다. 몇몇 낱말과 문법적 범주는 다른 산만
한 입력공간으로부터 나온다. 그리고 완전한 통사적 형태는 혼성공간에서 발
현된다.

이중동사 사역구문은 사람들이 어느 곳에 있든 통합 문제를 마주치면서 이를 처리하기 위한 반응일 수 있다. 한 사람이 어떤 다른 사람의 행동에 대해 인과적인 무언가를 한다. 혼성 형판은 이런 실례에서 적절한 압축을 달성하며, 언어 형태는 이런 압축을 촉진할 수 있다. 많은 언어는 이중동사 사역구문의 해결책에 독립적으로 도달했으며, 프랑스어와 같은 혼성공간을 사용하지만 발현적 통사 구조는 서로 다르다. 이런 언어 형태의 발전은 인간 문화가 이중범위 통합에 대한 인지적 현대의 능력을 사용해서 다음 세대로 전달되는 혼성 형판(언어 형태 등)을 진화시키는 방법의 예이다. 9장의 주요한 주장은 언어가 이중범위 통합에 대한 능력 없이는 효율적인 일련의 형태를 발전시킬 수 없었다는 것이었다. 여기에서 우리는 몇몇 특별한 구문에서 개념적 혼성이 담당하는 결정적인 역할을 부각함으로써 그 논점을 더욱 뚜렷하게 드러냈다. 문법이 있는 언어는 이중범위 통합에 대한 능력을 활용해 생산되고 끊임없이 변형되는 놀라운 문화적 업적이다.

동일한 개념적 혼성공간을 사용하지만 그에 상응하는 형식적 혼성공간을 창조하기 위해 형태론을 이용하는 다른 반응을 셈어語에서 찾아볼 수 있다. 닐리 만델블리트는 히브리어의 동사 체계에 대한 연구에서 개념적 혼성이 특별한 문법적 체계에서 역할을 수행한다는 것을 가장 철저하고 정밀하게 분석해냈다.[151]

히브리어 동사는 모두 어떤 모음 패턴이나 접두사+모음 패턴에 자음 골격('어근')을 끼워 넣는 형태로 구성되어 있다. 그러한 모음이나 접두사+모음 패턴은 동사 어간binyan이라고 부른다. 자음은 동사의 '핵심 의미'를 지닌다. 히브리어에는 일곱 가지 동사 어간이 있다(대문자 C는 삽입되어야 할 어근 자음을 나타낸다). CaCaC, CuCaC, CiCeC, niCCiC, hiCaCaC, huCCaC, hitCaCeC가 그것이다. 예컨대, '보다'를 의미하는 어근 r.?.h를 고려해보라(여기에서 ?는 성문 자음을 나타낸다). 여기에 서로 다른 동사 어간을 가진 이 동사의 다섯 가지 형태가 제시되어 있다.

- CaCaC+r.?.h　　　[ra?a]　'보다'
- niCCaC+r.?.h　　　[nir?a]　'보이다', 또는 '보이게 하다'
- hiCCiC+r.?.h　　　[her?a]　'보여주다'
- huCCaC+r.?.h　　　[hur?a]　'보여지다'
- hitCaCeC+r.?.h　　[hitra?a] '서로 보다'

만델블리트는 각 동사 어간이 특별한 혼성 도식을 촉진한다는 사실을 보여준다. 예컨대, 인과성을 제시하는 동사 어간 hiCCiC(hif'il이라고 부른다)과 '달리다'를 의미하는 어근 동사 r-u-c를 고려해보자. 이는 다음과 같이 혼성된다.

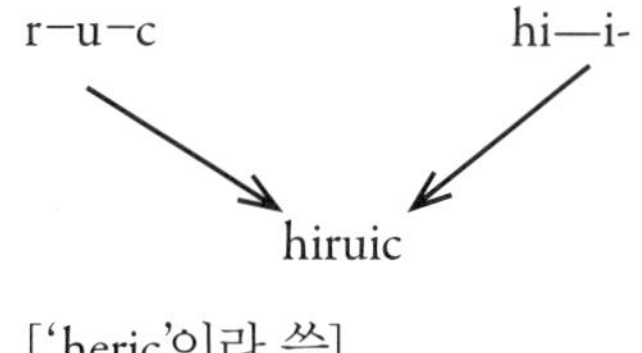

['heric'이라 씀]

형식적으로 혼성된 이런 동사는 다음과 같은 문장에서 나타난다.

hamefaked	heric	et	haxayalim.
지휘관	달리다-hif'il과거형	직접 목적어 표지	병사들

"지휘관은 병사들을 달리게 했다."

이 문장은 사건의 전체 인과적 연속을 통합한다. 지휘관이 군인들에게 행동하도록 만드는 사건과 그 결과로 (또는 그 영향으로) 군인들이 달리는 사건이 있다. 우리는 이 문장에서 히브리어에 원인이 되는 사건과 결과로 일어나는 사건 모두를 단일동사 사역구문에 통합하는 것을 촉진하는 방법이 있음을 알 수 있다. 그 동사가 'heric'이고, 단일동사 사역구문은 히브리어 타동 구문으로, '명사

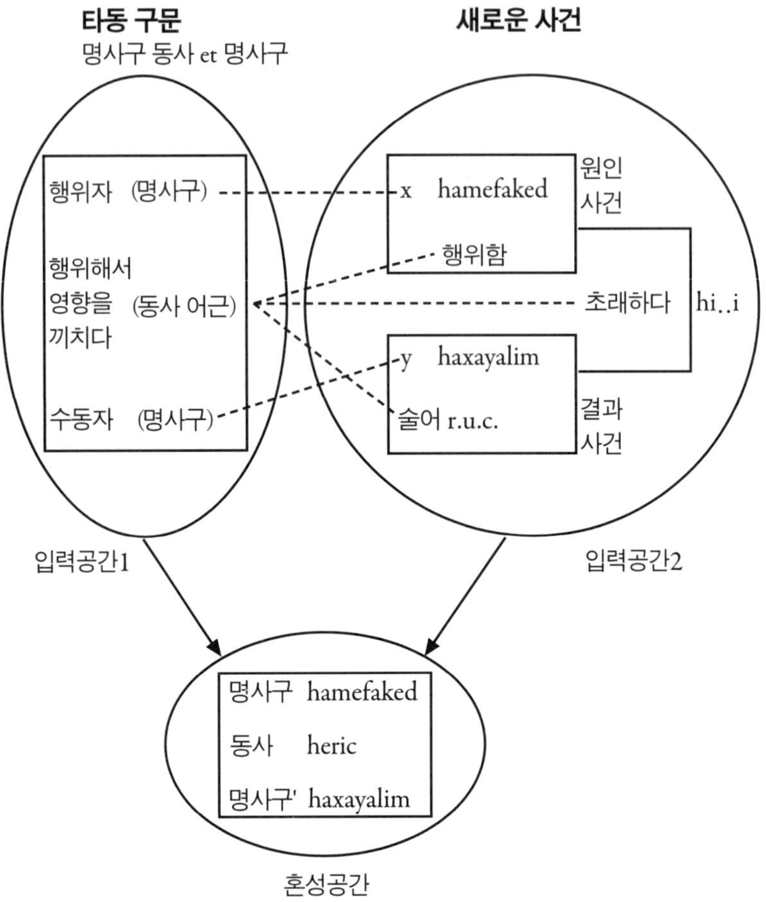

그림 17.2 히브리어 사역구문에 대한 연결망

구–동사–et–명사구'가 그런 언어 형태이다.

그림 17.2는 이 문장으로 환기되는 통합 연결망을 묘사한다.

이것은 hif'il 문장으로, 개념적·문법적 통합을 해결하기 위해서 히브리어도 우리가 프랑스어에서 본 것과 정확히 동일한 전략을 이용하고 있다는 것을 보여준다. 정교하고 보다 산만한 인과적 사건의 연속을 압축하기 위해 기본적인 단일동사 구문의 압축을 사용하는 것이 바로 그 전략이다. 그러나 이 전략이 프랑스어에서는 새로운 발현적 통사 구조를 통해 피상적으로 자체를 표현하는 반면, 히브리어에서는 새로운 형태를 통해 표현되고 있다. 형태론적 패턴의 형식적 혼성을 사용하는 히브리어는 타동 구문과 완벽하게 일치하는 단일동사를 생산할 수 있다. 때문에 압축된 입력공간의 문법적 압축은 혼성공간에 대해 고스란히 차용된다.

공간, 힘, 이동에 대한 인간 척도의 구문

우리는 개념적 구조의 장황하고 복잡한 범위들이 인간 척도의 혼성공간을 구축하는 많은 예를 살펴보았다. '자기 무덤 파기digging your own grave', '말라붙도록 끓이기boiling the pan dry', '아이의 입에서 음식 빼앗기snatching foot from a child's mouth', '죄스러운 즐거움guilty pleasures', '후회스러운 기억grateful memories', '누군가를 미치게 만들기driving someone out of his mind' 등이 그 예이다. 인간 척도의 이러한 성취는 본질적으로 단순화가 아니다. 왜냐하면 어느 경우이든 우리는 완전한 연결망을 혼성공간에 부착시킬 수 있기 때문이다. 혼성공간은 인간 척도 패턴에 대한 총체적 통찰력을 제공하지만, 여전히 모든 입력공간에 연결되어 있다.

표면적으로는 간단한 개념적 구조 또한 인간 척도의 혼성공간을 발생시킨다. 이런 경우에는 언뜻 보아서는 혼성공간이 입력공간보다 더 복잡해 보인다. 그러나 16장에서 보았듯이, 최상위 목표는 그 자체를 위해 복잡성을 증가시키거나 줄이는 것이 아니라 오히려 인간 척도 패턴으로 수렴하는 것이다. 예컨대, 어떤 사물이 모양과 위치를 가지며, 다른 사물들에 인접해 있다는 사실을 인식하는 것보다 개념적 층위에서 더 간단한 일은 없다. 우리는 수학적 표상이나 연산적 표상을 사용하여 도형이나 데카르트 좌표와 함수 또는 상대적 위치 표시로 그런 지식을 나타낼 수 있다.

분명 사람들은 상대적 위치와 도형을 사용할 수 있으며, 좌표와 함수를 사용할 수 있는 정교한 능력을 개발할 수 있다. 그러나 우리에게는 개념적 혼성을 사용하여 위치, 모양, 인접성에 대한 통찰력을 제공하는 표준 방법이 있다. 이런 경우는 혼성공간이 불필요한 차원과 구조를 수반함으로써 기술의 복잡성을 불필요하게 증가시키는 것처럼 보인다. 렌 탈미의 예 "그 산맥은 멕시코에서 캐나다까지 쭉 나아간다The mountain range goes all the way from Mexico to Canada"는 우리에게 산맥의 위치와 멕시코, 캐나다, 미국과의 공간적 관계에 대한 총체적 통찰력을 제공하려는 목적을 가지고 있다. 이 예는 '~에서 ~로 간다goes all the way from ~ to ~'라는 이동 표현을 사용해서 정적인 장면을 제시한다. 이런 예는 하나도 특별하지도 않으며 많은 언어, 아마도 모든 언어에서 표준적으로 사용되는 전략이다. 렌 탈미가 적고 있듯이, "대부분의 관찰자는 언어가 조직적이고 광범위하게 기본적으로 이동을 가리키는 형태와 구문으로 정적인 장면을 가리킨다는 데 동의할 수 있다".[152] "그 산맥이 멕시코에서 캐나다까지 쭉 나아간다"는 비유적이거나 복잡하게 느껴지지 않는 기초적인 관용적 표현이다. 그러나 이동의 차원을 정적인 장면에 더함으로써 역설에 직면하게 된다. 우리는 이제 훨씬 복잡하고 또한 뻔히 거짓인 것을 받아들인다. 왜냐하면 산맥은 실제로는 멕시코에서 캐나다로 경로를 따라 이동하지 않기 때문이다.

왜 인간의 인지와 언어는 이렇게 이상한 방식으로 작용하는가? 대답은 우리에게는 인간 척도를 달성하려는 최상위 목표가 있으며, 개념적 통합의 작용은 이동을 혼성공간에 투사함으로써 그 목표를 달성한다는 것이다. 또한 그러한 통합 연결망을 촉진하는 문법 구문이 있으며, 이동 입력공간을 사용한다면 이런 구문을 이용해 정적인 장면을 기술할 수 있다. 통합 연결망에서 한 입력공간에는 산맥의 정적인 상황이 있다. 다른 입력공간에는 탄도체가 시작점에서 끝점으로 이어지는 경로를 따라 이동하는 더 일반적인 프레임이 있다. 공간 횡단 사상은 궤도를 정적인 사물의 적절한 차원에 연결시킨다. 산맥의 경우, 이 차원은 지평선이다. 산맥 혼성공간에서 정적인 산맥의 지평선 차원은 이제 궤도이며, 이동 입력공간으로부터 투사되는 탄도체 또한 있다. 이 탄도체가 멕시코에서 캐나다로 궤도를 따라 시간과 함께 이동한다. 이 혼성공간을 구축하는 문법 구문은 보통 주어 위치에 탄도체를 할당하고 동사에 이동을 할당한다("매리가 가게에 간다Marie goes to the store"). 그러나 혼성공간에서 구문은 주어 위치에 궤도에 대한 표시를 사용한다. "산맥은 멕시코에서 캐나다까지 쭉 나아간다The *mountain range* goes from Mexico to Canada." 물론 산맥은 입력공간에서 이동하지 않으며 혼성공간에서도 이동하지 않는다. 그러나 이동 입력공간의 탄도체가 정적인 입력공간에 대응요소를 가지지 않기 때문에, 정적인 장면에는 탄도체를 나타낼 수 있는 가능한 표시가 없다. 이동 동사를 가진 주어 위치에서 궤도에 대한 표지(*산맥*)를 사용하는 것은 우리가 실제로 이야기하는 것(산맥)을 주제로 제시하고, 이동하는 탄도체를 환유적으로 환기시킬 수 있는 장점이 있다.

그렇게 해서 혼성공간은 탄도체가 인간 척도의 경로를 따라 인간 척도의 시간상에서 이동하는 인간 척도의 장면을 가진다. 공간과 시간은 크기가 축소되었고, 간단하고 이상적인 경로가 창조되었으며, 이 경로를 따라 이동을 한다. 혼성공간 내의 동적인 장면을 이해하는 일은 사람들이 산맥이 있는 정적인 입력공간으로 정확한 역투사를 하도록 해주고, 산맥과 국토의 적절한 형상을 구성하도록 해준다. 대부분의 면에서, 혼성공간은 정적인 장면보다 훨씬 복잡하다. 혼성공간에는 시간-공간 좌표와 인접한 시간상 위치를 포함해 동적인 이동 양상이 모두 있다. 혼성공간은 "산맥은 멕시코에서 캐나다까지 똑바로/휘어져서/구불구불/휘감아/띄엄띄엄 나아간다The mountain range goes straight/curves/meanders/winds/skips from Mexico to Canada"처럼 궤도의 전체 형태와 이동 방식을 포함할 수 있다. 이렇게 복잡성이 더해짐에도, 또는 오히려 이런 복잡성 덕분에, 혼성공간은 인간 척도에서 정적인 형상에 대한 총체적 통찰력을 제공한다.

물리적 공간과 시간에서 이동과 의도성을 가진 인간 행동은 기본적인 인간 척도의 구조이다. 가상이동 혼성공간은 상태를 입력공간으로 취하고 이동과 가능한 의도성을 더해서 혼성공간을 생산한다. 이동을 더함으로써 상태는 사건으로 변형된다. 의도성을 더함으로써 사건은 행동으로 변형된다. 행동, 사건, 상태를 가진 혼성공간은 상태만 가진 입력공간보다 형식적인 관점에서 더욱 복잡하지만, 복잡성이 더해짐으로써 장면의 인간 척도의 질이 결정적으로 향상된다. 인간은 분명 간단한 인간 척도 행동의 성분을 처리하기보다는 완전하고 역동적이고 의도적인 인간 척도의 행동을 처리하는 데 더 적합하다.

인간 척도의 성질을 향상시키기 위해 이동을 혼성공간으로 투사하는 방법은 많다. 탈미는 가상이동 혼성공간의 이동 출처에 대해서 통찰력 있는 분류법을 제시했다. 우리 용어로 이 분류법은 일련의 서로 다른 이동 입력공간과 서로 다른 일련의 혼성공간으로의 투사를 나타낸다. 산맥 혼성공간에는 직선 경로를 따라 이동하는 탄도체가 있는 입력공간이 있지만, 탈미의 또 다른 예인 "들판이 곡물창고로부터 사방으로 퍼져 있다The field spreads out in all directions from the granary"에는 (액체나 바람과 같은) 물질이 특정 방향을 향해서 처음 지점에서부터 흩어지는 이동 입력공간이 있다.

가상이동 표현에서 형식적 혼성은 특히 "빵집은 은행으로부터 거리를 가로질러 있다The bakery is across the street from the bank"와 같은 탈미가 말하는 '접근 경로Access Path'에서 특히 두드러진다.[153] 정적인 입력공간은 "빵집이 거리에 있다 The bakery is on the street"로 표현될 수 있다. 이동 입력공간에는 한 지점에서 출발하여 표면을 횡단해서 또 다른 지점에 도착하는 일이 있다. 낱말 '가로질러 across'와 '~으로부터from'는 이동 입력공간에서 나온다. 혼성공간에 대한 표현은 두 입력공간으로부터 나오는 문법적 요소들을 결합하기 때문에, 우리는 "빵집은 은행으로부터 거리를 *가로질러* 있다The bakery is *across* the street *from* the bank"라고 말할 수 있는 것이다. 산맥과 빵집의 예는 동일한 이동 입력공간을 가진다. 빵집 예에서 이동 입력공간에는 횡단되는 표면이 있다. 정적인 입력공간에서 그 대응요소는 거리이다. 혼성공간에서 횡단되는 표면은 거리와 융합된다. 우리는 표지 '거리the street'를 사용하여 혼성공간 내에서 융합된 요소를 골라낼 수 있으며, '거리the street'을 횡단된 표면에 대한 문법적 위치 안에 놓을 수 있다('거리를 가로질러across *the street*'). 이와 유사하게, 이동 입력공간에서 궤도의 끝점은 정적인 입력공간에 대응요소가 있다. 은행과 빵집이 바로 그것이다. 혼성공간에서 우리는 궤도의 끝점과 정적인 입력공간 내의 대응요소를 융합하며, 정적인 입력공간으로부터 나온 표지('은행the bank'과 '빵집the bakery')를 사용하여 혼성공간 내에서 융합된 요소들을 골라내고 그 표지를 끝점에 대한 문법적 위치에다 놓는다. 산맥 예에서, 횡단된 표면은 암시적인 채로 있다. 미국은 전형적으로 개념적 혼성에서 표면이 횡단된 채로 나타날 것이지만, 여기에 할당된 표현은 없다. 그러나 우리는 "산맥이 멕시코에서 캐나다까지 미국을 가로질러 간다The mountain range goes across the United States from Mexico to Canada"라고 말할 수 있다. 달성할 수 있는 가상이동 혼성공간은 개념적 통합의 지배 원리와 이동 입력공간의 이용 가능성으로부터 유도된다. 본질적인 역할을 하는 원리로는 위상, 통합, 풀기, 중추적 관계의 최대화, 중추적 관계의 강화가 있다. 이런 원리들은 인간 척도를 달성하고 중추적 관계를 강화한다는 최상위 목표를 만족시키는 데 기여한다.

탈미는 '도래 경로Advent Paths'에 대한 예로 "야자나무들이 오아시스 주위에 밀집해 있다The palm trees clustered together around the oasis"를 제시한다.[154] 여기에서 이동 입력공간은 한 위치로 수렴되는 다수의 탄도체와 궤도를 가진다. 이때 이동 입력공간 안의 탄도체들은 정적인 장면에 대응요소가 있다. 고정된 야자나무가 바로 그것이다. 다른 한편으로 궤도는 정적인 장면의 정신공간에 대응요소가 없다. 이런 유형의 혼성은 정적인 장면을 혼성공간에서 정교한 이동의 종료 상태로 통합한다.

야자나무의 예에서, 정적인 입력공간에는 이동과 변화가 없다. 이동은 다른 입력공간으로부터 투사된다. 이와 유사하게, 또 다른 탈미의 예 "내가 천장을 페인트칠하자, 페인트 얼룩들이 천천히 마루 도처로 전진했다(퍼져나갔다)As I painted the ceiling, paint spots slowly progressed across the floor"[155]에서, 가상이동 혼성공간 안의 관련된 이동은 페인트 얼룩이 있는 입력공간에서는 나오지 않는다. 천장에서 마루로 떨어지는 페인트 방울의 이동은 혼성공간에서 마루 도처로 퍼져가는 페인트 얼룩의 진행과는 아무런 관련이 없다. 이 경우에도 역시 탄도체는 대응요소, 즉 페인트 얼룩이 있지만, 사상은 일 대 다수이다. 이는 다수의 위치를 가진 이동 정신공간 안의 탄도체들이 각각 단일한 위치에 있는 서로 구분되는 여러 페인트 얼룩으로 사상되기 때문이다. 탄도체의 위치는 유사하나 서로 구분되는 페인트 얼룩의 위치로 일 대 일로 사상되지만, 단일한 탄도체는 서로 구분되는 페인트 얼룩들로 일 대 다수로 사상된다. 혼성공간에서 많은 페인트 얼룩들은 많은 위치에 도달한 하나의 페인트 얼룩이 된다. 페인트 얼룩들 사이의 유추는 바닥 도처로 퍼져나가는 하나의 페인트 얼룩의 동일성으로 압축되었다. 이 예는 개념적 혼성의 비결정적 본질을 예증한다. 즉, 다른 입력공간들을 환기시켜서 혼성공간을 달성할 수 있다. 예컨대, 우리는 혼성공간 내의 페인트 얼룩을 마루를 가로질러 이동하는 마차대열로 간주할 수 있다. 여기에서, '선두' 페인트 얼룩은 항상 동일한 정체성을 지니며, 그 다음 페인트 얼룩은 그 순서대로 주어진 정체성을 지닌다. 이런 경우, 마루 위의 '새로운' 페인트 얼룩은 페인트의 입력공간에서 바로 이전 얼룩과 유사성이 있다. 따라서 혼성공간에서는 뒤에 있는 얼룩의 정체성을 이어받듯이, 장면에서 새로운 페인트 얼룩이 발현되는 벽에 이를 때까지 이전 얼룩의 정체성을 이어받을 수 있다.

탈미는 '그림자 경로Shadow Path'의 예로 "그 나무는 계곡 아래로 그림자를 던졌다The tree threw its shadow down into the valley"라는 문장을 제시한다.[156] 이 경우, (이동 입력공간에서의) 이동의 종료 상태는 그 대응요소로 정적인 장면에서는 지각 가능한 그림자가 있다. 여기에서 가상이동은 이미 이용 가능한 혼성공간을 활용함으로써 이동을 창조한다. 그런 혼성공간에서 그림자는 변하고 이동할 수 있는 사물이며 그저 조명이 어두운 지역이 아니다. 그 혼성공간은 낱말 '그림자shadow'로 영어에서 애초에 어휘화되었다.

따라서 가상이동 혼성공간이 이중범위라는 것이 드러난다. 명확히 이런 혼성공간은 본질적으로 정적인 장면을 본질적으로 동적인 장면과 혼성하여 두 입력공간의 조직 프레임에 의존하는 발현적 특성을 지닌 혼성공간을 창조한다. 종종 혼성공간에서 이동의 경로는 실제 세계의 실제 탄도체에게는 불가능하지만, 혼성공간 안에서 발현되는 의미의 한 부분은 이런 이동의 가능성이다. 가상이동 혼성공간은 개념적 층위뿐 아니라 형식적 층위에서 이중범위이다. 이런 혼성공간은 두 입력공간으로부터 나온 문법적 요소를 불러와 혼성공간 안의 개념적 구조를 표현하기 위해 이중범위 통사적 혼성을 창출한다.

언어의 문화적 진화

언어는 수세기에 걸쳐 변한다. 라틴어는 프랑스어를 발생시켰다. 사실 언어가 문화적 시간에 걸쳐 변한다는 것은 모든 언어에서 주목할 만한 보편적 특성이다. 대체로, 언어 구조의 심오한 변화는 너무 오래 걸리기에 우리는 그런 변화가 우리 일생 동안 발생하는 경우는 보지 못한다. 그렇지만 때때로 새로운 낱말이 언어에 유입되고, 속어와 관용어가 창조되고, 컴퓨터를 못 쓰게 하는 사악한 프로그램을 가리키는 '바이러스'처럼 기존의 낱말이 새로운 표현을 획득하는 것 같은, 정도가 약한 변화가 일이 년 사이에 발생하는 것은 볼 수 있다. 언어학자들은 이런 변화가 언어의 개선이나 타락의 문제가 아니라는 점에 동의한다. 언어는 결함이 있거나 안정적이지 않기 때문에 변하는 것이 아니다. 완벽하게 뛰어난 한 언어의 체계가 완벽하게 뛰어난 다른 체계로 진화하는 일이 일상적으로 일어난다. 왜 그럴까?

우리는 개념적 혼성, 압축, 이중범위 창조성이 문법과 문법 구문에서 맡은 중심적인 역할 때문에 언어 변화는 매우 자연스러운 일이고 사실 불가피하게 일어난다고 생각한다. 그 이유 중 하나는 프랑스어의 이중동사 사역구문의 경우에서 보았듯이, 차용된 압축으로부터의 압력 아래 새로운 통사 구조가 새롭게 발생하기 때문이다. 언어에서 점진적인 변화에 대한 또 다른 이유는 개념적 혼성 연결망이 미未명세적이라는 점이다. 이런 연결망은 사상과 투사를 일일이 상술하지 않으면서도 사상 도식을 촉진하기 때문에, 문법 구문은 사용자에게 각각 혹은 집합적으로 사상 도식을 실제로 실행할 때 약간의 여지를 두고 있다. 이런 종류의 언어 변화는 연결망 내 선택적 투사와 사상의 미未명세적 양상의 변이로부터 발생한다. 수잔 켐머와 마이클 이스라엘은 'way' 구문에 대한 광범위한 연구에서, 수세기에 걸쳐 비교적 안정을 이루는 혼성 도식 내에서 일정 기간 동안 사용되는 용법이 다른 것들은 제외하고 특정한 투사 패턴만 강조하고 있으며, 더욱이 이런 용법이 시간이 지나면서 변한다는 것을 결정적으로 보여주었다.[157]

'way' 구문의 현대 예는 "He found his way to the market(그는 시장으로 길을 찾아갔다)", "He made his way home(그는 집으로 갔다)", "He elbowed his way through the crowd(그는 군중을 팔꿈치로 밀면서 나아갔다)", "He jogged his way along the road(그는 길을 따라 조깅했다)", "He talked his way into the job(그는 그 자리에 들어가겠다고 말했다)", "He whistled his way through the graveyard(그는 휘파람을 불면서 묘지를 지나갔다)"이다. 이런 용법은 중세영어 go-your-path 구문으로부터 발전했으며, 이 구문은 "He lape one horse and passit his way(그는 한 말을 타고 그의 길을 지나갔다)"(1375) 및 "Tho wente he his strete, tho flewe I doun(그는 그의 길을 갔지만 나는 아래로 날듯이 달렸다)"(1481)에서와 같이 'way'와 같은 것을 의미하는 대부분의 명사를 수용했다. 나중에 "He went his way home(그는 집으로 향해 갔다)"에서처럼 방향을 암시하는 보충어를 고려한 새로운 통사론이 발전했다. 이동 방식에 대해서 어떤 점을 암시하는 더 많은 종류의 동사를 허용함으로써 그 구문은 발전했다. 이스라엘은 이런 동사들이 적절히 정의된 특정한 의미적 원형을 중심으로 다발을 형성하는 경향이 있다고 말한다. 1826년과 1875년 사이에 어려운 이동이나 구불구불한 경로를 부호화하는 많은 동사들이 수용되었다. 이런 동사로는 plod(터벅터벅 걷다), totter(비틀거리다), shamble(휘청거리다), grope(더듬더듬하다), flounder(허우적거리다), fumble(더듬거리다), wend(유유히 가다), wind(굽이지다), thread(요리조리 가다), corkscrew(빙빙 돌다), serpentine(꾸불꾸불하다)가 있다. 디킨스는 1837년에 다음과 같이 적었다. "Mr. Bantam corkscrewed his way through the crowd(반탐 씨는 군중을 빙빙 돌면서 나아갔다)." 19세기가 끝날 무렵에야 비로소 crunch(저벅저벅 밟다), crush(눌러서 뭉개다), sing(노래하다), toot(나팔을 불다), pipe(피리를 불다)와 같은 동사를 이런 구문에서 찾을 수 있다. 이스라엘은 이런 동사들이 '이동 그 자체'를 부호화하는 것이 아니라 오히려 특정한 형태의 이동에 어김없이 동반되는 소리를 부호화한다고 설명한다. 이 구문의 다른 진전인 수단 맥락은 16세기 말 상당히 늦게 나타났다. "Arminius paved his way(아르미니우스는 자신의 길을 닦아나갔다)" (1647)가 보여주듯이, 여기서는 경로를 창조하기 위한 동사를 수용했다. 친숙한 예는 "Every step that he takes he must battle his way(그는 한 걸음 한 걸음 싸워나가며 전진해야 한다)" (1794)일 것이다. 이스라엘은 이렇게 적고 있다. "1875년경에 push(밀다), struggle(헤쳐가다), jostle(떠밀다), elbow(팔꿈치로 밀다), shoulder(어깨로 밀다), knee(무릎으로 건드리다), beat(때리다), shoot(쏘다)을 사용한 용법이 사례로 포함된다. Not one man in five hundred could have spelled his way through a psalm(500명 중의 누구도 성가를 바르게 적어나가지 못했다)나 He smirked his way to a pedagogal desk(그는 건들거리며 선생의 책상으로 향했다)에서처럼, 19세기에 방식 맥락이 급격한 확장을 겪으면서, 수단 맥락은 점차 목표에 도달하는 간접적인 방식을 부호화하는 동사들을 허용하기 시작한다." 개념적 혼성의 역할은 결정적이었다.

> 이에 비추어 ['way'] 구문을 …… 통사적 혼성의 예로 간주하는 것, 즉 단 하나의 압축된 언어 형태에 포함된 각기 다른 개념적 내용들을 결합하는 역할을 하는 특수한 문법적 패턴으로 간주하는 것은 유용하다. 본질적으로, 현대의 구문은 활동 동사의 개념적 내용을, 경로를 따르는 이동이라는 기본 생각과 혼성하는 방법을 제공한다. 따라서 이동을 달성하는 데 점점 더 주변적인 활동을 부호화하는 동사를 향한 경향은, 서로 다른 유형의 사건들을 단 하나의 개념적 꾸러미로 혼성할 수 있는 점차 증가하는 구문의 힘을 반영한다.[158]

이스라엘은 'way' 구문과 연상되는 통합 연결망에 대한 미명세적 투사 패턴이 시간이 지남에 따라 확장된다는 것을 성공적으로 보여주었다. 또한 그는 그 구문에 대한 다른 미명세적 투사 패턴이 시간이 지남에 따라 감소했다는 것도 보여주고 있다. "세 번째 맥락은 …… 경로 소유의 획득이나 유지를 부호화하기 위한 keep(유지하다), hold(쥐다), take(취하다), snatch(움켜쥐다), find(찾다)와 같은 동사가 있는 용법을 포함했다. 이런 용법들은 그 구문의 초기 단계에서는 매우 일반적이었다. 그러나 다른 두 맥락과는 달리, 이 용법은 시간이 지남에 따라 확장되기보다는 움츠러들었으며, 그래서 'find'와 몇몇 다른 동사들만 남아서 표상하고 있다."[159]

결론

우리는 지금까지 줄곧 창조성과 혁신을 개념적 통합의 결과로 강조했다. 그러나 창조성과 새로움은 단단히 고정된 배경 지식과 숙달된 정신적 구조에 의존하고 있다. 인간의 문화와 사고는 근본적으로 보수적이다. 인간의 문화와 사고는 이미 이용 가능한 정신적 구성물과 물리적 사물로부터 작동한다. 개념적 통합 역시 강한 보수적인 양상을 지닌다. 개념적 통합은 보통 기존의 개념적 구조에 고정되어 있는 입력공간, 혼성공간, 총칭공간을 사용한다. 또한 개념적 통합에는 혼성공간을 친숙한 인간 척도 구조 쪽으로 유도하는 지배 원리가 있다. 그리고 기존의 물리적 사물에 쉽게 고정된다. 개념적 발현구조와 형식적 발현구조 모두 기본적으로 보수적인 통합 연결망 내에서 개념적 통합을 통해 생겨날 수 있다.

문화와 사고의 이런 일반적 발달 패턴에는 문법의 진화라는 특별한 사례가 있다. 우리는 명사–명사 같은 표면상 간단한 구문과 프랑스어의 이중동사 사역구문 같은 매우 복잡한 것으로 여겨지는 구문 모두에 혼성과 압축이 중요한 역할을 한다는 것을 보여주는 풍부한 증거를 살펴보았다. 진보한 개념적 통합은 개념적 구조와 형식적 구조 모두에 동시에 작용한다. 이런 개념적 통합은 이중범위 능력을 요구하고, 본질상 개념적·형식적 층위에서 연속성과 변화 모두를 촉진한다. 사실, 개념적 혼성이 어떻게든 발생하려면 연속성이 필수적이다. 우리는 새로운 구문이나 구문의 변이형들이 개념적 통합을 이용하여 어떻게 깊이 고착된 구문, 개념화, 혼성 형판을 끌어들이는지 보여주었다. 그러나 개념적 혼성은 선택적 투사, 합성, 완성, 정교화를 지배 원리에 포함하기 때문에, 새롭고 잘 고정된 개념적·형식적 구조를 생산할 수도 있다. 이스라엘은 'way' 구문에 대한 자신의 논문에서 보수성과 혁신이라는 자질이 동시에 존재한다고 지적한다. 그는 "발화는 화자가 전에 들어본 적 있는 것처럼 들려야 한다"라고 적는다. 이스라엘은 또한 혁신을 향한 힘이 있다는 것에 주목한다. 세계는 물질과 문화 양쪽 모두에서 풍부하고, 또 진화하기 때문에 우리에게 새로운 개념과 표현을 창조하도록 압력을 가한다. 우리는 이중범위 통합을 통해서 그렇게 하지만, 그 산물이 완전히 새로운 것은 아니다. 구성 원리와 지배 원리는 연결망이 다방면에서 아주 친숙하도록 보장한다. 특히 친숙한 프레임, 규범적인 중추적 관계, 쉽게 접근할 수 있는 최초 공간횡단 사상, 혼성공간에서 인간 척도의 조직과 압축을 사용해 그렇게 한다. 문법에서 이 모든 것은 약간 새로운 표현을 전달하는데, 아무리 새롭다고 해도 대체로 기존의 구문에 강하게 고정되어 있어서 알아보기 쉽다. 어떤 표현을 들을 때, 우리는 통합 연결망을 구성하려 한다. 하지만 그렇게 하려면 선택적 투사, 합성, 완성, 우리가 들은 내용에 다 담겨 있지 않은 정교화를 해야 하기 때문에, 창조성과 참신성을 발휘할 여지가 더 많다. 우리는 발화를 이해하기 위해 필요한 만큼 많은 혼성을 하며, 이런 일은 보수적인 동시에 혁신적이다.

이번 장에서 상세히 주장했듯이, 개념적 혼성은 문법의 중심 자질로 입증된다. 문법은 독립적으로 상술된 일련의 형태가 아니라 개념적 구조와 그 진화의 한 양상이다. 문법은 은유("너는 자기 무덤을 파고 있다"), 반사실성("만약 내가 너라면 나는 일을 그만둘 것이다"), 범주 확장('동성 결혼', '컴퓨터 바이러스'), 물질적 문화(해시계의 후예인 시계)와 공통된 무언가를 가진다. 이 모두는 통합과 압축의 산물이다. 그래서 자연히 모두 고착화, 혁신, 시간 경과에 따른 변화의 정도를 보여준다. 이것들은 연속성과 창조성 모두에 의존한다. "만약 내가 너라면 나는 ~를 할 것이다"는 매우 관습적인 반사실적 구문이며, "너는 ~를 해야 한다"라는 함축은 전형적인 표현이다. 그러나 12장에서 논의했듯이, 아무리 친숙한 패턴에 고정되어 있다고 하더라도 "만약 내가 너라면 나는 일을 그만둘 것이다"에는 가변적인 선택적 투사와 발현적 의미에서 충분한 여지가 있다. 11장에서 본 '혼수상태에 있는 여성'과 같은 반사실문은 비관습적이지만 신문 독자들에게 일상적으로 이용 가능한 개념적 혼성을 요구한다. 그래서 (이혼 과정에서 팔렸기 때문에 싸게 구입할 수 있는 수리 후 판매 주택fixer upper house*을 의미하는) '이혼 수리물divorce fixer'과 같은 명사 합성어가 이상하게 보일지 모르나, 그것은 여전히 명사이고 그 내부에 매우 관습적인 두 개의 명사를 가진다. 사실 그 안에 내재하고 있는 전체 혼성 형판은 '육상 요트'와 '보트 하우스'에서 우리가 본 매우 관습적인 패턴이다. 여기에서 일반적인 요점은 화자와 청자가 혼성공간을 구성하도록 계속 요청된다는 것이다. '새로운' 혼성공간이 완전히 관습적인 혼성공간보다 본래부터 더 많은 노력이 든다거나 덜 바람직하다고 생각할 이유는 없다. 사실 사람은 아주 유능한 이중범위자이기 때문에, 상정된 특별한 상황과 가장 잘 일치하는 연결망을 찾는 일은 우리가 즐기고 자랑스러워하는 부분일 것이다. 최적의 연결망을 찾아내는 것은 어느 시대에나 매우 귀중한 기술이었으며, 작가, 시인, 정치가, 선생, 교사, 변호사는 그로 인해 많은 존경을 받는다. 문법 구문, 은유, 반사실문에서 작용하는 중심적인 혼성은 언어 사용자들이 스스로도 거의 깨닫지 못하는 정도의 다채로운 새로움으로 혼성공간을 끊임없이 구성하고 있다는 것을 의미한다. 우리는 이런 방식으로 공시성 내에 통시성이 구축된다고 제안한다. 언어가 (주어진 시간에 주어진 공동체에 의해) 공시적으로 사용되는 방식이 또한 언어가 변화하는 방식이기도 하다.

* 낡은 집을 싸게 사서 리모델링 후 판매하는 용도의 주택.

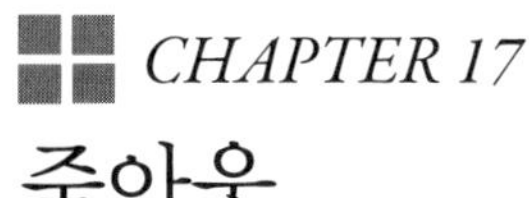

줌아웃

문법에서의 회귀

명사들을 함께 결합하는 혼성을 할 때, 혼성공간 내의 문법 범주는 명사이다. 즉, 명사 '감옥jail'과 명사 '미끼bait'를 함께 결합하면 명사 '감옥의 미끼jail bait'가 나온다.

질문:

● 출력 문법 형태는 입력 형태와 다른데, 왜 그것을 위한 특별한 문법 범주가 새롭게 생성되지 않는가?

대답:

16장에서 보았듯이, 혼성의 최상위 목표는 인간 척도에 도달하는 것이다. 최상위 목표의 당연한 결과는 인간 척도의 혼성공간이 다른 혼성에 대한 입력공간 역할을 한다는 것이다. 의인화의 경우에서 보았듯이, *사람*이라는 범주는 한 입력공간과 출력 모두를 조직하기 때문에, 출력은 의인화의 형판 그 자체를 포함해서 사람을 입력공간으로 취하는 혼성 형판의 후보가 된다. 우리는 이 과정을 '회귀'라고 불렀으며, 수학에서 수의 개념에 대한 정교화에서처럼 그것이 어떻게 다중의 연속적인 혼성공간에 대한 가능성을 창조했는지 보여주었다. 수의 개념은 시간이 지남에 따라 상당히 바뀌었지만 동일한 인간 척도 범주의 수를 항상 보존하고 있다.

문법 범주 또한 인간 척도의 요소로서, 객체, 사건, 과정, 힘역학, 시각적 초점, 원근화법과 같은 인간 척도의 개념적 구조에 기초를 둔다. 명사는 사물 Thing이라는 원형적 의미를 갖춘 무엇보다 기본적인 문법 범주이다. 인간 척도를 달성하려는 경향은 기존의 문법 범주와 일치하는 문법 형태를 지닌 방향으로 혼성 연결망을 제약한다. 여타의 다른 논리적·연산적·언어적 고찰에서는 이런 달성을 요구하지 않는다. 혼성공간 안의 새로운 구조가 새로운 문법 범주가 되는 일은 이 모든 토대에서 수용되며 가능하다면 선호되기까지 한다. 그러나 그럴 경우 혼성이 인간 척도에 있어야 한다는 최상위 목표를 위배할 수 있다. 사실 언어학자들이 순전히 형식적 관점에서 연구한 수천 개의 언어에서, 반복해서 발생하는 극히 적은 수의 기본적인 문법 범주만 발견된다는 사실은 주목해야 한다. 이러한 놀라운 형식상의 관찰은 혼성의 원리, 힘, 목표로 설명된다. 특히, 세 가지로 설명할 수 있다. (1) 문법 범주는 인간 척도의 요소이다. (2) 새로운 문법 구문은 기존의 문법 구문으로부터 개념적 혼성을 통해 창조된다. (3) 인간 척도/회귀 원리는 인간 척도의 혼성공간을 가지는 것에 가치를 둔다.

문법 구문에서 혼성공간은 이미 인간 척도에 있는 기존의 문법 범주를 가진 입력공간으로부터 압축을 차용함으로써 인간 척도를 달성한다. 그래서 혼성공간의 명사와 명사의 합성어는 입력공간들로부터 그 문법 범주로 명사를 취한다. 혼성공간에 대한 문법 형태는 이제 기존의 그런 문법 형태를 사용하는 언어의 다른 패턴과 일치할 수 있다. 입력공간에서 혼성공간으로 범주를 보존하는 이런 중심적인 특징은, 개념적 층위에서 회귀를 선호하는 것과 같이, 형식적 층위에서 회귀를 선호한다. 왜냐하면 회귀의 두 가지 형태는 동일한 것이기 때문이다. 그래서 '발레 학교ballet school'는 입력공간으로부터 그 범주를 차용함으로써 명사라는 인간 척도를 달성한다. '걸 스카우트girl scout'도 그러하다. 이 낱말들은 명사이며 명사 합성 형판에 대한 적절한 입력공간이기 때문에, 완전히 문법적인 '걸 스카우트 발레 학교girl scout ballet school'와 '발레 학교 걸 스카우트ballet school girl scout'를 형성할 수 있다. 이 또한 명사여서 '레이스 스타킹 걸 스카우트 발레 학교lace stocking girl scout ballet school'를 형성할 수도 있다.

그러나 '저승사자Grim Reaper'가 *사람*이라는 범주와 일치하지만, 내부에서 볼 때에는 입력공간에 연결된 채로 있는 이상한 종류의 사람인 것처럼, '레이스 스타킹 걸 스카우트 발레 학교lace stocking girl scout ballet school'는 *명사*라는 문법 범주와 일치하지만 그 내부 구조는 특별하다. 수, *사람*, *명사* 같은 조직 범주를 보존하는 것은 반복적인 혼성 연결망의 단계를 통한 회귀를 선호하지만, 범주의 내부 조직은 바뀐다. 저승사자는 일반적인 사람이 아니다. 예컨대, 저승사자가 바이패스 수술을 받는다는 생각은 괴이할 것이다. 복소수는 확실히 어려운 종류의 수로서, 분명히 정수 1, 2, 3과는 다르다. 그리고 여섯 개의 명사로 이루어진 명사도 사실 명사이긴 하지만, 내부에서 볼 때는 이상하게 보이고 유난히 많은 탈脫압축을 촉진한다. 이론상 회귀는 무제한의 반복을 허용하지만, 인간이 전형적으로 몇 번의 반복만 활용한다는 것은 널리 알려진 사실이다. 우리는 '우리 숙모가 구입한 스카프The scarf my aunt bought'와 '우리 삼촌과 결혼한 숙모가 구입한 스카프The scarf my aunt my uncle married bought'라고 말할 수는 있지만, '우리 아버지가 싫어하는 삼촌과 결혼한 숙모가 구입한 스카프The scarf my aunt my uncle my father disliked married bought'라고 말하긴 힘들다. 이런 어려움은 보통 '수행'의 탓으로, 작동 기억의 한계나 인지적 부담, 개념적 복잡성 때문으로 간주된다. 우리는 이제 회귀에 대한 능력과 그런 능력의 제한이 다른 이유에서 오지 않는다는 사실을 알고 있다. 입력공간에서 혼성공간으로 투사될 때의 범주보존과 혼성공간에서 범주가 구성될 때 범주 내부 구조의 변화는 개념적 통합이라는 동일한 과정의 한 부분이다. 보존 부분은 인간 척도를 보존하는 데 반해, 변화 부분은 항상 인간 척도로부터 물러난다. 보존 부분은 회귀를 선호하는 데 반해, 변화 부분은 회귀를 방해한다. 회귀적 혼성을 너무 많이 반복하면, 여전히 인간 척도의 범주와는 일치하지만, 이제 그 내용은 인간 척도와 너무 멀리 떨어져 더 이상의 회귀적 혼성에는 부적절한 것이 된다. 그 내용은 연속적인 혼성을 통해서 '상층' 입력공간의 층위를 포함해 더 많은 탈압축의 층위를 포함한다. '우리 아버지가 싫어하는 삼촌과 결혼한 이모가 구입한 스카프The scarf my aunt my uncle my father disliked married bought'처럼, '레이스 스타킹 걸 스카우트 발레 학교Lace stocking girl scout ballet school'은 탈압축을 강요한다. 이와는 대조적으로, 우리에게는 동일한 내용을 표시하는 단 하나의 낱말을 찾아낼 수 있는 언어 능력이 있다. 이것을 군집화chunking라고 부르며, 이는 강요된 탈압축을 제거한다. 그래서 'lipple'이 'lace stocking girl scout ballet school'을 의미하게 되거나 가족에서 'scad'가 'the scarf my aunt my uncle my father dislikes married bought'를 의미하게 된다면, 또 다시 회귀를 쉽게 할 수 있다. 그러면 더 이상 탈압축의 내부 내용이 우리를 강요하지 않기 때문이다. 8장의 줌아웃 절에서 보았듯이, '부모의 부모의 아버지father of parent of parent'를 의미하는 '증조할아버지great-grandfather'(이 또한 가령 'Gramps'로 한층 더 군집화할 수도 있다)는 인간 척도의 문법적 능력을 보존하면서 강요된 탈압축으로부터 벗어날 길을 마련해준다.

CHAPTER 18
우리가 살아가는 방식

어린아이들은 우리가 명확하다고 알고 있는 연결들을 성취해내는 데 몇 시간을 보냄으로써 우리를 기쁘게 하기도 하고 실망시키기도 한다. 25센트 동전이 얼마나 있어야 1달러의 가치가 있는가? 이 글자는 무엇인가? 이것은 M인가 혹은 W인가? 그들은 책의 페이지를 제멋대로 넘기면서 때로는 뒤 페이지에서 앞 페이지로 가고, 때로는 뒤집어서 '읽는다'. 시계는 처음에는 그들에게 아무것도 알려주지 않으며, 나중에 시계를 읽을 수 있게 되고 나서도 그들의 능력에는 이상한 공백이 있다. 한참 후에 그들은 $\frac{1}{3}$이 무엇인지를 이해하고 $\frac{2}{3}+\frac{1}{3}=1$이라는 것을 알기 위해 노력할 것이다.

다른 한편, 성인들은 돈, 글, 시계의 개념적 혼성에 완전히 익숙하다. 우리는 직접적으로 이런 혼성공간에 살고 있다. 우리는 이런 정교한 연결망을 연결망 전역에 퍼져 있는 위상과 투사에 의식적인 주의를 기울이지 않고 조작한다. 우리는 혼성공간 그 자체를 운용하고 돈, 책, 시계와 같은 적절한 물리적 고정장치를 돌보는 데 주의를 기울인다. 우리가 글쓰기와 같은 문화적 활동에 연결된 복잡한 혼성에 숙달하는 데에는 오랜 시간이 걸렸지만, 일단 습득하고 나면 이런 활동에서 벗어나기란 정말로 어렵다. 이 페이지를 보면서 흰색 종이 위에 검은 모양만 보고 낱말과 글자를 보지 않으려고 노력해보라. 당신이 두 살 때 그랬듯이 말이다(페이지가 흐려지도록 초점을 맞추지 않는 것은 반칙이다. 당신이 두 살 때에 문제는 그런 것이 아니었다).

우리가 이 책에서 한 이야기는 다음과 같다. 이중범위 개념적 통합은 우리를 지금의 우리로 만들어주는 활동에 아주 결정적이다. 약 5만 년 전에 이런 혼성의 층위가 아마도 뇌 신경의 진화를 통해서 달성되었지만, 그런 진화의 마지막 단계는 굉장한 생물학적 도약일 필요는 없었다. 개념적 혼성의 생물학적 진화에는 진화적 시간이 걸렸지만, 일단 이중범위 혼성이 달성되면서 우리가 알고 있는 문화가 발생했다. 문화는 특정한 이중범위 통합 연결망을 창조할 수 있으며, 그런 연결망은 다시 신속하게 언어, 수 체계, 의식, 종교 의식, 예술 형식, 표상 체계, (발달한 돌 공구에서부터 컴퓨터 인터페이스에 이르는) 기술, 식탁 예절, 게임, 돈, 성적 환상 등으로 나타났다.

이중범위 통합이 발생하기 전에, 생물학적 진화로 정교하고도 강력한 통합이 구축되었다. 우리가 파란색 컵을 볼 때 우리는 우리 지각의 매우 복잡한 신경생물학적 원인을 알지 못하며 알 수도 없다. 신경생리학자라면 그 원인을 설명할 수 있지만, 그런 설명에는 파란색 컵을 닮은 그 어떤 것도 없다. 우리의 생물학은 우리를 그런 종류의 지각적 통합에 고정시킨다. 생물학적으로 주어진 그러한 통합은 동물 세계 전체에 존재한다. 단순한 도마뱀도 매우 인상적인 통합 패턴을 가지고 태어나며, 모든 도마뱀은 그 패턴에 고정된다.

물론, 인간의 아이도 동물이며, 그에게도 역시 스스로를 많은 통합에 고정시키는 생물학이 있다. 어린아이들은 시각적 예민함을 빠르게 발달시키고, 색채 시각을 가지고 있고, 색채 불변성을 발달시키고, 자신들이 듣는 소리의 출처를 찾기 위해 머리를 돌리고, 볼 수 있는 파란색 컵이 있다면 파란색 컵을 본다. 그렇지만 아이들은 이중범위 혼성에 대한 강력한 능력을 갖추고서, 복잡하고, 고착되고, 문화적으로 형성된 개념적 혼성으로 풍부하게 구조화된 세계에서 태어난다. 그러한 혼성은 생물학적 진화가 아니라 문화적 진화의 산물이며, 지속적인 변화 과정을 겪는다. 예컨대 비록 언어의 형식적 복잡성의 정도는 비교적 불변하긴 해도, 언어는 항상 변한다. 일반적인 문화모형에도 이와 동일한 내용이 적용된다.

아이는 첫 3년 동안 외관상 불가능할 정도로 복잡한 정교한 혼성 연결망의 체계를 구축한다. 이중범위 통합에 대한 아이의 생물학적 능력은 문화가 제공하는 특정한 통합 연결망을 충족시키고, 그 둘은 결합해서 눈부신 효과를 만들어낸다.

문화로 동기부여되는 근본적인 통합 연결망이 적합한 자리에 있다면, 그 연결망은 압축되고 인간 척도의 혼성은 파란색 컵의 지각만큼이나 명확하고 필연적인 것이 된다. 언어로 의사소통하고, 표상을 만들어 인식하고, 포크와 숟가락을 사용하는 것은 세계와 상호작용하는 아이와 성인 모두에게 간단한 일로 인식된다. 따라서 음성 소리들의 결합이 소리가 의미하는 바를 의미하고, 종이 위에 적힌 자국은 개이고, 포크가 먹는 도구라는 사실은 직접적이고 필연적인 것으로 간주된다. 우리는 이제 자국을 보고서 개를 떠올리지 않을 수 없고, 포크를 보고서 포크의 목적과 식사 예절을 연상하기 않을 수 없다. 이런 학습은 대단히 어렵다. 어린 인간의 두뇌는 우주에서 가장 빠르고, 가장 유연하고, 가장 포용력 있는 복잡한 체계이지만, 문화적으로 동기부여되는 이 모든 혼성에 정통하는 데는 적어도 3년간의 지속적인 작업이 필요하다. 이런 발전은 아이에게는 거의 전적으로 무의식적이며, 성인들의 눈에는 거의 띄지 않는다. 성인들은 아이의 정신적 활동에 대한 피상적인 징후만 볼 뿐이며, 과거에 겪은 어려움을 기억하지 못하는 까닭에 그런 징후를 당연한 것으로 여긴다. 생물학적 능력처럼, 문화와 학습은 우리에게 직접적으로 조작할 수 있는 고착된 통합을 제공한다. 이 두 경우에 일단 통합을 얻게 되면, 그로부터 벗어나기란 어려우며 거의 불가능하다. 우리는 생물학과 문화를 통해 달성하는 통합으로 우리가 사는 물리적·정신적·사회적 세계를 해석한다. 우리가 세계를 이해할 수 있는 다른 방법은 없다. 개념적 혼성은 우리가 세계에 살아가면서 추가로 하는 어떤 것이 아니다. 그것은 세계를 살아가는 우리의 수단이다. 인간 세계에서 산다는 것은 '혼성공간에서 사는 것'이며, 나아가 수많은 조정된 혼성공간에서 사는 것이다. 심지어 세계와 그 속에서 행하는 우리의 활동을 기억하는 것도 세 살 된 어린아이가 발전시킨 혼성공간의 존재에 의존하는 듯하다. 혼성공간을 발전시키기 이전 단계에서 우리가 의식하고 있는 기억들은 단지 단편적이고 조직적이지 않은 것들뿐이다.

대략 세 살을 넘어가고 나서는, 우리가 혼성공간을 획득하게 된 과정을 기억한다는 사실을 제외하면 수, 글쓰기, 역사, 사회적 패턴, 다른 통합의 학습에서도 이런 이야기는 똑같이 진행된다. 글을 볼 때, 우리는 바로 그 혼성공간에서 살고 있고 그로부터 벗어날 수 없다는 것을 알지만, 우리들 대부분은 또한 글이 단지 종이 위의 자국이었을 때를 기억한다. 성인이 된 우리는 자연스레 혼성공간을 직접 조작하고 $\frac{1}{2}$과 1 사이의 관계를 파악하지만, 분명 분수를 배운 기억을 가지고 있을 것이다. 피아노를 연주하고, 종교적 의식을 이해하고, 성인의 사회적 행동을 해석하고, 복소수를 사용하는 것 모두가 이런 패턴을 보여준다. 이것은 인간의 전 세계적인 문화 학습 패턴이다.

또한 이것은 인간의 의식과 기억의 명확한 패턴이다. 의식은 개념적 혼성의 산물에 몰입한다. 우리가 돈이나 시계, 사회적 행동, 의식의 혼성공간을 다룰 때, 우리의 의식은 서로 다른 입력공간과 연결망을 교차하는 투사를 알아채지 못한다. 혼성공간에서 돈은 가치를 가지고 있으며, 시계는 시간을 보여주며, 그것을 우리는 인식한다. 우리가 의식적으로 기억하는 것은 바로 이런 사실들이다. 우리는 누군가가 어떤 말을 했거나, 시계가 어떤 시간을 가리켰다는 것도 기억한다. 그렇지만 우리는 그것들의 통합 연결망을 기억하지 않는다.

이중범위 통합에 대한 능력은 몇몇 관련된 성질을 제공한다. 인간은 생물학적으로 주어지지 않은 새로운 통합 연결망을 구축할 수 있다. 우리는 그러한 연결망의 혼성공간들을 직접 조작함으로써 영향을 끼칠 수 있다. 또한 혼성공간에서 벗어나고, 연결들을 조사하고, 연결망을 바꾸고, 혼성공간을 다시 구축하는 데 초점을 둘 수도 있다.

인간 삶의 진로를 살펴보면, 아이는 약 세 살 때까지는 문화적으로 자명하고 자연스러운 것으로 간주되는 복잡하고 어려운 혼성공간을 구축하는 데 착수한다는 것을 알 수 있다. 그 후 아이는 문화적으로 작업과 학습을 요구한다고 알려져 있는 더 많은 혼성공간을 구축하기 시작한다. 피아노 연주, 독서, 십자말풀이, 목공일, 제2언어 학습하기, 세계 역사, 관리, 생물학, 컴퓨터 시스템 배우기 등이 그것들이다. 그러나 또한 아이는 대략 세 살의 나이에 탈압축과, 입력공간과 투사를 독립적으로 조작하는 학습에 주의를 기울인다. 가장 이른 시기의 탈압축의 영역들 가운데 하나는 의도성일 것이다. 처음에는 저절로 움직이는 것 같고 또 (아기의 울음, 다른 소음, 음식, 냄새, 목소리와 같은) 자극에 적절하게 반응하는 것 같은 사물은 분석되지 않은 상태에서는 일차적으로 의도적인 존재로 간주된다. 그러나 아이는 탈압축을 시작한다. 태엽으로 움직이는 강아지가 혼성공간에서는 의도적인 것 같지만, 입력공간에 접근할 수 있게 되면, 아이는 그 강아지 인형이 순전히 움직이는 물리적 사물임을 알게 된다.

이른 시기부터 혼성과 탈脫혼성, 압축과 탈脫압축은 협력한다. 어린아이는 목소리에 반응해 움직이는 모빌에 의도성이 있다고 생각한다. 나중에는 탈압축할 수 있다. 그러나 모빌의 상태를 제대로 아는 성인도 여전히 의도성을 부여하는 혼성을 달성할 수 있다. 실제로 성인들은 컴퓨터, 건물, 구름, 꽃과 같은 사물에 의도성을 부여하는 많은 혼성공간을 창조하고 이해할 수 있다. 아이는 모빌이 살아 있지 않다는 것을 알지 못하기 때문에 미숙하다고 여기지만, 성인은 은유를 사용해서 의도성이 없는 곳에 의도성을 창조할 수 있기 때문에 재치 있다고 여긴다. 문화는 아이가 적절히 조정된 복잡한 혼성공간을 성취할 것을 요구한다. 그때서야 비로소 아이는 문화의 한 구성원으로서 혼성공간에 살 수 있다. 하지만 역설적이게도, 문화가 또한 탈압축을 뒷받침해주는 것이 필수적이며, 그래야만 아이가 또 다른 기술을 학습하고 더 큰 전체적 유연성을 달성할 수 있다. 읽고 쓰는 것을 배우기 위해 아이는 혼성할 뿐만 아니라 탈혼성해야 하고, 압축할 뿐만 아니라 탈압축해야 한다. 특히, 아이가 문법적 형태의 입력공간들을 목소리나 몸짓과 융합되는 혼성공간과 독립적으로 조작하려면 발화를 탈압축해야 한다. 분수를 배우기 위해서는 수의 개념을 탈압축해야 하듯이. 수의 개념에서는 각각의 수에는 다음 수가 있으며(“그러면 다음에는 무엇이 올까?”), 각 수마다 명칭이 있고, 각 수는 사물의 셀 수 있는 성질과 연계된다.

아이는 그런 특성을 배제하는 선택적 투사를 할 수 있어야 한다. 유리수의 새로운 혼성공간에서는 수의 순서는 있지만, 절대로 '다음' 수는 없으며, 모든 수에는 무한한 수의 명칭이 있고, ($\frac{17}{232}$과 같은) '대부분의' 수가 셀 수 있는 사물과 대응하지 않는다. 새로운 통합 연결망은 혼성을 사용해 유리수를 창조하지만, 그와 동시에 그런 혼성의 부분으로서 이전의 수 입력공간으로부터 선택적으로만 투사함으로써 이전의 입력공간을 탈압축한다. 학생이 일단 유리수를 배우고 나면, 그는 그 혼성공간에서 직접적으로 작업을 할 수 있지만, 또한 이른바 '정수'의 이전 정신공간에서도 작업할 수 있다. 학생은 혼성공간을 가지고 있지만, 입력공간들도 독립적으로 조작할 수 있다. 혼성과 탈혼성, 압축과 탈압축의 효과는 외부공간에서 내부공간으로, 그리고 그 역으로 진행되는 더 큰 유연성을 지닌 한층 더 풍부한 연결망을 창조한다. 그러나 이것은 우리의 마음을 무력하게 하거나 압도하지 않는다. 왜냐하면 우리는 여전히 하나의 혼성공간에서 한 번에 작업할 수 있기 때문이다. 도마뱀은 자신이 가지고 있는 통합에 붙잡혀 있고 새로운 통합을 만들 수 없지만, 그러한 통합은 매우 효과적으로 작용한다. 도마뱀과 마찬가지로 우리 인간은 생물학적으로 주어진 혼성공간을 가지고 있고 그로부터 벗어날 수 없지만, 인간에게는 또한 문화적으로 자극을 받는 혼성공간이 있어서, 탈압축하고 재혼성할 수 있거나 최소한 벗어날 가능성이 있다. 또한 인간은 이전에 통합되지 않은 입력공간들로부터 문화적으로 자극을 받는 새로운 혼성공간을 창조할 수도 있다. 도마뱀은 생물학적으로 주어진 혼성공간만을 이용할 수 있는 데 반해, 인간은 문화적으로 자극을 받는 이런 유연한 혼성공간에 영향력을 가진다는 사실은 주목할 만하다. 일단 혼성공간을 구축하면 우리는 그 속에서 거주하며 직접적으로 조작할 수 있다.

왜 우리는 두 살짜리 아이에게 곧바로 유리수를 가르칠 수 없을까? 그것은 어린아이가 이전의 혼성공간으로부터 새로운 혼성공간을 창조하기 위해 혼성과 탈혼성의 과정을 모두 거쳐야만 이런 발전된 혼성공간을 배울 수 있기 때문이다. 개념적 혼성은 발현구조를 창조하지만, 가지고 있는 입력공간으로부터 작업한다는 점에서는 보수적이기도 하다. 이런 식으로 개념적 지식은 혼성공간의 단계적 전달을 거쳐 단계별로 발전한다. 문화와 과학의 지식 또한 그러하다. 발전된 혼성공간들이 창조되려면, 먼저 견고한 중간 혼성공간들이 필요하다. 발전된 혼성공간을 창조하는 것은 전형적으로 중간 혼성공간을 탈압축할 것을 요구한다.

문화는 복잡하고 발견하기 어렵지만 조작하고 학습하기는 상대적으로 쉬운 혼성공간을 정교화한다. 수년이나 심지어 수세기 동안 지속될 수도 있는 최적의 혼성공간에 대한 문화적 탐색은, 어마어마한 수의 가능성을 탐구하면서 당장의 목적에 알맞으며 지배 원리와 최적으로 일치하는 가능성만 존속시킨다. 이런 사실은 새로운 세대에게 문화적으로 전해지는 개념적 혼성공간이 문화의 관점에서 뛰어난 설계가 되는 것을 보증해주지만, 또한 이로써 문화가 그런 혼성공간을 어려운 것으로 간주하리라는 것도 확실해진다. 왜냐하면 그런 혼성공간의 출현은 오랜 시간이 걸리며, 아이들이 그 혼성공간을 익히기 위해서 탈압축을 수행할 때 매우 많은 난관에 부딪힐 것이기 때문이다. 예컨대, 복수소는 전형적으로 어린이에게 '어려운' 것으로 여겨질 것이다. 왜냐하면 복소수는 수학의 역사에서 나중에 발전한 개념이며 정수, 유리수, 실수와 같은 이전의 수의 개념에 대한 중대한 탈압축을 요구하기 때문이다. 그러나 복소수의 사용을 위해 조작될 필요가 있는 혼성공간(평면상의 벡터)은 분명 분수를 위한 혼성공간보다 형식적인 어려움이 더하지 않다. 글쓰기 또한 인간 역사에서 비교적 늦게 발전했으며, 사실 한때는 무척이나 어렵고 특수한 기술(필기사와 상당히 존경받는 성직자의 전문지식의 영역)로 간주되었다. 그러나 오늘날 많은 나라에서 대부분의 사람들은 어릴 때부터 글쓰기를 배우며, 그 결과 그들은 문자로 적힌 낱말과 문장을 노력을 기울이지 않고서도 자동적으로 이해하는 혼성공간에서 산다. 글쓰기 개발의 역사는 먼 과거의 일이어서 글쓰기는 항상 우리 주위에 있었던 것처럼 보인다. 이런 경우에 복잡성의 인상은 사라지며, 성인들은 아이들이 말에서 글로 옮겨가는 데 곤란을 겪는 이유를 잘 이해하지 못한다. 그러나 글쓰기를 배우는 데 요구되는 탈압축과 재사상은 분명 수의 경우에 요구되는 것보다 더 광범위할 것이다.

유용한 연결망을 구축하는 것이 그렇게 복잡한 활성화, 투사, 혼성과 압축을 요구한다면, 도대체 어린아이는 어떻게 그런 일을 하는가?

정답의 일부는 우리에게 강력한 뇌가 있다는 것이다. 정답의 일부는 우리가 풍부한 세계에 포함되어 있고 세계가 제공해주는 이점을 이용한다는 것이다. 정답의 일부는 문화가 모든 도움을 준다는 것이다. 그러나 정답에는 다른 두 가지 결정적인 부분이 있다.

첫째, 어린아이들은 신뢰하고 모방하도록 길러진다. 세 살 먹은 아이가 잠긴 가게 문을 열려고 할 때 "일요일이야It's Sunday"라는 말을 들으면, 다음 가게 문이 잠겨 있는 것을 발견했을 때 일요일Sunday이 무엇인지도 모르면서 "일요일이야It's Sunday"라고 말한다. 아이는 휴대용 계산기를 들고서 마치 그게 핸드폰인 것처럼 거기에다 말을 하면서 걷는다. 아리스토텔레스 이후 모든 사람들이 주목했듯이, 인간에게는 잠재력을 지닌 환상적인 모방의 힘이 있다는 점에서 동물과 구별된다. 우리는 유용한 연결을 알지 못한 채로 문화로부터 여러 단편들을 얻으며, 일단 입수된 그 단편들은 연결망이 달성됨에 따라 각각 제자리에 들어갈 준비를 한다. 문법에서도 같은 이야기가 펼쳐진다.

둘째, 우리는 인간 삶의 영역들을 개별적으로 학습하지 않는다. 우리는 의미와 언어, 추론을 개별적으로 학습하지 않는다. 아이는 한꺼번에 그것들을 가져다가 번에 결합한다. 처음부터, 아이는 지배 원리 아래에서 중추적 관계와 압축을 구성한다. 그 어느 단계에서든 아이는 형태, 의미, 감정, 추론을 동시에 다루는 통합 연결망을 구성한다. 문화가 기존의 혼성공간에 입각해서 또 다른 혼성공간을 자연스럽게 구축하듯이, 아이는 자신이 이미 구축한 혼성공간으로부터 또 다른 혼성공간을 구축한다. 아이의 뇌는 성인의 말하기 방식에서 그 형태의 규칙성을 포착하고, 그 다음 어떤 조건 아래에서 그런 규칙성이 참인 것으로 간주되는지를 발견하고, 그 다음 논리적 추리를 위해 그런 규칙성을 사용하고, 그 다음 그런 규칙성을 감정으로 채우는 식으로 시도하는 것이 아니다. 반대로 통합 연결망에서 사상, 투사, 역학적 발현구조는 그런 구분을 무시하고 작동한다. 어린아이의 이런 학습은 생득주의자와 비생득주의자 모두가 일반적으로 가정하는 것과는 매우 다른 양상이다.

생득주의자들에게는 학습할 필요가 있는 것은 너무 어려우며, 따라서 대체로 선척적인 것이어야 한다. 이런 견해는 어린아이의 놀라운 이중범위 창조성, 사회적·문화적 세계의 풍부함, 어린아이 자신의 정신세계의 풍부함을 매우 과소평가한다. 성인 전문가들이 (그들 자신의 탈脫압축을 통해서) 분리시켜놓은 양상들(예컨대 통사론이나 진리조건)은 개별적으로 학습되지 않는다. 통사론이나 논리학의 형식적 양상은 사실 고립적으로는 학습할 수 없다. 그런 양상들은 개념적 혼성과 형식적 혼성을 분리하지 않는 개념적 통합 연결망의 체계에서 발현한다. 이것은 일반적인 학습의 경우에도 해당된다. 이는 어린아이의 경험이 너무 빈약해서 학습을 설명할 수 없다는 주장, 즉 '자극의 빈곤' 이론을 크게 손상시키는 사실이다. 충분한 자극이 없기는커녕, 어린아이는 항상 주위 세계로부터 대량의 자극 폭격을 받으며, 이런 주위 세계 그 자체가 상당히 혼성된 물리적·심적·사회적 복합체이다. 어린아이가 능동적으로 참여하는 개념적 통합 연결망의 구성과 동적인 정교화에 대한 자료가 계속 쏟아지고 있다.

비생득주의자들은 학습할 필요가 있는 것이 실제로 학습하기 굉장히 어렵긴 하지만, 통계적 추출을 하는 정신적 능력이 충분히 학습을 수행할 수 있다고 본다. 이런 견해는 인간의 개체발생과 인간의 문화 모두를 이끄는 이중범위 통합에 대한 우리 종만의 특별한 능력을 고려하지 않는다. 우리의 견해에서, 인간의 이런 능력은 정신공간 형상의 내부공간과 외부공간 위상에서 이루어지는 작용을 통해 인간 척도의 혼성공간을 달성하기 위한 지배 원리를 포함한다.

우리의 정신세계는 관계와 형식적 구조가 아무렇게나 뒤섞인 무정형의 집합이 아니다. 오히려 우리의 정신세계는 중추적 관계와 그 압축을 포함하는, 개념적 통합 연결망과 정신공간의 풍부한 위상에 의해 고유한 모양을 갖춘다. 개념적 통합 연결망의 모습은 기본적인 의미와 형태에 대한 어린아이의 이해 위에 덧씌어지는 어떤 것이 아니다. 그것은 형태와 의미, 곧 정신세계 자체가 구성되는 바로 그 방식 자체이다. 이중범위 능력을 가지고 있는 어린아이는 문화의 혼성 연결망을 이해한다. 그 연결망 자체가 이중범위 창조성을 통해 구축된 정신 구성물이다.

레고 세트를 가지고 무언가를 만드는 어린이를 생각해보라. 아이가 다 가지고 놀았을 때, 우리는 무언가 새로운 부분을 추가할 수 있는 위치를 발견할 수 있다. 그리고 아이도 그렇게 할 수 있다. 실제로, 아이는 그 안에 포함된 모든 건물을 알고 있고, 모든 접합선과 부품도 안다. 아이는 즉각적으로 새로운 어떤 것을 추가하고, 탑을 집어 한 장소에서 또 다른 장소로 옮기고, 또는 건물을 두 부분으로 나누고 교량으로 연결한다. 레고 세트와 레고 건축에는 명확한 제약이 있다. 물리적 사물은 오로지 특정 행동만 허용한다. 물리적 사물은 나눌 수 없으며, 아무렇게나 결합될 수 없고, 균형이 맞지 않거나 중력을 이기지 못해 무너지면 같이 놓아둘 수 없다. 이런 제약은 사물과 그 조작 안에 타고난 것이다. 이런 제약을 부과하는 것은 어머니나 아버지나 일련의 규칙이 아니라 조각의 디자인이다. 어느 누구도 아이에게 레고가 결합되지 않는 방식으로는 결합되지 않을 것이라고 말할 필요가 없다. 비록 아이가 이전에 레고를 만드는 모습을 거의 본 적이 없을지라도, 아이는 결국은 레고의 제약을 모두 충족시키는 매우 다양한 사물을 만든다. 아이는 이 모든 사물을 만드는 데 필요한 자극을 풍부하게 가지고 있다. 아이는 레고 만들기 세트와 자신이 보는 사물, 자신이 타는 차량, 이야기책에서 나오는 동물, 자기가 알고 있는 집과 방, 들은 적이 있는 다리를 통합하고 있기 때문이다. 레고로 만들어지는 사물이 레고로 사물을 만들기 위해 필요한 유일한 주요 자극이 아니며, 아이가 듣는 언어 표현 역시 다른 언어 표현을 만들기 위해 필요한 유일한 주요 자극이 아니다.

만약 유일한 제약이 '이 정도 양의 플라스틱으로 무언가를 만들기'이고, 아이가 플라스틱을 녹이고 주조하는 등의 갖가지 방법을 마음대로 사용할 수 있다면, 레고 조립물 자체는 단지 가능한 생산물의 가장 작은 부분일 것이며, 아이의 생산을 그런 레고 조립으로 제한하는 제약은 인위적이고 정당한 이유가 없는 것처럼 보일 것이다. 그러나 진화는 그러한 비난에 신경 쓰지 않는다. 문화가 아이에게 레고 세트를 제공하는 것처럼, 진화는 아이에게 매우 강한 구성 제약을 지닌 이중범위 연결망을 제공한다.

우리가 제시한 인간이 생각하고 살아가는 방식에 대한 이론에는 복잡한 상호작용 속에 많은 정교한 기술적 세부내용이 있으며, 이 이론은 인간 사고와 행동의 넓은 범위에 배치되어 있다. 다양한 인간 노력의 분야에서 대규모로 반복되는 개념적 혼성의 응용은 독특한 풍부함과 복잡성의 영역으로 이어졌다. 그러나 되돌아보면, 이 이론이 우리에게 말해주는 이야기는 간단하다. 포유동물에서 영장류, 원인原人에 이르는 개념적 통합에 대한 능력을 증가시킨 생물학적 발달이 있었다. 그런 생물학적 발달이 이중범위 통합의 단계에 도달하면서, 인지적 현대 인간이 탄생했다. 인간의 특징적인 행동은 이중범위 개념적 통합에 대한 생물학적 능력의 산물이다.

개념적 통합은 매우 보수적이다. 그것은 항상 안정된 입력공간으로부터, 그리고 구성 원리와 지배 원리 아래에서 작용한다. 그러나 개념적 통합은 또한 창조적이며, 안정된 구조에 연결되어 있기에 이해할 수 있는 새로운 발현구조를 전달한다. 뇌의 거품 상자는 계속해 작동해서 통합 연결망을 만들고 파괴한다. 문화 역시, 구성원들이 모두 이중범위 통합에 대한 능력을 가지고 있기 때문에, 구성원들의 뇌의 집합으로 거품 상자를 작동시켜서 널리 보급될 수 있는 통합 연결망을 발전시킨다. 뇌와 문화의 거품 상자에서 시도된 연결망 중에서 실제로 살아남은 것은 거의 얼마 되지 않는다. 살아남은 연결망은 개별적이거나 집단적인 기억과 지식 속에서 자리를 잡는다.

무기에서 이데올로기까지, 언어에서 과학까지, 환상에서 수학까지, 인간과 인간의 문화는 단계별로 혼성공간을 만들어냈고, 혼성공간을 파괴했고, 혼성공간을 재혼성했고, 새로운 혼성공간을 만듦으로써 그들이 직접적으로 조작할 수 있는 인간 척도의 혼성공간에 도달하고 있다. 혼성공간에서 더욱 새로운 혼성공간으로의 이러한 진행, 혼성에서 탈脫혼성, 압축에서 탈脫압축으로의 이러한 진행은 또한 아동 학습의 패턴이기도 하다.

인간의 모든 이야기가 이와 같다. 5만 년 전과 현재의 이야기, 유아, 어린이, 성인, 신참자, 전문가의 이야기, 그리고 우리가 발전시킨 수많은 다른 문화의 이야기는 언제나 동일한 작용과 원리로 똑같이 진행된다. 우리가 이 책에서 말하고자 한 것이 바로 그 이야기이다.

주석

1. Mithen(1996).

2. Mithen ed. (1998).

3. Donald(1994: p. 538).

4. Weizenbaum(1966)을 보라. 엘리자 둘리틀은 『피그말리온*Pygmalion*』과 〈마이 페어 레이디*My Fair Lady*〉에서 상류계급 여성으로 꾸미게 되는 빈민 출신의 여성이다.

5. Russell(1918: 4장)

6. Kline(1972: p. 259)

7. Kline(1972: p. 186)의 번역

8. Kline(1972: p. 186)

9. Smolensky(1990)

10. Shastri(1996)

11. Gentner, Holyoak & Kokinov(2001), Gentner(1983), Gentner(1989), Hofstadter(1995), Mitchell(1993).

12. Shepard & Cooper(1982), Kosslyn(1980)

13. Pepper(1942), Black(1962), Sacks(1979), Ortony(1979), Lakoff & Johnson(1980), McNeill(1992)

14. Boden(1994: p. 525)

15. Goffman(1974), Bateson(1972). 우리가 여기서 말하는 개념적 혼성이라는 일반적 개념의 특별한 경우는 Koestler(1964), Goffman(1974), Talmy(1977), Fong(1988), Moser & Hofstadter(n.d.), Hofstadter & Moser(1989), Hofstadter et al.(1989), Kunda,

Miller & Claire(1990)가 통찰력 있게 논의했다. Fauconnier(1990)와 Turner(1991) 또한 이런 현상에 대한 분석을 제공한다. 그러나 이 모든 저자들은 혼성공간을 다소 이색적이고 주변적인 의미의 표명으로 간주한다.

16. Sherrington(1940: p. 225)

17. Fillmore & Atkins(1992)는 개념적 혼성 분석으로 다시 해석될 수 있는 'risk'에 대한 분석을 제시한다. 'safe'에 대해서는 Turner & Fauconnier(1995), Fauconnier & Turner(1998), Sweetser(1999)를 보라.

18. Turner & Fauconnier(1995), Turner & Fauconnier(1998), Sweetser(1999)를 보라.

19. Travis(1981)의 '검은 주전자'에 대한 논의와 Langacker(1987/1991, 1990)의 '활성지역active jone'에 관한 절을 보라.

20. Mithen(1996: pp. 196~197)

21. 이 신문은 간질거리듯 은근한 스타일로 이 사실들을 보도하고 있다. "도쿄, 4월 1일—수없이 연습한 부끄러워하며 떠는 듯한 태도로 약간 내리뜬 눈에는 순수함과 걱정을 빛내며 카오리는 칠판 앞에 있는 책상에 앉아 있다. 그녀는 단정한 교복을 입고서 '선생님'이 교실로 들어와 그녀의 옷을 찢어 벗기기를 기다리고 있다.

"그곳은 진짜 교실 같아 보이고 동안의 카오리는 진짜 일본 여학생처럼 보인다. 그러나 이것들은 전부 그렇게 믿게끔 꾸며놓은 것이다. 여기 일본에서 매춘부가 손님을 모으는 가장 좋은 방법은 학교 교복을 입고서 순진하게 걱정스러워하는 겁먹은 여학생처럼 행동하는 것이다. '일본 남자들은 여학생에 사로잡히는 경향이 있어요'라고 카오리가 말한다. 그녀는 자신의 성은 말하지 않았지만 흔쾌히 자신의 진짜 나이는 26살이라고 밝혔다. '그 남자들은 여기에 순종적인 여학생을 찾아서 오죠.'

"이곳이 이른바 '이미지 클럽'으로 도쿄에 수백 개가 존재한다. 일본 남자들은 한 시간에 150달러를 내고 여학생에 대한 환상을 실현한다. 이 클럽에서 고객은 11개의 방 중 하나를 고를 수 있다. 그중에는 교실, 학교 체육관 탈의실 등이 있으며, 전차 차량처럼 꾸며진 방도 있는데 그곳에서는 남자가 학교 교복을 입고서 손잡이를 잡고 선 여자를 희롱할 수 있다." (Nickolas D. Kristof, April 1, 1997)

22. *Parade*, October 3, 1999, p. 18

23. Goodman(1947: p. 113)

24. Tetlock & Belkin(1996), Roese & Olson(1995)

25. 가령 Hutchins(1989)와 Wozny(1989)를 보라.

26. 또한 Sweetser(1990: 2장의 끝)을 보라.

27. Norman(1981), Sellen & Norman(1992)

28. 1406b 섹션을 보라.

29. Goffman(1974), Talmy(1977), Fong(1988), Moser & Hofstadter(n.d.), Hofstadter(1989), Kunda, Miller & Claire(1990)를 보라[우리는 또한 초창기 연구에서 국부적이고 외관상 예외적인 이런 현상을 분석했다. Fauconnier 1990과 Turner 1991을 보라].

30. Mithen(1998: pp. 168~169).

31. 이 수수께끼의 한 버전은 Koestler(1964: pp. 183~189)에서 나온다. 쾨슬러는 이 발상을 Carl Dunker의 공로로 돌린다.

32. Fauconnier(1994), Fauconnier(1997), Fauconnier & Sweetser(1996).

33. 어떤 것이 상례적으로 조작되고 치환에 저항한다면, 그것은 고착된다. 고착된 프레임의 한 가지 예는 메뉴, 서빙, 지불, 음식 등에 대한 부분이 있는 *식당 가기*이다. 이 프레임에 대한 지식으로 우리는 타지방의 도시에서 외식할 수 있다. 가령 차에 탄 채 주문할 수 있는 웨스트우드의 초밥 식당을 마주칠 때처럼, 고착된 프레임은 또한 새로운 방식으로 정교화될 수 있다. 이와 유사하게, 미국 우주 비행사가 러시아 우주 정거장에서 도킹해서 식사하기 위해 그곳에 들어갈 때, 그들은 그것을 '외식'이라고 부를 수 있으며, 우리 모두는 그들이 우리가 식당 프레임의 상당히 새로운 정교화를 구성하도록 촉구하고 있음을 안

다. 그들은 "청구서는 미국 정부로 보내세요Send the bill to Uncle Sam", "주방장에게 식사가 멋졌다고 전해줘요My compliments to the chef", "최고의 레스토랑은 언제나 외딴 곳에 있는 법이죠The best restaurants are always off the beaten path" 등과 같은 말을 할 수 있다. 고착된 공간횡단 사상의 예는 시간상 구분되는 정신공간들 사이에서 사람들이나 사물들의 동일성 사상이다. "폴은 1960년대에 십대였다Paul was a teenager in the 1960s"라고 말할 때, 우리는 자동적으로 지금의 폴을 1960년대의 십대에게 사상한다. "네가 읽고 있던 책은 도서관에 반납됐어The book you were reading has gone back to the library"라고 말할 때, 우리는 자동적으로 도서관의 책을 당신이 읽고 있던 책으로 사상한다.

34. Hutchins(1995a).

35. Lewis(1972).

36. Hutchins & Hinton(1984).

37. Rodriguez(1998).

38. Rodriguez(1998).

39. Zarraluki(1993: pp. 299~314). 우리가 이 단락에 주의를 기울이도록 해준 Mikkel Hollaender Jensen에게 감사드린다.

40. Davidson(1978).

41. Harris(1957, 1968), Chomsky(1957).

42. 우리가 이 예에 주의를 기울이도록 해준 점에 대해 Gerald Graff에게 감사드린다.

43. Hutchins(준비중).

44. Yeats(1966)와 Carruthers(1990)을 보라.

45. Hadamard(1945: p. 65).

46. Sweetser(2001).

47. Dawkins(1995: p. ix).

48. Sweetser(1996, 1997).

49. Gentner & Markman(1994, 1997).

50. 척도에 관해서는 Coulson(2001)을 보라. 힘역학에 대해서는 Talmy(2000)를 보라. 영상도식에 대해서는 Johnson(1987)을 보라.

51. Hofstadter(1995).

52. Dawkins(1996: p. 36).

53. 예이츠의 "퍼거스와 드루이드"에서 가져온 발췌문.

54. 또한 Sweetser(1987, 1999)를 보라.

55. Coulson(2001)을 보라.

56. 『헨리 4세 2부*Henry the Fourth, Part Two*』, 1막 1장.

57. 『실낙원』, II. pp. 795~802.

58. Turner(1987)에서 논의됨.

59. Charles Fillmore(개인적 교신).

60. Donald(1991: p. 382).

61. Pinker & Bloom(1990).

62. Elman et al.(1996)을 보라.

63. Deacon(1997: p. 142).

64. Calvin & Bickerton(2000).

65. Wilson(1999).

66. Deacon(1997).

67. Mithen(1998: p. 165).

68. Klein은 이렇게 말한다. "따라서 텍스트가 주장하기로, 백만 년 전 무렵 인간이 처음으로 아프리카에서 나온 후로, 적어도 지리적으로 구분되는 세 가지 인간 계통이 발생했다. 이런 계통은 구분되는 세 가지 종에서 절정에 달했다. 아프리카에서의 호모사피엔스, 유럽에서의 호모네안데르탈인, 동아시아에서의 호모에렉투스가 그것이다. 그리고 나서 호모사피엔스는 아프리카에서부터 퍼졌는데, 이는 아마 5만 년 전에 시작해서 고대 유라시아의 동시대인들을 절멸

하거나 압도했다. 이런 확산은 적응 중인 문화를 혁신하고 조작할 수 있는 특이한 현대적 능력이 발달하면서 촉진되었다. 이런 능력은 중립적인 변형이나 이미 현대적인 뇌를 가졌던 아프리카인들 사이에서 사회적·기술적 변화의 결과로 발생했을 수 있다. 어떤 대안을 선호하든 간에, 고고학적 화석과 유전적 데이터는 지금, 아프리카의 호모사피엔스가 대체로 또는 전체적으로 유럽의 네안데르탈인을 대체했다는 것을 보여준다"(1999: p. xxiv). Klein은 더 나아가 "5만 년 전 이후 완전한 현대 인간만이 완전한 현대 언어 능력을 가졌고, 이런 능력의 발달이 그들의 현대성에 대한 기초가 될 수 있다"(1999: p. 348)고 주장한다. 또한 그는 이렇게 적고 있다. "그러나 중요한 세부사항이 남아 있지만, 현대 인간 기원의 중요성은 아무리 과장해도 지나치지 않는다. 현대 인간이 출현하기 전에, 인간의 형태와 행동도 함께 협력하면서 서서히 진화했다. 그 후에 인간 몸의 근본적인 진화적 변화는 중지한 데 반해, 행동적 (문화적) 진화는 극적으로 가속화되었다. 가장 그럴듯한 설명은 현대 인간 형태 또는 더욱 정확하게는 현대 인간의 뇌는 현대적인 의미에서 문화의 완전한 발달을 허용했고, 그 후에 문화는 사람들이 자연적 선택 압력에 반응한 일차적 수단이 되었다는 것이다. 적응적 메커니즘으로서, 문화는 몸보다 더욱 순응성이 있을 뿐만 아니라, 문화적 혁신은 유전적 혁신보다 더욱 신속하게 모이며, 이는 상당히 짧은 시간 안에 어떻게 인간 종이 비교적 드물고 의미심장하지 않은 큰 포유동물에서 지구에서 지배적인 생명 형태로 변했는지를 설명해준다"(1999: p. 494). 초창기 연구에서, Klein은 유사하게 "고고학적 기록은 지리적으로 고르지 않지만, 가장 완전하고 시기가 잘 밝혀진 기록은 인간 행동의 급진적인 변형이 5만 년에서 4만 년 전에 발생했음을 암시하는데, 아마 정확한 시간은 장소에 따라 다를 것이다. 아마 틀림없이, 2백5십만 년에서 2백만 년 전에 가장 오래된 것으로 알려진 고고학적 유적을 만들어냈던 인간 특성의 발전을 제외하면, 이런 변혁은 지금까지 고고학자들이 찾아낸 가장 극적인 행동적 변이를 나타낸다"(1992: p. 5). "따라서 무스테리안 시대와 후기 구석기 시대 사람들은 모두 죽은 사람을 묻었지만, 후기 구석기 시대 무덤은 상당히 더욱 정교한 경향이 있다. 그들의 무덤은 그 용어의 민족지학적 의미에서 종교나 이데올로기의 명확한 함축을 지닌 매장 의식을 암시하는 첫 번째 것이다"(1992: p.7). "대조 목록은 확장될 수 있고, 각각의 경우에 결론은 후기 구석기 시대의 사람들은 질적으로 다를 뿐만 아니라, 그들은 행동적으로도 현재의 인류와 동일했으며 무스테리안 시대와 더 이른 시기의 사람들보다 더욱 진보했다는 것이다. 증거는 알려진 모든 후기 구석기 시대의 특징이 바로 처음부터 존재했다는 것을 증명하지 않는다. 사실 모든 자질, 특히 기술 발전을 포함하는 자질은 축적되는 데 시간이 걸렸다는 것은 논리적인 귀결이다. 증거가 보여주는 것은 그들의 조상들과 비교해서, 후기 구석기 시대의 사람들은 주목할 만하게 혁신적이고 창의력이 풍부하다는 것이다. 무엇보다 이런 특징이 그들의 특질이다. 유럽의 선사시대의 폭넓은 영역에서, 그들은 고전적인 인류학적 의미의 '문화'와 '문화적 특징' (또는 민족성) 둘 다 가지고 있었다고 고고학이 제시하는 첫 번째 사람들이었다"(1992: p.7).

69. Mithen(1996: p.142).

70. 우리는 "Out of Africa: Part 2"로부터 인용한다. 이것은 1999년 11월 29일에 「네이처 제네틱스」에서 나온 웹사이트 언론보도이다. "화석 증거는 현대 인간이 아프리카에서 비롯되었고 그 다음에 약 10만 년 전에 북아프리카에서 중동으로 퍼져나갔다고 암시한다. (파비아 대학의) 실바나 산타치아라-베네레세티와 동료들은 이제 또 다른 루트, 고대인들이 동아프리카에서 흩어져서 해안을 따라 남아시아로 이주했음을 보여주는 증거를 제시했다.

　"미토콘드리아는 세포의 활동을 유도하는 데 필요한 에너지를 생산하는 작은 세포 내 기관이다. 그것들은 핵의 DNA와 구분되고 독립적인 자신의 DNA를 가지고 있다. 미토콘드리아 DAN는 연속적인 작은 변이에 따라 '지문채취가 가능하다'. 그리고 미토콘드리아는 어머니로부터만 계승되기 때문에 어머니쪽 조상을 추적하는 데 사용된다. 밀접하게 관련된 미토콘드리아 DNA 연속은 같은 '하플로그룹haplogroup'으로 분류되고, 그 연속체를 지닌 사람들이 밀접한 유전 관계에 있다는 것을 완전히 증명하진 않지만 어느 정도는 암시한다. 아시아와 유럽에 사는 사람들은 모두 'M' 미토콘드리아 하플로그룹을 가지고 있으며, 이는 다음과 같은 질문을 제기한다. 과연 이것이 어떻게 발생한 것인가? 미토콘드리아 하플로그룹은 독립적으로 진화했지만, 우연히 동일한 하플로타입으로 수렴된 것인가? 또는 유사성이 유전적 관계를 반영하는가?

"아프리카인과 인도인의 미토콘드리아 연속체 영역을 조사한 후에, 산타치아라−베네레세티와 동료들은 동아프리카와 아시아 인구의 M 하플로그룹이 독립적으로 발생했다는 가능성을 제외했다. 반대로 그들은 공통된 아프리카 기원을 가진다. 이런 연구결과는 M 하플로그룹이 실제로 중동 인구에는 없다는 관찰과 함께, 대략 6만 년 전에 동아프리카에서 남동 아시아, 오스트레일리아, 태평양의 섬을 향해 해안을 따라가는 아프리카로부터의 두 번째 이주 경로가 있었다는 생각을 뒷받침한다(p. 437).

71. "우리는 가장 최근의 공통 조상까지의 예상 시간과 흥미로운 지리학적 분포 양상을 보이는 어떤 돌연변이의 예상 나이를 추정하는 데 초점을 두었다. 추론된 하플로타입 계통수의 지리적 구조는 서로 다른 지역에서 획득되었다고 암시하지만(뿌리는 아프리카에 있고, 대부분의 가장 오래된 비아프리카 계통은 아시아이다), 가장 최근 조상에 대한 예상 시간은 예상 외로 짧아서, 대략 5만 년 전이다. 따라서 비록 이전 연구가 Y 염색체 변이가 극단적인 지리적 구조를 보여준다는 것에 주목했지만, 우리는 아프리카로부터 Y 염색체의 확산이 이전에 생각했던 것보다 더욱 최근이라고 추정한다"(Thomson et al. 2000: p. 736).

72. Cavalli-Sforza(2000).

73. Angier(1999)에서 보고되었다.

74. Hutchins(준비중).

75. Hutchins(1995b: p. 274).

76. Holder(2000).

77. Gordon(2000).

78. Scott(인쇄중).

79. Scott(인쇄중).

80. Scott(인쇄중). 또한 Hutchins(준비중).

81. Hutchins(준비중).

82. Hutchins(준비중).

83. Scott(인쇄중).

84. Scott(인쇄중). Carruthers(1990: p. 244)에서 인용.

85. Holder(1999).

86. Liddell(1998), Van Hoek(1996), Poulin(1996).

87. Liddell(1998: pp. 293~294).

88. Mandler(1992).

89. Goodman(1947: p. 113).

90. King, Keohane & Verba(1994: pp. 77~79).

91. King, Keohane & Verba(1994: p. 79).

92. King, Keohane & Verba(1994: p. 77). 강조 추가함.

93. Roese & Olson(1995).

94. 〈로스앤젤레스 타임스〉에서 인용한 법학 교수 Goldberg.

95. Coulson(2001).

96. Penrose(1994: p. 417).

97. Moser(1988).

98. Ramachandran(1998: pp. 127~130).

99. Ramachandran(1998: pp. 143~146).

100. Ramachandran(1998: pp. 149~150).

101. Kahneman, Slovic & Tversky(1982).

102. Kline(1972)과 Bonola(1912).

103. Kline(1972: p. 869).

104. Lakoff & Núñez(2000).

105. Barthes(1957: p. 125, 129)의 "La Tour de France Comme Épopée"에서 나옴.

106. Michel Charolles(개인적 교신), Eve Sweetser(개인적 교신).

107. Jeff Pelletier(개인적 교신).

108. Nili Mandelblit(개인적 교신).

109. "First Lady"(1999: p. 18A).

110. Fauconnier(1997: pp. 120~126)을 보라.

111. Oakley(1995), Spiegelman(1991).

112. Goffman(1974). 특히 연극 프레이밍에 관한 장을 보라.

113. Kline(1980)을 보라.

114. John Markoff, "Beyond Artificial Intelligence, a Search for Artificial Life." *New York Times*, Week in Review Section, 1990년 2월 25일자 5쪽.

115. *King Henry the Sixth*, *Part One*, 4막 7장.

116. Reeves(1993). (이 예는 Bill Gleim이 우리에게 지적한 것이었다)

117. 우리가 여기서 분석하고 있는 해석은 대부분의 사람들이 고립적으로 얻는 해석이지만, 그 신문 사설이 실릴 당시에 의료 산업계가 돈을 댄 텔레비전 광고가 있었다고 한다. 이 광고에서 두 배우가 클린턴이 제안한 의료제도 개혁안이 자신들이 필요로 하는 것을 앗아갈 수 있지 않을까 두려워하는 부부 역할을 한다.

118. Coulson(2001: pp. 238~241).

119. 우리 분석의 어떤 요지는 Lakoff & Johnson(1989)의 저승사자에 대한 분석에 의해 촉진된 것이다. 이 학자들은 모든 개별적인 죽음에 대한 추상적 원인으로서 "일반적 죽음"을 논의할 때, 저승사자의 혼성에 수반된 인과적 항진명제를 암시적으로 탐지한다. 그들은 또한 죽음이 의인화되는 개념의 패턴을 탐지하고 분석한다. 그들은 이 패턴을 '사건은 행동이다'라고 명명한다. 이는 부분적으로 행동 속의 행위자와 사건 속의 비행위자 간의 공간횡단 사상으로 이

루어져 있다. 사건 속의 비행자는 행동 속의 배우로부터 투사에 의해 은유적으로 이해된다. 마지막으로, Lakoff & Turner는 우리가 다음 분석에서 제시할 이런 투사에 대한 제약을 논의한다.

120. Lakoff & Johnson(1980)에서 분석된 것이다.

121. Fauconnier(2001)을 보라.

122. Lakoff [& Kövecses](1987).

123. Nunberg(1979).

124. 이 예는 Coulson(2001)에 기초한다.

125. Lakoff & Turner(1989).

126. Searle(1969).

127. Mailer(1968: p. 113). (이 메시지에 주의를 기울이도록 해준 Jennifer Harding에게 감사드린다)

128. Sweetser(1999).

129. Ramachandran & Blakeslee(1998).

130. Douglas Hofstadter(개인적 교신).

131. Grice(1975), Sperber & Wilson(1986).

132. Ricardo Maldonado(개인적 교신).

133. Kline(1972: p. 594).

134. Kline(1980: p. 114).

135. Kline(1972: p. 252).

136. Kline(1980: p. 116).

137. Lansing(개인적 교신).

138. Hofstadter(2000).

139. Lakoff & Turner(1989).

140. 가상이동은 Talmy(1995, 2000)에서 연구된다.

141. Rymer(1992: p. 48).

142. Travis(1981).

143. Brooke-Rose(1958).

144. Charles Fillmore(개인적 교신).

145. Sweetser(1999).

146. Coulson(1997), Coulson & Fauconnier(1999).

147. Langacker(1987: p. 118), Langacker(1988: p. 70).

148. 이 그림은 1994년 6월호의 116쪽과 117쪽에 실려 있다.

149. Goldberg(1994).

150. Fauconnier & Turner(1996).

151. Mandelblit(1997, 2000).

152. Talmy(2000: p. 104).

153. Talmy(2000: p. 136).

154. Talmy(2000: p. 134).

155. Talmy(2000: p. 128).

156. Talmy(2000: p. 114).

157. Kemmer & Israel(1994), Israel(1996).

158. Israel(1996: p. 226).

159. Israel(1996: p. 221).

참고문헌

Angier, Natalie. 1999. "Furs for Evening, But Cloth Was the Stone Age Standby." *The New York Times on the Web*, December 14.

Barsalou, Lawrence W. 1999. "Perceptual Symbol Systems." *Behavioral and Brain Sciences*, 22. pp. 577~609.

Barthes, Roland. 1957. *Mythologies*. Paris: Éditions du Seuil.

Bateson, Gregory. 1972. *Steps to an Ecology of Mind*. New York: Ballantine Books.

Black, Max. 1962. *Models and Metaphors*. Ithaca, N.Y.: Cornell University Press 1962.

Boden, Margaret. 1994. "Précis of *The Creative Mind: Myths and Mechanisms*." *Behavioral and Brain Sciences*, 17, pp. 519~570.

________. 1990. *The Creative Mind: Myths and Mechanisms*. London: Weidenfeld & Nicholson.

Boden, Margaret (ed.). 1994. *Dimensions of Creativity*. Cambridge, Mass.: MIT Press.

Bonola, Roberto. 1912. *Non-Euclidean Geometry: A Critical and Historical Study of Its Development*. Translated by H.S. Carslaw. Chicago: Open Court Publishing Company. [Reprinted in 1955.]

Brooke-Rose, Christine, 1958. *A Grammar of Metaphor*. London: Secker & Warburg.

Brugman, Claudia. 1990. "What Is the Invariance Hypothesis?" *Cognitive Linguistics*, 1:2, pp. 257~266.

Calvin, William, and Derek Bickerton, 2000. *Lingua ex Machina: Reconciling Darwin and Chomsky with the Human Brain*. Cambridge, Mass.: MIT Press.

Carruthers, Mary. 1990. *The Book of Memory: A Study of Memory in Medieval Culture*. Cambridge, U.K.: Cambridge University Press.

Cavalli-Sforza, Luigi Luca. 2000. *Genes, Peoples, and Languages*. New York: Farrar, Straus, and Giroux.

Chomsky, Noam. 1957. *Syntactic Structures*. Berlin/New York: Mouton de Gruyter.

Coulson, Seana, 2001. *Semantic Leaps: Frame-Shifting and Conceptual Blending in Meaning Construction*. New York/Cambridge: Cambridge University Press.

________. 1997. "Semantic Leaps: Frame-Shifting and Conceptual Blending." Ph. D. dissertation, University of California, San Diego.

________. 1995. "Analogic and Metaphoric Mapping in Blended Spaces." *Center for Research in Language Newsletter*, 9:1, pp. 2~12.

Coulson, Seana, and Gilles Fauconnier. 1999. "Fake Guns and Stone Lions: Conceptual Blending and Privative Adjectives." In B. Fox, D. Jurafsky, and L. Michaelis (eds.), *Cognition and Function in Language*. Stanford: Center for the Study of Language and Information.

Csikszentmihalyi, Mihaly. 1991. *Flow: The Psychology of Optimal Experience*. New York: HarperCollins.

Davidson, Donald. 1978. "What Metaphors Mean." *Critical Inquiry*, 5:1.

Dawkins, Richard. 1996. *Climbing Mount Improbable*. London/New York: Norton.

________. 1995. *River Out of Eden*. New York: Basic Book.

Deacon, Terrence. 1997. *The Symbolic Species: The Co-Evolution of Language and the Brain*. New York: W.W.Norton.

Donald, Merlin. 1994. "Computation: Part of the Problem of Creativity." *Behavioral and Brain Sciences,* 17:3, pp. 537~538.

__________. 1991. *Origins of the Modern Mind: Three Stages in the Evolution of Culture and Cognition.* Cambridge, Mass.: Harvard University Press.

Education Excellence Partnership website: www.edex.org.

Elman, Jeffrey L., Elizabeth A. Bates, Mark H. Johnson, Annette Karmiloff-Smith, Domenico Parisi, and Kim Plunkett. 1996. *Rethinking Innateness: A Connectionist Perspective on Development.* Cambridge, Mass.: MIT Press.

Fauconnier, Gilles. 2001. "Conceptual Blending and Analogy." In Dedre Gentner, Keith Holyoak, and Boicho Kokinov (eds.), *The Analgocial Mind: Perspectives from Cognitive Science* (pp. 255~286). Cambridge, Mass.: MIT Press.

__________. 1997. *Mappings in Thought and Language.* Cambridge, U.K.: Cambridge University Press.

__________. 1994. *Mental Spaces.* New York: Cambridge University Press. [Originally published in 1985 by MIT Press.]

__________. 1990. "Domains and Connections," *Cognitive Linguistics,* 1:1.

Fauconnier, Gilles, and Eve Sweetser (eds.). 1996. *Spaces, Worlds, and Grammar.* Chicago: University of Chicago Press.

Fauconnier, Gilles, and Mark Turner. 1998. "Principles of Conceptual Integration." In Jean-Pierre Koenig (ed.), *Discourse and Cognition* (pp. 269~283). Stanford: Center for the Study of Language and Information.

__________. 1996. "Blending as a Central Process of Grammar." In Adele Goldberg (ed.), *Conceptual Structure, Discourse, and Language.* Stanford: Center for the Study of Language and Information.

__________. 1994. Conceptual Projection and Middle Spaces. San Diego: University of California, Department of Cognitive Science Technical Report 9401 (available on-line at *blending.stanford.edu* and *mentalspace.net*).

Fillmore, Charles J., and Beryl T. Atkins. 1992. "Toward a Frame-Based Lexicon: The Semantics of RISK and Its Neighbors." In Adrienne Lehrer and Eva Feder Kittay (eds.), *Frames, Fields, and Contrasts: New Essays in Semantic and Lexical Organization* (pp. 75~102). Hillsdale, N.J.: Lawrence Erlbaum Associates.

Fillmore, Charles J., and Paul Kay. n.d. "On Grammatical Constructions." Unpublished ms., University of California at Berkeley.

"First Lady Looks Closer to Senate Run." 1999. Reuters, *San Jose Mercury News*, October 24.

Fong, Heatherbill. 1988. "The Stony Idiom of the Brain: A Study in the Syntax and Semantics of Metaphors." Ph.D. dissertation, University of California, San Diego.

Forbus, Kenneth D., Dedre Gentner, and Keith Law. 1994. "MAC/FAC: A Model of Similarity-Based Retrieval." *Cognitive Science*, 19, pp. 141~205.

Frazer, Sir James George. 1922. *The Golden Bough: A Study in Magic and Religion*. New York: Macmillian.

French, Robert Matthew. 1995. *The Subtlety of Sameness: A Theory and Computer Model of Analogy-Making*. Cambridge, Mass.: MIT Press.

Gentner, Dedre. 1989. "The Mechanisms of Analogical Reasoning." In S. Vosniadou and A. Ortony (eds.) *Similarity and Analogical Reasoning*. Cambridge, U.K.: Cambridge University Press.

__________. 1983. "Structure-Mapping: A Theoretical Framework for Analogy." *Cognitive Science*, 7, pp. 155~170.

Gentner, Dedre. Keith Holyoak, and Boicho Kokinov (eds.). 2001. *The Analogical Mind: Perspectives from Cognitive Science*. Cambridge, Mass.: MIT Press.

Gentner, D., and A.B. Markman. 1997. "Structure Mapping in Analogy and

Similarity." *American Psychologist*, 52, pp. 45~56.

__________. 1994. "Structural Alignment in Comparison: No Difference Without Similarity." *Psychological Science*, 5:3, pp. 152~158.

Gibbs, R. W., Jr. 1994. *The Poetics of Mind: Figurative Thought, Language, and Understanding.* Cambridge, U.K.: Cambridge University Press.

Goffman, Erving. 1974. *Frame Analysis: An Essay on the Organization of Experience.* New York: Harper & Row.

Goguen, Joseph. 1999. "An Introduction to Algebraic Semiotics, with Application to User Interface Design." In Chrystopher Nehaniv (ed.), *Computation for Metaphor, Analogy, and Agents* (pp. 242~291). Berlin: Springer-Verlag. [A volume in the series Lecture Notes in Artificial Intelligence.]

Goldberg, Adele. 1994. *Constructions: A Construction of Grammar Approach to Argument Structure.* Chicago: University of Chicago Press.

Goldberg, Adele (ed.). 1996. *Conceptual Structure, Discourse, and Language.* Stanford: Center for the Study of Language and Information.

Gombrich, E.H. 1965. "The Use of Art for the Study of Symbols." *American Psychologist*, 20, pp. 34~50.

Goodman, Nelson. 1955. *Fact, Fiction, and Forecast.* Indianapolis: Bobbs-Merrill.

__________. 1947. "The Problem of Counterfactual Conditionals," *Journal of Philosophy*, 44, pp. 113~128.

Gordon, Mary. 2000. *The New York Times on the Web*, June 4.

Grice, H. P. 1975. "Logic and Conversation." In Peter Cole and Jerry L. Morgan (eds.), *Syntax and Semantics.* Vol. 3:*Speech Acts* (pp. 41~58). New York: Academic Press.

Hadamard, Jacques. 1945. *The Psychology of Invention in the Mathematical Field.* Princeton: Princeton University Press.

Harris, Zellig. 1968. *Mathematical Structures of Language* (Interscience Tracts in Pure and Applied Mathematics, Vol. 21). New York: Interscience Publishers/John Wiley & Sons.

_________. 1957. "Co-Occurrence and Transformation in Linguistic Structure." *Language*, 33:3, pp. 283~340.

Hodder, Ian. 1998. "Creative Thought: A Long-Term Perspective." In Steven Mithen (ed.), *Creativity in Human Evolution and Prehistory* (pp. 61~77). London/New York: Routledge.

Hofstadter, Douglas R. 2000. "The Ubiquity and Power of Analogy in Discovery in Physics." The Ninth Annual Hofstadter Lecture (in memory of Richard Hofstadter), Stanford University, February 29.

_________. 1995. *Fluid Concepts and Creative Analogies*. New York: Basic Books.

_________. 1985. "Analogies and Roles in Human and Machine Thinking." In Douglas R. Hofstadter, *Metamagical Themas*. New York: Bantam Books.

Hofstadter, Douglas R., Liane Gabora, Salvatore Attardo, and Victor Raskin. 1989. "Synopsis of the Workshop on Humor and Cognition." *Humor: International Journal of Humor Research*, 2:4, pp. 417~440.

Hofstadter, Douglas R., and David J. Moser. 1989. "To Err is Human; To study Error-Making Is Cognitive Science." *Michigan Quarterly Review*, 28:2, pp. 185~215

_________. n.d. "Errors: The Royal Road." Unpublished manuscript.

Holder, Barbara. 2000. "Conceptual Blending in Airbus A320 Displays." *Sensation and Perception Seminar, Department of Cognitive Sciences*, University of California, Irvine, November 15.

_________. 1999. "Blending and Your Bank Account: Conceptual Blending in ATM Design." *Newsletter of the Center for Research in Language*, 11:6 (available on-line at *crl.ucsd.edu*).

Holland, J. H., Keith James Holyoak, R. E. Nisbett, and Paul Thagard. 1986. *Induction: Process of Inference, Learning, and Discovery*. Cambridge, Mass.: Bradford Books/MIT Press.

Holland, Paul. 1986. "Statistics and Causal Inference." *Journal of the American Statistical Association*, 81, pp. 945~960.

Holyoak, Keith James, and Paul Thagard. 1995. *Mental Leaps: Analogy in Creative Thought*. Cambridge, Mass.: MIT Press.

________. 1989. "Analogical Mapping by Constraint Satisfaction." *Cognitive Science*, 13, pp. 295~355.

Hummel, John, and Keith Holyoak. 1997. "Distributed Representations of Structure: A Theory of Analogical Access and Mapping." *Psychological Review*, 104:3, pp. 427~466.

Hutchins, Edwin (in preparation). "Material Anchors for Conceptual Blends."

________. 1995a. *Cognition in the Wild*. Cambridge, Mass.: MIT Press.

________. 1995b. "How a Cockpit Remembers Its Speeds." *Cognitive Science*, 19:3, pp. 265~288.

________. 1989. "Metaphors for Interface Design." In M. M. Taylor, F. Neel, and D. G. Bouwhuis (eds.), *The Structure of Multimodal Dialogue* (pp. 11~28). Amsterdam: Elsevier Science Publishers.

Hutchins, Edwin, and Geoffrey Hinton. 1984. "Why the Islands Move." *Perception*, 13, pp. 629~632.

Indurkhya, Bipin. 1992. *Metaphor and Cognition: An Interactionist Approach*. Dordrecht: Kluwer.

Israel, Michael. 1996. "The Way Constructions Grow." In Adele Goldberg (ed.), *Conceptual Structure, Discourse, and Language* (pp. 217~230). Stanford: Center for the Study of Language and Information.

Johnson, Mark. 1987. *The Body in the Mind*. Chicago: University of Chicago Press.

Kahneman, Daniel. 1995. "Varieties of Counterfactual Thinking." In Neal J. Roese and James M. Olson (eds.), *What Might Have Been: The Social Psychology of Counterfactual Thinking*. Mahwah, N.J.: Lawrence Erlbaum Associates.

Kahneman, Daniel, Paul Slovic, and Amos Tversky. 1982. *Judgment Under Uncertainty: Heuristics and Biases*. Cambridge/New York: Cambridge University Press.

Kay, Paul. 1995. "Construction Grammar." In Jef Verschueren, Jan-Ola Ostman, and Jan Blommaert (eds.), *Handbook of Pragmatics*. Amsterdam/Philadelphia: John Benjamins.

Kay, Paul, and Charles Fillmore. 1995. "Grammatical Constructions and Linguistic Generalizations: *The What's X doing Y?* Construction." Unpublished ms., Department of Linguistics, University of California at Berkeley.

Keane, Mark T., Tim Ledgeway, and Stuart Duff. 1994. "Constraints on Analogical Mapping: A Comparison of Three Models." *Cognitive Science*, 18, pp. 387~438.

Kemmer, Suzanne, and Michael Israel. 1994. "Variation and the Usage-Based Model." In Katie Beals et al. (eds.) *Papers from the Parasession on Variation and Linguistic Theory*. Chicago: Chicago Linguistic Society.

King, Gary, Robert O. Keohane, and Sidney Verba. 1994. *Designing Social Inquiry: Scientific Interference in Qualitative Research*. Princeton: Princeton University Press.

Klein, Richard G. 1999. *The Human Career: Human Biological and Cultural Origins*, 2nd ed. Chicago: University of Chicago Press, 1999.

________. 1992. "The Archeology of Modern Human Origins." *Evolutionary*

Anthropology, 1:1, pp. 5~14.

Kline, Morris. 1980. *Mathematics: The Loss of Certainty*. Oxford: Oxford University Press.

__________. 1972. *Mathematical Thought from Ancient to Modern Times*. New York: Oxford University Press.

Koestler, Arthur. 1964. *The Act of Creation*. New York: Macmillan.

Kosslyn, Stephen M. 1980. *Image and Mind*. Cambridge, Mass.: Harvard University Press.

Kunda, Ziva, Dale T. Miller, and Theresa Clare. 1990. "Combining Social Concepts: The Role of Causal Reasoning." *Cognitive Science*, 14, pp. 551~557

Lakoff, George. 1993. "The Contemporary Theory of Metaphor." In Andrew Ortony (ed.), *Metaphor and Thought*, 2nd ed. (pp.202~251) (Cambridge, U.K.: Cambridge University Press).

__________. 1990. "The Invariance Hypothesis." *Cognitive Linguistics*, 1:1, pp.39~74.

Lakoff, George, and Mark Johnson. 1980. *Metaphors We Live By*. Chicago: University of Chicago Press.

Lakoff, George [and Zoltán Kövecses]. 1987. *Women, Fire, and Dangerous Things*. Chicago: University of Chicago Press.

Lakoff, George, and Rafael Núñez. 2000. *Where Mathematics Comes From: How the Embodied Mind Brings Mathematics into Being*. New York: Basic Books.

Lakoff, George, and Mark Turner. 1989. *More Than Cool Reason: A Field Guide to Poetic Metaphor*. Chicago: Universtiy of Chicago Press.

Langacker, Ronald. 1990. *Concept, Image, and Symbol: The Cognitive Basis of Grammar*. Berlin/New York: Mouton de Gruyter.

__________. 1988. "A View of Linguistic Semantics." In Brygida Rudzka-Ostyn (ed.), *Topics in Cognitive Linguistics* (pp. 49~90). Amsterdam/Philadelphia: John Benjamins.

__________. 1987~1991. *Foundations of Cognitive Grammar*, Vols. 1 and 2. Stanford: Stanford University Press.

Lewis, David. 1973. *Counterfactuals*. Cambridge, Mass.: Harvard University Press.

__________. 1972. *We, the Navigators. The Ancient Art of Landfinding in the Pacific*. Honolulu: The University Press of Hawaii.

Liddell, Scott. 1998. "Grounded Blends, Gestures, and Conceptual Shifts." *Cognitive Linguistics*, 9:3, pp. 283~314.

Mailer, Norman. 1968. *Armies of the Night*. New York: New American Library.

Mandelblit, Nili. 1997. "Grammatical Blending: Creative and Schematic Aspects in Sentence Processing and Translation." Ph.D dissertation, University of California, San Diego.

__________. 2000. "The Grammatical Marking of Conceptual Integration: From Syntax to Morphology." *Cognitive Linguistics,* 11:314, pp. 197~252.

Mandelblit, Nili, and Oron Zachar. 1998. "The Notion of Dynamic Unit: Conceptual Development in Cognitive Science." *Cognitive Science,* 22:2, pp. 229~268.

Mandler, Jean. 1992. "How to Build a Baby." *Psychological Review*, 99:4, pp. 587~604.

Maslow, Abraham. 1968. *Toward a Psychology of Being*. New York: Van Nostrand Reinhold.

McNeil, David. 1992. *Hand and Mind: What Gestures Reveal About Thought*. Chicago: University of Chicago Press.

Mitchell, M. 1993. *Analogy-Making as Perception*. Cambridge, Mass.: MIT Press.

Mithen, Steven. 1998. "A Creative Explosion? Theory of Mind, Language, and the Disembodied Mind of the Upper Paleolithic." In Steven Mitchen (ed.), *Creativity in Human Evolution and Prehistory* (pp. 165~191). London/New York: Routledge.

________. 1996. *The Prehistory of the Mind: A Search of the Origins of Art. Science and Religion*. London/New York: Thames & Hudson.

Mithen, Steven (ed.). 1998. *Creativity in Human Evolution and Prehistory*. London/New York: Routledge.

Moser, David. 1988. "If this Paper Were in Chinese, Would Chinese People Understand the Title?" Unpublished ms., Center for Research on Concepts and Cognition, Indiana University.

Norman, D. A. 1981. "Categorization of Action Slips." *Psychological Review*, 88, pp. 1~15.

Nunberg, G. 1979. "The Non-Uniqueness of Semantic Solutions: Polysemy." *Linguistics and Philosophy*, 3:2.

Oakley, Todd. 1996. "Presence: The Conceptual Basis of Rhetorical Effect." Ph. D. dissertation, University of Maryland.

Ortony, Andrew (ed.). 1979. *Metaphor and Thought*. Cambridge/New York: Cambridge University Press.

Pavel, Thomas. 1986. *Fictional Worlds*. Cambridge, Mass.: Harvard University Press.

Penrose, Roger. 1994. *Shadows of the Mind: A Search for the Missing Science of Consciousness*. New York: Oxford University Press.

Pepper, Stephen. 1942. "Root Metaphors." In Stephen Pepper, *World Hypotheses*. Berkeley. University of California Press.

Perkins, D. 1994. "Creativity: Beyond the Darwinian Paradigm." In Margaret

Boden (ed.), *Dimensions of Creativity* (pp. 119~142.). Cambridge, Mass.: MIT Press.

Pinker, Steven, and Paul Bloom. 1990. "Natural Language and Natural Selection." *Behavioral and Brain Sciences*, 13. pp. 707~784.

Poulin, Christine. 1996. "Manipulation of Discourse Spaces in ASL." In Adele Goldberg (ed.), *Conceptual Structure, Discourse, and Language* (pp. 421~433). Stanford: Center for the Study of Language and Information.

Ramachandran, V. S., and Sandra Blakeslee. 1998. *Phantoms in the Brain*. New York: Morrow.

Reeves, Richard. 1993. "Best Performance by a Politician." *Los Angeles Times*.

Robert, Adrian. 1998. "Blending in the Interpretation of Mathematical Proofs." In Jean-Pierre Koenig (ed.), *Discourse and Cognition*. Stanford: Center for the study of Language and Information.

Rodriguez, Paul. 1998. "Identity Blends and Discourse Context." Unpublished ros., University of California, San Diego.

Roese, Neal, and James Olson (eds.). 1995. *The Social Psychology of Counterfactual Thinking*. Hillsdale, N.J.: Lawrence Erlbaum Associates.

Russell, Bertrand. 1918. *Mysticism and Logic and Other Essays*. London/New York: Longmans.

Rymer, Russ. 1992. "Annals of Science: A Silent Childhood-I." New Yorker, April 13.

Sacks, Sheldon (ed.). 1979. *On Metaphor*. Chicago: University of Chicago Press.

Santachiara-Benerecetti, Silvana. 1999. "Out of Africa: Part 2," website press release from *Nature Genetics*, November 29.

Schwartz, Daniel L., and John B. Black. 1996. "Shuttling Between Depictive Models and Abstract Rules: Induction and Fallback." *Cognitive Science*, 20, pp.

457~497

Scott, Robert A. (in press). *The Gothic Enterprise: The Idea of the Cathedral and Its Uses in Medieval Europe, 1134~1550*. Berkeley/Los Angeles: University of California Press.

Searle, John. 1969. *Speech Acts: An Essay in the Philosophy of Language*. London: Cambridge University Press.

Sellen, A. J., and D. A. Norman. 1992. "The Psychology of Slips." In B. J. Baars (ed.), *Experimental Slips and Human Error: Exploring the Architecture of Volition*. New York: Plenum Press.

Shastri, Lokendra. 1996. "Temporal Synchrony, Dynamic Bindings, and SHRUTI—A Representational But Non-Classical Model of Reflexive Reasoning." *Behavioral and Brain Sciences*, 19:2, pp. 331~337.

Shepard, Roger, and Lynn A. Cooper. 1982. *Mental Images and Their Transformations*. Cambridge, Mass.: MIT Press.

Smolensky, Paul. 1990. "Tensor Product Variable Binding and the Representation of Symbolic Structures in Connectionist Systems." *Artificial Intelligence*, 46:1~2, pp. 159~216.

Sperber, Dan, and Deirdre Wilson. 1986. *Relevance: Communication and Cognition*. Cambridge, Mass.: Harvard University Press.

Spiedelman, Art. 1991. *Maus II, a Survivor's Tale*. New York: Pantheon Books.

Sweetser, Eve. 2001. "Blended Spaces and Performativity." *Cognitive Linguistics*, 11:3/4, pp. 305~334.

________. 1999. "Compositionality and Blending: Semantic Composition in a Cognitively Realistic Framework." In Theo Janssen and Gisela Redeker (eds.). *Cognitive Linguistics: Foundations, Scope and Methodology* (pp. 129~162). Berlin/New York: Mouton de Gruyter.

________. 1997. "Role and Individual Readings of Change Predicates." In Jan Nuyts and Eric Pederson (eds.), *Language and Conceptualization*. Oxford University Press.

________. 1996. "Changes in Figures and Changes in Grounds: A Note on Change Predicates, Mental Spaces, and Scalar Norms." *Cognitive Studies: Bulletin of the Japanese Cognitive Science Society*, 3:3 (September), pp. 75~86. [Special issue on cognitive linguistics.]

________. 1990. *From Etymology to Pragmatics: Metaphorical and Cultural Aspect of Semantic Structure*. Cambridge, U.K.: Cambridge University Press.

________. 1987. "The Definition of *Lie*: An Examination of the Folk Theories Underlying a Semantic prototype." In Dorothy Holland and Naomi Quinn (eds.), *Cultural Models in Language and Thought* (pp. 43~66). Cambridge, U.K.: Cambridge University Press.

Talmy, Len. 2000. *Toward a Cognitive Semantics*. Vol. 1: *Concept Structuring Systems*; Vol. 2: *Typology and Process*. Cambridge, Mass.: MIT Press.

________. 1995. "Fictive Motion in Language and 'Ception.'" In Paul Bloom, Mary Peterson, Lynn Nadel, and Merrill Garrett (eds.), *Language and Space* (pp. 307~384). Cambridge, Mass.: MIT Press.

________. 1977. "Rubber-Sheet Cognition in Language." *Proceedings of the 13th Regional Meeting of the Chicago Linguistic Society*.

Tetlock, Phillip, and Aaron Belkin (eds.). 1996. *Counterfactual Thought Experiments in World Politics*. Princeton: Princeton University Press.

Thomson, Russell, Jonathan Pritchard, Peidong Shen, Peter Oefner, and Marcus Feldman. 2000. "Recent Common Ancestry of Human Y Chromosomes: Evidence from DNA Sequence Data." *Proceedings of the National Academy of Sciences*, 97:13 (June), pp. 7360~7365.

Travis, Charles, 1981. *The True and the False: The Domain of the Pragmatic.* Amsterdam: John Benjamins.

Turner, Mark. 1996a. "Conceptual Blending and Counterfactual Argument in the Social and Behavioral Sciences." In Phillip Tetlock and Aaron Belkin (eds.), *Counterfactual Thought Experiments in World Politics.* Princeton: Princeton University Press.

_________. 1996b. *The Literary Mind.* New York: Oxford University Press.

_________. 1991. *Reading Minds: The Study of English in the Age of Cognitive Science.* Princeton: Princeton University Press.

_________. 1990. "Aspects of the Invariance Hypothesis." Cognitive Linguistics, 1:2, pp. 247~255.

_________. 1987. *Death Is the Mother of Beauty: Mind, Metaphor, Criticism.* Chicago: University of Chicago Press.

Turner, Mark, and Gilles Fauconnier. 1998. "Conceptual Integration in Counterfactuals." In Jean-Pierre Koenig (ed.), *Discourse and Cognition* (pp. 285~296). Stanford: Center for the Study of Language and Information.

_________. 1995. "Conceptual Integration and Formal Expression." *Journal of Metaphor and Symbolic Activity*, 10:3, pp. 183~204.

Van Hoek, Karen. 1996. "Conceptual Locations for Reference in American Sign Language." In Gilles Fauconnier and Eve Sweetser (eds.), *Spaces, Worlds, and Grammar* (pp. 336~350). Chicago: University of Chicago Press.

Weisberg, R. W. 1993. *Creativity: Beyond the Myth of Genius.* New York: W. H. Freeman.

Weizenbaum, Joseph. 1966. "ELIZA—A Computer Program for the Study of Natural Language Communication Between Man and Machine." *Communications of the ACM*, 9:1, pp. 36~45.

Westney, D. Eleanor. 1987. *Imitation and Innovation*. Cambridge, Mass.: Harvard University Press.

Wexo, John Bennett. 1992. *Dinosaurs. A volume of Zoobooks*. San Diego: Wildlife Education, Limited.

Wilson, Frank R. 1999. *The Hand*. New York: Vintage.

Wozny, Lucy Anne. 1989. "The Application of Metaphor, Analogy, and Conceptual Models in Computer Systems." *Interacting with Computers*, 1:3, pp. 273~283.

Yeats, Frances. 1966. *The Art of Memory*. Chicago: University of Chicago Press.

Zarraluki, Pedro. 1993. "Páginas Inglesas." In *Cuento Español Contemporáneo*. Edicion de Ma. Ángeles Encinar y Anthony Percival. Madrid: Ediciones Cátedra.

개념적 혼성에 대한 중요한 추가 연구

지난 5년 간 개념적 혼성을 예술, 문학, 시학, 수학, 정치학, 음악학, 언어학, 신학, 정신분석학, 영화에 매력적으로 적용하면서, 개념적 혼성에 관한 주목할 만한 연구가 이루어졌다.

이 모든 영역에서 열린 풍부한 새로운 연구의 길을 공평하게 다루려면 이 책보다 10배는 더 두꺼운 책이 필요할 것이다. 우리는 사실 이론에 초점을 둔 지금의 책으로는 이런 흥미로운 연구를 개관할 수 없다는 것이 유감이다. 아래에 지속되고 있는 개념적 혼성에 관한 또 다른 최신 연구의 목록을 제시했다. 일부 추가 연구는 웹사이트 bending.stanford.edu에 제시되어 있다.

단행본

Turner, Mark. 2001. *Cognitive Dimensions of Social Science*. Oxford: Oxford University Press.

Zbikowski, Lawrence. 2001. *Conceptualizing Music: Cognitive Structure, Theory, and Analysis*. New York: Oxford University Press.

논문과 강연

Bizup, Joseph. 1998. "Blending in Ruskin." Paper presented at the Annual Meeting of the Modern Language Association.

Brandt, Per Aage. 1998. "Cats in Space." *The Roman Jakobson Centennial Symposium: International Journal of Linguistics Acta Linguistica Hafniensia* Volume 29. C. A. Reitzel: Copenhagen. [Jakobson and Lévi-Strauss's structuralist reading of Baudelaire's "Les Chats" is reconsidered in light of cognitive rhetoric and conceptual blending theory.]

Bundgård, Peer F. 1999. "Cognition and Event Structure." *Almen Semiotik*, 15, 78~106. [A review of conceptual integration theory.]

Casonato, Marco M. 2000. "Scolarette sexy: processi cognitivi standard nella scena della perversione." *Psicoterapia: Clinica, epistemologia, ricerca*, 20~21, Spring. [An analysis of the role of blending in sexual imagination and realized fantasy, including but not restricted to "perverse" scenes.]

Casonato, Marco, Gilles Fauconnier, and Mark Turner. 2001."L'immaginazione e il cosiddetto 'conflitto' psichico." *Annuario di Itinerari Filosofici*, Vol. 5 (*Strutture dell'esperienza*), No. 3 (*Mente, linguaggio, espressione*). Milano: Mimesis.

Chen, Melinda. 2000. "A Cognitive-Linguistic View of Linguistic (Human) Objectification." Paper presented at the 5th Conference on Conceptual Structure, Discourse, and Language. [A discussion of blends in objectifying human beings.]

Cienki, Alan, and Deanne Swan. 1999. "Constructions, Blending, and Metaphors: Integrating Multiple Meanings." Paper presented at the 6th International Cognitive Linguistics Conference.

Collier, David, and Stephen Levitsky. 1997. "Democracy with Adjectives: Conceptual Innovation in Comparative Research." *World Politics*, 49:3 (April), pp. 430~451.

Coulson, Seana. 1999. "Conceptual Integration and Discourse Irony." Paper presented at Beyond Babel: 18th Annual Conference of the Western Humanities Alliance.

Csabi, Szilvia. 1997. "The Concept of America in the Puritan Mind." Paper presented at the 5th Conference of the International Cognitive Linguistics Association.

Evans, Vyvyan. 1999. "The Cognitive Model for Time." Paper presented at Beyond Babl: 18th Annual Conference of the Western Humanities Alliance.

Fauconnier, Gilles. 2000. "Methods and Generalizations." In T.Janssen and G. Redeker (eds.), *Cognitive Linguistics: Foundations, Scope, and Methodology* (pp. 95~127). The Hague: Mouton de Gruyter. [A volume in the Cognitive Linguistics Research Series.]

________. 1999. "Embodied Integration." Paper presented at the 6th International Cognitive Linguistics Conference.

Fauconnier, Gilles, and Mark Turner. 2000. "Compression and Global Insight." *Cognitive Linguistics*, 11:3~4, pp. 283~304.

________. 1999a. "Metonymy and Conceptual Integration." In Klaus-Uwe Panther and Günter Radden (eds.), *Metonymy in Language and Thought* (pp. 77~90). Amsterdam: John Benjamins. [A volume in the series Human Cognitive Processing.]

________. 1999b. "Polysemy and Conceptual Blending" (available on-line at *blending.stanford.edu*).

________. 1998. "Conceptual Integration Networks." *Cognitive Science*, 22:2 (April-June), pp. 133~187.

Forceville, Charles. 2001. "Blends and Metaphors in Multimodal Representations." Paper presented at the 7th International Cognitive Linguistics Conference.

Freeman, Donald. 1999. " 'Speak of me as I am': The Blended Space of Shakespeare's *Othello*." Paper presented at Beyond Babel: 18th Annual Conference of the Western Humanities Alliance.

Freeman, Margaret. 1999a. "The Role of Blending in an Empirical Study of Literary Analysis." Paper presented at the 6th International Cognitive Linguistics Conference.

________. 1999b. "Sound Echoing Sense: The Evocation of Emotion Through

Sound in Conceptual Mapping Integration of Cognitive Processes." Paper presented at Beyond Babel: 18th Annual Conference of the Western Humanities Alliance.

__________. 1998. "'Mak[ing] new stock from the salt': Poetic Metaphor as Conceptual Blend in Sylvia Plath's 'The Applicant.'" Paper presented at the Annual Meeting of the Modern Language Association.

__________. 1997. "Grounded Spaces: Deictic-Self Anaphors in the Poetry of Emily Dickinson." *Language and Literature*, 6:1, pp. 7~28. [Contains a blended space analysis of Dickinson's "Me from Myself—to banish—."]

Grady, Joseph., Todd Oakley, and Seana Coulson. 1999. "Conceptual Blending and Metaphor." In G. Steen and R. Gibbs (eds.), *Metaphor in Cognitive Linguistics*. Amsterdam/Philadelphia: John Benjamins.

Gréa, Philippe. 2001. "La théorie de l'intégration conceptuelle appliquée à la métaphore et la métaphore filée." Doctoral dissertation, Universite de Paris.

Grush, Rick, and Nili Mandelblit. 1998. "Blending in Language, Conceptual Structure, and the Cerebral Cortex." In Per Aage Brandt, Frans Gregersen, Frederik Stjernfelt, and Martin Skov (eds.), *The Roman Jakobson Centennial Symposium: International Journal of Linguistics Acta Linguistica Hafniensia*, Vol. 29 (pp. 221~237). Copenhagen: C.A. Reitzel.

Herman, Vimala. 1999. "Deictic Projection and Conceptual Blending in Epistolarity." *Poetics Today*, 20:3, pp. 523~542.

Hiraga, Masako. 1999. "Blending and an Interpretation of Haiku." *Poetics Today*, 20:3, pp. 461~482.

__________. 1999. "Rough Sea and the Milky Way: 'Blending' in a Haiku Text." In Chrystopher Nehaniv (ed.), *Computation for Metaphor, Analogy, and Agents* (pp. 27~36). Berlin: Springer-Verlag. [A volume in the series Lecture Notes in Artificial Intelligence.]

________. 1998. "Metaphor-Icon Links in Poetic Texts: A Cognitive Approach to Iconicity." *Journal of the University of the Air*, 16. ["The model of 'blending' . . . provides an effective instrument to clarify the complexity of the metaphor icon link."]

Hofstadter, Douglas. 1999. "Human Cognition as a Blur of Analogy and Blending." Paper presented at Beyond Babel: 18th Annual Conference of the Western Humanities Alliance.

Holder, Barbara, and Seana Coulson. 2000. "Hints on How to Drink form a Fire Hose: Concceptual Blending in the Wild Blue Yonder." Paper presented at the 5th Conference on Conceptual Structure, Discourse, and Language.

Jappy, Tony. 1999. "Blends, Metaphor, and the Medium." Paper presented at the 6th International Cognitive Linguistics Conference.

Kim, Esther. 2000. "Analogy as Discourse Process." Paper presented at the 5th Conference on Conceptual Structure, Discourse, and Language. [Includes a discussion of blending in discourse.]

Lakoff, George, and Rafael E. Núñez. 1997. "The Metaphorical Structure of Mathematics: Sketching Out Cognitive Foundations for a Mind-Based Mathematics." In Lyn English (ed.), *Mathematical Reasoning: Analogies, Metaphors, and Images*. Hillsdale, N.J.: Erlbaum. [Analyzes blending in the invention of various mathematical structures.]

Lee, Mark, and John Barnden. 2000. "Metaphor, Pretence, and Counterfactuals." Paper presented at the 5th Conference on Conceptual Structure, Discourse, and Language. [Includes a discussion of blending in counterfactuals.]

Maglio, Paul p., and Teenie Matlock. 1999. "The Conceptual Structure of Information Space." In A. Munro, D. Benyon, D., and K. Hook (eds.), *Personal and Social Navigation of Information Space*. Berlin: Springer-Verlag. [Includes a section on

"Conceptual Blends in Information Space"]

Maldonado, Ricardo. 1999. "Spanish Causatives and the Blend." Paper presented at the 6th International Cognitive Linguistics Conference.

Mandelblit, Nili. 1995. "Beyond Lexical Semantics: Mapping and Blending of Conceptual and Linguistic Structures in Machine Translation." *Proceedings of the Fourth International Conference on the Cognitive Science of Natural Language Processing.* Dublin.

Mandelblit, Nili, and Gilles Fauconnier. 2000. "Underspecificity in Grammatical Blends as a source for Constructional Ambiguity." In A. Foolen and F. van der Leek (es.), *Constructions.* Amsterdam: John Benjamins.

Narayan, Shweta. 2000. "Mappings in Art and Language: Conceptual Mappings in Neil Gaiman's *Sandman.*" Honors thesis, University of California Berkely.

Oakley, Todd. 1998. "Conceptual Blending, Narrative Discourse, and Rhetoric." *Cognitive Linguistics*, 9, pp. 321~360.

Olive, Esther Pascual. 2001. "Why Bother to Ask Rhetorical Questions (If They Are Already Answered)? A Conceptual Blending Account of Argumentation in Legal Settings." Paper presented at the 7th International Cognitive Linguistics Conference.

Ramey, Lauri. 1998. "'His Story's Impossible to Read': Creative Blends in Michael Palmer's *Books Against Understanding.*" Paper presented at the Twentieth Century Literature Conference, University of Louisville.

________. 1997a. "A Film Is/Is Not A Novel: Blended Spaces in Sense and Sensibility." Paper presented at the Popular Culture Association/American Culture Association in the South Conference.

________. 1997b. "What n'er was Thought and cannot be Expres't: Michael Palmer and Postmodern Allusion." Paper presented at the 9th Annual Conference on Linguistics and Literature.

_________. 1996. "The Poetics of Resistance: A Critical Introduction to Michael Palmer." Ph.D. dissertation, University of Chicago. [See especially Chapter 4.]

_________. 1995. "Blended Spaces in Thurber and Welty." Marian College Humanities Series.

Ramey, Martin. 2000. "Cognitive Blends and Pauline Metaphors in 1 Thessalonians." In *Proceedings of the 2000 World Congress on Religion*, organized by the Society of Biblical Literature.

_________. 1997. "Eschatology and Ethics," Chapter 4 of "The Problem of the Body: The Conflict Between Soteriology and Ethics in Paul." Doctoral dissertation, Chicago Theological Seminary. [Contains a discussion of blending in 1 Thessalonians.]

Récanati, François. 1995. "Le présent épistolaire: une perspective cognitive." *L'information grammaticale*, 66 (June), pp. 38~45. [Récanati applies the earliest work on blende spaces to problems of tense. He translates "blende space" as "espace mixte."]

Rohrer, Tim. "The Embodiment of Blending." Paper presented at the 6th International Cognitive Linguistics Conference.

Sinding, Michael. 2001. "Assembling Spaces: The Conceptual Structure of Allegory." Paper presented at the Annual American Comparative Literature Association Conference.

Sondergaard, Morten. 1999. "Blended Spaces in Contemporary Art." Paper presented at Beyond Babel: 18th Annual Conference of the Western Humanities Alliance.

Sovran, Tamar. 1999. "Generic Level Versus Creativity in Metaphorical Blends." Paper presented at the 6th International Cognitive Linguistics Conference.

Steen, Francis. 1998. "Worsworth's Autobiography of the Imagination." *Auto/ Biography Studies*, Spring. [Includes a discussion of blending in, e.g., memory, perception, dreaming, and pretend play, and consequences for literary invention.]

Sun, Douglas. 1994. "Thurber's Fables for Our Time: A Case Study in Satirical Use of the Great Chain Metaphor." *Studies in American Humor*, 3:1 (new series), pp. 51~61.

Swan, Deanne, and Alan Cienki. 1999. "Constructions, Blending, and Metaphors: The Influence of Structure." Paper presented at the 6th International Cognitive Linguistics Conference.

Sweetser, Eve. 1999. "Subjectivity and Viewpoint as Blended Spaces." Paper presented at the 6th International Cognitive Linguistics Conference.

Sweetser, Eve, and Barbara Dancygier. 1999. "Semantic Overlap and Space Blending." Paper presented at the 6th International Cognitive Linguistics Conference.

Tobin, Vera. 2001. "Texts That Pretend to Be Talk: Frame-Shifting and Frame Blending Across Frames of Utterance in Mystery Science Theater 3000." Paper presented at the 7th International Cognitive Linguistics Conference.

Turner, Mark. 2002. "The Cognitive Study of Art, Language, and Literature." Poetics Today.

_________. 2000. "Backstage Cognition in Reason and Choice." In Arthur Lupia, Mathew McCubbins, and Samuel L. Popkin (eds.), *Elements of Reason: Cognitiion, Choice, and the Bounds of Rationality* (pp. 264~286). Cambridge, U.K.: Cambridge University Press.

_________. 1999a. "Forbidden Fruit." Paper presented at the 6th International Cognitive Linguistics Conference.

_________. 1999b. "Forging Connections." In Chrystopher Nehaniv (ed.),

Computation for Metaphor, Analogy, and Agents (pp. 11~26). Berlin: Springer-Verlag. [A volume in the series Lecture Notes in Artificial Intelligence.]

Turner, Mark, and Gilles Fauconnier. 2000. "Metaphor, Metonymy, and Binding." In Antonio Barcelona (ed.), *Metonymy and Metaphor at the Crossroads* (pp. 264~286). Berlin/New York: Mouton de Gruyter. [A volume in the series Topics in English Linguistics.]

________. 1999a. "A Mechanism of Creativity". *Poetics Today*, 20:3, pp. 397~418. Reprinted as "Life on Mars: Language and the Instruments of Invention." In Rebecca Wheeler (ed.), *The Workings of Language* (pp. 181~200). Westport, Conn,: Praeger.

________. 1999b. "Miscele e metafore." *Pluriverso: Biblioteca delle idee per la civiltà planetaria*, 3:3 (September), pp. 92~106. [Translation by Anna Maria Thornton.]

Veale, Tony. 1999. "Pragmatic Forces in Metaphor Use: The Mechanics of Blend Recruitment in Visual Metaphors." In Chrystopher Nehaniv (ed.), *Computation for Metaphor, Analogy, and Agents* (pp. 37~51). Berlin: Springer-Verlag. [A volume in the series Lecture Notes in Artificial Intelligence.]

________. 1996. "Pastiche: A Metaphor-Centred Computational Model of Conceptual Blending, with Special Reference to Cinematic Borrowing." Unpublished ms.

Veale, Tony, and Diarmuid O'Donogue. 1999. "Computational Models of Conceptual Integration." Paper presented at the 6th International Cognitive Linguistics Conference.

Vorobyova, Olga. "Conceptual Blending in Narrative Suspense: Making the Pain of Anxiety Sweet." Paper presented at the 7th International Cognitive Linguistics Conference.

Zbikowski, Lawrence. 1999. "The Blossoms of 'Trockne Blumen': Music and

Text in the Early Nineteenth Centrury." Music Analysis, 18:3 (October 1999), pp. 307~345.

__________. 1997. "Conceptual Blending and Song." Unpublished ms.

Zunshine, Lisa. "Domain Specificity and Conceptual Blending in A.L. Barbauld's *Hymns*." Unpublished ms.

감사의 글

우리의 협동 연구는 1992~1993년 샌디에이고의 캘리포니아 대학에서 시작되었다. 질 포코니에Gilles Fauconnier는 인지과학과의 교수였고, 마크 터너Mark Turner는 인지과학과 언어학과의 객원 교수로 메릴랜드 대학에서 잠시 떠나 있는 중이었다. 마크 터너는 그해 동안 연구비를 지원해주신 존 시몬 구겐하임 추모재단에 감사드리며, 호의를 베풀어준 샌디에이고의 캘리포니아 대학 인지과학과 언어학과에 감사드린다. 또한 1994~1995년 동안 연구년을 갖게 해준 행동과학 고등연구센터에 감사드리며, 1996~1997년 동안 연구년을 준 고등학술 연구소에 감사드린다. 두 사람의 협동 연구는 두 기간 동안 계속되었다.

이 책은 1999~2000년 동안 스탠퍼드 대학 캠퍼스에서 주로 집필했다. 질 포코니에는 연구비를 지원해준 존 시몬 구겐하임 추모재단, 미국 철학협회, 특별 연구원으로 재직했던 행동과학 고등연구센터와 고등연구센터에 자금을 지원해준 맥아더 재단에게 감사드린다. 1999~2000년 동안 마크 터너는 스탠퍼드 대학의 언어학과와 언어와 정보 연구센터의 객원 교수였다. 지원과 호의를 베풀어준 그들에게 감사드린다. 또한 이 협동 연구 동안 안식년을 준 메릴랜드 대학에 감사드린다.

모든 지원, 격려, 많은 통찰력을 심어준 티나 포코니에Tina Fauconnier와 메건 왈렌 터너Megan Whalen Turner에게 큰 빚을 졌다. 또한 개념적 혼성 연구에 막대한 기여를 계속해서 해오고, 이 책의 초고에 세세히 조언을 해준 이브 스윗처Eve Sweetser에게 크게 감사한다. 많은 친구와 동료들은 연구 내내 우리를 도와우고 개념적 혼성 연구 프로젝트에 상당한 기여를 해주었다. 페르 아우게 브란트Per Aage Brandt, 나네트 브레너Nannette Brenner, 마르코 카소나토Marco Casonato, 셔너 컬슨Seana Coulson, 마가렛 프리먼Margaret Freeman, 조지프 그래디Joseph Grady, 제니퍼 하딩Jennifer Harding, 마사코 히라가Masako Hiraga, 더그 호프스태터Doug Hofstadter, 에드 허친스Ed Hutchins, 마이클 이스라엘Michael Israel, 조지 레이코프George Lakoff, 닐리 만델블리트Nili Mandelblit, 스웨타 나라얀Shweta Narayan, 토드 오클리Todd Oakley, 에스더 파스쿠얼Esther Pascual, 에이드리언 로버트Adrian Robert, 팀 로러Tim Rohrer, 베라 토빈Vera Tobin, 밥 윌리엄스Bob Williams가 그들이다.

우리는 전문적인 지원을 해준 샌디에이고의 캘리포니아 대학의 페프 엘먼Feff Elman과 언어연구센터에 감사드린다. 또한 『주북스Zoobooks』 발행호의 하나인 『공룡Dinosaurs』에서 공룡이 새로 진화하는 이미지를 사용하도록 허락해준 와일드라이프 에듀케이션Wildlife Education 사에 감사드린다. 우리는 도움을 주신 와일드라이프 에듀케이션 사의 미첼 무어Mitchelle Moore와 UCSD 자료 센터의 마이클 고스넬Michael Gosnell에 감사드린다. 아울러 바이패스 광고 이미지를 사용하도록 허락해준 비지니스라운드테이블의 교육 향상 파트너십에도 감사드린다.

무엇보다 수많은 조언과 통찰력을 준 베이직 북스의 편집자 윌리엄 프루트William Frucht에게 깊이 감사드린다.

옮긴이의 글

『우리는 어떻게 생각하는가 : 개념적 혼성과 상상력의 수수께끼』는 질 포코니에와 마크 터너가 지은 〈*The Way We Think: Conceptual Blending and the Mind's Hidden Complexities*〉를 우리말로 옮긴 것이다. 질 포코니에는 캘리포니아 대학교 샌디에이고 캠퍼스의 인지과학과 교수로 화용적 척도와 정신공간에 대한 연구로 1970년대 인지언어학을 창시한 학자 중 한 명이다. 마크 터너는 캘리포니아 대학교 버클리 캠퍼스에서 영어영문학으로 박사학위를 받았으며, 학문의 경계를 넘어 수학 분야의 석사학위도 취득했고, 한때 콜레주 드 프랑스의 교환교수도 역임했다. 현재는 케이스 웨스턴 리저브 대학교 교수로 재직하고 있다.

질 포코니에와 마크 터너가 1994년에 "개념적 투사와 중간 공간Conceptual projection and middle spaces"이라는 논문을 통해 발표한 이들의 개념적 혼성 이론은 인지언어학자들뿐만 아니라 철학, 심리학, 인류학 등 다양한 분야의 연구자들로부터 많은 학문적 관심을 고조시켰다. 그 후 많은 공동 논문을 통해 두 사람은 많은 학문 분야와 사회문화적 환경에 나타나는 갖가지 예들을 이용해 이 이론의 기본 원리를 폭넓게 설명했다. 그 결과, 2002년에 수많은 사람들의 관심과 기대를 모은 이 책이 세상에 나왔다.

개념적 혼성 이론의 기본 원리는 어찌 보면 아주 간단하다. 사람들이 서로 다른 지식과 경험 영역에서 끄집어낸 정보를 통합함으로써 어떤 것을 개념화한다는 것이 기본 원리이다. 때문에 이론 자체로는 전혀 새로운 것이 없다. 예전 것의 요소들을 결합시켜 새로운 것을 창조한다는 생각은 앙드레 브르통André Breton과 같은 초현실주의자들이 오래전에 이론화하고 실행한 콜라주 원리와 세르게이 에이젠슈테인Sergej Eisenstein, 프세볼로트 푸도프킨Vsevolod

Pudovkin 및 1920년대 러시아 영화제작자들이 흥미진진하게 사용한 몽타주 기법을 상기시킨다. 그런데 포코니에와 터너가 주창한 개념적 혼성 이론의 놀라운 점은 그런 혼성이 천재적인 예술가들의 활동에만 있는 것이 아니라 우리의 일상 사고의 본질임을 입증한 점이다. 더 나아가 개념적 혼성 이론은 서로 다른 매체 혹은 분야에 존재하는 많은 혼성물들을 동일한 메커니즘으로 다채롭게 분석할 수 있게 하는 한편, 무척 매력적이면서도 간단한 모형까지 구축하고 있다.

개념적 혼성 이론은 우리 인간의 마음이 이질적인 정보를 놀라울 정도로 얼마나 잘 통합하는지 보여주는 유용한 모형을 제공한다. 뿐만 아니라 그런 통합이 어떻게 은유, 반反사실문, 언어유희, 수학 계산법처럼 일반적으로 확연히 다르다고 생각하는 많은 현상들에서 동일하게 작용하는지를 설명해준다. 개념적 혼성은 인간 상상력의 중심에 있으며, 우리가 생각할 때마다 아주 은밀히 작용하는 인지 과정이다. 오늘날 우리 인간이 다른 종에 비해 우월한 존재로 자리매김하고 있는 것도 이런 개념적 혼성을 운용할 수 있는 인간의 정신적 능력 덕분이다. 개념적 혼성은 다양한 인간 업적, 이를테면 갖가지 창조성의 기초가 되며 그 실현을 돕는다. 개념적 혼성은 언어·예술·종교·과학 등의 핵심이며 동시에 일상 사고에도 필수적이다. 이 책은 바로 이런 개념적 혼성의 원리와 메커니즘을 논리적으로 자세히 설명하고 있다.

거미 항문에서 나오는 실은 얼핏 보면 한 가닥 같지만 수많은 가닥으로 되어 있다. 바로 그 한 가닥의 실이 확 펼쳐져서 그물을 만들듯, 우리의 생각은 하나로부터 수많은 것들로 퍼져나가고 수많은 것들을 하나로 다시 모은다. 우리가 언제 어디서 보고 느낀 것이든 우리의 모든 생각은 상상력의 작용에 의해 그 크고 작음, 높고 낮음, 넓고 좁음, 깊고 얕음을 가리지 않고 서로 뒤섞이고, 새로운 생각으로 재탄생한다. 그것이 바로 개념적 혼성의 힘이다. 이 책은 비어 있는 듯하면서도 한없이 열린 우리의 무한한 생각과 상상력의 수수께끼를 개념적 혼성 이론으로 풀어내고 있다. 이 놀라운 개념적 혼성 이론은 이제 언어학, 문학, 예술, 철학, 과학, 심리학, 정치학은 물론이고 우리의 일상생활 전반을 다시 생각해보게 할 것이다.

어려운 여건에도 불구하고 책의 출판을 흔쾌히 맡아주신 지호출판사와 난해하기 그지없는 초고를 지금의 어엿한 모습으로 편집해준 편집자에게 깊은 고마움을 표한다. 또한, 한국어판의 출판을 허락해준 베이직 북스 출판사와 저자 질 포코니에와 마크 터너 교수에게는 감사의 마음을 전하며 두 분의 학문적 열정에 깊이 고개 숙이지 않을 수 없다. 사실 우리는 이 책을 번역하는 내내 몇 번이나 좌절했고, 그럴 때마다 번역 자체를 포기하고 싶었을 때가 한두 번이 아니었다. 책의 내용과 의미의 깊이를 파악하는 데에도 많은 시간이 걸렸고, 내용 하나하나를 알아가는 과정은 절망의 순간에서 희망으로 옮아가는 순간이었다. 그럼에도 불구하고 기존의 사유 프레임을 완전히 뒤흔드는 저자들의 논지와 사고는 우리를 끝까지 흥분하게 만들었고 감동시켰다.

우리의 작업은 산 너머 산이었다. 초고를 완성하고 거듭해서 문맥과 맥락을 따지며 수차례의 교정 작업을 거치는 가운데 어느 정도 책 속의 감추어진 비밀이 풀리면서부터는 끝까지 해낼 수 있겠다는 희망이 생겼다. 이제, 우리가 할 수 있는 모든 작업을 끝내고, 우선은 이런 모습으로나마 책을 출간할 수 있게 되어 다행스럽다. 책을 완역했지만 지금의 우리 영혼은 텅 빈 상태다. 우리는 그저 우리 손에 놓인 완성본을 바라보고 있다. 우리가 할 일은 다했다고 말하기엔 턱없이 부족하지만, 일단 우리의 작업은 여기까지였다. 이젠 이 책을 독자들에게 내려놓는다. 그리하여 다시 독자들과 함께 이 책의 깊이를 새롭게 읽으며, 모두가 위기라는 인문학의 정신을 새롭게 끄집어내는 계기를 마련해볼까 한다. 무엇보다 이 책은 우리를 흥분시키기보다 감동시킨다. 흥분이 감정을 부른다면, 감동은 성찰과 희망을 준다. 흥분이 우리를 하룻밤의 찰나로 이끌지만, 감동은 우리에게 온밤을 지새우며 새로운 세상을 창조하게 만든다. 질 포코니에와 마크 터너 교수는 너무나도 흔해서 누구든 당연하게 받아들이고 아

무렇지 않게 생각해온 우리의 생각, 바로 거기서 세상을 창조하고 새롭게 만들
어갈 값진 보물을 찾아냈다. 이런 값진 보물을 보고서도 감동하지 않는 사람이
그 누가 있을까! 니체의 말이 문득 생각난다. 운명은 길섶마다 행운을 숨겨 두
었다.

2009년 8월 25일

김동환·최영호

찾아보기

ㄱ